NACHRICHTEN
aus einem
unbekannten
UNIVERSUM

Frank Schätzing

NACHRICHTEN aus einem unbekannten UNIVERSUM

Eine Zeitreise durch
die Meere

Kiepenheuer & Witsch

1. Auflage 2006

Umschlaggestaltung: Yvonne Voermans-Eiserfey, Köln
Umschlagmotiv: © getty images
Gesetzt aus der Stempel Garamond
Satz: Felder KölnBerlin
Druck und Bindearbeiten: GGP Media GmbH, Pößneck
ISBN 10: 3-462-03690-4
ISBN 13: 978-3-462-03690-9

Inhalt

Å så svinger vi på seidelen igjen – hei skål!
Für Solo und Loy

VORGESTERN

Berlin

Vorgestern.

Was war noch gleich vorgestern?

Drei Männer in einer Bar. Berlin, Radisson Hotel, morgens um vier, bei der Verkostung geistiger Getränke. Genau genommen ist es ein Jahr her, dass die drei dort saßen. Dennoch scheint es mir, als habe sich das folgende Gespräch erst vor zwei Tagen zugetragen.

»Sag mal, deine Recherchen für den *Schwarm*«, meint Hannes, »hast du die eigentlich jemals alle verwerten können?«

Hannes ist Herausgeber der Wissenschaftszeitschrift *PM*. Ein Mann mit einem Glas in der Hand und einem Ansinnen.

»Einen Teil davon«, sage ich. »Zehn bis 20 Prozent.«

»Also 80 Prozent brachliegendes Wissen. Schade drum. Hättest du nicht Lust, mal was für uns zu schreiben? Eine Fingerübung. Du müsstest nur in deine Unterlagen schauen. Was Schönes über die Meere.«

Auch ich halte ein Glas in der Hand. Männer, die einander zuprosten, sind grundsätzlich generös gestimmt.

»Klar«, sage ich. »Was soll's denn sein? Tiefseetechnik? Wasserkraftwerke? Meeresströmungen? Riesenwellen? Korallenriffe? Evolution, Entstehung des Lebens, Mikroorganismen, kambrische Artenvielfalt? Oder doch lieber Haie?«

»Ja, genau. Genau das.«

»Was denn nun?«

Hannes zögert. »Vielleicht schreibst du ja nicht nur einen Artikel. Ich dachte eher an eine Serie. An drei oder vier Folgen.«

Ich lasse den Gedanken zirkulieren.

»Gut«, sage ich. »Warum nicht.«

»Das sind unterm Strich 50 bis 60 Manuskriptseiten«, meint Helge und nippt versonnen an seinem Wodka Martini. Helge ist der Verleger von Kiepenheuer & Witsch. »Ein ordentlicher Packen Papier. Aber ob das wirklich für ein Buch reicht?«

Helge tut so, als müsse er darüber nachdenken, die Sache überschlafen. Aber ich kenne meinen Freund. Ich weiß, dass der Samen im Acker seiner Vorstellungskraft bereits die allerschönsten Blüten treibt. »Du meinst, ein Begleitbuch zum *Schwarm*?«

»So was in der Art.«

»Ein Bändchen, dünn und handlich.«

»Ja, wegen der Fragen, die so oft gestellt werden: Wie viel im *Schwarm* ist real? Was ist Wirklichkeit, was ist Fiktion? Ich könnte ein paar Antworten geben. So, dass es zur nächsten Leipziger Buchmesse auf dem Markt ist.«

»Du weißt, wann Leipzig ist? Wir reden von einem Jahr.«

»Ist doch nur ein Bändchen. Maximal 150 Seiten. Kein Problem.«

Wir trinken noch was. Wodka ist ein bemerkenswertes Zeug. Es besteht aus Getreide, Alkohol und großen Mengen Problemlöser. In dieser Nacht ist nichts ein Problem. Hannes findet die Idee gut, Helge findet sie gut, ich finde sie gut. Also schustere ich auf Bierdeckeln und Servietten ein Inhaltsverzeichnis zusammen.

Es wird lang.

Es wird länger.

Eigentlich, denke ich, müsste man ja erklären, wie das Leben in den Meeren überhaupt entstanden ist. Wie es sich weiterentwickelte, wie aus Einzellern Vielzeller und aus Vielzellern die Wesen von heute wurden. Dann könnte man ...

Nein, falsch. Erst müsste man erzählen, wie das ganze Wasser auf die Erde kam! Also mit der Entstehung unseres Planeten beginnen, dann das Leben porträtieren, sein Werden und Wirken, die wechselseitige Einflussnahme von Evolution und Umwelt, und so weiter, und so fort, bis in unsere Zeit. Das Buch würde einen ersten Teil haben, der in der Vergangenheit spielt, einen weiteren, der sich mit der Gegenwart auseinandersetzt, und einen dritten für die Zukunft. Natürlich wäre es wichtig, ein möglichst lückenloses Panorama des heutigen Lebens im Meer zu entwerfen und die komplizierten Abhängigkeitsgeflechte zu entwirren, die schon in einem einzigen Wassertropfen ...

Genau. Es wird notwendig sein, Wasser an sich unter die Lupe zu nehmen. Und Meeresströmungen. Und Ebbe und Flut, die durch den Einfluss des Mondes ... Interessant. Wie sähe die Erde eigentlich aus, wenn es keinen Mond gäbe? Sie hätte wahrscheinlich eine andere Atmosphäre, weil ... Stichwort Atmosphäre. Ich muss unbedingt ein Kapitel über Mikroorganismen schreiben, die Sauerstoff freisetzen, den sie mit Hilfe von Sonnenlicht ... Sonne. Weltraum. Galaxien. Gibt's auf anderen Planeten eigentlich auch Ozeane? Könnte sich dort Leben entwickelt haben? Außerirdisches Leben, das aussieht wie die Kreaturen aus dem Kambrium und ... Kambrium! Ein Kapitel übers Kambrium muss rein. Da gab es richtige Monster: Anomalocaris zum Beispiel, die kambrische Entsprechung des Weißen Hais ... Ach ja, Haie ...

»Das ist kein Bändchen«, bemerkt Helge trocken. »Das ist ein Epos.«

»Macht nix. Ich schreibe das.«

»Bist du sicher? Wir reden von einem Jahr. Die Buchmesse ist sozusagen übermorgen.«

»Er hat doch seine Recherchen«, sagt Hannes sanft.

»Ja, eben. Ich schaffe das. Ich schreibe das! Bis übermorgen ist noch jede Menge Zeit. Gleich morgen lege ich los.«

Alle freuen sich.

»Na dann. Prost.«

Nun, drauf getrunken ist besiegelt. So gut wie Tinte unterm Vertrag. Vorgestern also gab ich ein Versprechen, das man nur morgens um vier in einer Bar geben kann.

Vorgestern.

Was war noch gleich vorgestern?

Der Urknall!

Vorgestern ist das Universum einem Punkt entsprungen, vor rund 13,7 Milliarden Jahren. So wenigstens stellt es sich uns dar. Es dehnte sich aus und erzeugte die Erde, auf der wir leben. Das war, nach kosmischen Maßstäben, gestern. Es prägt unsere heutige Existenz, als sei es eben erst geschehen. Vor nicht ganz einer Sekunde hat dann die Menschheit ihr »Cogito ergo sum!« in die Welt geschmettert.

Vor zwölf Monaten, die mir vorkommen wie zwei Tage und zugleich wie eine halbe Ewigkeit, habe ich den ersten Satz des nachfolgenden Kapitels geschrieben. Aus den ursprünglich vorgesehenen 150 sind 500 Seiten geworden: eine Chronik der Meere und unserer Herkunft. Es ist die Geschichte, die ich mein Leben lang erzählen wollte, mir selbst und anderen. Sie hat so viele Kapitel, dass ich von meinen Recherchen für den *Schwarm* nur einen Bruchteil verwenden konnte. Vor 13,7 Milliarden Jahren beginnt diese Geschichte, als Raumzeit und Materie sich plötzlich ausbreiten, bereits gesättigt mit den Grundbausteinen für spätere Sonnen, Planeten und Ozeane. Sie beginnt in einer Berliner Bar. Sie beginnt jetzt, da Sie zu lesen anfangen. Immer aufs Neue beginnt sie, und jedes Mal ein bisschen anders. Theorien werfen einander über den Haufen, andere Theorien vereinen sich, Daten und Fakten werden verschoben wie Figuren auf einem Spielfeld. Mit jeder neuen Erkenntnis fragen wir uns umso eindringlicher, woher wir kommen, was uns erwartet, wie wir handeln sollen. Im Kopf eines jeden Menschen urknallt es ohne Unterlass, expandieren Gedankenuniversen aus und erzeugen Galaxien, Sterne, Planeten und Leben. Unablässig gleichen wir den Stand unseres Wissens mit den Optionen unseres Handelns ab, wollen begreifen, einordnen, schlussfolgern, uns selbst finden oder wenigstens das Benutzerhandbuch für den Planeten Erde, in dem steht, wie wir mit unserer fremd gewordenen Heimat umzugehen haben – einer Heimat, die zu großen Teilen im Dunklen und Tiefen liegt, bis zu elf Kilometern unter der Wasseroberfläche.

Nein, *Nachrichten aus einem unbekannten Universum* versteht sich nicht als der Weisheit letzter Schluss. Den kann und wird es niemals geben. Vielmehr habe ich versucht, den Großteil aller bisher erzählten Geschichten über die Meere und unsere Rolle auf Erden in eine aktuell gültige Version zu fassen. In der Schule haben wir gelernt, dass Lehrerwissen absolutes Wissen ist. Doch Wissenschaft kann niemals absolut sein. Sie ist die Kunst der Annäherung. Sie definiert nicht, sondern kreist ein, zieht keine Trennlinien, sondern schafft Übergänge, kennt keine Dogmen, sondern Entwicklungen. Sie kann nichts verifizieren, sondern nur durch Wegstreichen von Variablen ein möglichst klares Bild entwerfen. Selbst die Naturgesetze sind streng genommen Hypothesen. Wenn der Apfel jedes Mal zu Boden fällt, sobald man ihn loslässt, drängen sich absolute Aussagen regelrecht auf. Im Grunde resultieren die entsprechenden Gesetze aber nur aus identischen Versuchsreihen, die bis heute ausnahmslos das gleiche Ergebnis lieferten.

Nein, Sie werden in diesem Buch nicht die absolute Wahrheit finden, sondern eine Geschichte von hoher Wahrscheinlichkeit, die vorläufige Essenz weltweiten Forschens. Beispielsweise erhebt keine Jahreszahl auf der geologischen Zeitachse, die sich im Anhang dieses Buches findet, Anspruch auf Absolutheit. Beim Blick ins Internet werden Sie feststellen, dass der Beginn der Erdzeitalter variiert, dass bisweilen sogar ganz neue Zeitalter hineingelangen, so wie erst kürzlich das Ediacarium. Suchen Sie bitte erst gar nicht nach ultimativen Daten, Sie würden keinen Erfolg haben. Mit jeder neuen Erkenntnis verändert sich die Skala. Die Zeitaltertabelle im Anhang gibt wieder, worauf sich in diesen Tagen das Gros der Fachleute einigt. Vielleicht haben Sie die Diskussion um den Tyrannosaurus Rex mitbekommen. Fast monatlich wird das Bild der Riesenechse korrigiert. Mal ist er ein fußlahmer Aasfresser, dann wieder ein schneller Läufer und aktiver Jäger, sogar einen Pflanzenfresser wollen Experten in ihm ausgemacht haben.

Es wird gerne behauptet, das Internet verdumme die Menschen, weil dort jeder etwas anderes zur selben Sache sage. Das stimmt keineswegs. De facto hat auch schon vor dem Internet jeder etwas anderes behauptet, nur bekamen wir in der Schule wenig davon mit. Wir hatten nicht die Möglichkeit des Vergleichs, lediglich eine Bezugsperson, die heilige Wahrheiten verkündete. Heute können wir Vergleiche ziehen und uns im Spektrum der Meinungen ein Bild machen. Wir können sehen, wie Erkenntnis entsteht: durch Annäherung und Verdichtung.

Das Panorama, vor dem sich unsere Geschichte abspielt, hat Unschärfen, ohne Zweifel.

Aber genau darum ist es so prachtvoll anzuschauen. Einige der lebendigsten Bilder aller Zeiten haben Impressionisten gemalt. Die Motive Claude Monets, Alfred Sisleys, Camille Pissarros oder Auguste Renoirs werden präzisiert durch die Phantasie des Betrachters, nicht durch den akkuraten Strich. Moderne Welterklärung ähnelt solchen Bildern, in denen nichts starr, sondern alles in

Bewegung begriffen scheint. Viele Menschen fühlen sich dadurch verunsichert. Ich finde es ermutigend. Ist es nicht viel spannender, am Prozess der Erkenntnis teilzuhaben, als sich mit rohrstockstarren Fakten herumschlagen zu müssen? In der Bewegung liegt die Veränderung, in der Veränderung die Chance, in der Unschärfe die künftige Wahrheit. All unser Wissen über das Aussehen und Verhalten lebender und längst verschwundener Arten, über Naturereignisse, über das Kausalitätengeflecht in der Natur, über unsere Rolle und die Zukunft unserer Spezies lebt, atmet und entwickelt sich, häutet sich mitunter, wächst, durchläuft Stadien der Metamorphose, gewinnt an Kontur. Jeder ist eingeladen, diesen Prozess mitzuverfolgen – und mitzugestalten. Durch seine Neugier, seine Offenheit, seine Ideen.

Dies ist kein Lehrbuch. Kein Manifest. Es trägt keine Botschaften vor sich her. Es ist ein Thriller. Denn nichts anderes ist die Erdgeschichte als eine ungeheuer spannende Story voller Wendungen und Überraschungen. Nichts in dieser Geschichte ist wirklich kompliziert, und schon gar nicht ist es langweilig. Es gibt nur Leute, die es gerne kompliziert und langweilig hätten. Jeder von uns kennt einige davon. Ihre Unterschriften zieren unsere Zeugnisse – zusammen mit den Signaturen derer, für die wir sogar noch nach dem Pausenklingeln sitzen blieben, um zu lauschen. Das waren die großen Erzähler, die Abenteurer, die Zeitreisenden.

Nachrichten aus einem unbekannten Universum will eigentlich nur eines: unterhalten und Lust machen auf mehr. Lesen Sie dieses Buch, wie Sie wollen. Kreuz und quer oder in einem Rutsch. Die meisten Kapitel funktionieren für sich.

Mein Vorschlag wäre jedoch, gemeinsam zurückzureisen, so nah wie möglich an den Punkt Null, um uns von dort mit der Zeit treiben zu lassen. Zwischendurch können Sie ruhig mal die Augen schließen und ein Nickerchen machen oder mit Freunden telefonieren, wenn wir durch physikalische und chemische Untiefen reisen, etwa im Kapitel über die Handtasche der Evolution. Manche dieser Exkursionen sind nicht zu vermeiden, aber vielleicht haben Sie ja gerade an so was Spaß. Beispielsweise an der Frage, wie es in einer Protozelle vor 3,5 Milliarden Jahren ausgesehen haben könnte. Falls Ihnen da jedoch zu viele Ionen, Isotope, Makromoleküle, Zucker und Fette, Säuren und Basen unterwegs sind, schalten Sie einfach ab. Ich wecke Sie schon, wenn die richtig guten

16

Geschichten kommen. Niemand gibt hinterher Noten. Wir sind auf einer Reise, und reisen soll entspannen. Hin und wieder tauchen Begriffe im Buch auf, die erst später ausführlich erklärt werden. Oder aber Sie lesen einen schon erklärten Begriff und fragen sich: Verdammt, was war das jetzt noch mal? Blättern Sie nicht zurück, sondern vor. Im Glossar sollten Sie eigentlich fündig werden. Möglicherweise werden Sie aber über ein bestimmtes Thema sehr viel mehr wissen als ich und Kenntnis von ganz neuen Forschungsergebnissen haben, die zum Zeitpunkt, als das Buch entstand, noch nicht vorlagen. In diesem Fall seien Sie versichert: Auch Bücher leben. Ich werde versuchen, die *Nachrichten* von Auflage zu Auflage so aktuell zu gestalten, dass Ulrich Wickert sie ohne Zögern verlesen würde.

Vorgestern.
Was war noch gleich vorgestern?
Richtig. Der Urknall.
Über den weiß man nicht so viel. Eigentlich nur, dass er aller Wahrscheinlichkeit nach stattgefunden hat. Für die ersten paar Sekunden nach dem Big Bang gibt es ganz ansehnliche Modelle. Der Moment selbst, das Entstehen des Universums – die so genannte Singularität –, bleibt im Rahmen bekannter physikalischer Gesetze unerklärbar. Was vorvorgestern geschah, unmittelbar vor der Expansion von Raum, Zeit und Materie, und warum es überhaupt geschah, kann derzeit niemand sagen. Ich habe jedenfalls nicht den blassesten Schimmer.
Aber ich kann Ihnen erzählen, was gestern passiert ist.

Frank Schätzing, im März 2006

GESTERN

Regenzeit

Die Evolution muss außerordentlich zufrieden gewesen sein. So zufrieden, dass sie drei Milliarden Jahre weitestgehend verschlief. Vielleicht blickte sie auch einfach voller Stolz auf ihr Werk, ohne sich zu Höherem berufen zu fühlen. Sicher, dieser Membransack mit dem Supermolekül im Kern hatte sich als Husarenstück erwiesen, auf das man sich durchaus was einbilden konnte. Aber dreieinhalb Milliarden Jahre nichts als Einzeller? Keine komplexeren Lebensformen, keine Beine, Zähne und Augen oder wenigstens was Kriechendes mit einem halbwegs erkennbaren Vorne und Hinten? Warum bloß hat sich die Evolution so lange Zeit gelassen, bevor sie daranging, das Experiment Leben fortzusetzen – um dann hastig immer komplexere Organismen zu entwerfen, als sei ihr plötzlich eingefallen, dass die Fertigstellungstermine überschritten sind: Hier bitte, der Auftragszettel, ich hatte für Anfang Kambrium einen Tyrannosaurus Rex bestellt. Was, Sie sind erst bei Muscheln und Schnecken? Jetzt aber dalli!

In der Geschichte des Lebens liest man nichts von Auftraggebern. Man kann die Frage darum auch anders stellen. Warum hat die Evolution überhaupt komplexeres Leben hervorgebracht? Denn einen Trend zur Komplexität im Sinne eines erkennbaren Fortschritts gibt es in der Natur eigentlich nicht, auch wenn wir es gerne so hätten und manches danach aussieht. Menschen sind intelligenter als Einzeller, gut, aber auch bei weitem anfälliger. Unsere hohe Komplexität lässt uns mental wie körperlich schwächeln, sobald es ein paar Grade zu kalt oder zu warm wird oder unerwartet die Börsenkurse fallen. Bakterien haben Vulkanausbrüche und Meteoriteneinschläge überstanden, verkraften Hitze- und Kälteschocks und fühlen sich im Umfeld kochend heißer Tiefseequellen ebenso zu Hause wie in der Antarktis, im Innern von Gebirgsgestein oder auf Ihrem Frühstücksbrötchen. Gemeinhin machen sie sich weniger Sorgen als Menschen. Im Grunde sind sie das perfekte Endprodukt. Dennoch muss die Evolution Gründe gefunden haben, eine Entwicklung in Gang zu setzen, an deren Ende Zellkonglomerate Bücher schreiben, die von anderen Zellkonglomeraten gelesen werden.

Zum besseren Verständnis hilft es, die Evolution als das zu begreifen, was sie ist: ein einfallsreiches Opfer der Umstände, weit davon entfernt, Wesen mit Beinen, Zangen, Stielaugen oder Armani-Krawatten zu erschaffen, wie es ihr gerade passt. Zellen zur Serienreife zu entwickeln, war eine schöpferische Meisterleistung, unbestritten. Doch was immer die Evolution bis heute unternahm, geschah als Folge vorgegebener Bedingungen. Und die diktierte der Planet – launisch wie eine Diva, mal unberechenbar bis destruktiv, dann wieder ein Muster an Fürsorge. Mitunter forderte er dem Leben Lösungen ab, die ihn selber nachhaltiger veränderten, ohne je Zweifel an seiner Autorität aufkommen zu lassen. Immer waren es klimatische, geologische und kosmische Einflüsse, die der Evolution Handlungsbedarf abforderten. Dass sie rund drei Milliarden Jahre lang erfolgreich Einzeller produzierte, verdient angesichts dessen uneingeschränkte Bewunderung. Denn an Versuchen, sich des aufkeimenden Lebens mit allen nur erdenklichen Tricks wieder zu entledigen, ließ es vor allem die junge Erde nicht mangeln. Außerdem ist Zelle nicht gleich Zelle, und da ist ja noch die Sache mit der Zeitgeschwindigkeit und dem Kausalitätenfilz, und überhaupt ...

Langsam.

Gehen wir erstmal zurück, weit zurück, noch vor den Urknall. Was sehen Sie? Richtig, nichts. Erstens, weil es noch kein Universum gibt, zweitens, weil eben dieser Umstand das sofortige Ende Ihrer Existenz nach sich zieht. Der Mensch bemisst sich nun mal nicht allein nach Höhe, Breite und Länge. Auch aus Dauer ist er gemacht, so wie alle Materie. Zeit existierte aber vor dem Urknall nicht, oder sagen wir, sie war noch nicht geschlüpft. Und ohne Zeit kein Zeitreisender.

Dann plötzlich, vor etwa 13,7 Milliarden Jahren, geschieht etwas so Unfassbares, dass selbst Stephen Hawking in schwitzende Erklärungsnot gerät: Aus dem blanken Nichts expandieren Raum und Zeit und dehnen sich rapide aus. So vieles vollzieht sich in derart schneller Folge, dass alleine die ersten drei Sekunden im Leben des jungen Universums Bücher füllen. Vorsicht allerdings, wenn Sie nun glauben, damals sei einfach mehr los gewesen. Wir haben allen Grund zur Annahme, dass die Zeit selbst mit weit höherer Geschwindigkeit dahinraste als heute. Stellen Sie sich einfach einen Film im Zeitraffer vor. Sie sehen dieselbe Handlung wie in Originalgeschwindigkeit, nur dass alles dreimal schneller vonstatten geht. Das flottere Abspieltempo ist vergleichbar einer höheren Zeitgeschwindigkeit, ohne dass die Personen im Film dadurch in Stress gerieten. Für sie vollzieht sich alles ganz normal. Vielmehr würden sie – vorausgesetzt, sie wären sich ihrer filmischen Existenz bewusst – beim Blick auf uns Zuschauer den Eindruck gewinnen, in unserer Welt geschähe alles dreimal so langsam wie in ihrer. Zeit ist ein relatives Phänomen. Sie ist diversen Einflüssen unterworfen, Gravitation kann sie zerdehnen oder stauchen, krümmen und in sich selbst zurückführen. Auch heute verstreicht die Zeit in den einzelnen Regionen des Universums unterschiedlich schnell. Bewohner verschiedener kosmischer Zeitzonen empfinden ihre jeweilige Zeit als absolut, ein unabhängiger Beobachter hingegen würde erhebliche Unterschiede registrieren.

Ob ein Vorgang als schnell oder langsam, eine Zeitspanne als schier endlos oder besonders kurz empfunden wird, hat also ausschließlich mit der Perspektive des Beobachters zu tun – anders gesagt mit jemandem, der in der Lage ist, Zeit überhaupt zu messen. Da unabhängige Beobachter bis heute Geschöpfe der höheren Mathematik sind, müssen wir uns mit uns selbst begnügen und im Hinblick auf ein Menschenleben feststellen, dass drei Milliarden Jahre eine verdammt lange Zeit sind. Wo wiederum niemand zugegen ist, um ein Zeitmaß anzulegen, erübrigen sich Begriffe wie »schnell« oder »langsam«. Dauer wird irrelevant. Drei Sekunden oder drei Milliarden Jahre machen keinen Unterschied. Die Zeit bemisst sich nicht in Einheiten, sondern einzig an der Fülle der Ereignisse. Ein Effekt übrigens, den wir gut an uns selbst beobachten können. In Fällen großer Langeweile – etwa bei Festreden angehender Schwiegerväter oder Antworten von Politikern auf klar gestellte Fragen – empfinden wir zehn Minuten als quälende Öde. Ein Abend beim Flirt vergeht hingegen wie im Flug. So betrachtet sind drei Milliarden Jahre Zellentwicklung vielleicht ein Klacks, hingegen drei Sekunden, in denen die Grundvoraussetzungen für das ganze zukünftige Universum geschaffen wurden, eine Ewigkeit. Es wäre sinnlos, von einem Mittagsschläfchen der Evolution zu sprechen, bloß weil sie es den größten Teil der Erdgeschichte bei Bakterien beließ. Nein, es entsprach einfach den Umständen. Zurück zum Urknall. Raum und Zeit breiten sich weiter aus, und das Universum kühlt ab. Auch Abkühlung ist ein relativer Begriff. Immer noch 5.000 Grad Celsius ist es heiß, eine Temperatur, bei der Elektronen wild hin und her schießen, allerdings langsam genug, um dem Bann positiver Anziehungskräfte zu erliegen. Als Folge beginnt je ein Elektron ein einzelnes Proton zu umkreisen, und das Wasserstoffatom entsteht.

Vorher war das Universum unendlich dicht und homogen gewesen. Jetzt wird die Materie durchlässig, und Licht kann sich ungehindert von Materie ausbreiten. Mehr noch: Seitdem die Photonen, die Lichtteilchen, sich zwischen den festen Teilchen hindurchwinden können, müssen sie diese nicht mehr ständig anrempeln und auseinanderreißen. Erstmals kann sich Materie zu dauerhaften Strukturen zusammenballen. Wasserstoff bildet Wolken, die immer größer und mächtiger werden, bis sie unter ihrem eigenen Gewicht in sich zusammenstürzen. Sterne entstehen, Brennöfen, in deren Inneren ungeheurer Druck herrscht, sodass der Wasserstoff im Innern zu Helium verschmilzt. Drei solcher Heliumkerne verbinden sich zu Kohlenstoff. Der Kohlenstoffkern nimmt weiteres Helium auf und wird zu Sauerstoff. Damit sind die wesentlichen Bestandteile des heutigen Universums versammelt, und der Weltraum lichtet sich.

Mit zunehmender Abkühlung verwandeln sich weite Teile des Alls in öde Wüsten. So viel Leere, so wenig freie Atome, die sich im interstellaren Raum treffen. Was dennoch zueinander findet, wird vom harten Ultraviolett des Sternenlichts gleich wieder getrennt. In den Gaswolken hingegen herrscht das andere Extrem. So dicht sind die Materieteilchen dort gepackt, dass weder ultraviolettes noch anderes Licht eindringen kann. Darum sind die Wolken dunkel. Und kalt! Minus 240 Grad Celsius, das ist auf alle Fälle kalt genug für die Bildung von Molekülen, und dicht genug, um Sterne zu gebären.

Neugeborene sind unberechenbar. So stürzen viele der jungen Sterne unter ihrer eigenen Anziehungskraft unaufhaltsam in sich zusammen, bis ihre Masse sich nicht weiter verdichten kann. Ihnen bleibt nur eines: fulminant zu zerplatzen. Die Explosionen schleudern heißes Sternengas ins All und mitten hinein in träge Wasserstoffwolken, die noch aus der Zeit des Urknalls stammen und die schwereren Elemente aus den verendeten Sternen dankbar in sich aufnehmen. In Milliarden embryonaler Galaxien trifft erstmals Wasserstoff auf Sauerstoff. Ununterbrochen verbinden sich die beiden Elemente, bis sich auf der Oberfläche gefrorener Staubkörner Moleküle einer völlig neuen Art gebildet haben.

Wasser.

Flott vergehen neun Milliarden Jahre. Sterne werden geboren, Galaxien entstehen, die sich wie kosmische Räder zu drehen beginnen. Die Kinderstube des frühen Universums lässt zu wünschen übrig, ein einziges Gedränge ist das. Auch unsere Galaxis balgt sich um die besten Plätze, kollidiert mit anderen Galaxien, macht sich breit und bezieht Prügel. Einer der vielen Zusammenstöße erzeugt schließlich eine materiereiche Dunkelwolke. Vielleicht hat die Explosion eines nahen Sterns geholfen, jedenfalls kollabiert die Wolke und zündet einen neuen Brennofen in ihrem Zentrum, unsere Sonne. Was der Verschmelzung entgeht, vornehmlich mit Staub durchsetztes Gas, kreist um das neugeborene heiße Zentrum. Es ist die Zentrifugalkraft dieser Rotation, die das Gas-Materie-Gemisch davor bewahrt, auch noch von dem jungen Stern verschluckt zu werden. Stattdessen treibt es hinaus und bildet eine riesige, flache Scheibe aus Gesteins- und Eiskörnern.

Eine Scheibe mit einer Achse.

Die Sonnenachse.

Auch Wasser treibt in dem solaren, sich drehenden Nebel, zu Eis gefroren. In der Nähe der Achse allerdings, wo die Temperatur 1.200 Grad Celsius beträgt, kann es nicht überdauern. Nur im Innern von Gesteinskörnern hat es Bestand, an ihrer Oberfläche verdampft es. Der innere Ring, der sich um die Sonne gelegt hat, ist steinig, und ganz allmählich fügen sich die Steine zusammen, Stück für Stück, beginnend mit winzigen Staubpartikeln, die kollidieren und aneinander haften bleiben. Blitze zucken in dem wirbelnden Staubgemisch. Zu immer größeren Klumpen ballt sich die Materie, es entstehen Milliarden von Felsen, groß wie Asteroiden, und jeder strebt zum anderen.

Gälte es, das ultimative Liebeslied zu schreiben, müsste es der Gravitation gewidmet sein. Ein einziges Zueinander-Hingezogen-Sein! Knapp eine Million Jahre, nachdem unser Stern geboren wurde, sind aus dem achsnahen Staub 30 Kleinplaneten entstanden, Günstlinge der Sonne, die sie in konzentrischen Bahnen umkreisen, Rivalen auf zu engem Raum. Natürlich kommen sie einander in die Quere. Sie verlassen ihre Bahnen, bewegen sich in Ellipsen aufeinander zu, kollidieren mit Zehntausenden von Stundenkilometern. Nur die Großen überstehen den Zusammenprall und verleiben sich die kleineren ein. 100 Millionen Jahre lang geht das so, dann verzeichnet der innere Ring vier vorläufige Sieger. Drei davon begnügen sich mit ungeliebten Provinzen, deren zwei der Sonne sehr nahe sind und die andere fern, auf vierter Position. Vier Hauptkonkurrenten, um einander eine Zukunft abzutrotzen, die nur einem vorbehalten ist. Dem dritten Planeten. Unserer Erde.

Anfangs ist sie eine heiße Hölle! Kleinere Körper, die an ihr zerschellen, lassen sie beständig wachsen. Selbst den kondensierten Wasserdampf aus dem Innern dieser Körper hält sie fest und schichtet ihn wie einen Mantel um sich. Im embryonalen Stadium beträgt ihre Masse gerade mal ein Drittel des heutigen Gewichts, aber wozu fliegen da jede Menge Himmelskörper rum? Immer neue Herausforderer stellen sich in den Weg, noch mehr Masse, noch mehr Wasser, und dann kommt einer, der zu gewaltig ist, um einfach weggesteckt zu werden.

Theia schlägt auf, ein marsgroßer Asteroid. Trümmer schießen in den Weltraum. Für die Dauer von 24 Stunden bildet sich ein saturnartiger Ring aus Schutt um den Planeten. Dann stürzen die meisten der Brocken zurück auf die junge Erde, vereinen sich mit ihr und fügen der neuen Welt Masse hinzu. Andere ballen sich im Schwerefeld zusammen und bilden fortan die Interessengemeinschaft Mond. So sind wir an unseren Trabanten gekommen. Durch Krawall im All.

Was das Ende hätte werden können, wird zu einem Anfang.

Nach der Karambolage mit Theia stabilisiert sich unser Planet, größer und mächtiger denn je. Allerdings müssen weitere 500 Millionen Jahre verstreichen, bis der Glutball, den wir heute so komfortabel bewohnen, eine halbwegs stabile Kruste gebildet hat. Ein unablässiges Bombardement kosmischer Projektile verhindert jeden Zusammenschluss organischer Moleküle, beschert der Erde dafür aber ihren inneren Aufbau. Elemente verschiedenen Gewichts gelangen mit Asteroiden und Meteoriten auf die Oberfläche, das schwere Eisen sammelt sich, der Masseanziehung folgend, im Erdkern, leichtere Materie formt sich zu Schichten, die den Kern ummanteln. Gewaltige Mengen Gas bahnen sich ihren Weg aus dem feurigen Brei nach draußen, Kohlendioxid, Stickstoff, Ammoniak, Methan, hauptsächlich aber Wasserdampf. Aus den Tiefen des Weltraums kommt neues Wasser. Es entstammt den äußeren Schichten, wo eine sphärische Wolke aus Materieteilchen, Körnchen und Brocken das gesamte Sonnensystem wie eine Schale umgibt. Während im inneren Ring der Konkurrenzkampf tobte, haben sich auch dort, fern von der Sonnenwärme, Planeten gebildet. Große Trümmer sind von ihrem Bau übrig geblieben, die zu gleichen Teilen aus Felsen und Eis bestehen: Kometen. Nun rasen sie heran und ersetzen das beim Zusammenprall mit Theia verloren gegangene Wasser. Die Dampfhülle verdichtet sich aufs Neue, bis sie wie eine Decke über dem Planeten liegt. Je dichter die Decke wird, desto weniger kann die Hitze der ständigen Explosionen entweichen. Der Planet kocht in sich selber. Seine Oberfläche beginnt zu schmelzen, bis gleißend rote Lava alles überzieht. 1.260 Grad Celsius herrschen an der Oberfläche, der Luftdruck beträgt einhundert Atmosphären. Zwei Ozeane bedecken den Planeten. Einer aus Wasserdampf und darunter einer aus flüssigem Gestein, der den Dampf allmählich absorbiert. Wann immer jetzt Felsbrocken einschlagen, fügen sie der Hülle keinen neuen Wasserdampf hinzu, weil die Lava ihn im selben Augenblick verschluckt.

Dann werden die Geschosse weniger.

Schon einmal, gleich nach ihrer Entstehung, hatte die Erde eine dünne Atmosphäre besessen, aber damals war der Planet kleiner und leichter gewesen. Seine Gravitation hatte nicht ausgereicht, um die Gashülle gegen die fortgesetzten Sonnenstürme zu verteidigen, die damals auf den Planeten einwirkten. Instabil, wie die junge Atmosphäre war, hatte der Zusammenprall, aus dem der Mond hervorging, sie schließlich ins All geschleudert. Jetzt sah die Sache schon besser aus. Schwer war der Planet geworden, was verhinderte, dass sich der neu gebildete, kochend heiße Mantel aus Dampf in den Weltraum verflüchtigen konnte. Weil zudem der Meteoritenhagel nachließ, bildete sich eine feste Kruste, und es wurde kühler. Was ein neues, bis dahin unbekanntes Phänomen auslöste.

Es begann zu regnen.

Beziehungsweise, Regen kann man das nicht nennen.

Es schüttete!

Kein Fernsehsender würde sich trauen, diesen Wetterbericht zu bringen. Über 300 Grad Celsius war dieser Regen heiß, die Temperatur, bei der Wasser kondensiert, wenn ein Druck von 100 Atmosphären herrscht. Es regnete weiter, Jahrtausende lang, das ultimative Hundewetter. Alles Wasser aus der Atmosphäre fiel auf die Oberfläche. Anderthalb Milliarden Billionen Tonnen rauschten hernieder. Nach dem ersten großen Niederschlag kühlte sich die Erde ab, Wolken entstanden, neuer Regen setzte ein. Und wieder Wolken. Und Regen. Wolken. Regen. Tag für Tag, Jahr für Jahr. Jahrmillionen lang.

Wasser, muss man sagen, ist ein molekulares Gedränge ohne Beispiel, schlimmer als die ersten hundert Reihen bei einem Robbie-Williams-Konzert. Eigentlich war es nur entstanden, weil dem Sauerstoff zu seinem Glück zwei Elektronen fehlten. Als er in die urzeitlichen Wolken gelangte, suchte er sich darum zwei Wasserstoffatome, und ein janusköpfiges Molekül entstand, die eine Seite negativ, die andere positiv aufgeladen. Ein Wassermolekül, dessen Protonen- und Elektronenpaare dazu neigen, ihre Gegenstücke in anderen Wassermolekülen anzuziehen und Brücken zu bauen. Diese Wasserstoffbrücken sind sehr viel schwächer als die Verbindungen zwischen Atomen in einem Molekül. Große Hitze kann sie zerreißen. Aber unter moderaten Bedingungen bilden sie flüchtige Verknüpfungen zu anderen Wassermolekülen, ein kurzes Berühren und wieder Loslassen, viele Milliarden Verknüpfungen pro Sekunde, ein unablässiger molekularer Partnertausch. Ordnung kann man das nicht gerade nennen, aber immerhin entsteht Zusammenhalt: flüssiges Wasser.

Nennenswerte Gebirge gab es damals noch nicht, die Erde erinnerte mit ihren Kraterfeldern an den Mond, und so geriet der ganze Planet gleichmäßig unter Wasser, bis nur noch die höchsten Vulkangipfel herauslugten. Zudem wuschen die Niederschläge Kohlendioxid aus der Atmosphäre, das mit der erstarrenden Lava reagierte und die darin gebundenen Mineralien freisetzte. So nämlich kam das Salz ins Meer – und nicht durch den Salzstreuer, von dem mein Vater mir weiszumachen suchte, er sei einem Matrosen ins Wasser gefallen, als der sein Frühstücksei würzen wollte. Geglaubt habe ich das schon damals nicht, bloß dass ich mit sechs Jahren keine bessere Theorie entgegenzusetzen hatte.

Ein Urozean entstand, bar jeden Lebens.

Niemand hätte darin baden wollen. Er war kochend heiß, im Schnitt dreieinhalb Kilometer tief und ein hauchdünner Film, verglichen mit dem Radius des Planeten, der sich auf immerhin sechseinhalbtausend Kilometer bemaß. Sein Wasser entstammte den Himmelskörpern des inneren Rings ebenso wie den Kometen aus der fernen Kälte. Alter und Herkunft beider Wasserarten waren verschieden. Einige der Moleküle waren noch vor dem Sonnensystem entstanden, irgendwo im interstellaren Raum. Zu Eiskörnern gefroren trieben sie in den äußeren Regionen des Solarnebels, bevor sie hierher gelangten. Aber was immer sie einmal waren und woher sie stammten, jetzt vermischte sich alles.

Es goss und goss.

An den Vulkanflanken nagte die Erosion. Der Regen spülte Basalt ins Wasser, das sich rund um die feurigen Inseln ablagerte und den Meeresboden sedimentierte. Immer neues Material folgte nach, bis die noch dünne Erdkruste unter dem Gewicht von Millionen Tonnen Sediment einbrach und schmolz. Ein Teil der Schmelze trieb zurück nach oben, durchsetzte nachdrängende Sedimentschichten und verband sich mit ihnen zu einem Stoff, der das Antlitz der Welt grundlegend verändern sollte. Granit entstand, leichter als Basalt, dafür von äußerster Härte. Ganze Platten formten sich aus dem neuen Gestein, manche von den Ausmaßen der Schweiz, andere nicht größer als ein Kinderspielplatz. Vorerst noch unter Wasser gelegen, folgten sie schließlich den Gesetzen des Auftriebs und strebten zur Oberfläche, einfach weil sie leichter waren als der Meeresboden. So erhoben sich vor vier Milliarden Jahren die ersten Inseln aus dem Meer, die nicht vulkanischen Ursprungs waren.

Mit ihrem Erscheinen endet die Ära des Urozeans.

Ein neuer Kreislauf aus Erosion und Landentstehung begann und setzte sich Millionen Jahre lang fort. Kilometerdicke Sedimentschichten legten sich über basalten Meeresboden, die leichteren Granitinseln wuchsen und begannen an ihrer schwereren Umgebung zu zerren. Schließlich riss die Kruste rund um die Inseln auf. Land trennte sich unwiederbringlich vom Meeresboden. Endlos wiederholte sich dieser Prozess, immer wieder brach die noch dünne Meereskruste ein, neue Schmelze verband sich mit Sediment, die granitenen Schollen wuchsen und wuchsen, bis sie einander in die Quere kamen. Weil keine wich, wurden sie von den langsam wandernden ozeanischen Platten ineinander gedrückt und verbanden sich zu einer einzigen, gewaltigen Landmasse in Äquatorhöhe. Kenorland hieß dieser erste Superkontinent, dem im Verlauf kommender Jahrmillionen weitere folgen sollten. Noch war nicht alles Land entstanden, das der Erde heute ihr Gesicht gibt. Zweieinhalb Milliarden Jahre vor unserer Zeit umfasste Kenorland im Wesentlichen das heutige Nordamerika und Australien, außerdem Teile Afrikas und ein bisschen frühes Europa. Leer und leblos, eine düstere, von gleißenden Magmaströmen durchzogene Gesteinswüste, hatte der erste Kontinent der Weltgeschichte dem Schöngeist wenig zu bieten.

In den Tiefen des Ozeans jedoch regte sich etwas.

Moleküle reckten und streckten sich, beschnupperten einander und schlossen Freundschaft. Schon mit dem Auftreten der ersten Splitter Kenorlands, vor vier Milliarden Jahren, war der Natur eine neue Mitarbeiterin zuteil geworden. Geduldig hatte sie abgewartet, bis der schlimmste Trümmerhagel aus dem All nachließ. Immer noch wurde scharf geschossen im erdhistorischen Wilden Westen, stürzten Asteroiden ins Meer und auf die Inseln, manche winzig, andere von der Größe Mallorcas oder Siziliens. Doch aus den schlimmsten Flegeljahren schien die Erde raus zu sein. Die neue Mitarbeiterin schaute sich um, mit prüfendem Blick und voller Tatendrang. Nachdem sie die Überzeugung gewonnen hatte, dass der Erschaffung von Leben nichts mehr im Wege stand, machte sie sich an die Arbeit. Sie hieß Evolution, und sie hatte ein paar höchst elegante Ideen in petto.

Wie jede elegante Dame brachte sie ihre Handtasche mit.

Land in Sicht

Sie würden gerne reinschauen in die Handtasche? Kein Problem! Zuvor müssen wir uns aber noch ein wenig genauer mit dem Aufbau des Planeten auseinander setzen. Denn was die gute alte Erde zusammenhält, ist zugleich das, was sie spaltet. Wir könnten keine Reise durch die Erdzeitalter unternehmen, das Leben wäre nie entstanden, hätte die Natur auf unserem Planeten nicht eines ihrer wichtigsten Patente zur Anwendung gebracht: die Plattentektonik. Falls Sie als Kind Jules Verne gelesen haben, werden Sie ihm vielleicht atemlos zum Mittelpunkt der Erde gefolgt sein. Im wirklichen Leben würde die Reise weit weniger romantisch verlaufen. Ein Gefährt, um uns ins Herz des Planeten zu tragen, müsste enorm hitzeresistent sein und über eine unvorstellbar leistungsfähige Klimaanlage verfügen, außerdem könnte von Sightseeing keine Rede sein. Bei Monsieur Verne stoßen die Forscher auf labyrinthische Höhlensysteme, innerirdische Ozeane und seltsame Riesenpilze, im Film gesellt sich allerlei Urviech hinzu, bis eine Eruption das Team zurück zur Erdoberfläche befördert, geradewegs durch den Schlot eines Vulkans. In einer prähistorischen Opferschale aus einem brennenden Berg zu fliegen und unbeschadet ins Meer zu plumpsen, das muss dem fabuliergewaltigen Franzosen erst mal einer nachmachen. Tatsächlich gelangten wir auf diese Weise kaum nach draußen, ebenso wenig wie wir gemütlich hineinspazieren könnten. Vielmehr müssten wir uns mit einem Superbohrer in die Lithosphäre, die starre Erdkruste, fräsen, und spätestens in 70 bis 100 Kilometern Tiefe würde es unangenehm warm.

Die marinen und kontinentalen Platten der Erdkruste sind Inseln vergleichbar, die auf einem Ozean ganz eigener Beschaffenheit treiben: Bis zu 200 Kilometer dick ist die Asthenosphäre, eine zähe, relativ weiche und leichte Schicht aus glühendem Gestein, die lähmend langsam dahinkriecht. Wie auf Sirup schwimmen die Teile der Erdkruste darauf, der Fließgeschwindigkeit entsprechend. Vorausgesetzt, unser Gefährt wäre resistent gegen diesen 1.200 bis 1.500 Grad Celsius heißen Backofen, könnten wir die Asthenosphäre durchqueren, allerdings würde uns als Nächstes der Erdmantel erwarten und damit noch schlimmere Hitze. 2.860 Kilometer dick, fester als die Asthenosphäre, schiebt auch er sich mit wenigen Zentimetern jährlich voran. Nicht allein die Temperaturen setzen unserem Bohrgefährt zu, sondern ebenso ungeheurer Druck.

Wacker, wie wir sind, lassen wir uns davon nicht beeindrucken und bringen auch diese Etappe hinter uns, umgeben von eintönigem Lavarot, bis wir eine hellere Zone erreichen, den äußeren Kern. Bislang ging unsere Reise durch Gestein, nun kommen wir ins Reich flüssigen Metalls, vornehmlich Eisen mit ein wenig Nickel. Spätestens jetzt sollten Sie die Erfrischungstüchlein auspacken. Gnadenlose 4.000 Grad Celsius erwarten uns während der nächsten 2.250 Kilometer. Guter Dinge drücken wir auf die Tube – und knallen gegen etwas Festes.

Wer wohnt hier?

Niemand. Der innere Kern hat uns ausgebremst: metallisch wie der äußere, allerdings fest. Hier herrschen Druckverhältnisse, die keine Fließbewegung mehr zulassen. Um zu Vernes Mittelpunkt vorzustoßen, müssten wir erneut den Bohrer rotieren lassen und weitere 610 Kilometer hinter uns bringen, aber das sparen wir uns. Weiß glühend ist der Kern, der Druck in seinem Zentrum beträgt 3.600 Kilobar, was geologisch von höchstem Interesse sein mag, für Touristen jedoch langweiliger ist als Wolfsburg bei Nacht. Also drehen wir um und reisen heim. Zurückgekehrt, wissen wir nun immerhin so viel: Die Erde ist teils flüssig, ihr Inneres in ständiger Bewegung, entsetzlich heiß und mörderischen Druckverhältnissen unterworfen, eine in Zeitlupe vor sich hin kochende Hölle. An der Oberfläche dieser Hölle leben wir – und existieren einzig, weil die dünne Kruste nicht komplett geschlossen, sondern in Fragmente unterteilt ist, die auf dem zähen Ozean der Asthenosphäre treiben.

Was würde geschehen, wäre die Erde nicht so rissig? Nun, stellen Sie sich ein Ei im Kochtopf vor. Ein Kräftezerren setzt ein, Gase wollen entweichen, Materie stockt, vertikale und horizontale Effekte setzen der Schale zu. Halt ein ganz normales Frühstücksei.

Würden Sie es nicht anstechen, bevor Sie es ins brodelnde Wasser gleiten lassen, es würde platzen. So aber kann es Dampf ablassen und ist nach wenigen Minuten fest geworden, hat also einen Zustand neuer Stabilität erreicht. Mit der Erde verhält es sich ähnlich, nur dass man sie nicht pellen und aufs Brötchen schneiden kann, weil sich unter der Schale immer noch dynamische Prozesse vollziehen, ein permanenter Kampf des Inneren gegen das Äußere. Eine in sich geschlossene Kruste müsste flexibel wie Gummi sein, um derartigen Bedingungen standzuhalten. Doch die Lithosphäre ist starr, also tat die Natur gut daran, sie in Schollen zu unterteilen, die mal auseinander driften, mal zusammenstoßen, sich über- und untereinander schieben, sich heben und senken und den Druck aus dem Inneren ausgleichen.

Heute ist die Plattentektonik allgemein akzeptiert, sieht man von Gegenden im amerikanischen Mittelwesten ab, wo man schon für die Verkündung des Darwinismus auf dem Scheiterhaufen landet. Noch in den Sechzigern war längst nicht jeder Geologe von der Beweglichkeit der Platten überzeugt. Dabei hatte ein deutscher Polarforscher bereits Anfang des 20. Jahrhunderts den Beweis erbracht, dass die Natur Erfinderin des Puzzles ist. 1910 betrachtete Alfred Wegener stirnrunzelnd eine Weltkarte. Ihm schien, dass Südamerika und Afrika irgendwie ineinander passten. Im Folgenden unterzog er sämtliche Inseln und Kontinente einer genaueren Untersuchung und gelangte zu der Überzeugung, Teile eines einzigen gewaltigen Kontinents vor sich zu haben, der in ferner Vergangenheit auseinander gebrochen sein musste. Etwa zeitgleich machten Paläontologen die bemerkenswerte Entdeckung, dass Fossilien uralter Lebensformen diesseits und jenseits der Ozeane identische Züge aufwiesen. Wie konnte ein Tier aus Afrika zugleich in Südamerika gelebt haben? Wie war es dorthin gelangt? Sporen von Pflanzen, gut, die hatte der Wind übers Meer geweht, von Krokodilen und Skorpionen stand das weniger zu erwarten. Für Wegener der fundamentale Beweis, dass einst ein Riesenkontinent existiert haben musste, eine einzige zusammenhängende Landmasse, auf der sich das Leben frei in alle Himmelsrichtungen hatte verteilen können.»Ganze Erde« nannte Wegener seinen Kontinent, und weil Wissenschaftler einem kryptischen Zwang unterworfen sind, alles auf Griechisch oder Lateinisch auszudrücken, wurde daraus Pangaea – Gaea für Erde, Pan für Ganz.

Zum Leben des Visionärs gehört, ausgelacht zu werden. Wegener konnte das ertragen, obwohl er nur Hohn für seine These erntete. Zwecklos, die Fachwelt darauf hinzuweisen, schon zu Zeiten der Renaissance hätten scharfäugige Kartenleser Ähnliches herausgefunden. Allgemein hing man der Auffassung des österreichischen Geologen Eduard Suess an, dessen Schrumpfungstheorie sich damals großer Popularität erfreute. Demnach war die Erde einst heißer und damit voluminöser gewesen. Im Laufe der Jahrmilliarden hatte sie einen Teil ihrer Wärme abgestrahlt, wodurch sie kälter wurde und gemäß der Kontraktion in sich zusammenschnurrte wie ein schrumpeliges Äpfelchen. Gebirge seien auf diese Weise entstanden, erklärte Suess, ganze Landstriche hätten sich nach innen gefaltet, sodass Wasser in die entstandenen Becken floss und Ozeane bildete. Wegener hielt dagegen, verschrumpelte Äpfel wiesen keine kontinentalen Strukturen auf. Ein Planet, der gleichmäßig Hitze abgäbe, müsse auch gleichmäßig schrumpfen und würde zwar faltig, aber nicht schartig und buckelig. Außerdem sei Granit erwiesenermaßen leichter als Meeresgestein, woraus folge, dass Kontinente nicht versinken könnten, wie es die Schrumpfungstheorie forderte. Sie schwämmen obenauf und seien unzerstörbar und unsinkbar.

1915 war Wegener so weit, seine Theorie der Kontinentalverschiebung zu veröffentlichen. Wie zu erwarten, löste sein Buch *Die Entstehung der Kontinente und Ozeane* heftige Diskussionen aus. Suess führte erbittert Krieg gegen den Mann, den ehrbare Geologen seiner Meinung nach nie hätten ernst nehmen dürfen: Schließlich sei dieser Alfred Wegener einem Kuckucksei entschlüpft, weil eigentlich nur Astronom und Meteorologe. Den Siegeszug der Plattentektonik konnte der Schrumpelpapst indes nicht aufhalten. Dummerweise hatte Wegener nicht viel davon. Es ist den eisigen Temperaturen, möglicherweise auch einem Herzinfarkt geschuldet, dass Wegener 1930, an seinem 50. Geburtstag, in Grönland den Tod fand – ein mutiger und weitsichtiger Forscher, der nie vermocht hatte, seine Theorie stichhaltig zu begründen. Mal erklärte er, Sonne und Mond zerrten an den Landmassen, dann wieder fabulierte er über eine ominöse Polfluchtkraft, infolge derer alles Land zyklisch zum Äquator strebe. Hätte der Vater der Plattentektonik über die Messdaten eines Satelliten verfügt, um Langzeitbeobachtungen der Erdoberfläche durchzuführen, wären Suess'

Schrumpeljünger schnell in sich selbst zusammengeschrumpft: Aus Messungen wissen wir, dass die Kontinente jährlich drei bis fünf Zentimeter wandern. So aber musste Wegener sich als Märchenonkel verspotten lassen. Vielleicht – im Hinblick auf Scheherezade und die Gebrüder Grimm – mag er zeitlebens Trost darin gefunden haben, dass auch Märchenerzähler zu Weltruhm gelangen können.

Über das Erdinnere wusste Wegener ebenso wenig Bescheid, sonst wäre ihm klar gewesen, dass es die Konvektionsströme im Erdmantel sind, denen sich die Plattenbewegung verdankt. Unablässig wird dort flüssiges Mantelgestein um- und umgewälzt und dabei auf unterschiedliche Temperaturen erhitzt. Je heißer, desto leichter wird es, und was leicht ist, steigt nach oben. Weil das Defizit ausgeglichen werden muss, sinkt kühleres Gestein ab und hält den Strömungskreislauf in Gang. Die aufsteigende Schmelze bahnt sich ihren Weg, bis sie mit Wasser im Meeresboden reagiert und diesen durchbricht. Das Resultat sind Tausende von Kilometern lange klaffende Schluchten, Austrittszonen für Lava, die im kalten Tiefenwasser erstarrt, dem Meeresboden Masse hinzufügt und ihn langsam auseinander presst. Beiderseits dieser Spreizungsachsen haben sich so mit der Zeit poröse Gebirge aufgewölbt, Mittelozeanische Rücken, und weil immer neue Lava nachfloss, geriet der Meeresboden selbst in Bewegung und schob sich langsam auseinander. Bis heute hat sich daran nichts geändert. Mit zunehmender Entfernung von den Schluchten kühlt er ab, wird fester und flacher. Viele Millionen Jahre später stößt er auf Land, was eine wichtige Frage aufwirft:

Wohin mit ihm?

Wir könnten uns den Bau von Küstenstädten sparen, käme da ständig Boden aus dem Meer gekrochen. Nun haben wir aber gesehen, dass Kontinente leichter sind als Meeresboden – alle Kontinente zusammen wiegen gerade mal 0,4 Prozent der gesamten Erdmasse. So schiebt sich die schwerere Meereskruste unter die kontinentale Platte, wird in den Erdmantel gedrückt und dort aufgeschmolzen. Man nennt dieses Phänomen Subduktion. Wie zum Beweis sind kontinentale Kerne bis zu 3,5 Milliarden Jahre alt, der älteste intakte Meeresboden hingegen lediglich 200 Millionen Jahre. Zögern Sie also nicht, schnell nochmal auf die Kanaren zu düsen. Inseln sind im Gegensatz zu Kontinenten Teil des Meeresbodens und werden von diesem mitgeschleppt. In einigen Millionen Jahren scheppern Lanzarote, Fuerteventura und so weiter gegen Marokko und zerbröseln am Gestade der Westsahara.

Allerdings sind nicht alle Kontinentalränder automatisch Subduktionszonen. Vielmehr spricht die Geologie von aktiven und passiven Rändern. Man muss sich vorstellen, dass so ein Kontinent schwer in Bedrängnis ist. Nehmen wir exemplarisch Amerika, eingefasst vom Atlantik im Osten und vom Pazifik im Westen, beides Ozeane, in denen Meeresboden kontinuierlich auseinander driftet. Das heißt, Amerika bekommt von beiden Seiten Druck. Nun sind aktive Kontinentalränder immer Teil aufeinander zustrebender Platten, passive hingegen solche, wo zwei Platten sich voneinander wegbewegen. Dort wachsen die Kontinente flach ins Meer hinaus, lagern sich Sedimente an und tragen zu neuer Landbildung bei, während der enorme Druck auf der anderen Seite die Küsten bollwerkartig aufwölbt, Tiefseegräben und Vulkanketten formt und schwere Beben erzeugt. Beständig ruckelt es in der aktiven Zone, wenn sich unterseeische Berge unter dem Kontinentalsockel verhaken und schließlich losreißen. Dann kann es geschehen, dass riesige Teile Meeresboden einfach auseinander brechen, hochschnellen oder absacken, ein Phänomen, das Ende 2004 zum Tsunami in Südostasien führte.

In unserem Beispiel wird das amerikanische Festland, genauer gesagt, die Platte, auf der es liegt, gen Westen geschoben und kollidiert dort, im Pazifik, mit einer anderen Platte, die nach Osten will. Speziell dieses Kräftemessen sorgt in Amerika für einiges Kopfzerbrechen. Nicht von ungefähr warten die Bewohner der Westküste auf »The Big One«, das Beben aller Beben, unter dessen Wucht Städte wie San Francisco, Los Angeles oder Vancouver kollabieren dürften, um von der anschließenden Riesenwelle weggespült zu werden. Praktisch der komplette Pazifik ist durch aktive Kontinentalränder begrenzt, sämtliche angrenzenden Landstriche gelten als Erdbebengebiete.

Insgesamt sieben große und eine Vielzahl kleiner Platten kennen wir. In graphischer Darstellung geben sie der Erde das Aussehen einer zersprungenen Weihnachtskugel. Angesichts dessen gruselte sich unlängst eine große Zeitung über der Frage, ob es die Erde wohl bald auseinander reißen mag. Überzogen von einem Craquelé tektonischer Ränder prangte sie auf der Titelseite und sah tatsächlich aus, als wolle sie beim nächsten seismischen Schluckauf in Stücke gehen. Seien Sie beruhigt: Es sind eben diese Risse, die relative Ruhe gewährleisten. Dass es bebt, wenn Platten aneinander rempeln, ist das kleinere Übel, sozusagen geologischer Alltag. Andernfalls wäre unser Planet längst geplatzt. Übrigens ist das tektonische Recycling auch der Schönheit zuträglich. Es führt dazu, dass sich Xenolithe, Gesteine aus einstmals 200 Kilometer Tiefe, in den Hälsen kontinentaler Vulkane ablagern, und Marylin Monroe hat Xenolith geliebt! Nicht, dass sie je davon gehört hätte. Dafür wusste sie umso besser, was man daraus machen kann, und hat es ausgiebig besungen. Xenolithe sind die Hauptquelle für Diamanten.

Natürlich fügen sich nicht nur Kontinente via Tektonik zu immer neuen Konstellationen, auch Meere entstehen und vergehen im Zuge der Erdkrustenbewegung. Am Grund der Ozeane driften die riesigen Platten auseinander, wuchern Gebirgsrücken entlang der Spreizungsachsen in bis zu 3.000 Meter Höhe, insgesamt 60.000 Kilometer lang, das größte Gebirge der Welt. Mit jedem der geologischen Umbauten ändern sich die Meeresströmungen und damit die Bedingungen für das Leben im Wasser und zu Lande. Denn auch auf das Klima hat das Meer erheblichen Einfluss. Später gehen wir näher darauf ein.

Jetzt aber dürfen Sie der Evolution in die Handtasche schauen. Sie ist voller Leben!

Die Handtasche der Evolution

An Theorien, wie sich das Leben entwickelte, nachdem Einzeller die Meereshoheit erlangt hatten, herrscht kein Mangel. Evolutionsbiologen und Molekulargenetiker können plausibel ableiten, warum Vielzeller entstanden, warum sich Organismen zu Beginn des Paläozoikums Zähne, Zangen und Panzerplatten zulegten und warum jeder Mensch im Fotoalbum eigentlich ein Bild von Haikouella haben sollte, einem Vorläufer der Wirbeltiere, der einst durch kambrische Untiefen wuselte und ein bisschen anmutet wie der Urahn aller Weißwürste.

Schwieriger wird es, wenn die Frage nach der Henne und dem Ei aufkommt. Sprich, was war zuerst da, Stoffwechsel oder Zelle? Wie konnten Zellen überhaupt entstehen ohne Stoffwechsel? Wie fand Stoffwechsel ohne Zelle statt? Wo genau lag der Punkt, jenseits dessen aus anorganischer organische und aus organischer belebte Materie wurde? Ab wann galt: Jetzt ist es Leben?

Gab es überhaupt eine eindeutige Zäsur?

Unzählige Religionen geben darauf dieselbe Antwort: Höhere Wesen haben tote Materie belebt, indem sie eine Art Software einspeisten, Seele genannt, woraufhin sich das Geschöpf reckte und streckte und fortan den Herrn pries. In der Tat mutet die Vorstellung einer solchen Schöpfung erfreulich an. Wer will schon ernsthaft aus Bakterien hervorgegangen sein oder aus einem frühzeitlichen Wurstfisch? Die Sache hat nur einen Haken: Wenn die Evolution fließend geschah, also keine Kapitelüberschriften kennt, gibt es auch zwischen Mensch und Tier nicht so signifikante Unterschiede, wie wir es gerne hätten. Menschen wären demzufolge kein Endprodukt der Schöpfung, sondern allenfalls ein Zwischenstadium, eine von zig Varianten im Katalog des Lebens. Ausgestattet zwar mit stupenden kognitiven Fähigkeiten, genetisch jedoch nur vorläufiges Ende einer Kette, die vier Milliarden Jahre in die Vergangenheit reicht und sich in eine ungewisse Zukunft windet. Vorausgesetzt, die Theorie von Gottes Software stimmt, müssen wir uns fragen, ob Leben gleich Seele ist, und ob auch Tiere eine Seele haben. Denn das wäre die Konsequenz: Leben wird toter Materie in Form der Seele sozusagen beigefügt, damit sie nicht als nutzloser Klumpen im Weg rumliegt. Weil auch der Affe im Dschungel lebt, atmet und sich kratzt, muss er ebenfalls von Gott beseelt sein. Vertreter vieler Glaubensrichtungen merken an, dass zu einer richtigen Seele ein Gewissen gehört, ethisches und moralisches Empfinden und Differenzierungsfähigkeit zwischen Gut und Böse, dass die Seele des Affen der menschlichen also keineswegs vergleichbar ist. Andererseits lassen sie keinen Zweifel daran, dass erst der Odem Gottes den Affen leben lässt, auch wenn das Tier die Gabe nicht zu würdigen weiß, sondern lieber Bananen frisst, als danke schön zu sagen. Die Meinung aller Theologen jedenfalls, mit denen ich gesprochen habe, war einhellig: Affen haben eine Seele, nur eben keine unsterbliche. Ähnliches gilt für Pudel, Goldhamster, Heringe, Fadenwürmer und alles, was da kreucht und fleucht und nicht der Spezies Homo angehört. In einem Punkt können wir also beruhigt sein: Stechmücken, Zecken und Skorpione werden uns im Himmel nicht so schnell begegnen.

Zwei Nüsse gibt es allerdings zu knacken. Erstens stellen wir beim Blick auf die Menschwerdung fest, dass unsere Ahnen, je weiter wir in die Vergangenheit reisen, immer äffischer werden. Es gibt offenbar keinen Punkt, an dem der Mensch eindeutig Mensch wurde. Jahrzehntelang haben Anthropologen nach dem berühmten *missing link* gesucht, dem definitiven gemeinsamen Vorfahren von Menschenaffe und Mensch. Heute gilt der Schimpanse als unser nächster Verwandter, weshalb wir ihm gerne Hosen anziehen und alberne Hüte aufsetzen. Genetisch sind Mensch und Schimpanse zu 98,7 Prozent identisch. Man fand es nur logisch, dass in grauer Vorzeit ein gemeinsamer Urahn durch die Wälder geschlurft sein musste. Nach Berechnungen von Molekularbiologen lebte dieser Ahn vor etwa sechs Millionen Jahren. Kurz darauf, so glaubte man, erfolgte die Aufspaltung in Schimpansen und so genannte Hominide, also Menschenartige, sprich Träger unsterblicher Seelen. Im Grunde ging man von einer linearen Entwicklungslinie aus, vergleichbar mit den Baureihen von Autos.

Doch der Mensch ist keine S-Klasse. Überreste eines gemeinsamen Prototyps wollten sich partout nicht finden lassen. 1994 stieß man in Äthiopien auf 4,4 Millionen Jahre alte Fossilien eines Vormenschen, den man »Ardipithecus ramidus« taufte und euphorisch als *missing link* präsentierte. Er war es jedoch ebenso wenig wie »Ardipithecus ramidus kadabba«, dessen Zähne und Knochen vier Jahre später ausgegraben wurden und sich als mindestens 800.000 Jahre älter erwiesen. Auch »Orrorin tugenensis«, 2000 in Kenia entdeckt, konnte die alleinige Verantwortung für spätere Schimpansen- und Menschengeschlechter nicht für sich beanspruchen. Er wurde ausgestochen vom derzeit gesichtsältesten Knochenlieferanten »Sahelanthropus tchadensis« aus dem zentralafrikanischen Tschad. Der, so heißt es, habe schon vor 6,5 Millionen Jahren den aufrechten Gang geprobt. Ob all diese Herrschaften nun näher am Affen oder am Menschen gewesen sind, lässt sich nicht eindeutig bestimmen. Fest steht, dass ein einziger gemeinsamer Vorfahre nicht existiert. Die Entwicklung der Hominiden, der Übergang von den Affenartigen zu den Menschenartigen, vollzog sich fließend, zu unterschiedlichen Zeiten und an unterschiedlichen Plätzen. Afrika ist die Geburtsstätte der Menschheit, ohne Zweifel, aber es gab weit mehr als eine Wiege.

Die Hominiden brachten ihrerseits Spezies hervor wie den Australopithecus und den Paranthropus. Irgendwann zwischendurch erhob die Gattung Homo ihren wulstigen Schädel und trollte sich als Homo rudolfensis, Homo habilis, Homo erectus und Homo sapiens neanderthalensis durch die Weltgeschichte. Auch ein gewisser Homo sapiens sapiens war darunter, der es mehr durch Zufall schaffte, bis heute durchzuhalten, und nachweislich der einzige Hominide ist, der seine Vorfahren zu Erkenntniszwecken aus der Erde buddelt. Weder lässt sich also eine erkennbare Zäsur zwischen Affe und Mensch nachweisen noch eine lineare Entwicklungslinie. Der Frankfurter Forscher Friedemann Schrenk sagt dazu: »In den vielen Hundert Millionen Jahren der biologischen Evolution gab es nie nur eine einzige Wurzel für eine neue Entwicklungslinie, sondern stets mehrere geografische Varianten. Warum hätte das bei der Evolution des Menschen anders sein sollen?«

Derzeit stellt es sich folgendermaßen dar: Vor sechs bis acht Millionen Jahren kippte in Afrika das Klima, was zu einem Niedergang der tropischen Regenwälder führte. Große Ebenen versteppten. Bis dahin waren die Affen hangelnd von Baum zu Baum gelangt. Manche hatten bereits die Fähigkeit entwickelt, aufrecht Äste entlangzulaufen, die waren nun fein raus. Als das Hangeln mangels Vegetation ein Ende hatte, half ihnen ihr spezielles Talent zu überleben: Am Boden erkennt man herannahende Raubtiere umso früher, je weiter man blicken kann. Also ging man fortan auf den Hinterbeinen und hatte beide Hände frei für andere Tätigkeiten, zum Beispiel für den Gebrauch von Werkzeugen.

Ist hier der Mensch zum Mensch geworden? Gab Gott uns den Faustkeil? Sorry, auch Schimpansen bohren mit Stöckchen nach leckeren Würmern. Der Gebrauch von Hilfsmitteln kam nicht über Nacht, sondern entwickelte sich sukzessive und regte die Hirntätigkeit an. Die aufrecht gehenden Affen wurden zwangsläufig klüger. Im Verlauf der nächsten Jahrmillionen liefen immer neue Varianten von Vormenschen durch Afrika, schlugen einander den Schädel ein oder paarten sich und entwickelten so etwas wie Kultur. Diverse Arten reichten ihren Abschied ein, andere passten sich den wechselnden Umweltbedingungen an, gewannen an Kreativität und Menschenähnlichkeit. Verschiedentlich wurde der aufrechte Gang neu erfunden, der Faustkeil, das Rad. Die moderne Anthropologie sieht sich ungeahnter Vielfalt gegenüber, nur vom Bild des klassischen Stammbaums hat sie sich verabschieden müssen. Allenfalls lässt sich von einem wirr verzweigten Busch sprechen, in dem die Grenzen zwischen Tier und Mensch endgültig verwischen.

Und wer kriegt nun die unsterbliche Seele?

Ebenso unmöglich wie zwischen Tier und Mensch lässt sich die Grenze zwischen belebt und unbelebt ziehen. Hat auch die Zelle eine Seele? Warum nicht, so eine kleine einzellige Seele müsste sich in Gottes Plan doch finden lassen. Aber auch die Zelle ist nicht vom Himmel gefallen, sie blickt vielmehr auf einen langen, abenteuerlichen Werdegang zurück, in dessen Verlauf sie diverse Stadien durchlief. Wollte man konsequent an der Seele als astrale Zutat festhalten, müsste auch jedes einzelne Molekül eine Seele besitzen und bei anständigem Betragen in den Teilchenhimmel kommen, und spätestens hier spielen die meisten Religionen nicht mehr mit.

Was also ist Leben überhaupt? Nicht nur Evolutionsbiologen würden die Korken knallen lassen, fänden sie darauf eine verlässliche Antwort. Ich schätze, es gibt kaum eine spannendere Frage. Sie stellt uns vor ähnliche Probleme wie die Phänomene der Unendlichkeit, des Kleinsten und des Größten, Anfang und Ende. Lässt man die Skalen beiseite, mit deren Hilfe wir gewohnt sind, Raum und Zeit zu unterteilen, offenbart sich uns ein Universum, in dem es keine abrupten Zustandswechsel gibt, das keine Kausalitätsketten erkennen lässt, sondern nur einen schier unentwirrbaren Kausalitätenfilz – ein Kosmos, in dem alles fließt. Für die Bewertung dessen, was lebt und lebenswert ist, hat diese Erkenntnis essenzielle Bedeutung, weil sie geeignet ist, die Cartesianer endgültig auf die Plätze zu verweisen – jene Anhänger des großen Rationalisten René Descartes, in deren Augen Tiere lediglich Automaten sind. Descartes hatte eine klare Grenze zwischen Mensch und Tier gezogen, indem er nichtmenschlichen Kreaturen jegliches Denken und Fühlen absprach. Ein Ansatz, der von Philosophen wie G. W. F. Hegel allzu bereitwillig aufgegriffen wurde – Hegel zufolge ist das Tier gemeinhin ein Verwertungsartikel. Über die Jahre pervertierte der cartesianische Ansatz zu blankem anthropozentrischem Zynismus. Was der Franzose aus innerer Überzeugung geäußert hatte, diente seinen Epigonen als Argument, bei Tierversuchen und Massenhaltung jede moralische Position ins Abseits zu stellen. Was zeigt, dass uns der rein naturwissenschaftliche Ansatz bei der Herausbildung ethischer Modelle nur bedingt weiterhilft. Weder Wissenschaftler noch Theologen finden darin eine Gebrauchsanweisung für ethisches Handeln. Zumal sich das, was wir als moralisch vertretbar empfinden, auch nur einer Skala verdankt, nämlich der Ethik-Skala, die dummerweise jeder anders anlegt.

Immerhin können wir sagen, seit wann das Leben auf der Erde nachzuweisen ist. Fossilien erster lebender Strukturen datieren aus der Zeit vor dreieinhalb bis vier Milliarden Jahren. Das wissen wir aus Funden von Einzellern, den frühesten Lebewesen, die sich als Abdruck im Gestein erhalten haben. Allerdings erlauben diese Funde keinerlei Aussage darüber, wann genau die eigentliche Entwicklung des Lebens begonnen hat. Ein solcher Beginn ist nur mittels einer Skala zu ersehen, die nachträglich Zäsuren einfügt, wo es in Wahrheit keine gab. Außerdem dürfte sich das frühe Leben mehrfach unabhängig voneinander entwickelt haben, möglicherweise viele Millionen Male. Prozesse vor der Erfindung des Zellmantels sind praktisch nicht zu dokumentieren. Wir tappen also im Dunkeln, und da sind wir richtig, denn die Tiefsee ist schwarz. Dort, wo die Umstände den Zusammenschluss komplexer Moleküle relativ früh zuließen, vollzieht sich eines der wahrscheinlichsten Szenarien, wie belebte Materie in die Welt gelangte. Leben ist das Resultat von Allianzen. Chemische Verbindungen kommen aber nicht zustande, wenn die zarten molekularen Strukturen immer wieder auseinander gerissen werden. Und vor vier Milliarden Jahren war die Erde kein Platz, um es sich gemütlich zu machen. Hatten sich im weltumspannenden, durchschnittlich zehn Kilometer tiefen Ozean zwei Elemente, sagen wir Kohlenstoff und Wasserstoff, ineinander verguckt, donnerte der nächste Asteroid heran und machte dem jungen Glück ein jähes Ende. Romeo und Julia wurden davongewirbelt, jeder in eine andere Richtung. Der ganze Planet war ein Kochtopf, in den ständig Neues geworfen wurde, Ströme von Lava brachten das Wasser zum Brodeln, gewaltige Blitze zerrissen die Atmosphäre, Liebesgeschichten hatten keine Konjunktur.

Ganz tief unten war es auch nicht gerade komfortabel, wo sich die ozeanischen Platten unter dem Druck aufquellender Lava auseinander schoben. Wenn diese zu porösen, kissenförmigen Strukturen abkühlte, sickerte Wasser ins Erdinnere, traf auf glühendes Magma, kochte auf, schoss wieder empor und trat als brodelnder, bis zu 400 Grad heißer Geysir aus dem frisch gebildeten Meeresboden. Jede Menge Gase und Mineralien brachte es aus dem Glutkeller mit, Wasserstoff, Schwefelwasserstoff, Ammoniak und anderes. Im freien Wasser reagierten diese Stoffe mit gelösten Metallen wie Eisen, Kupfer, Zink und Nickel und bildeten Schwefel-Metall-Ketten. Dadurch geschah zweierlei: Zum einen färbte sich das herausschießende Wasser schwarz. Meeresgeologen haben solche Quellen mehrfach besucht und unter Zuhilfenahme starker Scheinwerfer gefilmt, und tatsächlich sieht man eine turbulente, rußigschwarze Brühe emporsprudeln. Zum anderen sanken die schweren Verbindungen nach einem kurzen Höhenflug wieder zu Boden, lagerten sich ab und bildeten rund um die Austrittsstelle Kamine, die mit der Zeit mehr als 50 Meter hoch wurden. Man kennt solche Quellen als hydrothermale Schlote oder Schwarze Raucher.

Auch künftig wird ein komplettes Rauchverbot in der Tiefsee nicht durchzusetzen sein. Immer aufs Neue vollzieht sich der Kreislauf des absinkenden und aufsteigenden Wassers. Heute tummeln sich komplexe Biotope an den Kaminen, aber im Hadaikum gab es dort nichts, was krabbelte, wabbelte oder schwamm.

Noch nicht. Denn am äußeren Rand der Schlote lagerte sich Eisensulfid in mikroskopisch kleinen Bläschen ab.

Und die hatten es in sich!

Das umgebende Wasser mag damals 20 bis 30 Grad warm gewesen sein. Im Innern der Bläschen, auf engstem Raum, siedete es um die 100 Grad Celsius, gedrängt voll mit chemischen Substanzen, die der Ausbruch des heißen Wassers hierher verschlagen hatte. Wie das so ist in überfüllten Räumen, kommt man ins Gespräch, man mag sich, der kleine Bungalow verhindert, dass einen das Meer im schönsten Techtelmechtel wieder auseinander reißt, man bändelt an. Chemische Ehen kommen zustande, und diesmal halten sie. Das Innere der Bläschen ist energetisch aufgeladen, was den Zusammenschluss der Moleküle konspirativ unterstützt. Wasserstoff und Kohlenstoff, die unglücklich Liebenden, dürfen endlich miteinander verschmelzen. Schließlich kommen die ersten auf Kohlenstoff fußenden Verbindungen zustande, ohne die kein Erdenwesen denkbar wäre.

Miss Evolution, unsere fleißige Mitarbeiterin, geht ans Werk. Aus Schwefel, Sauerstoff, Wasserstoff und Kohlenstoff erschafft sie aktivierte Essigsäure, die ihrerseits den Zitronensäurezyklus in Gang setzt. Dieser Zyklus ist der vielleicht bedeutendste Stoffwechselzyklus überhaupt, denn ihm verdankt sich die Produktion wichtiger Grundbausteine des Lebens. Stickstoff und Essigsäure wiederum ergeben Aminosäuren. Spätestens hier horcht jeder, der in Biologie nicht geschlafen hat, auf. Aminosäuren? Das kennt man doch. Richtig, Lebensbausteine beginnen Gestalt anzunehmen. Aminosäuren verketten sich, nennen sich nun Peptide, die ihrerseits zu langkettigen Proteinen verwachsen.

Ah, Proteine! Ist das jetzt schon Leben? Schwer zu sagen. Definitiv sind es organische Verbindungen. Da finden sich jede Menge Kohlenhydrate, da ist eigentlich alles vorhanden. Aber noch erblicken wir einen Baukasten und nicht das Resultat, das mehr ist als die Summe seiner Teile. Miss Evolution hat noch einiges zu tun.

Und fleißig ist sie! Unter ihrem Management schwingen sich die biologischen Fabriken in den Bläschen zu höchster Produktivität auf. Schier unüberschaubar wird die Vielfalt neuer Substanzen. Unter anderem formen sich vier Kohlenstoff-Stickstoff-Verbindungen in Ringform, Nukleinsäurebasen, die auf die Namen Adenin, Guanin, Cytosin und Uracil hören und es mal weit bringen werden.

Dazu brauchen sie noch ein paar neue Freunde: Ribose, ein Zucker gesellt sich hinzu, nebst Phosphorsäure. Sie alle verbinden sich zu einem einzigen sehr langen und sehr bekannten Molekül, zu Ribonukleinsäure – kurz RNS.

Diese neue Säure erhöht nicht nur die Reaktionsfreudigkeit der Aminosäuren untereinander, sie ist zudem in der Lage, sich selber zu reproduzieren. Dazu benötigt sie die Hilfe spezieller Proteine, der Enzyme, die sie in Eigenarbeit herstellen kann. Als Folge entsteht neue RNS, die ihrerseits Proteine bildet. Der Zyklus gerät in Schwung. Unterdessen haben Adenin, Guanin, Cytosin und Uracil sprechen gelernt. Lautlos ist diese Sprache, mehr ein Code: Immer drei Basen ergeben im Zusammenschluss einen Buchstaben, der eine Aminosäure einem Protein zuordnet, wodurch die Aminosäuren eine definierte Reihenfolge erhalten. In anderer Konstellation bilden die Basen einen anderen Buchstaben, und wieder gruppieren sich die Aminosäuren in entsprechender Folge.

Als Resultat ständiger Mutation nimmt die Leistungsfähigkeit der Proteine zu. Miss Evolution ist in ihrem Element. Alles, was sie nun unternimmt, folgt einem unbarmherzigen Ausleseprinzip: Proteine etwa müssen sich in besonderer Weise um die Vervielfältigung von RNS verdient machen, sonst werden sie aus dem Programm genommen. Wer sich am besten anpasst, hat Chancen, weiter im Rennen zu bleiben, der Rest verschwindet im Müllschlucker der Geschichte. Im freien, aufgewühlten Urozean war alles noch eine große, chaotische Party, selbst im gemütlichen Eisensulfidbläschen trieb es anfangs jeder mit jedem, doch nun kehrt Ordnung ein. Schluss mit dem Lotterleben! Wir wollen doch mal Fische, Vögel und Menschen werden. Etwas Disziplin, bitte.

Eines Tages hat Uracil frei. Vielleicht hat Uracil auch verschlafen oder schwänzt. Jedenfalls nimmt die ähnlich konstruierte Base Thymin Uracils Platz ein. Gleichzeitig hat der Zucker Ribose den Verlust eines Sauerstoffatoms zu beklagen. Kleinigkeiten, sollte man annehmen. Doch das Resultat ist ein neues, ungemein stabiles Molekül mit einem schrecklich langen Namen, den keiner aussprechen mag, weswegen heute allgemein die Kurzform verwendet wird:

DNS. Desoxyribonukleinsäure.

Die DNS stellt wahrlich eine Revolution dar, allerdings muss sie dafür ein paar Eigenschaften aufgeben. Als Speicher des genetischen

Codes ist sie unschlagbar, dafür kommt ihr die Funktion der Katalyse abhanden; sie kann ihren Code also nicht von alleine in Proteine umsetzen. Dazu braucht sie die RNS, die sich zu einem Übersetzungshelfer für die große Schwester entwickelt und die DNS künftig auf ihrem Weg ins immer komplexer werdende Leben begleitet.

Ach richtig, Leben! Ist das denn nun endlich Leben?

Augenscheinlich ja. Irgendwann im Verlauf dieser Schilderung ist es entstanden. Zwischen den Zeilen, zwischen den Buchstaben. Sogar die Geburt einer Zelle können wir verkünden, noch ohne Zellmantel allerdings. Aber die Inhalte sind vollständig versammelt, selbst einen ersten Stoffwechsel gibt es zu vermelden. Immer noch befinden wir uns am Fuß der Schwarzen Raucher, jener riesigen Heißwasserspeier, mit denen alles begann. Immer noch schießt die kochende Chemikalien-Mixtur daraus hervor und versorgt die Wesen in den Bläschen mit Energie. Nahrhafte Substanzen passieren die Eisensulfidhülle durch Poren, werden in Eiweiße und Zucker umgewandelt, und was nicht zur Verwertung gelangt, wird ausgeschieden. Die Evolution hat somit auch den Stuhlgang erfunden als Resultat einer gesunden Verdauung.

Mutig machen sich einige der neuen Supermoleküle daran, ihre Bläschen zu verlassen und auf Wanderschaft zu gehen. Vielen der Ausreißer bekommt die Flucht nicht gut, sie werden ins offene Meer gespült, doch einige besetzen winzige Poren in den Wänden der Kamine. Diese Protozellen, wie wir sie nennen wollen, beginnen sich zu vermehren. Je nachdem, wohin es sie gerade treibt, sind die Bedingungen besser oder schlechter, ist es wärmer, kühler oder alkalischer. Egal. Was hat uns Miss Evolution gepredigt? Opportunisten leben länger. Also passt man sich an, und die Variantenvielfalt im Protoleben nimmt rapide zu.

Besuchen wir einen dieser Kamine, einen 56 Meter hohen Koloss, aus dem wirbelnde schwarze Wolken quellen. Eine regelrechte Protozellen-Population ist in den Außenwänden herangewachsen, ein Shanghai des Hadaikums, der Erdurzeit. Neue Kohlenstoffverbindungen entstehen, RNS mutiert, Geschichte wird geschrieben in basischen Lettern. Soeben, im 76.452sten Bläschen von links, schicken sich zwei Kettenmoleküle an, etwas Gewaltiges zu vollbringen. Sie umkreisen einander, als seien sie unentschlossen, das Wagnis der Verbindung einzugehen, aber würde es die Entwicklung des Lebens nicht ungemein beschleunigen? Warum eigentlich nicht, wer nicht wagt, der nicht gewinnt; also los. Mal sehen, was dabei ...

Krrrk! – ein Zittern geht durch den Kamin. Dunkles Grollen klingt auf. Die Schlotwände zeigen Risse, das komplette Magmaplateau mit seiner Landschaft aus Kaminen bebt. Die Erdstöße werden stärker. Stücke lösen sich aus der Krone des Kamins und sinken herab, zerplatzen am Sockel und zerstören in wenigen Sekunden ganze Viertel der Bläschenstadt. Längs in der Schlotwand klafft plötzlich ein meterlanger Spalt. Dann bäumt sich die Umgebung unvermittelt auf. Es ist der Todesstoß für Klein-Shanghai. Der Kamin beginnt auseinander zu brechen, zerbirst unter dem Druck einer gewaltigen Gasblase, die das Beben freigesetzt hat. Größere Trümmer regnen herab und zerschlagen die Basis, die ganze Pracht kollabiert und endet wie der Turm zu Babel. Als die Erdstöße nachgelassen haben, ist von der viel versprechenden Schlotmetropole nur noch ein Ruinenfeld zu sehen. Alle Bläschen sind zerstört, ihre Bewohner in die Strömung gewirbelt worden. Ihrer schützenden Außenhülle beraubt, diffundieren die Bestandteile der Protozelle im Urozean, auch die jener Zelle, die eben noch Schauplatz bahnbrechender Neuerungen war. Nie werden wir erfahren, was aus dem Zusammenschluss der beiden Kettenmoleküle geworden wäre. Die Eisensulfidhüllen fungierten nicht nur als Katalysatoren ihrer Entwicklung, sie bildeten zugleich die Körper protolebendiger Wesen, deren Innereien sich für alle Zeit im Meerwasser verloren haben. In diesem Teil des Ozeans hat die Natur über das Leben gesiegt.

Kein Grund zur Besorgnis. Derartige Desaster waren an der Tagesordnung. Allerdings stellten sie Miss Evolution vor sisyphale Probleme. Wie jede resolute Dame, die es gern ordentlich hat, bereitete ihr die Aussicht, ständig neu anfangen zu müssen, äußerstes Unbehagen. Solange die Protozellen in ihren Eisensulfidhüllen gefangen waren, standen nennenswerte Fortschritte in der Lebensentwicklung nicht zu erwarten. Früher oder später versiegte die Wärmezufuhr in jedem Schlot, oder er fiel der Seismik zum Opfer. Heute können wir Städte evakuieren, wenn sich die Katastrophe frühzeitig ankündigt. Protozellen sah man nie geordnet ihre Stadt verlassen. Keiner konnte seine vier Basen zusammenpacken und ins Hinterland ziehen. Nicht mal gemächlich davontrudeln konnte so eine Zelle, wenn der Boden zu wackeln begann, sie war ja untrennbar mit ihrer Stadt verwachsen.

In dieser verzweifelten Lage entsann sich Miss Evolution ihrer Handtasche.

Die Handtasche, muss man sagen, gehört zu den ganz großen Errungenschaften unserer Zivilisation. Ich bin geneigt, sie in höchstem Maße als Instrument des Fortschritts anzusehen; ohne Zweifel dokumentiert sie die Überlegenheit des weiblichen Geschlechts – wer je den Inhalt einer Handtasche näheren Analysen unterworfen hat, wird mir uneingeschränkt beipflichten. Frauen bewahren dort den wesentlichen Teil ihres Selbst auf, sozusagen ihren Persönlichkeitscode. Haben wir Männer nicht allezeit gestaunt, warum uns der Besuch von Restauranttoiletten kein bisschen besser aussehen lässt, während Frauen dort wundersamen Wandlungen unterworfen sind und quasi runderneuert zurückkehren? Die Antwort liefert ein Cumulum, wie man es nur in Handtaschen findet. Unsereiner beult sich die Hosentaschen aus mit Autoschlüssel, Geld und Zigaretten, während Frauen kurvenreich geschnittene Kleider tragen können, ohne im entscheidenden Moment Mangel zu leiden. Termine werden in flugs hervorgezauberte Terminkalender eingetragen, geräumige Geldbörsen bieten Unterschlupf für Plastikkärtchen, Kleingeld, Spickzettel und Familienfotos. Kamm, Haarspray, Parfum, Eyeliner, Nagellack und Lippenstift dienen der kosmetischen Bewaffnung im Ringen um potente Männchen, Kampfgas, um sie in Schach zu halten. Kontaktlinsen und Lesebrillen teilen sich das Seitenfach mit einem guten Buch. Ohrringe und Schlüsselbunde leben in Koexistenz mit Slipeinlagen und einer zweiten Nylonstrumpfhose, einigen Blistern Aspirin und der berühmten Pille. Nicht zu vergessen das Handy, dem Männer einen oft leicht hängenden Sitz ihrer Jacke verdanken. Ganz anders bei Frauen. In aller Makellosigkeit sind sie uns überlegen, wenn es brennt, Flutwellen über uns hereinbrechen oder ungeplante Übernachtungen in fremden Lebensräumen anstehen. Denn ihrer ist die Handtasche, aus der Mary Poppins gar einen kompletten Kleiderständer zog, damit die guten Sachen nicht im Schrank verknittern.

Denken wir uns die Handtasche weg, wird die Frau sofort um einige Entwicklungsstufen zurückgeworfen und landet dort, wo Männer augenblicklich sind. Ohne Handtasche würden sich die Bestandteile ihres Codes im unbehausten Nichts verlieren. Ebenso wie der Mann müsste frau sich die Utensilien des täglichen Bedarfs hierhin und dorthin stecken, schlimm sähe das aus, und das meiste bliebe zu Hause. Ständig würde sie irgendetwas suchen. Das weibliche Wunder wäre Geschichte, die Not groß. Das ganze Drama wird offenkundig, wenn so eine Handtasche platzt: Ihre Besitzerin ist im selben Moment nicht mehr, wer sie eben noch war, ihre innere Ordnung verteilt sich auf dem Trottoir, verschwindet in Gullys oder wird von Autos platt gefahren. Der Abend ist gelaufen. »Wer bin ich?«, steht der Dame ins Gesicht geschrieben. Bin ich noch Mensch? Bin ich noch Leben? Nein, ich bin eine Frau ohne Handtasche, weniger als eine Protozelle. Mein hydrothermaler Kamin ist eingestürzt, hinaus reißt es mich in die Nichtexistenz, ins Hadaikum!

Miss Evolution erkannte, dass die vielen organischen Verbindungen und Supermoleküle im Innern der Eisensulfidhülle etwas brauchten, das sie zusammenhielt, auch wenn sie ihre Heimat, den vulkanischen Schlot, verlassen mussten. Darum veranlasste sie einige Protozellen zur Produktion einer Art Fett, das sich wie ein elastischer Mantel um das Zellinnere lagern ließ. Eine Doppelmembran entstand, fähig, bestimmten Molekülen Durchschlupf zu gewähren, Wasser jedoch abzuweisen. Eine winzige Hülle, die sich aus der Gefangenschaft des Kamins lösen und im offenen Wasser treiben konnte, dabei aber immer alles hübsch beieinander hatte, was zur Erhaltung einer lebensfähigen Zelle vonnöten war. Die Erfindung des Zellmantels ermöglichte es dem Leben, sich ungehindert auszubreiten, ohne im tobenden Kampf der Elemente zerrissen zu werden. Damit war der Grundbaustein aller komplexen Wesen erfunden. Ein kleines Säckchen voll genetischer Information, ein praktischer Beutel. Die Handtasche der Evolution. Die fertige Zelle.

Mehrfach hat sich dieser Membransack entwickelt, mit unterschiedlichen Resultaten. Zellen entstanden, die wir Eubakterien oder Echte Bakterien nennen. Sie hielten eine Menge aus, doch eine andere Variante erwies sich als widerstandsfähiger: die so genannten Archaebakterien, umhüllt von festen Membranen, die aufgrund ihrer Bauart Resistenzen gegen extreme Temperaturen und erhöhte Säurekonzentrationen entwickelten. Genau genommen sind Archaebakterien gar keine Bakterien, sie haben einen anderen Stoffwechsel als Eubakterien, weshalb sie wissenschaftlich korrekt als

Archaeen bezeichnet werden. In unserer modernen Welt darf man sie übrigens mit ä schreiben, was ich ab jetzt tue.

Eubakterien und Archäen bildeten zusammen die Familie der Prokaryonten. Karyon ist das griechische Wort für Kern, ein Prokaryont ist also eine Zelle vor der Erfindung des Zellkerns. Den gab es nämlich noch nicht. In der Handtasche rutschte immer noch alles wild hin und her, aber egal. Entscheidend war, dass Eubakterien und Archäen sich nunmehr ungehindert ausbreiten und ihren Siegeszug durch die Meere antreten konnten. Die weniger empfindlichen Archäen fielen praktisch überall ein und vermehrten sich explosionsartig, besiedelten kochende Quellen, vulkanische Gestade und extrem salzhaltige Flachmeere. Die Eubakterien zeigten sich wählerischer, doch auch sie erreichten hohe Populationsdichten. Und so wimmelte es binnen kurzem von Prokaryonten, sodass sich durchaus von der ersten Bevölkerungsexplosion sprechen lässt.

Die hier geschilderte Theorie, entwickelt von Michael Russel vom Environmental Research Centre Glasgow und William Martin von der Universität Düsseldorf, ist mit das Plausibelste, was bisher zum Thema Lebensentstehung geäußert wurde. Und das war nicht eben wenig. In den letzten Jahrzehnten hat die Wissenschaft immer neue Modelle vorgestellt, wie sich die Entwicklung zur Zelle vollzogen haben könnte. Doch keine liefert eine so genaue, in sich stimmige Beschreibung.

Populär ist die Panspermie-Theorie. Sie dürfte die Lieblingstheorie Erich von Dänikens sein, weil das Leben ihr zufolge aus dem Weltraum stammt, wo resistente Bakteriensporen durch die Unendlichkeit getragen wurden. Geschützt im Eis von Meteoriten seien sie damals auf die Erde gekommen. Es wird den Freund aller Außerirdischen freuen, dass solche Sporen wissenschaftlich beschrieben sind. Vielleicht stimmt die Panspermie-Theorie sogar, aber leider erklärt sie nicht, wie die Bakterien ihrerseits entstanden. Möglicherweise gab und gibt es Schwarze Raucher auch auf anderen Planeten.

Fest steht, dass die Erde in den ersten 500 Millionen Jahren ihrer Existenz unablässig bombardiert worden war – auch von Kometen, deren Schweif aus mikroskopisch kleinen Staubpartikeln bestand, reich an organischen Substanzen, Kohlenstoff- und Wasserstoffverbindungen, stickstoffhaltigen Basen, Aminosäuren, Sauerstoff, Formaldehyd und Blausäure. Als der Geschosshagel nachließ, waren einige der Kometen vorbeigezogen, statt ins Meer zu stürzen, und hatten den Planeten nur mit ihrem Schweif gestreift. Milliarden Millionen Tonnen chemischer Stoffe wurden auf diese Weise im Meerwasser gelöst. Es war also viel Nützliches aus dem Weltall auf die Erde gelangt, ob allerdings komplexe organische Verbindungen darunter waren, scheint zweifelhaft.

Einen Begriff hört man in diesem Kontext immer wieder: Ursuppe. Dahinter verbirgt sich ein Experiment des Chemikers Stanley Miller aus dem Jahr 1953. Der stellte sich die Sache so vor: Meerwasser war verdunstet und als Regen zurück auf die Erde gefallen, der schon bekannte Zyklus. Wann immer die Wassermoleküle flüchtig wurden, stieg reiner Wasserdampf auf und ließ die gelösten Elemente im Meer zurück. Dieser Zyklus wiederholte, wiederholte, wiederholte sich. Hunderte Millionen Jahre lang. Stürme wälzten die Oberfläche um und um und schufen eine riesige Kontaktfläche zu den Gasen der Uratmosphäre, also zu Kohlenstoff, Wasserstoff, Sauerstoff und Stickstoff. So nahm der Reichtum an gelösten Substanzen im Wasser zu, und spontan bildeten sich organische Moleküle. Wasser erwies sich als universales Lösungsmittel. Abertausende unterschiedlicher Verbindungen entstanden, gespeist von der Wärme aus dem Planeteninneren, von den elektrischen Entladungen der Gewitter über der Meeresoberfläche, von den ultravioletten Strahlen der Sonne. Unaufhörlich nahm ihre Menge und Vielfalt zu und verwandelte die Ursuppe in ein Spielzimmer der Evolution.

Miller war überzeugt, dass den urzeitlichen Gewittern eine Schlüsselrolle zukam. Um seine Theorie zu untermauern, ließ er ein Gemisch aus siedendem Wasser, Methan, Ammoniak und Wasserstoff in einen Kolben steigen, wo Elektroden künstliche Blitze erzeugten. Nicht von ungefähr erinnerte das Gemisch an den Ausstoß hydrothermaler Quellen. Die Blitze lieferten hohe Energiedosen und veranlassten die Substanzen, miteinander zu reagieren. Dabei entstanden im Verlauf weniger Tage nachweislich Aminosäuren – Miller war in die Fußstapfen Frankensteins getreten und hatte Lebensbausteine erzeugt. Allerdings vermochte er nicht zu sagen, wie diese Bestandteile im turbulenten Ozean zu stabilen Gemeinschaften und höheren Molekülen hatten verschmelzen können. Mittlerweile geht Miller davon aus, die Zusammenschlüsse seien in ruhigen Gewässern wie Tümpeln, Pfützen und geschützten Buchten zustande gekommen, aber so recht befriedigt das auch ihn nicht.

51

Eine andere Theorie verlegt die Lebensentstehung ins Meereis, dessen winzige Hohlräume nebst einem chemisch ergiebigen Klima die Bildung von Protozellen ermöglicht hätten. Das allerdings würde den Zeitpunkt der Lebensentstehung erheblich zurückdatieren: Vor 3,7 Milliarden Jahren hat es auf der Erde kein Eis gegeben. Weitere Theorien sehen die Wiege des Lebens in Süßwasserseen, wieder andere kommen weitgehend ohne Wasser aus, indem sie das Leben auf Tongestein entstanden wissen wollen oder im Inneren kristalliner Gesteine. Vielleicht steckt überall ein bisschen Wahrheit drin. Fest steht, dass die Umstände zur Bildung einer Protozelle einen gewissen Wahrscheinlichkeitsgrad erreichen und überschreiten müssen. Und das in den Geburtswehen eines neuen Planeten! Der Astronom Fred Hoyle stellt denn auch gallig die Frage, wie lange ein Tornado über einen Schrottplatz fegen muss, bis er aus den Einzelteilen zufällig einen Rolls-Royce gebaut hat. Der britische Zoologe und Evolutionswissenschaftler W. H. Thorpe ergänzt, die Chance zur Entwicklung von Leben sei etwa so groß wie die Wahrscheinlichkeit, dass Affen beim Eindreschen auf Schreibmaschinen ein Werk William Shakespeares reproduzieren. In beiden Fällen spielt der Zufall offenbar eine große Rolle.

Andererseits darf man mit Fug und Recht die Frage stellen, ob es den Zufall überhaupt gibt; ob nicht vielmehr alles zwangsläufig eintreten wird, was eintreten kann, wenn nur genügend Versuchsreihen durchgeführt werden. Dass sich in Köln zwei Kölner treffen, ist sehr wahrscheinlich. Dass sie sich am Südpol treffen, ist ebenfalls wahrscheinlich, nur eben weniger wahrscheinlich als das Treffen in Köln.

Wir haben darüber philosophiert, ob drei Milliarden Jahre eine lange Zeit sind. Ebenso können wir uns fragen, ob 300.000 Milliarden Versuche zur Erringung eines Resultats viel sind. Menschen mögen das so sehen. Miss Evolution würde sagen, das ist noch gar nichts, lass mich erst mal richtig in Fahrt kommen! Ist also die Entstehung von Leben etwas hochgradig Wahrscheinliches oder hochgradig Unwahrscheinliches? Das wird uns am Ende des Buches beschäftigen, wenn wir zu fremden Ozeanen jenseits unseres Sonnensystems reisen. Aber erst mal bleiben wir in heimischen Gewässern.

Eine Zelle macht Karriere

Bringt man zwei Kaninchen auf einen fremden, bis dahin kaninchenfreien Planeten, kann es passieren, dass man sehr schnell sehr viele Kaninchen hat, die ihrerseits Kaninchen fabrizieren. Australiern klingen da die Ohren. Kaninchensex ist ein immens flotter Vorgang. Es heißt, wenn ein männliches Kaninchen eine Kaninchenjungfrau besteigt, flüstert es der Liebsten zu: »Keine Angst, tut nicht weh, na, tat's weh?« So schnell geht das. Fortpflanzung wird mit äußerster Effizienz betrieben, das kurze Vergnügen steht in lausigem Verhältnis zur Zahl der Nachkommen. Kaninchen halten sich nicht mit Petting auf, sie treiben es nicht länger als erforderlich und pfeifen auf die Zigarette danach. Viel muss rauskommen, denn das Kaninchen als solches stirbt ungern aus, steht aber auf dem Speiseplan diverser Räuber. Seine Strategie ist darum, sich durch Masse zu behaupten. So haben sich die Nager einen stabilen Platz in der Evolution errammelt, ohne je einen Gedanken an Spiralen, Pillen und Kondome zu verschwenden.

Fortpflanzung ist offensichtlich nicht zum Spaß da. Man könnte Miss Evolution also der Prüderie bezichtigen, aber sie hat sich was dabei gedacht. Wir wären heute nicht so weit, wenn junge Einzeller bei Einzellervätern um die Hand des Tochterklons hätten anhalten müssen. Die ersten stoffwechselnden Lebewesen auf unserem Planeten hatten daher nicht mal Sex. Viel zu kompliziert, allein das Vorgewurschtel: Kann heute nicht, du bist nicht mein Typ, ich hab Migräne, in zehn Minuten kommen die Gäste, doch nicht hier, Schatz ... wie, bitte schön, soll man sich da vermehren im wilden Ozean?

Archäen und Eubakterien fanden einen anderen Weg: Sie teilten sich. Aus einer Zelle wurden zwei, die mit der Mutterzelle identisch waren. So gesehen ist die DNS unsterblich, weil sie Doppelgänger produzieren kann, die wiederum Doppelgänger produzieren können, die ihrerseits Doppelgänger produzieren, Tochterzellen, die jeweils die gleichen chemischen Fähigkeiten haben wie die Zellen, aus denen sie hervorgegangen sind. Chemiker sprechen darum auch vom Molekül, das die Zeit besiegte. 20 bis 30 Minuten dauerte eine solche Teilung. So verdoppelte sich die Population der Einzeller mit jedem Zyklus, und es geschah gewissermaßen, was auch in Australien passierte, als die Kaninchen das Kommando übernahmen:

Sie veränderten ihre Umwelt.

Damals hatten einige Archäen begonnen, Methan als Ausscheidungsprodukt ihres Stoffwechsels abzusondern. Methan ist ein Treibhausgas. Gelangt es in hoher Dosierung in die Atmosphäre, begünstigt es die Erderwärmung. Die Uratmosphäre nahm das ausgeschiedene Methan auf und konservierte es. Heute wird atmosphärisches Methan mittels freien Sauerstoffs binnen zehn Jahren abgebaut; der war aber damals noch nicht vorhanden. So konnten Methan-Moleküle bis zu 10.000 Jahre überdauern. Sie durchsetzten das vorherrschende Gemisch aus Wasserdampf, Kohlendioxid und Stickstoff, und die Erde, gerade abgekühlt, begann sich wieder aufzuheizen. Diesmal allerdings entstand kein Glutofen, sondern ein Klima, in dem Leben besser gedieh denn je. Die Sonne leuchtete noch nicht so intensiv wie heute. Außerdem wirkt Methan ab einer gewissen Dosierung sogar kühlend, weil seine Moleküle zu Ketten verschmelzen und einen Dunst erzeugen, der die Sonneneinstrahlung abschwächt.

Die urtümlichen Zellen jedenfalls gediehen prächtig und dienten anderen Zellen als Energielieferant, die Mittel und Wege fanden, sich an ihren Ausscheidungen und Überresten gütlich zu tun. Immer noch lebten manche Prokaryonten am Meeresgrund, aber sie waren nicht länger auf die hydrothermalen Quellen angewiesen, sodass unzählige andere die oberflächennahen Schichten bevölkerten. Rund um die vulkanischen Inseln gab es schwefelhaltige Quellen. Viele Prokaryonten verdauten deren alkalische Stoffe, andere jedoch entdeckten eine neue, unendlich ergiebigere Energiequelle für sich, die aus dem Zentrum des Sonnensystems Licht und Wärme zur Erde schickte.

Miss Evolutions zweite Meisterleistung ist die Photosynthese.

Ohne sie könnten wir nicht atmen, gäbe es keine Berliner Luft, Luft, Luft und Lieder wie *The Air That I Breathe*. Solange das

Meer noch als kochende Hülle über einer glühenden Basaltsee gelegen hatte, war die Atmosphäre gesättigt gewesen mit wärmespeicherndem Kohlendioxid. Der anschließende Dauerregen hatte es zu großen Teilen in den Ozean gespült, wo es als Kalziumkarbonat den Boden sedimentierte. Was Vulkane Jahrmillionen lang ausgespien hatten, sammelte sich nun im Meer, darunter Eisen, Magnesium und verschiedene Siliziumverbindungen. Erhalten blieb vornehmlich atmosphärischer Stickstoff. Kein menschliches Wesen hätte in dieser Uratmosphäre existieren können, die eher den heutigen Bedingungen auf der Venus entsprach. Doch vor etwa 2,5 Milliarden Jahren fand in den Meeren ein rapider Wandel statt, der den ganzen Planeten erfassen und umgestalten sollte. Verantwortlich waren Winzlinge, Cyanobakterien, die einen genialen Trick entwickelt hatten. Was den Hippies misslang – nur von Luft und Liebe zu leben –, schafften sie auf ihre Weise:

Sie ernährten sich von Licht.

Licht an sich ist nicht einfach Helligkeit. Es besteht aus Photonen, körperlosen, aber hoch energetischen Teilchen, die uns in verschiedenen Wellenformen erreichen. Daraus müsste sich doch was machen lassen, dachte unsere gewitzte Miss, und zwar wie folgt: Treffen die Photonen auf eine spezialisierte Membran im Inneren einer Cyanobakterie, wird die Energie dort eingefangen und gespeichert. Diesen Prozess nennen wir Lichtreaktion. Die Membran hat praktisch die Funktion eines Akkus, sie speichert Sonnenlicht. In einer zweiten Phase, der Dunkelreaktion, wird diese Energie nun chemisch umgewandelt, um aus Wasser und Kohlendioxid Zucker zu bilden, also Kohlenhydrate, die der Bakterie als Nahrung dienen. Fertig ist die Synthese.

So weit, so gut.

Was einfach klingt, erwies sich jedoch als komplizierter Prozess, in dessen Verlauf es zu diversen molekularen Umbauarbeiten kam, unter anderem zur Spaltung von Wasser. (Für alle, die es ganz genau wissen wollen: Im Zuge der Lichtreaktion hatten sich ein paar Elektronen dünne gemacht, die das Bakterium gern ersetzt haben wollte, also suchte und fand es sie im reichlich vorhandenen H_2O. Um dessen Elektronen herauszulösen, musste es die Wassermoleküle allerdings in Wasserstoff und Sauerstoff zertrümmern.)

Bis dahin war Sauerstoff nur in Nebenrollen vorgekommen, chemisch gebunden. Er komplettierte Kohlendioxidverbindungen, fand sich in Eisen und im Wasser. Jetzt kam er erstmals frei. Anfangs ging er neue Verbindungen mit Schwefel und Eisen ein, die aus den vulkanischen Abyssalen des jungen Ozeans hochgeschwemmt worden waren und nun als Folge des Zusammenschlusses oxidierten. Dadurch konnte sich das Eisen nicht mehr lösen und verschmolz zu langen Molekülketten, die unter ihrem eigenen Gewicht zurück in die Tiefe sanken und sich dort ablagerten – ein Großteil unserer heutigen Eisenerzvorkommen entstammt jener Zeit.

Doch die Cyanobakterien erwiesen sich als Kaninchen der frühen Jahre. Vor allem in den flachen, von der Sonne beschienenen Gewässern produzierten sie derartige Überschüsse an freiem Sauerstoff, dass große Mengen nicht mehr im Wasser gebunden werden konnten, sondern als Gas in die Atmosphäre aufstiegen. Nun oxidierte plötzlich die ganze Planetenoberfläche. Auch davon künden Erze, nämlich das rote Eisenerz Hämatit, aus dem wir ersehen können, dass die Erde rostete wie ein altes Auto.

Aber das war nicht das eigentliche Problem.

Moment mal? Sauerstoff war ein Problem?

Allerdings. Die Cyanobakterien waren nur am Wasserstoff interessiert. Mit Sauerstoff wussten sie nichts anzufangen, also weg damit. Arge Bösewichte waren das, Umweltsünder weitab jeder Reue, gewissenlose Giftschleudern, die nur ihren schäbigen Appetit im Sinn hatten. Denn was sie da so achtlos wegwarfen, erwies sich für das Gros der damaligen Organismen als tödlich.

Vielleicht war Miss Evolution nicht recht klar gewesen, was sie mit der Erfindung des Zellmantels und der Photosynthese auslösen würde. Das erste große Artensterben resultiert aus ihrem Hang zur Innovation. Allerdings muss man sagen, dass die Dame wenig Mitleid kennt. Mit Bedauern hält sie sich nicht lange auf. Wo gehobelt wird, da fallen Späne. Statt zu lamentieren, erkannte sie die Möglichkeiten, das Leben in völlig neue Bahnen zu leiten. Schließlich hatte sie schon eine ganze Weile darüber nachgedacht, wie es eigentlich mit den Eukaryonten weitergehen sollte.

Euka – was?

Zur Erinnerung: Eubakterien, so genannte Echte Bakterien, und Archäen besaßen keinen Zellkern, weshalb man sie zusammen als Prokaryonten bezeichnet. Sie bildeten die ersten Zellpopulationen, aus denen alle möglichen späteren Zellvarianten hervorgingen, angepasst an ihre jeweilige Umwelt, darunter auch jene Cyanobakterien, die das Klima so rücksichtslos mit Sauerstoff verpesteten.

Vor mehr als zwei Milliarden Jahren müssen ein paar größenwahnsinnige Prokaryonten dann beschlossen haben, sich nicht länger mit ihresgleichen gemein zu machen. Man wuchs. Und wuchs. Und wuchs und wuchs. Um ein Vielfaches größer als ihre Kollegen, entwickelten die Giganten gewaltigen Hunger. Ihre Zellwand hatten sie bereits verändert, doch als Neureiche der Meere mochten sie sich mit der einen nicht zufrieden geben. Eine zweite musste her. Fortan schützte die innere Wand ihr Genom, die äußere hingegen bildete eine Art externen Magen, in dem sie selber hausten. Diesen Magen stülpten sie kurzerhand über alles, was das Pech hatte, gerade in der Nähe zu sein. Ganze Bakterien wurden auf diese Weise von den rund 10.000 Mal größeren Jägern verschlungen. Nichts war vor den Vielfraßen sicher, die als Eukaryonten in die Lehrbücher eingegangen sind, als Urväter der drei großen Reiche, die da heißen: Tiere, Pflanzen und Pilze.

Und Menschen?

Sorry. Werden unter Tiere verbucht.

Eu heißt im Altgriechischen »gut«. Heute gibt's Gutmenschen, damals gab es Gutzellen, anders gesagt, Zellen mit Zellkern, der nun dank der inneren Membran entstanden war. Dicht verknäuelt lagerte darin das Supermolekül mit der Erbinformation, die DNS, aufgeteilt in Chromosomen, um das Erbgut in den äußeren Mantel zu transportieren. Der Preis für Riesenwachstum, Verfressenheit und einen zweiten Zellmantel war allerdings, dass Eukaryonten keine Photosynthese vollziehen konnten. Die aber war gerade schwer in Mode. Gruppen junger, erfolgreicher Cyanobakterien, trendy und angesagt, zogen durch die Flachgewässer, feierten Vermehrungsparties im Sonnenlicht und schmissen mit Sauerstoff nur so um sich. Allmählich dämmerte den Riesen, dass sie irgendwas verpasst hatten und möglicherweise Gefahr liefen, auszusterben. Also änderten sie ihre Gewohnheiten. Sie verleibten sich die kleineren, Sonnenlicht atmenden Bakterien ein, zersetzten sie jedoch nicht, sondern boten ihnen einen Handel an. Geschützt vom äußeren Zellmantel der Eukaryonten, konnten die Sauerstoffatmer sich an allem gütlich tun, was die Zellgiganten erbeuteten. Dafür versetzten sie ihre Wirte in die Lage, mit dem ekligen Sauerstoff klarzukommen und Sonnenenergie auch für sich selbst zu nutzen.

Das war der Moment, in dem die Wohngemeinschaft erfunden wurde, wissenschaftlich Endosymbiose. Sozusagen Kommune 1.

Im Eukaryonten-Haushalt wurde allerdings nicht diskutiert und rumgehangen. Schließlich waren Cyanobakterien Weltveränderer. Zornige junge Zellen, die sich im Folgenden zu Chloroplasten weiterentwickelten. Heute sind Chloroplasten die Katalysatoren jeglicher Photosynthese in grünen Pflanzen. Licht speichern sie mit Hilfe von Farbpigmenten, den Chlorophyllen, auch Blattgrün genannt, kraft derer sie ihre Ladung weiterleiten an die spezialisierten Photosynthese-Membranen. Es kommt zur schon beschriebenen Umwandlung in Zucker; den braucht die Pflanze beispielsweise, um zu wachsen. Was sie davon nicht direkt verwenden kann, speichert ihr Gewebe als Stärke, die später in Zucker umgesetzt wird, wenn das Sonnenlicht schwindet. Die Kunst, Licht in Lebensenergie umzuwandeln, kann also bis zu einem gewissen Grad auch nachts vollzogen werden, in der Dunkelreaktion.

Damals entstand der Urahn aller späteren grünen Pflanzen zu Wasser und auf dem Land, die Grünalge. Mit ihrem Erscheinen setzte sich ein Kreislauf in Gang. Immer mehr Sauerstoff wurde freigesetzt für immer rascheres Artenwachstum. Doch erst vor etwa 350 Millionen Jahren glichen sich Produktion und Verbrauch weitgehend aus. Seitdem beträgt der Sauerstoff – mit leichten Schwankungen – ein knappes Fünftel unserer Atmosphäre. Wir müssen den Cyanobakterien also aus tiefstem Herzen dankbar sein und sie lobpreisen, denn ihnen verdanken wir diese 21 Prozent lebenswichtige Substanz.

Und noch etwas hat uns die Photosynthese geschenkt. Den Schutz vor der gar nicht so lieben Sonne, deren zerstörerische Strahlung die frühe Erde regelrecht bombardierte und die Lebensentwicklung an Land praktisch unmöglich machte. Auch darum ist die Geschichte des Lebens zwangsläufig eine Geschichte der Meere, weil es nur in ozeanischer Tiefe hatte entstehen können. Als jedoch Sauerstoff in die Atmosphäre gelangte, zeigte sich, dass solare UV-Strahlung in der Lage war, ihn aufzubrechen. Dabei bildete sich Ozon, ein schützender Mantel, der inzwischen leider durch nachlässigen Umgang löchrig geworden ist.

Sex

Let's talk about sex, baby ...
Wie schon erwähnt, hielt Miss Evolution anfangs nicht sehr viel von Sex. Es schien ihr sinnvoller, dass die Zellen sich teilten und ihr Erbgut verdoppelten. Damals wurde viel rumexperimentiert, alle möglichen Genom-Varianten entstanden, manche robust und fortschrittlich, andere Ausschuss. Da konnte es nur von Vorteil sein, wenn eine resistente Zelle, die sich den vorherrschenden Lebensbedingungen perfekt angepasst hatte, ihr Erbmaterial identisch reproduzierte.

Allerdings hatte die Zellteilung auch Nachteile. Die Teilungsgeschwindigkeit zum Beispiel. Es ging einfach viel zu schnell. Vielleicht kennen Sie die Legende von den Reiskörnern. Mal spielt sie in China, mal in Indien. Beide Kulturen nehmen für sich in Anspruch, das Schachspiel erfunden zu haben. Wir halten uns an die indische Version und lernen König Sher Khan kennen, einen leidenschaftlichen Schachstrategen, der darauf brannte, dem Erfinder des Spiels zu begegnen. Seine Armee durchkämmte das Land und stöberte schließlich einen alten Mann namens Buddhiram auf, einen Lehrer für Mathematik. Dem König vorgeführt, wurden ihm höchste Ehren zuteil. Er solle sich eine Belohnung aussuchen, verfügte Sher Khan, alles wolle er Buddhiram gewähren als Dank für das Vergnügen, das er ihm mit seinem genialen Spiel täglich bereite.

Der Lehrer bat sich Bedenkzeit aus. Am nächsten Tag ließ er den Herrscher wissen, er sei ein einfacher Mann. Ein bisschen Reis sei vollauf genug. Und zwar ein Reiskorn auf das erste Feld des Schachbretts, zwei Körner auf das zweite, vier auf das dritte, acht auf das vierte, sechzehn auf das fünfte, und so weiter und so fort – für jedes Feld immer die doppelte Menge des vorangegangenen.

Sher Khan war verärgert. Diese Belohnung war eines Königs nicht würdig. Seine Großzügigkeit war beleidigt worden, aber versprochen war versprochen, also gewährte er dem Alten seinen Wunsch und ließ jeden Tag die Anzahl der Körner vom Vortag verdoppeln. Gelangweilt und missmutig verfolgte er das Verdopplungsspielchen. Auf Feld zehn versammelten sich 512 Körner, die allenfalls für ein leichtes Abendessen reichten. Feld zwölf ergab 2.048 Körner, auch nicht gerade ein Vermögen. Selbst nach zwei Wochen machte sich Sher Khan noch keine Sorgen: 8.192 Körner auf Feld 14, na und? Stutzig wurde der Herrscher erst, als sein Schatzmeister die bis dahin angesammelten Reiskörner addierte und auf 15.359 kam. Das hatte Sher Khan nicht erwartet. Wie es aussah, würde der Alte einen stattlichen Sack Reis nach Hause tragen.

Andererseits gab es Wichtigeres, Staatsgeschäfte beispielsweise oder Konkubinen. Und so verlor Sher Khan die Sache vorübergehend aus den Augen.

Die wurden ihm schockartig geöffnet, als sein Schatzmeister am 64. Tag schreckensbleich ins königliche Throngemach schlich und stammelte, die Belohnung könne nicht ausgezahlt werden. Sher Khan winkte ungläubig ab. In seinem ganzen Leben war er niemandem etwas schuldig geblieben, und hier ging es um einen Sack Reis! – Na schön, vielleicht um ein paar Säcke. Unwichtig. Wo lag das Problem?

Der Schatzmeister begann zu weinen und ließ den Hofmathematiker kommen. Der legte Sher Khan auseinander, dass ein Schachbrett über 64 Felder verfüge und man es im Falle der Verdopplung mit einem Exponenten zu tun habe. Unglücklicherweise, habe man festgestellt, neigten Exponenten dazu, Entwicklungen dramatisch aus dem Ruder laufen zu lassen. Am 21. Tag schon habe man dem Buddhiram über eine Million Körner geschuldet, und da sei noch nicht mal das halbe Brett voll gewesen.

Sher Khan wurde mulmig zumute. Allmählich schwante ihm, worauf er sich eingelassen hatte. Er begann nachzurechnen, aber die Aufgabe überstieg seine Fähigkeiten. Sollte der Alte ihn reingelegt haben?

»Wir werden dennoch tun, was in Unserer Macht steht«, sagte er mit fester Stimme.

Der Mathematiker schüttelte den Kopf.

»Es steht nicht in Eurer Macht, Herr. Im ganzen Königreich gibt es nicht genug Reiskörner. Wenn Ihr Euer Wort halten wollt, dann müsst Ihr alles Land der Welt kaufen und es in Reisfelder verwandeln, Ihr müsst die Seen und Ozeane trockenlegen und alles Eis im Norden zum Schmelzen bringen. Wenn Ihr dann all dieses Land mit Reis besäen lasst, dann und nur dann werdet Ihr vielleicht genug Reis haben, um den Wunsch des Buddhiram zu erfüllen.«

»Und wie viele Körner sind es nun?«, fragte Sher Khan bang.

»Es sind 18.446.744.073.709.551.615 Reiskörner«, sagte der Mathematiker. »Und Ihr, mit Verlaub, seid pleite.«

Ein Rechenspielchen zur Veranschaulichung: 100 Gramm Reis entsprechen etwa 400 Körnern. Demzufolge hätte der Lohn des Buddhiram 461.168.601.843 Tonnen gewogen – fast 80 Prozent der heutigen Weltjahresproduktion!

Es gehört zu den wenig erfreulichen Begleiterscheinungen von absoluten Monarchien, dass die Herrscher ihre Untertanen köpfen lassen. In diesem Fall wäre Sher Khan gut beraten gewesen, den Reis gegen das Beil aufzuwiegen. Bestimmt hätte der Alte zugunsten seines klugen Kopfes auf den blöden Reis verzichtet. Ohnehin bleiben seine Motive im Dunkeln: Was wollte er mit so viel Reis, der ja irgendwann verdirbt? Ökonomisch blanker Schwachsinn, rechnerisch allerdings von bestürzender Schlüssigkeit. 64 Felder auf einem Schachbrett, ausgehend von einem einzigen Reiskorn, reichten aus, um ein Imperium zu zerstören, das zugegebenermaßen von einem Trottel regiert wurde.

Ebenso hätte ein rammelfreudiger Verein Langohren beinahe Australien in den Ruin getrieben. Und das Reich der Einzeller wäre schnell am Ende gewesen, wenn Teilung um Teilung um Teilung ihre Biomasse ungezügelt hätte anwachsen lassen. Auf 64 Teilungszyklen bezogen, hätte ein einziger Einzeller in nicht mal zwei Tagen eine Milliarde Klone erzeugt. Die wieder hätten in weiteren zwei Tagen eine Milliarde Milliarden Nachkommen produziert. Einzeller sind zwar klein, so klein aber auch wieder nicht. Man hat errechnet, dass eine ungebremste Vermehrung die Erde binnen weniger Tage mit Einzellern regelrecht überzogen hätte. Lückenlos! Die frühe Schöpfung wäre an sich selbst erstickt.

Nun gab es immer wieder Vulkanausbrüche, Asteroiden schlugen ein, oder patente Erfindungen wie das Sauerstoffzeitalter machten gleich 90 Prozent aller Lebewesen den Garaus. Allerdings vollzogen sich diese Entwicklungen über Millionen von Jahren. Fest stand, dass ein Regulativ hermusste.

Erst mal beschloss Miss Evolution, dass nicht alle Zellen gleich seien, also nicht überall existieren konnten. Diese Maßnahme löste das Problem zumindest teilweise. Es rettete die Erde vor dem Kollaps, aber nicht vor Verstopfung. War die Idee mit der Handtasche doch nicht so genial gewesen? Schreckliche Vorstellung, Handtaschen würden sich alle halbe Stunde samt Inhalt verdoppeln! Jede Party wäre im Nu geschmissen, die Taschen lägen auf dem Buffet herum und würden den Zugang zur Toilette blockieren, unvorstellbare Mengen Lippenstift und Eyeliner sedimentierten unsere Städte. Vielleicht erhielten wir gar eine andere Atmosphäre mit erhöhtem Parfumanteil, die nur von Menschen wie Karl Lagerfeld geatmet werden könnte.

Man müsste, dachte Miss Evolution, einen Schritt weitergehen und die Zellen daran hindern, sich zu teilen. Aber wie sollten sie sich dann vermehren? Gab es eine Zwischenlösung? Vielleicht, dass sie sich zwar weiterhin teilten, zugleich aber noch mehr spezialisierten – oder besser noch, wenn sie einander finden müssten, um Nachkommen zu zeugen! Ja, das war gut! Hoch spezialisierte Typen von Zellen, die ein Rendezvous nötig hätten, um sich zu vermehren. Erst dieser Kontakt würde eine weitere Zellteilung ermöglichen.

Und welche der beiden Zellen sollte sich dann teilen?

Hm. Das war's auch noch nicht. Die Rendezvous-Taktik würde die ungehemmte Teilung zwar verlangsamen, aber das Problem bliebe bestehen: dass am Ende doch wieder identische Klone herauskämen. Dennoch schien die Idee der zwei Geschlechter viel versprechend.

Und dann hatte sie's!

Brächte man ein befruchtendes und ein empfangendes Geschlecht zusammen, entstünde ein genetischer Mix. Ein neues, eigenständiges Individuum würde geboren, ein Baby, während Mama und Papa erhalten blieben. Es trüge die Gene beider Elternteile und wäre dennoch mehr als deren bloße Summe. Voller Stolz geben wir die Geburt einer gesunden Zelle bekannt. So was in der Art. Dafür müsste man das Prinzip der Teilung nicht mal über Bord werfen, ganz im Gegenteil. Nur vom Einzeller müsste man sich verabschieden.

Vielzeller wurden gebraucht.

Womit genau Miss Evolutions dritter Geniestreich begann, können wir nur vermuten. Wahrscheinlich gab es Zellen, die ihr Erbgut durch Teilung zwar verdoppeln konnten, nur dass sich die beiden Tochterzellen nicht mehr vollständig voneinander lösten, sondern wie siamesische Zwillinge aneinander haften blieben. Es entstand ein eigenständiges Wesen, ein Zweizeller, der sein gesamtes Erbmaterial nun in doppelter Ausfertigung besaß und damit weniger anfällig für Mutationen war. Aus dem Zweizeller wurden ein Vierzeller und daraus ein Achtzeller. Endlos ließ sich das fortsetzen, aber die Evolution hatte anderes im Sinn. Ihr Plan war auf Spezialisierung ausgerichtet. Also sorgte sie dafür, dass nur ganz bestimmte Zellen zur Fortpflanzung fähig waren. Dafür modifizierte sie den Teilungsprozess, der bis dahin zu identischen Klonen geführt hatte, indem sie die Teilungssymmetrie aufhob. Die nun entstandenen Zellen verfügten zwar über denselben genetischen Code, waren aber trotzdem unterschiedlich. Mit der Zeit führte dieser Prozess zu einer Arbeitshierarchie. Nur noch größere Zellen konnten sich vermehren. Aus ihnen gingen Keimzellen hervor, die über einen einfachen Satz Gene verfügten und durch Meiose gebildet wurden, die so genannte Reifeteilung. Zwei Arten von Keimzellen bildeten sich heraus: Eizellen, vergleichsweise riesig, dafür aber fest im Trägerorganismus verankert, sowie kleinere, ungemein flinke Keimzellen, befähigt, ihren Trägerorganismus zu verlassen und die Eizellen zu befruchten: Spermien.

Vor rund 1,5 Milliarden Jahren begann der Kampf der Geschlechter – und damit die Geschichte von Zellverbänden, die nicht vernünftig einparken, und anderen, die nicht zuhören können. Die sexuelle Revolution vollzog sich im Proterozoikum. Nicht erst in Woodstock.

Ganz neu war das Prinzip der zweigeschlechtlichen Befruchtung allerdings nicht. So etwas wie Sex hatte es schon im Reich der Bakterien gegeben, die zwar keine zwei Geschlechter kannten, allerdings einen Weg fanden, genetische Informationen auszutauschen. Dazu bedienten sie sich fadenartiger Extremitäten an ihrer Außenhülle, mit denen sie den Gentransfer vollzogen. Sie penetrierten kurzerhand die Hülle ihres Gegenübers und implantierten ihre Gene. Das Ganze diente weniger dem Amüsement als der genetischen Durchmischung mit dem Ziel eines höheren Variantenspektrums.

Im Grunde ist Zellteilung schlimmer als Inzucht im Alpendorf, die Klone sind identisch und würden alle sterben, wenn sich die Umweltbedingungen plötzlich zu ihren Ungunsten änderten. Die große Sauerstoffvergiftung 2,5 Milliarden Jahre vor unserer Zeit liefert ein gutes Beispiel dafür, wie haarscharf das Leben immer mal wieder am Totalschaden vorbeischrammte. Dass die Erde höheres Leben trägt, verdankt sich dem Umstand, dass schon damals nicht alle Zellen gleich waren. Vielmehr hatten sich verschiedene Zelltypen gebildet, von denen einige das Desaster überlebten. Genetische Durchmischung konnte also nur von Vorteil sein: Organismen entwickelten sich auseinander, eigenständige Spezies entstanden, das Anpassungsspektrum verbreiterte sich. Protosex per Protopenis betreiben Bakterien übrigens heute noch, allerdings mit unerfreulichem Resultat: So nämlich entwickeln sie Immunitäten gegen Antibiotika, mit denen wir sie uns vom Hals zu halten suchen. Ein immerwährender Kampf ist es, den wir da führen.

Evolutionsbiologen nennen ihn den Wettlauf der Roten Königin.

In Lewis Carrols Novelle *Alice hinter den Spiegeln*, der weniger bekannten Fortsetzung von *Alice im Wunderland*, trifft Alice auf die Rote Königin, eine Schachfigur von zweifelhaftem Charakter, die mit Hilfe dunkler Mächte ihr Reich regiert. Dort scheinen die Gesetze von Raum und Zeit außer Kraft gesetzt, denn als die Rote Königin Alice zu einem Wettrennen auffordert, kommen beide trotz heftigster Anstrengungen nicht voran. Die Rote Königin läuft wie der Teufel. Alice versucht es ihr gleichzutun, doch nichts um sie herum verändert seine Position. »Ob vielleicht alles mit uns läuft?«, fragt sich Alice verzweifelt, bevor sie keuchend ins Gras sinkt. »Na ja«, sagt sie zu der Roten Königin, die ebenfalls außer Atem angehalten hat, »in unserer Gegend kommt man im Allgemeinen woanders hin, wenn man so schnell und so lange läuft wie wir eben.« Die Rote Königin schüttelt den Kopf: »Behäbige Gegend! Hierzulande musst du so schnell rennen, wie du kannst, wenn du am gleichen Fleck bleiben willst. Und um woandershin zu kommen, muss man noch mindestens doppelt so schnell laufen.«

Die Red-Queen-Theorie beschreibt verblüffend einfach ein höheres Prinzip der Evolution: Wer stehen bleibt, hat verloren. Charles Darwin, der die evolutionären Prinzipien, Auslese und Anpassung, treffend beschrieb, hat diesen Aspekt immer vernachlässigt. Er ging davon aus, dass sich die Kräfteverhältnisse zwischen den Arten schließlich einpendeln würden. Tatsächlich sieht es eher danach aus, als sei das viel zitierte Gleichgewicht der Natur reines Wunschdenken. Die Natur ist nie im Gleichgewicht. An allen Fronten tobt ein unerbittlicher Konkurrenzkampf. Ganz gleich, wie gut sich eine Spezies ihrer ökologischen Nische anpasst, sie muss wachsam sein, denn auch ihre Feinde sind Anpassungskünstler. Im Gegenteil, wer Erfolg hat, muss erst recht ums Überleben fürchten, denn ständig nimmt die Zahl seiner Rivalen zu. Mit allen fiesen Tricks versucht man ihm beizukommen. Folglich erringt niemand je einen entscheidenden Vorteil. Das gilt für den Kampf der Arten ebenso wie für den Wettlauf zwischen Evolution und natürlichen Randbedingungen. Leben wurde möglich, weil es auf die herrschenden Umstände reagierte, Schwarze Raucher besiedelte und sich schließlich davon löste. Als Nächstes lernte es, Sonnenlicht in Energie umzuwandeln. Bei der Gelegenheit veränderte es die Atmosphäre, sprich die Randbedingungen, woran es beinahe selbst zugrunde gegangen wäre, und die Evolution suchte wieder nach neuen Wegen.

Einer ist so lange im Vorteil, bis der andere gleichgezogen hat und zum Überholmanöver ansetzt. Alleine die Mutationsfreudigkeit von Krankheitserregern zeigt, dass Medizin und Pharmazeutik im Rennen gegen die Rote Königin die ewigen Zweiten bleiben werden. Kein Lebewesen dieses Planeten kommt um die atemlose Hetze herum. Unterm Strich kann es froh sein, seinen Platz zu behalten.

Das Rennen gewinnt vorübergehend, wer sich am besten auf seine Gegner einzustellen weiß. Im Universum wimmelt es allerdings von Roten Königinnen. Fast alle Ereignisse, die Anpassung erfordern, treten ohne Vorwarnung ein. Niemand hat den Bakterien verraten, dass die Freisetzung von Sauerstoff aus Sicht der meisten Lebewesen eine Schnapsidee war, sieht man davon ab, dass wir ihr unsere Existenz verdanken. Diverse Spezies würden, wenn sie sich post mortem zu ihrem Aussterben äußern dürften, der Evolution die Krätze an der Hals wünschen und sie allerdümmster Fehler bezichtigen. Aber Miss Evolution ist weit davon entfernt, Fehler zu machen, ebenso wenig, wie sie je etwas definitiv richtig machen wird.

Nicht einmal von Sackgassen der Evolution kann die Rede sein. Es ist alles eine Frage der Sichtweise. Arten sterben aus, gut, aber spielt es wirklich eine Rolle, wie lange sie gelebt haben? Ist es von

Relevanz, dass die Saurier 65 Millionen Jahre durchgehalten haben und Homo sapiens neanderthalensis nach 100.000 Jahren den Löffel abgeben musste? Ist nicht vielmehr entscheidend, dass er, sie oder es überhaupt hat entstehen können und den Lauf der Welt ein Weilchen mitprägen durfte? Eines fernen Tages wird die Erde in die Sonne stürzen, die übrigens auch eine dicke Rote Königin ist. Die unbelebte Natur hat dann gesiegt. Oder auch nicht. Bis dahin kann es durchaus geschehen sein, dass wir die interstellare Raumfahrt beherrschen und uns Nischen in anderen Galaxien suchen, fremde Planeten in Besitz nehmen und uns mit den dortigen Roten Königinnen kloppen, was diese in arge Bedrängnis bringen dürfte. Denn, nebenbei bemerkt, auch wir sind Rote Königinnen.

Jedenfalls war der Wettlauf im Proterozoikum nur durchzuhalten, wenn Arten eine möglichst breite genetische Diversität entwickelten – und hier erschließt sich nun der Sinn von Sex. Zugegeben, er ist schweißtreibend, oft frustrierend, mitunter brutal, man investiert Zeit, Energie und teure Abendessen, aber als Verfahren, Gene zu mischen, eignet er sich ganz vorzüglich. Defekte im Erbmaterial werden nicht – wie bei der Zellteilung – eins zu eins weitergegeben, sondern im ständigen Mix aussortiert. Von Generation zu Generation ändert sich das genetische und molekulare Profil. Je schneller und konsequenter dies geschieht, desto schwerer wird es für Parasiten und Erreger, ein Individuum oder eine ganze Population auszulöschen. Sex zielt auf Diversifizierung ab, auf eine effizientere Nutzung von Umwelt und Ressourcen, da nicht alle Individuen um die gleichen Nischen kämpfen müssen, sondern unterschiedlichen Ansprüchen folgen, und weil zudem nicht alle gleich aussehen, kann man von den schönen blauen Augen des einen schwärmen und die braunen des anderen doof finden – oder umgekehrt.

Heute praktizieren 99,9 Prozent aller nichtpflanzlichen Wesen Sex. Zwar kann man ernsthaft fragen, warum Frauen es nicht halten wie Blattläuse, die sich selbst schwängern. Sie könnten sich auch teilen wie das Rädertierchen, das seit 40 Millionen Jahren ganz prima ohne Sex auskommt – behauptet es jedenfalls. Andererseits war noch kein Rädertierchen je Mister Universum oder auf der Titelseite des Playboy. Geben wir's zu: Sex hat viele Vorzüge, ohne ihn wäre unser Dasein ganz schön öde. Eingeschlechtliche und ungeschlechtliche Befruchtung sind die Alternativen, sonderlich aufregend lebt sich's damit nicht. Was dabei rauskommt, sieht man ja: identische Wesen, denen im Rennen gegen die Rote Königin irgendwann die genetische Puste ausgeht. Darum hat die Evolution zwei Geschlechter erschaffen, die immer wieder aufs Neue ihre Gene mischen und einander ihre Eigenschaften übertragen, um sie zu etwas Neuem und Besserem zu kombinieren, und darum können auch Männer nicht rückwärts einparken und auch Frauen nicht zuhören.

Eukaryonten erwiesen sich, nachdem sie erst mal in Symbiose mit Bakterien getreten waren, als fortschrittliche Spezies und würdig, dem Vielzeller in den Sattel der Geschichte zu verhelfen. Die Bakterien in ihren Körpern wandelten sich zu Mitochondrien, chemischen Fabriken, die bis heute in den Zellen von Tieren, Pilzen und Pflanzen wirken und Sauerstoff, Zucker und Fette in Energie umwandeln.

Viele der damaligen Einzeller waren erstaunlich mobil. Manche hatten eine Art Eiweißskelett in ihrem Inneren aufgebaut und konnten sich durch Kontraktion selbstständig bewegen. Dazu dienten ihnen die Eiweiße Actin und Myosin, die in ähnlicher Form in menschlicher Muskelmasse zu finden sind. Andere besaßen Geißeln, die sie wie winzige Propeller drehen konnten. Die Evolution probierte eine ganze Reihe von Antriebssystemen aus, die auch und gerade den Vielzellern zugute kommen sollten. Denn deren Auftritt stand nun unmittelbar bevor.

Wie mögen sie ausgesehen haben, die allerersten Vielzeller?

Ich fürchte, nicht sonderlich aufregend. Wahrscheinlich irgendwie länglich. Als Kolonien von Eukaryonten zogen sie durchs Meer, was ihnen verschiedene Vorteile brachte. Zum einen bot Größe Schutz vor Fressfeinden, die sich an dem Riesenbrocken nicht ihren Mikrobenmagen verderben wollten. Zum anderen kamen Verbände schneller voran, etwa weil sie gemeinsam über eine höhere Zahl Geißeln geboten. Mit der Zeit wurden aus solchen Kolonien eigenständige, immer komplexere Wesen, die einander befruchteten und in ihren Körpern Nachwuchs heranzogen.

Eine völlig neue Situation war entstanden: Befruchtete Eizellen teilen sich weit langsamer als freie Einzeller – beim Menschen nimmt die Teilung der Eizelle rund 16 Stunden in Anspruch. Maßgeblich aber ist, dass sich die Tochterzellen voneinander unterscheiden. Das große Geheimnis der Vielzeller ist, dass sie nicht einfach Zusammenballungen von Mikroben sind, sondern ihre Zellen sich die Arbeit am heranwachsenden Organismus teilen. Nach wenigen Aufspaltungen verfügt ein Embryo bereits über verschiedene Zelltypen, die zwar alle denselben genetischen Code im Kern tragen, ihn jedoch unterschiedlich nutzen, indem sie bestimmte Regionen ihrer DNS aktivieren oder deaktivieren. Ein fünf Monate alter menschlicher Embryo gebietet über bis zu 200 unterschiedliche Zelltypen, deren Bestimmung im Vorfeld festgelegt ist. Aus manchen Zellen werden Augen, aus anderen Hände, wieder welche sind für Knochen zuständig oder für die Bildung von Blutkörperchen, und so weiter und so fort. Derselbe Grundbaustein wandelt sich zu unterschiedlichen Gewebetypen.

Vielzeller mit spezialisierten Zelltypen sind der Grund, warum das Leben auf der Erde nicht an sich selbst erstickte. Denn die Körperzellen eines ausgewachsenen Organismus büßen ihre Teilungsfähigkeit ein. Sie können schicke Formen heranbilden und komplizierte Jobs erledigen, aber Fortpflanzung bleibt Sache der Eizellen, denn nur sie verfügen über das komplette genetische Potenzial. Mehr noch, mit dem Sex kam der natürliche Tod in die Welt. Bis dahin waren Zellen – sieht man von ihrer Zerstörung durch äußere Einflüsse ab – praktisch unsterblich gewesen. Körperzellen jedoch wurden nun alt und starben, was irgendwann dazu führte, dass der ganze Organismus abdankte. Im Urozean hatte es fast so etwas wie Unsterblichkeit gegeben. Jetzt wurde die begrenzte Lebensspanne zum Rettungsanker, den Miss Evolution auswarf, damit der Planet nicht wegen Überfüllung geschlossen werden musste. Der Preis für einen Platz im Universum, für Atmen, Fressen, Sex und ein halbwegs vergnügliches Dasein war, diesen nach einer Weile zu räumen. Manche Schildkröten werden locker 200 Jahre alt, die Eintagsfliege trägt ihren Namen nicht von ungefähr. Beide dürften weit davon entfernt sein, mit ihrer Lebensspanne zu hadern. Das tut nur Homo sapiens sapiens kraft des ihm verliehenen Denkapparates, der ihm ständig suggeriert, es gäbe was zu meckern. Aber das Streben nach Unsterblichkeit ist ein ziemlich dummer Wunsch. Die Lebensarbeitszeit würde drastisch heraufgesetzt werden, und danach wäre man für immer Rentner. Statistiker haben errechnet, dass ein Mensch, der täglich eine halbe Stunde mit dem Auto zur Arbeit fährt, im Laufe seines Lebens insgesamt sechs Monate ununterbrochen vor roten Ampeln steht. Das sollte doch wohl reichen. Außerdem hat man irgendwann alle Filme gesehen und kommt ins Gefängnis, weil man seinen schnarchenden Ehepartner nach spätestens 1.000 Jahren umgebracht hat.

Alle für einen. Viele Zellen, ein Körper. Sex und Gevatter Tod. Miss Evolution hatte keineswegs drei Milliarden Jahre lang nur ihr Werk betrachtet, sie hatte wahrhaft Großes vollbracht. Vorläufig allerdings im Kleinen. Die ersten Mehrzeller dürften winzig gewesen sein, und viel ist von ihnen nicht geblieben. Ohnehin hing ihr Dasein am seidenen Faden. Denn als sie eben dabei waren, sich häuslich einzurichten, kam ihnen der Wetterbericht dazwischen.

Von Schneebällen und Luftmatratzen

Als die Entwicklung der Eukaryonten vor rund 1,4 Milliarden Jahren abgeschlossen war, gab es noch nicht viel sichtbares Land. Was über den Meeresspiegel hinausragte, machte knapp fünf Prozent der Erdoberfläche aus. Das Gros der neu gebildeten Kontinentalfragmente lag unter flachem Wasser. Im Schnitt waren die Ozeane damals weniger tief als heute. Den ersten Superkontinent, Kenorland, hatte die Geschichte kommen und gehen sehen. Vor etwas über einer Milliarde Jahren hoben sich dann neue, gewaltige Landmassen aus dem Meer. 200 Millionen Jahre nahm ihre Entwicklung in Anspruch, danach war das Rohmaterial für die Physiognomie von Mutter Erde im Wesentlichen komplett. Nur sah alles noch ganz anders aus als heute. Der neue Superkontinent, der sich da zusammenklumpte, hieß Rodinia, doch auch er brach wieder auseinander, zu einem Zeitpunkt, als die Erde gerade Winterschlaf hielt. Denn rund 100 Millionen Jahre zuvor war etwas Außergewöhnliches geschehen. Etwas, das auf die Entwicklung des Lebens maßgeblichen Einfluss haben sollte.

Es war kalt geworden.

Nun sind Eiszeiten an sich nichts Merkwürdiges. Seit eh und je suchen sie den Planeten mit der Regelmäßigkeit schwiegermütterlicher Hausbesuche heim, machen sich eine Weile wichtig und verschwinden wieder. Nach allem, was wir heute wissen, liegt die älteste Eiszeit mehr als 2,3 Milliarden Jahre zurück. Genau genommen spricht man von Eiszeitaltern, also Perioden, in deren Verlauf mehrere Vereisungszyklen dicht aufeinander folgen. Wenn es im Wetterbericht mal wieder heißt: »Für die Jahreszeit zu kalt«, nehmen Sie's nicht krumm. Wir leben gerade zwischen zwei Eiszeiten, auch wenn die globale Erderwärmung derzeit die bessere Presse hat und George W. Bush alles daran setzt, Wintermäntel in den

Fundus der Geschichte zu verbannen. Tatsächlich ist die letzte Zwischeneiszeit gerade mal 10.000 bis 11.000 Jahre her, erdhistorisch gesehen ein Wimpernschlag. So oder so steht uns der nächste große Kälteeinbruch ins Haus. Wann genau, darüber differieren die Meinungen. In 5.000 bis 15.000 Jahren könnte es aktuellen Prognosen zufolge so weit sein. Paradoxerweise könnte der Treibhauseffekt die Vereisung sogar beschleunigen.

Dazu muss man sich vor Augen führen, dass der Golfstrom, dank dessen wir es in Europa so gemütlich warm haben, nicht wirklich fließt, sondern von einer gigantischen Pumpe angezogen wird. Warmes Wasser ist leichter als kaltes, schwimmt also oben. Gen Norden wird es aber merklich kälter. Das warme Golfstromwasser kühlt sich ab, bis es schließlich vor Grönland unter seinem Eigengewicht in Kaskaden abstürzt, drei Kilometer tief bis auf den Grund des Grönländischen Beckens. Von dort fließt es als Tiefenwasser zurück nach Süden. Der zweite Grund, warum das Wasser abstürzt, ist sein Salzgehalt: Salziges Wasser wiegt mehr als süßes. Wenn nun die Erde erheblich wärmer wird, beginnen die nordpolaren Eismassen abzutauen. Und Eisberge bestehen aus Süßwasser. Die Schmelze würde das salzige Wasser des Nordens versüßen und damit verdünnen, als Folge würde es leichter, könnte nicht mehr in die Tiefe stürzen und keinen Sog erzeugen, und der Golfstrom würde aufhören zu fließen.

Durch mindestens sechs Eiszeitalter – wenn man das aktuelle ausklammert – hat sich die Erde schon gebibbert. Was gegen Ende des Proterozoikums geschah, schlug jedoch alles Dagewesene. Heute künden davon gewaltige Sedimente aus Geröll, das von den Eismassen abgeschliffen und mitgeführt wurde. Tillite nennt man diesen verbackenen Gletscherschutt, der in Australien stellenweise bis zu 6.000 Meter dick ist. Mitte des vergangenen Jahrhunderts entdeckte man weltweit Tillite, die nachweislich aus ein und derselben Periode stammten – alle datierten aus einer Zeit zwischen 800 und 600 Millionen Jahren, was die Vermutung nahe legte, der Planet sei damals zu großen Teilen vereist gewesen. Man untersuchte weitere Tillit-Ablagerungen in anderen Landstrichen. Das Ergebnis war gespenstisch. Offenbar hatten nicht nur Teile der Welt unter Eis gelegen, sondern der ganze Planet. Die Erde hatte sich in einen gewaltigen, glitzernd weißen Schneeball im All verwandelt.

Anfangs mochte niemand recht daran glauben. Zu unwahrscheinlich schien die Schneeball-Hypothese, auch wenn alle Forschungsergebnisse dafür sprachen. Niemand konnte sich vorstellen, was einen derartigen globalen Winter herbeigeführt hatte. Berechnungen ergaben schließlich, dass ein vollständiges Zufrieren der Erde nicht mehr aufzuhalten ist, sobald das Eis im Norden und Süden einmal über den 30. Breitengrad vordringt. Die polaren Eisfelder reflektieren Sonnenlicht und schicken einen Großteil der Wärme zurück ins All, sprich, je mehr Sonnenlicht reflektiert wird, desto kälter wird es auf der Erde. Ab einem gewissen Punkt lässt sich der Abkühlungsprozess nicht mehr stoppen. Unmöglich schien es also nicht, dass unser blauer Planet zeitweise komplett weiß gewesen war. Aber selbst wenn es stimmte – wie hatte die Erde dann wieder auftauen können?

Immer noch wird heftig darüber diskutiert, ob die so genannte Varanger-Eiszeit wirklich den ganzen Planeten im Griff hatte oder nicht doch irgendwo ein paar Fleckchen verschonte. Die Befürworter des totalen Schneeballs führen an, atmosphärisches Kohlendioxid sei durchaus in der Lage gewesen, den Prozess umzukehren und eine komplett zugefrorene Erde wieder aufzutauen. Denn einige große Vulkane müssen aus dem Eispanzer herausgeragt haben, die große Mengen CO_2 in die Atmosphäre bliesen. Normalerweise verbindet sich Kohlendioxid mit Kalzium, das aus verwittertem Gestein freigesetzt und von Flüssen ins Meer gespült wird, zu Kalkstein. Aber die Kontinente lagen unter Eis und damit auch jegliches Kalzium. Also sammelte sich immer mehr Kohlendioxid in der Atmosphäre. Nach Millionen von Jahren hatte es die 350-fache Konzentration des heutigen Gehalts erreicht und die Erde so weit aufgeheizt, dass die Eismassen in Äquatorhöhe wieder zu schmelzen begannen und ein neuer Rückkopplungseffekt einsetzte. Die ersten Wasserflächen verdunsteten. Der Mantel aus Kohlendioxid und Wasserdampf trieb die Temperaturen in die Höhe. Als das Eis von den Landmassen wich, hatte es dort so viel kalziumhaltigen Schutt hinterlassen, dass dieser mit dem überreichlich vorhandenen Kohlendioxid reagierte, es der Atmosphäre entzog und jene gewaltigen Kalksteinablagerungen formte, die heute Aufschluss geben über die Ereignisse von damals.

Gegner des Theorie vom globalen Schneeball machen geltend, eine Komplettvereisung hätte jegliches Leben vernichten müssen.

Außerdem hätten derartige Mengen Kohlendioxid, wie für das einsetzende Tauwetter nötig waren, gar nicht so schnell in die Atmosphäre gelangen können. Dieser Prozess hätte 30 bis 40 Millionen Jahre in Anspruch genommen. Bis dahin wäre auch der letzte Vielzeller schnatternd zugrunde gegangen.

Die Diskussion geht hin und her. Die Befürworter kontern, man müsse den Wasserdampf, der den eisfrei gewordenen Regionen entstieg, dem Kohlendioxid hinzurechnen. In dem entstandenen Treibhaus hätte es sehr wohl in verhältnismäßig kurzer Zeit 50 Grad Celsius heiß werden können, womit einer weiteren Enteisung nichts mehr im Wege gestanden hätte. Andere bezweifeln, dass die Erwärmung einzig der Vermischung von Wasserdampf und vulkanischem Kohlendioxid zuzuschreiben war, sondern machen Methan für den erhöhten Kohlenstoffgehalt verantwortlich. Tatsächlich dürften während der Varanger-Eiszeit gewaltige Vorkommen an Methanhydraten in den Sedimenten der Ozeane gelagert haben, die nun auftauten und die Erde ziemlich schnell in einen Brutkasten verwandelten.

Die Gegner lassen das zwar gelten, beharren aber darauf, in Äquatornähe müsse ein schmaler eisfreier Gürtel verblieben sein, der es einigen Organismen ermöglichte, weiterhin Photosynthese zu betreiben. Ein Argument, das die Mehrheit teilt. Vorstellbar ist zwar auch, dass sich das Leben während der Vereisung wieder dorthin zurückzog, wo es hergekommen war, nämlich zu den hydrothermalen Kaminen am Meeresboden. Da hatte es sich ja nicht schlecht gelebt. Der Paläontologe Bernd-Dietrich Erdtmann, auf den wir später zu sprechen kommen, zieht aus dieser Annahme bestechende Schlüsse. Allerdings war die Entwicklung seither weit vorangeschritten, und die Photosynthese hatte sich als überlegenes Konzept erwiesen. Die Eukaryonten verdankten ihr Leben einzig der Sauerstoffverträglichkeit ihrer Mitochondrien. Damit waren auch die ersten Mehrzeller auf Sonnenlicht angewiesen, sprich, auf eisfreie Zonen.

Indes bezweifelt niemand mehr, dass die Erde ein Schneeball war, ob nun komplett oder zu 90 Prozent. Was erneut die Frage aufwirft, wie es dazu kommen konnte. Hier ein paar Theorien:

Die Sonne schien damals schwächer, ihre Einstrahlung betrug rund sechs Prozent weniger als heute. – Schön und gut, aber das

73

war auch vor der Totalvereisung so gewesen. Deswegen friert ein ganzer Planet nicht mir nichts, dir nichts zu.

Oder: Eine interstellare Wolke aus Staub schob sich zwischen Sonne und Erde und schluckte Licht und Wärme.

Oder: Der Vulkanismus hatte überhand genommen und die Welt verdunkelt.

Oder: Die Kontinente waren schuld, die ja bekanntlich nicht stillhalten können, sondern unablässig um die Häuser ziehen. Nachdem sich das komplette Land am Äquator zusammengeballt hatte, nahmen die Meeresströmungen weniger Wärme auf, was sich erst änderte, als Rodinia auseinander zu brechen begann.

Und so weiter und so fort. Vielleicht hatte sich auch die Erdachse geneigt. Schließlich, wenn gar nichts mehr hilft, bemüht man gern die Superschurken aus dem All. Mehr als einmal haben kosmische Geschosse Unordnung und frühes Leid über das Leben gebracht. Alles ist denkbar, und vielleicht hat sogar alles zusammen zur großen Vereisung beigetragen. Wie auch immer, fest steht, dass Miss Evolutions Kinder äußerst knapp davongekommen sind. Fast wäre es das gewesen mit den Eukaryonten und der Photosynthese, und Sie und ich würden immer noch an vulkanischen Schloten wohnen – bestenfalls.

Doch selbst die Varanger-Eiszeit ging zu Ende, vor 600 Millionen Jahren – und gab den Blick frei auf ein Zeitalter, das bis vor kurzem noch in geheimnisvollem Dunkel lag.

Willkommen im Garten Eden, im Ediacarium.

Hier begegnen sie uns wieder, unsere Freunde aus Miss Evolutions Krabbelgruppe. Die Ozeane sind durchflutet von Sonnenlicht, das die Böden der Flachmeere erhellt. Es herrscht reges Treiben. Offenbar haben genügend Lebewesen den Kälteschock überlebt. Archäen, Bakterien und Eukaryonten reiben sich die Augen, schütteln die Winterkälte aus der Zellmembran und überlegen, was man so anstellen könnte. Der Meeresboden ist überzogen von einer Glibberschicht aus Cyanobakterien. Dicht unter der Wasseroberfläche treiben haarartige Rotalgen. Einige benthonische Cyanobakterien haben es sich an der Küste gemütlich gemacht und dort wahre Megastädte erbaut, die heute noch zu besichtigen sind. Stromatolithen, breite Säulen aus wellig geschichtetem Kalk, die mit der Zeit langsam an Höhe gewannen. Ganze Kolonien von Cyanobakterien, auch bekannt als Mikrobenmatten, verarbeiteten dazu Sonnenlicht und Schwebstoffe und schieden Karbonate aus, die sich unter ihnen ablagerten. Mit jeder Kalkschicht kam ein neues Stockwerk hinzu. Stromatolith-City wuchs, obendrauf saßen die Erbauer, betrieben Photosynthese und produzierten fleißig Kalk.

Frühe Beispiele für den prähistorischen Städtebau finden sich bereits vor 3,5 Milliarden Jahren, womit Stromatolithen zu den ältesten von Lebewesen erbauten Strukturen überhaupt gehören. Nicht zuletzt die Kalkstädte bzw. ihre Konstrukteure haben den Sauerstoffanteil der Atmosphäre drastisch erhöht. Pompeji ist versunken, auch Venedig wird untergehen, aber bewohnte Stromatholiten findet man selbst heute noch, etwa in der Shark Bay in Westaustralien. Die wussten eben noch zu bauen! Inzwischen hat die UNESCO die Kalkmetropolen zum Weltkulturerbe erklärt, was die Cyanobakterien sicher freuen würde, wenn es ihnen nicht am Arsch vorbeiginge.

Nach der Varanger-Episode kam Miss Evolution erst richtig in Schwung. Die Vorläufer ihrer künftigen Reiche, Tiere, Pflanzen und Pilze, waren versammelt, die Pilze hatten gar schon ihre Unabhängigkeit erklärt von der Eukaryontischen Union, während die anderen noch nicht recht wussten, ob sie Pflanzen oder Tiere werden wollten. Eigentlich waren sie ja eher Tiere? Oder doch Pflanzen? Oder was?

Tatsächlich ist das Ediacarium erst vor wenigen Jahren als neues geologisches Zeitalter erfasst worden. Bis dahin galten die letzten 90 Millionen Jahre des Präkambriums als Black Box, in der man nichts erblickte, was den abrupten Übergang zur komplexen Lebensvielfalt des anschließenden Kambriums erklären konnte. Das beginnt nach offizieller Zeitrechnung vor 542 Millionen Jahren mit einem Paukenschlag der Evolution, als wie aus dem Nichts eine Vielfalt hoch organisierter Lebewesen erscheint, mit Beinen, Augen, Zangen und Panzern, Kiemen, Flossen, Innereien und ungezügeltem Appetit auf den lieben Nachbarn. Was hatte die moderne Gesellschaft auf den Plan gerufen? Wie vereinbarte sich der Überraschungsauftritt mit dem Prinzip der stufenlos fließenden Entwicklung? Es war nicht anders, als würden befellte Humanoide, die eben noch grunzend und Keule schwingend durch die Flora taperten, plötzlich mit rasierten Gesichtern aus Flugzeugen winken und schlaue Sachen sagen wie »Cogito ergo sum« oder »E=mc²«.

Irgendetwas musste diesen Übergang ermöglicht haben, ein versunkenes Reich, das eine Brücke schlug zwischen Einzellern und einer Tierwelt, die binnen weniger Millionen Jahre über 100 verschiedene Baupläne herausbildete.

Leider sind Fossilien nicht sehr verlässlich. Harte Bestandteile erhalten sich im Sediment ganz prima, Weiches hingegen wird im Handumdrehen von Horden marodierender Bakterien gefressen und verschwindet zur Gänze aus dem Diesseits, und bis zum Kambrium waren Vielzeller hundertprozentige Weicheier. Doch es gibt Ausnahmen. Glücklicherweise – für die Wissenschaft – ist den Weichlingen von Zeit zu Zeit der Himmel auf den Kopf gefallen. Und darum kennen wir auch ihre zarten Seiten.

Das kam so: Als die Varanger-Eiszeit endete, wusch Dauerregen das angesammelte Kohlendioxid aus der Atmosphäre und verwandelte die Kontinente in eine schlammige Wüste. Immer wieder lösten sich gewaltige Lawinen und donnerten vom Land ins flache Schelfmeer. Wer das Pech hatte, dort gerade unterwegs zu sein, wurde im Eilverfahren begraben und konserviert, geschützt vor Bakterien und Aasfressern. Spätere Fossilien von Krebsen zeigen, dass manche der Tiere noch versucht hatten, sich aus den unvermutet niedergehenden Lawinen rauszuwühlen, bevor sie erstickten. Andere wurden bei der Häutung erwischt oder beim Sex, manche beim Fressen oder mitten im schönsten Verdauungsschläfchen. Paläontologen freuen sich über die hohe Mortalitätsrate. Durch die Blitzkonservierung blieb weiches Gewebe erhalten, was Fachleute nun in die Lage versetzt, dezidierte Aussagen über eine verschwunden geglaubte Biologie zu treffen.

Grundsätzlich sind Meeresfossilien eher rar. Wer im Ozean lebt, kommt kaum in den Genuss einer Landbestattung, sondern tut seinen letzten Schnaufer auf dem Meeresboden. Ozeanische Platten schieben sich im Verlauf ihrer Wanderungen unter kontinentale Platten, tauchen ab in die Asthenosphäre und werden dort aufgeschmolzen, samt der Friedhöfe, die so für alle Zeit verloren gehen. Nur selten staut sich Meeresboden am Kontinentalrand derart, dass er sich auffaltet und dem Festland zugesellt – dann allerdings mit beachtlichem Resultat. So entstanden die Alpen und die Rocky Mountains, und darum finden sich Überreste längst verblichener Seebewohner in Regionen, die sich mit Taucherbrille und Flossen eher schwer bereisen lassen.

Eine der Stätten des großen Sterbens liegt denn auch dort, wo man es am wenigsten vermuten würde, nämlich in den südaustralischen Flinders Mountains. Schon Anfang des 20. Jahrhunderts hatten sich deutsche Geologen in den dortigen Ediacara-Hügeln herumgetrieben, aber nicht begriffen, was sie vor sich hatten. Den wahren Reichtum erkannte erst der Australier Reginald Sprigg, als er in Sedimenten, die einst den Grund flacher Meere gebildet hatten, auf versteinerte Abdrücke amorpher Kreaturen stieß. Die Gesteine der Ediacara-Formation sind bis zu 600 Millionen Jahre alt, künden also von der Zeit, als auf der Erde eben wieder die Heizung ansprang. Eigentlich hatte Sprigg etwas ganz anderes in der Region zu tun, nämlich die Erforschung alter Bleiminen. Er war Bergbaugeologe und an Orten unterwegs, zu denen sich Paläontologen selten verirren. Aber Sprigg hatte einen Blick für Fossilien. Was er fand, erinnerte an kleine Eierkuchen, Federn und Blätter, sämtlich ohne Panzer und andere harte Bestandteile, definitiv aber den Mehrzellern oder – im Fachjargon – Vendobionten zugehörig. Quallen und Korallen ließen grüßen, auch Medusen und Hohltiere, doch so recht schien keines der Wesen zur bekannten Fauna nachfolgender Zeitalter passen zu wollen. Was würde man als Nächstes finden? Die dazugehörigen Ufos?

In den folgenden Jahren entbrannte eine lebhafte Diskussion, womit man es eigentlich zu tun habe. Inzwischen waren rund um den Globus weitere Fundstätten entdeckt worden, von Neufundland über England bis Russland, und viele der Organismen hatten Namen erhalten. Dickinsonia ähnelte einer schwimmenden, überdimensionalen Schallplatte nach Hitzebehandlung und erinnerte damit an nichts, was heute lebt und atmet. Charniodiscus war blattförmig und ruhte auf etwas Tulpenzwiebelartigem, möglicherweise ein Fuß, mit dem er, sie oder es fest im Boden verankert war. Mawsoniten könnten wie schwimmende Montgolfieren oder Dachkonstruktionen von Kinderkarussells über Charniodiscus-Wälder getrieben sein, die sich sanft in der Strömung wiegten, während sich zwischen ihnen Kimberella dahinschleppte, versehen mit einem langen, biegsamen Elefantenrüssel und einer weichen Rückenschale, die wie der Vorläufer eines Panzers anmutet. Manch einer fühlt sich bei Kimberella auch an ein zerkautes Maoam mit Sturzhelm erinnert, je nach Naturell. Das Ärgerliche an den Ediacara-Fossilien ist, dass sie vielfach in grobkörniges Sediment gebettet sind, was den Blick auf Details erschwert, der Phantasie jedoch erlaubt, allerlei Blasen zu werfen. Was waren beispielsweise Pteridinium und Charnia wardi, immerhin zwei Meter lang? Reste schmucker Zimmerpflanzen? Geäderte Reliefs lassen auf etwas Farnartiges schließen, mit einer Art Diskus am Boden verhaftet – Pteridinium heißt im Griechischen »gewundener Farn«. Wenigstens erinnern Charnia und Pteridinium überhaupt an etwas. Von anderen Wesen der versunkenen Periode kann man das kaum behaupten. Waren das Würmer? Oder eher Fischstäbchen? Manches, was im braunen Quarzit Namibias erhalten ist, lässt nicht mal ahnen, ob es sich um Pflanzen oder Tiere handelte. Oder um keines von beidem.

Der deutsche Geologe Adolf Seilacher gehört zu den streitbaren Geistern, die in der Ediacara-Fauna etwas völlig Eigenständiges erblicken. Der Tübinger Professor für Paläontologie, der zeitweise auch in Yale unterrichtet hat und 1992 mit dem renommierten Crafoord-Preis der Schwedischen Akademie ausgezeichnet wurde, hat die Anfänge tierischen Lebens Ende der Neunziger um mindestens eine Milliarde Jahre zurückdatiert. Zwar stellt er das Vorhandensein früher Tiere wie Mollusken und Schwämme im Präkambrium nicht in Frage, hält aber den Großteil der bizarren Ediacara-Wesen für einen Fiebertraum der Evolution – nämlich riesige, teils übermannsgroße Einzeller, flächig, windelweich und dank der ausgedehnten Körperoberflächen in der Lage, dem Meer Sauerstoff zu entziehen. Ihre Körper waren untergliedert in wassergefüllte, abgesteppte Kammern. Äußere und innere Organe schienen zu fehlen, auch von Mündern, Gedärmen und einem After war nichts zu erblicken. Je länger Seilacher sich die wunderlichen Wesen besah, desto mehr erinnerten sie ihn an etwas, bis er plötzlich drauf kam: – Luftmatratzen! Miss Evolution hatte die Luftmatratze erfunden. Nur dass sie im Gegensatz zum handelsüblichen Gummibett lebendig war.

Eindeutig sind Krebse, Fische, Vögel und sonstige Tiere nicht aus Luftmatratzen entstanden, und nie hat man einen Menschen mit Ventil zum Aufblasen gesehen. Für Seilacher war der Fall klar. Miss Evolution hatte etwas Andersartiges ausprobiert, einen alternativen Weg der Lebensentstehung. Der Professor verkündete das Zeitalter der Vendobionten, eines vierten Reichs neben den Pilzen, Pflanzen und Tieren, das untergegangen war wie so manch anderes angeblich ewig währende Reich.

Damit rief er Gegner auf den Plan, denen Seilachers Vorstellungen zu abgedreht erschienen. In den Sechzigern hatte man nämlich auch skelettartige Nadeln zwischen den Ediacara-Fossilien gefunden, die an moderne Schwämme denken ließen. Außerdem war Kimberella ja wohl eindeutig ein Vorläufer der Schnecken, halt mit weichem Gehäuse, aber durchaus kräuterbuttertauglich. Das schwimmende Kinderkarussell wurde als Altvorderer der Quallen klassifiziert, die Fischstäbchen frühen Würmern zugeordnet. Sogar erste Entwürfe von Anneliden, das sind Ringelwürmer, und Arthropoden, Gliederfüßern, wollte man ausgemacht haben, zudem Vorfahren von Stachelhäutern, und selbst Spriggina, die im Gestein an eine Reifenspur mit Mütze denken lässt, hieß es, sei schlicht ein Ringelwurm.

Unsinn, sagt Seilacher, Vendobionten sind etwas Eigenes: »In ihrem Schatten entwickelten sich die Vielzeller – wie sehr viel später die Säugetiere im Schatten der großen Echsen – und warteten auf ihre Stunde. Die Ediacara-Wesen sind einfach zu fremd, um Vorläufer moderner Tiere zu sein.« Die Rote Königin würde hinzufügen: »Wer stehen bleibt, hat schon verloren.« Offenbar sind die Vendobionten irgendwann stehen geblieben und dafür vom Spielfeld genommen worden. Vielleicht, weil sie einfach zu gutmütig waren. Weichlinge halt.

Und wer hat nun Recht?

Werfen wir nochmal einen Blick in dieses frühe Meer. Teilweise ist es nicht sehr tief. Im Zuge der Erwärmung war überall auf der Welt der Meeresspiegel angestiegen und hatte die flachen Küstenregionen überspült, wodurch ausgedehnte, leidlich temperierte Flachmeere entstanden waren. Ein Garten Eden, in dem es keine Kriege und Krawalle gab und nicht mal der Nebenmann angeknabbert wurde. Fressen und gefressen werden? Wie meinen? Wer tut denn so was, einander essen?! Nein, davon hatten die Luftmatratzen nie gehört. In allen Größen schunkelten sie sanft zu unhörbaren Liedern und wären sich wohl in die Arme gefallen, hätten sie nur welche besessen. Über die Körper der schwimmenden Schallplatten huschten Sprenkel einfallenden Sonnenlichts, sehr idyllisch. Ohne Arg und böse Absicht schwammen sie ihrer Wege. Was direkt auf dem Boden lebte, hatte sich verankert, um nicht auszurutschen, denn der Meeresgrund war eine glitschige Angelegenheit wegen der Mikrobenteppiche. Mehrere Millimeter dick, von niemandem belästigt, entzogen sie dem Sediment Nährstoffe; Cyanobakterien, Algen und Pilze in symbiotischer Geselligkeit, die einander Leckerlis zuschoben und sich lieb hatten. Kommen Ihnen die Tränen? Der amerikanische Geologe Mark McMenamin beschreibt es so in seinem Buch *The Garden of Ediacara*. Demzufolge waren die höchst entwickelten Lebewesen ihrer Zeit der Frieden in Person. Bis ihnen eine Übermacht schwer bewaffneter Radaubrüder vor rund 545 Millionen Jahren den Garaus machte.

Und wovon lebten die braven Pazifisten so ganz ohne Mund und Schlund? McMenamin, der wie Seilacher glaubt, das komplexe Leben habe sich zweimal entwickelt, vermutet im strömenden Wasser genügend Nährstoffe, außerdem hätten die Mikrobengemeinschaften ihren Obulus an verwertbaren Stoffen ausgeschieden, und verdaut wurde via Außenhaut. Fortbewegen konnten sie sich auch, durch Ausstülpen ihrer Körperhülle. Sollten Seilacher und McMenamin Recht behalten, wäre das Ediacarium tatsächlich eine Periode alternativen Lebens gewesen. Hätte es überdauert, wäre die Erde heute vielleicht von intelligenten makroskopischen Einzellern bewohnt, und die Kreationen Giorgio Armanis würden nicht von Models über den Laufsteg getragen, sondern von Luftmatratzen. Die Sache hätte durchaus Vorteile – wer einem dumm käme, dem würde man einfach die Luft rauslassen –, aber dennoch: So an der Evolutionslehre zu rütteln, da muss man sich ja Feinde machen!

Matratzengegner werfen der Seilacher-Fraktion denn auch vor, sie hätten einfach nicht richtig hingeschaut. Bloß weil die Weichlinge im groben Quarz ein undeutliches Bild abgäben, sei das kein Grund, gleich E.T. heraufzubeschwören. Tentakelchen sähe man da, Keimdrüsen, Kiemen, Kopf und Därme. Hätten die Herrschaften mal ihre Brillen geputzt, statt dummes Zeug zu reden, hätte ihnen auffallen müssen, dass das Tiere sind, was denn sonst?

Spannend bleibt es allemal. Seilacher muss sich möglicherweise mit dem Gedanken anfreunden, doch nur die Ahnen kommender Generationen vor Augen zu haben. Die Ediacara-Wesen haben eine ganze Weile den gleichen Lebensraum in Anspruch genommen wie die Kreaturen des Kambriums und sind vielleicht Vorläufer von Ringelwürmern, Quallen und Korallen. Tierisches Leben existierte parallel zur Ediacara-Fauna, möglicherweise sogar vorher, wie Seilacher selbst bewiesen hat. Zudem fanden Forscher in der südchinesischen Doushantuo-Formation Spuren tierischer Embryonen aus dem Präkambrium, winzige bläuliche und hellgraue Zellkügelchen, teils in verschiedenen Stadien der Teilung und wohl auf dem besten Wege zu Nesseltieren. Welchen Sinn hätte die gleichzeitige Entwicklung völlig fremdartigen, eigenständigen Lebens haben sollen? Hinzu kommt, dass Rieseneinzeller gar nicht so exotisch sind, wie es sich bei Seilacher liest: Die Tiefsee-Spezies Xenophyophoria zum Beispiel ist ein zeitgenössischer Vertreter solcher Zellgiganten, ausgestattet mit mehreren Zellkernen und einem Cytoskelett für halbwegs aufrechte Haltung. Sie steht den Ediacara-Wesen an Größe in nichts nach und weist im Übrigen dieselben Merkmale auf wie Seilachers gesteppte Urviecher.

Derzeit wähnen sich die Befürworter der Theorie, wonach die angeblichen Luftmatratzen einfach Tiere sind, im Aufwind. Ob oder ob das nicht stimmt, berührt eine andere Diskussion, die nicht minder kontrovers geführt wird: Gab es eine Kambrische Explosion oder nicht?

Inzwischen räumt Adolf Seilacher ein, einige der merkwürdigen Organismen seien möglicherweise tatsächlich Vorläufer von Schwämmen. Ungeachtet dessen repräsentieren er und McMenamin ehern eine Minderheit von Forschern, die an der Theorie einer alternativen Lebensentwicklung festhalten. Auch warum die Dinger vom Erdboden getilgt wurden, weiß Seilacher zu erklären, mit einem Argument übrigens, das die Gegenseite teilt. Die Weichlinge wurden aufgefressen, ratzeputz. Was McMenamin zutiefst bedauert, denn: »Hier ist eine Form von Intelligenz ausgelöscht worden, die sehr, sehr anders war als heutiges Leben. Die Ediacara-Wesen sind ein zweites Experiment des Lebens. Diese Formen erhöhen dramatisch die Möglichkeit intelligenter Organismen auch auf anderen Planeten.«

Oder auch nicht. Denn einer kann so intelligent sein, wie er will. Wenn er außerdem friedfertig ist, wird er gefressen. Die Rote Königin ist ein brutales Weib!

Im Mai 2004 wurde das Ediacarium mit Ritterschlag in die offizielle geologische Zeitskala aufgenommen. Es beschreibt nun das Geschehen in der Zeit von vor 630 Millionen Jahren bis zum Beginn des Kambriums vor 542 Millionen Jahren. Außerdem bezeichnet es das Ende des Proterozoikums, des zweiten Abschnitts des Präkambriums (der erste Abschnitt ist das Archaikum, das vor 2,5

Milliarden Jahren endet). Ob der Begriff Proterozoikum allerdings noch seine Berechtigung hat, ist anzuzweifeln. Übersetzt heißt Proterozoikum nämlich »Die Zeit vor den Tieren«, was längst nicht mehr haltbar ist. Tiere gab es schon lange.

Schlussendlich bleibt ein weiteres Problem. Falls Seilachers Kreaturen wirklich nichts mit späteren Tieren zu schaffen haben, sind wir zurückgeworfen auf die Frage, wie sich diese über Nacht entwickelt haben. Denn Miss Evolution kann und konnte viel – doch Zaubern gehört nicht dazu. Darum vermuten Geologen und Paläontologen, sie habe eine biologische Bombe gezündet, und sprechen von der Kambrischen Explosion. Das heißt, viele vermuten, dass es so war. Ebenso viele sind völlig entgegengesetzter Meinung.

Wer hätte das gedacht.

Zu den Waffen!

Eigentlich hatte der Tag ganz ordentlich begonnen.

Die Sonne war strahlend über der Lagune aufgegangen und erwärmte das Wasser bis auf den Grund. Wochenlang hatten aufgeplusterte Wolkenmassen einen nicht enden wollenden Dauerregen niedergehen lassen und das kleine Flachmeer ins Trübe getaucht. Jetzt nahmen die Augen des Trilobiten viel Helligkeit wahr, die über den groben Sand irrlichterte, von den Wellen zigfach gebrochen. Für ein Wesen, das vor wenigen Millionen Jahren erst Weichtiere ohne Extremitäten und Organe abgelöst hatte, sah er bemerkenswert gut. Jedes seiner turmförmigen Augen war aus 500 einzelnen Linsen zusammengesetzt, die aneinander grenzten und ihm einen lückenlosen Rundumblick verschafften. Andere Arten seiner Spezies hatten längst nicht so schöne Augen. Bei manchen lagen die Linsen weit auseinander – wie sollte man damit ein vernünftiges Bild aufnehmen? Andere verloren ihre Augen nach einer Weile wieder oder krabbelten von vorneherein blind durchs Oberkambrium.

Da war der kleine Trilobit von ganz anderem Schlag! Eben hatte er seine alten Schalen abgestreift und stromerte nun in runderneuerter Hülle umher. Sein frischer Panzer schimmerte im einfallenden Sonnenlicht, war allerdings noch nicht ganz durchgehärtet – eher ein Grund, im Schutz der Steine zu verharren, wenn man ein weiser Trilobit war.

Aber das Licht hatte ihn hinausgelockt. Seine 15 kiemenbesetzten Beinpaare unter dem ovalen Panzer mit dem mächtigen, stachelbewehrten Kopfschild trugen ihn flink zwischen Farnen und wogenden Algenfäden hindurch. Stolz hätte er sein müssen, so viele Beinchen in so perfekter Koordination bewegen zu können, doch Stolz war eines Trilobiten Sache nicht. Dämmrige Empfindungen kennzeichneten sein Leben, allenfalls so etwas wie Wohlbefinden, meistens Furcht, fast immer Hunger. Der Hunger schlug die Furcht. Fressen konnte man nicht genug, so viel war sicher. Und etwas sagte dem kleinen Trilobiten, dass heute der Tisch reich für ihn gedeckt sei.

Seine Antennen sondierten die Lage, nahmen feinste Druckunterschiede wahr, die vom strömenden Wasser und vorbeiziehenden Lebewesen ausgesandt wurden. Der zweigeteilte Schwanzfortsatz zitterte erregt. Die Geschmackssensoren an seinen Füßchen verfolgten eine Spur, die von Delikatem kündete. Nicht weit entfernt lag etwas Längliches im Sand und rührte sich nicht. Der Trilobit verharrte, dann lief er zu dem Ding hinüber, überwältigt vom Duft. Es war ein halber Wurm – die andere Hälfte schien schon jemandem geschmeckt zu haben. Aas vom Feinsten! Nicht dass der Trilobit das Jagen scheute, aber wenn man um das zeitraubende Gelauere herumkam, lebte es sich auch nicht übel. Wie oft hatte er sich damit begnügen müssen, Sand zu filtrieren. Es wurde Zeit, die Mahlzeit zu genießen, bevor jemand auf die Idee kam, seinen Teil abhaben zu wollen.

Im Moment, da sich der kleine Trilobit zum Verzehr rüstete, verdunkelte sich der Himmel. Etwas Gewaltiges kam von oben herabgeschossen, so groß, dass es sein Sichtfeld fast vollständig ausfüllte. Zwei stachelige Greiforgane zuckten auf ihn hernieder. Der Trilobit brauchte keine Sekunde nachzudenken, was er im Übrigen auch gar nicht konnte. Seine Gene wussten, was zu tun war. Im Bruchteil eines Augenblicks, bevor die Klauen ihn packen konnten, rollte er sich zusammen. Seine vielen Körpersegmente mit den passgenauen Kerben und Verschlussfurchen schirmten sein Innenleben hermetisch ab. Als sich die Greifer um ihn schlossen, war aus dem Trilobiten eine stachelige, ungenießbare Kugel geworden. Einzig die Augen lugten noch unter den Liddeckeln hervor, und was sie sahen, kündete von nichts Gutem.

Was immer ihn gepackt hielt, hatte mindestens ebenso großen Hunger wie sein Opfer.

Das konnte ja heiter werden. Wo doch der Panzer noch nicht richtig hart war! Blöder Wurm, der ihn alle Vorsicht hatte vergessen lassen. Er sah sich emporgehoben, dann tat sich über ihm ein riesiges, rundes Maul auf, besetzt mit nadelspitzen Zähnen. Dahinter gähnte ein Loch, in dem das Leben nun also enden sollte, diese ohnehin erbärmliche Existenz zwischen Nahrungssuche, Stürmen und Vulkanausbrüchen. Die zarten Beinchen und Antennen und die schönen Augen würden geschreddert werden, bis nichts mehr blieb, nicht mal eine Erinnerung.

Es konnte, es durfte nicht sein! Plan B war fällig, oder das späte Kambrium würde bald um einen Trilobiten ärmer sein.

Kurz bevor das mahlende Gebiss ihn erfasste, entrollte er sich wieder, machte sich blitzschnell lang, und die Zähne rutschten an ihm ab. Das Ungeheuer schien mit so viel Gegenwehr nicht gerechnet haben. Vielleicht hatte es auch zu hastig zugegriffen, jedenfalls entglitt der Trilobit den Klauen, fiel in den Sand und rannte um sein Leben. Über ihm schoss das Ding mit einem mächtigen Schlag seines Schwanzes in die Kurve, sank herab und nahm die Verfolgung auf. Elender Stress am frühen Morgen! Dabei hatte alles so fein begonnen, die reibungslose Häutung, der Spaziergang im Sonnenschein, das unverhoffte Geschenk des Wurms. Nur um in einem Mahlwerk zu landen, das selbst Trilobitenpanzer knackte? Lausige Aussichten.

Das Monstrum brachte seine Klauen in Anschlag.

Doch das Schicksal ließ Gnade walten. Noch hatte die Stunde des kleinen Trilobiten nicht geschlagen. Im letzten Moment flutschte er unter einen flachen, von Bakterien überwucherten Stein. Erstarrte Lava hatte hier ein poröses System aus Hohlräumen und Gängen gebildet, in die ein Angreifer von solch kolossaler Größe nicht passte. Der Verfolger zog hoch, um nicht mit dem Fels zu kollidieren. Das halbe Würmchen war verloren, das Leben gerettet.

So weit die familienfreundliche Version einer Szene, die für gewöhnlich im Schredderschlund endete. Denn das zahnbewehrte Wesen war der schlimmste Unhold, der im Kambrium die Meere unsicher machte, und Trilobiten hatten von gar nichts einen Plan, geschweige denn Plan B. Wäre unser Trilobit größer gewesen und sein Panzer härter, hätte das Ungeheuer vielleicht entschieden, sich an so etwas gar nicht erst die Plomben auszubeißen. Wie auch immer, eines ist gewiss: Wir wüssten weniger von solchen Dramen, wäre Charles Doolittle Walcotts Pferd im August des Jahres 1909 nicht plötzlich stehen geblieben.

Walcott, 1850 im Bundesstaat New York geboren, war schon als Kind ungemein interessiert an Fossilien. Eine höhere Schulbildung hatte er nicht vorzuweisen, dennoch leitete er im Laufe seines

Lebens drei der bedeutendsten wissenschaftlichen Institutionen des Landes, die »Smithsonian Institution«, die »U.S. Geological Survey« und die »National Academy of Sciences«, und einige amerikanische Präsidenten suchten seine Freundschaft. Das Pferd zeigte sich unbeeindruckt von so viel Popularität. Als es nicht weitergehen wollte, hatte es seine Gründe. Auf ihm saß Walcott, vor ihm türmten sich Felsbrocken, Folge eines Erdrutsches. Walcott war mit seiner Familie und Freunden auf Expedition in den kanadischen Rocky Mountains, um Fossilien zu sammeln. Es war kalt und regnerisch, die Arbeit in der Höhenluft hatte die Truppe erschöpft, und Walcott war nicht mehr der Jüngste mit fast 60 Jahren. Trotzdem stieg der wackere Geologe vom Ross und machte sich daran, den Burgess-Pass freizuräumen. Dabei fiel sein Blick auf einen Schiefersplitter.

Walcott stutzte.

Wo die Platte entzweigebrochen war, hockte ein seltsam aussehendes Krebschen. Nein, es hockte nicht, es war versteinert, und so recht nach Krebs sah es eigentlich auch nicht aus, zumindest nicht nach einem von der Sorte, wie man sie mit Mayonnaise und ein paar Spritzern Zitronensaft zu genießen pflegt. Dieses Exemplar besaß Hörner, ein im Verhältnis zum Körper riesiges, rückwärts gebogenes Geweih mit vier Enden, und seitlich des vielfach segmentierten Körpers entsprangen filigrane, teils mit Kiemen bestückte Beinchen. Walcott nannte das Tierchen »Marella splendens«, was so viel heißt wie Marella, die Prächtige. Begeistert stöberte er weiter im Gestein. Die Frau, der Sohn, die Freunde, alle mussten ran. Sie entdeckten die Überreste Tausender Lebewesen, teils komplett erhalten wie Marella splendens, teils Fragmente. Bizarres kam zum Vorschein: starrende Facettenaugen, Teile von Panzerungen, Fühler, Stacheln und Scheren, Beinsegmente und manches, das auf den ersten Blick zu keiner Tierart passen wollte.

»Wir haben eine bemerkenswerte Gruppe phyllopoder Crustaceen gefunden«, schrieb Walcott am 31. August 1909 in sein Tagebuch. Am liebsten hätte er den Pass gar nicht mehr verlassen. Schließlich aber sah er sich gezwungen, dem zunehmend schlechter werdenden Wetter zu weichen. Erst im Sommer 1910 kehrte er zurück zu seinem »Burgess Shale«, dem Burgess-Schiefer. Er lag oberhalb der Stelle, auf die der Erdrutsch niedergegangen war. Anhand von Untersuchungen konnte Walcott nachweisen, dass die Schieferschichten zwischen 488 und 542 Millionen Jahre alt waren, also dem Kambrium entstammten, einer Zeit globaler Überflutungen, in der sich das Leben ausschließlich im Meer abgespielt hatte. Schon 1876 hatte diese Periode Walcott zu einer steilen Karriere verholfen, als er die Zugehörigkeit der Trilobiten zu den Gliederfüßern nachwies. Die Folgejahre sollten seinen Ruhm erheblich mehren: Bis 1924 trugen er und seine Helfer über 65.000 Fossilien zusammen und beschrieben über 100 Arten.

Der Burgess-Schiefer ist heute noch eine der bedeutendsten Fundstätten für kambrische Fossilien, einsam gelegen im Yoho National Park in British Comlumbia, flankiert von eindrucksvollen Berggipfeln. Inzwischen wacht die UNESCO über das Gebiet; lediglich Forscher haben Zutritt. Bis zur nächsten Ansiedlung sind es 12 Kilometer. Nicht nur die harten Schalen der Organismen sind hier konserviert, sondern auch deren Weichteile. Offenbar sind sie ebenso wie die Luftmatratzen des Ediacariums unter Schlammlawinen begraben worden. Walcotts Leute stießen auf Wesen, die an Würmer und Quallen erinnerten, legten Tentakel und Darmsysteme frei, die offenbarten, woran der Besitzer sich vor seinem plötzlichen Ableben gütlich getan hatte, fanden pelzartige Hüllen und allerlei gallertiges Gequabbel. Die Tiere hatten in einem temperierten Flachmeer auf Äquatorhöhe gelebt, nahe eines riesigen Riffs. Die Rutschungen mussten sie über den Rand getragen und am unteren Riffsaum begraben haben. Um einige der Fossilien hatten sich schwärzliche Flecken gebildet, als sei unter dem hohen Druck Körperflüssigkeit ausgetreten.

Wie es schien, war das Leben nach 3,5 Milliarden Jahren der Einzeller und primitiven Vielzeller geradezu in Komplexität und Artenvielfalt explodiert. Mit einem Wimpernschlag – erdhistorisch also innerhalb weniger Millionen Jahre – hatte eine völlig neue, hoch entwickelte Fauna das Kommando übernommen.

Walcott wusste nichts vom Ediacarium. So musste er nicht zwischen Luftmatratzen und Tieren wählen und sich nicht in die sattsam bekannte Diskussion verstricken, deren Zeuge Sie im vorangegangenen Kapitel werden konnten. Natürlich fragte er sich, was die Welt so rapide verändert hatte, dass ganze Heerscharen von Kriegern mit Stacheln, Panzern und Zähnen plötzlich die Ozeane bevölkerten. Vorerst aber ging er daran, die Wesen aus den Schieferplatten dem bekannten Reich der Tiere zuzuordnen. Walcotts großes Verdienst besteht nicht zuletzt darin, dass er die Bedeutung der kambrischen Fauna erkannt hat – fast sämtliche Baupläne moderner Lebewesen auf unserem Planeten waren hier vertreten, wenngleich die Formen eher an Aliens denken ließen. Walcott fand für fast jedes der bizarren Wesen einen Platz im Katalog der Evolution. Nur an einigen Überbleibseln biss er sich die Zähne aus oder interpretierte sie einfach falsch. So übersah er eines der faszinierendsten Wesen, als er eine Schieferplatte mit einem – wie er vermerkte – Sammelsurium bekannter und weniger bekannter Organismen untersuchte.

Auf den ersten Blick hatten sich da zwei Garnelen mit einem quallenartigen Ring und einem länglichen Pfannkuchen zum Plausch getroffen. Alles lag nah beieinander, so nah, dass es geradezu absurd erschien. Bei näherem Hinsehen erwiesen sich die Garnelen jedoch als höchst merkwürdig, weil sie keinerlei Spuren von Innereien aufwiesen. Der Ring schien aus gezackten Segmenten zusammengesetzt, und der Pfannkuchen erinnerte an eine platt gewalzte Seegurke. Schließlich kapitulierte Walcott vor dem Durcheinander. Erst 50 Jahre später lüftete der britische Paläontologe Harry Whittington das Geheimnis der Schieferplatte, als er einer Eingebung folgend nicht von vier Tieren ausging, sondern von einem einzigen. Er verglich die Überreste mit weiteren Funden und rekonstruierte ein Monstrum: Der Pfannkuchen war Teil eines lang gestreckten Körpers mit flügelartigen Segmenten und einem kräftigen Schwanz. Was Walcott für Garnelen gehalten hatte, entpuppte sich als Greifapparat, zwei gewaltige, vielfach segmentierte Klauen mit gezackten Innenseiten. Auch von einer Qualle konnte keine Rede sein – vielmehr handelte es sich um ein kreisförmiges Maul mit einem rundum angeordneten, messerscharfen Schreddergebiss, in das der Gigant die Beute kraft seiner Klauen beförderte. Anomalocaris canadensis, wie Whittington das Tier nannte, maß bereits im jugendlichen Alter um die 30 Zentimeter, konnte aber mehr als zwei Meter groß werden – ein wahrer Schrecken seiner Zeit, in der 10 bis 20 Zentimeter schon als stattlich galten. Gefressen hat Anomalocaris wohl alles, was nicht bei drei unter einem Felsen verschwunden war, bevorzugt Trilobiten. Sie ahnen es schon: Niemand anderer war es, der dem kleinen Trilobiten zu Beginn des Kapitals den Tag verdarb.

So friedlich es im Garten von Ediacara zugegangen war, so sehr hatte sich das Leben an der Schwelle zum Kambrium verändert. Es hatte sich bewaffnet. Die neue Losung hieß: fressen und gefressen werden. Von nun an war das Dasein geprägt von einem unerbittlichen Wettrüsten. Wesen wie Anomalocaris, Opabinia oder Odontogriphys panzerten sich nicht nur gegen eventuelle Angreifer, sondern entwickelten ihrerseits fürchterliche Waffen. Auch nach dem Verschwinden der kambrischen Tierwelt beziehungsweise ihrer Weiterentwicklung blieb das neue Prinzip bestehen: Frisst du mich nicht, fress' ich dich.

Nicht jede der kambrischen Kreaturen war ein Räuber, aber fast jede war ein Ritter, sprich in eine mehr oder minder stabile Rüstung gepackt. Ein belebter Flecken zu jener Zeit würde uns erscheinen wie ein Blick in die Gewässer eines fernen Planeten. Da glitt mit wellenförmigen Bewegungen etwas über den Sand, das einer Kreuzung aus gepanzertem Intercity und Staubsauger nicht unähnlich sah, nur dass der biegsame Schlauch, der dem runden Kopf entsprang, in einer gezackten Zange mündete, die jedem Werkzeugkasten zur Ehre gereichen würde. Gleich über dem Schlauchansatz stierten fünf Stielaugen in alle Richtungen. 1972 wurde Opabinia erst mal vollständig rekonstruiert und auf einem wissenschaftlichen Kongress vorgestellt, was zur Folge hatte, dass die Gelehrten in schallendes Gelächter ausbrachen. Ein anwesender Biologe gab der Vermutung Ausdruck, die Evolution sei bekifft gewesen, als sie Opabinia erschuf. Falsch. Mittlerweile kennen wir Miss Evolution besser und wissen, dass sie keine Drogen nimmt, sondern zu jeder Zeit Herrin der Lage ist. Sie wird Opabinia genauso lieb gehabt haben wie eine Spinne ihre Kinder. Mit anderen Worten, als der kleine gefräßige Staubsauger ausgedient hatte, wurde sein Name ohne Bedauern von der Liste gestrichen. Wir können dankbar sein: Brillen für fünf Augen würden die Krankenkassen kaum bezahlen.

Hinter planktonischen Krebsen jagte Odontogriphys her, eine schwimmende Schuhsohle, die außer einem verblüffend weiblich geschwungenen Mund mit starren Nadelzähnen und zwei augenartigen Vertiefungen an der Unterseite nicht viel aufzuweisen hatte, abgesehen vom ungezügelten Appetit, mit dem man einander auf die Pelle zu rücken pflegte. Kelchförmige Schwämme mit hoch aufragenden Stacheln reckten sich aus dem Schlamm, die Tentakel von Xianguangia, einer Vorläuferin der Seeanemone, wiegten sich in der Tide. Dazwischen streunte ein echter Sonderling herum, wurmförmig, allerdings auf einem guten Dutzend gummiartiger Beine staksend. Vorne schien da zu sein, wo das Wesen hinlief, außerdem hob sich das erste Beinpaar zu einem zuckenden Rüsselchen empor. Obwohl das Tier keine Augen besaß, fühlte man sich ununterbrochen angestarrt: Beiderseits des Rumpfes saßen runde Strukturen, von denen man immer noch nicht definitiv weiß, ob es Muskeln oder schildartige Skleriten waren. Den Weg des Microdictyons kreuzte Maotianshania, ein winziger Wurm, dem Marella splendens auf den Fersen war, das Geweih auf Beinen. Dies frühe Krebschen konnte nämlich ganz manierlich schwimmen und erregte damit naturgemäß das Interesse von Vetulicola, einem U-Boot mit Paddelschwanz, das den frühen Panzerfischen zugerechnet wird. Fallschirmartige Eldoniae zogen mit anmutigen Bewegungen vorbei und nahmen einem herannahenden Anomalocaris die Sicht, der eben noch überlegt hatte, ob ihm eher Marella oder Vetulicola schmecken würde. Plötzlich hatte er beide aus den Stielaugen verloren, dafür fiel sein Blick auf Wiwaxia. Ein schuppiges Hügelchen mit langen, aufwärts gebogenen Schwertern, das schneckengleich das Sediment durchkämmte und den Mund unterm Bauch trug. Ob die stachelige Nuss zu knacken war? Der Jäger entschied, die Sache positiv anzugehen, was dem seltsamsten aller kambrischen Geschöpfe Zeit zur Flucht verschaffte: Hallucigenia könnte einem Gemälde Salvador Dalis entsprungen sein, eine Schlange auf biegsamen Stelzen, deren Rückenstacheln ebenso lang sind wie ihre Beine und die Paläontologen über Jahre an den Rand des Wahnsinns getrieben hat – ständig vertauschten sie Ober- und Unterseite. Und überall wanden sich gepanzerte Stummelfüßer, Lobopoden, zwischen Schwämmen und Anemonen hindurch, zogen sich mit klauenbesetzten Beinchen an Schwämmen wie Quadrolaminiella hoch und zermahlten deren Außenhaut zwischen kräftigen Beißerchen.

Ein Alptraum? Ach was. Nicht mehr oder weniger als heute. Nur halt ein bisschen anders.

Evolutionsbiologen interessiert vor allem, warum Miss Evolution zu Beginn des Kambriums wie aus einer Laune heraus zwei bahnbrechende Neuerungen einführte: den bilateralen Körperbau und die Panzerung. Bis dahin waren Vielzeller weich und larvenähnlich gewesen, selten mehr als ein paar tausend Zellen im Verbund. Einige wenige allerdings schienen die Fähigkeit entwickelt zu haben, ihren Genen spezielle Aufgaben zuzuweisen. Dadurch konnten sie größer werden und Körperteile mit definierten Funktionen ausbilden. Der symmetrische Körperbau, den alle späteren Vielzeller aufweisen, entstand, weil ein schwimmendes oder kriechendes Tier mit Augen, Maul und After auf Bewegungsstabilität angewiesen war. Nur dem schottischen Haggis sagt man nach, Vorder- und Hinterbein der linken Seite seien kürzer als die der rechten, damit es in den steilen Hängen der Highlands besser Halt fände. Schottische Kellner erzählen gerne, wie man das scheue Haggis fängt. Drei Männer braucht es dazu: Einer, der sich ihm von hinten nähert und es erschreckt, sodass es davonläuft. Ein anderer, der brüllend und fuchtelnd von der entgegengesetzten Seite kommt und das Haggis in neuerliche Panik versetzt, sodass es umdreht, dank der Besonderheit seines Körperbaus den Halt verliert, zu Tale rollt und vom dritten Schotten eingesammelt wird. Englische Touristen, die nicht begriffen haben, dass die graubraunen Scheiben auf ihrem Teller ein mit Innereien, Hafermehl und Zwiebeln gefüllter, aufgeschnittener Schafsmagen sind, geraten angesichts der merkwürdigen Gegebenheiten schon mal in Panik und wollen zu ihren symmetrisch korrekten Schafen zurück. Ein bilateraler Körperbau ist also von Vorteil, weshalb man die Tiere ab dem Kambrium auch als Bilateria bezeichnet.

Schwieriger beantwortet sich die Frage, woher die Panzer kamen. Die damaligen Weichlinge werden kaum eine geheime Waffenkammer entdeckt haben, nach dem Motto: Hey, cool, ich nehme die Zangen. – Ach ja? Dann schlüpfe ich in den Panzer da. – Pah, nützt dir gar nichts, guck mal das feine Gebiss, damit knacke ich deinen blöden Panzer. – Ätsch, geht ja gar nicht, vorher ramme ich dir meinen Stachel sonst wohin! – Und so weiter, und so fort.

Möglicherweise findet sich die Antwort in der Varanger-Eiszeit. Wandernde Gletschermassen hatten im Verlauf von Jahrmillionen tonnenweise Sediment von den Kontinenten geschabt und ins Meer befördert. Vor 600 Millionen Jahren dürfte der Boden des Ozeans von glazialen Tilliten übersät gewesen sein. Auch heute gelangen mit Eisbergen unablässig Sedimente auf den Grund des Südpolarmeers. Ebenso war es während der Varanger-Vereisung. Wir haben gesehen, dass sich die Schneeball-Theorie weltweiten Funden von Tilliten verdankt, die gegen Ende des Proterozoikums den Meeresboden bedeckten und im Zuge der Plattenbewegungen an Land gelangten. Damals, als der Planet fast vollständig von Eis bedeckt und die Meeresoberfläche bis in Tiefen von 1.500 Metern zugefroren war, drohte das Leben einen Kollaps zu erleiden. Die Photosynthese war in weiten Teilen der Erde vollständig zum Erliegen gekommen. Auch wenn einiges dafür spricht, dass in Äquatorhöhe manche Stellen eisfrei blieben, wird der größte Teil des Lebens vor der Wahl gestanden haben, entweder auszusterben oder sich etwas einfallen zu lassen.

Neben dem Burgess-Schiefer ist China das Eldorado der Geologen und Paläontologen. Auf der Jangtse-Plattform finden sich Urschnecken und frühzeitliche Polypen, vor allem aber jede Menge Vertreter der Gliederfüßer, Pfeilschwänze, Seeskorpione, Krabben und Ahnen des Hummers. Fast sämtliche Insekten lassen sich aus den Chengijang-Fossilien ableiten. Auch Anomalocaris, Opabinia, Wiwaxia und bis zu 15.000 verschiedene Trilobitenarten sind im Gestein verewigt. Die Jangtse-Plattform stabilisiert weite Teile Zentral- und Südchinas und ist die wohl begehrteste Fundstelle für kambrische und präkambrische Fossilien, denn einst waren Teile von ihr ozeanischer Boden. Sehr feinkörnig ist das dortige Sediment, sodass winzige Details erkennbar sind.

Seit Jahren forscht hier auch der deutsche Paläontologe Bernd-Dietrich Erdtmann vom Institut für angewandte Geowissenschaften in Berlin. Er vermutet, dass sich ein Teil des Lebens während der Vereisung doch an die hydrothermalen Quellen zurückzog, was seiner Meinung nach keinen Rückschritt bedeutete. Die Organismen veränderten einfach ihren Stoffwechsel. Nahrung gab es dort unten genug, und man hatte es hübsch warm. Allerdings war das Leben in der Finsternis härter als an der Oberfläche sonnendurchfluteter Lagunen. Die hydrothermalen Kamine heizten nicht ewig. Sobald einer erlosch, sah man sich gezwungen, umzuziehen, ohne Karten und Navigationssystem in lichtloser Tiefe. Hatte man das Glück, eine neue Heimat zu finden, drängten sich da mit Sicherheit schon andere Emigranten. Plötzlich begann ein Kampf um Lebensräume und Ressourcen, den man bis dahin nicht gewohnt gewesen war.

Was wie das Vorspiel zum endgültigen Exitus klingt, hat die Höherentwicklung der Arten in Wirklichkeit beschleunigt, sagt Erdtmann. Nur die Stärksten überlebten, aber was ist Stärke anderes als die Fähigkeit, sich stets neu zu erfinden. Weil formlose Weichtiere einander schlecht an die Gurgel gehen können, entwickelten die Überlebenden der Varanger-Eiszeit Exoskelette, Kiefer, Zähne und Greiforgane, Antennen, hornige Flossen, Beine, einige sogar Augen. Hier und da fanden nämlich doch ein paar Photonen ihren Weg hinab zu den heißen Quellen, oder glühende Lava erhellte den Meeresboden. Alles, was man den lieben Nachbarn voraushatte, konnte nur von Vorteil sein. Der Existenzkampf an sich war neu, also blieb dem Leben gar nichts anderes übrig, als binnen kurzem einen gewaltigen Sprung nach vorn zu machen. Ganz nebenher boten Panzer Schutz vor unwirtlichen Bedingungen auf einem Planeten, der längst noch nicht zur Ruhe gekommen war. Schwere Stürme wühlten die See auf, allerorts herrschte Vulkanismus.

Im schwarzen Schiefer der Jangtse-Plattform stießen Erdtmann und sein Kollege Dr. Michael Steiner auf Vorläufer von Trilobiten, frühe Mollusken und Bakterienmatten zwischen Überresten Schwarzer Raucher. Chinesische Wissenschaftler fanden in der gleichen Gegend winzige, spiralförmige Embryos von Polypen, die im ausgewachsenen Zustand wohl hartschalige Röhren bewohnt hatten. Ein weiteres amerikanisch-chinesisches Forschungsteam entdeckte in der Doushantuo-Formation Wesen mit bilateralen Körpern, die mindestens 50 Millionen Jahre vor der Kambrischen Explosion gelebt hatten. Vernanimalcula, das »kleine Frühlingstierchen«, soll gegen Ende der Varanger-Eiszeit bereits einen Schlund und symmetrische Hohlräume beiderseits der Verdauungsorgane ausgebildet haben, möglicherweise sogar sehr frühe Augen. An den heißen Quellen, so Erdtmann, organisierten sich ganze Lebens- und Kampfgemeinschaften, aus denen später die Kambrische Artenexplosion hervorging – wenn es denn eine war.

Immer noch vertreten Gegner dieser Theorie die Auffassung, schon lange vor dem Auftreten der Hartschalen habe es komplexe Vielzeller gegeben, von denen nichts überliefert sei, weil sie dem Appetit der allgegenwärtigen Bakterien anheim fielen. Hatte Miss Evolution doch keine Bombe gezündet, sondern lediglich eine Kollektion starrer Hüllen erfunden, um ihre nackten Metazoen damit einzukleiden? Das erscheint fraglich, zumal wir inzwischen wissen, dass sich Weichtiere unter bestimmten Umständen ganz hervorragend behaupten. Die Befürworter der Explosion führen ein weiteres Argument ins Feld: Im Süden Australiens findet sich ein rund 590 Millionen Jahre alter Krater von 90 Kilometern Durchmesser.

Der Einschlag eines Meteoriten könnte den Großteil des einzelligen Lebens vernichtet und damit Raum geschaffen haben für die Evolution komplexerer Lebewesen. Allerdings ist diese Hypothese sehr umstritten.

Eher dürfte der Grund für die rasche Entwicklung der Hartschalen in einem rapiden Anstieg von Kalzium liegen. Aus dem Tommotium, der frühesten Periode des Kambriums, ist die so genannte »small shelly fauna« überliefert, erste winzige Tiere mit Panzern, darunter Vorläufer von Mollusken. Das passt zeitlich zu einer Theorie des Wissenschaftlers Tim Lowenstein von der New York State University, der Meerwasserproben aus 544 Millionen Jahre alten Salzkristallen analysierte und mit jüngeren Wasserproben verglich. Im Verlauf von nicht mal 30 Millionen Jahren hatte sich der Kalziumgehalt in den Ozeanen verdreifacht. Der Grund ist offensichtlich: Nach dem Ende der weltweiten Vereisung erodierten die Landmassen. Gewaltige Mengen kalziumhaltigen Sediments gelangten ins Wasser, zudem stieg der Meeresspiegel mit dem einsetzenden Tauwetter und verwandelte ganze Landstriche in Flachmeere. Kalziumkarbonat ist ein wichtiger Baustoff für Hartschalen. Vor der Varanger-Eiszeit war davon einfach nicht genug vorhanden gewesen zur allgemeinen Aufrüstung. Jetzt, zumal unter den veränderten Lebensbedingungen, wurde es von einigen Tierarten dankbar aufgenommen und in harte Panzer umgewandelt, während andere, insbesondere Einzeller, an der erhöhten Konzentration zugrunde gingen. Somit erklärt sich auch das Artensterben, das möglicherweise tatsächlich erforderlich war, um der neuen Fauna Raum zu schaffen.

Mögen die ersten Exoskelette lediglich als Schutz gegen Naturgewalten gedient haben, setzte bald schon das große Hauen und Stechen ein. Ein Wettlauf begann, dessen Geschwindigkeit keineswegs so erstaunlich ist, wie man lange Zeit geglaubt hat: Erinnern wir uns der Relativität von Zeit. Unsere persönliche Vorstellung von Zeiträumen ist unerheblich, sie bemisst sich an einer Skala, die alles nivelliert. Das lässt den Eindruck entstehen, als wären in eine Abfolge gleich langer Zeitabschnitte mal zu viele Ereignisse gepackt und mal zu wenige. Es ist aber umgekehrt. Die Ereignisse stauchen und dehnen die Zeit. Die Umweltbedingungen der frühen Erde machten Komplexität, bilaterale Körper, Hartschalen und hohe Biodiversität nicht erforderlich. Drei Milliarden Jahre lang ließ sich also getrost darauf verzichten. Erst als Innovationsbedarf entstand, setzte sich eine Entwicklung in Gang, die typisch ist für Erneuerungsschübe. Plötzlich vollzog sich der Fortschritt nicht mehr linear, sondern exponentiell, um nicht zu sagen: explosionsartig.

Auch in der Menschheitsgeschichte lässt sich das beobachten. Wenn Sie bedenken, wie lange unsere Vorfahren zu Fuß gingen, kommen Sie auf einige Millionen Jahre. Immerhin Tausende von Jahren saßen sie auf Pferden oder in Wagen, die von Pferden gezogen wurden. Im Verlauf weniger hundert Jahre wurden die Fahrwerke entscheidend verbessert. Dann erfand jemand den Benzinmotor, und plötzlich überschlug sich die Entwicklung. 1690 konstruierte der Franzose Denis Papin den Prototyp der Hochdruckdampfmaschine, die 1712 von Thomas Newcomen zur Einsatzreife entwickelt wurde. Bereits wenige Jahrzehnte später, nämlich 1765, verbesserte James Watt das Prinzip der Dampfmaschine so entscheidend, dass sie die industrielle Revolution einleitete. Knapp einhundert Jahre später, 1860, gelang es dem Belgier Etienne Lenoir, den ersten Gasmotor zum Laufen zu bringen. Ein gewisser Nicolas August Otto aus Köln gründete daraufhin die DEUTZ AG und baute 1876 mit den wohl bekannten Herren Gottlieb Daimler und Wilhelm Maybach den Otto-Motor, den Daimler zehn Jahre später erstmals als Antriebssystem für Fahrzeuge einsetzte. Gerade mal 120 Jahre ist das Auto alt, und welch unglaubliche Entwicklungen haben sich in dieser knappen Zeitspanne vollzogen: Formel 1, Düsenjäger, Airbus, Spaceshuttle.

Ähnliche Gedankenspiele lassen sich mit der Geschichte der Nachrichtenübertragung anstellen, angefangen bei Pheidippides, dem ersten Marathonläufer, der rund 40 Kilometer lief, um seine Siegesbotschaft nach Athen zu bringen, bis hin zum World Wide Web. Oder Sie führen sich das Moore'sche Gesetz vor Augen, das die Entwicklungsgeschwindigkeit in der Computertechnologie beschreibt: Es besagt, dass sich die Anzahl der Transistoren auf einem integrierten Schaltkreis alle zwei Jahre verdoppelt, damit also auch die Arbeitsgeschwindigkeit – so lange jedenfalls, bis die Isolationsschichten der Transistoren nur noch wenige Atome dick sind. Dann wird die Entwicklung einen anderen Verlauf nehmen, möglicherweise hin zum Quantencomputer, und ein anderer Exponent wird den technologischen Fortschritt bestimmen.

Ganz sicher würden Wesen, die in einigen hundert Millionen Jahren unsere Geschichte studieren, alleine die Entwicklung des Internets als technologische Explosion deuten – und sich fragen, wie nach über sechs Millionen Jahren Menschheitsentwicklung in so kurzer Zeit ein derart gewaltiger Sprung nach vorne erfolgen konnte. Nicht anders dürfte es sich mit der Kambrischen Explosion verhalten. Zeiträume spielten da überhaupt keine Rolle, nur veränderte Umweltbedingungen und daraus erwachsende Exponenten. Das Wettrüsten der kambrischen Fauna vollzog sich mit der gleichen Konsequenz und Schnelligkeit wie die atomare Aufrüstung in der zweiten Hälfte des 20. Jahrhunderts. Wir erinnern uns: Wer stehen bleibt, hat verloren.

Erwiesen ist, dass mit dem Kambrium sämtliche modernen Tierstämme und deren Untergruppen die Weltbühne betraten, und dass alle Baupläne für kommende Wesen in dieser Zeit entwickelt wurden. Wissen Sie noch? Jeder Mensch sollte ein Bild von Haikouella im Fotoalbum aufbewahren. Mitte der Neunziger entdeckten chinesische Wissenschaftler Überreste dieses wurstigen Tierchens in Chengjiang. Sie fanden etwas, das an die Adernstruktur von Blättern erinnerte. Offenbar hatte es den Körper des Lebewesens von innen gestützt: das erste Endoskelett! Myomere, muskelähnliche Segmente, waren hintereinander aufgereiht und ergaben eine zentrale »Chorda dorsalis«, die früheste Form der Wirbelsäule. Das Tier hatte auch eine Rückenflosse besessen, die der Chorda entsprang, sechs Paar filigrane Kiemen, Herz und Aorta, sogar ein Gehirn, das für den zierlichen Körper von beachtlicher Größe war. In der äußeren Erscheinung glich es einem Lanzettfischchen, das mit seinem runden Maul Plankton aus dem Wasser filterte.

Sehen Sie es vor sich? Sie dürfen ein Tränchen verdrücken: Es ist unser aller Urahn. Auch Ihrer.

Unsere fleißige Miss Evolution dürfte von nun an kein Auge mehr zugetan und sich in Überstunden erschöpft haben. Bis heute ackert sie wie besessen, ohne Pause. Wollen wir hoffen, dass sie nicht auf die Idee kommt, demnächst ihren ganzen angesammelten Urlaub auf einmal zu nehmen.

Heißkalt

Eitel ist das Leben und verräterisch. Oh ja, es will entdeckt werden! Zugleich gefällt es sich in Geheimniskrämerei. Über den Zeitpunkt des ersten Landgangs beispielsweise gehen die Meinungen auseinander. Fest steht, dass wir den Tag, an dem etwas Lebendes ans Gestade kroch, immer weiter zurückdatieren müssen. Lange Zeit galt, dass die Besiedelung der Kontinente vor rund 440 Millionen Jahren im Silur erfolgte, aber Geologie und Paläontologie folgen den Regeln einer Schnitzeljagd. An jedem neuen Hinweis muss der Status quo sich messen lassen, und oft verliert er über Nacht an Gültigkeit. Die Wissenschaft hat zähneknirschend akzeptieren müssen, dass jeder neue fossile Fund selbst das stabilste Faktengebäude zum Einsturz bringen kann. Auch dieses Buch erhebt keinen Anspruch auf die absolute Wahrheit, sondern versteht sich als Momentaufnahme des Jahres 2006.

Wir haben gesehen, dass im Kambrium manches von Bedeutung erfunden wurde. Dazu gehören auch Beine und Augen. Schon im Ediacarium hatte es Lebensformen gegeben, die sich auf stummelförmigen Auswüchsen über den Meeresgrund schleppten und lichtempfindliche Zellen besaßen. Mit der Bildung von Hartschalen erfolgte die Ausformung komplexer, mehrgliedriger Fortbewegungsapparate. Beine erwiesen sich als ausgesprochen vielseitig. Man konnte seinem Mittagessen damit hinterherlaufen oder weglaufen, falls man selber das Mittagessen war. Auch widrigen Umwelteinflüssen ließ sich entkommen. Meist blieb dem Jagenden oder Flüchtenden wenig Zeit, also empfahlen sich möglichst viele Beine. Darum brachten es Trilobiten locker auf 15 Beinpaare; andere hatten noch mehr von den praktischen Stramplern.

Wie das so ist, wenn man Beine hat, geht man hierhin und dorthin. Beispielsweise interessiert man sich für Kanada. Weil das Interesse vor rund 500 Millionen Jahren aufkommt, ist Kanada natürlich noch nicht Kanada, sondern der Sandstrand eines namenlosen Ozeans; allerdings wird man die Fußspuren der Landausflügler unweit des Lake Ontario finden, wo sie sich im Sandstein verewigt haben. So gut erhalten sind sie, dass sich mit einiger Wahrscheinlichkeit sogar bestimmen lässt, von wem sie stammen. Urkrebse sind hier ihrem Element entstiegen, so genannte Euthycarcinoide. Optisch erinnern die kleinen Pioniere an Kellerasseln mit Schwanz und ein paar Extrabeinen. Offenbar hat gleich eine ganze Schar von ihnen das Wasser fluchtartig verlassen. Jäger gab es im Meer genug. Durchaus möglich, dass die Eroberung des Festlands nicht ganz freiwillig erfolgte, zumal es dort wenig gab, was den Besuch lohnte. Dafür bot es Schutz vor Wesen, die für Landpartien nicht geeignet waren. Inzwischen gehen Forscher davon aus, dass Besuche auf dem Trockenen schon vor über 540 Millionen Jahren einsetzten. Aus dem späten Ordovizium datieren außerdem Funde frühester Landpflanzen – Gefäßpflanzen oder Moose, darüber ist man sich noch nicht ganz einig. Golfer hätten an der Vegetation kaum Freude gefunden, sie dürfte sich auf einige Felsen in Ufernähe beschränkt haben, überzogen von einer zarten, braungrünen Schicht. Indes sieht alles danach aus, als habe während des Ordoviziums der Siegeszug der Sporenpflanzen seinen Anfang genommen.

Nachdem Miss Evolution im Kambrium so fleißig gewesen war, ging sie nun daran, ihr Werk zu verfeinern. Das Ordovizium begann vor 488 Millionen Jahren. Interessant ist, was man über das Klima dieser Periode zu lesen bekommt. In zwei Artikeln renommierter Fachzeitschriften habe ich folgende, völlig konträre Aussagen gefunden: »Das Ordovizium war eine der kältesten Zeiten der Erde« sowie »Das Klima war weltweit sehr warm, vielleicht sogar die wärmste Klimaepoche unseres Planeten«. Tatsächlich stimmt beides. In den 44 Millionen Jahren bis zum Einsetzen des Silur vor 444 Millionen Jahren war es so warm auf der Erde wie niemals wieder in späteren Perioden. Gegen Ende des Ordoviziums allerdings schlug das tropisch-feuchte Klima um, und es wurde wieder zum Bibbern kalt. Wenn Ökoromantiker vom Gleichgewicht der Natur sprechen, sind sie gut beraten, einen Blick auf die Skala der Erdzeitalter und die jeweiligen Großwetterlagen zu werfen. Die Natur ist alles, nur nicht im Gleichgewicht. Sie fällt von einem Extrem ins andere, und wie schon einmal führte der Kälteschock auch diesmal zum großen Artensterben.

Während der warmen Periode hatte sich das Leben rapide weiterentwickelt, gediehen Schwämme, Nesseltiere, Quallen, Würmer, Armfüßer, Stachelhäuter, Lanzettfischlein und Krebse. Neue Baupläne wurden erprobt und führten zum vielleicht wichtigsten Ereignis im beginnenden Ordovizium: zur Inbesitznahme des offenen Ozeans.

Moment mal. War der nicht längst besiedelt? Warum, wenn das Leben im Meer seinen Anfang genommen hat, durchwimmelte es nicht alle Gewässer, sondern vornehmlich die Küstenstreifen und Flachmeere?

Ganz einfach. Angenommen, Sie wollen essen gehen. Auf der Suche nach einem guten Restaurant suchen Sie vielleicht die Innenstadt auf oder fahren ins nächste Dorf, aber Sie werden kaum die Sahara durchstreifen oder das antarktische Inlandeis. Ebenso verhielt es sich am Übergang zum Ordovizium. Küstennahe Riffs und vulkanische Schlote boten der frühen Fauna einen exzellenten gastronomischen Service; wen zog es da ins offene Meer? Was Mikroben verarbeiten konnten, fand sich reichlich an den Kontinentalabhängen, also siedelten dort Bakterien. Ganze Bakterienrasen dienten bodenlebenden Tieren als Nahrung, die wiederum von anderen Tieren gefressen wurden. Biotope sind wie Metropolen, sie verfügen über eine Infrastruktur, es gibt Bäcker und Metzger und Wohnhäuser und sogar ein Wellness-Center. Im Ernst: Viele der heutigen Meeresbewohner statten Riffs einen Besuch ab, um sich von speziellen Putzerfischen verwöhnen zu lassen – sogar kleine Zahnärzte finden sich darunter, die weit mehr Einsatz zeigen als ihre menschlichen Kollegen, denn unter Wasser begibt sich der komplette Zahnarzt in den Mund des Patienten und knabbert lästige Speisereste und Parasiten einfach weg. Ebenso wenig wie Köln, Paris oder Los Angeles ziellos das Land durchstreifen, verändern solche Biotope ihren Standort. Die Bewohner wären ja bescheuert, nicht da zu bleiben, wo es sich angenehm lebt. Erst wenn ein Biotop durch äußere Einflüsse zusammenbricht, suchen sich die Überlebenden ein neues.

Im offenen Ozean gab es damals nichts, was man hätte fressen können, weil die Nahrungskette nicht entsprechend ausgebildet war. Zwar schwebten Wolken aus Rot-, Grün- und Braunalgen durch die oberflächennahen Schichten, denen die Sonne als Energielieferant reichte, und frei schwebende Bakterien ließen sich mit der Strömung treiben, aber was nützte das einem Trilobiten oder Seeskorpion, der gern festen Boden unter den Beinchen hatte. Wahrscheinlich wäre der offene Ozean eine Öde geblieben, hätte einigen Graphtolithen nicht das Sitzfleisch gejuckt.

Graphtolithen? Was ist das nun wieder?

Das waren Tiere, die am ehesten den heutigen Korallenpolypen glichen. Die meiste Zeit ihrer Entwicklung hatten sie sesshaft in kleinen Wohnröhren verbracht, zusammengeschlossen in Kolonien. Nur diese Röhren sind uns überliefert. Im Gestein nehmen sie sich aus wie Buchstaben, was den Graphtolithen ihren Namen einbrachte. Zu Beginn des Ordoviziums begannen sich einige der Buchstabentierchen jedoch vom festen Untergrund zu lösen und hinaus ins offene Meer zu treiben, wo sie sich rapide vermehrten. Offenbar lebten sie von den dortigen Algen und Einzellern ganz ordentlich, die sie mit Hilfe winziger Extremitäten aus dem Wasser filterten, jedenfalls gelten die Graphtolithen als Urplankton. Nicht nur, dass sie einen völlig neuen Lebensraum erschlossen – sie öffneten die ozeanische Wüste zugleich für größere Lebewesen, die sich von Plankton ernährten. Das komplette Hochseeleben verdankt sich dem Plankton, ohne das komplexe Ernährungsgeflechte undenkbar wären. Für Wale zum Beispiel ist es so etwas wie Kartoffelchips, nur viel gesünder.

Im Ordovizium treten die ersten Muscheln auf, nicht zu verwechseln mit Brachiopoden, die zwar wie Muscheln aussehen, aber keine sind. Achten Sie mal drauf am Nordseestrand. Wenn Sie zwei konventionelle Autotüren miteinander verbinden, erhalten Sie eine Muschel – das Scharnier sitzt seitlich. Hingegen ist ein Brachiopode so etwas wie ein Mercedes Benz 300 SL der Meere. Sein Scharnier befindet sich oben, am Schalenkopf. Das auffälligste Unterscheidungsmerkmal der Brachiopoden zu den Muscheln ist jedoch ihr fleischiger Fuß, mit dem sie am Meeresboden oder am Riff verankert sind. Den strecken sie mutig nach draußen, während Muscheln alles hübsch unter Verschluss halten.

Auch die Korallen hatten im Ordovizium ihren großen Auftritt und bildeten riesige Riffe, in denen sich vielschichtige Lebensgemeinschaften ansiedelten. Fische ließen sich immer häufiger blicken, wenngleich sie noch keine Kiefer besaßen und darum Agnathen genannt werden, Kieferlose, die dicht am Boden blieben und schüchtern im Schlamm wuselten, nicht im Geringsten ahnend, welch überragende Rolle ihre bekieferten Nachfahren einmal spielen sollten. Vielleicht hatten sie auch Minderwertigkeitskomplexe angesichts der Riesen, die über sie hinwegzogen und herablassend mit Armen wedelten, die verblüffenderweise dem Kopf entwuchsen. Diese Kopffüßer waren die heimlichen Könige des Ordoviziums, gefürchtet wie alle Monarchen, und natürlich trugen sie ganz monarchisch eine Krone auf dem runden Schädel. Eine bis zu acht Meter lange, um genau zu sein. Nur diese Kronen sind von ihnen geblieben. Insignien pflegen ihre Träger zu überdauern.

Als man die versteinerten Kalkröhren erstmals fand, wusste man nichts Rechtes damit anzufangen. Erst mit den Jahren wurde klar, dass in den meterlangen, spitz zulaufenden Gehäusen Tintenfische gelebt hatten. Stellen Sie sich einen Kalmar oder Kraken vor, der über seinen riesigen Augen eine bizarr in die Länge gezogene Mainzelmännchen-Mütze trägt. Klingt drollig, nur dass paläozoische Mainzelmännchen riesig und äußerst gefräßig waren. Andere Kopffüßer jener Zeit trugen ihre Gehäuse dafür modisch gerollt und gezwirbelt, sehr schick und kreativ. Eindeutig hat sich Miss Evolution hier zur Haute Couture hinreißen lassen, und ganz mochte sie die vielarmigen Mützenmodels denn auch nicht aussterben lassen. Heute begegnet uns der Tintenfisch als solcher eher unbemützt, bloß der Nautilus hat sich als lebendes Fossil erhalten und tut sich vor der Küste Südafrikas wichtig – an anderer Stelle mehr zu diesem nicht ganz zeitgemäßen Zeitgenossen.

Es hätte so schön weitergehen können nach den wilden Jahren im Kambrium.

Doch am Übergang vom Ordovizium zum Silur wird wieder massenhaft gestorben, weil die Heizung ausfällt. Vor rund 440 Millionen Jahren hat es zwei Drittel der Fauna kalt erwischt. Dabei hätte man sich an Vereisungen doch gewöhnt haben sollen. Außerdem war man viel höher entwickelt als die kleinen Weichlinge, denen das Varanger-Eis die gute Laune einfrieren ließ, also was war so schlimm an dieser Eiszeit, dass sie zum zweitgrößten Massensterben der Erdgeschichte führte?

Da muss doch noch mehr gewesen sein, dachte sich der Astronom Adrian Melott von der Universität Kansas. Ihm war schleierhaft, warum nach Jahrmillionen tropischer Wärme plötzlich wieder die Gletscher Oberhand gewannen. Gängigen Erklärungen zufolge war einer der bösen Meteoriten schuld. Ein zehn bis zwölf Kilometer großer Asteroid oder Meteorit entfesselt immerhin die Energie von rund zehn Milliarden Hiroshima-Bomben, was eine Menge Staub aufwirbelt. Genug, um die Smoghülle, die sich über den Erdball legt, so zu verdichten, dass sie für die Dauer eines Jahres überhaupt kein Sonnenlicht mehr durchlässt. Bis sich der Staub zentimeterdick abgelagert hat, sind die Temperaturen weltweit drastisch gefallen und große Teile der Flora und Fauna zugrunde gegangen.

Allerdings fand Melott keine Erklärung dafür, warum nur jene Lebewesen der Tod ereilte, die in oberflächennahen Wasserschichten zu Hause gewesen waren, wie etwa Trilobiten. Die hatte es nämlich besonders übel erwischt. Was sich hingegen tiefer tummelte, kam weitgehend unbeschadet davon. Melott und sein Team untersuchten die Überreste von Trilobiten aus der Zeit des Periodenwechsels und machten eine unheimliche Entdeckung. Möglicherweise war der Grund für den Exitus gar nicht auf der Erde zu finden. Ein Monstrum aus den Tiefen des Alls war schuld.

Das Leben war einer Supernova zum Opfer gefallen.

Um das zu verstehen, müssen wir die Erde kurz verlassen und in den Weltraum reisen.

Ein Stern bleibt stabil, solange der Druck, den der Fusionsreaktor in seinem Inneren erzeugt, seine Eigengravitation kompensiert. Sprich, unter seinem Gewicht müsste ein Stern eigentlich in sich zusammenstürzen, aber solange er ordentlich Energie nach außen powert, geschieht das nicht. Wenn ein Stern nun stirbt, durchläuft er verschiedene Prozesse, in deren Verlauf ihm das Brennmaterial ausgeht. Als Folge plustert er sich zu einem roten Riesen auf, bis die Schwerkraft siegt und er praktisch in sich selbst gesogen wird. Sein Kern kollabiert, der äußere Mantel wird in einer gewaltigen Explosion abgeworfen. Wir können solche Supernovae aus ferner Vergangenheit mit unseren Teleskopen sehen. Man hat weniger den Eindruck einer Explosion als vielmehr der Geburt eines neuen Sterns – daher der Begriff Nova. Die Leuchtkraft nimmt urplötzlich um das Milliardenfache zu, Unmengen Gammastrahlen schießen ins All hinaus, das meiste entlang der Rotationsachse. Während das Zentrum des Sterns weiter in sich zusammenstürzt, werden Strahlung und Partikel weit hinausgeschleudert in den Weltraum.

Ein solcher Gammablitz – zumal wenn die Erde parallel zur Achse des kollabierenden Sterns gelegen hätte und dieser nahe genug gewesen wäre – würde ausgereicht haben, die Ozonschicht unseres Planeten binnen weniger Minuten zu zerstören.

Unvermittelt wäre die Erdoberfläche einer 50 Mal höheren UV-Strahlung ausgesetzt gewesen als zuvor. Zwar bietet Wasser Schutz vor kosmischer Strahlung, allerdings erst ab einer gewissen Tiefe. Dies würde das Massensterben in den oberen Schichten erklären und auch, warum weiter unten so gut wie keine Schäden zu beklagen waren. Zudem hätte eine Supernova zur Entstehung eines Smogmantels beigetragen, woraufhin es automatisch kälter werden musste. Und das wurde es ja. Eine halbe Million Jahre hat die Eiszeit gedauert, die das Silur, die nächste Station auf unserer Zeitreise, einleitete.

Lange Zeit mochte man der Hypothese vom Gammablitz keinen Glauben schenken. Inzwischen wissen wir, dass eine Supernova einem Vernichtungsschlag gleichkommen kann, wenn sie nur nahe genug stattfindet. Im Augenblick droht uns nichts Derartiges. Allerdings gibt ein Weißer Zwerg in 150 Lichtjahren Entfernung Anlass zur Besorgnis. HR 8210 könnte bald schon in einem solchen Blitz aufgehen, und 150 Lichtjahre sind gerade mal um die Ecke. Deswegen müssen wir trotzdem nicht gleich mit dem Bau unterseeischer Städte beginnen – ein geologisches »bald schon« bezeichnet einige hundert Millionen Jahre. Außerdem dehnt sich das Universum weiter aus. Wenn es so weit ist, haben wir hoffentlich einen ausreichenden Sicherheitsabstand zwischen uns und die Gammaschleuder gelegt.

Es wird Sie nicht wundern zu erfahren, dass Melotts Theorie umstritten ist. Supernovae hinterlassen kosmische Staubwolken oder Schwarze Löcher, die indes aus der fraglichen Zeit nicht nachzuweisen sind. Andererseits, so Melott, ist seit damals so viel Zeit vergangen, dass die Milchstraße zweimal um sich selber rotierte. Wer will da noch Spuren finden.

Die Geschichte der Ozeane ist somit auch eine Geschichte des Weltraums. Alles ist eins, wie die Indianer Westkanadas sagen, *hishuk ish ts'awalk*. Ohne *Outer Space* kein *Inner Space*. Der Weltraum hat seinen Anteil daran, dass die Erde so und nicht anders aussieht, und mischt sich darum immer wieder gerne ein.

Die spinnen, die Geologen!

Wenn das die alten Kelten wüssten: Schon wieder ein Name für eine Erdperiode, den sie unwissentlich geprägt haben. Ist das Ordovizium benannt nach dem streitbaren Stamm der Ordovizier im nördlichen Teil von Wales, verdankt sich das Silur den tapferen Silurern im Süden. Wie, fragt man sich, kommen Geologen bloß auf solche Namen? Warum bezieht sich das Kambrium, immerhin eine Periode von 42 Millionen Jahren, auf Cambria, die römische Bezeichnung für Nord-Wales? Weil die kambrischen Berge in dieser Zeit entstanden sind?

Das Kind muss einen Namen haben. Mitunter ergibt der sogar Sinn: Karbon etwa, eine Periode, zu der wir noch kommen werden. Carbo heißt Kohle, und damals entstanden überall auf der Welt ausgedehnte Kohlevorkommen. So was ist von Relevanz! Hingegen wurde die Periode des Devon, zwischen Silur und Karbon gelegen, nach der englischen Grafschaft Devonshire benannt, die zweifellos von großem Liebreiz ist. Ohne den ehrbaren Einwohnern von Devonshire zu nahe treten zu wollen, sei dennoch die Frage gestattet, was um alles in der Welt das Zeitalter der Fische mit den Vorzügen der englischen Riviera, herzkranzverfettenden Sahnetörtchen und wilden Dartmoor-Ponies zu tun hat. Würde es uns wundern, wenn eines Tages ein paar Dutzend brachliegender Millionen Jährchen nach einem kleinen gallischen Dorf benannt werden, das erbittert Widerstand leistete? Wie würde Obelix wohl die Ausrufung des Asterixiums kommentieren? Die spinnen, die Geologen?

Tatsächlich ist es gar nicht so einfach, Epochen und Lebewesen unter halbwegs brauchbaren Namen zu versammeln, mit denen die Wissenschaft was anfangen kann. Beispielsweise haben die Fossilien in den Ediacara-Hügeln völlig neue Erkenntnisse über das

Leben im ausgehenden Präkambrium gebracht, sodass man endlich eine klaffende Lücke schließen konnte. Und natürlich wäre es dem Gegenstand der Untersuchung angemessen gewesen, das Zeitalter der Weicheier oder Schlabberschläuche auszurufen, doch das klingt selbst auf Lateinisch ziemlich dämlich. Vor allem aber wäre es den Umständen nicht gerecht geworden. Die Ediacara-Fauna bestand zwar unter anderem aus Adolf Seilachers ominösen Luftmatratzen, aber nicht nur: Da waren immer noch jede Menge Bakterien, Archäen und primitive Mehrzeller unterwegs. Es gäbe Aussagen zu treffen über klimatische Besonderheiten, Vulkanausbrüche und Meteoriteneinschläge, Kontinentalwanderungen und die Zusammensetzung der Atmosphäre. Woran soll man sich nun orientieren bei der Namensgebung? An allem? Geht nicht. Dann nehmen wir doch lieber den Namen der Schwiegermutter oder Herzallerliebsten.

Das Namensproblem verdeutlicht eine fundamentale Schwäche geologischer Zeitachsen. Sie verzerren unsere Weltsicht. Wir sehen nur das jeweils Neue einer Periode. Der Rest scheint verschwunden, ausgelöscht vom Fortschritt. Nach den Einzellern kamen die Vielzeller. Zwischendurch traten Luftmatratzen in Erscheinung, denen zu Beginn des Kambriums die Luft ausging, und es folgte das Imperium der Hartschalen. Plötzlich besaß alles Panzer, Klauen, Zangen und Zähne. Die meisten Panoramen der Evolution verabschieden sich mit dem Landgang der ersten Tiere aus den Ozeanen und werfen nur noch gelegentlich einen Blick hinein. Spätestens wenn die Saurier dahergestampft kommen, spielen die Blödmänner im Wasser keine Rolle mehr. Das setzt sich fort bis zum Auftreten des Menschen, den wir als so fortschrittlich erachten, dass er in seiner Bedeutung alles weitere Leben auf die Plätze verweist.

Eine große Schwäche der Geologie besteht darin, dass sie es bis heute kaum fertig gebracht hat, das Leben jeweils als Gesamtheit darzustellen und die Bedeutung einzelner Spezies über ihre Gleichzeitigkeit zu definieren. Sie vermittelt uns ein Nacheinander. Eine Ära löst die andere ab. So entzückt sind wir von dem lustigen dicken Lurch namens Ichtyostega, der vor 365 Millionen Jahren als eine der ersten Amphibien an Land herumspazierte, dass uns entgeht, was zur gleichen Zeit an Bedeutsamem unter Wasser geschah. Nur wenige geologische Skalen erwähnen ein Zeitalter der Insekten. Gemeinhin fallen diese zwischen Trilobiten, Protofischen, ersten

Landpflanzen und frühen Reptilien unter den Tisch. Als Ichtyostega aufs Trockene stieg, wimmelte es da bereits von Tausendfüßlern, Spinnen und Skorpionen, aber irgendwie scheint Lurchi dem Menschen näher zu sein als der Arthropode.

Selbst als die Insekten fliegen lernten, kamen sie nicht zu ihrem Recht, weil sich Farne, säugetierähnliche Reptilien und ein paar wuselige Nager vordrängelten. Natürlich ist es schwer, zu allen Zeiten das komplette Spektrum des Lebens in Relation zueinander zu setzen, aber den Versuch wäre es schon wert. Ansonsten nämlich werden Menschen nie begreifen, welchen Platz im Katalog des Lebens sie de facto innehaben. Und dass wir, wenn überhaupt, seit dem Archaikum im Zeitalter der Bakterien leben. Sie regieren die Welt, gefolgt von Ameisen, Termiten und Wanderheuschrecken. Wir sind nur eine Variante inmitten einer ungeheuren Vielfalt, eine Spezies, die kurzsichtig ist, weil sie ausschließlich große und komplexe Wesen erkennt und nur, was offensichtlich erfolgreich ist. Diese Sichtweise ist falsch, und sie führt zu gefährlichen Schlüssen.

So gesehen ergibt es schon wieder Sinn, eine Periode nach einem walisischen Kleinkönigreich zwischen Monmouth, Brecon und Glamorgan zu benennen, wo die Silurer im Jahr 48 nach Christus erbitterten Widerstand gegen Rom leisteten. Wir sind gar nicht so weit weg vom kleinen gallischen Dorf. Sir Roderick Murchinson, Präsident der Geologischen Gesellschaft London, gab dem Silur einst seinen Namen, weil er Felsformationen im Stammesgebiet der Silurer heranzog, um die fragliche Periode geologisch zu beschreiben. Es gereiche den Kelten zur Ehre – und helfe uns, die Erdgeschichte umfassender zu verstehen.

Zurück in die Vergangenheit. Nachdem auch die Eiszeit gewichen war, herrschte weitgehend schönes Wetter. Wieder einmal war der Meeresspiegel angestiegen und hatte Teile der kontinentalen Platten überflutet. Das Silur ist gekennzeichnet von ausgedehnten Korallenriffen in riesigen tropischen Flachmeeren, speziell im Gebiet des heutigen Nordamerika und Nordeuropa. Dort, aber auch in Australien, finden wir immer noch großflächige Salzablagerungen aus der Zeit, als die Fluten schließlich zurückgingen. Sonnendurchhuschte Schelfmeere sind ideale Geburtsstätten für das Leben, auch für das an Land. Mit einiger Sicherheit wissen wir, dass in feuchten Niederungen und entlang der Küstenzonen Algen und Urfarne, auch erste Pilze wuchsen. Dazwischen dürften sich kleine

Krebse getummelt haben, die aus Facettenaugen einer großen Karriere als Käfer, Spinnen, Zecken, Schaben und so weiter entgegensahen. Statt Kiemen atmeten sie über Tracheen, verzweigte luftgefüllte Röhrchen, dank derer sie das Wasser überhaupt verlassen konnten. Das stabile Exoskelett stützte sie gegen die Schwerkraft, die an Land viel stärker auf sie einwirkte als in der relativen Schwerelosigkeit des Meeres.

So bemerkenswert das war, ging es unter Wasser immer noch weit spannender zu. Allerdings hatte das Leben einiges nachzuholen. Miss Evolution trug ein Schwesternhäubchen und päppelte die dezimierte Fauna wieder auf. Die Architekten der Meere, die Korallen, machten sich an neue Bauvorhaben, schwer gebeutelt, aber ebenso wenig kleinzukriegen wie die Kolonien bildenden Moostierchen und Brachiopoden, denen die Katastrophe ebenfalls Opfer abverlangt hatte. Allmählich besiedelten wieder Seelilien und Seesterne die Riffe – kurz, alles, was dem Aussterben knapp entgangen war, kam nachsehen, ob die Luft rein sei.

Sie war es. Mehr noch, eine erneuerte Ozonschicht filterte die tödliche UV-Dosis der Sonnenstrahlen aus der Atmosphäre und gestattete fröhliches Wiederaufblühen. Das Silur ist eine Zeit der Genesung. Graptolithen eroberten die hohe See zurück und bildeten alle möglichen Varianten aus, während sich die Trilobiten berappelten, allerdings nie wieder jene Artenvielfalt erreichten wie in den Jahrmillionen vor dem kosmischen Blitz. Auch die Nautiloideen, jene modebewussten Kopffüßer mit den langen und gerollten Hüten, waren den Folgen der Supernova fast komplett zum Opfer gefallen. Jetzt schossen größere Gruppen von ihnen wieder zwischen Oberfläche und tieferen Schichten hin und her, angetrieben von raketenähnlichem Rückstoß, und knackten zwischen ihren papageienschnabelartigen Kiefern alles, was die Reichweite ihrer Extremitäten zu unterschätzen wagte. Bis auf weiteres blieben sie die Schrecken der Meere.

Am Boden allerdings machte ihnen jemand anderer den üblen Ruf streitig.

Im Silur entwickelten sich die Gigantostraken, Gliederfüßer, deren größte die Eurypteriden waren. Stellen Sie sich vor, Sie nehmen einen Skorpion und rollen ihn mit Hilfe einer Nudelrolle platt wie ein Gaspedal. So sieht er jetzt auch aus: ein Gaspedal mit spitz zulaufendem Ende. Skorpione haben acht winzige, punktförmige

Äuglein. Die gefallen Ihnen nicht. Stattdessen pfropfen Sie dem breiten, runden Kopf zwei größere Augen auf, womit er etwas von einem superflachen Sportwagen erhält. Dafür verkleinern Sie die Zangen und versetzen die Beine weiter nach vorne, wodurch das Vieh proportional ins Missverhältnis gerät und den größten Teil seiner selbst wie eine Hochzeitsschleppe hinter sich herziehen muss. Das ringt Ihnen kein Mitleid ab, im Gegenteil. Rechts und links fügen Sie segmentierte, bumerangartige Auswüchse an, und endlich gefällt Ihnen das kleine Monster. Zehn Zentimeter ist es lang. Sie hätten es gerne ein bisschen imposanter und vervielfachen die Größe. Was tut der Unhold? Er schnappt nach Ihnen, klar, so wie Sie ihn zugerichtet haben, also verfrachten Sie ihn flugs in silurische Gewässer und lassen ihn auf die dortige Fauna los. Die ist natürlich mächtig sauer, allerdings liegen zwischen Ihnen und den unausweichlichen Gemetzeln rund 440 Millionen Jahre, was Sie vor dem ärgsten Zorn bewahrt.

Eurypteriden gab es in S, M, L und XXL. Die längsten maßen zwei Meter. Nie wieder haben derart gewaltige Gliederfüßer auf Erden gelebt wie im Silur. Durchaus vorstellbar, dass die riesigen Jäger für kurze Zeit an Land überdauern konnten, allerdings waren sie kaum schnell genug, um neugierige Zeitreisende durch frühzeitliche Sümpfe zu hetzen. Wegen ihrer äußeren Erscheinung werden sie auch als Seeskorpione bezeichnet, und in der Tat weisen Eurypteriden eine enge Verwandtschaft mit unseren heutigen Spinnen und Skorpionen auf. Im Sediment mümmelnde Agnathen waren vor den schnappenden Scheren nicht sicher, darum schenkte Miss Evolution den Kieferlosen eine solide Panzerung für Kopf und Brust. Ungeachtet dessen bildeten sie zusammen mit Mollusken, Krebschen und anderem Gekreuch das Leibgericht der Riesenkrabbler – und manchmal verspeiste so ein Eurypterid auch einen echten Playboy.

Playboys kennen wir unter Namen wie Giacomo Casanova, Gunther Sachs und Hugh Hefner. Der Playboy des Silurs hörte auf einen weniger klangvollen Namen, dafür schlug er die vorgenannten Herren buchstäblich um Längen. Colymbosathon ecplecticos war ein Ostrakode, ein kleiner Muschelkrebs mit Kiemen, Augen und Beinchen, dessen herausragendste Eigenschaft sein Penis war. Es ist nicht nur der älteste je überlieferte Penis überhaupt, sondern auch der im Vergleich zur Körpergröße längste.

Flink war Colymbosathon, dessen Name wörtlich übersetzt »Erstaunlicher Schwimmer mit großem Penis« lautet. In Tiefen von 150 bis 200 Meter glitt er über den Meeresboden dahin, erbeutete kleine Tiere und suchte nach Aas. Die Zahl seiner weiblichen Eroberungen liegt im Dunkeln, aber ein guter Liebhaber definiert sich bekanntlich nicht über die Größe seines besten Stücks. Folgerichtig ist er ausgestorben, der kleine Angeber.

Geschieht ihm recht.

Frischer Fisch

Wer im Frankfurter Naturkundlichen Museum Senckenberg die Räume durchstreift, gelangt vorbei an Dinosauriern, Mammuts und Walen in einen Raum, der den Pisces gewidmet ist. Präparierte und nachgebildete Fische aller Größen hängen glotzend im Nichts beleuchteter Vitrinen, als hätten sie nicht recht begriffen, wie sie hierher gekommen sind. Die schuppige Versammlung ist durchaus geeignet, Eindruck zu schinden, doch etwas Großes, Dunkles stiehlt ihr die Schau und zieht den Blick des Betrachters magisch an.

Gebannt bleibt man vor einem gewaltigen Schädel stehen, der inmitten des Raumes auf einem Podest trohnt wie aus Granit gehauen. Bei näherem Hinsehen entpuppt sich die vermeintliche Skulptur als Patchwork schiefergrauer Panzerplatten. Selbst die kleinen, weit vorne gelegenen Augen scheinen über eine gepanzerte Iris verfügt zu haben – urtümlichen Kontaktlinsen gleich fügen sie sich in die Schädelmasse ein. Wenige Zähne hat die Kreatur besessen, von solcher Größe allerdings, dass sie den weit aufgerissenen Rachen vollständig ausfüllen. Wer sich den Spaß macht, seinen Kopf zwischen die 50 Zentimeter langen Hauer zu stecken, sollte wissen, dass ein Zucken dieser Kiefer ausgereicht hätte, ihn auf der Stelle zu guillotinieren. Man erschaudert, dankbar für die Gnade der späten Geburt, und fragt sich, in wessen Fängen man sich da befindet. Ist es Fafner, Siegfrieds schuppiger Raufkumpan? Ebenso gut könnte das Ding ein Basilisk sein wie das Monster aus *Harry Potter und die Kammer des Schreckens*, eine überdimensionierte, supermies gelaunte Schlange auf der Suche nach dem Schuldigen, dem sie den Umstand ihres Ausgestorbenseins verdankt. Oder sollten wir in die Requisitenkammer von George Lucas geraten sein? Auch möglich. Alles ist wahrscheinlicher, als dass es sich hierbei um einen Fisch handelt, ein Wesen also, das Schwimmer von unten mit begehrlichen Blicken mustern könnte.

Zeitsprung: Devon, vor 390 Millionen Jahren, früher Nachmittag. Es nieselt an der Südküste des variszischen Ozeans. Hin und wieder bricht sich die Sonne Bahn und entlockt dem Meer sattes Azur. Subtropische Temperaturen, kein nennenswerter Seegang. Der Wind weht schwach. Nachdem der aus Afrika, Südamerika, Australien und der Antarktis zusammengeklumpte Kontinent Gondwana im Süden und das äquatoriale Laurasia begonnen haben, aufeinander zuzuwandern, ist der kleine Ozean immer schmaler geworden. Bald wird er ganz verschwunden sein. Inseln haben sich unter Erzeugung schwerer Beben und Vulkanausbrüche verschwestert, erste Gebirge falten sich auf, Täler und Binnenmeere entstehen. Alles Land strebt zusammen, umgeben vom unermesslich weiten, warmen Meer. Pangäa, Alfred Wegeners Riesenkontinent, dämmert seiner Geburt entgegen.

Seit der Zeit, als die ersten Moose und Algen auf überspültem Ufergestein Fuß fassten, hat sich hier vieles getan. Mit der Erfindung der Samenkapsel wurden die Pflanzen endgültig aus ihrem Dasein als Küstenbewohner befreit. Auch im Landesinneren hat das Grünzeug Gebietsschutz angemeldet. Frühe Nadelgewächse, Schachtelhalme, Urfarne, einige höher entwickelte Samenpflanzen und Moose prägen ausgedehnte Sumpflandschaften. Sogar erste Bäume recken und strecken sich, als wollten sie den versprochenen Riesenwuchs erproben. Gegen Ende des Devon werden sie zu dichten Farnwäldern von bis zu 30 Metern Höhe emporgeschossen sein. Alle Arten ungeflügelter Insekten kriechen, gleiten und zappeln durch die explodierende Vegetation, die sie schützt und fördert. Das Devon ist ein Paradies für Paläobotaniker und die Hölle für Arachnophobiker. Denn auch Spinnen entwickeln sich mit großer Munterkeit, des Menschen liebstes Iiih! und Bäh!

An diesem Nachmittag zieht Cladoselache, ein Hai, dicht unter der Wasseroberfläche dahin. Stolze zwei Meter misst er und sieht aus, als sei er direkt aus dem 21. Jahrhundert hierher geschwommen. Schon im Silur hatten sich die ersten Haie entwickelt, noch klein und mit stacheligen Brustflossen; der älteste komplett erhaltene Hai ist vor 409 Millionen Jahren gestorben: Mit 50 bis 70 Zentimetern Länge war Doliodus problematicus wohl weniger problematisch, als sein Name vermuten lässt. Versteinerte Haut und Zähne anderer Haie datieren weitere 50 Millionen Jahre zurück. Vielleicht ist die große Familie der Haie sogar noch ein bisschen älter. Sie bilden eine der drei Hauptgruppen der Fische des Devon, das als Blütezeit der Knorpelfische, Knochenfische und Panzerfische gilt.

Haie scheinen sehr früh beschlossen zu haben, Fossiliensammler zu ärgern, indem sie lediglich ihr Gebiss hinterließen. Das Knorpelskelett zerfällt rasch unter dem Ansturm von Bakterien, Krebsen und Würmern, den Rest erledigt das Wasser. Unser Hai aus dem Mittleren Devon gleicht schon sehr den Haien, wie wir sie heute kennen. Sein Sinnesapparat nimmt feinste Duftnuancen und Druckunterschiede wahr. Das hilft ihm, Beute aufzuspüren, ebenso wie es ihn vor herannahenden Jägern schützt. Natürlich ist er hungrig, jeder in diesem Buch ist hungrig. Diffus ziehen sich die zerklüfteten Strukturen eines Riffs dahin, an dem solide Hausmannskost geboten wird, kleine Rochen, Lungenfische und Quastenflosser. Dicht unter ihm kreist ein Geschwader speerförmiger Tintenfische mit spitzen Hüten. Auch die könnte man sich einverleiben, doch das wässrige Gummizeug mit dem Tentakelgedöns ist nicht sein Fall. Noch sind die Zeiten zu gut, als dass man diesen Glitsch fressen müsste. Am Rande des Riffs, wo die Korallen weniger dicht stehen, wird sich schon was finden lassen, das einem devonischen Hai mundet.

Und schon bewegt sich etwas im Schatten einer Fächerkoralle. Klein, mit Schwanz und Flossen, das personifizierte Frissmich.

Der Hai schwimmt darauf zu.

Tja.

Sagen wir mal so: Hätte Cladoselache am selben Morgen beschlossen, einen Gemüsetag einzulegen, könnten wir seine Geschichte vielleicht weitererzählen, seine Kinder kennen lernen, zusehen, wie er alt und tatterig wird und seinen Ururururenkeln weiszumachen versucht, im Devon sei alles besser gewesen. Doch leider wird er Vaterfreuden nie erfahren. Etwas anderes hat auf ihn gewartet, so still und reglos, dass nicht mal seine druckempfindlichen Körperzellen darauf reagierten. Jetzt schießt es mit einem einzigen Schlag seines enormen Schwanzes nach vorne. Der Hai reagiert blitzschnell, versucht Abstand zwischen sich und den überraschend aufgetauchten Angreifer zu legen. In einer 180-Grad-Kurve katapultiert er sich nach oben. Doch auch der Jäger weiß sich zu bewegen.

Eine Druckwelle wirbelt den Hai gegen die Korallenbänke, als der kolossale Körper dicht vorbeizieht und ihm den Weg abschneidet. In Panik wirbelt er herum, versucht, der Falle zu entkommen – zu spät. Ein runder, gepanzerter Schädel klafft vor ihm auseinander, unerbittlich zieht ihn der Sog des Wassers zwischen die riesigen Reißzähne. Dann klappen die Kiefer über ihm zusammen, zermalmen ihn, zerbrechen sein Knorpelskelett, zertrümmern seinen Schädel, und das Drama findet ein Ende. Seine Schrecklichkeit hat gespeist. Heute gab es Hai, zart und frisch. Danke, es hat gemundet. Die Rechnung bitte.

Womit wir wieder im Senckenberg-Museum wären.

Das gepanzerte Dingsbums ist tatsächlich der Schädel eines Fisches, des größten Wirbeltiers seiner Zeit. Und damit gleich in mehrfacher Hinsicht interessant. Der bissige Finsterling liefert nämlich ein schönes Beispiel für Konvergenz, eine Angewohnheit unserer Miss Evolution, das Gleiche mehrfach zu erfinden – genauer gesagt, den gleichen Effekt mit unterschiedlichen Mitteln zu erzielen. Tatsächlich sind die Zähne des Wesens gar keine Zähne. Jedenfalls nicht solche, wie Menschen sie besitzen. Bei den Hauern handelt es sich vielmehr um reiß- und mahlzahnartige Panzerplatten mit der Funktion von Zähnen.

Nebenbei, auch Haie besitzen keine Zähne. Kein Witz! Die Evolution hat ihnen eine Haut verliehen, die rau ist wie Schmirgelpapier, weil über und über bedeckt mit winzigen, zahnförmigen Plättchen, so genannten Placoidschuppen. Zum Kiefer hin werden diese Schuppen größer, bis sie im Innern des Mauls das berühmte Revolvergebiss formen, einen Beißapparat, dessen hintere Reihen umgeklappt in Reserve liegen und bei Bedarf nach vorne rücken. Schaut man genauer hin, sieht man, dass die angeblichen Zähne in gleicher Weise angeordnet sind wie die Körperschuppen, womit das Gebiss des Hais eine Fortsetzung der Haut darstellt. Das ist wenig tröstlich, wenn der Hautkontakt ein Körperteil gekostet hat. Es zeigt aber auf eindrucksvolle Weise, dass die Evolution keine Standardlösungen bereithält, sondern immer wieder zu kreativer Höchstform aufläuft, wenn es darum geht, aus Vorhandenem das Beste zu machen. Auch das Auge hat sie mehrfach erfunden, immer dem Zweck verpflichtet, Signale optisch zu verarbeiten, doch völlig unterschiedlich in der Konstruktion. Manche Augen scheinen unserem zum Verwechseln ähnlich, so wie das Auge des Wals.

Andere – etwa die Facettenaugen der Insekten oder die Punktaugen der Spinnen und Skorpione – unterscheiden sich grundlegend von unseren. Es sind konvergente Systeme, die nicht aufeinander aufbauen, sondern unabhängig voneinander entstanden sind. Neuerdings ist allerdings die Suche nach einem gemeinsamen Gen, das allen Bauplänen zugrunde liegt, wieder aufgenommen worden. Verdächtig scheint ein Gen mit der Bezeichnung Pax-6, das der Evolution möglicherweise als Basisbaustein aller Augen diente. So richtig klar sieht man diesbezüglich noch nicht.

Im Falle des Untiers aus dem Senckenberg-Museum entschied Miss Evolution, die Beißerchen aus dem zu formen, was das Wesen ohnehin auszeichnete und schützte, nämlich aus der Panzerung. Der Riese ist ein Dunkleosteus. Dunkelheit spielte bei der Namensgebung übrigens keine Rolle, sondern verdankt sich dem amerikanischen Paläontologen Dr. David Dunkle, der die Schädelplatten ausbuddelte und »Dunkle's bones« nannte – eine hübsche Doppeldeutigkeit, da ihn die eigenen Knochen nach der Graberei ordentlich schmerzten.

Dunkleosteus gehört neben den Knorpelfischen der zweiten großen Fischgruppe des Devon an, den Panzerfischen. Begegnungen mit ihm verliefen durchweg unerfreulich, was selbst die größten Haie bestätigen könnten, würden sie aus dem Jenseits Kontakt mit uns aufnehmen. Nicht nur von ihnen ernährte sich der gepanzerte Gigant, auch die imposanten Kopffüßer fanden sein Interesse. So ein Nautiloide war nun wirklich alles andere als wehrlos, aber gegen einen zehn Meter langen Vielfraß mit der Beißkraft eines Baggers hilft es wenig, imposant zu sein. Die Knochenzähne des Jägers waren scharf wie geschliffene Beile, Kopf und Brust auf eine Weise geschützt, dass sich ein Gegenangriff praktisch ausschloss, der ungeschützte, muskulöse Schwanz bildete den Antrieb für die gefürchteten Überraschungsattacken. Ein flexibles Gelenk zwischen Schädel und Nacken erlaubte dem prähistorischen Robocop, die Kiefer so weit aufzureißen, dass er sich mit Kauen gar nicht lange aufzuhalten brauchte.

Man fragt sich, was so einer im Museum tut, anstatt weiter die Weltmeere unsicher zu machen.

Doch letzten Endes schwammen die Haie ihrem ärgsten Feind den Rang ab. So hoch entwickelt Dunkleosteus war – allgemein waren Fische im Devon die höchst entwickelten Lebewesen –, besiegelte seine einzigartige Ausstattung zugleich sein Schicksal. Im Blitzkrieg ungeschlagen, lag seine Stärke weniger in der Verfolgung. Ohne doppelt gegabelte Schwanzflosse, zudem schwer gepanzert, war er kein ausdauernder Schwimmer. Haie erwiesen sich als schneller und wendiger, entwickelten die intelligenteren Taktiken und fraßen dem schwerfälligen Riesen mit der Zeit die Beute weg. Zudem mischte sich eine dritte Gruppe in den fortwährenden Konkurrenzkampf ein. Im Devon entwickelten sich die Vorläufer der Knochenfische in alle erdenklichen Richtungen. Es gab Strahlenflosser, Lungenatmer und Quastenflosser, die den Übergang von Fischen zu Amphibien einleiteten. Ihre vier knochengestützten Brust- und Bauchflossen waren bestens geeignet, sich zu Beinen zu entwickeln. Ebenso wie die Panzerfische galten sie lange Zeit als ausgestorben, bis man 1938 vor Madagaskar auf Nachfahren stieß und der Quastenflosser seine Wiederentdeckung feiern konnte.

Die devonischen Fische, groß und klein, spezialisierten sich. Einige bevölkerten Riffe, andere buddelten im Sediment nach Würmern und Mollusken, manche legten sich einen flotten Schwimmstil zu, wieder andere setzten auf Ausdauer. Das Devon ist, biblisch betrachtet, der fünfte Tag der Schöpfung, das Zeitalter der Fische. Hier wurde Basisarbeit geleistet für Hering in Tomatensauce, Sushi und geräucherte Makrele.

Natürlich hätte Dunkleosteus die Leute von Havesta Mores gelehrt, aber zum Ende des Devon war seine Zeit gekommen und die der meisten Panzerfische. Denn die erreichten längst nicht alle solch gewaltige Ausmaße. War man ein zehn Zentimeter langes Panzerfischlein, nützte einem die Rüstung wenig gegen die Zangen der Eurypteriden. Seeskorpione und Krebse gab es in Heerscharen, dazu Ammoniten und Belemniten, Stromatoporen, Korallen, Seelilien, Seesterne, Trilobiten, Muscheln, Brachiopoden und Schnecken, Bakterien, Archäen und Algen. Jäger und Gejagte liefen mit der Roten Königin um die Wette. Perfektionierte der eine seine Waffen, verbesserte der andere seinen Schutz. Seelilien legten sich extragiftige Tentakel zu, Fische schärften ihre Zähne und Arthropoden ihre Zangen. Auf allen Seiten wurde aufgerüstet. Das Leben gedieh in unvorstellbarer Fülle, breitete sich im offenen Ozean ebenso aus wie an den Küsten, und eines schönen Tages watschelte Lurchi an Land, entzückt von den vielen Portionen Protein, die da beinreich durchs Grün krabbelten, und setzte die Entwicklung der Säuger und Reptilien in Gang. Richtige kleine Oberarmknochen hatte er, um seinen Bauch nicht über den Boden schleifen zu müssen, ein echter Tetrapode, ein Vierfüßer.

Was hat ihn veranlasst, seinem angestammten Element Ade zu sagen? Schien ihm das Leben zu riskant in der Gesellschaft von Dunkleosteus und Konsorten? War das Wasser der Lagunen verdunstet, in denen er sein erstes Dasein zwischen Luft und Meer geführt hatte? Kursierte in Amphibienkreisen das Gerücht, gestrandete Fische seien leichter zu fressen als bewegliche? Lockten die Insekten? Oder trifft die Theorie zu, wonach ein gelegentliches Sonnenbad die Glieder ölte und eine effizientere Jagd ermöglichte als Resultat gestiegener Körpertemperatur? Alles mag stimmen. Fest steht, dass Lurchi aus einem bestechend einfachen Grund das Land aufsuchte.

Weil er es konnte.

Hey, Lurchi! Alles klar so weit? Winken Sie ihm nochmal zu. Wir stecken weiterhin den Kopf unter Wasser und werden im Folgenden sporadisch nachsehen, was aus ihm geworden ist. Keine Angst, der macht das schon.

Exitus

Die Geschichte des Lebens ist eine Chronik des Sterbens. Das kann man positiv oder negativ betrachten. Die Frage ist immer, ob der Tod am Ende oder am Anfang des Lebens steht. Miss Evolution lehrt uns, dass beides zutrifft. Wir leben am angenehmsten mit der Vorstellung, dass wir nicht wirklich enden, sondern lediglich Platz schaffen für Neues. Wenn die Vorstellung vorbei ist, muss man die Bühne verlassen. Andere wollen auch mitspielen, unsere Kinder und Enkel oder ganz neue Lebensformen, die nicht entstehen könnten, wenn wir bockig die Kulissen besetzen.

Vor rund 360 Millionen Jahren endet das Devon mit einem empfindlichen Dämpfer, dem die Hälfte aller marinen Organismen zum Opfer fällt, in tropischen Regionen sogar drei Viertel. Die prominentesten Opfer sind die Panzerfische, die komplett von der Bildfläche verschwinden. Andere balancieren auf Messers Schneide. Die ordovizische Katastrophe hatte die Brachiopoden erheblich dezimiert, doch zäh waren sie wieder auf ihren Platz gekrochen, nur um erneut dahingerafft zu werden. Die Baumeister der Riffe, die Korallen, entgehen knapp ihrer völligen Vernichtung, die Graptolithen sterben aus. Auch die Ammoniten müssen Opfer bringen, und die kieferlosen Agnathen werden bis auf ein Modell aus dem Programm genommen – ihre Nachfahren bilden heute die Familie der Schleimfische. Was genau die devonische Party stoppte, ist nicht erwiesen. Man weiß, dass große Teile Gondwanas zu der Zeit vereisten, und manches spricht dafür, die Schuld im Weltraum zu suchen. Offenbar hatte ein Meteorit die Erde getroffen. Wieder mal.

Es sollte aber noch viel schlimmer kommen.

Die Zeit bis vor 299 Millionen Jahren bezeichnet man als Karbon. Wie erwähnt, gaben die ersten Kohlevorkommen der Periode ihren

Namen. Zwei wesentliche Entwicklungen kennzeichnen diesen Abschnitt der Erdgeschichte und das nachfolgende Perm.

Zum einen schließen sich die Landmassen endgültig zu Pangäa, umgeben von Panthalassa, einem einzigen, riesigen Ozean. Nur im Osten schiebt sich wie ein Keil die Tethys in den Superkontinent, ein gewaltiges Meer, umflankt von Inselgruppen. Das geologische Armdrücken gilt unter anderem als Geburtsstunde des Japanischen Archipels, der Antarktischen Berge und des Uralgebirges. Im Norden bilden sich Binnenmeere und Seenplatten, dafür verdunsten Gewässer, die durch den Kontinentalzusammenschluss vom offenen Meer abgeschnitten wurden. Während große Teile Südpangäas unter Gletscher geraten, entstehen im Westen, speziell im heutigen Mitteleuropa und Nordamerika, wüstenhafte Trockengebiete. Ältere Gebirgszüge erodieren und verschwinden wieder. Rund um den Äquator recken sich bis zu 40 Meter hohe Regenwälder aus den Sümpfen und Mooren, Farne, Koniferen, erste Nadelgewächse und Bärlapp, vor allem aber Schuppen- und Siegelbäume, denen wir den größten Teil der Kohlevorkommen verdanken. Hier, wo es heiß und feucht ist, vollzieht die Vegetation ein geradezu surrealistisch anmutendes Wachstum. Blütenpflanzen fehlen noch, auch singen keine Vögel in den Ästen, dafür feiern die Insekten fröhliche Urständ. Das Land wird grün. Mit der Gletscherbildung im Süden geht der Meeresspiegel zurück, viele der tropischen Flachmeere verebben und hinterlassen ausgedehnte Salzwüsten. Erst gegen Ende des Karbon weichen die Eisfelder den allmählich wieder ansteigenden Temperaturen und lassen das Wasser vorübergehend steigen.

Die zweite nennenswerte Entwicklung betrifft den Sauerstoffgehalt, der auf 35 Prozent ansteigt, vermutlich als Resultat des enormen Pflanzenwachstums. Als Folge wächst alles andere mit. Ein Waldspaziergang im Karbon dürfte beileibe kein Vergnügen gewesen sein. Sie wären über zwei Meter lange Tausendfüßler gestolpert und hätten Libellen mit einer Flügelspannweite von 70 Zentimetern ausweichen müssen. Die Gegend hätte widergehallt von Ihren spitzen Schreien angesichts wildschweingroßer Spinnen. Das Wachstumsphänomen ist als Gigantismus bekannt geworden, wie er später noch einmal auftritt, als die Saurier vor lauter Kraft kaum laufen können. Der Sauerstoffanstieg hat aber auch ein Gutes, weil die Luft jetzt besser trägt. Ein Traum wird wahr, der

Traum vom Fliegen. Oder der Alptraum. Wie gesagt, 70-Zentime-ter-Libellen ...

Im Meer dominieren die Ahnen unserer Tintenfische, die Ammoniten. Überall machen sich Muschelbänke breit. Kalkalgen und Schwämme bauen fleißig Riffe. Neue Arten entstehen, vor allem aber gelingt es Knorpelfischen, Knochenfischen und anderen Organismen, das Süßwasser zu besiedeln. In den Flüssen sind Stachelhaie unterwegs, von Kahnpartien wird abgeraten. Insbesondere die Fische durchlaufen eine Reihe von Verbesserungen, was sich im Perm fortsetzt, der Zeit bis zum Beginn des Mesozoikums, des Erdmittelalters, das vor rund 250 Millionen Jahren seinen Anfang nimmt und das Paläozoikum, das Erdaltertum, ablöst. Knapp 290 Millionen Jahre hat es gedauert, hat sich fulminant eingeführt mit der Kambrischen Explosion, und ebenso denkwürdig verabschiedet es sich.

Es wird ein Ende mit Schrecken.

Dabei war es nach dem Karbon gar nicht so übel weitergegangen. Die Ammoniten erreichten beachtliche Ausmaße und beherrschten Pangäas Küsten und die Tethys. Brachiopoden taten es den Korallen gleich und reüssierten als Architekten gefälliger Knollengebilde. Es herrschte Aufbruchstimmung. Selbst die Einzeller mochten sich nicht länger mit ihrem Mickerwuchs zufrieden geben und bildeten fünf Zentimeter große Foraminiferen aus. Alles wuchs und wuchs und wuchs. Vielleicht, wäre es so weitergegangen mit dem Wachstum, würden heute doppelstöckige Tausendfüßler den Verkehr beherrschen und Pendler ins Büro bringen, und die feinere Gesellschaft träfe sich zum Ausritt auf Taranteln. Abends müsste die Hausmilbe Gassi geführt werden, und nach Mallorca gelangte man auf jetgroßen Libellen, die keine Rollbahnen brauchten, weil sie senkrecht starten und landen könnten. Habichtgroße Moskitos hätten für Insektenspray nichts als Verachtung übrig, dafür würden findige Reiseunternehmer Mückensafaris organisieren, um die miesen Stecher mit Großkalibern zu erlegen. In Jägerstuben hingen keine Hirschgeweihe, sondern Fühler und Facettenaugen, Hummer würden für Abrissarbeiten eingesetzt und Heringe mit Harpunen gejagt.

Doch der Gigantismus fand ein jähes Ende. Diesmal war Sibirien an allem schuld, klimatisch ohnehin nicht gerade eine Empfehlung.

Vor 250 Millionen Jahren lag die heutige Tiefkühltruhe im Nordosten Pangäas. Damals hatte sich dort der Vulkanismus etabliert wie eine terroristische Vereinigung. Seit langem kochte und brodelte es in Sibirien. Ans finstere Mordor hätte man sich erinnert gefühlt, das Reich Saurons, des Herrn der Ringe. Der dunkle Herrscher der Vulkane ärgerte sich, fühlte sich ungerecht behandelt. Warum bloß tummelte sich das blöde Leben in den Regenwäldern? Warum im Meer? Warum praktisch überall, nur nicht hier? Wir sind denen wohl nicht gut genug, wir sibirischen Feuerspucker. Mit uns will keiner? Schön, drehen wir den Spieß eben rum: Mit uns kann keiner! So läuft das nämlich. Hähähä!

Anfang 2005 untersuchte der amerikanische Paläontologe Peter Ward von der Universität Washington Gestein in Südafrika und China. Ersteres war im Perm festes Land gewesen, Letzteres hatte unter Wasser gelegen. Sosehr der Sauerstoffgehalt vorübergehend gestiegen war, so drastisch schien er am Ende des Paläozoikums wieder gesunken zu sein. Ein Forscherteam der University of Technology in Perth machte ähnliche Entdeckungen auf dem australischen Kontinent. Heute beträgt der Sauerstoffanteil in unserer Atmosphäre 21 Prozent, damals war er von 35 Prozent auf 16 Prozent abgestürzt. Hinzu kam eine geradezu mörderische Hitze im tropischen Gürtel. Offenbar war der Meeresspiegel infolge polarer Vereisungen gefallen. Organisches Material, das sich in den Flachmeeren angesammelt hatte und nun offen zutage lag, ging chemische Verbindungen mit der Atmosphäre ein und schluckte deren Sauerstoff. Das Klima geriet in einen Taumel der Extreme.

Verantwortlich zeichnete der sibirische Vulkanismus.

Laut Peter Ward war dort die Hölle ausgebrochen und hatte tief greifende klimatische Veränderungen bewirkt. Ohnehin waren die Meeresströmungen durch die Vereinigung der Landmassen in andere Bahnen geraten. Alles zusammen führte zum Kollaps. Im Verlauf von zehn Millionen Jahren ging die Artenvielfalt zurück, erst langsam, dann rapide, als die geschwächten Ökosysteme in sich zusammenbrachen.

Sibirien als Schurkenstaat des Perm, daran bestehen kaum noch Zweifel. Ungeklärt ist, was genau die Eruptionen eigentlich bewirkt haben. Für Ward ist der Fall klar: Aschepartikel und Schwefelaerosole verschleiern die Atmosphäre, es wird erst einmal kälter, Gletscher bilden sich, der Meeresspiegel fällt, und der von ihm vermutete Effekt setzt ein. Aber konnte vulkanisches Wüten in einem verhältnismäßig überschaubaren Teil der Erde für ein globales Armageddon verantwortlich sein? Natürlich, sagt Ward, und wird dabei von anderen Forschern unterstützt, die allerdings in ihren Theorien auseinander liegen. Der Paläobotaniker Henk Visscher von der Uni Utrecht glaubt, dass die Ausbrüche Teile der Ozonschicht zerstörten. Schon einmal hatte die Schädigung des Ozons für Heulen und Zähneklappern gesorgt. Die Forscher aus Perth hingegen konstruieren eine andere Kausalitätenkette: Der Vulkanismus in Verbindung mit den Kontinentalkollisionen habe die Meeresströmungen umgelenkt, was schwefelreduzierende Bakterienkonsortien begünstigte. Deren Ausscheidungen gelangten ins Wasser und in die Atmosphäre und vergifteten einen Großteil der damaligen Organismen, die sich den neuen Verhältnissen nicht anpassen konnten.

Im heutigen Sibirien finden sich rund 250 Millionen Jahre alte vulkanische Gesteinsschichten, die weite Flächen überziehen. Demzufolge muss das Land in einem wahren Ozean aus Lava geschwommen sein. Dass dabei freigesetzte Gase über die Dauer einiger Millionen Jahre einen kompletten Planeten in Mitleidenschaft ziehen, scheint keineswegs unmöglich. Die Erde ist ein wechselwirkendes System. Was hüben geschieht, wirkt sich drüben aus, und umgekehrt. Die Schätzungen, wie stark das Leben dezimiert wurde, gehen auseinander, sind aber in jedem Fall dramatisch. Manche sprechen von bis zu 95 Prozent aller Tier- und Pflanzenarten, andere schätzen, dass ein Viertel der landlebenden Wirbeltiere mit dem Leben davonkam, möglicherweise sogar 70 Prozent der Reptilien. Definitiv scheint es 90 bis 95 Prozent der Meeresorganismen dahingerafft zu haben, darunter die Hälfte aller marinen Wirbellosen, drei Viertel der Amphibien und fast sämtliche Reptilien. Nach Meinung der Skeptiker schließt eine solche Katastrophe puren Vulkanismus als Ursache aus. Ein zusätzlicher Faktor müsse im Spiel gewesen sein. Vielleicht der nette Meteor von nebenan? Wäre nicht das erste Mal.

Noch vor wenigen Jahren war man überzeugt, ein Himmelskörper von 6 bis 12 Kilometer Durchmesser sei damals ins Meer gestürzt und habe den ozeanischen Boden aufgeschmolzen, wodurch gewaltige Schwefelwolken entwichen und sich das Meerwasser mit lebensfeindlichem Kohlendioxid sättigte. In der Tat weisen Sedimente aus dem Perm, die in Ungarn, Japan und China untersucht wurden, große Mengen an Schwefel- und Strontiumisotopen auf. Auch die so genannten Buckminster-Fullerene unterstützen die Meteoriten-Theorie, ballförmige Kohlenstoffmoleküle aus der Zeit des großen Sterbens, die seltsame Gasverbindungen gespeichert haben, wie sie in der irdischen Atmosphäre nicht vorkommen. Folglich müssen sie aus dem Weltraum stammen, ebenso wie bestimmte Metalle in der Antarktis, die sich dort vor einer Viertelmilliarde Jahren ablagerten und gemeinhin in Meteoriten zu finden sind. Dem Impact folgten Erdbeben und Vulkanausbrüche, saurer Regen ging auf die Welt nieder und vernichtete große Teile der Vegetation und fast alles Leben im Ozean.

Oder war der Meteorit aufs Land geprallt? Doch es gibt keinen passenden Krater aus der Zeit, außerdem wäre das kontinentale Leben weitaus stärker in Mitleidenschaft gezogen worden, als es offenbar der Fall war.

Auch Gregory Pyskin von der Northwestern University und Gregory Ratallack von der University of Oregon glauben an einen Einschlag im Meer. Darüber hinaus haben sie ihre ganz eigene Version der Vorgänge entwickelt. Für beide ist Methan der Übeltäter. Pyskin vermutet, der Meteorit habe eine Kettenreaktion provoziert, in deren Verlauf ungeheure Mengen Methan in die Atmosphäre gelangten: »Die Meere könnten problemlos so viel Methan angesammelt haben, wie es der Explosionskraft der zehntausendfachen Gewalt der gesamten auf der Erde vorhandenen Nuklearwaffen entspricht. Das hätte ein Sterben gewaltigen Ausmaßes zur Folge gehabt.«

Für Pyskin braucht es dafür nicht mal einen besonders großen Asteroiden. Methanhydrate etwa ließen sich schon mit geringen Mitteln destabilisieren. Sibirien schön und gut, aber erst das Zusammenspiel mit dieser kosmischen Granate habe zum Desaster führen können. Dem pflichten Wissenschaftler aus aller Welt bei, die anmerken, es habe schon früher Phasen verstärkten Vulkanismus gegeben, ohne dass gleich 90 Prozent der Schöpfung abdankten. Wie so viele Debatten über die Historie unseres Planeten mäandert auch diese vor sich hin. Sauerstoffmangel habe nichts mit dem Artensterben zu tun, behauptet etwa der Züricher Paläontologe Wolfgang Schbatz von der Eidgenössischen Technischen Hochschule, so viele Warmblüter mit hohem Sauerstoffbedarf hätten im Perm doch gar nicht gelebt.

Einigermaßen fest steht, dass die Gewinner des größten Artensterbens der Geschichte die Landpflanzen waren. Sie kamen vergleichsweise glimpflich davon. Ihre Äste und Triebe sprossen weiter und entrollten sich tastend ins Mesozoikum, die große Zeit der Landbewohner.

Das Meer aber war zu einer Stätte des Lebens unter vielen geworden.

Willkommen im Jurassic Park

Was, mögen sich die hoch entwickelten Trilobiten mit ihren formidablen Facettenaugen gedacht haben, wäre eine Welt ohne Trilobiten.

Die Katastrophe lieferte die Antwort: eine Welt ohne Trilobiten. Basta. So oft sie dem Aussterben ein Schnippchen geschlagen hatten, raffte es die Trilobiten am Ende des Perm endgültig dahin, sehr zur Freude der Fossiliensammler, die heute allerorten über Trilobitenreste stolpern. Es mag uns schmerzen und in unserer Eitelkeit verletzen, aber der Erde ist es herzlich egal, wer gerade auf ihr lebt, ob Trilobiten oder Menschen. Die Natur ist herzlos, ein Verwalter des Möglichen, einzig in Übereinstimmung mit sich selbst. Das weiß Miss Evolution, die geniale Erfinderin, von der wir gerne hätten, dass sie uns wie eine Mutter liebt. Was sie augenscheinlich ja auch tut. Alles unternimmt sie, um das Überleben einer Art zu sichern. Aber wenn gar nichts mehr hilft, wendet sie sich ab, und man stirbt aus.

Auch das größte Massensterben der Geschichte war ihr weniger Verdruss denn Ansporn. Zu tun hatte sie reichlich, schließlich kümmerte sie sich jetzt verstärkt um Landbewohner, die nach dem Zusammenschluss Pangäas in alle Himmelsrichtungen wanderten und diversen Lebensräumen angepasst sein wollten. Im Trias, der Zeit bis vor 200 Millionen Jahren, hatte Lurchi bereits erstaunliche Entwicklungen durchgemacht. Er brauchte nicht länger Flüsse, Seen und Tümpel, um sich zu vermehren, sondern war ein echter Bursch' vom Land geworden, der säugetierähnliche Therapsiden und amphibische Thecodontier hervorgebracht hatte.

Eine ganze Weile hatten die Therapsiden geherrscht und es zu beachtlicher Körpergröße gebracht, einige gar den Sprung zum Warmblüter geschafft. Eindeutig waren sie die Kronprinzen der

Evolution. Unter anderen Umständen wären wohl waschechte Säugetiere aus ihnen geworden, während die Thecodontier weiterhin ihr mäkeliges Dasein als Eierdiebe gefristet hätten. Nun allerdings waren die Therapsiden übel dran. Geschwächt vom großen Sterben, meldeten sie kaum noch Aufenthaltsrecht an. Lurchis andere Entwicklungslinie hingegen, die Thecodontier, präsentierten ein Projekt von revolutionärer Eleganz:

»Also, wir haben beschlossen, Saurier zu werden. Dinosaurier, das heißt ›Schreckliche Echsen‹, echt ein saublöder Name, aber was soll's. Hauptsache weg mit dem reaktionären Amphibiengeschmeiß und dem ozeanischen Faschismus, Eiablage im Wasser und all der Quatsch. Die Therapsiden können wir vergessen. Säugetiere wollten die mal werden, einige hatten sogar schon Fell, pfui bah! Wir hingegen erklären die Unabhängigkeit vom Wasser und sagen dem Imperialismus der Säuger den Klassenkampf an. Nur ein toter Säuger ist ein guter Säuger! Lang lebe die Revolution!«

Sie merken schon, dass es sich bei den Thecodontiern erdgeschichtlich um Jugendliche handelt, weshalb die Ausdrucksweise wenig differenziert anmutet. Zornige junge Echsen halt, den Kopf voller Ideale.

»Weiter dachten wir uns, erst mal klein anzufangen. Flink und beweglich die strategisch wichtigen Positionen besetzen, die Revolution von unten ins System tragen. Wichtig ist, die Gesellschaft auch optisch umzugestalten. Die Beine zum Beispiel, man hetzt sich ab und stolpert ständig über vier dicke, kurze Treter. Unhaltbarer Zustand. Lurchi, unser Urgroßopa, ist schuld, der hatte diesen lächerlichen Watschelgang, er kam ja aus dem Meer, der alte Fisch, wo alles besser war, doch jetzt ist Sense mit dem Nostalgiegejammer. Wenn wir schnell rennen müssen, richten wir uns fortan auf und laufen auf den Hinterbeinen. – Also, einige von uns. Manche wollen weiter auf allen vieren latschen. Auch gut, jeder, wie er's gebacken kriegt, aber aufrecht gehen, aufrecht stehen, heißt die Parole! Was das Wachstum angeht, sind wir ganz flexibel. Manche bleiben klein, andere werden riesig, und ein paar von uns, also hier der Mosa und der Ichthyo, die wollen zurück ins Meer und die Revolution auch dahin tragen.«

Soeben werden Sie Zeuge der Bildung einer jurassischen Guerilla. Schreckliche Gebisse warfen ihre Schatten voraus. Niemand konnte sich noch sicher fühlen:

»Zum Thema Fressen. Also, wir dachten uns, die Vierbeiner kriegen die Pflanzen und die Zweibeiner das Fleisch, soll heißen, sie kriegen die Vierbeiner. Fürs Erste jedenfalls, hinterher kann man auch mal wechseln. Jeder steht als Beute zur Verfügung, Sonderbehandlung gibt's keine. So oder so werden wir die beherrschende Kraft des Planeten, und in ungefähr 150 Millionen Jahren entwickeln wir uns dann zu zweibeinigen, hochintelligenten Sauroiden, die Städte bauen und Raumschiffe fliegen. – Na, wie klingt das? Hey, sag was, Alter! Geschichte wird gemacht.«

Es klang gut. So gut immerhin, dass schon im frühen Trias die ersten Ichthyosaurier in den Meeren jagten. Bemerkenswert daran ist, dass das Leben, nachdem es vom Meer an Land gegangen war, nun wieder vom Land zurück ins Meer wechselte. Denn es scheint keineswegs ausgemacht, dass ein Dasein auf festem Grund der Existenz im Wasser vorzuziehen ist. Vielmehr ging es immer nur darum, vorhandene Möglichkeiten auszuschöpfen. Dazu gehörte, Tiere, Pflanzen und Pilze aus der Abhängigkeit vom Wasser zu befreien und sie dem Leben auf dem Trockenen anzupassen, ebenso aber auch, aus Landbewohnern Wasserbewohner zu machen.

Die ersten Ichthyosaurier-Skelette gruben Forscher vor gut 200 Jahren aus und hielten sie für Überreste von Riesenfischen. Man wusste damals noch nichts von der Existenz der Saurier und kam gar nicht auf die Idee, die Vorfahren solch riesiger Wasserbewohner auf dem Land zu suchen. Richtige Fische schienen sie allerdings auch nicht zu sein, dafür waren die Augen zu groß und die Wirbelsäule zu massiv. Ein Fisch braucht keine derart solide Wirbelsäule, also wen oder was hatte man da vor sich? Auch die spitzen, regelmäßigen Zähne erinnerten eher an Krokodile. Erst als der Oxforder Geologe William Buckland 1824 mit Megalosaurus den ersten Dinosaurier wissenschaftlich beschrieb, gewann das Bild an Klarheit. Die vermeintlichen Fische waren Echsen. Aber wie waren sie ins Wasser gelangt? Hatten sie sich parallel zu den Fischen entwickelt? Mit den Jahren hatte sich ein eher umgekehrtes Bild ergeben, nämlich dass die Reptilien aus den Fischen hervorgegangen waren. Dafür aber hatten sie an Land gehen müssen. Warum sahen sie nun wieder aus wie Fische?

Heute kennen wir so viele Arten von Ichthyosauriern aus allen Perioden des Mesozoikums, dass sich die Frage beantworten lässt. Sie besetzten die frei gewordenen Nischen der großen Meeresräuber. Zwei der ältesten Fossilien, Utatsusaurus und Chaohusaurus, sind wesentlich schlanker als spätere Exemplare und erinnern noch deutlich an Eidechsen, nur mit Flossen statt Beinen. So wie die Extremitäten der Quastenflosser Hand- und Fußknochen herausbilden mussten, um ihre Besitzer an Land zu tragen, bildeten sich diese Knochen im Wasser wieder zurück. Dafür verkürzten sich die Rückenwirbel und wandelten sich zu kurzen, hohen Scheiben. Utatsusaurus kam noch nicht in den Vorzug der neuartigen Wirbelsäule. Er lümmelte sich in flachen Gewässern herum und vollführte schlangenartige Bewegungen, die sein langwirbeliges Rückgrat ihm gestattete. Spätere Ichthyosaurer hingegen schossen elegant wie Delphine dahin, sodass man glauben könnte, sie seien weit beweglicher gewesen als die schwimmenden Eidechsen. Tatsächlich war das Gegenteil der Fall.

Und genau das – der Umstand ihrer Unbeweglichkeit – wirkte sich für die Kolosse zum Vorteil aus.

Schlängelbewegungen strapazieren den ganzen Körper, sie kosten ungeheuer viel Energie, ohne dass man mit dem Gezappel schnell vorankommt. Die kurzen, dicken Wirbel hingegen versteiften den Rumpf des Ichthyosaurus, sodass wenige Schläge der Schwanzflosse ausreichten, um ihn mit hoher Geschwindigkeit nach vorne zu katapultieren, während die Vorderflossen zur Steuerung dienten. Da niemand seinem Abendessen gerne stundenlang hinterherschwimmt, es andererseits nicht immer zur Stelle ist, wenn man zu speisen wünscht, war die schnelle, Energie sparende Fortbewegungsweise für die Meeresechsen überlebenswichtig. Aus diesem Grund verwendete Miss Evolution viel Liebe auf die Schwanzflosse, gab ihr die typisch ergonomische Sichelform, wie auch Haie sie haben, und spendierte obendrauf noch eine spitze Rückenfinne.

Von ferne erinnerten die Fischechsen an Flipper, den nassforschen Freund aller Kinder, nur dass die Schwanzflosse senkrecht stand. Allerdings würde niemand freiwillig sein Kind in Gewässern baden lassen, die von Ichthyosauriern bewohnt werden. Das bislang größte Exemplar wurde 1991 in British Columbia entdeckt, maß 23 Meter und hätte kleine Kinder zum Nachtisch verspeist. Doch es gab auch handlichere Exemplare. Sie alle wiesen sich durch dieselbe stromlinienförmige Silhouette aus und waren nach den Umbauarbeiten nicht mehr in der Lage, ihre Großeltern auf dem Land zu besuchen. Ergo konnten sie dort keine Eier mehr ablegen und von der Sonne ausbrüten lassen, weshalb sie ihren Nachwuchs lebend zur Welt brachten – er schlüpfte bereits im Mutterleib.

Nie wieder haben sich Echsen der Unterwasserwelt so kongenial angepasst wie die Ichthyosaurier. Im Grunde war ihr Dasein das von Fischen, jedoch mit einem wesentlichen Unterschied: Ichthyosaurier waren Lungenatmer. Den Satz »Ich geh' mal Luft schnappen« haben nicht die späteren Wale geprägt, sondern die Meeresechsen, die zwischen Extremen lebten, weil sie einerseits an die Oberfläche gebunden waren, andererseits ihre Leibspeise, Ammoniten und Belemniten, im Tiefen fanden. Ebenso wie Wale liebten Ichthyosaurier Kopffüßer, lichtscheues Gesindel, das sich bevorzugt in unteren Wasserschichten aufhielt. Wahrscheinlich haben sie auch Quallen nicht verschmäht. Warum ehemalige Landbewohner Appetit auf Schlabberiges und Glibberiges entwickeln, wird dem Gourmet ein ewiges Rätsel bleiben, dabei ist es ganz einfach zu beantworten. Im Gegensatz zu Fischen müssen sie trinken, und zwar Süßwasser. Bloß, wie trinkt man das im Meer? Der schlaue Lurch weiß Rat. Tintenfische und Quallen bestehen zum allergrößten Teil aus Wasser – und zwar aus Süßwasser. Also wird beim Fressen gleichzeitig getrunken. Prost Mahlzeit.

Im späten Jura tauchten Fischechsen wie der rund eine Tonne schwere Ophthalmosaurus in Tiefen bis 1.500 Meter, wo ihm seine riesigen, höchst lichtempfindlichen Augen zugute kamen. Andererseits fraß er auch Vögel, die nichts Böses ahnend auf den Wellen schaukelten. Wem das komisch vorkommt, dem sei verraten, dass weiße Haie es nicht anders halten mit leichtsinnigem Federvieh. Es gibt wunderbare Filmaufnahmen, die zeigen, wie so ein Vogel Schabernack mit einem großen Weißen treibt. Der Hai taucht auf und schnappt nach der scheinbar arglosen Beute, die im letzten Moment knapp außer Reichweite flattert und sich wieder auf dem Wasser niederlässt. Der Weiße startet einen erneuten Versuch, und der Vogel treibt das gleiche Spielchen. Auf diese Weise sollen Seevögel Haie schon in den Wahnsinn getrieben haben. Allerdings hat es sich für manche Vögel nach ähnlichen Mutproben ausgevögelt.

Trias, Jura und Kreide gelten als Zeiten der Saurier, insgesamt knapp 186 Millionen Jahre, in denen Ichthyosaurier, Pliosaurier und Plesiosaurier einander den Ruf abjagen, Herrscher der Meere zu sein. Doch wahre Könige regieren im Verborgenen. Immer noch befinden wir uns im Zeitalter der Bakterien, und selbst die waren nicht vor allen Gewalten sicher. Wenn überhaupt einer herrschte, dann die Natur mit ihren perfiden kleinen Überraschungen wie vor 181 Millionen Jahren.

Werfen wir einen Blick nach Baden-Württemberg.

Wir befinden uns im Jura, der Zeit bis vor 146 Millionen Jahren. Das Ländle liegt unter Wasser, bedeckt von einem durchschnittlich 100 Meter tiefen, warmen Schelfmeer. Von Häusle und Spätzle keine Spur, dafür die silbrigen Leiber dahinflitzender Strahlenflosser auf der Flucht vor einem Dutzend ausschwärmender Ichthyosaurier. Ein Stück weiter hat sich eine Hundertschaft Fische im Schutz eines Riffs versammelt und knabbert Bakterienmatten an, die kunstvoll gebaute, vom Sonnenlicht gefleckte Kalkbarrieren überziehen. Auch dort treibt sich eine Gruppe Fischsaurier herum, aber die Tiere haben sich eben erst in 60 Metern Tiefe an einem größeren Kontingent Belemniten gütlich getan und sind nicht in der Stimmung für weitere Köstlichkeiten. Mehrere Haie halten respektvoll Abstand. Sie wirken ratlos und nervös. Einer stößt schließlich auf einen Rochen herab, der mit gemächlichem Flügelschlag dahingleitet und nun Reißaus zu nehmen versucht. Der Hai ist schneller, verliert aber im letzten Moment das Interesse. Glück gehabt. Der Rochen lässt sich auf den Meeresboden sinken, wo sich endlose Muschelbänke zwischen den Riffstrukturen erstrecken. Krebse aller Größen und Arten staksen zwischen den Schalen herum und versuchen, sobald sich eine öffnet, mit den Scheren hineinzulangen. Ein Schlaraffenland, das Ganze. Sicher, das Meer zwischen den Inseln, die später mal zur Europäischen Union zusammenrücken werden, birgt Gefahren, hat dafür aber jedem was zu bieten. Strömungen transportieren Nährstoffe heran, Plankton treibt wolkig im Sonnenlicht und in den tieferen Schichten, es lässt sich leben in Baden-Württemberg.

700 Kilometer östlich, im Tethys-Meer, zur gleichen Zeit. Hier herrschen andere Bedingungen. Der Vorläufer unseres Mittelmeers besitzt zu dieser Zeit noch die Ausmaße eines Ozeans. Wieder mal ist Bewegung in die Erdplatten gekommen. Langsam beginnt Pangäa auseinander zu brechen, der Osten Gondwanas driftet davon, dem zukünftigen Afrika schon sehr ähnlich. Im Norden löst sich Laurasia aus dem Verbund und zerbröckelt an den Rändern. Viele kleine Meere sind entstanden – darunter auch das Ländle –, die alle irgendwie mit dem Muttermeer Tethys verbunden sind.

Dort, in Tausenden von Metern Tiefe, lagern riesige Mengen einer weißlichen Substanz in nachtschwarzen Abyssalen, im Gleichgewicht gehalten von vier Grad kaltem Wasser und gewaltigem Druck: Methanhydrate, biogenes Gas, gefangen in Eiskristallen und komprimiert auf den hundertvierundsechzigsten Teil seiner selbst. Jetzt erleben wir den Zerfall dieser merkwürdigen Substanz. Genau lässt sich nicht sagen, was die Ursache dafür ist. Ein Seebeben vielleicht oder eine Rutschung am nahe gelegenen Kontinentalsockel, ausgelöst durch tektonische Aktivitäten des zerbrechenden Kontinents. Vielleicht ist mit den aufreißenden Landmassen wärmeres Tiefenwasser in die Tethys gelangt. Jedenfalls kommt es auf großer Fläche zum plötzlichen Zusammenbruch der Hydrate. Sie schmelzen nicht, sie blähen sich zu einhundertvierundsechzigfachem Volumen auf! Gewaltige Gasblasen sprengen den Meeresboden, sättigen das Wasser mit Unmengen Schwefelwasserstoff und streben der Oberfläche entgegen. Dabei schluckt die giftige Wolke allen Sauerstoff um sich herum, erfasst die gesamte Wassersäule und kocht die Oberfläche auf. Ein Teil des übel riechenden Gemischs entweicht in die Atmosphäre, vieles aber verteilt sich im umliegenden Meer, wird von der Strömung davongetragen und mitten hinein transportiert ins Gewirr der Inseln und Flachmeere.

Dort sickert die Giftwolke ins Ländle.

Die Auswirkungen sind verheerend.

Man kann den Fischen beim Sterben zusehen, wie ihre Kiemen pumpen, als sie versuchen, dem Wasser Sauerstoff zu entziehen, der nicht länger vorhanden ist. Nach kurzer Zeit treiben unzählige Kadaver im subtropischen Meer, das sich vom Paradies zur Todesfalle gewandelt hat. Weiter breitet sich die Wolke aus. Alles Leben geht zugrunde. Die Ichthyosaurier, auf sauerstoffreiches Wasser weniger angewiesen als Fische, schießen zur Oberfläche in Erwartung frischer Luft, aber das Verderben wartet auch dort. Die Echsen geraten in Panik. Über dem Wasser wabert eine dicke, lebensfeindliche Schicht. Immer wieder durchbrechen die spitzen Schnauzen der Ichthyosaurier die Wellen, ihre Kiefer öffnen sich, auf jede erdenkliche Weise versuchen sie Luft zu schnappen, doch da ist keine Luft mehr, nur ein hochtoxischer Chemiecocktail. Und so ersticken auch die meisten Fischechsen, und die überlebenden verhungern, weil nichts geblieben ist, das man noch fressen könnte.

Baden-Württemberg hat aufgehört zu existieren.

2002 stieß ein Team um den Tübinger Paläontologen Michael Montenari dort eher zufällig auf einen ausgedehnten Friedhof von rund 40 Quadratkilometern. Die Fossilien so vieler Ichthyosaurier kamen zutage, dass sich die Forscher zunächst keinen Reim darauf machen konnten. Elefanten und manche Wale suchen Plätze zum Sterben auf, und die torpedoförmigen Überreste urtümlicher Belemniten stapeln sich zu Tausenden in Gruben. Sie wurden mit der Strömung aus allen Richtungen dorthin transportiert und vom Wasser so lange um- und umgedreht, bis ihre harten Kanten rund geschliffen waren. Die filigranen, äußerst zerbrechlichen Knochen der Fischechsen jedoch wiesen solcherlei Abschliff nicht auf, außerdem lagen alte und junge Tiere wild durcheinander. Sie schienen von etwas überrascht worden zu sein, das sie in kürzester Zeit getötet hatte.

Doch ein Massensterben ist aus der Zeit vor 181 Millionen Jahren nicht bekannt. Das letzte große Sterben hatte sich am Übergang von Trias zu Jura vollzogen, vor 205 Millionen Jahren. Es verlief nicht ganz so desaströs wie der Exitus am Ende des Perm, kostete aber die meisten säugerähnlichen Reptilien und die Hälfte aller meeresbewohnenden Organismen wie Ammoniten, Muscheln, Schnecken und diverse Planktonarten das Leben. Auch die Placodontier, riesige Meeresschildkröten, starben aus. An Land zwang es die letzten Therapsiden und Thecodontier in die schuppigen Knie, selbst die Dinos wurden schwer gebeutelt, kriegten aber mit knapper Not die Kurve. Wieder schien ein Meteorit die See getroffen zu haben. Zwar findet sich auch diesmal kein Einschlagkrater, allerdings ist kein Teil des Meeresbodens älter als 200 Millionen Jahre, da er ständig verschluckt und neuer Boden gebildet wird.

Montenari wies schließlich nach, dass vor 181 Millionen Jahren ein Tsunami übers Meer gerollt war, so gewaltig, wie ihn kein Seebeben je hätte erzeugen können. Eine bis zu 30 Zentimeter dicke Schlammschicht, durchsetzt mit Überresten von Lebewesen, die Montenari in Schwaben und auf den britischen Inseln aufspürte, kündet von der Monsterwelle. Nur der Einschlag eines sehr großen Gegenstandes baut solch kolossale Wasserwände auf. Alles deutet darauf hin, dass die himmlische Ohrfeige westlich von Irland erfolgte und Seebeben der Stärke 20 auslöste, was dem Überleben allgemein nicht zuträglich ist. Die Wellen könnten durchaus Hunderte von Metern hoch gewesen sein, vor allem aber wirbelten sie die komplette Wassersäule auf und kehrten das Unterste zuoberst.

Zurück zum plötzlichen Tod der Ichthyosaurier. Anhand mineralogischer Untersuchungen konnte Montenari schließlich den Beweis erbringen, dass ein Methanschock dafür verantwortlich gewesen war. Bei aller Anteilnahme für die Fische und ihre Jäger – richtig gruselig ist diese Erkenntnis vor einem anderen Hintergrund. Methan-Blowouts dürften nicht nur für die rätselhaften Vorgänge im Bermuda-Dreieck verantwortlich sein, sie könnten durchaus unser aller Schicksal besiegeln. Es würde uns ebenso ergehen wie den Bewohnern des idyllischen Flachmeeres, vielleicht in gar nicht ferner Zukunft.

Aber was wäre das Leben, wenn es nicht auch solche Intermezzi überstehen würde. Gut, vielleicht sterben wir irgendwann aus. Miss Evolution dürfte um Nachfolger nicht verlegen sein. Lurchi jedenfalls erwies sich als unkaputtbar, auch wenn das Ende der Trias die meisten Lurche und Frösche gehen sah. Sein Erbe sollte ein Zeitalter prägen, das Michael Crichton in seinem großartigen Thriller *Jurassic Park* wieder aufleben ließ. Bis heute züngelt Lurchi als Schlange oder Salamander durch die Weltgeschichte, hat sich in Alligatoren und Waranen erhalten und verkörpert als Zierschildkröte kontemplative Häuslichkeit.

Elvis lebt. James Dean lebt. Jim Morrison und Jimi Hendrix leben. Wen schert's? Lurchi überlebt sie alle.

U-Boote vor Gondwana

»Donnerkeil!«, muss eines Tages ein Paläontologe ausgerufen haben, als er auf den versteinerten Überrest eines Belemniten stieß. Seither heißen die Skelettreste der Belemniten im Paläontologen-Jargon Donnerkeile. Zur Erinnerung, Belemniten sind Kopffüßer, Vorläufer moderner Tintenfische, ebenso wie Ammoniten. Der Unterschied ist folgender: Ammoniten hatten reichlich Arme und alle einen Bausparvertrag. Den ließen sie sich auszahlen, woraufhin sie hübsche Eigenheime bauten, Kalkgehäuse, die nach Art der Schneckenhäuser aufgerollt und meist von großem dekorativen Wert waren. In diesen Zwirbelheimen lebten die Tiere. Vorne schauten Augen und Tentakel hervor, der Hinterleib blieb hübsch zu Hause.

Belemniten hingegen waren lang gezogene Gesellen, die den heutigen Kalmaren ähnelten. Die Anzahl ihrer Arme war überschaubarer als die der Ammoniten, acht oder zehn Tentakel zogen sie hinter sich her, und der Körper über den großen, starren Augen schien ungeschützt. Wer aber in Erwartung nachgebender Gallerte vollmundig reinbeißen wollte, war hinterher reif für den Zahnarzt. Belemniten trugen ihr Skelett im Inneren, eine patronenförmige, knüppelharte Röhre, die als Einziges von dem jurassischen Gummitier erhalten ist.

Beide, Ammoniten wie Belemniten, machen den Geologen viel Freude, weil sie in rauen Mengen gefunden werden. Speziell den Ammoniten hat das großzügige Vorhandensein den Status von Leitfossilien eingetragen. Anhand ihrer Gehäuse kann man das Alter von Gesteinen bestimmen und in weltweite Zusammenhänge bringen. Im Jura schwangen sich die tentakelbewehrten Häuslebauer zu schier unüberschaubarer Artenvielfalt empor, die jeden Lebensraum zu nutzen wusste, solange er nur unter Wasser lag.

Als Taucher im Tethys-Meer wären Sie ihnen fast pausenlos begegnet. In allen Größen und Designs hätten Sie Ammoniten bewundern können, bis ein zufällig des Weges schwimmender Elasmosaurus Sie in mundgerechte Happen zerbissen hätte. Doch für Zeitreisende bleiben solche Tauchgänge ohne Folgen für Leib und Leben, und wir können unbeschadet die jurassischen Tiefen durchstreifen und sogar Hausbesichtigungen vornehmen. Zu Gast bei einem Ammoniten. Wollten Sie das nicht immer schon mal sein?

Dann mal hereinspaziert.

Ein Ammonitenhaus ist ungemein raffiniert gebaut. Im Grunde lebt das Tier nur in der Diele. Oder sagen wir, es bewohnt ein ausgedehntes Wohnzimmer, jedenfalls ausschließlich den ersten, nach vorne offenen Raum, in den es sich bei Bedarf komplett zurückziehen kann. Dahinter erstreckt beziehungsweise windet sich das Phragmokon, der überwiegende Teil des Gehäuses. Es ist in mehrere Kammern unterteilt, von Blutgefäßen durchzogen und mit Gas gefüllt, das dem Gehäuse Auftrieb verleiht.

Um nicht haltlos nach oben zu schießen, waren Ammoniten in der Lage, die Kammern teilweise zu fluten. Sie tarierten sich auf diese Weise aus, bis sie im Meer schwebten. Hatten sie Beute gepackt, wurden sie natürlich schwerer, also bliesen sie einen Teil des Wassers wieder aus und stiegen. Falls Ihnen das bekannt vorkommt: Richtig, genauso funktionieren U-Boote. Die Ammoniten waren die Unterseeboote des Mesozoikums. Das Verhältnis Gas und Wasser im Phragmokon ließ sich nuanciert der jeweiligen Wassertiefe und allen gewichtsverändernden Umständen anpassen. Zudem hatte die Aufteilung in viele geschlossene Kammern einen weiteren Vorteil. Haie, Ichthyosaurier und sonstige Räuber pflegten alles anzuknabbern, was ihre Kiefer packen konnten. Teile des Gehäuses gingen dabei mitunter zu Bruch, das Tier wurde leichter, trotzdem blieb der Auftriebsapparat intakt. Davon profitierten vor allem kleinere Ammoniten, die ihre Nahrung dicht über dem Meeresgrund aufspürten und dabei schon mal einem hungrigen Krebs zwischen die Scheren gerieten. Denn Krebse hatten im Jura Hochkonjunktur. Ebenso wie Ammoniten brachten sie ständig neue Arten hervor, die böse zwicken und beißen konnten.

Und wie vermehren sich U-Boote? Weiß es Wolfgang Petersen? Wusste es Jules Verne?

Die Biologie kann es erklären: durch Sex natürlich. U-Boot-Sex.

Der macht uns mit ganz neuen Praktiken vertraut. Wer etwa ein Ammonitenweibchen im Oberen Jura zum Rendezvous begleitet hätte, wäre einen Moment lang verblüfft gewesen. Niemand da. Hat sich das Männchen verspätet? Erst bei näherem Hinsehen zeigt sich, dass die Begattung in vollem Gange ist, nur treibt es die Dame mit einem Zwerg. Die Wissenschaft spricht von Sexualdimorphismus. Das Männchen als Stichwortgeber der Fortpflanzung hat sich zurückentwickelt, es ist weit kleiner als das Weibchen, geradezu winzig. Die Ehemänner einiger emanzipierter Krakenfrauen bieten gerade mal ein Zwanzigstel der weiblichen Körpergröße auf. Bei manchen Tiefsee-Anglerfischen unserer Tage geht es so weit, dass der kleine Mann sich an seiner Angebeteten festsaugt, genauer gesagt an ihrem Genitalbereich, bis er mit ihr verschmilzt und sogar ihren Blutkreislauf übernimmt. Als Lohn für seine Anhänglichkeit füttert ihn das Weibchen durch und nimmt ihn überallhin mit – es kann nicht anders.

Sollten Männer etwa Schmarotzer sein?

Langsam. Der Vergleich liegt fern, zu unterschiedlich sind die Lebensweisen. Oder können Sie, verehrte Leserin, sich eine heiße Liebesnacht mit einem Typ vorstellen, der Ihnen bis zum Knöchel geht? Die Evolution verkleinert das Männchen immer dann, wenn es nur eine einzige Funktion zu erfüllen hat, nämlich das Weibchen zu befruchten. Es übernimmt keine erzieherischen Aufgaben, geht nicht auf die Jagd, steht nicht für Diskussions- und Spieleabende zur Verfügung. Es spendet lediglich seinen Samen. Mehr kann das kleine Kerlchen nicht, aber es reicht für eine lebenslange Rente am Hintern von Madame.

Unter all den Herrschern der Meere haben auch die Ammoniten geherrscht. Einfach, weil sie zahlreich waren. Ebenso herrscht damals wie heute das Plankton, herrschen die Einzeller. Schlicht durch Masse. Im Verlauf von Jahrmillionen sind aus den bis zu zwei Meter großen, aggressiven Räubern, die im Stammbaum der Ammoniten vorherrschen, handliche Planktonfresser geworden. Gegen Ende der Kreidezeit verstarben sie leider an Planktonmangel, das wurde nämlich gerade weltweit knapp. Im Jura aber bestimmten sie das Bild der Meere. U-Boot-Geschwader vor Laurasia, Gondwana und Ost-Pangäa. Noch heute können wir uns ein Bild von ihnen machen, denn sie haben einen Nachfahren hinterlassen, den schon erwähnten Nautilus.

Die Belemniten waren da fortschrittlicher. Man ist nicht sehr beweglich, wenn man ständig sein ganzes Haus mit sich rumschleppen muss. Also verlegten sie ihr Zuhause ins Innere. Das gestattete ihnen, sich einen stromlinienförmigen Körperbau sowie ein Paar zusätzliche Flossen zuzulegen, mit Raketenantrieb dahinzuschießen und selbst flinke Beutetiere zu ergattern. Wo die Tentakel ansetzten, öffneten sich zwei hornige Kiefer, die bis heute ein charakteristisches Merkmal aller Tintenfische sind, der berühmte Papageienschnabel. Der schnappte schon bei Jules Verne nach armen Matrosen und zerbiss Muscheln und Krabbenpanzer. Belemniten waren also schwer verdaulich, was sie indes nicht vor dem Verzehr durch große Meeresechsen schützte. Fossilien sind geschwätzig, und so wissen wir, dass Ichthyosaurier es nicht anders hielten, als würden wir Austern im Ganzen essen und die Schalen hinterher auswürgen. Was der Magen nicht schaffte, wurde zurück ins Meer gespuckt, in diesem Fall belemnitische Donnerkeile.

Roher Tintenfisch schmeckt eben doch zum Kotzen.

Zu viele Könige

Wer war denn nun Herrscher der Meere? Ammoniten oder Belemniten?

Nun, auf seine Weise jeder, der viel fraß. Und ebenso jeder, der viel gefressen wurde.

Vor rund 145 Millionen Jahren beginnt die Kreidezeit, das letzte der drei Kapitel Sauriergeschichte. Sie endet vor 65 Millionen Jahren mit einem dramatischen Einschnitt, ohne den die Höherentwicklung der Säuger kaum stattgefunden hätte. Die waren zeitgleich mit den Sauriern zum Rennen um die besten Plätze angetreten, blieben aber vorerst schnüffelnde Mickerlinge, ratten- bis pudelgroß, darauf bedacht, sich tunlichst nicht zu mucksen. Dafür brachten die rührigen Echsen immer neue Variationen ihrer selbst hervor, lernten fliegen, wuchsen einander über den Kopf, rupften die ersten Blütenpflanzen und nahmen gerne mal ein Bad zur Auflockerung des Speisezettels. Lange genug hatten Ichthyosaurier das Monopol auf Fisch und Flutschiges besessen, doch schon im Jura erwuchs ihnen Konkurrenz aus den eigenen Reihen. Die Paddelechsen stachen in See, um den Fischechsen die letzten Exemplare der ohnehin aussterbenden Ammoniten wegzufressen. Plesiosaurus und Elasmosaurus machten sich breit, und in der Kreide wurde es dann richtig eng.

Hätten Sie vor 100 Millionen Jahren an Bord der ISS die Erde umkreist, Sie wären verblüfft gewesen, wie sehr die Lage der Kontinente schon der heutigen entsprach. Der Atlantik hatte sich aufgetan im selben Maße, wie Nord- und Südamerika nach Westen gedriftet waren. Amerikas Norden und Europa hingen noch an einem Zipfel zusammen, dafür hatte die Tethys ihre Form verändert und trennte die europäischen Inseln von Afrika. Das heutige Mittelmeer ist ein kümmerlicher Rest des einst riesigen, tropisch warmen Meeres, in dem zur Kreidezeit die vielleicht größte Artenfülle überhaupt herrschte.

An Land entstanden völlig neue Ernährungsgeflechte, weil der Siegeszug der Blütenpflanzen Fluginsekten und neuartige Vögel hervorbrachte, deren Eier das kleine, räuberische Volk der Säuger zu keckem Diebstahl verleitete. Miss Evolution tobte sich so richtig aus! Arten entwickelten sich praktisch über Nacht, jede nur vorstellbare ökologische Nische wurde besetzt. Vierbeinige Sauropoden wie Apatosaurus und Brachiosaurus reckten die Hälse zu zartem Blattwerk, bis diese länger waren als ihre Körper und über die Wipfel der Riesenbäume hinauslugen konnten. Schlucken war dadurch eine zeitraubende Angelegenheit, das Grünzeug hatte eine ordentliche Strecke zurückzulegen. Die Zweibeiner kultivierten ihr Gebiss, legten dafür weniger Wert auf Vorderextremitäten, die sich ergo zurückbildeten – beim Tyrannosaurus Rex waren sie so klein geworden, dass der Arme nicht mal in die Hände klatschen konnte vor Freude über den leckeren, frisch erlegten Pflanzenfresser zu seinen Füßen. Dafür besaß sein Kopf die Ausmaße eines Kleinwagens, dessen Motorraum gespickt ist mit dolchförmigen Hauern.

So viele Saurier brüllten aufeinander ein, dass manche sich den Stress nicht länger antun mochten und aufs Meer auswichen. Sie entwickelten ganz eigene Strategien, sich dem Leben im Wasser anzupassen. Während Ichthyosaurier den Bauplan der Fische fast vollständig übernommen hatten, pochten die Paddelechsen auf ihre Herkunft: Bloß nicht diese idiotische Schwanzflosse, ein echter Saurier trägt seinen Schwanz zugespitzt. Die Beine, gut, da lässt sich was machen, aber bitte keine Flossen. Vielleicht ein Zwischending. Paddel halt. Vier fleischige, lange Paddel, die wie Flossen funktionieren, mit denen man aber auch zur Eiablage an Land kriechen kann. Und was den Kopf angeht, gern etwas stromlinienförmiger, aber nicht zu sehr! – Der Saurier als solcher soll noch zu erkennen sein!

So weit der Wunschzettel an Miss Evolution, die nichts einzuwenden fand und fortan fleißig Paddelechsen produzierte, vornehmlich Pliosaurier. Die neuen Räuber schnellten nicht wie Ichthyosaurier durchs Meer, sondern bewegten ihre vier Paddel wie Vogelflügel, sodass sie tatsächlich unter Wasser flogen. Auch im Ruhezustand gestatteten die Paddel einen souveränen Gleitflug, mit erstaunlichen Parallelen zu heutigen Flugzeugflügeln. Dafür hatte die Evolution den Pliosauriern einen überaus stabilen Knochenbau verliehen, fachgerecht durch Muskeln versteift, um den mächtigen Extremitäten Halt zu bieten. Der Preis dafür war der schon bekannte steife Rücken, den sie durch Eleganz zu kompensieren wussten. Im Verlauf von Jahrmillionen verkürzten sie ihre Hälse, legten sich größere Kiefer zu, brachten es auf Furcht erregende Geschwindigkeiten und eine Beißkraft, der selbst sehr große Haie und Fischsaurier wenig entgegenzusetzen hatten.

Ein drei Meter langer Ichthyosaurier, der sich zu Anfang der Kreidezeit im sonnendurchfluteten Oberflächenwasser aalte, war gut beraten, hin und wieder einen Blick in die Tiefe zu werfen. Von dort konnte mitunter etwas Dunkles, Massiges auftauchen und blitzschnell in die Höhe schießen, um einen Testbiss anzubringen. Heute würde man den Angreifer bei flüchtigem Hinsehen für einen Wal halten, aber tatsächlich war das Liopleurodon mit bis zu 25 Metern Länge der größte Pliosaurier aller Zeiten. Sein Gebiss flößte selbst dem Vorläufer des Weißen Hais Respekt ein, der zur gleichen Zeit die Meere bewohnte und dem das Liopleurodon die Jagdtaktik abgeguckt hatte. Oder auch umgekehrt, jedenfalls neigten beide zur Überrumpelung: aus dem Nichts erscheinen, kurz reinbeißen und kosten, rasch wieder abtauchen, warten, bis das Opfer entkräftet ist, zurückkehren und ihm den Rest geben.

Das Liopleurodon starb in der Unteren Kreide aus, aber nur, damit Brachauchenius seinen Platz einnehmen konnte, ein elf Meter langes krokodilartiges Ungeheuer, das zusammen mit dem gleich großen Kronosaurus die Meere unsicher machte. Man teilte sich die Arbeit. Brachauchenius knöpfte sich die Küsten Nordamerikas vor, Kronosaurus wütete Down under und empfahl sich der dortigen Tierwelt als Gourmand. Nahezu alles verschwand in seinem fast drei Meter langen Schädel. Kein Schildkrötenpanzer, der nicht zu knacken war, kein Ammonitenhaus, das der rasenden Abrissbirne trotzte. In der Kreide war es wieder wärmer geworden, abgeschmolzene Wassermassen hatten Australiens Küsten überflutet, und die Flachmeere boten riesigen Fischschwärmen Raum zur ungehemmten Verbreitung. Kronosaurus machte nicht nur den Ichthyosauriern das Leben schwer, denen er Beute und Leben nahm, sondern auch kleineren Pliosauriern, die darum in den Schutz der flacheren Meere auswichen. Auch das führte unter den Fischechsen zur Ausrufung des Notstands. Zu allem Überfluss bekamen sie es noch mit der skurrilen Verwandtschaft der Pliosaurier zu tun, den Plesiosauriern. Einer davon posiert bis heute auf wackeligen Fotos. Falls es das Ungeheuer von Loch Ness wirklich gibt und man den Beschreibungen glauben darf, wohnt da ein mopsfideler Plesiosaurus, der eines Morgens aufwachte und rief: »Wo sind denn alle?«, um festzustellen, dass alle ausgestorben waren.

Im Gegensatz zu den kurzhalsigen, krokodilähnlichen Pliosauriern wirkten manche Plesiosaurier, als habe man Wildgänse mit Robben gekreuzt. Der Körper war gerundet wie bei einem Weihnachtsbraten und lief in einen kurzen, spitzen Echsenschwanz aus, eher schon ein Bürzel. Cryptocleidus etwa besaß Paddel, die – wenn er mit gestrecktem Hals herangeflattert kam – den Schwingen einer Gans nicht unähnlich waren. Würde man einen Schwarm Cryptocleidae in zweihundert Metern Höhe über die Stadt dahinziehen sehen, könnte man sie für Zugvögel halten, allerdings sehr groß und vierfach geflügelt. Oberhalb der Schulterblätter erstreckte sich ein langer, biegsamer Hals mit kleinem Kopf. Cryptocleidus begnügte sich mit kleinen Fischen und Krebsen, die er mit dicht an dicht stehenden, gekrümmten Zähnen aus dem Wasser filterte.

Der Mark Spitz der Kreidezeit dürfte Dolichorhynchops gewesen sein – an Land ein watschelnder Tollpatsch, der einen aus spitzer Schnauze anblökte, unter Wasser ein Torpedo mit der Fähigkeit, in große Tiefen vorzustoßen und Riesentintenfischen auf den Leib zu rücken.

Mit das Bizarrste jedoch, was Ihnen in der Oberen Kreide hätte begegnen können, war Elasmosaurus.

Der Name klingt schon irgendwie biegsam. Mitte des 19. Jahrhunderts meinte der englische Paläontologe Dean Conybeare, Elasmosaurier ähnelten »Schlangen, die durch den Körper von Schildkröten hindurchgefädelt wurden«. Tatsächlich würde man einem Elasmosaurus keine Halsschmerzen wünschen, denn der Hals ist das mit Abstand Längste an dem Tier. Käme es zu Besuch, würde erst der winzige, zahngespickte Reptilkopf zur Tür reinschauen, dann folgten acht endlose Meter Hals, und wenn man sich eben damit abgefunden hätte, eine Kobra zu Gast zu haben, käme schnell noch ein rundlicher, sechs Meter langer Körper hinterhergeschlappt wie eine nachgelieferte Verlegenheitslösung. Viel Fisch müsste man dem Besucher offerieren, könnte ihn allerdings großzügig im Raum verteilen, weil der Schlangenhals kreisförmig hin und her peitschen und einen beachtlichen Radius leer räubern kann. Paläontologen vermuten, dass Elasmosaurus aufgrund seiner besonderen Bauweise wenig Lust verspürte, in größere Tiefen vorzustoßen, sondern an der Oberfläche trieb und den Kopf über Wasser hielt, um im Bedarfsfall blitzschnell hinabzustoßen. Auch er wird zu den Herrschern gerechnet.

Sie alle waren die Könige der Meere, und jeder wollte der Größte sein: Alleine drei Familien von Elasmosauriern sind bekannt, die es auf zwölf bis 14 Meter Länge brachten. Schließlich, als wäre das noch nicht genug des Riesenwuchses, gesellte sich am Ende der Kreide ein ganz perfider Zeitgenosse hinzu, der Mosasaurier. – Bei der Gelegenheit: Ich kann nichts für die Namen, wirklich nicht! Bis heute ist mir schleierhaft, warum Saurier nicht einfach Gabi oder Karlheinz heißen können oder wenigstens Der-sich-den-Fisch-holt. Da wären wir wieder bei der Schwierigkeit der korrekten Namensgebung, wie sie uns schon bei der Benennung der Erdzeitalter begegnet ist. Weitgehend hat man sich aufs Lateinische verständigt, aber würden Sie eine neue Art entdecken und zufällig Garibaldi heißen, hieße die Gattung wahrscheinlich Garibaldisaurus. In China hat man es traditionshalber nicht so mit dem Großen Latinum, weshalb alles, was die Grabungsstätten der Jangtse-Plattform ans Licht bringen, sprachlich dem Reich der Mitte zugeordnet wird. Haikouella, unser aller wurstiger Vorfahr, wurde in der Nähe des Ortes Haikou gefunden. Da können wir noch von Glück sagen, dass man ihn nicht in der Nähe von Popocatepetl oder Castrop-Rauxel aus dem Boden gekratzt hat.

Mosasaurus verdankt seinen Namen natürlich ebenfalls seinem Fundort. 1770 erstmals in der Nähe von Maastricht gefunden, ist das bis zu 16 Meter lange Biest mit dem Alligatorschädel also eine Maas-Echse. Zuerst glaubte man, die Überreste eines gigantischen Krokodils entdeckt zu haben, aber die Extremitäten wollten nicht recht dazu passen, außerdem war das Tier zu lang, fast eine Seeschlange. Heute wissen wir, dass Mosasaurier eng verwandt mit Schlangen und Waranen sind und den Ichthyosauriern endgültig den Spaß verdarben, woraufhin diese beschlossen, sich aus der Evolution zu verabschieden. Unter Wasser müssen Mosasaurier einen überaus eleganten Anblick geboten haben, sofern man bei herannahenden Riesenechsen dafür einen Sinn entwickelt. Sie waren die letzten großen Meeresräuber im Reich der Reptilien, Giganten, nach denen eigentlich nicht mehr sonderlich viel kommen konnte. Aber etwas kam. Und zwar von oben.

Kaum eine Frage ist von Paläontologen so heftig diskutiert worden wie die nach der Ursache für das Aussterben der Dinosaurier. Dabei ist die Frage an sich schon falsch. Denn außer den Dinosauriern starben auch andere Tierarten, von der Dezimierung der Flora ganz zu schweigen. Vor 65 Millionen Jahren endete eine Ära, die wir in grenzenloser Selbstüberschätzung lange Zeit als verfehltes Experiment unserer geschätzten Miss Evolution angesehen haben. Die Dinos seien zu dick und zu schwer gewesen, zu tranig und zu trampelig, im Ganzen unmodern und wenig gefällig, die mussten weg. Erst seit wenigen Jahren beginnt man sich vor Augen zu führen, wie lange Dinosaurier die Erdgeschichte eigentlich mitgestalteten. Mindestens 155 Millionen Jahre Regentschaft, da lässt sich kaum von evolutionären Verfehlungen sprechen. Paläontologen vertreten die Auffassung, dass die Saurier zu Wasser und zu Lande sogar überdurchschnittlich erfolgreich waren. Und dass sie, hätte alles nicht so tragisch geendet, durchaus in der Lage gewesen wären, eine Gattung hervorzubringen, die sich mit uns Menschen vergleichen ließe: intelligente Sauroiden, die eines Tages einen Hinterlauf in den Mondstaub gesetzt und ausgerufen hätten: »Ein kleiner Schritt für eine Echse, ein großer Schritt für die Echsenheit.«

Unheimlich ist und bleibt, was eine Ära, die solch beeindruckende Erfolge aufzuweisen hat, so radikal beenden konnte.

Als der französische Wissenschaftler Baron George Cuvier Anfang des 19. Jahrhunderts erste deutliche Anzeichen für ein Massenaussterben der Dinosaurier fand, glaubte er noch an einen gottgewollten Vorgang. Cuvier schätzte den Herrn so ein, dass er periodisch Modelle vom Markt nahm und durch Nachfolger ersetzte, die dann eine komplette Umwelt zur Neuorientierung zwangen, etwa so, wie wir es von Bill Gates gewohnt sind. Zwecks dessen, so Cuvier, schicke Gott immer mal wieder große Katastrophen über die Schöpfung, deren eine übrigens auch Homo sapiens sapiens fortspülte, die Sintflut.

Aber es ist, wie wir gesehen haben, umgekehrt. Arten sterben aus, weil sie den veränderten Gegebenheiten nicht gewachsen sind, und schaffen Raum für neue, die damit zurechtkommen. Mitunter verändern auch die Arten selbst ihre Umwelt wie im Fall der Sauerstoff erzeugenden Bakterien. Eines bedingt das andere. Wie gesagt, der Tod ist immer auch ein Anfang, und ein Planet, dessen Kontinente wandern, dessen Klima drastischen Veränderungen unterworfen ist, der von subtropischer Erwärmung bis hin zu vollständiger Vereisung alles im Repertoire hat und zudem vulkanisch aktiv ist, fordert der Evolution ein ständiges Umdenken ab. Auch wir sollten uns rechtzeitig was einfallen lassen, denn was der eine durch die Erzeugung von Sauerstoff bewirkt hat, kann dem anderen durch übermäßige Freisetzung von CO_2 ebenso widerfahren.

Vordergründig betrachtet war die Welt zur Kreidezeit ein Garten Eden. Angenehm warm, artenreich, mit einer sich rasant entwickelnden Vegetation. Die Ammoniten überboten sich in der Ornamentik ihrer Wohnspiralen, man könnte durchaus von einer gewissen Dekadenz sprechen. Zum Schrecken aller Schüler bildeten sich in dieser Periode die Schreibkreide-Vorkommen aus – das Plankton war schuld. Die Kalkgehäuse verstorbener Einzeller sanken in großer Menge zum Meeresgrund und wurden dort zu einer kompakten Schicht zusammengepresst. Genau genommen verschmieren wir heute die Wohnungen von Mikroben auf der Schultafel, aber erzählen Sie das bloß nicht Ihren Kindern.

Auf den zweiten Blick sah es längst nicht so gemütlich aus. Pangäa war auseinander gebrochen, Gondwana in Auflösung begriffen. Indien zog es nach Norden, Südamerika entfernte sich nach Westen, Australien und der Antarktische Kontinent spalteten sich ab. Die Meeresströmungen wurden in neue Bahnen gezwungen, weltweit stieg der Meeresspiegel und überflutete große Teile des Landes. Die Rocky Mountains schlossen sich zu einer einzigen Gebirgskette, die Anden formierten sich. Afrika drängte gegen Europa und stauchte die Tethys zusammen, was den Vorläufer des Mittelmeers noch attraktiver machte, denn nun hatte es das Leben von Küste zu Küste nicht mehr weit. Allerdings brachte das tektonische Stühlerücken reichlich Unruhe in die Geologie. Bedenkt man, dass es im Verlauf der Jahrmillionen immer wieder zu Verschiebungen kam, grenzt es beinahe an ein Wunder, dass die Saurier überhaupt so lange durchhielten.

Eine andere Sichtweise muss man ebenfalls korrigieren. Wenn es heißt, die Saurier hätten 155 Millionen Jahre überdauert, klingt das ein bisschen so, als wäre jede einzelne Art stolze 155 Millionen Jahre alt geworden. De facto betreten wir mit dem Mesozoikum ein weites Feld, auf dem etliche Arten wenige Millionen Jahre lang spielten, um dann ausgewechselt zu werden. Ein vierfüßiger, säugetierähnlicher Lystrosaurus aus der frühen Trias hat wenig mit dem riesigen, zweibeinigen Carnosaurus aus der Oberen Kreide gemeinsam. Von der Zeit der Saurier zu sprechen trifft also nicht den Kern der Sache. Da muss man sich schon etwas Mühe geben und auch mal im bodendichten Wurzelwerk nachsehen, wo sich spitznasige Minisäuger rumdrückten. Der Luftraum gehörte zwar den Flugechsen, aber zum Ende des Mesozoikums kreisten schon zahlreiche Vögel über den Wäldern. Hätte man damals eine Arche bauen wollen, wäre man gezwungen gewesen, gleich drei weitere mitzubauen nur für die Insekten. Die Haie hätten angemahnt, sie seien auch noch da. Krebse, Brachiopoden und Muscheln, Ammoniten und Belemniten, Foraminiferen, sie alle hätten zu Recht darauf insistiert, mindestens von gleicher Wichtigkeit zu sein wie die Saurier. Was heißt hier Zeitalter der Dinos, hätten sie protestiert. Muss man erst aussterben, um berühmt zu werden? Was, bitte schön, ist ein einziger Brachiosaurus gegen 55 Milliarden Flöhe?

Womit wir wieder beim Sterben wären. Und bei einigen Ungereimtheiten, die damit einhergehen, soweit es den berüchtigten Exitus der Saurier betrifft.

Zum besseren Verständnis gehen wir ins Grüne. Stellen Sie sich vor, eine Wespe, eine Spinne, eine Biene, ein halbes Dutzend Blattläuse und zwei unterschiedlich große Fliegen teilen sich in trauter Eintracht einen Quadratdezimeter Gartentisch. Wo die gerade so passend beieinander hocken, holen Sie die Fliegenklatsche und hauen den Verein zu Matsche. Auf einen Schlag sind alle tot, es lässt sich von einem kleinen Massensterben sprechen. Die Ursache ist eindeutig: Alle waren zur falschen Zeit am falschen Ort, also haben Sie die illustre Versammlung platt gemacht.

Sie wären jedoch höchst verwundert, wenn die große Fliege stirbt, die kleine aber überlebt. Wenn die Läuse zwar hops gehen, die Spinne hinterher aber so tut, als sei nichts gewesen. Wenn die Biene Brei ist, während die Wespe unschuldig fragt: »War was?« Aber genau so mutet der berühmte K-T-Übergang an, das Sterben an der Grenze von Kreide zum Tertiär. Was auf dem Land lebte und länger als 1,5 Meter war, ging in die Ewigen Jagdgründe ein. Gleiches galt für 95 Prozent des Planktons. Muscheln und Brachiopoden wurden so gut wie ausgelöscht. Flugreptilien büßten für alle Zeiten ihre Starterlaubnis ein, die Vögel schienen erstaunlicherweise nur wenig betroffen. Während sämtliche Meeresreptilien den Löffel abgaben, überdauerten die Süßwasserkrokodile und die großen Meeresschildkröten. Auch Haie zeigten sich weitgehend unbeeindruckt von der Katastrophe, der wiederum die allerletzten Ammoniten und die Belemniten zum Opfer fielen. Das Massensterben scheint nach einer Art Aschenputtel-Prinzip verlaufen zu sein: die Guten ins Töpfchen, die Schlechten ins Kröpfchen. Überraschend glimpflich ging es für die Pflanzenwelt ab, die kurzzeitig einige Bestände an Blütenpflanzen einbüßte, dafür aber umso ausgelassener mit Waldfarnen prunkte.

Was hatte diesen Effekt bewirkt?

Hinsichtlich der Saurier vertraten Evolutionshistoriker lange Zeit die Auffassung, die Tiere wären an ihrer Dekadenz zugrunde gegangen wie das alte Rom. Zu viel Geprotze mit Schilden, Panzern, Hörnern und Stacheln, daher ständige Bandscheibenleiden, Rückgang der Gehirne bis hin zur Debilität, quasi zu blöde, um geradeaus zu gehen. Stimmt nicht. Gegen Ende der Kreidezeit lebten die Saurier mit dem größten Hirnvolumen, das je Echsen ihr eigen nennen konnten, die Troodontiden. Auch die vielgestaltigen Panzerungen hatten ihren Sinn. Andere Forscher machten hormonelle Störungen bei Saurierweibchen verantwortlich für den Rückgang des Nachwuchses, wieder andere wollen Godzilla und Co. an Verstopfung eingegangen sehen, weil die ölhaltigen Pflanzen verschwunden seien. Eine weitere Theorie bemüht Parasiten und Seuchen. Die mag es gegeben haben, doch welche Superseuche könnte jede einzelne der so unterschiedlichen Saurierarten dahingerafft haben? Auch längst nicht jeder Vogel steckt sich mit Vogelgrippe an, und als die Pest unter den Menschen wütete, hat sie unsere Vettern, die Schimpansen, verschont.

Eine Weile kursierte schließlich das Gerücht, kleine Säuger hätten den Sauriern die Eier weggefressen. Auch gut. Aber dann muss man sich fragen, warum sie nicht schon früher damit angefangen haben und nach dem Genuss so vieler Eier nicht geplatzt sind. Auch heute stirbt die Amsel nicht aus, weil das Eichhörnchen gern ausgiebig frühstückt. Bleibt, den Fleischfressern die Verantwortung zuzuschanzen, die es einfach übertrieben und statt der Koteletts quasi den Metzger gefressen hätten. Aber nicht mal Tyrannosaurus Rex, die Killermaschine, war ein derartiger Idiot, seine Ressourcen restlos aufzubrauchen, er hätte es zudem gar nicht gekonnt. Schön gruselig ist auch die Vision einer gigantischen Raupenplage, der sämtliche Blätter zum Opfer fielen, weshalb die Pflanzenfresser abdankten und die Fleischfresser in Folge gleich mit. Sicher, Raupen können einem den Nerv töten, aber gleich alle Blätter eines ganzen Planeten?

Schließen wir biologische Ursachen aus, kommen Klimafaktoren ins Spiel. Angenommen, gegen Ende des Mesozoikums wäre der atmosphärische Sauerstoffgehalt gesunken und der des Kohlendioxids dafür gestiegen. Kleine Säuger und Vögel wären damit gut zurechtgekommen, die riesigen Echsen hingegen an Sauerstoffmangel eingegangen. Das weckt Erinnerungen an den Treibhauseffekt, und in der Tat vermuten viele Wissenschaftler in der Oberen Kreide eine Zunahme des weltweiten Vulkanismus. Hatte nicht schon Sibirien aufs Übelste von sich reden gemacht? Vulkane hätten das Klima erwärmen und über chemische Umwege Chlor in die Atmosphäre blasen können, das die Ozonschicht zerstörte.

Augenblick, Ozon ... auch das kommt uns bekannt vor. Damals war eine Supernova verantwortlich gewesen. War wieder ein Stern explodiert, dessen zerstörerische Wellen uns vor 65 Millionen Jahren erreichten? Hatte die UV-Strahlung alle Saurier erblinden lassen, wie es ein paar Gelehrte vermuten, und weil es noch keine Blindenhunde gab, liefen die alle bei Rot über die Straße, und dann ...

Im Ernst, auch darüber wurde nachgedacht. Bis jemand fragte, wie bitte schön ein Fischsaurier in schummriger Tiefe durch Sonnenlicht erblinden soll.

Dreimal dürfen Sie raten, wer als Nächstes ins Spiel kommt.

In den fünfziger Jahren schlug der amerikanische Nobelpreisträger Harold Urey ein Szenario vor, nach dem ein Meteorit von den Dimensionen des Halley'schen Kometen, ein Brocken von zehn bis 15 Kilometern Durchmesser, aufs Land oder ins Meer gestürzt sei und ein globales Fiasko mit gebirgshohen Flutwellen und schweren Beben entfacht habe, dem eine Art nuklearer Winter folgte. 1980 erschien in *Science* der Artikel eines weiteren Nobelpreisträgers, der Ureys These stützte. Der Physiker Luis Alvarez hatte in Gesteinen aus dem Kreide-Tertiär-Übergang ungewöhnlich hohe Konzentrationen an Iridium entdeckt, wie sie sonst nur in Meteoriten vorkommen. Weltweit fand sich diese Iridiumschicht. Alvarez schloss daraus auf den Einschlag eines zehn Kilometer großen Himmelskörpers und identifizierte sogar die Einschlagstelle. Seitdem wird um diesen Meteoriten heftig gestritten, genauer gesagt um das, was er angerichtet hat. Um Ihnen die ganze Diskussion zu ersparen, andererseits ein Bild zu vermitteln, wie atemlos die Wissenschaft um den Stein des Aussterbens pirouettiert, gebe ich Ihnen einen kurzen Abriss dessen, was alleine im Verlauf der letzten fünf Jahre zum Thema veröffentlicht wurde.

Augenblick, hier ist noch eine Meldung, bevor wir in die Chronologie des Forschens eintauchen: Die Beuteltiere legen Wert auf die Feststellung, sie hätten schon vor 70 Millionen Jahren Gondwana besiedelt. So viel zum Zeitalter der Saurier.

Jetzt aber los!

Das Fiasko mit dem Fiasko

Damals, als sich die Planeten formten, blieb eine Menge Baumaterial ungenutzt und wurde durch gravitative Kräfte in den äußeren Gürtel des Sonnensystems gezwungen. In ewiger Schwärze und Kälte trudeln dort seither Milliarden winziger bis riesiger Körper aus Staub, Gestein und Eis herum und bilden eine Art Schale, die unser Sonnensystem völlig umschließt. 1950 erhielt die Oort'sche Wolke ihren Namen durch den niederländischen Astronomen Jan Hendrik Oort, der hier die Geburtsstätte so genannter langperiodischer, also wiederkehrender Kometen erblickte. Immer wieder gerieten Trümmer in der Wolke aneinander, beeinflusst durch die Anziehungskraft benachbarter Sterne – auch zu der Zeit, als die Erde unter den Schritten der Saurier erzitterte. Es kam zu Kollisionen, manche Brocken wurden herausgeschleudert aus dem Verbund und machten sich auf ihre periodische Reise durch unser Sonnensystem. Vor gut 65 Millionen Jahren, rund 1,5 Lichtjahre jenseits des Jupiter, brach solch ein Klotz aus und raste auf die Erde zu, und statt rechtzeitig abzubiegen, rammte er mit über 25 Sekundenkilometern das Küstengebiet der mexikanischen Halbinsel Yucatan.

Dortselbst, Frühjahr 2000: Wissenschaftler untersuchen den 200 Kilometer großen Chicxulub-Krater, den sie als Einschlagstelle des Meteoriten identifiziert haben. Seltsame Ringstrukturen in der Umgebung lassen auf eine solch immense Schockwelle schließen, dass sich umliegende Sedimente kurzzeitig in eine quasiflüssige Masse steiniger Partikel verwandelt haben müssen, ein körniges Meer, das die Wellenform nach außen trug. Gareth Collins von der Huxley School of Environment, Earth Sciences and Engineering des Londoner Imperial College hat diesen Effekt in einer Computersimulation nachgewiesen und damit die landschaftlichen Besonderheiten des Einschlaggebiets mit seinen Erhebungen und Ring-strukturen einleuchtend erklärt. Allerdings, so Collins, hätte dieses Ereignis alleine kaum ausgereicht, ein Massensterben zu verur-sachen, vielmehr mussten klimatische Veränderungen und heftiger Vulkanismus das Ende der Saurier schon lange vorher eingeleitet haben.

Yucatan, 2001: Fauna und Flora wurden vergiftet; daran ging alles zugrunde. Zwar schlug ein Meteorit in Mexiko ein, mit weniger als zehn Kilometern Durchmesser allerdings zu klein, um genug Staub für einen nuklearen Winter aufzuwirbeln. Durch Verdampfung ge-langten jedoch Karbonate und Sulfate in die Atmosphäre, die sich dort mit Wasser verbanden und hochtoxische Schwefelsäure produ-zierten. Jahrelang waren Pflanzen und Tiere diesem sauren Regen schutzlos ausgesetzt, mit dem bekannten traurigen Ausgang.

Yucatan, 2001, später im Jahr: Nein, der Meteorit war an allem schuld. In dem dramatisch kurzen Zeitraum von 8.000 bis 12.000 Jahren vollzog sich das zweitgrößte Artensterben der Erdgeschich-te. Starker Vulkanismus ist zwar ebenfalls nachgewiesen, aber über eine Periode von mindestens einer halben Million Jahre. Damit dürfte das Leben einigermaßen zurechtgekommen sein, am Ein-schlag des Riesenmeteoriten jedoch musste es scheitern.

Kalifornien, 2001, noch etwas später: Astronomen der University of California untersuchen die letzten 100 Millionen Jahre unseres Planetensystems und stoßen auf Anomalien in den Umlaufbahnen. Unter anderem war damals auch die Erde vom Kurs abgewichen. Die ausbüxenden Planeten, die mit verschiedenen Geschwindigkei-ten um die Sonne kreisten und einander von Zeit zu Zeit recht nahe kamen, störten das gravitative Gleichgewicht in der Oort'schen Wolke. So wurde der fatale Meteorit oder Asteroid – darüber wird gestritten – umgelenkt und prallte auf die Erde. Unbeantwortet bleibt die Frage nach der Henne und dem Ei. Veränderte die Erde ihre Umlaufbahn als Resultat des Einschlags, oder wurde der Ein-schlag durch die Änderung der Umlaufbahn erst provoziert?

Ende 2001: Der Meteorit war eindeutig größer als zehn Kilome-ter im Durchmesser. Er durchschlug die Erdkruste und brachte die Umgebung zum Kochen. Karbonat- und Sulfatgestein verdampf-ten, mischten sich mit Wasser und produzierten den todbringenden Regen, außerdem gelangten große Mengen Staub in die Atmosphä-re und verdunkelten den Planeten für Jahre. Die Kombination aus

149

toxischen Niederschlägen und nuklearem Winter gab dem Leben dann den Rest.

2002: Kevin Pope, der bei der Entdeckung des Chicxulub-Kraters eine maßgebliche Rolle spielte, variiert die Verdunklungstheorie. Um das Sonnenlicht weltweit abzuschirmen und damit die Photosynthese zum Erliegen zu bringen, hätte weit mehr Staub in die Atmosphäre gelangen müssen, als der Meteorit freizusetzen in der Lage war. Allerdings kam es in Folge des Impacts zu einem globalen Flächenbrand, der die Wälder entzündete. Mit den Bränden stiegen gewaltige Mengen Ruß in die Atmosphäre und knipsten weltweit das Licht aus.

2002, fast zeitgleich: Biologen und Paläontologen schätzen, dass über zwei Drittel aller hoch entwickelten Insektenarten bei dem Einschlag ums Leben kamen. Die Nahrungskette war zusammengebrochen. Weniger spezialisierte Gliederfüßer überlebten hingegen in größerer Zahl. Fest steht, dass das Ökosystem nicht langsam zugrunde ging, sondern in kürzester Zeit vernichtend getroffen wurde.

2002, später im Jahr: Nein, nicht alleine der Meteorit hat das Aussterben verursacht, sondern es begann schon sieben Millionen Jahre zuvor, als die Durchschnittstemperatur auf der Erde von 25 auf 15 Grad Celsius fiel. Speziell die Saurier kamen mit der Kälte nicht klar, der Meteorit versetzte ihnen lediglich den Todesstoß.

2002, noch später: Auch David Kring vom Daniel Durda Southwest Research Institute der University of California hat am Computer gesessen und Szenarien simuliert. Als Erstes rechnet er hoch, welche Auswirkungen der Einschlag eines zehn Kilometer großen Himmelskörpers tatsächlich haben könnte. Das Resultat ist gespenstisch. Zehn Milliarden Mal mehr Energie würde freigesetzt als beim Abwurf der beiden Atombomben auf Hiroshima und Nagasaki. Brennende Trümmer wurden demzufolge in die Atmosphäre geschleudert, stürzten im Verlauf der nächsten Tage zurück zur Erde und entflammten große Teile der äquatorialen Wälder. Auch Indien und Nordamerika wurden von Feuerwalzen erfasst. Was nicht wieder auf die Erde gelangte, verband sich zu Partikelwolken in der Atmosphäre, trieb die Temperaturen in die Höhe und schuf ein Treibhausklima, in dem weitere Gebiete Feuer fingen. Kring addiert den Effekt der Erdrotation und kommt zu dem Ergebnis, dass der Flächenbrand binnen weniger Tage gewaltige Mengen

Kohlendioxid in die Atmosphäre geblasen haben muss. Dieses, zusätzlich zu Wasserdampf und zerfallenem Sulfat- und Karbonatgestein, leitete dann einen dramatischen Klimawandel ein, dem fast alles erlag, was bis dahin nicht gestorben war.

Immer noch 2002, Boltysch-Krater, Ukraine: Schon seit langem ist der 24 Kilometer große Krater verzeichnet, ohne dass Einigkeit herrscht, wann genau er entstand. Allgemein galt, er sei mindestens 70 Millionen Jahre alt, doch neue Erkenntnisse lassen vermuten, der Einschlag könne auch später erfolgt sein, etwa zur Zeit des Chicxulub-Impacts. Ist das große Sterben von Flora und Fauna tatsächlich nur einem einzigen Supermeteoriten geschuldet? Warum nicht ein ganzer Meteoritenschwarm, fragen Wissenschaftler und geben der Vermutung Raum, einige davon könnten auch ins Meer gestürzt sein. Das Bestechende an dieser Theorie ist, dass sie erklären würde, wie ein ganzer Planet innerhalb kürzester Zeit praktisch entvölkert wurde. Das Bombardement erfolgte flächendeckend. Andererseits, da nicht alle Meteoriten gleich groß waren, differierten auch die Auswirkungen, was wiederum erklären würde, warum manche Arten vollständig vernichtet wurden und andere wie durch ein Wunder kaum betroffen waren.

2003: Die Untersuchung des Chicxulub-Kraters schreitet voran, als Aufnahmen des Spaceshuttle *Endeavour* aus dem Jahr 2000 neu ausgewertet werden. Die Radardaten enthüllen Struktur und Beschaffenheit des Kraters. Die Stimmen mehren sich, wonach der Einschlag in Yucatan allein für das Aussterben verantwortlich war.

2003, später: Peter Wilf von der Pennsylvania State University widerlegt die Theorie, wonach ein langsamer Klimawandel den Sauriern schon lange vor dem Einschlag zusetzte. Klimawechsel habe es zu allen Zeiten gegeben, weitaus drastischere sogar. Wilf und sein Team untersuchen Pflanzenfossilien aus der späten Kreide und registrieren allenfalls geringe Schwankungen. Noch eine Million Jahre vor dem Impact lebten gerade die Saurier in einem für sie perfekten, warmen Klima.

Mitte 2003: Alles Quatsch! Der Einschlag eines Meteoriten in Yucatan kann nie alleine für den globalen Exitus verantwortlich gewesen sein, versichert Chris Hollis vom Institute of Geological und Nuclear Sciences in Neuseeland. Schon eine ganze Weile zuvor sei es kalt geworden. Hollis' Team führt zum Beweis die geografische Lage Neuseelands zur Kreidezeit an, das seinerzeit rund 1.500

Kilometer näher an der Antarktis lag. Tatsächlich hielt sich das große Artensterben auf der Insel in Grenzen. Hollis begründet das damit, die Bewohner Neuseelands seien halt von vornherein besser an tiefe Temperaturen und eingeschränktes Tageslicht angepasst gewesen, während die äquatorialen Arten nur die liebe Sonne kannten. Allerdings räumt er ein, kurz vor dem Impact seien die Temperaturen wieder gestiegen; vielleicht hätten die Saurier ohne den Meteoriten doch noch die Kurve gekriegt.

2003, später im Jahr: Forscher ermitteln das Alter des Chicxulub-Meteoriten anhand außerirdischer Sedimentpartikel im Krater. Der Brocken war ein echter Methusalem, stellen sie fest, über vier Milliarden Jahre alt, ein Zeitzeuge der Entstehung unseres Planeten. Wann genau er Yucatan traf und welche Auswirkungen der Impact hatte, können aber auch sie nicht endgültig beantworten.

2004, Tunesien: Der italienische Forscher Simone Galeotti von der Universität Urbino findet in Fossilien den Beweis dafür, dass der Einschlag einen globalen Winter heraufbeschworen hat und die Erde fünf bis zehn Jahre weitgehend ohne Sonnenlicht auskommen musste. In der Folge war es 2.000 Jahre lang bitter kalt. Nur kleine Lebewesen mit einem überschaubaren, wenig anspruchsvollen Energiehaushalt konnten unter solchen Voraussetzungen überleben.

2005: Nach wie vor zerfällt die wissenschaftliche Welt in zwei Lager: die Katastrophisten und die Gradualisten. Katastrophisten vertreten, wie der Name schon sagt, die Auffassung, ein singuläres Ereignis habe den Sauriern sozusagen Knall auf Fall das Licht ausgeknipst. Den Gradualisten ist das zu einfach. In seinem Buch *Dinosaurier* spricht der Oxforder Paläontologe David Norman von einem »Untergang auf Raten«. Gradualisten messen einer globalen Klimaveränderung unmittelbar vor dem Übergang der Kreide ins Tertiär große Bedeutung bei. Sie führen an, ein Klimawandel könne gleich zwei Phänomene auf einmal erklären: den Niedergang der Saurier – zu kalt – und den Siegeszug der Säuger – genau richtig. Auch das Auftreten einer veränderten Vegetation bestätigt die Gradualisten, die allerdings unterschiedlicher Meinung über den Grund für die klimatischen Schwankungen sind. Einigermaßen sicher wissen wir, dass sich gegen Ende der Kreidezeit das Meer auf weiten Strecken zurückzog und der Vulkanismus zunahm. Das Land wanderte, Meeresströmungen änderten sich, was wiederum

Einfluss auf das Wetter hat, zum Beispiel auf die Intensität von Stürmen. Möglicherweise war das Klima nun stärkeren Schwankungen unterworfen. Wo vorher subtropisches Einheitsklima herrschte, gab es plötzlich Jahreszeiten und damit aus Sicht der wärmeliebenden Saurier ein Wetter der Extreme, das sie nicht vertrugen.

Weitgehend einig ist man sich, dass ein Meteorit auf die Erde fiel und allgemein mit wenig Begeisterung aufgenommen wurde.

Ob ausschließlich er für das Artensterben verantwortlich war oder nur ein bisschen nachtrat, als alles schon am Boden lag, wird aber kaum je erschöpfend zu beantworten sein. Das Problem mit dem Universum ist, dass es keine klaren Kausalitätsmodelle zulässt. Im Geflecht der Abhängigkeiten wird die Frage nach dem eigentlichen Auslöser obsolet, weshalb Vorgänge auf der Erde weder so einfach zu prognostizieren noch zu kontrollieren sind, wie wir es gerne hätten. Das Sterben am Ende der Kreidezeit beschäftigt uns vor allem darum, weil es durchaus Parallelen zu möglichen Szenarien unserer eigenen Zukunft aufweist. Allzu gerne wüssten wir genau, was damals geschah, um besser auf kommendes Unheil vorbereitet zu sein. Doch Wissenschaft ist die Kunst der Annäherung. Lassen Sie sich also nichts erzählen und misstrauen Sie Dogmen. Der Mensch ist zwar ein aufmerksamer, aber eben auch subjektiver Beobachter. Hochrangige Gelehrte bezweifeln, dass wir überhaupt je etwas werden verifizieren können. Was anderes ist ein Beweis als die Summierung gleicher Erfahrungen zu einem allgemein akzeptierten Ergebnis? Nie können wir genügend Versuchsreihen durchführen, um etwas wirklich zu beweisen, denn die Reihe dieser Versuche müsste theoretisch unendlich sein.

Ist aber nicht so schlimm, wie's klingt. Dafür vermögen wir sehr wohl zu falsifizieren. Die Kunst, Information zu erlangen, besteht darin, sie zu vernichten. Das ist wie beim makedonischen Bildhauer, der einen Löwen aus einem Marmorblock hauen sollte. Er versuchte gar nicht erst, den Löwen zu erschaffen, sondern schlug einfach alles weg, was nicht nach Löwe aussah. Ein feiner, aber wesentlicher Unterschied in der Herangehensweise. Erst im Wegstreichen der Variablen nimmt das Ergebnis Kontur an.

Auch die Evolution verfährt nicht anders. Bis zu einer bestimmten Entwicklungsreife hat ein ungeborenes Kind keine Hände, sondern Paddel. Dann gelangt ein Prinzip zum Einsatz, das als programmierter Zelltod bekannt geworden ist. Zellen werden gezielt vernichtet, und zwar so, dass sich Teile der Paddel voneinander trennen. Miss Evolution erschafft also nicht wirklich Finger, sondern sie vernichtet so viel Zellgewebe, bis Finger übrig bleiben. Ähnlich gewinnt die Wissenschaft Klarheit über weit zurückliegende Ereignisse, indem sie eliminiert, was definitiv nicht geschehen sein kann. So gelingt es ihr auf erstaunliche Weise, Hypothesen zu verfeinern und sich deren Wahrscheinlichkeit zu nähern. Gewissheit aber wird sie nie erlangen.

Es bleibt ein Fiasko mit dem Fiasko.

Waltag

Welche Bedeutung kommt den Sirenengesängen der Buckelwale zu? Was lernen wir aus dem rätselhaften Lächeln der Delphine? Welche Botschaften schicken die wissenden Orcas durchs Meer, welch urtümliche Weisheit birgt der Schädel eines 33 Meter langen Blauwals? Was haben uns die geheimnisvollen Meeressäuger mitzuteilen?

Esoteriker, aufgepasst! Sie sagen: Wuff!

Die Botschaft lautet: Ich war ein Hund. Oder etwas, das wie ein Hund aussah und auch ein bisschen nach den heutigen Rindviechern schlug. Ich war ein paarhufiger Pinscher, ein Parvenü der Evolution, ein Säuger nämlich, der sich aus dem Schatten der Geschichte hervorwagte, nachdem der Jurassic Park mangels Protagonisten schließen musste. Weder hatte ich Verbindung zu außerirdischen Wesen noch die Absicht, autistische Kinder zu heilen oder in Fernsehserien den Clown zu spielen, und zu meinem heiseren Bellen würde niemand ernsthaft meditieren wollen. Wer im »Free Willy«-Fieber in die Vergangenheit gereist wäre, um stolze Schwertwale in freier Wildbahn zu bewundern, wäre lediglich auf mich gestoßen. Ich war schon da und suhlte mich im flachen Wasser Pakistans, in Flüssen und Tümpeln, jagte Kleinvieh und versuchte, mein Gehör auf Schallwellenübertragung unter Wasser umzustellen, ein verteufelt hartes Stück Arbeit. Offen gestanden, ich hörte lausig unter Wasser und über Wasser auch nicht wirklich gut, aber es reichte, um nicht wie ein völliger Idiot dazustehen. Andernfalls hätte ich den Job auch nicht bekommen.

Welchen Job? Na, Wal zu werden! Ein Schoßtier in ständiger Gefahr der Ausrottung, angesiedelt zwischen Sushi und Religionsersatz. Gestatten, Pakicetus, Urwal.

Wuff!

Natürlich lässt sich die Entstehung aller Wale nicht eindeutig auf Pakicetus zurückführen, ebenso wenig, wie sich die Verbreitung der Reptilien allein dem lustigen Lurchi verdankt, der eines Tages ans Ufer gewatschelt kam. Im Tagebuch der Evolution findet sich unter »Meeressäuger« allerdings ein erster Eintrag, der ein kleines Landsäugetier beschreibt, dessen Ohr – noch versehen mit Muschel – sich allmählich den Verhältnissen unter Wasser anzugleichen begann. Pakicetus verfügte über ein mit Flüssigkeit gefülltes Innenohr und ein Trommelfell, jenseits dessen das Außenohr trocken lag, also der klassische Gehörapparat eines Landlebewesens. Schoss Wasser in den äußeren Gehörkanal, drückte es gegen das Trommelfell und spannte es, sodass es keine Schallwellen nach innen weiterleiten konnte. Allerdings hatte Pakicetus gelernt, Geräusche unter Wasser über die Schädelknochen wahrzunehmen. Ein typisches Provisorium. Tatsächlich konnte der arme Kerl von allem ein bisschen, bloß nichts richtig. Er nahm Unterwasserwellen wahr, aber schlecht, und oberhalb des Wassers hörte er vorwiegend tiefe Frequenzen. Schwimmen konnte er leidlich, schlurfte durch Sümpfe und Flussmündungen auf der Suche nach Nahrung, war aber kein sonderlich guter Läufer. Auch äußerlich kann man beim besten Willen nicht von einem Wal sprechen, eher lässt Rotkäppchens Wolf nach einer Volldusche mit dem Gartenschlauch grüßen.

Doch ein Blick in die lang gestreckte Schnauze zeigt Zähne, die bereits ähnlich angeordnet sind wie bei heutigen Zahnwalen, und der rattenlange Schwanz verspricht zumindest ansatzweise, dereinst eine Fluke zu werden.

Wann genau Pakicetus lebte, ist nicht hundertprozentig einzugrenzen. Vermutlich entwickelte er sich vor 52 bis 48 Millionen Jahren. Wie immer war die Welt in Bewegung. Australien verabschiedete sich endgültig von der Antarktis und suchte wärmere Gewässer auf. Indien stieß auf Asien, eine Kollision, die das tibetische Hochgebirge aufwarf. Die Tethys wurde zunehmend eingeengt und wandelte sich zu einer Aneinanderreihung flacher Meere und abgeschlossener Becken, in die sich Landbewohner sporadisch vorwagten, und manche fanden Gefallen daran, hin und wieder einen Fischtag einzulegen.

Molekularbiologen und Morphologen liegen heute im Clinch, mit wem die Wale denn nun verwandt seien. Letztere betrachten eine Gruppe ausgestorbener Huftiere, die Mesonychier, als direkte Ahnen, die Molekularbiologen erkennen in zeitgenössischen Flusspferden waschechte Onkels und Tanten. Jüngere Knochenfunde aus Pakistan scheinen den Molekularbiologen Recht zu geben. Fest steht, dass sich auch die Urwale nicht aus einem einzigen Stamm, sondern mehrfach parallel entwickelt haben.

Das älteste Fossil, aus dem wir unsere Schlüsse ziehen, ist ein Stück Unterkiefer, dessen Besitzer vor 53,5 Millionen Jahren im südlichen Himalaya lebte, was der Kreatur den zungenbrecherischen Namen Himalayacetus subathuensis eintrug – Tote können sich nicht wehren. Ob der Himalaya-Wal aus der Subathu-Formation tatsächlich der Urahn aller Wale ist und der Familie des Pakicetus zuzurechnen, darüber gehen die Meinungen auseinander.

Auch Ambolucetus dürfte seiner Bezeichnung »Schwimmender Laufwal« mit Skepsis begegnet sein. Vermutlich trat Ambolucetus erst eine halbe Million Jahre nach Pakicetus auf, ist aber kein direkter Nachfahre, sondern eher ein Vetter. Mit vier Metern Länge machte er durchaus was her. Sein Äußeres gemahnt weniger an einen Wolf als vielmehr an den Glücksdrachen Fuchur nach Totalrasur – falls Sie Michael Endes *Die unendliche Geschichte* nicht gelesen haben, empfiehlt sich als Vergleich auch eine Kreuzung zwischen Otter und Krokodil. Wie ein Otter schwamm er, wie ein Krokodil lag er in der subtropischen Hitze am Rande seines Sees oder im flachen Wasser, sodass nur die hoch liegenden Augen über die Oberfläche ragten. Hier findet sich übrigens ein weiterer Grund für den Gang mancher Landbewohner ins Wasser. Nicht nur, dass sich der Speisezettel erweiterte, Wasser eröffnete auch ganz neue Möglichkeiten zur Tarnung.

Als potenzielle Beute des Ambolucetus hätten Sie seinem Gewässer ziemlich nahe kommen müssen. Für Verfolgungsjagden waren seine Watschelfüße nicht geeignet, viel zu lang und mit Schwimmhäuten ausgestattet. Dafür verbrachte er ein Leben in Kontemplation, wie geschaffen zum geduldigen Abwarten.

Er wartet auf Sie.

Gestern sind Sie mit einem Team Zeitreisender angekommen, eben haben Sie diesen See erreicht. Große Insekten ziehen – manche brummend, andere mit schneidendem Summen – übers glatte Wasser dahin. Im nahe gelegenen Dickicht ist eine Spinne emsig damit beschäftigt, einen unvorsichtigen Frosch in Fäden zu verpacken. Singvögel veranstalten ein prächtiges Konzert in den Bäumen. Ein paar kleine Antilopen streunen umher und haben den Angriff des riesigen Laufvogels Gastornis fast schon wieder vergessen, dessen beilartiger Schnabel eben erst einem der ihren das Rückgrat gebrochen hat. Alle sind geschäftig unterwegs, nur Ambolucetus lauert reglos halb im Wasser, halb im hohen Uferschilf verborgen. Ein dünner Dunstfilm zieht über die Wasserfläche dahin, es riecht nach fauliger Vegetation. Ihnen ist schrecklich heiß. Den ganzen Vormittag ist Ihre Expedition schon unterwegs, und allmählich lässt Ihre Aufmerksamkeit nach. Sie sehen den Ambolucetus nicht.

Er sieht Sie ebenso wenig.

Noch sind Sie zu weit entfernt. Aber dafür kann er Sie hören, obwohl Sie sich alle Mühe geben, leise aufzutreten. Den Unterkiefer an den Boden geschmiegt, registriert er jede noch so kleine Erschütterung. Ihre Schritte sind für ihn, als würden Sie laut grölend Polka tanzen. Das Braun seines kurzen Otterfells verschmilzt mit dem Schlamm, sodass Sie ihn nicht einmal wahrnehmen, als Sie fast schon über ihn stolpern. Die dunkle Nase mit den Tasthaaren zittert, saugt Ihren Geruch in sich hinein. Noch einen Meter, und Sie sind ihm nah genug, dass er sich mit einem gewaltigen Satz nach vorne katapultieren, Sie ergreifen und in den See ziehen kann, wo er Sie so lange unter Wasser halten wird, bis Sie mit der Zappelei aufhören. Zum Verzehr bringt er Sie dann wieder aufs Trockene, so viel gutes Benehmen schuldet er dem Landsäugetier in sich.

Doch just im Moment, da sein Körper sich spannt und er alle Kraft versammelt zum großen Sprung, ruft der Expeditionsleiter zur Kaffeepause.

Dankbar folgen Sie der Einladung, stapfen in Gegenrichtung davon, ohne mitzubekommen, wie sich ein frustrierter Ambolucetus nach vorne wirft und mit dem Kinn in den Schlamm klatscht, mitten hinein in Ihre Fußspuren. Als Sie sich noch einmal umdrehen, ist er mit einer raschen Drehung seines Körpers im See verschwunden, wo er fürs Erste abtaucht. Könnten Sie ihn schwimmen sehen, die Auf- und Abbewegungen des Rumpfes verfolgen, Sie wären überrascht von so viel Eleganz. Sein Stil würde Sie durchaus an einen Wal erinnern. Aber Sie haben ja Kaffeepause. Kaffee ist ungesund, doch gerade hat er Sie vor dem Schlimmsten bewahrt.

Jedes Jahr kommen im australischen Busch Menschen ums Leben, die auf fast identische Weise von Krokodilen erbeutet werden.

In Afrika kann man beobachten, wie Tiere, die an Gewässern ihren Durst stillen, plötzlich von den Echsen angefallen und unter die Oberfläche gezerrt werden. Ein besonders schönes Filmdokument zeigt aber auch, was dabei schief gehen kann. Nie wird die Giraffe vergessen, wie sie an jenem Tag den langen Hals beugt und die Lippen ins Wasser steckt, zu schlürfen beginnt – und sich unvermittelt zwei kräftige Kiefer um ihren Kopf schließen. Nur hat sich das Krokodil, wie die Aufnahmen zeigen, gehörig verschätzt. Der Kopf der zu Tode erschrockenen Giraffe schießt nach oben, und weil Giraffenköpfe in luftigen Höhen zu Hause sind, wird das ganze alberne Krokodil mit aus dem Wasser gerissen und von den Gesetzen der Fliehkraft in den Wipfel eines nahe gelegenen Baumes geschleudert. Die Giraffe macht sich mit Nasenbluten davon, das Krokodil sitzt in den Ästen und muss sich im Folgenden überlegen, wie es zurück in den See kommt. Frage an Radio Eriwan: Können Krokodile fliegen? Antwort: Im Prinzip ja.

Dann doch lieber Wal werden.

Ist Ihnen aufgefallen, wie üppig sich die Natur präsentiert vor 50 Millionen Jahren? Was ist geschehen nach dem verheerenden Kometeneinschlag? Ganz einfach. Das, was immer geschieht: Das Leben berappelt sich.

Nach dem Desaster ging Miss Evolution daran, am Tertiär, der Erdneuzeit, zu arbeiten. Kurz mag sie überlegt haben, ob es sich lohnen würde, die Saurier wieder aufzupäppeln, aber dafür hätte man sie neu erfinden müssen. Ein paar kleine Reptilien, Eidechsen und Warane, waren davongekommen, auch einige Krokodile. Das musste reichen. Unterm Strich hatte das ständige Hungergeschrei von T-Rex und Konsorten ohnehin genervt. Die Säuger machten einen weit gesitteteren Eindruck, sie waren nicht so unhandlich groß, und außerdem stand reichlich Gartenarbeit an. Miss Evolution band sich die Schürze um. Eine Million Jahre nach dem Niedergang des Kometen hatte sie stellenweise den äquatorialen Regenwald wieder aufgeforstet, üppiger und artenreicher denn je. In anderen Gebieten der Erde dauerte das Weltgenesungswerk etwas länger, aber auch dort sprossen bald wieder Farne, Koniferen und Blütenpflanzen. Letztere schienen geradezu auf ihr Coming-out gewartet zu haben, sie entfalteten sich zu wahrer Pracht, und allerorts gediehen Früchte und Gemüse. Da musste das Leben ja gesunden. Im frühen Eozän, der Epoche vor 56 bis 34 Millionen

Jahren, hoppelten bereits Paarhufer und Unpaarhufer durch die Landstriche, die sich ohne die störenden Saurier explosionsartig vermehrten. Zu Anfang noch kleinwüchsig, brachten Säuger und Vögel mit der Zeit immer größere und modernere Arten in die Welt. Am Ende des Eozäns herrschte mildes, teils subtropisches Klima. Wo keine Wälder sprossen, erstreckten sich Graslandschaften, Savannen und Sümpfe. All diesen Gegebenheiten passte sich das Leben freudig an, es traten auf die Schweine, Tapire und Flusspferde, Fledermäuse und erste Katzen, gefolgt von Füchsen und Bibern, Kamelen, Miniaturpferden, Prototypen vonWölfen, Bären, Rotwild, komischen kurzhalsigen Giraffen, Hyänen und Säbelzahntigern, die sich nachfolgend im Oligozän und Miozän häuslich einrichteten. Im Pliozän, dem Abschnitt bis vor 5,3 Millionen Jahren, stapften bereits Elefanten durch Eurasien. Auch mit Fröschen, Mäusen, Schlangen und Ratten sparte die Evolution nicht, der Luftraum gehörte den Vögeln und die Erde ansonsten wie gehabt den Gliederfüßern und Mikroben.

Auch im Meer – als Pakicetus und Ambulocetus erste zögerliche Schritte ins Wasser wagten – hatte sich das Leben erholt, wenngleich es immer wieder zurückgeworfen wurde durch Zickigkeiten der Natur. Nur zehn Millionen Jahre nach dem Einschlag des Kometen entwichen in einer Kettenreaktion aus Erwärmung und unterseeischen Rutschungen bis zu 2.000 Milliarden Tonnen Methan in Wasser und Atmosphäre. Ganze Meere kippten um, mehr als zwei Drittel aller am Ozeanboden lebenden Foraminiferen, riesige Einzeller in Kalkgehäusen, starben, wieder einmal veränderte sich das Klima. Die Tiefsee verwandelte sich vorübergehend in eine Todeszone, vormals kalte Strömungen führten 15 Grad warmes Wasser, während in höheren Schichten völlig neue Arten auftauchten. Etwa 30.000 Jahre nahm der globale Temperaturanstieg in Anspruch, weitere 120.000 Jahre waren vonnöten, bis wieder halbwegs ausgewogene Verhältnisse herrschten.

Vor 47 Millionen Jahren dann nahmen die Cyanobakterien überhand und setzten große Mengen Mikrozystin frei, ein Gift, das Tierarten im Wasser und zu Lande zum Verhängnis wurde. Auch heute ist niemandem zu raten, Wasser zu trinken, in dem Cyanoterroristen ihren giftigen Schaum produzieren, man fällt sofort um und ist tot oder zumindest nah dran. Damals starben nicht nur Wasserbewohner, auch Vögel und Fledermäuse, die im Sturzflug gerne mal ein Schlückchen nahmen, ließen augenblicklich die Flügel hängen.

Doch schließlich ging es auch im Wasser unaufhaltsam weiter. Funde in Pakistan dokumentieren, wie sich die Urwale ihrem neuen Element immer besser anpassten. Noch erkennt man den Paarhufer, doch die Hälse waren verschwunden, sodass Kopf und Rumpf verschmolzen wie bei Seelöwen und schließlich eine kompakte, starre Einheit ergaben. Mit der Zeit bildete der Schwanz eine Fluke heraus, die Hinterbeine verkürzten sich, die Vorderpfoten verbreiterten sich zu flipper-ähnlichen Paddeln. Der Schwanz, ursprünglich ein Instrument zur Steuerung, gewann als Antriebsorgan umso mehr an Bedeutung, je unwichtiger die Hinterbeine wurden. Manche der urtümlichen Wale wurden nicht größer als Otter, andere erreichten Längen von mehreren Metern.

Werfen wir einen Blick auf die Welt vor 35 Millionen Jahren.

Die Antarktis hat endgültig jede Landverbindung gekappt und sich den Südpol als feste Adresse erwählt. Fortan ist sie Gegenstand ständiger Vereisung und nur besonders exotischen Lebensformen wie Pinguinen und Wissenschaftlern zuträglich. Hier reist das Sandmännchen mit Schwerladern an, denn die Nacht dauert sechs Monate. Später werden wir den sechsten Kontinent besser kennen lernen. Jetzt reiben wir uns die Augen und staunen, was aus den begossenen Wölfen geworden ist, die im Eozän von Moby Dick träumten.

Die Zeitmaschine hat Ihre Expedition im Oligozän abgesetzt, der Epoche der offenen Lebensräume. Damals wichen die Wälder zurück, weite Teile Landes versteppten, die Temperaturen sanken. Platz entstand für große Tiere, die sich im dichten Dschungel nicht so recht hatten entfalten können. Nachdem die Landbrücken zwischen den Kontinenten abgerissen waren, ging das Leben in verschiedenen Teilen der Welt unterschiedliche Wege, aber fast überall nutzte es die neue Freiheit, um zu wachsen.

Da stehen Sie nun und wollen Ambolucetus Guten Tag sagen, bloß den hat schon ewig keiner mehr gesehen. Auf Nachfrage bei ortskundigen Beutelratten werden Sie an den Meeresstrand verwiesen, dorthin, wo sich die Wellen der Tethys brechen, beziehungsweise dem, was von dem einstmals unermesslichen Meer übrig geblieben ist. Ambolucetus hat seinen Tümpel verlassen und ist in tiefere Gefilde gezogen. Sinnierend schauen Sie aufs Wasser. Wie mag es ihm gehen, dem nassforschen Plattfuß? Er hat zwar versucht, Sie zu fressen, aber wer könnte ihm dafür böse sein. Interessiert waten Sie ein Stück in die flache Brandung – und plötzlich fällt der Boden ab. Die See schlägt über Ihnen zusammen. Sie verlieren den Grund unter den Füßen, fühlen Panik aufsteigen. Selbst schuld, Mensch! Hat der Expeditionsleiter Sie nicht vor Alleingängen gewarnt? Tiefer sinken Sie, rudern mit den Händen und strampeln heftig, um zurück zur Oberfläche zu gelangen. Vor ihren Augen tanzen Luftblasen, dahinter verliert sich Ihr Blick im blaugrünen, konturlosen Kosmos.

Ein Kosmos, der sich mit einem Mal verdunkelt.

So überrascht sind Sie, dass Sie dicht unter der Oberfläche in der Schwebe bleiben. Die Krümmung Ihrer Hornhaut ist nicht geeignet, unter Wasser scharf zu sehen, aber auch so erkennen Sie, dass etwas Gewaltiges Ihren Weg kreuzt. Ein lang gestreckter Kopf, der entfernt an eine Schlange erinnert, zwei Brustflossen, gefolgt von einem nicht enden wollenden konischen Körper kolossalen Ausmaßes. Sie könnten schwören, dass der Riese sein Auge rollt, Sie kurz mustert und darüber nachdenkt, ob Sie wohl genießbar sind. Im halb geöffneten Maul reihen sich gerundete Backenzähne hinter kegelförmigen Hauern. Offenbar machen Sie keinen sonderlich appetitlichen Eindruck. Das Tier zieht an Ihnen vorüber, hell an der Unterseite, mit dunkel gesprenkeltem Rücken, groß genug, um mehrere Kleinwagen in seinem Inneren unterzubringen. Endlich kommt eine Fluke in Sicht, langsam auf- und abschwingend, dann ist der Gigant vorübergezogen und verschmilzt mit der diffusen See.

Fasziniert schnellen Sie aus dem Wasser, pumpen frische Luft in Ihre strapazierten Lungen und sehen zu, dass Sie Land gewinnen. Gut 18 Meter mag der Leviathan gemessen haben. Als Sie tropfnass und immer noch außer Atem zu Ihrer Expedition stoßen und von Ihrem Erlebnis berichten, erfahren Sie, dass Ihr Wiedersehen mit Ambolucetus soeben stattgefunden hat. Der Bursche hat sich nur ein wenig verändert über die Jahrmillionen. Er ist zu einem Basilosaurus herangewachsen, dem größten und gefährlichsten Seeräuber seiner Zeit.

Im Gegensatz zu Pakicetus und Ambolucetus war Basilosaurus ganz dem Meer angepasst. Unter Wasser hörten Wale inzwischen ausgezeichnet, nur die Orientierung per Sonar hatten sie noch nicht erlernt. Der Preis für die neuen Fähigkeiten war der Verlust des Hörvermögens an der Luft, die ein Basilosaurus zwar atmete, ohne noch Landbesuche in Erwägung zu ziehen. Er hätte dort gar nicht mehr überleben können. Lediglich winzige Stummel seiner hinteren Extremitäten waren ihm verblieben, kaum sichtbar, einzig dem Zweck dienlich, den Partner beim Sex in stabiler Lage zu halten. Die Basilosaurier-Stellung ist ganz anders als die Missionarsstellung, die Liebenden stehen aufrecht im freien Wasser, Bauch an Bauch, die Köpfe zur Oberfläche gereckt. Mit bis zu 20 Metern Länge waren die Männchen etwas größer als die Weibchen, die es auf 15 Meter brachten.

Auch sonst gibt es einiges zu bestaunen, vor allen Dingen die Besonderheiten des Körperbaus, denn ein Basilosaurus ist zwar ein Wal (und kein Saurier, wie der Name vermuten lässt), trägt aber das Gebiss eines Landraubtiers und erinnert zugleich an eine gemästete Seeschlange oder gigantische Muräne. Heutige Wale sind anders proportioniert, der Kopf nimmt einen wesentlich größeren Teil ein, beim Pottwal mehr als ein Drittel der Gesamtlänge. Ein Basilosaurus hingegen weist vom Nacken bis zur Fluke das Achtfache seiner Schädellänge auf.

Wie Basilosaurus sich bewegt hat, ist nicht hinreichend geklärt. Als echter Wal müsste er durch Auf- und Niederschlagen der Schwanzflosse vorangekommen sein, allerdings spricht die lang gezogene Form eher für ein gemächliches Schlängeln. Möglicherweise tat er auch beides, je nach Laune. Man weiß, dass die Riesen von Parasiten befallen waren wie heutige Wale auch. Seeläuse und sessile Krebse hefteten sich an den enormen Wanst, was dem Wal missbehagte. Da er keine Hände besaß, um sich die schmarotzende Brut vom Leibe zu halten, ließ er sich zum Meeresgrund sinken und rieb sich dort an Kolonien von Nummuliten, großen Einzellern in Kalkgehäusen. Dabei dürfte er den gewaltigen Körper schlangengleich gekrümmt haben – ein atemberaubendes Schauspiel, speziell im Rückblick auf das lausige Gekreuch, dem er entstammt. Basilosaurus war beileibe nicht der Erste, der klein angefangen hatte, aber kaum einer brachte es je zu solcher Größe. Nichts und niemand wurde ihm gefährlich. Selbst der Isurus-Hai, ein direkter Vorfahre des Weißen Hais, griff einen Basilosaurus nur in Zeiten ärgsten Hungers an, dem Risiko ausgesetzt, selbst als Mahlzeit zu enden. Große Fische, Robben, Kälber von Seekühen,

Kopffüßer und kleinere Dorudon-Wale, alles verschwand im Maul des immer hungrigen Riesen, der auch ein schmackhaftes Landtier nicht verschmähte.

Ach! Hatte Basilosaurus dem Ländlichen nicht abgeschworen? Doch. Aber das haben Orcas auch. Trotzdem wuchten sie sich vor den Küsten Südamerikas aus der Brandung und holen sich junge Seelöwen direkt vom Strand. Ein solcher Angriff ist ein unvorstellbares Schauspiel. Es scheint, als ob das Meer selbst zur Attacke ansetzt. Ein wild schäumender Wasserberg erhebt sich direkt hinter dem kleinen Seelöwen, eine Woge, in der eine schwarze Silhouette sichtbar wird. Die Silhouette klappt auseinander und entblößt regelmäßige weiße Kegelzähne vor einem rosa Schlund. In einem Inferno aus Gischt und Blut wird der Seelöwe in die Luft geschleudert, brüllend vor Überraschung und Schmerz fliegt er ins tiefere Wasser, und der Orca wuchtet sich mit einer einzigen Bewegung herum, packt ihn und verschwindet mit seiner Beute in den Fluten.

So Furcht erregend diese Attacken sind, stellen sie vor allem für einen ein tödliches Risiko dar: für den Angreifer. Wenn sich der Orca nur um eine Kleinigkeit verschätzt, reichen seine Kräfte nicht aus, um sich zurück ins Meer zu stemmen; er bleibt liegen und verendet. Ähnlich ging es Basilosaurus. Auch ihn trieb sein ungezügelter Appetit in Lagunen und Flussläufe. Von der einstmals ausgedehnten Tethys war nicht viel geblieben, noch trennte sie Afrika und Indien von Eurasien, doch der Abstand war geschrumpft. Dafür überflutete sie flache Landstriche und versammelte das Leben in warmen Schelfmeeren, deren Ausläufer sich in Mangrovensümpfen und Flüssen verzweigten.

Ein argloser kleiner Bär, der durchs Seichte watschelte, konnte so durchaus Beute des Basilosaurus werden. Doch allzu oft wurde der Riese selbst das Opfer. 15 bis 20 Meter lange Seeschlangen sollten sich tunlichst im Tiefen aufhalten. Nun waren Flüsse im Oligozän nicht zu vergleichen mit der weinseligen Mosel oder dem Vater Rhein. In Flüssen und Lagunen tummelte sich damals jede Art von Leben. Ein Baumbewohner, der eben mal über die Wasserstraße wollte und das gegenüberliegende Gehölz verfehlte, machte aufspritzende Bekanntschaft mit der Heimstadt von Haien, Walen und Krokodilen.

Für die Entwicklung der Wale spielte die warme Tethys mit ihren Becken und Buchten, Lagunen und nährstoffreichen Strömungen eine unschätzbare Rolle. Doch alles ist vergänglich. Die Kontinente rückten weiter aufeinander zu, arabische Landmassen verschmolzen mit dem eurasischen Kontinent, die Nordwestspitze Afrikas näherte sich Spanien. Neue Meeresströmungen brachten kältere Temperaturen mit sich. Heute bevorzugen viele Wale die Kälte, Urwale hingegen waren jämmerliche Frostbeulen, die schließlich schnatternd zugrunde gingen. So ist das, selbst wenn man keine natürlichen Feinde hat. Einen Feind hat man immer. Die Natur.

Doch Miss Evolution hatte ein Einsehen mit den riesigen Gesellen. Nichts weniger schwebte ihr vor, als das Kleinste dem Größten zu vermählen, und in den eisigen Südmeeren waren die Kleinen auf ihre Weise schon die Größten: Plankton, in rauen Mengen vorhanden. So dachte sich Miss Evolution neue Wale aus, ohne Zähne, dafür mit Barten, um das Mikrogezappel aus dem Wasser zu filtern. Und auch die Zahnwale durften weiter mitspielen, weshalb wir uns heute der Gesellschaft von Pottwalen, Schwertwalen und Delphinen erfreuen. Dafür musste Basilosaurus nach 15 Millionen Jahren das Feld räumen. Erdgeschichtlich war er also nicht übermäßig lange im Spiel.

Allerdings immer noch neun Millionen Jahre länger als bis dato der Mensch.

Der Tag, als das Meer verschwand

Korsika. Trauminsel im Mittelmeer. Pittoreske Orte, saubere Strände und Felsküsten, in denen Treppen zu kristallklaren Buchten hinunterführen. Sie haben gefrühstückt, ein bisschen mit den Besitzern des netten Hotels geplaudert, in dem Sie abgestiegen sind, und für den Abend einen Tisch bei »Nico« reserviert, dessen Bouillabaisse einen legendären Ruf genießt. Noch fühlen Sie sich ein bisschen dösig. Haben Sie gestern Nacht wirklich zwei Flaschen Landwein niedergemacht? Was soll's, es war so eine wunderbare, sternenklare Nacht, und außerdem haben Sie ja das Meer vor der Haustür. Ein-, zweimal durch die Lagune gekrault, und der Kopf ist wieder klar.

In Shorts und mit Handtuch bewehrt, schlendern Sie unter blühenden Bäumen hindurch zu der Holzstiege, die im Zickzack zum Felsenstrand führt. Gleich wird sich die Vegetation öffnen und den Blick freigeben auf das diamantene Meer im frühen Sonnenlicht. Sie werden sich hineinstürzen ins kühle Blaugrün und bis zum Grund sehen können, wo Schwärme winziger Fische Algen von den Steinen knabbern. Danach können Sie ein Stündchen in der Sonne dösen oder ein paar Seiten lesen, und dann ...

Wie angewurzelt bleiben Sie stehen.

Wo das Meer war, erstreckt sich ein abschüssiges, gerölliges Feld, das in Terrassen zu einer schier endlosen Tiefebene abfällt. Fassungslos erwandern ihre Augen Seen, Wüsten, ausgedehnte Hügelketten und Wälder. Sie befinden sich nicht länger auf einer Insel, sondern auf einem zerklüfteten Plateau in mindestens 2.500 Metern Höhe. Das Gebiet, das Sie überschauen, besitzt die Ausmaße eines ganzen Landes. Im Nordwesten erblicken Sie mehrere vom Dunst verwaschene Silhouetten. Eine gewaltige Gebirgsfront türmt sich dort auf. Südwestlich, kaum wahrnehmbar in der Ferne, ragt ein Plateau kegelförmig aus der Ebene. Sie stehen und starren und staunen und fragen sich, wer da über Nacht den Stöpsel gezogen hat. Als Sie sich umdrehen, ist Ihr Hotel verschwunden. Keine Spur von Zivilisation mehr, nur noch wuchernde Landschaft, nervöses Sirren von Insekten, Rascheln im Unterholz. Eine erbarmungslose Sonne brennt auf Sie herab, und Sie bekommen große Angst.

Verzeihung. Ich habe mir erlaubt, Sie fünf Millionen Jahre in die Vergangenheit zu entführen.

Dass Lebensformen gehen, wie sie gekommen sind, ist nichts Neues. Aber die Geschichte der Meere ist nicht nur eine Chronik des Werdens und Vergehens von Leben. Auch komplette Meere können verschwinden. Sei es, dass sich Landmassen aufeinander zubewegen und sich schließen, oder aber, dass die Meere einfach verdunsten. Die Geschichte des Mittelmeers beispielsweise ist die Geschichte der Tethys. Der riesige Ozean, der zu Beginn des Mesozoikums Laurasia und Gondwana im Osten Pangäas trennte, war durch die Kontinentalbewegungen immer mehr eingeschnürt worden und zuletzt in Rudimente seiner selbst zerfallen. Alpen und Atlasgebirge nahmen ihre heutige Form an. Spätestens als sich der Vordere Orient, Afrika und Indien zusammenschlossen, hatte die Tethys in ihrer ursprünglichen Ausdehnung aufgehört zu existieren. Geblieben war ein Meer zwischen einem Europa, das dem heutigen bereits zum Verwechseln ähnlich sah, und der afrikanischen Nordküste. Im Westen grenzten zwei Landspitzen aneinander und schufen die Straße von Gibraltar. Der Boden des Mittelmeers unterlag ständigem Gezerre, er wurde verschluckt, gestaucht, auseinander gerissen, bis sich die Meerenge zwischen Marokko und Spanien vorübergehend schloss und das Überbleibsel der Tethys vom Atlantik trennte. ·

1985 entdeckte Henri Cosquer, ein Berufstaucher aus Cassis, vor Marseille in 37 Metern Tiefe den Zugang zu einer Grotte. Er schwamm hinein und stellte fest, dass die Höhle im Inneren anstieg. Höhlentauchen ist eine riskante Angelegenheit. Mitte der Neunziger hatte ich Gelegenheit, in Yucatan ein labyrinthisches System von Tropfsteinhöhlen zu erkunden, die sich kilometerweit ins Landesinnere hineinziehen. In Abständen öffnen sie sich zu Kuppeln, die einzigen Plätze, an denen man auftauchen kann. Die Stimmung dort ist unbeschreiblich. Sonnenlicht bricht von oben durchs Erdreich und wirft Lanzen aus Licht ins Wasser. Die Kuppeln dienen Scharen von Fledermäusen als Wohnsitz, die von der Decke hängen und sich um prustende und schwatzende Taucher nicht groß kümmern. Man hat das Gefühl, durch geschliffenes Glas zu treiben.

Meist allerdings durchschwimmt man Korridore, in denen das einzige Licht von der Helmlampe stammt, deren Kegel bizarre Skulpturen aus der Dunkelheit zaubert, Kathedralen aus Tropfstein. Mit sachten Flossenschlägen lässt man sich treiben, immer darauf bedacht, nirgendwo hängen zu bleiben. Höhlenpioniere haben die Wege des verzweigten Systems mit farbigen Nylonschnüren markiert, denen man folgen kann, aber dafür muss man sie natürlich sehen. Ergo ist der Alptraum des Höhlentauchers das Verlöschen seiner Lampe. Ohne Licht bleibt allenfalls die Möglichkeit, sich an den Schnüren entlangzuhangeln, doch wer sie verfehlt – oder wenn gar eine reißt –, wird den Ausstieg nur mit unverschämtem Glück finden. Die einzige Chance ist dann, in eine der nahe gelegenen Kuppeln zu gelangen und zu warten, bis die Suchtrupps kommen.

Damals waren wir zu dritt, ein Indio, der uns führte, ein junger Kanadier und ich. Nach zwei Stunden – wir hatten längst den Rückweg angetreten – erlosch urplötzlich die Lampe des Kanadiers, der einige Meter hinter uns geblieben war, um Fotos zu schießen. Um ihn herum wurde es stockdunkel. Nachdem seine Augen sich umgewöhnt hatten, nahm er uns natürlich wahr, aber bis dahin war er schon in Panik verfallen und versuchte, aufzusteigen. Doch da war nichts, um aufzusteigen. Wir befanden uns in einem komplett mit Wasser gefüllten Korridor. Er stieß gegen die Decke und begann zu hyperventilieren und um sich zu schlagen. Mit vereinten Kräften haben wir ihn schließlich beruhigt, und der Indio wechselte die Lampe aus. Danach hielten wir uns nicht länger mit Sightseeing auf, sondern sahen zu, dass wir den Ausstieg erreichten.

Henri Cosquer war also ein mutiger Mann, als er 1985 die Höhle erforschte, denn dort gab es keine Schnüre zur Orientierung. Sie führte 150 Meter tief ins Innere, eher ein enger Schlauch, und endete in einer Grotte, die zur Hälfte mit Wasser gefüllt war.

Cosquer ging mit entsprechender Vorsicht zu Werke und besuchte die Höhle immer wieder. Gründlich und langsam arbeitete er sich voran, erforschte den gewundenen Gang und die angrenzende Kammer, ohne anfangs zu erkennen, worauf er da eigentlich gestoßen war. Ganze sechs Jahre später erst enthüllte das Blitzlicht seiner Kamera Handabdrücke, Spuren von lehmverschmierten Fingern und Zeichnungen. Jemand hatte Pferde an die Felswände gemalt, Hirsche und Steinböcke und etwas, das sich nicht eindeutig erkennen ließ und einer Kreuzung aus Pinguin und Robbe glich. Cosquer war auf eine Ausstellungshalle steinzeitlicher Künstler gestoßen, die sich dort vor 27.000 Jahren und später noch einmal, vor 8.000 Jahren, verewigt hatten. Insgesamt 125 Bilder, teils Kohlezeichnungen, teils in den Fels geritzt, ließen eine Periode lebendig werden, die vor der letzten Vereisung begonnen hatte. Cosquer folgerte daraus, dass es noch weitere Kunstwerke gegeben hatte, die dem Wasser zum Opfer gefallen waren.

Die Konsequenz drängte sich auf: Als die Höhle bewohnt gewesen war, musste man sie trockenen Fußes erreicht haben. Untersuchungen von Gesteinsproben und Bohrkernen ergaben, dass die Küste damals rund zehn Kilometer weiter ins Meer geragt und dass der Meeresspiegel rund 120 Meter tiefer gelegen hatte als heute. Offenbar war der Wasserstand des Mittelmeeres starken Schwankungen unterworfen gewesen.

1970 förderte das Forschungsschiff *Glomar Challenger* Bohrkerne aus dem Algerisch-Provenzalischen Becken, die erahnen ließen, wie weit solche Schwankungen gingen. Salz- und Gipsschichten von zwei bis drei Kilometern Dicke waren darin auszumachen, eindeutige Indizien, dass unser liebstes Urlaubsmeer nicht nur verschiedentlich abgesunken und wieder angestiegen, sondern einige Male komplett ausgetrocknet war.

Der Grund lag in seiner Abgeschiedenheit, im Fehlen großer zirkularer Strömungssysteme, die einen ständigen Wasseraustausch garantierten. Einzig über die Straße von Gibraltar wurde und wird es mit frischem Wasser versorgt, eine atlantische Spende, auf die es dringend angewiesen ist. Denn seine Oberfläche verdampft im mediterranen Klima, und weil das Salz nicht mit verdunstet, wird das verbleibende Wasser schwerer und sackt ab. Der Atlantik füllt das Defizit aus, doch schlösse sich die Straße von Gibraltar, sänke der Meeresspiegel immer tiefer, das Wasser würde immer salziger, und in 2.000 Jahren wäre nichts geblieben als eine von Lakeseen durchzogene Wüstenei, aus der Inseln wie Korsika und Sardinien kilometerhoch in den Himmel ragten. Die steile Gebirgsfront im

Nordwesten, die Sie von Ihrem erhöhten Standort aus sehen, ist natürlich die südfranzösische Küste. Nizza und Cannes endeten als abgelegene Bergdörfer, und die Strände der Balearen würden geschlossen, weil die Inselgruppe allenfalls noch das Interesse Reinhold Messners auf sich zöge.

Ja, schauen Sie genauer hin. Der ferne Felskegel, das ist Mallorca. Der einsamste Ballermann der Welt.

Waren vordem Flüsse vom Festland ins Meer geflossen, stürzten sie nun als gewaltige Wasserfälle nach unten und schnitten tiefe Canyons in die Abhänge, bevor auch sie verdunsteten. So gelangten unterschiedliche Sedimente in die Salzwüste, bunt gefärbter Schwemmsand, Humus und Geröll. Mit der Zeit siedelten sich widerstandsfähige Pflanzen an, einige Tiere stiegen in die Ebene hinab und bevölkerten den Grund des verschwundenen Meeres, aber lebensfreundlich konnte man die Umstände nicht nennen. Tatsächlich ging die Austrocknung mit einem großen Artensterben einher, weil alles, was schwamm, plötzlich auf dem Trockenen lag. So ist eine Sedimentschicht in den Bohrkernen der Glomar Challenger fast vollständig aus den Überresten planktonischer Einzeller gebildet.

Dem deutschen Science-Fiction-Autor Wolfgang Jeschke hat das Szenario als Vorlage für einen klugen Roman gedient. Denn unter dem Meeresboden liegen ausgedehnte Ölreserven. Bei Jeschke reisen amerikanische Soldaten per Zeitmaschine zurück ins Pliozän, um dieses Öl mit gigantischen Pipelines aufs europäische Festland zu pumpen. Dummerweise sind die Araber auf ähnliche Ideen gekommen, was zum vorzeitlichen Nuklearabtausch führt und die Entwicklung der Menschheit in alternative Bahnen lenkt. Zu den Kabinettstücken des Buchs gehört schließlich, dass eine der verfeindeten Parteien darangeht, die zugewachsene Straße von Gibraltar zu sprengen, woraufhin sich das Wasser des Atlantiks als Wasserfall unvorstellbaren Ausmaßes in das ausgetrocknete Becken ergießt und die rund drei Millionen Quadratkilometer binnen hundert Jahren wieder auffüllt.

Genau das passiert, während Sie schreckensbleich, das Badetuch unterm Arm, auf die pastellfarbene Wüste starren. Viele hundert Kilometer von Ihnen entfernt donnern sekündlich 1,75 Milliarden Tonnen Atlantikwasser hernieder. Gesprengt wurde da allerdings nichts. Vielmehr hat der Atlantik dem Damm über Jahrmillionen so zugesetzt, dass er am Ende einriss. Das Mittelmeer läuft voll, und Sie – Simsalabim! – sind wieder in der Neuzeit. Der Schreck hat ein Ende. Vor ihren Augen erstreckt sich das glitzernde, vertraute Meer.

Erleichtert atmen Sie auf.

Haben Sie alles nur geträumt? Natürlich, das war's. Ein böser Traum. Als ob das Mittelmeer je austrocknen würde! Kopfschüttelnd gehen Sie schwimmen, ziehen Ihre Bahnen, prusten, schütteln sich, lachen, streichen sich die nassen Haare aus der Stirn und beschließen glücklich, nächstes Jahr wieder herzufahren.

Während Sie tropfend an Land waten, wird die Straße von Gibraltar gerade wieder ein winziges bisschen schmaler.

So ist das nun mal. Was zuwächst, reißt auf. Was aufreißt, setzt sich zu. Derzeit schließt sich die Atlantikpassage langsam wieder. Ablagerungen setzen sich fest, verbacken miteinander und graben dem Mittelmeer das dringend nötige Frischwasser ab. Jetzt schon verdunstet mehr mediterranes Wasser, als aus dem Atlantik nachfließt, liegt die Salzkonzentration bei fast 38 Promille, was hoch ist. So gut wie alles spricht dafür, dass die Meerenge erneut verstopfen wird. 70 Millionen Tonnen Wasser werden dann pro Sekunde kondensieren, ohne dass der Atlantik eingreifen kann. Um fast einen Meter im Jahr wird der Meeresspiegel sinken, bis unser Mittelmeer ein weiteres Mal ausgetrocknet ist.

Macht aber nichts. Die Reise im kommenden Jahr können Sie trotzdem buchen. Wenn es so weit ist, sind Sie schon zwei Millionen Jahre lang über jegliche Urlaubsplanung erhaben.

Tod eines Killers

Er war hungrig, aber die Zeiten, da er einfach gefressen hatte, wenn der Hunger kam, lagen in nebulöser Ferne. Nicht, dass es an Fressbarem mangelte. Doch mit jedem Tag, den er schwächer wurde, entzog es sich ihm ein bisschen mehr, sodass ihm schließlich nur die Kraft der Verzweiflung geblieben war.

Diese Kraft immerhin hatte einen Delphin das Leben gekostet. Aber auch das lag schon eine Weile zurück, und die Begegnung war nicht gerade glücklich verlaufen. Ein ganzes Rudel hatte die Frechheit besessen, ihn anzugreifen. Was immer in die Tiere gefahren war, ob sie ihren Nachwuchs hatten schützen wollen oder Beute, die sie nicht zu teilen gedachten, jedenfalls hatten sie sich auf ihn gestürzt und begonnen, ihm ihre spitzen Schnauzen in den Unterleib zu rammen. Vielleicht hatten sie seine Schwäche gespürt. Zu anderen Zeiten wäre es blanker Irrsinn gewesen, einen Angriff auf einen ausgewachsenen Megalodon zu wagen. Er mochte krank sein, aber er war immer noch ein 16 Meter langer Hai. Dennoch waren sie auf ihn losgegangen, bis er einen von ihnen erwischt und mit wenigen Bissen zersäbelt hatte, und die anderen waren geflohen. Doch dieser eine hatte ihm arg zugesetzt. Seitdem war der alte Megalodon nicht mehr so wendig. Jede Drehung nach links schmerzte, sogar das rythmische Hin- und Herschwenken des Kopfes, wenn er Witterung aufnahm, bereitete ihm plötzlich Schwierigkeiten.

Langsam zog er durch die tiefblaue See und wartete, dass seine empfindlichen Sinne ein Signal der Hoffnung aufnahmen. Mit 51 Jahren war er ein ziemlich alter Hai, doch sein Sinnesapparat funktionierte ausgezeichnet. Bis auf die Augen vielleicht – aber die waren nie sonderlich gut gewesen. Dafür nahm er die Körperbewegungen seiner Beute im Umkreis von 100 Kilometern wahr und konnte dem Herzschlag weit entfernter Fische nachspüren. Empfindliche Sensoren entlang der Seitenlinie seines gewaltigen Körpers reagierten auf jede noch so kleine Vibration. Unter seiner Haut verzweigte sich ein Netz schleimgefüllter Kanäle, die jede Veränderung im Meer wahrnahmen. Ein Fisch, der sich bewegt, verdrängt Wasser und erzeugt dadurch eine Druckwelle. Der Megalodon reagierte darauf, als habe man ihn gerufen. Immer wusste er, wer ihn rief, wie groß und schnell das Tier war, ob es unter Schmerzen zappelte, von Unruhe getrieben hin- und herschoss oder mit gespreizten Flossen kopulierte. Hatte der Hai einmal die Fährte aufgenommen, gab es kaum mehr ein Entrinnen. War der Rufer gar verletzt, führte sein einzigartiger Geruchssinn den Megalodon untrüglich ans Ziel, geleitet von winzigen Blutspuren. Dann begann sein Schädel gleichmäßig zu pendeln, nach links, nach rechts, immer abwechselnd, und er folgte der Richtung, aus der die intensiveren Düfte kamen. Ein einziges Blutmolekül auf 1,5 Millionen Wassermoleküle reichte ihm, die Spur nicht wieder zu verlieren.

Doch selbst, wenn das Tier nicht blutete, konnte er sich an dessen Ausscheidungen orientieren. Nervöse Fische geben einen Stoff von sich, den der Megalodon liebte. Er kündete von Furcht, Furcht von Unterlegenheit, und wer unterlag, gab die nächste Mahlzeit ab. Hingegen hasste er den Hautgout verwesender Artgenossen. Ein Gestank indes, den er früher oder später selbst verströmen würde, doch noch war es nicht so weit.

Noch war der Megalodon ungeschlagen.

Seine elektrischen Sinne verrieten ihm, dass er sich dem Küstenstreifen näherte. Eine Region, die er nicht sonderlich schätzte. Seine Welt war das tiefe, offene Meer; erst unterhalb von 100 Metern fühlte er sich zu Hause. Andererseits empfing er plötzlich ein Konzert von Schwingungen, dessen Orchestrierung Bilder in seinem Kopf erzeugte. Ein Riff erstreckte sich dort hinten, reich an Leben. Ganze Fischschwärme machten auf sich aufmerksam, zudem trieben sich größere Tiere am Riff herum, deren Bewegungsmuster sie als Jäger auswiesen. Fiepende Laute drangen an sein Ohr. Die Jäger kommunizierten. Es mussten Wale sein.

Jetzt nahmen seine Nüstern auch den Geruch wahr, der ihn magisch anzog, das Odeur frischen Blutes – homöopathische Spuren nur, aber sie genügten, um sein inneres Navigationssystem zu aktivieren: Halten Sie sich links, am nächsten Riffsockel rechts abbiegen, weiter geradeaus, dann hinter der Korallenbank wenden, Sie haben Ihr Ziel erreicht.

Dieses Ziel war der Lebensraum unzähliger Spezies. Aus der Düsternis emporstrebend, näherte sich der Megalodon einer Steilwand, deren Oberkante ein Plateau begrenzte. Knapp 15 Meter unter der Wasseroberfläche erstreckten sich dort Rifflandschaften, die erst viele Kilometer weiter ans Festland grenzten. Solche Meere waren rar, nachdem die Polkappen sich ausgedehnt und Meerwasser in Gletschern gebunden hatten. An der Grenze vom Pliozän zum Pleistozän, vor über zwei Millionen Jahren, war es wieder kalt geworden auf der Erde. Weltweit hatte sich der Meeresspiegel abgesenkt, wie es immer geschah in Zeitaltern der Vereisung, während ein strahlend weißer, kilometerdicker Panzer über Gebirge und Hochländer kroch, trockene polare Wüsten vor sich herschob und das wärmende Sonnenlicht zurück ins All warf. Auch die See hatte sich entsprechend abgekühlt. Selbst in Äquatornähe betrug die Temperatur im Schnitt nur 5 bis 10 Grad, aber es war der einzige Lebensraum, der verblieben war, und wo sich alles drängte.

Dafür hatte das Eis den größten Teil der Südpolarbewohner ausgelöscht, als es auf seinem Vormarsch den Ozeanboden planierte. Die meisten dort ansässigen Schwämme, Seesterne und andere Wirbellose pflanzten sich nicht im freien Wasser fort, sie vollzogen den Generationenwandel am Meeresgrund, der unter der kriechenden Walze aus Eis verschwunden war. Mit dem Eis gelangten Sedimentlawinen in die Tiefe und erstickten alles Leben. Seesterne besaßen zwar reichlich Arme und zahlreiche winzige Füßchen, aber keine Beine und Flossen, um rasch in weniger gefährdete Gebiete umzuziehen.

Hinzu kam, dass, wer in arktischer Kälte lebt, nicht eben zu großer Eile neigt. Arktische Haarsterne etwa verdankten ihrem trödeligen Stoffwechsel eine zehn Mal höhere Lebenserwartung als ihre tropischen Vettern, hatten dafür aber weniger Sex. Die Kollegen vom Äquator sorgten einmal jährlich für Nachwuchs; der Stern, der aus der Kälte kam, brauchte zehn zähe Jahre, bis das Baby die Ärmchen reckte. Schon darum stand zu erwarten, dass die arktischen Gebiete nach dem Ende der Eiszeit nur sehr langsam wieder zur alten Bevölkerungsdichte zurückfänden. Manche Emigranten würden aus der Tiefsee zurückkehren, andere in der neuen Welt bleiben. Wann allerdings mit einem Abklingen der Kälte zu rechnen war, blieb offen – ohnehin kein Thema, über das Seesterne und Megalodons zu reflektieren pflegten.

Den wenigsten war die Flucht in eisfreie Tiefen gelungen, als die Gletscher kamen. Doch waren es immer noch so viele, dass sich die Evolution zu einer rigorosen Einwanderungspolitik gezwungen sah. Wer umsiedelte, musste es sich gefallen lassen, jedermanns Futter abzugeben und seine eigenen Ernährungsgewohnheiten hintanzustellen. Wollte man nicht gefressen werden, empfahl es sich, verbesserte Abwehrmechanismen zu entwickeln und ständig auf der Hut zu sein. Das Leben rückte zusammen. Niemand konnte es sich mehr leisten, wählerisch zu sein, und natürlich kam man sich ohne Unterlass in die Quere.

Eigentlich gab es nichts Ergiebigeres als ein Riff.

Dass der Megalodon – als seine 15 Tonnen Lebendgewicht wie schwerelos der Steilwand entgegenglitten – dennoch von der Gegend nicht begeistert war, verdankte sich seiner Größe. Die flache Landschaft oberhalb der Kante bot ihm kaum Bewegungsspielraum. Zu anderen Zeiten hätte er sich nicht der Mühe unterzogen, einem Beutetier ins Gewirr des Riffs zu folgen, wo es sich verstecken konnte. Doch der Hunger änderte alles. Was sollte schon passieren? Im Zweifel blieb man eben hängen oder schlitzte sich die Flanke auf, dafür erhöhte sich die Chance auf einen Bissen Nahrhaftes. Und der Megalodon spürte allzu deutlich, dass sein Leben davon abhing.

Vorerst wagte er sich nicht auf das Plateau hinauf. Eine Weile streifte er dicht am Fels entlang und versuchte, gegen das einfallende Tageslicht etwas auszumachen, das sich als fressbar oder gefährlich erwies. Gemächlich näherte er sich dem Ort, an dem die Wale jagten – nein, gejagt hatten. Der Blutgeruch war stärker geworden, dafür rückten die fiependen und singenden Laute in unbestimmte Ferne. Seine Erfahrung sagte dem Megalodon, dass die Tiere gesättigt waren.

Im selben Moment wurde seine Empfindung bestätigt. Eine Gruppe Schwertwale machte sich von dannen. Ihre schwarzweißen Leiber stoben über die Riffkante hinaus in die dunkle See, und der Megalodon sank vorsichtig ein Stück tiefer. Obwohl größer als ein Schwertwal und grundsätzlich überlegen, traute er sich nicht, die Gruppe zu attackieren. Zu lebhaft war ihm die Begegnung mit den Delphinen in Erinnerung, zu sehr schmerzte seine Flanke. Er blieb im Schutz der Wand, obschon der Blutdunst immer stärker wurde und ihn in einen Zustand höchster Erregung versetzte. Der Ursprung lag oberhalb der Riffkante. Er würde ins Seichte vorstoßen müssen, aber diesmal schien es sich wenigstens zu lohnen.

Nachdem die Schwertwale weit genug weg waren, stieg er langsam höher. Über ihm zuckten Schwärme silbriger Fische in synchroner Eintracht zwischen Korallenwucherungen umher. Sie nahmen den herannahenden Riesen nicht wahr, der seinerseits kein Interesse an ihnen zeigte. In einen solchen Schwarm hineinzustoßen brachte gar nichts, außer ihn auseinander zu sprengen, sodass er sich in viele glitzernde Fragmente auflöste. Unmöglich zu entscheiden, welchem man folgen sollte, reine Glückssache, einen der Flüchtlinge zwischen die Kiefer zu bekommen. Der Aufwand lohnte nicht, und mit seinen Kräften musste der Megalodon haushalten. Ihm lag an einem der Tiere, die das Blut absonderten, und inzwischen wusste er auch, was ihn erwartete. Blut war nicht gleich Blut. Dieses hier roch fett und gehaltvoll. Es war das Blut von Walen. Die Schwertwale hatten sich über andere, vermutlich kleinere Meeressäuger hergemacht, oder sie hatten im Verbund einen Großwal angegriffen. Für Großwale war es oben allerdings zu flach.

Der Blick über die Kante brachte Gewissheit und steigerte die Jagdlust des Megalodon. Sein Geruchs- und Geschmackssinn war weit besser ausgebildet als seine Augen, aber auch so erfasste er sofort die Lage.

Dicht über dem Boden des Plateaus waberte ein trüber roter Nebel, dazwischen trieben Gewebefetzen. In einiger Entfernung, nahe einer zerklüfteten Felsformation, drängten sich kuriose Wesen zusammen, jedes zwischen zwei und drei Meter lang. Offenbar waren sie in Panik geflohen, als die Schwertwale kamen. Einige von ihnen hatten auf dem Plateau ihr Leben verloren. Entsprechend zögerlich wagten sich die Überlebenden wieder vor. Der Form nach waren sie Wale mit dem Aussehen von Walrössern. Tasthaare sträubten sich von einer wulstigen Oberlippe. Den abwärts gebogenen Mundwinkeln entsprangen zwei nach hinten gerichtete Zähne, deren rechter bei den Männchen von beachtlicher Länge war, mehr ein Speer als ein Zahn, gut und gerne ein Drittel so lang wie der komplette Körper. Einige der Wale hatten die Nahrungssuche tastend wieder aufgenommen. Sie legten den Kopf in den Nacken und schleiften ihre Stoßzähne übers Sediment, um kleine Wirbellose aufzustöbern.

Um zu fressen, mussten sie sich auf die Seite legen, weil ihnen sonst ihr eigenes Gebiss im Weg gewesen wäre. Bedächtig arbeiteten sie sich vor. Wann immer die Rodung erfolgreich war, schlürften sie ihre Beute, Tintenfische, Muscheln und Würmer, in sich hinein. Die Wölbung der Stirn verriet, dass sie über die Fähigkeit der Echoortung verfügten. Auch den Megalodon mussten sie demnach geortet haben, aber es war fraglich, wann sie ihn als Gefahr begriffen.

Mit einem Schlag seiner vier Meter hohen Schwanzflosse brachte sich der Hai in Position.

Dann katapultierte er sich mit einem einzigen gewaltigen Satz in die Herde hinein und riss dem zuvorderst schwimmenden Tier mit einer fast beiläufigen Bewegung seiner Kiefer die Fluke ab. Eine Wolke dunkelroten Blutes breitete sich aus. Die anderen Wale schossen davon, schwammen hektisch durcheinander und versuchten, Abstand zwischen sich und das Monstrum zu legen. Der Megalodon beschrieb eine Kurve und zog sich an die Riffkante zurück. Seine Taktik zielte darauf ab, die Beute zu überraschen und zu schwächen. Wie alle Haie war er im Grunde seines Wesens ängstlich und auf Vorsicht bedacht. Er scheute die offene Konfrontation, zu groß war das Risiko, verletzt zu werden. Diese kleinen Wale waren sicher harmlos, aber der Megalodon hatte gelernt, sich vorzusehen. Zu seinen besten Zeiten waren nicht mal Großwale vor ihm sicher gewesen, Giganten, die sich zu wehren wussten. Ein Schlag mit der Fluke eines solchen Riesen war geeignet, dass selbst einem ausgewachsenen Megalodon Hören und Sehen verging, aber das hatte ihn nicht abgehalten, sie zu attackieren. Doch inzwischen ...

Er wartete. Das tödlich verwundete Tier versuchte mit schwachen Bewegungen seiner Flipper zu entkommen, aber es hatte jeden Richtungssinn verloren. Aus seinem Hinterleib strömte das Blut. Sein Ende war besiegelt. Der Megalodon wusste, dass er jetzt gefahrlos wieder vorstoßen konnte, und machte sich bereit.

Im selben Moment schnellte ein eleganter Körper an ihm vorbei, dann noch einer, gefolgt von einem dritten. Die Neuankömmlinge waren allenfalls halb so groß wie er, glichen ihm ansonsten jedoch auf verblüffende Weise. Sie stürzten sich in die rote Wolke und begannen, den verletzten Wal auseinander zu reißen. Außer sich vor Wut und Verzweiflung folgte ihnen der Megalodon. Sein gewaltiger Schädel rammte einen der Angreifer in der Körpermitte und schleuderte ihn weg von dem Kadaver, aus dem die beiden anderen große Brocken rissen. Die Beute war aufgeteilt, ohne dass er etwas abbekommen hatte, und jetzt tauchten weitere der kleineren Haie auf und umkreisten die verängstigten Wale. Von allen Seiten schossen sie heran, schlugen ihre Zähne in den fetten Speck, säbelten mit hin und her schwingenden Köpfen Stücke heraus. Binnen weniger Augenblicke tobte ein Inferno über dem Plateau. Der Megalodon versuchte sich zu orientieren. Übermächtig war der Geruch der Blutwolken, die sich wie riesige Blüten entfalteten. Vor seinen Augen wirbelten Haie und zerfetzte Körperteile durcheinander, dann sank direkt neben ihm der Hinterleib eines halbierten Wals herab. Der Megalodon drehte sich und schnappte danach, doch zwei der Angreifer waren schneller und begannen sich um den Überrest zu balgen, während ein dritter drohend seine Breitseite präsentierte, einen Buckel machte und frontal auf ihn losging.

Verwirrt zuckte der Riese zurück. Rasende Qual durchfuhr ihn, als der Hai im letzten Moment seitlich wegzog und gegen seinen Schädel prallte. Der Megalodon wirbelte herum und gewahrte neues Blut, das nicht von den Walen stammte. Es war sein eigenes. Angst gesellte sich zur Frustration. Er musste fort von hier, wenigstens lange genug, um Kräfte zu sammeln. Mit zuckenden Schwanzschlägen entzog er sich dem Gemetzel und floh über die Riffkante ins tiefblaue Wasser der offenen See. Seine rechte Kopfseite war ein einziger, roher Schmerz, sehen konnte er nur noch mit dem linken Auge, das andere sandte dunkelrote Blitze in seinen Schädel. Er hielt auf die Tiefe zu, als etwas ihm einen heftigen Schlag versetzte. Neben ihm tauchte einer der wendigen Angreifer auf, zog vorbei und begann ihn zu umkreisen. Ein weiterer näherte sich von unten, rammte seinen Bauch und platzierte einen schnellen Biss.

Da er stark blutete, war offenbar auch der Megalodon zur Beute geworden. Das hätte seine Angst verstärken müssen.

Stattdessen steigerte es seine Wut ins Maßlose!

Es reichte! Wochenlang hatte er so gut wie nichts gefressen. Sein Leben war zu einem Dasein voller Pein geworden, die Kräfte hatten ihn verlassen, doch immer noch war er der Herrscher. Ein alter König, von Thronräubern bedrängt, vielleicht zum Tode verurteilt, doch ganz sicher nicht dazu bestimmt, als Futter in den Mägen elender Emporkömmlinge zu enden. Natürlich sinnierte der Megalodon in diesen Sekunden weder über Königtum noch Hierarchien, ebenso wie er keine Vorstellung vom Werden und Vergehen der Arten hatte – nur dass plötzlich ein Gefühl der Überlegenheit von ihm Besitz ergriff, wie er es lange nicht gespürt hatte. Niemand biss ihn ungestraft in den Bauch und fraß ihm die Beute vor der Nase weg. Er drehte sich und verpasste einem der Haie einen betäubenden Schlag mit seiner kolossalen Schwanzflosse. Das Tier wurde zur Seite geschleudert und trudelte ein Stück tiefer. Der andere Hai stürzte sich erneut auf den blutenden Riesen und verbiss sich in seinem Kopf, doch dem eruptiven Zorn des Opfers war er nicht gewachsen. Mit einem einzigen Ruck schüttelte der Megalodon ihn ab und versetzte ihm einen Hieb mit der Breitseite seines Schädels. Der getroffene Hai schlug einen Salto, versuchte zu fliehen und schwamm in die verkehrte Richtung, wieder direkt auf den Megalodon zu, diesmal jedoch unabsichtlich. Bevor er seine Bahn korrigieren konnte, gruben sich die Zähne des Giganten in seinen Hinterleib. Mit dem mörderischen Druck von 3.000 Kilogramm pro Quadratzentimeter zermalmten die Kiefer Haut, Muskeln und Knorpel und trennten das Schwanzstück vom Rumpf.

Der andere Hai hatte sich von seiner Betäubung erholt und sah, wie sein Kampfgefährte zerteilt wurde. Hin- und hergerissen zwischen dem Verlangen, an dem Mahl teilzuhaben, und dem Drang, die Flucht zu ergreifen, verharrte er – und zögerte einen Moment zu lange. Der Megalodon heftete sein gesundes Auge auf ihn. Die andere Seite des gewaltigen Schädels war eine blutige, aufgerissene Masse, doch dieses eine Auge, so ausdruckslos es starren mochte, sandte einen Blick aus, der geeignet war, den Hai zu Tode zu ängstigen. Er zuckte hierhin und dorthin. An dem Riesen konnte er nicht vorbei. Er würde das offene Meer nicht erreichen, also versuchte er zurück zum Plateau zu gelangen, wo seine Artgenossen weiterhin die Wale dezimierten.

Der Megalodon war schneller.

Ohne ersichtliche Mühe erhob er sich über den Fliehenden und zwang ihn zurück in die Tiefe. In panischer Angst raste der Hai an der Steilwand entlang, das näher kommende Monstrum hinter sich spürend, getragen von der Druckwelle, die es vor sich herschob. Dann fühlte er sich gepackt und schürfte an den Felsen entlang, die seine Flanke aufrissen und einen Regen aus bröckelndem Sediment auf ihn entließen. Er bremste ab, drehte um und blickte in einen rötlichweißen Schlund. Es war das Letzte, was er sah, bevor der Gejagte, der so unvermittelt zum Jäger geworden war, ihm den Schädel zerquetschte.

Bebend ließ der Megalodon von dem toten Hai ab.

Fressen musste er ihn, er brauchte dringend Nahrung. Doch plötzlich erlahmte sein Wille. Seine unvermutet zurückgekehrte Kraft sickerte aus ihm heraus und hinterließ ihn voller Furcht, der Tatsache gewahr, dass über ihm ein Schlachten seinen Fortgang nahm, an dem zu viele Feinde beteiligt waren, dass er nicht noch einen Kampf mit dieser aggressiven, kleinen Spezies überstehen würde. Also ließ er sich tiefer sinken, vorbei an Garnelen, die in den Wänden hausten und ihre Antennen in der Strömung schwingen ließen, vorbei an wogenden Seeanemonen und Schwärmen winziger bunter Fische, vorbei an Haarsternen und Seeigeln, Schwämmen und Muscheln. Langsam schwamm er in die offene See hinaus. Seine Bewegungen waren unsicher, sein geschundener Körper vermochte nicht länger zu signalisieren, wo der Schmerz endete und die Empfindungslosigkeit begann. Immer noch funktionierte sein Gehör ausgezeichnet und nahm die Laute vom Schlachtfeld auf dem Hochplateau wahr, das hinter ihm zurückblieb, doch mit der Zeit wurden sie leiser.

Lange schwamm er so, bis Stille in seinen Kopf einkehrte. Sein gesundes Auge richtete sich zur Wasseroberfläche. Er war den Haien entronnen, jetzt musste er jagen. Die glitzernde See über ihm verschwamm zu einem gleißenden Schleier, klärte sich, und plötzlich gewahrte er einen Schatten dort oben, etwas mit Schwanz und Flossen. Ein Leichtes, emporzuschießen und den Biss anzubringen, der das Opfer kampfunfähig machte. Diesmal schien niemand in der Nähe, um ihm die Beute streitig zu machen. Er würde fressen und gestärkt weiterziehen. Ruhe und Frieden erfüllten den Megalodon. Jetzt! Der Schlag mit der Schwanzflosse, der Schwung zur Oberfläche, die zappelnde Kreatur zwischen den Zähnen, endlich Nahrung, schlingen, sich sättigen. So vollzog es sich im Kopf des Riesen, während er langsam tiefer sank, sacht verwundert, dass das Sättigungsgefühl ausblieb. Er musste schwimmen, immerfort schwimmen und jagen, doch der Megalodon schwamm nicht mehr.

In 800 Metern Tiefe schlug er auf Grund, Wolken von Schlamm aufwirbelnd. Als sich die ersten Schleimmaale und andere Aasfresser einfanden, um den Herrscher der Meere zurück in den Kreislauf der Materie zu befördern, war in dem gewaltigen Leib schon kein Leben mehr.

Zu viele Könige.

Immer wieder, wenn wir Miss Evolutions Werk betrachten, stoßen wir auf dasselbe Phänomen. Sie scheint ein perfides Vergnügen daran zu haben, Herrscher zu erschaffen, um sie anschließend zu stürzen. Warum sterben Lebewesen, die alle Attribute der Unbesiegbarkeit in sich vereinen, überhaupt aus? Beinahe paradox mutet es an, einen Jäger ohne natürliche Feinde wieder aus dem Spiel zu nehmen. Leidet die Dame an einem Titanic-Komplex? Warum erschuf sie den größten Hai aller Zeiten, bloß um ihn nach einigen Jahrmillionen wieder verschwinden zu lassen?

Der Megalodon gehört zu den Lieblingen der Filmindustrie, wenngleich ihm eine ganze Reihe Streifen gewidmet wurden, die allesamt schwer daneben sind. Zuletzt haben die Deutschen mit Ralf Moeller in der Hauptrolle eine echte Gurke produziert, schäbig getrickst und so dilettantisch geschauspielert, dass man für jeden verspeisten Protagonisten dankbar ist. Die Frage, warum eine Spezies wie der Megalodon überhaupt so groß werden konnte, welchen Sinn es hatte, ihn der illustren Kollektion von Haien zuzugesellen, stellt sich in solchen Werken nicht – dabei ist sie die spannendste von allen. Wir neigen dazu, den Abgang einer Spezies überzubewerten, trauern ihr nach und schieben ihren Untergang einer aus den Fugen geratenen Umwelt zu. Schon das ist falsch betrachtet. Die Umwelt gerät nicht aus den Fugen. Wie gesagt, es gibt kein Gleichgewicht der Natur. Die Geschichte des Universums, unseres Sonnensystems, des Planeten Erde, des Lebens, eines jeden Organismus ist die Geschichte wechselseitiger Anpassungsprozesse. Ein Meteoriteneinschlag ist ebenso wenig eine Katastrophe wie eine Katze, die Mäuse frisst, lediglich der Maßstab ist ein anderer.

Wir sollten uns vielmehr fragen, was im Vergehen entsteht.

Kennt man den Grund für das Auftreten neuer Arten, ergeben sich die Szenarien, wann und warum sie wieder verschwinden werden, beinahe automatisch. Angenommen, auf einem Planeten wachsen Bäume, deren Laub hoch über dem Boden sprießt, dann wird die Evolution vermutlich Wesen mit langen Hälsen erschaffen. Spannend zu sehen, wie die Hälse länger und länger werden, wie Miss Evolution das Problem der Durchblutung löst, wie sich die Segmente der schier endlosen Wirbelsäule zu einer gleichermaßen stabilen wie flexiblen Konstruktion vereinen, wie ein Tier, dessen Kopf so weit von seinem Herzen entfernt und so hoch über dem Erdboden liegt, mit seiner besonderen Bauweise zurechtkommt.

Was könnte den Untergang solcher Wesen einleiten? Raubtiere? Im Allgemeinen sorgen die für Regulation, nicht fürs Aussterben. Nein, weiß Klein-Erna, wenn die Langhälse so unbedacht wären, mehr Blätter aufzufressen als nachwachsen, würden sie ganz schön dumm aus der Wäsche gucken. Um Gras zu fressen, ist so ein Tier nicht gemacht. Oder die Bäume würden immer höher werden, dann müssten Tiere mit noch längeren Hälsen her, was irgendwann ins Absurde umschlüge. Klein-Fritz merkt an, andere, weniger behäbige Pflanzenfresser könnten die Fähigkeit entwickelt haben, auf Bäume zu steigen und den Kolossen ihr Futter wegzumümmeln. Die Neulinge brauchten dann kräftige Klauen, um sich in den Ästen hochzuziehen, aber keinen so elend langen Hals, der schrecklich viel Energie zur Aufrechterhaltung des Stoffwechsels verschlingt.

So einfach ist es im Prinzip.

Neue Arten entstehen aus der Notwendigkeit zur Spezialisierung. Je komplexer die Welt wurde, desto mehr Spezialistenjobs entstanden. Der Koalabär zum Beispiel frisst ausschließlich Eukalyptusblätter. Ginge weltweit der Eukalyptus aus, wären die Knuffis übel dran. Eigentlich übertrieben, ein Bärli nur für die Vertilgung von Eukalyptus zu erfinden, aber was, wenn niemand mehr Eukalyptus fräße? Würde die Welt dann überwuchert? Drohte ihr die Apokalypse per Vegetation, sozusagen die Eukalypse?

Irgendeiner musste ran an den Eukalyptus, und damit der nicht zu viel davon wegmampfte, brauchte es wieder jemanden, der hin und wieder gern Koala aß. Der Grund, warum die Natur hochkomplexe, spezialisierte Wesen hervorbringt, ist nicht, weil sie ein Faible für Fortschritt hat, sondern weil es einfach nicht anders geht. Jede Nische muss besetzt werden, nur so können sich die Kräfteverhältnisse ausgleichen, was nichts anderes heißt, als dass sie sich permanent verschieben und Millionen Roter Königinnen atemlos um die Wette laufen. Gäbe es keine Katastrophen, erwüchse keine Notwendigkeit, sich weiterzuentwickeln. Bliebe alles, wie es ist, wäre es unsinnig, neue Lebensformen zu erschaffen. Darum kann es keine Rückkehr ins Paradies geben, wo Adam und Eva bedürfnislos lebten und irgendwann wahrscheinlich vor Langeweile eingegangen wären. Die Schlange – auch bekannt als Meteorit, Tsunami, Eiszeit, Vulkanismus und Methanschock – hat ihre Höherentwicklung erzwungen.

So gesehen war der Rausschmiss aus dem Garten Eden das Beste, was uns passieren konnte. Er brachte den modernen, kreativen, letztlich technisierten Menschen hervor – ein Wesen von beeindruckender Komplexität, allerdings auch von großer Anfälligkeit.

Auf jede neue Herausforderung weiß die Evolution zu reagieren. Mal tut sie es mit Schlangenhälsen, mal mit zwei Meter langen Backenzähnen oder Appetit auf Eukalyptus, mal mit Menschen, mal mit 15 Meter langen Haien. Was soll sie anderes tun, als ihre Schutzbefohlenen mit immer feineren Sinnen auszustatten? So überbieten sich Jäger und Gejagte stetig an Raffinesse, immer mehr Energie wird vonnöten, um immer schmalere Funktionsspektren aufrechtzuerhalten, und irgendwann ergibt das Ganze keinen Sinn mehr, die Sache wird uneffizient, und es kommt zur Komplexitätskrise. Die Natur kann sich die Spezies nicht mehr leisten. Deren außerordentliche Fähigkeit besiegelt zugleich ihren Untergang. Unbesiegbar zu sein ist das Schlimmste, was einer Art passieren kann, weil sie dann aufhört, sich weiterzuentwickeln, und wir haben ja gesehen, was mit Roten Königinnen passiert, die stehen bleiben im Glauben, gesiegt zu haben. Höherentwicklung ist fast immer das Resultat von Katastrophen – wenn man sie als solche betrachten mag. Erst ein hübsches kleines Desaster fördert so recht die Kreativität. Darum liebt Miss Evolution das Chaos, und darum verengt sich der Überlebensspielraum eines Wesens umso mehr, je mächtiger es wird.

Einfache Organismen haben's ergo leichter, allerdings erscheinen sie wenig sexy. Anpassungskünstler sind primitive Gesellen, ihre Überlebenskonzepte purer Opportunismus. Meist begnügt sich so einer mit einem Leben als Mikrobe. Fast immer ist er irgendetwas Schlabberiges, Formloses, sich Windendes und Kriechendes und für ein gutes Buch und Weinproben im Piemont nicht zu begeistern. Dafür begegnet man ihm durch alle Erdzeitalter hindurch. Der Preis dafür, nicht formlos und schlabberig zu sein, ist leider, ziemlich rasch auszusterben.

Ich bin allerdings bereit zuzugeben, dass es wesentlich mehr Spaß macht, schön und komplex zu sein. Und dass Menschen vielleicht die ersten Geschöpfe von Miss Evolution sind, die es lernen könnten, ihr ein Schnippchen zu schlagen. Wir werden sehen.

Der Megalodon war die Antwort auf die immer größer werdenden Wale, die irgendjemand jagen musste. Klein-Erna zufolge hätte sein Aussterben zwei Gründe haben können. Erstens, die Wale verschwanden. Zweitens, ein noch größeres Tier gewöhnte sich an, Megalodons zu fressen. Beides traf nicht zu. Vielmehr hat Klein-Fritz Recht, der erkannte, dass die einzige Alternative zur Ausbildung noch längerer Hälse ist, gar keine langen Hälse mehr zu produzieren und stattdessen kletterfähige Klauen zu entwerfen. Anders gesagt, es konnte nicht die Antwort sein, noch größere Megalodons zu erschaffen. Als Jäger der riesigen Wale hatten sie keine natürlichen Feinde gehabt und der Evolution gute Dienste erwiesen, doch parallel war eine zweite Spezies entstanden, die dem Megalodon so sehr glich, dass man lange Zeit glaubte, sie habe sich aus ihm entwickelt. Die Rede ist von Carcharodon carcharias, dem Weißen Hai. Carcharodon bezeichnet die Familie der Haie im Allgemeinen. Heute wissen wir, dass der Weiße Hai auf eine eigenständige Entwicklung zurückblickt. Ausgestorbene Haiarten werden unter dem Oberbegriff Carcharocles zusammengefasst, korrekt spricht man also von Carcharocles megalodon: »Der mit den rauen, riesigen Zähnen«.

Weiße Haie waren es, die ihm, dem sterbenden Riesen, so zusetzten. Letztlich erwiesen sie sich als effizientere Jäger, außerdem übernahmen Zahnwale wie Orcas Aufgaben des Megalodon – die schwarzweißen Schwertwale lieben vor allem Kälber von Grau- und Buckelwalen, greifen aber auch schon mal einen ausgewachsenen Blau- oder Finnwal an. Bis zuletzt war der Megalodon unbesiegbar. Im Vollbesitz seiner Kräfte schlug er jeden Weißen Hai in die Flucht, und selbst in geschwächtem Zustand war nicht mit ihm zu spaßen. Aber der Weiße Hai hatte ein energiesparenderes Konzept auf seiner Seite, er war schneller, flexibler und im Ganzen moderner, was ihn an die Spitze der Nahrungskette stellte.

Auch der seltsame Wal mit dem rückwärts gebogenen Stoßzahn hatte im Speiseplan des Megalodon einen wichtigen Platz eingenommen. Odobenocetops leptodon, übersetzt »der Wal, der auf den Zähnen zu gehen scheint«, gehörte zur Familie der Walrosswale, die wie plumpe, schnurrbärtige Vorgänger heutiger Narwale und Weißwale anmuten. Sie erwiesen sich als ideale Beute für

Weißhaie, die begannen, dem Megalodon sein Futter wegzufressen. Also starb er aus – ein weiterer König der Meere, der sich zu Tode regierte. Seine Regentschaft wird auf die Zeit vor 25 bis zehn Millionen Jahren datiert, allerdings hat man in jüngster Zeit Zähne aus dem Pazifik geborgen, deren Zustand Gerüchte schürt, er könne noch leben. Nicht auszuschließen ist, dass die allerletzten Megalodons bis zum Ende der Eiszeit vor rund 10.000 Jahren durchgehalten haben, eine Epoche, in der bereits schon Menschen die Meere überquerten. Möglicherweise irrt immer noch ein Nachzügler durch die Abyssale; auch den Quastenflosser wähnte man ausgestorben, bis er 1938 freudig wedelnd vor der südafrikanischen Küste auftauchte. Falls ja, empfiehlt es sich, den letzten Megalodon mit all den Drehbuchschreibern zu füttern, die bislang versucht haben, ihn aus dem Dunkel hervorzulocken, und ihm ansonsten zu raten, nicht weiter aufzufallen.

Das letzte Kapitel unserer Reise durch die Vergangenheit spielt, wie wir gesehen haben, in einem Zeitalter weiträumiger Vereisungen. Auch das muss man berücksichtigen, wenn man von Königen spricht. In Abwandlung einer Grundregel der psychologischen Verbrechensbekämpfung – »Willst du den Künstler verstehen, musst du sein Werk betrachten« – können wir feststellen: Willst du den König verstehen, musst du sein Reich betrachten. In ihm hat er sich etabliert. Was er ist, verdankt er den Umständen. Er wurde gewählt, übrigens auch von denen, die er verspeist. Sie haben ihm kraft ihres Vorhandenseins zur Regentschaft verholfen. Solange sich an seinem Umfeld und der Einstellung seiner Untertanen nichts ändert, bleibt er uneingeschränkter Herrscher. Verändern sich die Parameter, wackelt die Krone. Und Eiszeiten sind einschneidende Veränderungen. Der Megalodon hat die meiste Zeit seiner Existenz in gemäßigten Meeren gejagt, sein Reich war – zeitgeschichtlich betrachtet – das Obere Tertiär, also Miozän und Pliozän, die mit angenehmen Temperaturen zu gefallen wussten. Auch damals gab es schon Weiße Haie, aber die moderaten Lebensbedingungen rund um den Globus gestatteten beiden eine großzügige Koexistenz. Man kam einander nicht in die Quere. Für jeden war genug da. Vor allem das Pliozän gilt als nahezu paradiesisch. Nachdem sich die Ozeane geöffnet hatten und die Tethys bis auf einen kleinen Rest verschwunden war, zirkulierten die Meeresströmungen in veränderten Bahnen. Üppige Mengen Nährstoffe gelangten aus den Polarregionen überallhin, begünstigten die Ausbreitung von Plankton und schufen eine ergiebige Nahrungskette. Sämtliche Wale, wie wir sie heute kennen, entwickelten sich in diesen wenigen Millionen Jahren. An Land gediehen Regenwälder, wo heute Wüsten und Steppen vor sich hinstauben, ausgedehnte Savannen schufen Raum für riesige Herden, und inmitten des allgemeinen Wohlgefallens plumpste ein schnatterndes Äffchen vom Baum, rieb sich den Schlaf aus den Augen und beschloss, Mensch zu werden.

Aber wir wissen ja, wie das mit Paradiesen so ist. In den Apfel der Erkenntnis beißt kein Mensch aus freien Stücken, er wird ihm aufgedrängt. Die Schlange kennt kein Pardon. In diesem Fall kroch sie kalt und frostig aus den polaren Kühlhäusern herbei und zwang das Leben, sich zusammenzurotten und neue Strategien zu entwickeln. Spätestens als es ungemütlich wurde, ging König Megalodon seines Reiches verlustig. Zwar hatte ihn Miss Evolution mit der Fähigkeit zur Gigantothermie ausgestattet – wenngleich kein Warmblüter, konnte er seine Körpertemperatur auf ein höheres Level steigern als seine Umgebungstemperatur, was alle Großhaie aus der Familie der Makrelenhaie kennzeichnet, zu denen auch Megalodon gehörte. Er heizte sein Blut durch Muskelaktivität auf und gewann so an Behändigkeit. Doch derartige Stoffwechseltricks erfordern einen hohen energetischen Aufwand, und der kleinere Weiße Hai tat sich damit leichter als sein riesiger Vetter.

Einmal mehr gewann das Eis die Oberhand. Mit ihm nähern wir uns einer Frage, die Sie sich vielleicht schon gestellt haben:

Was genau ist eigentlich ein Erdzeitalter?

Nach welchen Kriterien unterteilen Geologen und Paläontologen die Vergangenheit? Denn a priori ist die Zeit nicht segmentiert. Sie ist kein Theaterstück, in dem Anzahl und Dauer der Akte feststehen. Die Vorhänge wurden später eingefügt; man musste ihr dramaturgische Zäsuren aufzwingen, um sie beschreiben zu können. Wie also sind diese Skalen überhaupt entstanden?

Grundsätzlich lässt sich die Frage schnell beantworten. Ein Erdzeitalter ist der Abschnitt zwischen zwei einschneidenden Vorkommnissen. Perioden relativer Ereignislosigkeit müssen nicht unterteilt werden. Mitunter, wenn uns Perioden zu lang erscheinen, versuchen wir weniger signifikante Ereignisse heranzuziehen, um sie zu segmentieren, etwa das Auftreten einer neuen Art, doch unterm Strich liest sich die geologische Skala als Chronologie der

Katastrophen. Die meisten Zeitalter enden mit Heulen und Zähneklappern. Das Massensterben gegen Ende des Perm leitet nicht nur den Übergang zur Trias ein, sondern gleich auch zum Mesozoikum, dem Erdmittelalter. Der Untergang der Saurier und vieler anderer Spezies am Ende der Kreidezeit schließt dieses Kapitel ab und geleitet uns in Känozoikum. Klimawandel, Meteoriten, Tod und Verderben auf breiter Front fügen Schlusssätze ein und leiten über in neue, aufregende Kapitel. So beginnt vor zwei Millionen Jahren, als es wieder kalt wird, das Quartär, aufgeteilt ins Pleistozän, die Zeit der großen Vereisungen, und ins Holozän, den Abschnitt, der mit dem Ende der letzten großen Eiszeit vor 11.000 Jahren seinen Anfang nimmt und bis heute andauert.

Halt, sagen jetzt einige, das stimmt so nicht. Das Quartär beginnt vor 1,9 Millionen Jahren. Nein, hört man dazwischenrufen, schon vor 2,3 Millionen Jahren, da nämlich begann das eigentliche Eiszeitalter. Papperlapapp, mäkeln Dritte, das hat viel früher eingesetzt, vor 2,6 Millionen Jahren. Und das Holozän fängt erst vor 10.000 und nicht vor 11.000 Jahren an, bis dahin ging nämlich die Eiszeit.

Und alle, alle haben Recht.

Ein Teil unserer Bildung ist die Einbildung, es genau zu wissen. Wenn Sie sich auf das Thema Geologie einlassen, werden Sie feststellen, dass annähernd jedes Zeitalter mit unterschiedlichem Beginn und Ende angegeben wird. Zwar gibt es eine offizielle, verbindliche Aufteilung, aber die gilt immer nur so lange, bis Bohrkerne und Fossilien neue Erkenntnisse bringen. Erinnern Sie sich an den Meteoriten am Ende der Kreidezeit und die vielen Meinungen dazu? Oder ans Ediacarium, das es erst seit kurzem gibt? Die Zeitskala ist in Bewegung. Nicht dramatisch, aber voller Randunschärfen. Darum sind die Wörter »ungefähr, circa« und »etwa« bei Geologen sehr beliebt und erfreuen sich häufigen Gebrauchs. Alles, was wir wissen, entnehmen wir Rekonstruktionen. Niemand war dabei, als der Trilobit entkam und der Megalodon starb. Geschichte ist die Wissenschaft der Annäherung. Lassen Sie sich nicht beeindrucken, wenn Sie auf einer Party voller Wissenschaftler ins Gerangel um Jahrhunderttausende geraten. Ob er nun vor 65 oder 65,5 Millionen Jahren aus den Latschen kippte, macht keinen Saurier lebendig. Ähnlich verhält es sich mit Aussagen über die Zeit, in der eine Spezies gelebt hat. Im Groben wissen wir's. Aber der kleine Exkurs im Kapitel über die Handtasche der Evolution hat uns gezeigt, dass auch die Menschwerdung im Verlauf der letzten Jahre mehrfach zurückdatiert werden musste, und wer weiß – vielleicht gibt es ja doch noch mehr Megalodons, als wir uns alpträumen lassen.

Verlässlich können wir Folgendes sagen:

Gegen Ende des Tertiär wird es allmählich kälter. Mit dem Beginn des Quartär vor ungefähr, etwa, circa 1,7 Millionen Jahren sinkt die mittlere Jahrestemperatur auf 10 Grad Celsius ab, in der Tiefsee verbleiben 1,5 Grad Celisus. Schließlich kommt es zum vorläufig letzten Eiszeitalter, aufgeteilt in vier große Eiszeiten, allesamt benannt nach Flüssen: die Günz-Eiszeit (vor 640.000 bis 540.000 Jahren), die Mindel-Eiszeit (480.000 bis 430.000 Jahre), die Riß-Eiszeit (240.000 bis 180.000 Jahre) und die Würm-Eiszeit (120.000 bis 10.000 Jahre), die vor 20.000 Jahren ihren Höhepunkt erreichte und den mitteldeutschen Sommer auf den Gefrierpunkt brachte. Zwischendurch zog sich das Eis zurück, mitunter bluffte es mit Mini-Eiszeiten wie zu Beginn des 17. Jahrhunderts, als 150 Jahre lang die nördlichen Gletscher vorrückten. Während der Vereisungen lag ein Drittel des Festlandes unter einem Panzer aus gefrorenem Schnee, und niemand hätte im Meer baden wollen. 4 bis 12 Grad kaltes Oberflächenwasser ist allenfalls etwas für finnische Küstenbewohner und isländische Popstars. Der Nordatlantik war teilweise zugefroren, Treibeis gelangte bis Marokko und Portugal. Der Meeresspiegel fiel, und an Land liefen Neandertaler und Homo sapiens sapiens zur Höchstform auf – wir wären heute nicht so schrecklich klug, hätten widrige Umstände unsere Ahnen nicht zur Dynamisierung ihrer Hirnmasse veranlasst. Wer überleben will, muss sich was einfallen lassen. Mit dem Rückgang der letzten Eiszeit stieg der Meeresspiegel wieder, ein Umstand, dem wir beispielsweise die Ostsee verdanken, und die Schneegrenze in den Alpen rückte auf weit über 1.000 Meter nach oben.

Heute leben wir, wie schon erwähnt, in einer Zwischeneiszeit, denn noch liegen die Pole unter Eis. Irgendwann werden die Gletscher auch von dort verschwinden, um in ferner Zukunft wiederzukehren. Wir sorgen uns zu Recht um den weltweiten Anstieg des Meeresspiegels, weil er unsere Lebensgewohnheiten über den Haufen zu werfen droht, doch erdhistorisch betrachtet ist das ein Klacks.

Die letzten Sekunden unserer Zeitreise genießen wir beim Blick auf kuriose Gestalten, auf Tang mümmelnde Meeresfaultiere und zahnlose antarktische Delphine, die Tintenfische schlürfen wie unsereiner Austern. Einiges kommt uns sonderbar vor, ansonsten erblicken wir eine Unterwasserwelt, die der heutigen fast völlig gleicht. Während an Land Mammut, Mastodon und Säbelzahnkatzen aussterben, bildet sich das Leben im Meer zu dem heran, was es zu Beginn des 21. Jahrhunderts sein wird und immer war: zu einem unbekannten Universum.

Taucherbrille auf und Flossen an. Wir gehen runter.

HEUTE

Hinterm Mond

Angeschmiert. Wir gehen hoch.

Pardon, aber als Astronaut erfährt man eine ganze Menge über das Meer. Man kann zum Beispiel auf dem Mond landen und beim Blick auf die entfernte Erde feststellen, dass man diesen Flug nie hätte unternehmen können ohne Mond. Erstens, weil es keinen gäbe. Zweitens, weil es ohne Mond auch keine Astronauten gäbe. Und keine Leute, die Raketen bauen, keine Menschen, die Verschwörungstheorien aufstellen, wonach die Amerikaner niemals auf dem Mond gelandet sind, nichts und niemanden, der uns gliche – ergo auch keine Autoren, um der Frage nachzugehen, was das Meer mit dem Mond zu tun hat.

Nun, es buckelt vor ihm. Man kann auch sagen, es fühlt sich zu ihm hingezogen.

Erinnern wir uns der frühzeitlichen Kollision, als Theia, der Riesenasteroid auf Krawallkurs, die Erde rammte und beinahe zerschlagen hätte. Stattdessen erholte sich der Planet, wurde schwerer und erfreut sich seither eines ständigen Begleiters. Auch der Mond hat Masse, wenngleich weit weniger als die Erde. Aber es reicht, um Einfluss geltend zu machen.

Was ist gleich nochmal Masse? Physikalisch gesehen die Trägheit eines Körpers, soll heißen, der Widerstand, den er einer Änderung seines Bewegungszustands entgegensetzt. Stellen Sie sich vor, Luciano Pavarotti und ein spindeldürrer Nachwuchstenor stehen am Bühnenrand und haben keine Lust aufzutreten. Sie geben dem Nachwuchstenor einen kräftigen Schubs, und schon verändert er seine Position und stolpert ins Scheinwerferlicht. Angenommen, der Mann wiegt 52 Kilo, hat die Energie, mit der Sie ihm auf die Sprünge geholfen haben, ausgereicht, 52 Kilo dem Publikum auszuliefern. Wenden Sie die gleiche Energie bei Herrn Pavarotti auf, wird er sich nicht merklich von der Stelle rühren. Ich weiß zwar nicht, wie viel der beste Tenor der Welt heuer wiegt, definitiv aber werden Sie weitaus mehr Energie aufwenden müssen, um den gleichen Effekt zu erzielen wie bei dem Spindeldürren. Pavarottis Masse ist größer und damit auch seine Trägheit. Bezogen auf Himmelskörper heißt das, je schwerer, desto träger, weshalb wir in diesem Zusammenhang von träger Masse sprechen. Hat ein solcher Körper seine Trägheit einmal überwunden und sich in Bewegung gesetzt, erfordert es Energie, ihn wieder abzubremsen – umso mehr, je schneller er dahinrast. Ein wesentlicher Aspekt der Einstein'schen Relativitätstheorie ist folgerichtig die Äquivalenz von Masse und Energie, und italienische Startenöre sind, wenn sie einmal in Schwung geraten, kaum noch zu stoppen.

Laut Einstein zieht Masse einen erstaunlichen Effekt nach sich. Sie erzeugt Gravitation, indem sie sich gewichtig in die Raumzeit schmiegt und sie eindellt. Etwa so, als ob Sie ein Tuch spannen und einen Apfel darauf legen, dessen Gewicht in dem Gewebe eine Kuhle bildet. Platzieren Sie eine gleich große Bleikugel neben den Apfel, wird diese – weil schwerer – eine tiefere Delle erzeugen, in die der Apfel hineinrollt. Ähnlich verhält es sich mit massereichen Körpern wie Monden und Planeten. Die Raumzeit ist unser Tuch, der Apfel der Mond und die Erde das Bleigewicht. Wir sprechen nunmehr von schwerer Masse.

Sehr zu Recht wollen Sie wissen, warum der Mond nicht längst auf die Erde geplumpst ist. Hier kommt ein weiteres Phänomen ins Spiel: die Fluchtgeschwindigkeit. Himmelskörper sind in Bewegung. Wenn ihre Energie bzw. Geschwindigkeit hoch genug ist, kann die Anziehungskraft eines schwereren Körpers ausgeglichen werden – der leichtere Körper umkreist ihn in konstanter Entfernung. Auch diesen Effekt können Sie beobachten, etwa wenn Sie ein Spielkasino besuchen. Naturgemäß wird eine Roulettekugel im Innern einer abschüssigen Scheibe dem Zentrum zustreben, aber solange sie eine gewisse Geschwindigkeit beibehält, bleibt sie am äußeren Rand. Zwei Kräfte werden hier wirksam. Zum einen die Gravitation, mit der die Kugel zum tiefer liegenden Mittelpunkt gezogen wird. Zum anderen die Geschwindigkeit, mit der sie versucht, dem Mittelpunkt in gerader Linie zu entfliehen. Das Resultat ist eine Gleichung, deren Faktoren sich zugunsten des Zentrums – also der Schwerkraft – in dem Maße verschieben, wie die

Bewegungsenergie der Kugel abnimmt. Eine zweite Gleichung besagt, dass Sie das Kasino mit unfehlbarer Sicherheit im Zustand des Bankrotts verlassen werden, also stellen Sie das Experiment bitte nicht nach.

Auch Erde und Mond beugen sich dieser Gleichung, was verhindert, dass Frau Luna uns auf den Kopf fällt oder in die Weiten des Alls ausbüxt. Tatsächlich stürzt der Mond auf uns zu. Zugleich schießt er mit einer Fluchtgeschwindigkeit von durchschnittlich 2,4 Sekundenkilometern hinaus ins All. Im Mittel bleibt er uns damit vom Leib, ohne dass wir seiner verlustig gingen. Allerdings differiert seine Entfernung zur Erde ebenso wie die Geschwindigkeit, mit der er seine Bahn zieht. Dies wiederum verdankt sich den Kepler'schen Gesetzen. Johannes Kepler, ein deutscher Astronom, der an der Schwelle vom 16. zum 17. Jahrhundert lebte, beschrieb die Bewegungen der Planeten im Sonnensystem in drei Grundsätzen:

1. »Die Planeten bewegen sich auf Ellipsenbahnen, in deren einem Brennpunkt die Sonne steht.« (Kurz, sie bewegen sich in Ellipsen um die Sonne.)
2. »Der Fahrstrahl von der Sonne zum Planeten überstreicht in gleichen Zeiten gleiche Flächen.« (Simpler: In Sonnennähe bewegt sich ein Planet schneller als in Sonnenferne.)
3. »Das Verhältnis aus den 3. Potenzen der großen Halbachsen und den Quadraten der Umlaufzeiten ist für alle Planeten konstant.« (Ein wahrhaftes Ungetüm von Gesetz, das die Verhältnisse zwischen den Umlaufzeiten und den mittleren Abständen der Planeten zur Sonne definiert. Kepler fand heraus, dass sich der Quotient der Umlaufzeit zum Quotienten des durchschnittlichen Abstands eines Planeten immer 2 zu 3 verhält – das Teilungsverhältnis einer Quinte. So was liebt die Wissenschaft, perfekte Harmonie und mathematische Schönheit. Kepler war selbst entsprechend begeistert: »Allein es ist ganz sicher und stimmt vollkommen, dass die Proportion, die zwischen den Umlaufzeiten irgend zweier Planeten besteht, genau das Anderthalbe der Proportion der mittleren Abstände, d.h. der Bahnen selber, ist.«)

Was für Planeten gilt, trifft auch für den Mond zu. Folgerichtig ist er der Erde mal näher – gut 356.000 Kilometer – und mal ferner –

knapp 385.000 Kilometer –, ebenso wie er in Erdnähe ein bisschen schneller und weiter von ihr entfernt geringfügig langsamer wird. Dabei umrundet er unseren Planeten in etwas mehr als 27 Tagen. Seine Masse entspricht 0,0123 Erdmassen. Alle Faktoren zusammen wirken sich spürbar auf unsere Heimat aus, denn Gravitation ist wechselseitig. Nicht nur die Erde zieht den Mond an, sondern er seinerseits auch die Erde. Weil er der Kleinere und Schwächere von beiden ist, kann er nicht erwarten, dass die Erde ihn umrundet, dafür setzt er dort einiges in Bewegung. Sogar die Erdkruste hebt er bis zu einem Viertelmeter an, vor allem aber die Meere. Der Mond regelt die Gezeiten. Alles Wasser auf der ihm jeweils zugewandten Seite wird zu einem Flutberg aufgeschichtet, ein weiterer Berg bildet sich auf der gegenüberliegenden Erdseite.

Im ersten Moment ist man verwirrt: Wo kommt der andere Flutberg her? Schließlich gibt es dort keinen zweiten Mond. Verständlich wird es, wenn man einen zusätzlichen Faktor einbezieht: die Fliehkraft der Erde. Dazu muss man wissen, dass unser Planet zwar einen Mittelpunkt hat, sich aber nicht exakt um diesen dreht. Vielmehr bilden Erde und Mond aufgrund ihrer wechselseitigen Einflussnahme ein Gesamtsystem, das einen gemeinsamen Schwerpunkt umkreist, und der liegt einige tausend Kilometer vom Erdmittelpunkt entfernt. Die Erde schlingert darum ein bisschen, als sei sie betrunken. Als Folge dieses Schlingerns entsteht der zweite Wasserberg auf der Seite, die dem Mond abgewandt ist.

Komplex? Es kommt noch dicker. So wie Frau Luna die Erde umrundet, zieht diese ihre Bahn um die Sonne, eingefangen von deren enormer Masse, und tut dies – brav den Kepler'schen Gesetzen folgend – in Form einer Ellipse. Auch die Sonne übt eine Anziehungskraft auf unseren Planeten aus, wenngleich nur ein Drittel so stark wie der Mond. Je nach Entfernung zur Sonne oder der Konstellation umliegender Planeten (die ja alle ihre Masse ins Spiel bringen) kann diese Anziehungskraft differieren – auf alle Fälle aber spielt die liebe Sonne in der Gravitationsgleichung eine wichtige Rolle.

Speziell Sonnenfinsternisse sind Ereignisse, während derer das Meer gern aus dem Bett steigt. Dann nämlich liegen Sonne, Mond und Erde auf einer Achse, und die gravitativen Kräfte summieren sich. Das Resultat sind Springfluten. Bilden die drei hingegen einen rechten Winkel, mit der Erde im Scheitelpunkt, konkurrieren Sonne und Mond in Sachen Schwerkraft miteinander. Man kann auch sagen, die Sonne nimmt dem Mond den Wind aus den Segeln, und die Gezeiten fallen gemäßigter aus.

Jegliches Wasser auf der Erde ist den kosmischen Kräften unterworfen. Menschen, die ihr Leben nach Frau Luna regeln, behaupten darum gerne, bei Vollmond selber ins All gehievt zu werden, schließlich bestünde ihr Körper ja zu gut zwei Dritteln aus H_2O. Stimmt. Nur wenn man die Gravitationsgleichung auf Menschen anwendet, wird die Auswirkung verschwindend gering. Es ist schon was anderes, ob Mond und Pazifik aneinander zerren oder Frau Luna an Frau Schmitz, die rechnerisch viel eher Gefahr liefe, der Schwerkraft ihres Frühstückseis zu erliegen. Und wann hätte man je gesehen, dass Menschen Eier umkreisen oder auf deren Oberfläche stürzen.

Ein Ozean fällt da schon mehr ins Gewicht. Nach unserem Exkurs in Einstein'sche und Kepler'sche Welten wissen Sie jetzt, dass die Meere vom Mond angezogen werden, ihrerseits aber auch auf diesen einwirken, als seien sie durch ein Gummiband mit ihm verbunden. Hinzu kommt, dass der Trabant unseren Globus zwar binnen 27 Tagen umrundet, die Erde jedoch um einiges schneller rotiert. Dadurch stehen die Flutberge nie direkt unter dem Mond, sondern verdrehen sich im Bemühen, ihre Plätze einzunehmen, müssen Kontinente umfließen, den Reibungswiderstand des Meeresbodens überwinden, sind also immer ein bisschen spät dran. Als Folge beeinflussen sie das Drehmoment des Mondes, der jährlich 3,28 Zentimeter von uns wegdriftet – in der Frühzeit war er uns wesentlich näher. Damals lag die Drift-Rate niedriger, weil die Kontinente zu einer einzigen Landmasse verklumpt waren und das Wasser der Mondposition schneller zu folgen vermochte. Heute sind Afrika, Europa, Amerika, Australien, Asien und etliche Inseln den Fluten im Weg. So nimmt die Distanz zwischen Erde und Mond kontinuierlich zu. Derzeit ist unser Planet in den besten Jahren, soll heißen, ihm bleiben weitere viereinhalb Milliarden Jahre, bis er in die Sonne stürzt. Spätestens dann wird der Mond nur noch ein Pünktchen am Himmel sein, ohne dass jemand sein Missfallen darüber bekunden dürfte. Bis dahin sind wir nämlich längst verdampft, inklusive aller Wölfe, die den entrückten Trabanten noch anheulen könnten.

Schon vorher allerdings wird sich das Verhältnis Erde – Mond gewandelt haben. Wie wir sehen, verzögern die beiden Flutberge die

Erdrotation beständig, wodurch sich unser Planet mit jedem Jahr ein bisschen langsamer dreht: 0,002 Sekunden, um genau zu sein. Ein Effekt, der sich summiert. In zwei Milliarden Jahren werden die ständigen Bremsmanöver die Erde so sehr verlangsamt haben, dass sie sich ihre Drehungen nur noch mit Ach und Krach abquält. Was alles ändert! Wer dann eine Nacht durchmachen will, muss 960 Stunden am Stück feiern und saufen. So ein Tag, so wunderschön wie heute, dauert entsprechend lange, aber wahrscheinlich ist allein die Hälfte davon nötig, um den mordsmäßigen Kater auszukurieren. Die längeren Tage und Nächte führen zu extremen Temperaturschwankungen, infolge derer sämtliche Gebirge erodieren und wir unter Kuppeln leben oder in gewaltigen mobilen Städten dem Sonnenlicht hinterherreisen. Voll getankt mit der Energie eines ganzen Monats, ziehen sich Pflanzen nachts in den Boden zurück und leben vom Eingemachten, während Tiere Tag- und Nachtspezies ausbilden, die einander nie begegnen – was praktisch wäre, weil sie dann Höhlen-Sharing betreiben könnten.

Was, fragt man sich angesichts solcher Aussichten, wäre die Erde denn ganz ohne Mond?

Dann hieße sie »Solon«. Jedenfalls nach dem Willen des Astronomieprofessors Neil F. Comins, der das Szenario einer mondlosen Erde in seinem Buch *What If the Moon Didn't Exist?: Voyages to Earths That Might Have Been* anschaulich darlegt. Ausgangspunkt seiner Überlegungen ist: Theia kollidierte nicht mit der Erde, sondern zog vorbei beziehungsweise kreuzte gar nicht erst auf. Die Erde verleibte sich demnach keine zusätzliche Materie ein, und unser vertrauter Begleiter formte sich nicht aus Trümmern. Karl Enslin hätte den guten Mond nicht besingen können, der so stille geht, was zu den harmlosen Folgen gehörte. Viel schlimmer wäre es, Schuhe kaufen zu gehen: Man bräuchte sechs bis acht Treter, die man alle anprobieren müsste, weil der Mensch vermutlich ein paar Beine mehr hätte. Aller Wahrscheinlichkeit nach gäbe es aber nicht mal Menschen – noch nicht zumindest, weil Miss Evolution die Arbeitsbedingungen auf Solon missfallen hätten, sodass sie allenfalls 100 Millionen Jahre später tätig geworden wäre.

Dazu muss man wissen, dass die Erde vor dem Theia-Zwischenfall ein bisschen flotter rotierte, nämlich etwa dreimal so schnell wie heute. 1.095 Tage hatte ein Jahr. Der höhere Drehimpuls sorgte für heftige Turbulenzen in der jungen Atmosphäre. »Festhalten!«, ist man geneigt, dem Unglücklichen zuzurufen, der auf einer solchen Welt Fuß fassen will, aber da lebte noch niemand. Erst nachdem Theia aufgeklatscht war, begab sich der neu entstandene Mond auf seine elliptische Reise und begann, die rasende Erde abzubremsen, indem er Ebbe und Flut erzeugte. Gleich nach seiner Geburt stand er uns weit näher. Riesig prangte er am Himmel, entsprechend heftige Gezeiten verursachte er, gewaltige Flutberge, die einen regen Nährstoffaustausch zwischen Meer und Land in Gang setzten. Ohne ihn hätte dies kaum geschehen können. Einzig die Sonne wäre als Gezeitenmotor verblieben, doch ist sie uns 400 Mal ferner als der Mond und kaum geeignet, das Meer nennenswert in Bewegung zu setzen. Der Sauerstofftransport zwischen Ozean und Küste zum Beispiel hätte nicht in erforderlicher Weise stattfinden können, um höheres Leben zu begünstigen, das nach dem Siegeszug der Photosynthese primär in den Übergangszonen vom Wasser zum Land gedieh. Doch selbst ob die Urformen des Lebens, die allerersten Zellen, hätten entstehen können, ist fraglich. Zwar kommt die Russel-Martin-Hypothese (Leben hat sich an unterseeischen Schloten gebildet) ohne Land und Gezeiten aus. Fest verankerte Protozellen konnten auf rein vulkanischer Basis existieren. Doch spätestens als sich die Zellen von der Schlotwand lösten und im freien Ozean trieben, waren sie auf elementare chemische Bausteine angewiesen. Immer wieder musste das Wasser durchmischt, mussten Mineralien von den Küsten gewaschen werden, um genügend Lebensenergie bereitzustellen – ein Prozess, der ohne Ebbe und Flut schwer vorstellbar ist.

Zweitens, so Comins, lastete vor der Begegnung mit Theia ein dicker und schwerer Mantel aus vulkanischem Kohlendioxid auf der Erde. Der Zusammenprall fegte einen Teil der giftigen Treibhausgase ins All, wodurch die Atmosphäre leichter wurde und den später frei werdenden Sauerstoff besser aufnehmen konnte. Ohne die Karambolage hätte es das Leben weit schwerer gehabt. Vorausgesetzt, die Photosynthese wäre unter solch erschwerten Bedingungen überhaupt entstanden, hätte die Atmosphäre dennoch nicht genügend Sauerstoff speichern können, um die Entwicklung großblättriger Photosynthese-Fabriken, sprich Landpflanzen, nachhaltig zu begünstigen.

Comins' Theorie scheint von bestechender Klarheit. Die ungebremste Erde rotiert so schnell, dass ein Tag eben mal vier bis fünf

Stunden dauert. Infolgedessen toben Monsterhurrikans über die Ozeane und Kontinente, ohne Unterlass. Hohe, steile Berge findet man auf Solon nicht, sie wurden von dem gnadenlosen Dauersturm längst abgeschliffen. Definitiv sind die Meere nicht befahrbar, 30 Meter hohe Wellen verbannen jeden Gedanken an Schifffahrt ins Abseits. Ruhebedürftigen ist Solon schon gar nicht zu empfehlen. In das Heulen und Brausen des Windes mischt sich das Donnern der Brandung, Sand und Gestein prasseln mit ohrenbetäubendem Lärm auf blanken Fels, noch übertönt vom trommelnden Dauerregen. Ebenso wenig könnte man Solon als Luftkurort empfehlen, schon aufgrund des geringen Sauerstoffgehalts, aber auch, weil man bei Windgeschwindigkeiten von mehreren hundert Stundenkilometern äußerst robuste Lungen braucht.

Dennoch könnte Solon Leben tragen, so Comins, auch höher entwickeltes. Nur sähe es ganz anders aus. Angenommen, Sie wären ein Solonit, dann hätten Ihre Vorfahren schon mal nicht von den Bäumen steigen können, weil auf Solon nichts in die Höhe wächst. Nur robuste, bodennahe Vegetation wie Flechten und Kriechgewächse, die ihre Pfahlwurzeln tief ins Erdreich treiben, widerstehen den Naturgewalten. Großflächige, zarte Blätter zerreißen. Vor ähnliche Probleme sehen sich Tiere und andere Lebewesen gestellt, die wir uns wie Kreationen aus dem Windkanal vorstellen müssen, nämlich flach und bodennah. Eine grazile Schönheit wie Scarlett O'Hara würde vom Winde verweht, ehe sie dreimal »Tara!« sagen könnte. Die solonitische Scarlett ist gedrungen, hat eine hornige, feste Haut und sechs oder acht muskulöse Beine mit kräftigen Krallen, um sich am Boden fest zu verankern. Damit würde sie Rhett Butler nicht freudig entgegenlaufen, sondern in Zeitlupe auf ihn zukriechen. Ein Blick in die Augen des Geliebten würde erfordern, mehrere Lider nacheinander spaltbreit zu öffnen, die als Schutz vor Sandstürmen dringend erforderlich wären. Und wenn er sie schließlich im Schneckentempo verlässt, hätte es wenig Sinn, ihm hinterherzurufen, weil es in all dem Lärm kaum zur Ausbildung von Sprache gekommen wäre – zumindest keiner Sprache, wie wir sie kennen. Vielleicht könnte der Scheidende »Frankly, my dear, I don't give a damn« sagen, indem er eine durchdringende Frequenzfolge absondert, sagen wir in Ultraschall, die Scarletts Gehör aus dem allgegenwärtigen Donnern und Tosen herausfiltert. Eher stünde zu vermuten, dass sich Soloniten via Licht verständigen.

Die solonitische Scarlett würde einen robusten, langen Schwanz ausfahren, dessen Ende biolumineszierende Bakterien enthielte. Vielleicht hätte sie sogar mehrere solcher Extremitäten. Lichtsignale, wie Tiefseefische sie absondern, wären Dialogen zuträglicher, als sich die Seele aus dem gepanzerten Leib zu schreien. Intelligente Soloniten könnten so eine hochkomplexe Lichtsprache entwickelt haben. Je nach Region würde das Vokabular differieren, sodass Menschen, die mehrere Sprachen sprächen, sich rühmen dürften, ganz große Leuchten zu sein. Auch nächtliche Rendezvous wären kaum vorstellbar. Denn solonitische Nächte sind schwarz, pechschwarz. Kein strahlender Lampion überzieht die Erde mit silbrigem Licht, sieht man davon ab, dass ohnehin alles voller Wolken hängt.

Und wie sieht's im Meer aus?

Nun, kein Landbewohner ohne marine Vielfalt. Zwar sind solonitische Meere arm an Nahrung und Sauerstoff. Doch folgt man dem Modell von Russel und Martin, verdankt sich die Entstehung früher Organismen der chemischen Versorgung aus dem Erdinneren, wozu es keiner Gezeiten bedurfte. An den hydrothermalen Schloten der Tiefsee war man auf Sauerstoff vorerst nicht angewiesen. Den setzte man später selber frei. Sicher mögen Ebbe und Flut die rasche Entwicklung des Lebens begünstigt haben, indem sie den tieferen Wasserschichten Sauerstoff und Mineralien zuführten. Doch die photosynthetische Revolution vollzog sich an der Oberfläche. Man kann unterschiedlicher Ansicht darüber sein, bis in welche Tiefen solonitische Ozeane höheres Leben aufweisen und ob sich Fische, die auf Sauerstoff angewiesen sind, dort finden. Andererseits reicht einfachen Organismen Methan oder Schwefel zum Leben. Warum sollte die Evolution keinen Weg gefunden haben, auch höheren Wesen ein Dasein mit wenig Sauerstoff zu ermöglichen?

Strittiger ist die Frage, wie die Uratmosphäre vor Theias Aufprall beschaffen war. Aktuelle Modelle skizzieren eine zwar giftige, aber dünne Atmosphäre, die unablässig von Sonnenstürmen zerfetzt wurde, zumal der Planet nicht schwer genug war, den Gasmantel an sich zu binden. Hier beißt sich die Schlange in den Allerwertesten. Ohne Zusammenprall keine Gewichtszunahme, also auch keine stabile Atmosphäre. Möglicherweise umgab sich die Erde damals nur mit Helium und Wasserstoff und lagerte das schwerere

CO_2 in ihrem Inneren. Durchaus denkbar also, dass das Leben in den Tiefen der Ozeane stecken geblieben wäre, wo es andere Wege hätte einschlagen können.

Im Grundsatz scheiden sich die Geister. Der französische Astronom Jacques Laskar etwa hält ein Leben ohne Mond für ausgeschlossen. Glaubt man ihm, wäre die Erde – einzig den Schwerefeldern der Sonne und der anderen Planeten ausgesetzt – ohne die stabilisierende Kraft eines Trabanten ins Torkeln geraten. Was an sich nichts Außergewöhnliches ist. Alle Rotationsachsen von Himmelskörpern schwanken, auch die der Erde, wenngleich nur geringfügig. Doch selbst dieses harmlose Schlingern hat dazu beigetragen, Eiszeiten auszulösen. Ohne Mond würde die Erdachse nicht taumeln, sondern alle paar Millionen Jahre komplett umkippen, so wie es bei der Venus geschehen ist. Wo aber Äquator und Südpol eben mal die Plätze tauschen, sind klimatische Sperenzchen zu erwarten. Nicht eben die besten Voraussetzungen für Leben.

Andere Wissenschaftler halten Comins' Szenario für maßlos übertrieben. Sicher, die Gezeiten wären schwächer, aber auch ohne Mond hätte sich die Erddrehung verlangsamt, das hätte die Sonne geregelt. Schon möglich, kontert Comins, dennoch wäre ein Tag nicht länger als maximal acht Stunden. Viel zu kurz, um sinnvollen Tätigkeiten nachzugehen. Kaum hätte sich der Solonit seine acht Schuhe zugebunden, könnte er sie auch gleich wieder ausziehen.

Wir sollten also froh sein, ihn zu haben, unseren verkraterten Kumpan. Ungeachtet dessen hat sich der amerikanische Mathematik-Professor Alexander Abian Anfang der neunziger Jahre dafür ausgesprochen, den Mond zu sprengen. Ein paar geschickt platzierte Atombomben, und das narbige Ding verwandele sich zurück in den Haufen Schutt, aus dem es mal entstanden sei. Die Rotationsachse der Erde würde sich aufrichten, Monsterhurrikans gehörten der Geschichte an, allerorten würde es blühen und tirilieren, in der Sahara könnte man Golfplätze anlegen, und die ganze Welt würde sich der Durchschnittstemperatur eines gediegenen Rentnerparadieses erfreuen. Schneller rotierte die Erde nicht, denn abgebremst sei abgebremst.

Wohin mit dem Trabanten? Kein Problem! Die Sprengungen ließen sich so ausrichten, dass der Mond in den Pazifik plumpse. Dass praktisch jede Küstenstadt unter gewaltigen Tsunamis begraben würde, tja ... ein bisschen Schwund sei überall. Die paar Städte würde Abian verschmerzen, wenn er im November Shorts und T-Shirt tragen könnte.

Dem ist, denke ich, nichts hinzuzufügen.

Beulen im Meer

Bleiben wir noch ein bisschen auf dem Mond.

Da stehen Sie in Ihrem Raumanzug im Mare Tranquillitatis und staunen. Hingerissen sind Sie von der fernen Erde, die leuchtend blau über dem Mondhorizont aufgegangen ist. Ihr Blick erwandert die glitzernden Flächen der Ozeane – wie poliert liegen sie vor Ihnen. Natürlich sieht man vom Mond aus keine Wellen. Spiegelglatt erscheinen Indischer Ozean, Pazifik und Atlantik, und glatt sind sie tatsächlich: ungefähr so glatt wie die Toskana.

Hä?

Nein, der Autor leidet nicht an Schlafmangel, hat nicht getrunken und nichts Schlechtes geraucht. Die Meere sind nicht plan. Vergessen Sie alles, was Sie über schwimmenden Estrich je gehört haben. Die Ozeane dellen sich zu Tälern ein und wölben Gebirgszüge hoch. Die Rede ist nicht von Wellen, wohlgemerkt! Ozeane sind Buckelpisten von gigantischen Ausmaßen. So kann es während einer Atlantiküberquerung geschehen, dass man im Laufe eines Tages Höhendifferenzen von bis zu 130 Metern überwindet.

Es bedurfte moderner Satellitentechnologie, um zu erkennen, was die schöne runde Erde in Wirklichkeit ist: ein verbeultes Ei. In den achtziger Jahren des vorangegangenen Jahrhunderts schoss die amerikanische Marine einen Radarsatelliten namens Geosat in eine polnahe Umlaufbahn, der die Oberfläche der Weltmeere kartieren sollte. Man ahnte bereits, dass der Meeresspiegel nicht überall gleich hoch lag. Radar vermag Wasser nicht zu durchdringen, sondern wird von seiner Oberfläche reflektiert wie von Beton – die Methode versprach also recht präzise Daten zu liefern. Aber niemand war vorbereitet auf das, was Geosat schließlich enthüllte: Berge und Senken, Auftragungen und Einmuldungen. Südlich von

Indien lag der Meeresspiegel 170 Meter tiefer als im nördlichen Atlantik. Nördlich von Australien türmte sich ein 85 Meter hoher Berg auf, längs durch den Atlantik verlief ein gewaltiger Hügelkamm. Allerorten fanden sich kleinere Niveauunterschiede von rund zehn Metern. Ein seltsam vertrautes Muster zeichnete sich ab, bis ein paar Wissenschaftlern plötzlich aufging, was sie da vor sich hatten: die Blaupause unterseeischer Gebirge! Sie waren es, die sich an der Wasseroberfläche manifestierten. Nicht im Detail zwar, aber doch in groben Zügen.

Die Konsequenz war atemberaubend. Um ungefähr zu wissen, wie es am Grund der Ozeane aussah, musste man lediglich die Kartierungsdaten der Oberfläche studieren.

Nur, was bewirkte den Effekt? Eine Weile dauerte es, bis man alle Gründe kannte. Es sind mehrere. Den vielleicht größten Anteil hat die Schwerkraft. Wir erinnern uns der Definition von Masse und aller daraus resultierenden Konsequenzen. Je mehr Masse ein Körper hat, desto stärker ist seine Anziehungskraft. Das gilt indes nicht nur für Himmelskörper untereinander, sondern ebenso für jegliche Materie auf der Oberfläche und im Inneren unseres Planeten. Alles, was Masse hat, besitzt ein eigenes Schwerefeld, über das es in Wechselwirkung mit anderen Körpern tritt. Auch der Meeresboden zieht auf diese Weise Wasser an. Fügt man ihm Masse hinzu, etwa indem man einen Berg draufsetzt, muss seine Anziehungskraft an dieser Stelle folgerichtig stärker werden. Man sollte glauben, im Meer entstünde eine Delle. Erstaunlicherweise ist das Gegenteil der Fall. Das umliegende Wasser wird seitlich zum Berg hingezogen und schichtet sich zu einem Buckel. Über Tiefseegräben wiederum fällt der Meeresspiegel ab. Als Folge erhält man so ein morphologisches Profil des Bodens, ohne sich die Zehen nass zu machen.

Leider zeigte sich schnell, dass die Sache einen Schönheitsfehler hatte. Denn auch über einigen Tiefebenen wölbt sich das Wasser, dort wo der Boden flach ist und eindeutig keine unterseeischen Erhebungen aufweist. Nach einigem Kopfzerbrechen gelang es, auch diesen Effekt der Schwerkraft zuzuordnen. Je weiter nämlich Meeresboden vom Mittelozeanischen Rücken, wo er entsteht, wegdriftet, desto älter und kälter wird er. Und was abkühlt, das wird dichter. Wer sich jemals an Soufflés versucht hat, weiß um die Folgen raschen Erkaltens. Die Leckereien werden platt wie Flundern, ohne an Masse zu verlieren. Ein verunglücktes Soufflé wiegt aufs Gramm genau dasselbe wie ein gelungenes, auch wenn dieses größer erscheint. Tatsächlich ist es lediglich poröser, so wie frisch erstarrte Lava vom Mittelozeanischen Rücken poröser ist als alter, kalter Meeresboden. In den fraglichen Regionen fanden sich bei näherer Untersuchung sehr alte, stark komprimierte Gesteine, Flachebenen zwar, allerdings von der Masse stattlicher Gebirge.

Ein gutes Beispiel, wie sich die Topographie des Meeresbodens auf die Wasseroberfläche auswirkt, liefern die griechischen Gewässer. Etwa, wenn Sie den Meeresspiegel im Kanal von Korinth mit dem im Hafen von Patras vergleichen – letzterer liegt sieben Meter tiefer. Südlich von Kreta durchzieht ein lang gezogenes, flaches Tal die See, und tatsächlich finden wir dort einen Tiefseegraben, wo eine Erdplatte unter eine andere abtaucht. Ähnliche Gräben lassen sich rund um die Philippinische Platte nachweisen, westlich von Indonesien und nördlich von Neuseeland. Nicht mal aufs Meer rausfahren müssen Sie. Der Genfer See sieht lediglich so aus, als sei er glatt, stattdessen weist er Dellen und Gräben auf und ist in Genf zwei Meter höher als im gegenüberliegenden Montreux.

Aber wie verhält es sich dann mit dem berühmten schwimmenden Estrich? Wenn man den auf einem unebenen Kellerboden verteilt, zeichnet sich hinterher doch auch kein Relief ab, sondern man erhält eine perfekte Fläche. An dieser Stelle muss ich Maurer und Fliesenleger leider ihrer Illusionen berauben: Auch der Estrich gehorcht der Schwerkraft, nur sind die Schwankungen derart gering, dass sich selbst die Wasserwaage foppen lässt. Ozeane wie Estrich werden senkrecht zum Schwerezentrum der Erde gezogen, zum Erdmittelpunkt. Übrigens ein Grund, warum es außerhalb der bloßen Mathematik auf Erden keine parallelen Linien gibt. Zwei strammstehende Soldaten, einen Meter voneinander entfernt, scheinen in perfekter Parallelität zu stehen, tatsächlich bilden sie einen Winkel, weil sie demselben Gravitationszentrum zustreben und nicht jeder seinem eigenen. Handelsübliche Messgeräte kommen der Schieflage nicht auf die Spur. Denn auch sie orientieren sich an der Erdschwerkraft und gaukeln uns beispielsweise vor, das Meer sei eben. Angenommen, Sie stehen an Bord eines Schiffes, werden Sie sogleich Opfer der Eigentümlichkeiten von Schwerefeldern. Samt Ihrer Körpersäfte streben Sie dem Mittelpunkt der Erde entgegen, sprich, das Meer, das Schiff, Sie selber, alles steht schief. Für

Sie aber erstreckt sich da ein perfekter, waagerechter Horizont. Weil die Neigungswinkel der Wasserberge zudem sehr flach sind, bekommen Sie von dem Auf und Ab nichts mit. Meine Frau Sabina, die Schiffsreisen wenig abgewinnen kann, hat mir versichert, das sei außerordentlich beruhigend.

Ein weiterer Grund für die unterschiedlichen Levels findet sich im Verhalten der Meeresströmungen, auf die wir später noch genauer zu sprechen kommen. Gewaltige Wirbel, so genannte Eddies, sind in den Ozeanen unterwegs, mit Durchmessern bis zu hundert Kilometern und mehr. Wenn Sie zu Hause das Badewasser ablassen, bildet sich ein solcher Wirbel in klein, der in der Mitte eine Kuhle aufweist. Eine ebensolche Delle findet man im Zentrum der ozeanischen Riesenwirbel, die sich dafür an den Rändern hochwölben. Rotierend wie Galaxien aus Wasser sind die Eddies in den Meeren unterwegs, selber Teile größerer Wirbel, die ihrerseits in Gigawirbeln aufgehen. Das Ganze setzt sich fort, bis man erkennt, dass die kompletten Ozeane in Rotation befindlich sind. Oberhalb des Äquators kreisen die Wirbel im Uhrzeigersinn, unterhalb davon in entgegengesetzter Richtung, und sie rotieren umso schneller, je näher sie den Polen kommen. Verantwortlich dafür ist diesmal nicht die Schwerkraft, sondern die Erddrehung.

Ein solcher Gigawirbel dreht sich im Atlantik, mit einem leicht nach Westen versetzten Mittelpunkt. Dadurch drängt der Wirbel gegen Nordamerika, quetscht dort den Golfstrom gegen die Küste, staut ihn auf und wölbt ihn hoch. Bedingt durch die höhere Reibung wird der Strom verlangsamt, zugleich aber von starken Winden und dem Sog des Nordpazifiks beschleunigt. Die Bilanz gleicht sich aus, getreu dem Satz von der Erhaltung des Drehimpulses, wonach eine Kreisbewegung so lange konstant bleibt, bis sie durch äußere Einflüsse gestört wird.

Selbst die Atmosphäre scheint ihren Einfluss auf die Höhe des Meeresspiegels geltend zu machen. Denn auch Luft hat ein Gewicht. Es gibt Tiefdruck- und Hochdruckgebiete, die in unterschiedlicher Weise auf die Ozeane einwirken und das Niveau der Wasseroberfläche bis zu einem gewissen Grad mitprägen.

Seit 2002 ist der Satellit *Jason-1* den Feinheiten der ozeanischen Topographie auf der Spur. Ausgestattet mit Mikrowellen-Radiometer, Laserreflektor und GPS misst er die Oberfläche auf 4,2 Zentimeter genau, untersucht Meeresströmungen und erforscht die wechselseitige Einflussnahme von Klima, Atmosphäre und Meer. 2008 soll ihm der verbesserte *Jason-2* nachfolgen. Vielleicht wird man bis dahin ein paar bislang ungelösten Rätseln auf den Grund gegangen sein, etwa warum im Nordatlantik eine so viel höhere Gravitation herrscht als im Indischen Ozean. Die Topografie des Meeresbodens allein erklärt die krassen Unterschiede nicht. Vielleicht müssten wir ein weiteres Mal unser hitzeresistentes Bohrfahrzeug bemühen und im Erdinneren nachsehen, wo die Ursache in Regionen unterschiedlicher Dichte liegen könnte. Sogar der Erdkern selbst kann Anomalien des Meeresspiegels auslösen. Aus den schon erwähnten Gründen schließt sich die Fahrt zum Herzen des Planeten aber aus, weshalb wir einmal mehr in Richtung Weltraum schauen. Zwei Sonden, die europäische *Grace* und ihr amerikanischer Zwilling *Champ*, vermessen derzeit das Schwerefeld der Erde aufs Neue. Aufschluss erhoffen sich die Betreiber auch bezüglich der Frage, wie es tatsächlich um den viel zitierten Anstieg des Meeresspiegels bestellt ist. Fest steht bis jetzt lediglich, dass die Erwärmung der Atmosphäre nicht überall auf der Welt die gleichen Auswirkungen hat.

Sie an Bord Ihres Schiffes jedenfalls schwören Stein und Bein, dass der Horizont schnurgerade verläuft und von Bergen und Tälern keine Rede sein kann. Gut so. Wir wollen Sie in dem Glauben lassen, denn Sie haben gerade ein ganz anderes Problem.

Drehen Sie sich mal um.

Wellensalat

Wind ist der Welle lieblicher Buhler,
Wind mischt vom Grund aus schäumende Wogen.
Seele des Menschen, wie gleichst du dem Wasser!
Schicksal des Menschen, wie gleichst du dem Wind!

So weit die Betrachtungen eines gewissen Herrn Goethe, dessen unerschöpflicher Geist Naturwissenschaft und Poesie kongenial zu vereinen wusste. Welche Hand, die da nicht zum Auge fährt, um Gischt aus dem Winkel zu wischen. Ein weiterer Spritzer gefällig?

Des Menschen Seele
gleicht dem Wasser:
Vom Himmel kommt es,
zum Himmel steigt es,
und wieder nieder
zur Erde muss es,
ewig wechselnd.

Ach! Kaum dass es einen zu halten vermag. Im Innersten drängt es uns, mit wehenden Rockschößen im Bug zu stehen. Nein, von Buckeln und Dellen im Meeresspiegel dürfte der wortgewaltige Geheimrat wenig gewusst haben, aber das Prinzip der Verdunstung war ihm klarer als Lagunenwasser, wie er auch eines der wichtigsten Prinzipien beschrieben hat, dem sich die Erzeugung von Wellen verdankt. Der Wind, er buhlt um die Welle! In ewiger Liebe zum Nass sucht er sie in romantische Wallung zu versetzen, was ihm je nach Anstrengung mal mehr, mal weniger gelingt. Ein immer während es Werben ist das, ein nicht enden wollendes Petting der Elemente: zärtlich, wo Fluten erschauernd sich kräuseln, heftig im Vorspiel, im tosenden Akt orgiastisch sich steigernd, dann brüllend der Höhepunkt, endlich Erschöpfung, in friedvoller Stille sich glättende Wogen, ein Spritzer, ein letzter ... sanft wiegende See.

Tja, die Romantik.

Eine Zeit wogender Emotionen und damit dem Meer näher als allem anderen. Nicht von ungefähr beschwört Wagner auf wallender Welle den *Fliegenden Holländer*, fließen im *Rheingold* die Wasser im Gleichmaß des Stromes. Anatols Liadows *Der verzauberte See* widmet sich der Magie der Binnengewässer, während Antonin Dvořáks *Wassermann* sein triefendes Haupt aus dem Abgrund reckt. Nichts vermag die Ambivalenz menschlichen Daseins so treffend auszudrücken wie Wasser. Nicht mal der rauschende Wald vereint Gutes und Böses, Verzückung und Hader, Liebe und Hass so stimmig.

Eben noch haben Sie den Horizont betrachtet, breitbeinig, die Hände um die Reling geklammert, haben zugesehen, wie mächtige Wellen herangerollt kamen und das Schiff hoben und senkten. Schwere See, ohne dass Anlass zur Furcht bestünde. Jetzt schauen Sie hinter sich in Erwartung ähnlicher Eindrücke und starren in dunkles Graugrün. Einen Moment lang stutzen Sie. Schon Abend? So schnell ist die Dämmerung heraufgezogen? Dann begreifen Sie, dass es keineswegs der Abend ist, der sich da heranwälzt, sondern eine Wand, gekrönt von rissigem Weiß. Annähernd dreißig Meter hoch dürfte die Welle sein, eine Front, die zu erklimmen unmöglich scheint, weil sie zu steil ist und Ihr Schiff an Höhe weit überragt. Unerbittlich rollt das Monstrum auf Sie zu. Es wird Sie fressen, so viel steht fest. Die See wird Sie verschlingen! Was dann kommt, entzieht sich jeder Vorstellungskraft.

Ich weiß, der Moment ist nicht ganz passend. Aber genau jetzt wollen wir uns ein wenig mit Grundlagenphysik beschäftigen. – Keine Angst, ich bringe Sie noch rechtzeitig in Sicherheit.

Im Zuge unserer Annäherung aus dem Weltraum sind wir dem Meer immer näher gekommen. Wir haben gesehen, wie der Mond gewaltige Wasserberge über die Erde treibt, haben die bucklige Struktur der Ozeane entschlüsselt und sind an Bord eines Schiffes gegangen, mitten hinein in heftige See. So weit sind wir ins unbekannte Universum vorgestoßen, dass uns das Wasser aus den Haaren rinnt, der Sturm geräuschvoll in unserer Jacke knattert und unsere Mundwinkel sich mit Salz verkrusten. Neben uns steht der selige Bömmel aus der *Feuerzangenbowle*, hat seine Schuhe ausgezogen und sagt:

»Jetz stelle mer uns emal janz dumm und frajen: Wat is en Well'?«

Genau, Herr Lehrer. Warum ist Wasser nicht glatt? Goethe wusste es und hat in seinem *Gesang der Geister über den Wassern* die Antwort gegeben. Der Wind ist schuld. Stimmt. Leider begeht der Dichter nachfolgend einen Kardinalfehler, indem er den Wind auf den Meeresgrund schickt: »Wind mischt vom Grund aus schäumende Wogen.« Nein, eben das tut er nicht. Der Wind bewegt lediglich die Oberfläche – was allerdings oft genug reicht, um uns über die Planke der nackten Existenz zu treiben.

Bömmel sagt, wir müssen vorher anfangen.

Also gut: »Wat is Wind?« Zu seiner Entstehung braucht man vor allem zweierlei: eine Atmosphäre, also ein Gasgemisch von einer gewissen Dichte, sowie eine Sonne, um das Gemisch aufzuheizen. Anders gesagt, um die Luftteilchen in einen höheren Energiezustand zu versetzen, wodurch sie umherzuflitzen beginnen, ihre Abstände sich vergrößern und das Gemisch an Dichte verliert. Allerdings wird die irdische Atmosphäre nicht gleichmäßig erwärmt und wieder abgekühlt. Auf einer Seite des Globus scheint schon mal stundenlang gar keine Sonne. Auf der anderen Seite erreicht uns Wärme in unterschiedlicher Intensität. Im Norden etwa bleiben die Temperaturen niedriger als am Äquator, zudem regeln Wolken die Verteilung von Energie. Die Luft gerät in verschieden starke Bewegungs- und Dichtezustände, und es entstehen die berühmten Hoch- und Tiefdruckgebiete, mit denen Jörg Kachelmann den Wetterfrosch über die Leiter jagt.

Nun ist alles in der Natur auf Ausgleich bedacht. Tiefdruckgebiete sind Regionen mit einem geringeren Luftdruck, als er in umliegenden Gebieten herrscht. Demgegenüber weist sich ein Hochdruckgebiet durch höheren Druck aus: Hier sinken Luftmassen großflächig ab und erwärmen sich, was zur Folge hat, dass die Feuchtigkeit nicht kondensiert und keine Wolken entstehen. Darum ist uns das Hoch so sympathisch. Dicht über dem Boden angelangt, verteilen sich die abgesunkenen Luftmassen und breiten sich in benachbarte Tiefdruckgebiete aus, um genau den Ausgleich herzustellen, den der zweite Hauptsatz der Thermodynamik verlangt. Diesem zufolge müssen Luftteilchen gleichmäßig verteilt sein, überhaupt jegliche Teilchen. Hat man beispielsweise drei Kinder und sechs Puddingteilchen, muss jedes Kind zwei bekommen, andernfalls gibt es ein schweres Gewitter.

Aufgrund dieses Ausgleichsprinzips ist die Atmosphäre in ständiger Bewegung. Sie strömt von hier nach dort, und dieses Strömen nennen wir Wind. Wie stark Winde ausfallen, hängt von den Dichteunterschieden in den Hoch- und Tiefdruckgebieten ab. Stellen Sie sich das Ganze als schräge Ebene vor: oben das Hochdruck-, unten das Tiefdruckgebiet. Fallen beide mäßig aus, rutschen die Luftteilchen moderat die Schräge herab, und wir erhalten eine angenehme Brise. Je größer der Unterschied, desto steiler wird unsere Schräge, bis die Luft mit Karacho nach unten saust. In diesem Fall gibt's Sturm. Aus physikalischen Gründen ist der Beschleunigung des Windes eine Obergrenze gesetzt; weshalb er nicht schneller wehen kann als mit 520 Stundenkilometern. Ein Narr, wen das beruhigt – der Hurrikan, der im August 2005 New Orleans unter Wasser setzte, war gerade mal halb so schnell.

Wenn nun der Wind übers Land fegt, entsteht Reibung. Land leistet Widerstand, Stürme geraten zu Kraftproben. Bäume kann ein Orkan zwar entwurzeln, auch Gebäude zertrümmern. Das Land selber jedoch widersteht seiner Gewalt und bremst ihn ab.

Wasser verhält sich da anders.

Sein molekularer Verbund ist instabil. Wenn Wind auf Wasser trifft, wühlt er es auf. Bis in die Tiefen dringt er dabei nicht vor. An der Oberfläche jedoch versetzt er die Wasserteilchen in Bewegung. Bemerkenswert ist, dass diese dabei nicht ihre Position verändern. Der Wind entwurzelt sie nicht wie Bäume, die Hunderte von Metern durch die Luft gewirbelt und ganz woanders wieder abgesetzt werden. Sie bleiben, wo sie sind, vollführen jedoch eine Art Purzelbaum. Jedes Kind kennt das: Setzt man ein Spielzeugschiffchen auf einen See, über den kleine, kräuselnde Wellen wandern, schwimmt es auf der Stelle. Das täte es nicht, wenn Wasser vom Wind woandershin transportiert würde. Es ist aber nur die Wellenform, die sich fortpflanzt. Sämtliche Wasserteilchen geraten so in Schwingung, schießen hoch und sinken ab, rempeln ihren Nebenmann an, der seinerseits in Kreisbewegung verfällt. Bei mäßigem Wind sieht man besagte Kräuselwellen, je stärker er bläst, desto höher werden die Wellenkämme, einhergehend mit einer entsprechend größeren Wellenlänge.

Theoretisch, da der Wind das Wasser aufpeitscht und hochdrückt, müsste eine einzige Welle von immer gewaltigeren Ausmaßen entstehen, die – sagen wir – nach Westen driftet, wodurch sich das Meeresbecken im Osten allmählich leert. Tatsächlich ist starker Wind in der Lage, große Wellen zu erzeugen. Das Meer lässt sich aber nicht so einfach aus seinem Bett verscheuchen. Auch hier spielt das Ausgleichsprinzip eine wichtige Rolle. Gemäß des zweiten Hauptsatzes der Thermodynamik ist eine Flüssigkeit bestrebt, entstandene Leerräume wieder auszufüllen. Die Gravitation zieht ihre Teilchen immer zum Mittelpunkt des Planeten. So kann ein Orkan durchaus Wellen 15 Meter hoch auftürmen und entsprechende Täler erzeugen, doch sobald der Sturm nachlässt, pendelt sich alles wieder ein. Die Wellenform wird flacher, bis sie schließlich – bei völliger Windstille – in eine gerade Linie übergeht (ganz gerade Linien gibt es in der Natur indes nicht. Selbst wenn wir keinerlei Wind mehr wahrnehmen, sind noch kleinere Luftwirbel messbar).

Von Hurrikans bleibt man in Deutschland weitgehend verschont, Orkane blasen allerdings öfter übers Land. Warum also haben wir auf dem Ententeich von Kleinknollendorf keine 15 Meter hohen Wellen? Ganz einfach: Die Höhe der Welle bemisst sich an der Wellenlänge. Riesenwellen auf dem Ozean weisen entsprechend ausgedehnte Täler auf. Eine Wasserfläche muss aber groß genug sein, damit solch immense Wellenlängen überhaupt auf ihr Platz finden können, und weil Wellentäler in ihrer Tiefe immer der Höhe des Wellenkamms entsprechen, ist auch eine gewisse Wassertiefe vonnöten. Der Kleinknollendorfer Ententeich bleibt aber deutlich hinter der Ausdehnung des Atlantiks zurück, sehr zur Freude der Enten, die sonst seekrank würden und von alten Damen kein Brot mehr annähmen.

Vom Wellenberg spricht man, weil Wellen wie Berge geneigte Flanken haben. Auch Berge auf dem Land benötigen Ausdehnungsflächen, die ihrer Höhe äquivalent sind, selbst wenn sie steil in die Höhe wachsen. Allerdings sind Wogen mit bequem zu erklimmenden Flanken nicht die Norm. Auch Wellen können mit der Zeit steiler werden. Ein Prozess, den Sie erleben, wenn Sie sich ein Stündchen an den Strand legen, eingedenk dessen, dass Wasserteilchen nicht übers Meer getrieben werden, sondern Riesenrad fahren. Zugleich wissen Sie, dass sich die Wellenform sehr wohl fortpflanzt, und zwar mit einer Geschwindigkeit, die sich am

Tempo des Windes bemisst. Nun wirkt sich Wind nur in den oberen Wasserschichten aus. Selbst bei verheerenden Jahrhunderthurrikans herrscht spätestens ab 200 Meter Wassertiefe Ruhe. Steigt der Meeresboden zum Land hin an, bringt die Welle die dort befindlichen Wasserteilchen jedoch in Bedrängnis. Auch sie würden gerne Salto schlagen, aber dabei stoßen sich einige von ihnen am Untergrund die Köpfe. Ihre Bahnen verzerren sich, werden flach und elliptisch. Was nun folgt, ist einem Auffahrunfall vergleichbar. Unten wird die Welle verlangsamt, oben reist sie flott weiter. Dadurch beginnen sich die Teilchen übereinander zu schichten, und die Welle nimmt an Höhe zu. Gleichzeitig wird sie steiler. Die oberen Wasserteilchen streben zum Land, die unteren kommen so schnell nicht nach, bis schließlich die Grenzsteilheit überschritten ist. Sobald die Wellenhöhe das 1,3-Fache der Wassertiefe überschritten hat, verliert sie dramatisch an Geschwindigkeit, kippt vornüber, beginnt zu brechen, stürzt in sich zusammen, schäumt und verwirbelt, kriecht ein Stück den Strand hoch und ist Geschichte.

Klein-Fritz, der schon so klug über den Sinn und Unsinn langhalsiger Pflanzenfresser zu philosophieren wusste, steht grinsend am Strand und sagt, das sei alles Blödsinn. Fritzchen ist nämlich aufgefallen, dass Wellen sehr wohl Wasser transportieren. Alle paar Sekunden schäumt es über seine Füße und durchnässt den Sand, um sich wieder zurückzuziehen, und dann kommt die nächste Welle, und so weiter und so fort. Klein-Erna lässt uns wissen, auch das mit dem Wind könne nicht stimmen. Heute zum Beispiel würde der Wind vom Land her wehen, also müsse er das Wasser doch eigentlich wegblasen. Stattdessen rolle es über Fritzens Füße. Und überhaupt, wenn Wassermoleküle und Modellschiffchen immer auf der Stelle blieben, wie könne dann Treibholz ans Ufer gelangen? Oder die Flaschenpost des armen Schiffbrüchigen?

Kluge Kinder.

In der Tat verhalten sich Wasserteilchen wie Mitglieder einer La-Ola-Welle im Fußballstadion, bleiben also hübsch auf der Stelle. Was aber, wenn die Fußballfans gezwungen wären, einander auf die Schultern zu steigen? Irgendwann würde der Turm aus Menschen kippen, und einige von ihnen würden durchaus ihre Position verändern. Ähnlich verhält es sich mit Wasser. Am Gestade steilt sich die Welle auf, bis sie bricht. Jetzt – und nur jetzt – wird Wasser transportiert, wenn die Welle in sich zusammenfällt und sich auf dem flachen Grund ausbreitet. Dann schießen die Wasserteilchen ein Stück den Strand hinauf, bis die Schwerkraft sie wieder zurückzieht, und darum bekommt das schlaue Fritzchen nasse Füße.

Klein-Ernas Problem ist da schon kniffliger. Selbst auf einer kreisrunden Insel rollt die Brandung immer frontal gegen das Ufer, egal wo man sich aufhält. Die Antwort kennt nur der Wind – und ist so freundlich, sie uns zu verraten.

Auf dem offenen Ozean treibt er die Wellen vor sich her. Das Meer wird in einen energetischen Zustand versetzt. Unabhängig davon, welchen Weg die Wellen an der Oberfläche nehmen, verhält sich Energie im Wasser nicht anders als Schallwellen in der Luft: Sie wird in alle Richtungen gleichzeitig geleitet. Nun gibt es zwar Strömungen und Gegenströmungen, Winde und Gegenwinde, die für Turbulenzen und Richtungsänderungen sorgen. Ungeachtet dessen gerät das komplette System immer dort ins Stocken, wo es auf Land trifft. Rund um eine Insel herrscht die gleiche Situation. Die Wellenform will sich weiter fortpflanzen und kann nicht, also folgt ihr Zusammenbruch.

Klein-Erna ist noch nicht zufrieden. Wenn der Wind von Westen bläst, dann muss an der Westküste doch mehr los sein als im Osten der Insel. Richtig, Surferparadiese und geschützte Buchten gibt es genau aus diesem Grund. Tatsächlich laufen Wellen nur dort frontal aufs Land zu, wo der Wind sie in gerader Linie Richtung Küste bläst. An anderer Stelle nähern sie sich schräg. Steigt der Meeresboden dort sanft an, erreichen ihn die einzelnen Abschnitte der Welle nacheinander. Der landnächste Teil der Welle wird abgebremst, während die folgenden Teile ihre Geschwindigkeit vorerst beibehalten. Sobald der nächste Abschnitt den abgebremsten Teil eingeholt hat, wird auch er verlangsamt. Das setzt sich auf ganzer Wellenlinie fort. Sukzessive wird die Welle umgeleitet, bis sie schließlich parallel zur Uferlinie steht. Darum nähern sich Wellen am Strand immer frontal, egal wie der Wind weht, nur dass sie hier sanft plätschern und dort krachend reinschlagen. Haben sie hingegen unmittelbar vor der Landberührung keinen Bodenkontakt, etwa vor Steilküsten, behalten sie den schrägen Auftrittswinkel sichtlich bei.

Und Treibholz? Warum bleibt es nicht auf der Stelle? Warum gelangt eine Flaschenpost ans Ufer, sodass man den armen Schiffbrüchigen, der sie Tausende von Kilometern entfernt ins Meer geworfen hat, retten kann und alle glücklich sind?

Hier, Klein-Erna, kommt ein weiterer Faktor ins Spiel. Auch wenn Wellen kein Wasser transportieren, wird es trotzdem bewegt und verändert seine Position. Grund ist auch hier das Ausgleichsprinzip. Wasser muss fließen. Ohne Unterlass umrundet es die Erde. Meeresströmungen halten es in Bewegung und sorgen dafür, dass Flaschen in besiedelte Gegenden und Kisten mit Dosensuppen zu einsamen Inseln gelangen, wo der Schiffbrüchige dann feststellt, dass er keinen Dosenöffner hat. Meeresströmungen sind ein komplexes Thema, im übernächsten Kapitel werden wir darum mit der Strömung reisen.

Jetzt aber kehren wir zurück an Bord unseres Schiffes, wo Sie mit Professor Bömmel an der Reling stehen. Im Tosen des Sturms hören Sie nicht, wie er in aller Gemütsruhe doziert. Vielleicht sagt er: »Dat is en janz besonders jroße Well'.« Oder: »Weiß einer, wie man so en Well' nennt?« Sie haben andere Sorgen. Das Ding da draußen dürfte es den vorangegangenen Ausführungen zufolge eigentlich nicht geben. Doch es ist schaurige Wirklichkeit. Mitten im Ozean rollt eine 30 Meter hohe Wand aus Wasser auf Sie zu, und Sie fragen sich, wo die so plötzlich hergekommen ist.

Gratulation! Sie haben das seltene Glück, einer Freak Wave ins nasse Antlitz zu blicken.

1933 traf eine solche Welle, 34 Meter hoch, den amerikanischen Kreuzer *Ramapo* und brachte ihn beinahe zum Kentern. Schon vorher waren Berichte über Monsterwellen laut geworden, doch galten sie als Seemannsgarn. Erst in jüngster Zeit, nachdem das 111 Meter lange Kreuzfahrtschiff *Bremen* nur um Haaresbreite einem 35-Meter-Brecher entronnen war, der es beinahe in den Abgrund gerissen hätte, begann man sich ernsthaft mit den legendären Wasserwänden auseinander zu setzen. Über eine halbe Stunde war die *Bremen* vor Südafrika getrieben, ohne Antrieb und mit 40 Grad Schlagseite. Das Phänomen ließ sich nicht länger verharmlosen. 2005 folgten gleich mehrere Zwischenfälle. Am 14. Februar zerschmetterte eine Riesenwelle die Brücke des Kreuzfahrtschiffs *Voyager* westlich von Sardinien. Wenige Wochen später krachte eine Freak Wave vor Florida in die *Norwegian Dawn*, setzte 62 Kabinen unter Wasser und beschädigte das 292 Meter lange Schiff so stark, dass es außerplanmäßig zur Reparatur nach Charleston musste. Sebastian Junger hat in seinem Roman *Der Sturm* ein solches Ungeheuer beschrieben, das in der gleichnamigen Verfilmung zum Leidwesen von Millionen Seemannsbräuten George Clooney frisst. In der Tat ist das Risiko, die Begegnung mit dem Leben zu bezahlen, verdammt hoch. Freak Waves kündigen sich nicht an, sondern wachsen binnen Sekunden aus dem Nichts. Nennenswerte Wellenlängen scheinen sie nicht zu besitzen. Damit werden sie für Schiffe zur tödlichen Gefahr. Eigentlich ist es nämlich schnuppe, wie hoch ein konventioneller Wellenberg ist, wenn man ihn nur gemütlich erklimmen kann. Um Steilwände zu bezwingen, ist hingegen kein Schiff gebaut, und Freak Waves türmen sich annähernd senkrecht auf.

Ein deutscher Wellenforscher hat die Monsterwellen einmal mit den Bremer Stadtmusikanten verglichen und damit verdeutlicht, dass es oft mehrere Wellen sind, die sich – hopp, hopp! – zu einer einzigen aufschichten. So etwas kann geschehen, wenn hohe, schnelle Sturmwellen plötzlich auf eine starke Gegenströmung treffen. Ihr Lauf stockt, die Wellenlänge nimmt rapide ab, nachfolgende Wellen schichten sich blitzschnell übereinander. Vor der Südostküste Afrikas etwa, rund ums Kap der Guten Hoffnung, schlagen Sturmwellen immer wieder frontal in die von Osten kommende warme Agulhas-Strömung, und auch Kap Hoorn am äußersten Zipfel Südamerikas gilt als gefährliches Staugebiet.

Distanzen bis zu zehn Kilometer legen Freak Waves (auch Rouge Waves oder Sneak Waves genannt) auf hoher See zurück, 35 bis 40 Stundenkilometer schnell. Einige der Giganten sollen aber schon über Hunderte von Kilometern gereist sein! Grundsätzlich neigen sie jedoch zur Instabilität. Die meisten führen ein eher kurzes Dasein, mitunter nur wenige Sekunden lang. Hat man das Pech, in unmittelbarer Nähe zu sein, nützt einem das wenig, zumal den Wasserwänden ein Abgrund vorangeht, von Seeleuten »Loch im Ozean« genannt. Um sich aufzubauen, zieht die Freak Wave gewaltige Mengen Wasser zu sich heran und erzeugt so einen Trog, in den Schiffe regelrecht hineinfallen, um von der nachfolgenden Welle überrollt zu werden. Haben sie mit knapper Not wieder herausgefunden, folgt die böse Überraschung: Eine besonders tückische Variante der Monsterwellen ist unter der gesellig klingenden Bezeichnung »Drei Schwestern« bekannt geworden. Schon das erste Schwesterchen ist eine ausgewachsene Freak Wave, die zweite

Schwester folgt wegen der kurzen Wellenlänge dicht auf. Mit sehr viel Glück trotzt man auch diesem Aufprall, nur um sich Schwester Nummer drei gegenüber zu sehen, die kurzen Prozess macht. Unweigerlich fühlt man sich an Urd, Verdandi und Skuld erinnert, jene drei germanischen Göttinnen, die im Schatten der Weltesche den Schicksalsfaden spinnen. Ewig könnte man leben – würde Skuld den Faden nicht abzwicken, das üble Weib.

Nicht allein die Wellenkämme sind also ein Problem, sondern auch die kurzen, tiefen Täler dazwischen, in denen ein mittelgroßes Containerschiff bisweilen so arg durchgebogen wird, dass es auseinander bricht. Die Wellentäler sind die eigentlichen Fallen. Wenn wir von Wellenhöhe sprechen, müssen wir sie mit einrechnen. So liegen zwei Drittel einer Welle über dem Meeresspiegel, ein weiteres Drittel aber darunter. Auf eine 30-Meter-Welle gerechnet heißt das, man stürzt in einen zehn Meter tiefen Abgrund. Wer im Schwimmbad schon mal auf dem Zehn-Meter-Brett gestanden und die blaue Briefmarke betrachtet hat, die eben noch ein großes Becken war, bekommt eine ganz gute Vorstellung von den Dimensionen.

Eine andere Variante trägt den erbaulichen Namen »Weiße Wand«. Diese baut sich zu kilometerlangen Fronten auf, ein schaumgekrönter Brecher von unvorstellbarer Wucht und solcher Steilheit, dass die Gischt an der Vorderseite herabläuft. Die *Andrea Gail*, jener glücklose Kutter in Jungers *Sturm*, endet an einer solchen Wand, die ihn umwirft. Das Filmplakat zeigt ihn im aussichtslosen Bemühen, die marmorierte Vorderfront zu erklimmen. George Clooney hat später die Hauptrolle in *Ocean's Eleven* gespielt, er scheint also überlebt zu haben. Von der Besatzung der echten *Andrea Gail* fehlt hingegen jede Spur. Auch der »Kaventsmann« ist ein übler Zeitgenosse, eine dicke, fette Riesenwelle, die gern vertraulich von der Seite kommt, Schiffe herumreißt und zum Kentern bringt. Ihren Namen verdankt sie übrigens dem guten Leben hinter Klostermauern. Dicke, wohlgenährte Mönche nannte man früher Konventsmänner.

Ob Schwester, Mönch oder Wand – niemand fährt gern zur See in Erwartung 30 Meter hoher Steilhänge. Nachdem sich die Existenz der Monsterwellen nicht länger abstreiten ließ, tröstete man sich damit, wie überaus selten sie seien. Ein falscher Trost, wie der Radarsatellit *ENVISAT* mittlerweile enthüllt hat: Mindestens zwei solcher Giganten sind täglich auf den Weltmeeren unterwegs. Studiert man die Statistiken über Schiffsverlust durch Seeschlag, wird schmerzlich klar, wie viele Leben Freak Waves bis heute gefordert haben. Als prominentestes Beispiel gilt vielen der deutsche Frachter *München*, der im Dezember 1978 nördlich der Azoren spurlos verschwand und mit hoher Wahrscheinlichkeit einer Monsterwelle zum Opfer fiel. 35 Meter hohe Sturmwellen sind keine Seltenheit. Insbesondere vor Südafrika und im afrikanischen Osten, im Golf von Alaska, entlang der Küste Floridas, südöstlich von Japan, aber auch im Nordatlantik begegnet man ihnen mit schöner Regelmäßigkeit.

Die Häufigkeit solcher Wellen steht in krassem Widerspruch zur linearen Wellentheorie, an der man sich in der Vergangenheit zu orientieren pflegte. Linearität ist ein mathematisches Prinzip, sozusagen die Lehre von der Berechenbarkeit der Abfolgen. Das Weltbild Sir Isaac Newtons etwa weist sich durch dessen Liebe zur Linearität aus. Ein kleiner Schönheitsfehler im Œuvre des Genies: In der Raumzeit verläuft so gut wie gar nichts linear, auch wenn Prognostiker und Statistiker es gerne so hätten, denn Linearität lockt mit vermeintlichen Vorzügen. Im linearen Universum wäre es beispielsweise kein Problem, die Zukunft vorauszusagen. Man müsste lediglich den Status quo potenzieren und Trends mathematisch hochrechnen. Es gäbe kein unerwartetes Ableben durch Herzinfarkte, keine explodierenden Spaceshuttles, keine One-Night-Stands angeblich treuer Ehepartner, und die Sowjetunion hätte nicht über Nacht zusammenbrechen dürfen. Wir aber erinnern uns des Kausalitätenfilzes und wissen: Irgendwo darin lauert die Abnormität, die Ausnahme von der Regel, die Kumulation, der Kollaps. Bis heute sind wir nur ansatzweise in den Filz vorgedrungen und weit davon entfernt, ihn zu durchblicken. So stellt es die Wissenschaft vor ein Rätsel, warum Freak Waves so häufig auftreten. Vor dem Hintergrund gängiger Berechnungsmodelle, selbst wenn man chaotische Faktoren wie gegenläufige Strömungen, schnelle Windwechsel und Überlagerungen einbezieht, müssten die Monsterwellen viel seltener sein. Doch offenbar ist die Welt noch weit weniger linear beschaffen, als wir bislang zu glauben bereit waren.

Professor Al Osborne von der Universität Turin hat sich geschworen, dem Geheimnis auf den Grund zu gehen. Dafür bemüht er die Quantenphysik, sozusagen das Aushängeschild der Nichtlinearität. Da gibt es die berühmte Schrödinger-Gleichung, wonach Elementarteilchen plötzlich auftauchen und wieder verschwinden, ohne dass sich ihr Verhalten vorausberechnen lässt. Auf makroskopische Strukturen kann man die Schrödinger Gleichung nicht übertragen, doch Osborne sieht gewisse Ähnlichkeiten im Verhalten von Wellen, wenn diese eine unerwartete Änderung ihres Zustandes durchmachen. Ihr Verhalten wird unberechenbar. Blitzschnell vereinnahmen sie die Energie umliegender Wellen und türmen sich auf. Osborne hat Freak Waves im nichtlinearen Raum berechnet und dabei unter anderem den Megabrecher rekonstruiert, der 1995 die Draupner-Ölplattform erschütterte. Sein Fazit ist nicht nur für die Seefahrt beunruhigend: Es gibt sowohl die linearen, stabilen Wasserberge mit moderatem Gefälle als auch Steilwände, deren Zustandekommen sich jeder Vorhersage entzieht und die rechnerisch beliebig häufig sind.

»Es ist schon amüsant, sich vorzustellen, dass es zwei Arten von Wellen gibt«, sagt der Professor und lächelt still. Sein Amüsement gilt dem Umstand, dass die Aufprallenergie einer Freak Wave bei rund 100 Tonnen pro Quadratmeter liegt. Schiffskonstrukteure bekommen da ein gewisses Flackern in den Augen. Die *Queen Mary 2* immerhin soll gegen Monsterwellen gefeit sein. Mit 40 Metern liegt ihre Brücke höher, als jede Freak Wave schlagen kann. Bug und Heck sind schwer gepanzert. Es wird zwar rappeln, sagen die Erbauer, auch das gute Geschirr kann Schaden nehmen, ansonsten wird nicht viel passieren.

God save the Queen!

Osborne zufolge können Freak Waves durch alles Mögliche ausgelöst werden. Mal sind Gegenströmungen verantwortlich, mal der plötzliche Anstieg des Meeresbodens, mitunter auch das exotische Zusammenspiel aller bekannten und unbekannten Faktoren, deren Niederschrift in ellenlangen Gleichungen zu erfolgen hat. In Meerengen können Wellen wie Licht gebündelt werden. Oder der Wind dreht sich abrupt. Auch ganz verschiedene Wellentypen verschmelzen unter Umständen zu einer Freak Wave. Kleine Wellen sind langsam, große legen ein beachtliches Tempo vor. Beim Zusammentreffen solch unterschiedlicher Wellenlängen kann urplötzlich der Effekt der Synchronisation auftreten.

Auch der Offshore-Industrie bereitet all das einiges Kopfzerbrechen. In der Regel liegen Bohrinseln 35 Meter über dem Meeresspiegel. Alle 100 Jahre, heißt es, träfe eine Welle dieser Höhe eine Plattform. Doch Statistik ist mit Vorsicht zu genießen. Will man ihr glauben, haben Ehepaare anderthalb Kinder, 60 Prozent Hund, fahren eindreiviertel Auto, und ein Mensch kann in einem durchschnittlich zehn Zentimeter tiefen Gewässer ertrinken. Freak Waves lassen sich schon gar nicht vorschreiben, wo und wie oft sie aufzutreten haben. Konstrukteure von Plattformen mussten lernen, dass zwei oder drei solcher Wellen binnen eines Jahres für gewaltigen Ärger sorgen können, während sich im darauf folgenden Jahr keine einzige zeigt. Inzwischen sind viele der Inseln mit lasergesteuertem Wellenradar ausgerüstet. Damit lassen sich immerhin wertvolle Erkenntnisse gewinnen. Allerdings kann auch der Laser nur kundtun, was auf die Plattform zurollt. Vermeiden lässt sich der Zusammenstoß nicht. Was einem bleibt, wenn das Monster aus dem Meer steigt, ist, sich festzuhalten oder mit dem nächsten Helikopter das Weite zu suchen.

Damit mag sich Wolfgang Rosenthal nicht zufrieden geben. *Max Wave* heißt ein von der EU gefördertes Projekt unter Beteiligung des GKKS-Forschungszentrums in Geesthacht, mit dem Ziel, ein besseres Verständnis von Freak Waves zu erlangen. Auf der Nordsee-Forschungsplattform *Fino* messen Max-Wave-Koordinator Rosenthal und sein Team pausenlos Höhe, Steilheit, Aufprallenergie und Geschwindigkeit von Wellen, um den Entstehungsprozessen der Riesen auf die Spur zu kommen. Wichtiges Hilfsmittel ist der Wellenkanal, in dem sich geifernde Minimonster erzeugen lassen, die Spielzeugschiffe herumwerfen und ihre Gischt bis in drei Meter Höhe schleudern. Verschiedene Warnsysteme werden hier getestet. Besonders viel versprechend scheint ein Seegangsradar für Schiffe und Plattformen zu sein, die Hauptrolle werden aber unverändert Satellitendaten spielen. *ENVISAT* vermag Riesenwellen aus 800 Kilometern Höhe deutlich zu erkennen. An die 1.000 Bilder schießt der Satellit täglich, die jeweils eine Fläche von 50 Quadratkilometern erfassen. Das ist immerhin ein Anfang. Von einer lückenlosen Überwachung der Ozeane sind wir allerdings noch weit entfernt. Vier weitere Satelliten wären dazu erforderlich. Dennoch ist Rosenthal optimistisch, Kapitäne schon in wenigen Jahren so frühzeitig warnen zu können, dass die Chance eines schnellen Ausweichmanövers besteht: »Nachdem wir die Einzelwellen vom Satelliten her gesehen haben, sind wir guter Hoffnung, dass wir unser Ziel, ein Vorhersagesystem zu konzipieren, erreichen werden.« Ziel ist auch, Förderplattformen rechtzeitig abschalten zu können, bevor der Wellenberg auftrifft. Rosenthals Messgeräte sind jetzt schon in der Lage, die Betreiber der Plattformen im Fünfminutentakt mit Wellenhöhendaten zu versorgen. So lassen sich wenigstens Entwicklungen abschätzen. Auch die zeitgerechte Entwarnung ist für die Offshore-Industrie von Bedeutung. Je schneller sie die Plattform wieder ans Laufen bringen, desto geringer ist der finanzielle Ausfall.

Damit einhergehend empfiehlt Rosenthal, die Bauweise von Schiffen zu optimieren. Glasbruch ist Vertragsbestandteil jeder zweiten Versicherung und nichts Besonderes, wenn Fußball spielende Kinder in der Nachbarschaft wohnen. Wohnzimmerscheiben lassen sich ersetzen. Der Verlust eines Brückenfensters hingegen kann das ganze Schiff in den Abgrund reißen, denn Kommandozentralen unserer Zeit sind voll gestopft mit Elektronik. Und Computer reagieren zickig auf Wassereinbrüche. Mit ein Grund, warum jedes Jahr ein knappes Dutzend Schiffe durch Seeschlag kentert, darunter Frachter von über 200 Metern Länge. Nicht jedes Unglück kann man automatisch Monsterwellen zuschreiben, doch ihr Anteil dürfte beträchtlich sein.

Nun, wenigstens bleiben Riesenwellen hübsch auf dem Meer. Glücklich also, wer im Sturm nicht rausmuss, sondern vom gemütlichen Zuhause aus aufs Meer blickt, heißen Tee schlürft und den armen Seeleuten seine innigsten Gedanken widmet.

Doch manchmal kommt das Meer an Land.

Betrachtungen über ein Desaster

Als ich 2002 begann, den *Schwarm* zu schreiben, sah ich mich vor etliche Fragen gestellt: Wie könnte sich eine parallele Intelligenz in der Tiefsee unter darwinistischen Gesichtspunkten entwickelt haben? Wie wäre ihre Biochemie beschaffen, wie würde sie kommunizieren? Wie müsste man sich das Gefühlsleben eines Schwarms hochintelligenter Einzeller namens Yrr vorstellen, ihre Logik, ihre Werte? Vor allem aber: Welche Kräfte könnten die Yrr entfesseln, um uns Menschen Meer und Küste gründlich zu verleiden? Über Tsunamis wusste ich zu diesem Zeitpunkt nur, dass sie aus dem Nichts entstehen, je nach Höhe weit ins Landesinnere vorstoßen und ganze Siedlungen vom Erdboden fegen. Definitiv sind sie geeignet, Angst und Schrecken zu verbreiten, also nahm ich sie ins Waffenarsenal der Yrr auf und begann mich für ihre Entstehung zu interessieren.

Nur ein Dreivierteljahr nach Erscheinen des Buches rollte ein echter Tsunami durch Südostasien. Die Welt war schockiert und überfordert. Es stellte sich heraus, dass allein der Begriff Tsunami den meisten Menschen unbekannt war, in den betroffenen Gebieten ebenso wie in Mitteleuropa und Nordamerika. Nur die Anrainer des Pazifiks schüttelten die Köpfe über so viel Unkenntnis und merkten vorsichtig an, möglicherweise habe man es hier mit einem Mangel an Allgemeinbildung zu tun.

Auf Schriftsteller, die viel recherchieren, lauert eine böse Falle. Plötzlich glaubt man, jedermann müsse ebenso gut über den Gegenstand der Recherche Bescheid wissen wie man selbst. Das ist keineswegs der Fall. Was hatte ich denn über Tsunamis gewusst, bevor ich daranging, mich mit ihnen zu beschäftigen? Was wüsste ich heute, hätte ich den *Schwarm* niemals geschrieben? Äußerst wenig! Und woher auch? Seit Jahrzehnten, wenn nicht Jahrhunderten, hat es im atlantischen Raum, im Indischen Ozean und im Mittelmeer keinen Mega-Tsunami mehr gegeben. Im Pazifik sah die Sache anders aus, aber von den dortigen Tragödien blieb im entfernten Europa nichts im Gedächtnis.

Tatsächlich wissen wir viel, nur nicht unbedingt das Richtige. Eigentlich wissen wir viel zu viel, werden mit Information bestrahlt bis an die Grenze der Überforderung. Was sich auf fatale Weise rächt: Je mehr wir erfahren, desto weniger verstehen wir. Der mediale Ausschnittdienst, Nachrichten genannt, hilft uns auch nicht wirklich weiter. Wie betäubt konsumieren wir eine gebührenpflichtige Peepshow namens Tagesschau, die Fensterchen öffnet und schließt, bevor wir begreifen, was wir da gesehen haben. Was empfinden wir angesichts der täglichen Autobombe im Irak, angesichts der Cloning-Debatte, des Hurrikans Wilma, des iranischen Atomprogramms, der Unruhen in Frankreich, der Welt der Chinesen, Senegalesen, Franzosen, Amerikaner, Ossis und Wessis, und so weiter? Wir können Nachrichten mit Lichtgeschwindigkeit austauschen. Aber können wir ihnen gedanklich mit Lichtgeschwindigkeit folgen? Nein. Und es werden immer mehr Nachrichten, immer mehr und mehr, der Schädel dröhnt uns, also was bitte schön ist ein Tsunami? Muss ich das wissen bei *Wer wird Millionär*? Droht so etwas in Deutschland?

Es gibt eine Frage, die mir häufig gestellt wird und die mich jedes Mal aufs Neue ärgert: »Wie konnten Sie das voraussahnen?« Jedes Mal stelle ich klar, dass ich weit davon entfernt bin, irgendetwas vorauszuahnen. Ich bin kein Prophet. Nur einer, der sich zufällig mit Tsunamis beschäftigt hat, so wie andere Menschen Experten auf dem Gebiet des Drachenfliegens, des Vulkanismus oder der Aufzucht von Seidenraupen sind. Eines allerdings trifft zu: Je mehr Material ich damals zusammentrug, desto öfter fragte ich mich, ob es zu meinen Lebzeiten noch einen Mega-Tsunami geben würde. Statistisch war er überfällig, außerdem geologischer Alltag. Dass die Realität meine Geschichte allerdings dermaßen schnell einholen würde, hatte ich nicht erwartet.

Die Art der Fragestellung macht eines klar: Wir verlernen, unseren Planeten zu verstehen. Es ist fast, als wolle man jemandem, der für die nächsten Wochen Regen vorhersagt, seherische Gaben unterstellen, wenn er dann fällt. Die Zeiträume zwischen Vulkanausbrüchen und davon ausgelösten Riesenwellen sind zwar größer als die zwischen Regengüssen, dennoch ist das eine so normal wie das andere.

Was mich ebenso erschreckt hat wie die Katastrophe selbst, war die Augen reibende Verwunderung, mit der offizielle Stellen reagierten, als sei das ganz und gar Undenkbare eingetreten. Was zeigt, dass selbst in den so genannten Wissensgesellschaften das elementare Weltverständnis im Schwinden begriffen ist. Stimmt, die breite Bevölkerung war davon noch nie durchdrungen. Den überwiegenden Teil der Menschheitsgeschichte fand sie wenig Gelegenheit, sich mit höherem Wissen zu versorgen. Vor dem Hintergrund eines Bildungsapparates, wie es ihn nie zuvor gegeben hat, mit über 100 Fernsehkanälen, Abendstudium und Internet, mutet die allgemeine Fassungslosigkeit im Angesicht eines sich räuspernden und schüttelnden Planeten jedoch grotesk an. Wohlgemerkt, ich spreche nicht von Betroffenheit. Ich rede von Hausaufgaben, die nicht gemacht worden sind.

Es sieht ganz so aus, als erweiterten wir täglich unseren Unverstand. Wir konsumieren Nachrichten, Werbung, Spielfilme, Zeitungsartikel und Dokumentationen, bis uns der Kopf dröhnt. Der Blick aufs große Ganze geht verloren, paradoxerweise, je mehr wir darüber erfahren. Atemlos hecheln wir einem selbst geschaffenen Informationsmonstrum hinterher, einem Frankenstein der Gelehrsamkeit, dessen Vorsprung sich stetig vergrößert. Dabei werden wir nicht wirklich klüger, sondern nur frustrierter. Zugleich wächst die Sehnsucht nach ominösen alten Zeiten. Sie wissen doch noch, wie das war, als wir in Höhlen saßen. Wissen Sie nicht? Macht nichts, Ihr genetisches Erbe weiß es. Es erinnert sich, dass wir als Höhlenmenschen eigentlich viel glücklicher waren. Jedes Mitglied der Sippe wusste und konnte annähernd das Gleiche, und nur der Schamane wusste ein bisschen mehr, weil er über Verbindungen verfügte. Alles hätte so schön sein können, wäre uns nicht der verdammte Fortschritt in die Quere gekommen. Plötzlich wussten einige einiges, von dem andere nichts wussten. Spezialisten, die sich – zunehmend klüger werdend – immer weniger geneigt zeigten, ihr Wissen zu vermitteln, während die Nichtwissenden immer weniger von dem verstanden, was die Spezialisten wussten, aber immer mehr darauf angewiesen waren.

Das Ergebnis kennen Sie. Heute wird uns tagtäglich ein ganzer Planet frei Haus geliefert, die Vergangenheit und die Zukunft sollen wir kennen und jegliche Form des technologischen Fortschritts nachvollziehen. Das Dumme ist bloß, dass wir am Grunde unserer Gene immer noch Höhlenmenschen sind, nur dass wir jetzt Höhlen mit Online-Zugang bewohnen. Dies an sich wäre nicht so schlimm, könnten wir uns auf die Spezialisten wenigstens verlassen. So wie früher. Wenn der Höhlenmensch nicht weiterwusste, lief er zum Schamanen, und der verhandelte die Sache mit den Göttern. Heute wimmelt es zwar von Schamanen, für alles und jedes gibt es einen – aber sie scheinen einander nicht zu verstehen. Würden die Wissenden dieser Welt zusammen ein Benutzerhandbuch für die Gesellschaft des 21. Jahrhunderts schreiben, erhielten wir ein Flickwerk, das noch unverständlicher wäre als ein Diskussionsabend bei Sabine Christiansen.

Andererseits, solange unsere Gehirne Festplatten mit begrenztem Speicherplatz sind, müssen wir gewichten. Was also wollen und was sollen Menschen wissen?

Fest steht: Niemand wird jemals Spezialist für alles sein. Aristoteles, Kopernikus, Galilei, die Universalgelehrten der Vergangenheit, waren das auch nicht. Aber dafür schufen sie Entwürfe, gewaltige Panoramen. Was das Bildungswesen heute ist, wurde es erst, als die Erbauer der berühmten Elfenbeintürme begannen, Fachgebietsschutz anzumelden. Doch Fachidioten sind nicht entwicklungsfähig. Was bringt es, alles über eine Kuh zu wissen, nur nicht, dass sie eine Kuh ist? Insbesondere nach den Ereignissen in Südostasien denke ich, dass der Versuch der Welterklärung nicht darin gipfeln sollte, Menschen mit akademischen Details in den Bildungswahnsinn zu treiben. Sondern dass man sie für das Faszinosum Zukunft begeistern muss, für die großen Entwürfe, für die Baupläne künftiger Gesellschaften, für die Funktionsweise unseres Planeten, für globale Zusammenhänge. Seit Dezember 2004 jagt eine Tsunami-Reportage die andere. War der Begriff bis dahin unbekannt gewesen, hatte er 2005 beste Chancen, zum Wort des Jahres erklärt zu werden (das Rennen machte dann »Bundeskanzlerin«). Morgen allerdings werden andere Ereignisse unsere Aufmerksamkeit beanspruchen, und übermorgen haben wir Südostasien womöglich wieder vergessen. Wenn die Halbwertzeit des Wissens nur wenige Jahre beträgt, wird es wenig nützen, eine zusätzliche Vokabel im Repertoire zu haben, und Tsunamis sind komplexe Gebilde.

Was also genau hat den Tsunami vor Südostasien ausgelöst?

Vorweg: Der Name kommt aus dem Japanischen und trägt die Besonderheit des Phänomens schon in sich. Tsu heißt Hafen, Nami bezeichnet die Welle. Ein Tsunami ist also eine Hafenwelle, die sich erst dort beziehungsweise unmittelbar vor der Küste aufbaut. Japanische Fischer bekamen auf hoher See nichts davon mit, um bei ihrer Heimkehr Dorf und Gestade verwüstet vorzufinden: daher der Name. Lange Zeit konnte sich niemand erklären, wie solche Wellen – teils bei schönstem Wetter – entstanden. Heute wissen wir: Der Wind, das himmlische Kind, kann nichts dafür. Ein Tsunami wird nicht durch Sturm erzeugt, ebenso wenig wie er auf die Wasseroberfläche beschränkt bleibt. Während windgenerierte Wellen Spitzengeschwindigkeiten bis maximal 90 Stundenkilometer erreichen, rast ein Tsunami mit 700 km/h und mehr von seinem Ausgangspunkt los. Schnelligkeit und Höhe hängen von der Ursache seines Entstehens ab.

Grundsätzlich unterscheidet man zwei Arten von Tsunamis. Nur für eine davon trifft zu, was den Tsunami in Südostasien kennzeichnete (und auch die Welle im *Schwarm*): keine nennenswerte Wellenhöhe im offenen Meer, dafür immense Wellenlängen, Aufschichtung erst an der Küste. Gemeinhin entstehen Tsunamis dieser Kategorie als Folge tektonischer Aktivität. Westlich von Sumatra etwa grenzen zwei Erdplatten aneinander, die Eurasische Platte und die Indisch-Australische Platte. Der Kontinentalrand ist aktiv, das heißt, die Indisch-Australische Platte wird unter die Eurasische gedrückt, pro Jahr um etwas über sieben Zentimeter. Stückchen für Stückchen schiebt sich der Meeresboden in die Asthenosphäre, gleichmäßig und gesittet. Kleine, verträgliche Schübe treiben ihn voran, mitunter ruckelt es, was Mini-Tsunamis erzeugt, von denen allenfalls hoch spezialisierte Messgeräte etwas mitbekommen.

Bis zum 26. Dezember 2004 war die Unterwasserwelt in Ordnung. Dann riss die Erde auf.

Möglicherweise liegt die eigentliche Ursache für das verheerende Beben gar nicht vor Sumatra, sondern am entgegengesetzten Ende der Indisch-Australischen Platte, dort, wo sie an die Antarktische Platte stößt. In dieser Region war es zwei Tage zuvor zu gewaltigen Erdstößen gekommen. Die Wellen der Erschütterungen durchliefen die gesamte Platte und brachten sie vor Indonesien aus dem Gleichgewicht, sodass die Erdkruste auf einer Länge von 500 Kilometern aufbrach. Als Folge schnellte der Meeresboden bis zu 30 Meter in die Höhe. Weitere Stöße folgten und dehnten die Achse des Bebens auf 1.000 Kilometer aus. Unmengen Wasser wurden auf einen Schlag verdrängt. Eine Impulswelle raste los, deren Energie die ganze Wassersäule durchmaß. Weil die Ursache in der Tiefe lag, war an der Oberfläche zunächst wenig zu sehen. Die Wellenhöhe im offenen Meer dürfte bei einem Meter gelegen haben, mit extrem flachen Neigungswinkeln. Wer sich zu diesem Zeitpunkt an Bord eines Schiffes direkt über der Bruchkante aufhielt, bekam von der ganzen Sache nicht viel mit.

Es ist vergleichsweise einfach, sich eine Monsterwelle vorzustellen, weit schwerer ist es indes zu verstehen, wie ein Ereignis am Meeresgrund einen kompletten Ozean in Schwingung versetzen soll. Die Dimensionen übersteigen unser Vorstellungsvermögen. Um die Auswirkungen eines seismischen Schocks zu verstehen, können Sie jedoch ein simples Experiment durchführen. Sie brauchen dazu lediglich einen Eimer. Füllen Sie ihn voll Wasser und treten Sie von unten dagegen. Sogleich werden Sie sehen, wie sich an der Oberfläche konzentrische Wellen ausbreiten. Die Erschütterung überträgt sich auf das gesamte Wasservolumen, das heißt, die sich ausbreitende Welle hat zu allen Zeiten Bodenkontakt. Und sie ist schnell. Viel schneller, als wenn Sie in den Eimer pusten würden.

Wie viel Wasser mag mit der ersten Welle, die Indonesien und die umliegenden Gebiete erreichte, an Land gelangt sein? Eine Million Tonnen dürften es gewesen sein. Stellen Sie sich diese Menge vor, 700 Stundenkilometer schnell. Und jetzt trifft sie auf den flacher werdenden Meeresboden in Küstennähe. Wohin mit dem ganzen dahinrasenden Wasser? Eben noch hatte die Welle einige Kilometer Raum in der Vertikalen zur Verfügung, nun verbleiben wenige hundert Meter, und es wird zusehends flacher.

Nur ein Ausweg bleibt. Nach oben.

Und so beginnt sich die Welle zu stauen, wird langsamer, weil der Boden sie an der Basis abbremst, türmt sich auf, höher und höher, ein Koloss, dessen Wellenlänge im Zuge der Verlangsamung rapide abnimmt. So wie ihm der Kamm schwillt, bildet er zugleich ein Tal aus, das Loch im Ozean, wie es auch Freak Waves vorangeht, nur dass wir es hier mit einem sehr weiten Tal zu tun haben. So erreicht als Erstes nicht die Welle selbst das Land, sondern der Trog, den sie vor sich herschiebt. Es kommt zum rapiden Abfall des Wasserspiegels, zur Blitzebbe. Das Erste, was die Menschen im asiatischen Tsunami-Gebiet sahen, war folgerichtig Meeresboden, den man sonst nie zu Gesicht bekommt. Nur die wenigsten konnten sich das Phänomen erklären. Die meisten gingen neugierig in die unerwartete Ebbe hinaus und bestaunten Fische, die japsend auf dem Trockenen lagen, ohne sich zu fragen, wann und auf welche Weise das Wasser zurückkehren würde.

Aber es kam.

Die Auswirkungen sind hinreichend bekannt, dennoch fragen sich die Menschen immer wieder, wie Flüssigkeit derartige Zerstörungen anrichten kann. Doch Flüssigkeit erweist sich nur dann als freundliches Medium, wenn man gemächlich darin eintaucht oder spitz hineinsticht, um die Aufprallfläche zu minimieren. Wasser muss die Gelegenheit erhalten, auszuweichen, wenn etwas anderes seinen Platz einnehmen will. Trifft es hingegen mit mehreren hundert Stundenkilometern Geschwindigkeit auf Land, nimmt es die Eigenschaften einer Cruise Missile an. Es ist wie Beton. Die transportierte Energie erzeugt einen derart ungeheuren Druck, dass die meisten Opfer nicht ertrinken, sondern erschlagen werden. Große Schiffe, ganze Gebäude werden von den Wassermassen ins Landesinnere getragen. Omnibusse anzuheben und in einigen Kilometern Entfernung wieder abzusetzen, ist noch das Geringste, was ein Tsunami zu vollbringen imstande ist.

Fatalerweise hat man es mit mehreren Wellen zu tun. Im offenen Ozean kann deren Abstand einige hundert Kilometer betragen. Sobald die Energie an Land gestaut wird, verkürzen sich die Abstände, dennoch können Minuten, mitunter sogar eine Viertelstunde vergehen, bis der nächste Wasserberg heranrast. Allein in Unkenntnis dessen mussten in Südostasien etliche Menschen sterben, die nach der ersten Welle an den Strand zurückgekehrt waren, um nachzusehen, was von ihrer Behausung übrig war. Andere machten die Erfahrung, dass Tsunamis mindestens so viele Menschenleben fordern, wenn sie ins Meer zurückfließen. Gegen den Sog sind selbst ausgezeichnete Schwimmer machtlos. Wer den Aufprall überlebt, kann nur hoffen, irgendwo ein standhaftes Stück Mauerwerk oder einen unbeugsamen Baum zu erwischen, an dem er sich festhalten kann. Dann setzt der Kampf zwischen Sog und Muskelkraft ein – den man allzu oft verliert.

Und noch mehr geschah als Folge des Bebens. Wissenschaftler der NASA registrierten eine geringfügige Beschleunigung der Erdumdrehung. Nach dem tektonischen Ruck verschob sich die Achse des Planeten um wenige Zentimeter mit dem Resultat, dass einem Erdentag seitdem drei Mikrosekunden fehlen. Was eher von akademischem Interesse ist. Die Kreisbahn der Pole variiert um zehn Meter, niemand fragt da nach ein paar Fingerbreit mehr. Weit beunruhigender ist, was man aus der Vergangenheit weiß: dass Superbeben oft nur wenige Jahrzehnte später ähnlich schwere Beben folgen.

In Südostasien herrschte keineswegs nur Unwissenheit vor, sondern auch ein gehöriges Maß an Ignoranz. Manche der Verantwortlichen wussten um die Gefahr. Die Natur hat uns zu Verdrängungskünstlern erzogen, was im Verlauf der Menschheitsgeschichte entscheidende Überlebensvorteile mit sich brachte; allerdings ist es heute unentschuldbar, sich auf seine genetische Disposition zurückzuziehen. Dokumentationen belegen, dass es in Südostasien alle 230 bis 250 Jahre zu Erschütterungen solchen Ausmaßes kommt, und dass Superbeben überall auf der Welt meist pärchenweise auftreten. In 30 bis 40 Jahren kann sich die Katastrophe wiederholen. Bis dahin wird man besser vorbereitet sein – wie immer um den Preis der Opfer.

So schlimm das ist, müssen wir uns von einem Begriff endgültig verabschieden: Katastrophe.

Was im Nachhinein zur Katastrophe wird, ist im Vorfeld nämlich keine. In der Begrifflichkeit liegt eine Wertung, die zu einem fatalen Missverständnis führt, nämlich dass Tsunamis, Vulkanausbrüche und Feuersbrünste Ausnahmen von der Regel sind, tückische Überraschungsattacken eines übellaunigen Planeten. Doch das sind sie keineswegs. So genannte Katastrophen sind zuallererst Naturereignisse und im Übrigen die Regel. Wir müssen lernen, dass die Erde sich reckt und streckt und muckst, wie es ihr passt, und dass sie sich nichts Böses dabei denkt. Sie fordert uns Verständnis ab für ihre Lebensweise. So ist sie nun mal, die alte Dame. In Japan hat man das verstanden und sucht die Koexistenz. Nippon ist wohl eine der meistgebeutelten Erdbebenregionen Asiens, und jeder weiß darum. Dennoch hadert man dort nicht mit der Natur, sondern baut entsprechend, in der Gewissheit, dass der Mensch nicht gegen alles eine Versicherungspolice abschließen kann. Schon vor Jahren haben die Küstenbewohner begonnen, ihren Städten Deiche vorzulagern, als erwarteten sie eine alliierte Invasion. Doch selbst meterhohe Betonmauern gewährleisten keine Sicherheit. Hartnäckig flickt und baut man sie immer wieder auf. Manchmal halten sie. Oft siegt die Natur. Nicht jeder Versuch, sie auszutricksen, gelingt. Die Japaner lassen sich davon nicht entmutigen und haben wenig Verständnis, wenn Leute mit Schafsgesichtern Schäden begutachten, um deren Ursache sie hätten wissen müssen.

Kommen wir zur zweiten Tsunami-Kategorie. Sie ist weit seltener, hat im Verlauf der Erdgeschichte allerdings zu den dramatischeren Einschnitten geführt. Impact-Tsunamis entstehen, wenn etwas Großes mit hoher Geschwindigkeit ins Meer stürzt, so wie es vor 205 Millionen Jahren am Übergang von Trias zu Jura geschah. Meteoriten erzeugen Tsunamis ganz anderer Art. Auch hier wird die komplette Wassersäule in Bewegung versetzt. Weil jedoch Wasser an der Oberfläche verdrängt wird, schießt es in die Höhe. Sedimentablagerungen an der schottischen Küste lassen vermuten, dass die Trias-Jura-Wellen Geschwindigkeiten um die 1.000 Stundenkilometer entwickelten und mit über einem Kilometer Höhe losrasten. Je nach Größe eines Meteoriten sind bis zu vier Kilometer hohe Wasserwände vorstellbar. Auch wenn sich Impactwellen im Verlauf ihrer Ausdehnung abschwächen, sollte man küstennahe Städte geräumt haben, bevor sie eintreffen. Einigermaßen sichere Fluchtziele finden sich in den Anden oder auf dem Himalaya-Plateau. Man muss nur hinkommen.

Auch Meteoriten sind im Weltraum nichts Besonderes, ebenso wenig, wie sie nach Sauriermanier auszusterben pflegen, um zivilisierte Rassen nicht länger zu belästigen. Augenscheinlich, da längere Zeit keiner herniedergeplumpst ist, gehören sie in den erdhistorischen Wilden Westen. Tatsächlich trudeln sie mit schöner Regelmäßigkeit vorbei, ohne Schaden anzurichten. Doch wehe, im kosmischen Billard kommt es zum Kugelkontakt. Die Gefahr, von einem solchen Brocken zurück ins Archaikum katapultiert zu werden, besteht unvermindert. Halbherzig wird darum an Meteoritenabwehrsystemen geforscht – praktisch ist kein Geld dafür vorhanden. Wie gesagt, der Mensch ist ein Verdrängungskünstler. Geschenkt. Nur dürfte das Jammern groß sein, wenn sich der nächste kosmische Godzilla auf Rempelkurs befindet und Bruce Willis gerade drehfrei hat.

Die Ignoranten teilen sich in zwei Lager. Die einen ziehen es vor, in Kriege zu investieren. Andere verweisen auf humanitäre Missstände und fordern, das Geld dort zu investieren, wo Menschen zu viel Hunger haben, um sich über Meteoriten den Kopf zu zerbrechen. Allzu verständlich. Andererseits hätte man einige der Millionen, die im Irak verbombt wurden, in die Entwicklung eines funktionierenden Abwehrsystems stecken sollen, denn die Bombe aus dem All wird Christen wie Muslime gleichermaßen vor das Angesicht des Herrn zitieren. Der wird natürlich wissen wollen, womit wir uns die Zeit vertrieben haben, und wir werden antworten müssen, dass wir uns die Köpfe eingeschlagen haben, weil im Koran nicht ganz genau dasselbe steht wie in der Bibel. Daraufhin wird er uns mit nie gehörten Kraftausdrücken titulieren und fragen, warum seine Schöpfung zu blöde war, die einfachsten Dinge zu kapieren. Hatten wir nicht jede Menge Zeit zu lernen? Aber da stehen wir nun, und Gott wird seufzen und seine Engel anweisen, den ungeliebten Vetter in der Hölle anzurufen und nachzufragen, ob er noch für sechs Milliarden Idioten Zimmer frei hat.

Zugegeben, der letzte Meteoriteneinschlag ist ein bisschen her. Der letzte Impact-Tsunami aber keineswegs. Erst 1958 rutschte in Südalaska eine komplette Bergflanke ins Meer und erzeugte eine 150 Meter hohe Welle, die an die Küste schlug und so hoch aufspritzte, dass sie noch in einem halben Kilometer Höhe Bäume von den Hängen rasierte. Tsunamis der ersten Kategorie sind hingegen Alltag. De facto ist auf den Meeren jede Woche einer unterwegs, nur meist so schwach, dass er sich an Land nicht mal durch freches Plätschern bemerkbar macht. Wer allerdings 1755 in Lissabon gewesen wäre, hätte sein atlantikblaues Wunder erlebt. Das legendäre Beben setzte 15 Meter hohe Wellen in Gang. 1883 explodierte in Indonesien der Krakatau mit solcher Heftigkeit, dass 40 Meter hohe Wellen 36.000 Menschen töteten und die Druckwelle mehrmals um die Erde raste – ein Effekt, der seinerseits kleinere Tsunamis auslöste wie den im neuseeländischen Lake Taupo, denn auch plötzlicher Luftdruck kann Wasser bewegen. 1960 dann sandte das stärkste Beben, das je gemessen wurde, 25 Meter hohe Wellen nach Chile, Hawaii und Japan. Selbst die philippinischen Küsten wurden von den Wassermassen überrollt. Wem das nicht reicht, der wird in der Antike fündig, als der Santorin hochging. 60 Meter hohe Wellen löste der Vulkan aus. Keine Rede mehr vom Surferparadies. Der

Schluckauf des Santorin dürfte mit einiger Sicherheit die minoische Kultur auf Kreta ausgelöscht haben.

Das Lästige an Vulkanen ist nicht nur, dass sie Lava spucken. Unter dem Druck aus dem Erdinneren können sie auch fulminant zerplatzen. Sind sie am Meer gelegen, gelangen Millionen Tonnen Gestein ins Wasser. Die Trümmer schlagen mit Geschwindigkeiten von einigen hundert Stundenkilometern auf. Seit einigen Jahren hört man munkeln, so ein Ereignis stünde uns demnächst ins Haus: eine hübsche kleine Insel rüste sich zum großen Schlag. Gut möglich. Vor Westafrika liegt La Palma, eine beschauliche Kanareninsel, die ebenso wie ihre Geschwister Teneriffa, Gran Canaria, Lanzarote und Fuerteventura nichts anderes ist als ein hoher, steiler Lavakegel. Der Cumbre Vieja, wie die Vulkankette La Palmas zusammenfassend genannt wird, gilt als erloschen – sagt das Fremdenverkehrsministerium. Andere merken an, dass es auf La Palma 1949 schwer gerappelt hat, wodurch ein Teil der Westflanke absackte. Der entstandene Riss reicht bis ins Innere der Insel. Nicht nur ausgemachte Pessimisten mutmaßen, dass die Flanke bei der nächsten Eruption vollständig abgesprengt wird. Weniger die aufsteigende Lava dürfte dafür verantwortlich sein, sondern das im Berg eingeschlossene Wasser, das sich erhitzen und explosionsartig ausdehnen wird. 500 Kubikkilometer Gestein, schätzen Experten, werden in den Atlantik stürzen, so rasch, dass eine gewaltige Luftblase entsteht, die noch mehr Wasser verdrängen wird. Über die Höhe der daraus resultierenden Welle gehen die Meinungen auseinander. Sollte La Palma auseinander brechen, dürfte sie auf alle Fälle die Kanaren und den Rand der Sahara wegputzen, um wenige Stunden später New York zu überrollen – mit 50 Meter hohen Wasserwänden.

Ob es auf La Palma kracht, ist nicht die Frage, sondern vielmehr, wann. Und – zur Beruhigung! – ob alles Gestein auf einmal abgesprengt wird oder in Schüben herniederrauscht. Denn auch das könnte geschehen. Die Auswirkungen wären dann bei weitem weniger dramatisch, möglicherweise nicht mal mit Gefahr für Leib und Leben verbunden. Doch wie das so ist mit den Prognosen, sie bleiben wässrig.

Fazit: Kaum eine Küste ist wirklich vor Tsunamis sicher. Sie drohen in allen erdbebengefährdeten Gebieten, ergo auch im Mittelmeer. Allerdings lösen erst Beben der Stärke 7 nennenswerte Wellen aus. Die meistgefährdete Region ist und bleibt der Pazifik, fast durchweg umschlossen von aktiven Kontinentalrändern und Subduktionszonen. Angesichts dessen hat man sich dort zusammengerauft und ein Tsunami-Warnsystem installiert. Das PTWC – Pacific Tsunami Warning Center – arbeitet mit einiger Effizienz. Wunder vollbringt es nicht, doch je nach Epizentrum bleibt genügend Zeit, Anrainerstaaten zu warnen und Evakuierungen in Gang zu setzen. Ist man sich im PTWC sicher, dass die gemessenen Wellen einen größeren Tsunami auslösen könnten, werden offizielle Stellen informiert.

Leider hat die Sache einen Haken: Trotz verfeinerter Technologien überwiegt die Zahl der Fehlalarme. Wer dreimal hintereinander im Schweinsgalopp das Landesinnere aufsuchen musste, um anschließend zu hören, nicht mal Juniors Sandburg sei zu Bruch gegangen, wird beim vierten Mal kaum Lust verspüren, sich schon wieder auf die Socken zu machen. Und ausgerechnet dann kommt sie – die Mutter aller Wellen.

Südostasien hatte kein Tsunami-Warnsystem. Man hielt es nicht für notwendig. Nun hat Deutschland eines für die Region entwickelt. Und wieder fragt man sich, warum es immer erst ganz dick kommen muss. Als hätte es keine Gutachten, Aufzeichnungen oder Bücher gegeben. Möglicherweise berichtet sogar die Bibel vom GAU. Die Sintflut könnte ein Mega-Tsunami gewesen sein, ausgelöst vom in die Luft geflogenen Santorin. Und Noahs Arche eines der Schiffe, die von den Wassermassen weit im Landesinneren abgesetzt wurden. Gut, dass der weise Mann von jedem Tier ein Pärchen mit an Bord genommen hatte. Nur die Zecken hätte er getrost zu Hause lassen können.

Haben wir nun alle Wellen kennen gelernt? Im Wesentlichen schon, einschließlich Ebbe und Flut – auch der Wasserbuckel, den der Mond erzeugt, ist eine Welle, eine Gezeitenwelle. Sie ist allerdings so riesig, dass wir sie erst wahrnehmen, wenn wir denselben Strand in Abstand einiger Stunden betrachten. Dann gibt es noch die Rossbywelle. Wie die meisten Wellen verdankt sie ihre Entstehung dem Wind, wird jedoch von der so genannten Corioliskraft zurückgepfiffen. Die entsteht als Folge der Erdumdrehung und wird uns im folgenden Kapitel beschäftigen, weshalb wir an dieser Stelle nicht näher darauf eingehen. Außerdem dürften Sie von Riesenwellen allmählich die Nase voll haben, und Rossbywellen weisen Längen von über 10.000 Kilometern auf. Doch keine Angst!

Dafür werden sie gerade mal zehn Zentimeter hoch. Rossbywellen sind Teil der großen Meeresströmungen, bei deren Erzeugung die Corioliskraft übrigens eine wichtige Rolle spielt.

Apropos Strömungen: Haben Sie Lust auf eine kleine Reise? Sie dauert nicht sehr lange. Nur etwa eintausend Jahre. Und wir reisen komfortabel, in einem schmucken kleinen Tauchboot. Nicht mal von Antriebsgeräuschen lassen wir uns stören. Unser Boot hat keinen Antrieb. Wir lassen uns treiben, Schwarzfahrer im globalen Fernverkehrssystem. Die Oberfläche und die Tiefe werden wir erkunden, den äußersten Norden, den eisigen Süden, die warmen Gewässer der Mitte. Proviant ist reichlich vorhanden, und den Kurs kennt der Planet. Nur staunen müssen Sie selber.

Ob wir mit Navigationssystem reisen?

Wenn Sie möchten.

Stau am Kap der Guten Hoffnung

ZIELEINGABE: ERDUMRUNDUNG

Willkommen in der großen thermohalinen Zirkulation.

Unsere Reise beginnt in der Karibik, in der Kinderstube des Golfstroms. Ausgesprochen gemütliche Temperaturen um uns herum. Voll getankt mit tropischer Sonne ist der Nordäquatorialstrom durch die kleinen Antillen hierher gelangt, bis in den Golf von Mexiko. Wir spüren, wie es uns gen Norden zieht. Dachten wir nicht immer, der Golfstrom fließt? Einfach so von sich aus? Aber das tut er nicht, er wird in die obere Hemisphäre gezerrt wie an Gummibändern, und so passieren wir die Spitze Floridas in flottem Tempo.

Unter Ihrem Sitz sind Snacks. Bedienen Sie sich.

Derzeit reisen wir im Oberflächenwasser. Vier Arten von Wasser bilden das globale Strömungssystem, Oberflächenwasser ist eine davon. Dass wir obenauf schwimmen, hat seinen Grund in Temperatur und Salzgehalt der hiesigen Gewässer. Grundsätzlich ist kaltes Wasser schwerer als warmes, weil es eine höhere Dichte hat. Zweitens ist salziges Wasser schwerer als süßes, weil Salz zusätzliches Gewicht mitbringt. Nun ist das Wasser des Golfstroms nicht übermäßig salzig und zudem sehr warm. Eine Milliarde Megawatt führt es mit sich, das entspricht der Produktion von 250.000 Kernkraftwerken. Darum treibt dieses Wasser oben und wir mit ihm. Langsam driften wir so bis Neufundland, haben wenig zu tun und können uns kluge Bemerkungen zuwerfen wie die, dass der Golfstrom seinen Namen eigentlich zu Unrecht trägt, weil er sein schönes warmes Wasser gar nicht aus dem Golf von Mexiko hat. Zumindest nicht nur. Der soll sich also nicht so dicke tun, der Golf. Bis auf weiteres sprechen wir vom Floridastrom. Gemächlich, mit 9 Stundenkilometern, passieren wir Cape Canaveral und halten auf

Cape Hatteras zu. Um uns herum wälzen sich 50.000 Kubikkilometer tiefblaue See, das Dreißigfache sämtlicher Flüsse der Erde zusammengenommen. Unterhalb Neufundlands dann wird der Strom breiter, erheblich breiter! Jetzt endlich darf er sich Golfstrom nennen – immer noch unverdientermaßen, aber so haben es die Ozeanographen einst verfügt.

ACHTUNG: ES NÄHERT SICH VERKEHR VON LINKS

Stimmt, das ist der kalte Labradorstrom, der seitlich zu uns stößt und dem Golfstrom in die Parade fährt. Damit löst er ihn auf, besser gesagt, er unterteilt ihn in Eddies, jene kreisrunden Riesenwirbel, die von nun an Nordatlantische Drift heißen. Weiter nach Norden treiben die Wärmeinseln, in einer davon drehen wir uns mit. Nur noch 15 Kilometer schaffen wir am Tag. Die Messfühler unseres Tauchboots signalisieren, dass die See ihre gespeicherte Wärme in die Atmosphäre entlässt. Generös verteilt unser guter Eddie seine Energie an Europa, als hätte er endlos davon, und die anderen Wirbel tun es ihm gleich. Derweil fegen temperierte Westwinde über die Meeresoberfläche und lassen einen Teil des Wassers verdunsten, das kondensiert und später in Europa abregnen wird. In der Höhe von Gibraltar hat es noch reichlich gegossen, womit der Verdunstungsverlust weitgehend ausgeglichen wurde. Nun aber wird die Drift salziger, und das Wasser, mit dem wir nordwärts treiben, gewinnt an Gewicht.

Entlang der Küste Norwegens wechselt unser Strom erneut den Namen. Nun heißt die Nordatlantische Drift Norwegenstrom. Viel Wärme ist uns abhanden gekommen, doch noch transportieren wir genug davon, um Süd-Svalbard verträgliche Sommer zu bescheren. Selbst im Winter können Schiffe dank des Norwegenstroms Häfen in Spitzbergen und Murmansk anlaufen. Erstaunlich, wie lang die äquatoriale Wärme vorhält, doch ganz allmählich, so hoch im Norden, gehen uns die Reserven aus. Der Himmel bezieht sich mit grauen, eispartikeln-gesättigten Wolken. Kalt bläst der Orkan, und plötzlich müssen wir die Heizung in unserem kleinen Tauchboot anwerfen. Um uns herum wogt ein graues, zerklüftetes Gebirge. Der Wind treibt Schaum vor sich her. Auf und nieder geht es, bis wir zwischen Grönland und Nordnorwegen auf zum Bibbern kaltes Arktiswasser stoßen.

Wären Sie so freundlich, die Flasche Aquavit aus dem Kühlfach zu holen und uns einzuschenken? Region und Klima rechtfertigen, dass wir uns angemessen stärken.

BITTE ANSCHNALLEN UND DIE SEITENFENSTER SCHLIESSEN. WIR STÜRZEN AB

Im Flugzeug wäre das eine beunruhigende Auskunft. Diesen Absturz jedoch haben wir vorausgesehen. So kalt und schwer ist das Wasser des Norwegenstroms geworden, dass es sich nicht länger an der Oberfläche zu halten vermag und absackt. Über uns schwappt der Ozean zusammen. Wir sinken.

Nein, wir stürzen!

Es ist tatsächlich ein regelrechter Absturz. Hier, östlich von Grönland, fällt der Strom kaskadenartig in die Tiefe. Natürlich stürzt nicht das Meer als Ganzes ab, vielmehr suchen sich die kalten Ausläufer des Stroms geräumige Fahrstühle, so genannte Sinkschlote. Das sind Stellen von bis zu 50 Metern Durchmesser, die gar nicht einfach zu finden sind, weil Wind und Wellengang sie ständig verschieben. Auf einen Quadratkilometer Meeresfläche kommen im Schnitt zehn bis zwölf solcher Schlote, wo Wasser durch Wasser rauscht. In einem dieser Fahrstühle stecken wir nun, und rapide geht es abwärts. Rund 17 Millionen Kubikmeter Nordatlantikwasser pro Sekunde streben dem Grönländischen und Norwegischen Tiefseebecken entgegen, 20 Mal mehr, als alle Flüsse der Erde zusammen führen. In völliger Stille und Lichtlosigkeit fallen wir tiefer und tiefer und fragen uns, ob wir den Aufprall auf dem Grund des Beckens heil überstehen werden. Noch einen Aquavit? Doch da meldet sich schon die freundliche Stimme des Navigationssystems:

AUFPRALL IN 100 METERN. BITTE KURZ VORHER SCHARF BREMSEN UND PARALLEL ZUM MEERESBODEN WEITERTREIBEN

Leichter gesagt als getan. Mit kribbelnden Bäuchen sind wir bis in 2,5 Kilometer Tiefe gelangt. Aber plötzlich geht alles wie von selbst, und wir landen in einem Pool mit eiskaltem Wasser, treiben dicht über dem Meeresgrund dahin und schwappen über den unterseeischen Gebirgszug zwischen Grönland, Island und Schottland. Dahinter geht es abwärts wie auf einer Rutschbahn, vorbei an rissigen, erstarrten Lavafeldern und hinweg über wüstenartiges Sediment. Unwirtlich ist diese Gegend, doch sie wird noch viel unwirtlicher, wenn wir erst mal tief im Süden sind. Also zurücklehnen und entspannen. Hören wir etwas leise Musik. Vielleicht Debussy, *La Mer*? Oder lieber was Zeitgenössisches, Phil Phillips, *Sea of Love*?

Vor uns liegt wieder Neufundland, zu unserer Rechten diesmal. Nutzen wir die Zeit, um die zweite der vier Wasserarten kennen zu lernen, mit der wir nun dahintreiben. Es ist das so genannte Bodenwasser, das getreu seinem Namen über die schlierigen Abyssale des Nordatlantiks fließt. Genauer gesagt ist es Oberflächenwasser, das zu Bodenwasser wurde. Im System der Meeresströmungen nimmt jeder Wasserpartikel im Laufe der Zeit jede Position ein. Erneut begegnen wir dem Labradorstrom, dessen Wasser uns Gesellschaft leisten, denn diesmal hat er die gleiche Route wie wir. Er mischt sich in unser Umfeld, weniger kalt und salzig als unser Bodenwasser, sodass sich ganze Stränge davon abtrennen und höher wandern, in eine Art Zwischengeschoss. Im Tiefenwasser – das ist die dritte Art – sind wir nun nach Süden unterwegs. Hoch über uns zieht die Enge von Gibraltar vorbei, und wir erhalten Besuch: warme, extrem salzige Wasserwirbel, die dem Mittelmeer entstammen und gleich fliegenden Untertassen aus der Meerenge zwischen Spanien und Marokko schweben. Sie schließen sich uns an, alles Wasser vermischt sich, und weiter geht unsere Reise, immer noch in beträchtlicher Tiefe, sodass wir ein Schauspiel von atemberaubender Schönheit genießen können:

Vulkanausbrüche.

Wir haben den Mittelatlantischen Rücken erreicht, Teil eines weltumspannenden unterseeischen Gebirges mit einer Gesamtlänge von 60.000 Kilometern. Bis zu drei Kilometer hoch ist dieser Rücken, darüber eine Wassersäule von gleicher Höhe. Hier spreizt sich die Erdkruste, bricht sich flüssiges Gestein Bahn und ergießt sich in das endlose Tal, das den Rücken längs spaltet. Mit fünf Zentimetern pro Jahr driftet der Meeresboden auf seiner Reise zu den Kontinenten auseinander. Stockdunkel ist es hier, doch die Lava können Sie sehen. Und keine Bange: Ein Vulkanausbruch in der Tiefsee gestaltet sich weit eleganter als einer an Land. Unter dem kolossalen Druck und bei den eisigen Temperaturen bilden sich zähe, rot leuchtende Seen und Ströme, die durchs Schwarz mäandern. Schnell überziehen basaltene Krusten die Lava. Nach einer Weile glüht es nur noch durch Millionen feiner Risse, bis auch diese sich geschlossen haben. Stellen Sie kurz die Musik ab: Können Sie es hören? Ein dumpfes Knirschen und Brodeln, Geburtswehen neuen Meeresbodens. Jede Menge Leben wird sich im Umfeld der Vulkane ansiedeln, geheimnisvoll und rätselhaft, doch wir treiben höher, verlassen den Rücken und die angrenzenden Wüsten und nähern uns einem gewaltigen Brausen. Hinter uns liegt der Äquator, Afrika haben wir passiert, eine angenehme, ruhige Reise. Doch plötzlich schütteln uns heftige Turbulenzen, jagen unser Tauchboot in die Höhe, und wir müssen uns festhalten, um nicht mit den Köpfen aneinander zu knallen.

ACHTUNG, SIE NÄHERN SICH EINEM KREISVERKEHR. BITTE RECHTZEITIG EINORDNEN UND DEM ZIRKUMPOLARSTROM FOLGEN

Manchmal muss man sich schon fragen, was sich so ein Navigationssystem denkt. Rechtzeitig einordnen! Ebenso gut könnte man einem Fußgänger empfehlen, zur Hauptverkehrszeit gemessenen Schrittes den Place de l'Etoile zu überqueren. Jenseits von Kap Hoorn schießen wir an die Oberfläche und werden in blindwütige Stürme geworfen. Schiefergrau tosende Wellen, über deren Kämmen Schaumgespenster einander jagen, und wir mittendrin. Wir nähern uns der Welt des Arthur Gordon Pym, jenes unglücklichen Protagonisten aus Edgar Allen Poes einzigem Roman, dessen letzter Eindruck auf seiner antarktischen Irrfahrt der einer geisterhaften, riesigen Erscheinung ist: die lakenumhüllte Gestalt eines Mannes, der größer war als je ein Bewohner der Erde. Und die Hautfarbe des Mannes hatte die makellose Weiße des Schnees.

Brrrr! Es reißt uns in den antarktischen Zirkumpolarstrom, den größten Kreisverkehr der Welt. Unablässig zirkuliert er um den weißen Kontinent, ohne je auf Land zu stoßen. Nie steht er still, nichts stoppt oder verlangsamt ihn. Seine Sogwirkung ist enorm, sodass alle Meere in das Riesenkarussell ein- und wieder aus ihm hervorgehen. Welche Identität man auch immer hatte bis hierher, ob man Teil des Labradorstroms oder eines Mittelmeerwirbels war, im antarktischen Mahlwerk wird alles zusammengeführt und bis zur Unkenntlichkeit vermengt. Was bleibt, ist namenloses Wasser.

Namenlos, bis es wieder ausgespien und in neue Bahnen geleitet wird.

Im Zwischenwasser, der vierten Strömungskategorie, lassen wir uns ein Stück mittragen und hoffen, dass die Bordheizung nicht den Geist aufgibt. Gütiger Himmel, ist das kalt! Wie gerne wären wir mit dem Teil des Wassers, der nun zurückkreisen darf zum Äquator, gleich wieder zurück in den Atlantik gespült worden. Wir aber trudeln weiter im Karussell, während sich neue Wassermassen abkoppeln und dem Indischen Ozean zufließen, harren tapfer aus, bis wir endlich dran sind. Pazifik! Alles aussteigen! Und weg sind wir.

BITTE IN 800 METERN TIEFE BLEIBEN. NACH 4.000 KILOMETERN AUFSTEIGEN UND SCHARF LINKS ABBIEGEN

4.000 Kilometer, die wir entlang der Küste Südamerikas nach Norden treiben, dem Äquator entgegen. Langsam wird uns wieder wärmer, doch erst, als wir einer scharfen Linkskurve folgend westwärts wallen, schütteln wir den letzten Frost aus den Gliedern. Die Strömung trägt uns sacht zur Oberfläche. Endlich wieder Licht! Heißes, sonniges Wetter, durchsetzt von tropischen Regengebieten. Hier weht der Passat. Zauberhafte Südsee! Hey, da vorne, ist das nicht Indonesien?

NACH 500 KILOMETERN BITTE SCHRÄG RECHTS HALTEN UND ZWISCHEN BORNEO UND SULAWESI ... QUATSCH, SCHRÄG LINKS DURCH DIE LOMBOKSTRASSE ...

Moment mal. Wohin denn nun?

VORBEI AN TIMOR ... ÄH ... NEE, BESSER WENDEN UND DIE MAKASSARSTRASSE ... UND DANN ... ÖH ... WO BIN ICH?

Zweifellos ist Indonesien ein schreckliches Durcheinander aus Inseln und Inselchen, Meerengen, Strudeln und Untiefen, sodass man sich als Strömung gar nicht mehr auskennt. Hier verwirbelt unsere Westdrift, jeder Strömungsausläufer sucht sich seinen Weg. Zum Indischen Ozean wollen alle, doch dahin gelangt man nicht durchs Hauptportal. Wir zwängen uns zwischen Borneo und Sulawesi hindurch, durchqueren den Indik und halten auf Afrika zu. Im warmen Arabischen Meer gewinnt das Salz an Einfluss. Das Wasser um uns herum wird schwerer, doch weil wir vor pazifischer Wärme nur so bersten, bleiben wir an der Oberfläche, beschleunigen entlang der Küste von Mosambique, gehen mit schäumenden Wogen in die Kurve ums Kap der Guten Hoffnung – und kriegen eine verpasst.

Warum geht's nicht weiter? Ganz einfach. Hier, so nah am antarktischen Zirkumpolarstrom, dass man den Verkehr regelrecht brausen hört, treffen gegenläufige Strömungen aufeinander, und Sie wissen ja, was daraus werden kann. Nicht auszuschließen, dass wir als Nächstes von einer Freak Wave in luftige Höhen geschleudert werden. Mit einiger Not umrunden wir das Kap, und wieder reißt es die Strömung, die uns hierher getragen hat, auseinander. In gewaltigen Wirbeln trudeln wir über den Südatlantik, saugen neue Wärme in uns hinein, gelangen mit der Äquatorströmung nach Westen. Jetzt geht es rasch voran. Unser Wirbel trägt uns vorbei an Brasilien und Venezuela, und dann ...

KARIBISCHE INSELN. SIE HABEN IHR ZIEL ERREICHT

Da wären wir.

Wie versprochen haben wir eintausend Jahre gebraucht. So lange dauert es, bis sich alles Wasser einmal um den Globus gewälzt hat. Theoretisch müsste eine Flaschenpost nach dieser Zeit wieder beim Absender angelangt sein, aber kein Schiffbrüchiger hat lange genug gelebt, um das bestätigen zu können. Wir aber dürfen uns auf die Schulter klopfen. Champagner! Begießen wir die Ankunft und meditieren wir noch einen Augenblick darüber, warum es Meeresströmungen überhaupt gibt.

Wie alles sind sie Kinder von Mutter Erde, und die liebt saubere Bilanzen. Wir haben gesehen, wie Wasser seine Temperatur verändert, mal leichter und mal schwerer wird. Sinkt nun kaltes und salzreiches Wasser in die Tiefe, entsteht ein Defizit an der Oberfläche. Wasser muss von anderer Stelle nachfließen, um den Verlust auszugleichen, erzeugt also seinerseits ein Defizit. In der Folge wird auch dieses Wasser ersetzt, was sich endlos fortsetzt, einmal rund um den Erdball. Noch etwas spielt eine Rolle: Nicht nur Gravitation, auch Temperaturunterschiede können die Höhe des

Meeresspiegels beeinflussen – der Pazifik etwa liegt höher als der Atlantik –, und Wasser fließt immer von oben nach unten. Oder Wasser verdunstet und hinterlässt einen Fehlbetrag. Unter hohem Druck sind Wassermoleküle zudem dichter gepackt als in Flachwasserzonen. Die Regel besagt aber, dass sich komprimiertes Wasser in Gegenden mit niedrigerem Wasserdruck ausdehnen muss. Und der Wind spielt ohnehin die wichtigste Rolle, denn er versetzt das Wasser an der Oberfläche in Bewegung.

So ist im Verlauf der ozeanischen Entwicklungsgeschichte ein gewaltiges Umwälzungssystem in Gang geraten, das sämtliche Weltgewässer und alle Schichten umfasst. Keine Strömungsbewegung lässt sich isoliert betrachten, jede ist Folge der vorausgegangenen und Auslöser einer kommenden. Am spektakulärsten schließt sich der Kreis ohne Zweifel vor Grönland, wo die eisigen Massen abstürzen und jenen gewaltigen Sog erzeugen, dem der irische Westen seine Palmen verdankt.

Letztlich gelangt man mit den Meeresströmungen überallhin. Hier nun mag es einige Verwirrung geben. Wenn der Wind die Position der Wasserteilchen nicht verändert, wie kann er dann Einfluss auf die Oberflächenströmung nehmen, die ja Wasser versetzt? Ganz einfach. Als Reminiszenz an Einstein können wir uns einen fahrenden Zug vorstellen, in dessen Waggons Menschen auf- und niederspringen, ohne dabei ihre Position zu verändern. Sie schlagen in der Luft sogar noch einen Salto, kommen aber mit den Füßen immer wieder auf demselben Flecken ICE-Teppichboden auf. Anders ausgedrückt, sie bleiben auf der Stelle. Dennoch werden sie über große Distanzen bewegt, sagen wir von München nach Hamburg. Aus Sicht eines Beobachters, der den Zug vom Bahnsteig aus vorbeifahren sieht, verändern sie damit durchaus ihre Position. Kurz hinter Stuttgart landet nun ein Vogel auf dem Dach des Waggons, in dem das Hüpfspielchen vonstatten geht, zieht die Beine ein und hält ein Nickerchen. Mit hoher Geschwindigkeit wird auch er über Land transportiert, jedenfalls aus Sicht des Bauern, der kurz von der Feldarbeit aufschaut und den Zug samt Vogel vorüberrasen sieht. Dennoch bewegt sich der Vogel keinen Millimeter von der Stelle. Der scheinbare Widerspruch klärt sich, wenn wir den Zug als geschlossenes System betrachten. Innerhalb des Systems bleiben die saltoschlagenden Menschen auf der Stelle, ebenso wie der schlummernde Vogel.

Ein solches System ist auch eine Meeresströmung. Sie wälzt sich als Ganzes dahin. Innerhalb des Systems Meeresströmung bleiben die Wasserteilchen an ihrer Stelle, vollführen jedoch Sprünge und Saltos wie die Leute im Zug. Aus Sicht einer Beobachters am Ufer werden sie damit transportiert, ebenso wie ein Papierschiffchen aus seiner Sicht vorbeitreibt. Tatsächlich verändert das Schiffchen, auf das System bezogen, seine Position zu keiner Zeit. Unter ihm hüpfen die Wasserteilchen lediglich auf und ab. Die Wellenform durchläuft das System, mal wird das Schiffchen angehoben, mal sackt es runter, doch die Wellenteilchen bleiben konstant unter ihm, verändern also nicht seine Position. Der wohl bekannteste Zug ... pardon, Strom ist der Golfstrom. Man muss allerdings hinzufügen, dass Meeresströmungen sich um einiges komplexer verhalten als Züge und man nach einer halben Stunde springen und Salto schlagen wahrscheinlich am nächsten Bahnhof rausgeschmissen wird.

Die Bewegung der Strömungen als Systeme verdankt sich verschiedenen Einflüssen. Der Golfstrom etwa wurde und wird durch beständig blasende Winde wie die Passate der Randtropen oder die Monsune maßgeblich gefördert. Eine Erkenntnis, die schon Seefahrer der Antike befähigte, konkrete Aussagen über Strömungsverläufe zu machen. Wer einen bestimmten Punkt ansteuerte, gelangte nämlich nicht unbedingt dorthin, sondern landete ein ganzes Stück weiter östlich oder westlich als vorgesehen. Aus der Abweichung ließ sich ebenso auf die Fließrichtung wie auf die Kraft und Geschwindigkeit einer Strömung schließen. Solches Wissen wurde lange im Geheimen kultiviert, stellte es doch einen kostbaren Schatz und strategischen Vorteil dar. Die Strömungen zu kennen hieß, den Meeren nicht auf gut Glück ausgesetzt zu sein, sondern ihre Dynamik aktiv nutzen zu können. Erst 1853 entschied man, Daten länderübergreifend auszutauschen und in hydrographischen Stationen zu archivieren, sodass sie allen seefahrenden Nationen zugänglich wurden. Binnen kurzem entstanden detaillierte Karten über Strömungsverläufe, mit denen selbst Amateure etwas anzufangen wussten. Der Seefahrt leistete das enormen Vorschub. Dennoch verdankt sie ihre Sternstunden der Zeit vor dem allgemeinen Durchblick. Wäre der portugiesische Seefahrer Pedro Álvarez Cabral im April des Jahres 1500 nicht vom Äquatorialstrom abgetrieben worden, als er Indien ansteuerte, hätte er Brasilien nicht entdeckt. Und was gibt es Schöneres für freundliche

Ureinwohner, als von Menschen mit Helmen und Hellebarden entdeckt zu werden!

Heute hilft uns die dezidierte Kenntnis der Strömungsverhältnisse, Voraussagen zu treffen, etwa wohin Ölteppiche treiben. Und mehr als das: Wer Klein-Fritz mit Blick auf den nicht leer gegessenen Teller weismachen will, er trüge Schuld am schlechten Wetter, wird dem kundigen Knaben nur ein müdes Lächeln entlocken. Fritz lernt nämlich in der Schule, dass Herr Kachelmann ohne Strömungsdaten schwer im Regen stünde. Das Meer speichert und transportiert atmosphärische Wärme. In den Tropen futtert es sich die komfortablen Temperaturen an, um sie an Europa wieder abzugeben. Den Golfstrom nennt man darum auch die Fernheizung Europas. Während er Franzosen, Spaniern und Deutschen gestattet, ihr Bier an lauen Abenden im Freien zu trinken, begünstigen kalte Meeresströmungen die Bildung von Wüsten: die Namib in Südwestafrika oder die Atacama im Norden Chiles geben dafür staubige Beispiele ab. In Chile ist es der Humboldtstrom, in Afrika der Benguelastrom, der karge Verhältnisse schafft, indem er die gemeinhin warmen Passatwinde dicht über der Erdoberfläche abkühlt. Mit Blick auf Besonderheiten von Hoch- und Tiefdruckgebieten wird klar, dass zwischen den warmen und kalten Luftmassen der Passate kein Austausch stattfinden kann, weil die schwere, feuchtkalte Schicht unten liegt. Sie kann nicht aufsteigen und kondensiert nicht in der Atmosphäre. Ergo bildet sie keine Wolken, es kann nicht regnen, und – zack! – haben wir eine Wüste voll Rheuma fördernden Nebels.

Über die Zeit sind die Strömungen ihr eigener Motor geworden, ganz nah dran am Perpetuum mobile. Doch was verhindert eigentlich, dass sich irgendwann alle Kräfte ausgleichen und das System zum Stillstand kommt? Sicher, einerseits hilft der Wind, der den Zug voll springender Passagiere sozusagen anbläst. Doch was, wenn auch der Wind erlahmt?

Hier kommt die Corioliskraft ins Spiel.

In den dreißiger Jahren des 19. Jahrhunderts machte der französische Physiker, Mathematiker und Ingenieur Gaspard Gustave de Coriolis eine verblüffende Entdeckung: Jedes bewegliche Teilchen im Erdenrund tendierte auf der nördlichen Halbkugel zur rechten und auf der südlichen Halbkugel zur linken Seite. Coriolis fragte sich, was diese Ablenkung bewirkte. Aufbauend auf den

Newton'schen Trägheitsgesetzen fand er die Antwort schließlich im größten Kreisel des Planeten – nämlich im Planeten selbst.

Um die Corioliskraft zu verstehen, muss man sich bildlich vorstellen, wie die Erde im All rotiert und welche Auswirkungen diese Bewegung auf Menschen, Autos, Tennisbälle, Luft- oder Wassermoleküle hat. Ein Molekül auf dem achtzigsten Breitengrad, also am Pol, kann dem Drehimpuls der Erde weit gemächlicher folgen als eines am Äquator, das sich regelrecht abhetzen muss. Warum das so ist, wird klar, wenn wir einen Blick in ein Sportstadion werfen. Immer wieder spannend, so ein 400-Meter-Lauf. Bloß, elliptische Aschenbahnen haben einen Schönheitsfehler. Der Läufer auf der innen liegenden Bahn ist grundsätzlich im Vorteil, denn seine Strecke ist kürzer als die des Nachbarn zu seiner Rechten, der wiederum weniger zu laufen hat als sein Nebenmann, und so weiter und so fort bis hin zum Läufer auf der Außenbahn, dem man nur empfehlen kann, sich das Rennen ganz zu sparen. Damit nun alles fair zugeht, staffelt man das Feld der Läufer und lässt sie versetzt starten, und die Chancengleichheit ist wiederhergestellt.

Auf der Erdoberfläche verhält es sich ähnlich, nur ohne Staffelung. Die Erdachse entspricht sozusagen der Mitte des Stadions. Je näher ein Teilchen an der Achse liegt, desto kürzer ist folgerichtig seine Bahn. Je weiter es davon entfernt ist, desto mehr Strecke hat es zurückzulegen, um einer vollständigen Planetendrehung – 23 Stunden, 56 Minuten und 4 Sekunden – zu folgen. Je nach geografischer Lage sind Teilchen somit unterschiedlich schnell unterwegs, um demselben Drehimpuls zu genügen. Sprich, äquatoriale Teilchen – Luftmoleküle beispielsweise – müssen ordentlich Gas geben, um mit ihren achsnahen Kollegen mitzuhalten. Ein Bemühen, hinter dem sie immer etwas zurückbleiben, weil sie vom Äquator fort- und zu den Achspunkten, den Polen, hin abgelenkt werden.

Diese Ablenkung nennen wir Coriolis-Effekt. Auf der nördlichen Halbkugel erfolgt sie in die rechte, auf der Südhalbkugel in die linke Richtung. An den großen Windsystemen orientieren sich die Oberflächenströmungen der Meere, bis sie an die Kontinentalränder stoßen und zurückgeleitet werden. Mit zunehmender Wassertiefe allerdings nimmt der Einfluss des Windes ab. Dafür verstärkt sich die Corioliskraft, bis die Wassermassen hundert Meter unter dem Meeresspiegel in eine schwache Gegenströmung zur Oberfläche geraten. Strömungen, sieht man daran, sind echte Opportunisten.

So sind die gewaltigen, gegenläufigen Zirkulationssysteme der beiden Erdhalbkugeln entstanden, wie wir sie kennen. Im Großen wie im Kleinen: Ob Sie's glauben oder nicht, in südafrikanischen Badewannen gurgelt das Wasser andersherum durch den Ausguss als in finnischen. Wer zu Fuß Südaustralien durchquert und westwärts geht, wird einen höheren Verschleiß der linken Schuhsohle zu beklagen haben als jemand, der in gleicher Richtung in Sibirien unterwegs ist. Der sibirische Wanderer kann dafür seinen rechten Stiefel vorzeitig zum Schuster geben. Jede Menge Untersuchungen sind angestellt worden über die Abnutzung von Autoreifen und Eisenbahnschienen, sogar von Transistoren und Glasfadersträngen, und alle belegen, dass der Coriolis-Effekt bis in den Nano-Bereich hinein wirksam ist. Nur dass die Engländer im Kreisverkehr links abbiegen statt rechts, verdankt sich nicht der Corioliskraft, sondern anheimelnder Sturheit.

So beeinflusst letztlich der Planet selbst das Strömungsverhalten – zumindest solange er sich brav weiterdreht.

Wir neigen dazu, Strömungen als Konstanten wahrzunehmen. Gemessen an einem Menschenleben ist diese Sichtweise gar nicht mal verkehrt. Allerdings sind wir Eintagsfliegen auf der geologischen Zeitachse. Zwar können sich – bedingt durch jahreszeitliche Windwechsel – ozeanische Wirbel verschieben und den Verlauf der Meeresströmungen bis zu einem gewissen Grad variieren. Doch die große Route, auf der wir vorhin unterwegs waren, scheint uns auf ewig festgelegt. Das allerdings ist eine irrige Annahme. Legen wir den erdgeschichtlichen Maßstab an, hat die wechselnde Konstellation der Landmassen das System mehr als einmal grundlegend verändert. Globale Vereisungen, Meteoriteneinschläge, vieles kann dazu beitragen, Meeresströmungen in neue Bahnen zu lenken. Ausgerechnet der muckelig warme Golfstrom gehört zu den schwächsten Gliedern in der Kette. Ohnehin macht er alle paar tausend Jahre eine Siesta – den nächsten Stopp allerdings könnten wir durch eigenes Zutun schneller herbeiführen, als uns lieb ist. Im letzten Teil des Buches werden wir die Horrorvision, die Roland Emmerich in seinem Film *The Day After Tomorrow* faszinierend umgesetzt hat, eiskalt überprüfen.

Auch Professor Giselher Gust von der Technischen Universität Hamburg-Harburg hat die 1000-Jahre-Reise mehrfach unternommen, ohne dass ihm unser schickes Tauchboot zur Verfügung gestanden hätte. Mit so was gondeln Schriftsteller durch Ozeane aus Druckerschwärze. Was bei uns so einfach ging, hat sich in Gusts Kopf abgespielt, immer und immer wieder. Fasziniert von der globalen thermohalinen Zirkulation, bauten er und sein Team schließlich einen mechanischen Reisenden, der stellvertretend für kältegefährdete Professoren in den Strömungen driften und deren Geheimnissen auf den dunklen Grund gehen kann. Seit Jahren schon misst man Strömungen mit mobilen Schalldetektoren oder fest verankerten Sonden. Gusts autarker Drifter indes – eine mehrere Meter lange, schlanke Röhre, gekrönt von kugelförmigen, gläsernen Auftriebskörpern – kann mehr. Die Glaskugeln gestatten dem Drifter, in der Strömung zu schweben, während sie ihn mit sich trägt. Zum Ausgleich ist sein unteres Ende mit Gewichten beschwert. Klingt simpel, ist es aber nicht. Denn Gust hat ein Kuriosum für sich genutzt: die Komprimierbarkeit von Wasser.

Allgemein gelten Flüssigkeiten als inkompressibel. Wasser jedoch kann man ein bisschen zusammenquetschen – genug jedenfalls, um den Drifter nach Belieben auf- und absteigen zu lassen. In der Röhre verbirgt sich neben allerlei Elektronik zur Steuerung und Messung auch ein Hydrokompensator mit Platz für eine exakt definierte Menge Wasser. Der Trick ist nun, dass man das Wasser im Kompensator stauchen kann. Komprimiert ist es schwerer als im Normalzustand und nimmt weniger Raum ein, weshalb weiteres Wasser in die Röhre nachfließen kann. Damit verändert der Drifter bei gleichem Volumen sein Gewicht. Und zwar völlig autark: Komprimiert er den Inhalt der Röhre, sinkt er, stellt er den alten Zustand wieder her, steigt das Gerät. Sinken, steigen, wie's beliebt. Alles eine Frage der Programmierung. Jahrelang kann der elektronische Spürhund auf diese Weise mit den Strömungen treiben, ganz ohne Leine, und was er Spannendes erlebt, erzählt er seinem Herrchen via Schallsignal. So weiß man immer, wo er gerade ist, kann Temperatur, Geschwindigkeit und Verlauf von Strömungen rekonstruieren und wertvolle Daten aus dem Atlantik verarbeiten, während Fifi schon im Zirkumpolarstrom schnüffelt.

Gust und viele andere Meeresforscher träumen davon, dass solche Drifter dereinst in allen Strömungen treiben. Unser Verständnis des thermohalinen Systems würde sich damit enorm erweitern. Noch wissen die Fische weit mehr über die Strömungen, die einige von ihnen wie Verkehrsleitsysteme nutzen, um Plätze in tausenden Kilometern Entfernung zielgenau anzusteuern. Doch bis uns die Fische was erzählen, können wir lange warten. Die sind bekanntlich stumm.

So weit die akademische Verschnaufpause. Wieder ein bisschen Action gefällig? Dann schnallen Sie sich mal die Druckluftflasche um.

Warum Bakterien keine Vornamen haben

Sie starren in diffuses Licht.

Es scheint kein Oben und Unten zu geben, nur Sie in Ihrem Taucheranzug. Eindeutig hängen Sie im Wasser, aber es kommt Ihnen seltsam schlierig vor, jedenfalls nicht wie gewöhnliches Meerwasser. Sie bewegen Arme und Beine. Das klappt wie gewohnt. Das hohle Röcheln Ihrer Atemzüge ist alles, was Sie hören. Wohin hat es Sie verschlagen? Welcher unbekannte Ozean hat Sie verschluckt? Sind Sie überhaupt noch auf der Erde? Und was um alles in der Welt ist das für ein Ding, das da auf Sie zuhält?

Rund ist es und hat lange dünne Stacheln, die nach allen Seiten abstehen. Damit erscheint es auf merkwürdige Weise sonnenähnlich, zumal es leuchtet. Oder reflektiert es nur einfallende Lichtstrahlen? Eigentlich, bei näherer Betrachtung, hat es eher etwas von Christbaumschmuck. Blitzschnell verändert es seine Position, huscht hierhin und dorthin, dreht sich, sodass die Stacheln mal silbrig, mal hellblau und mal in dunklem Rot aufblitzen. Das ist schön anzusehen, allerdings bereitet Ihnen die Vorstellung, von einer der Lanzen aufgespießt zu werden, erhebliches Unbehagen. Sie schlagen mit den Flossen, um wegzukommen. Der Schwung trägt Sie gegen etwas Transparentes, dem ein Kranz stummeliger Ärmchen entwächst. Erschrocken prallen Sie zurück und sehen ein gläsernes Speichenrad über sich hinwegziehen, gefolgt von konischen Kristallen, bläulich mit braunen Einschlüssen. Das Gedränge um Sie herum nimmt zu. Armlange grüne Leiterchen, konvulsivisch pumpende Ovale, durchsichtige Waberwesen mit orange glimmendem Innenleben, dann plötzlich etwas, das nur aus Schwanz und zwei gewaltigen Hörnern zu bestehen scheint. Allerlei Klebefäden und knorpelige Tentakel schlingen sich um Ihre Füße, Bälle mit schwirrenden Propellern stürzen in Kamikazemanier auf Sie herab, dann nähert sich ein pulsierender Sack, der sich aufbläht und alle Anstalten macht, Sie zur Gänze in sein geräumiges Innere zu verfrachten. Höchste Zeit, Sie zurückzuholen.

Um Ihnen diesen Blick zu ermöglichen, musste ich Sie radikal verkleinern. So konnten Sie sich vorübergehend einen Tropfen Meerwasser mit einigen Hunderttausend Mikroben teilen, tierischen Einzellern und Algen, und mit eigenen Augen sehen, wer die Welt beherrscht. Es ist müßig, sich mit Fischen und Walen zu beschäftigen, bevor man nicht diesen kleinsten aller vorstellbaren Lebensräume besucht hat: den Mikrokosmos eines Wassertropfens.

Da begegnen Ihnen stachelige Christbaumkugeln zuhauf. Sie haben die Bekanntschaft eines Strahlentierchens gemacht, auch Radiolaria genannt. Strahlentierchen sind Eukaryonten, Einzeller mit Zellkern, deren Cytoplasma ein hohles, kugelförmiges Skelett ummantelt. Unter Cytoplasma versteht man gallertartiges Gewebe, das den Grundstoff jeder Zelle bildet – nur der Zellkern ist anders aufgebaut. Im Cytoplasma finden sich Enzyme und Ionen, hier läuft der Stoffwechsel auf Hochtouren, werden Nährsubstanzen kraft chemischer Reaktionen synthetisiert und in den Zellkern transportiert. Das Plasma des Strahlentierchens umgibt eine vielfach durchlöcherte Sphäre aus Siliziumdioxid, das so genannte Cytoskelett. Mitunter finden sich im Inneren solcher Sphären weitere Sphären, konzentrisch ineinander geschachtelt wie russische Püppchen. Der äußeren Sphäre entspringen starre Lanzen, strahlenförmig angeordnet und ebenfalls von Cytoplasma überzogen. Das Ergebnis ist die schillernde Sonne, die auf Sie zugeschwebt kam. Beim Schweben helfen ihr die Axopodien, jene stacheligen Auswüchse, mit denen das Strahlentierchen übrigens auch frisst beziehungsweise gelöste Nährstoffe aus dem Wasser filtert und herumtreibende, verwertbare Partikel einfängt – auch an Ihnen hätte es sicher Gefallen gefunden.

Radiolarien, Strahlentierchen, begegnen Ihnen im Oberflächenwasser fast sämtlicher Meere, speziell in pazifischen und indischen Warmgebieten. Ihre Skelette muten an wie organische Raumstationen, und tatsächlich entstammen sie einer Epoche der Erdgeschichte, in der das Leben seine exotischsten Kapriolen schlug, dem Kambrium. Möglicherweise bevölkerten die ersten Strahlentierchen schon Millionen Jahre zuvor die Meere, nachgewiesen sind sie definitiv aus der Zeit, als Miss Evolution ihre Waffenkammer öffnete. Wer sich ein genaueres Bild ihres inneren Aufbaus machen will, findet im Frankfurter Senckenberg-Museum eine Reihe eindrucksvoller Modelle.

Jetzt, wo Sie Ihre natürliche Größe wiedererlangt haben, können Sie das rührige Tierchen nicht mehr sehen, ebenso wenig wie die Milliarden anderer Organismen, mit denen es sich seinen Tropfen teilt. Erst ein Blick durch das Fluoreszenz-Mikroskop gibt ihm wieder Gestalt und Farbe. Unglaublich klein ist es – und unglaublich bedeutsam für die chemische Zusammensetzung des Meerwassers, denn für den Bau seines Skeletts benötigt es Siliziumdioxid. Das ist im Wasser reichlich vorhanden, überreichlich sogar. Die Radiolarien filtern es heraus und verarbeiten es zu tragenden Strukturen. Solcherart gerüstet trudeln die kleinen Ritter zu Lebzeiten durch sonnengetränkte Wasserschichten und sinken nach ihrem Tod auf den Meeresgrund. Sofort machen sich die üblichen Aasfresser über die Lieferung her und vertilgen das Cytoplasma. Was bleibt, sind Sphären und Stacheln, die mit der Zeit zu Kieselschiefer zusammengepresst werden und ganze Abschnitte des Meeresbodens sedimentieren.

Außer Strahlentierchen sind Ihnen Kieselalgen und Panzeralgen begegnet. Exemplarische Vertreter einer Mikrobenvielfalt, deren Katalog fast täglich neue Eintragungen erfährt. »Die Wissenschaft lernt immer noch, was in einem einzigen Tropfen Meerwasser enthalten ist«, sagt etwa Craig Carlson, der an der Universität in Santa Barbara Ökologie, Evolution und Meeresbiologie lehrt. 2002 hat er mehr als 10.000 planktonische Bakterien vom Typ SAR 11 in besagtem Tropfen entdeckt. »Mikroben wie zum Beispiel Bakterioplankton beinhalten wichtige biochemische Wirkstoffe«, pflichtet Kollege Robert Morris bei. Zusammen mit Stephen Giovanni von der Oregon State University haben Carlson und Morris eine Studie initiiert, deren Inhalt geeignet ist, unser komplettes Weltbild auf den Kopf zu stellen. Da haben wir in der Schule brav gelernt, dass der Größere immer den Kleineren frisst und Mikroben eigentlich nur dazu da sind, unsere Atemwege zu befallen, sodass wir Tabletten gegen Halsweh lutschen müssen. Alles Unsinn, sagt Carlson: »Die meisten Menschen glauben, dass Mikroben krank machen. In Wirklichkeit ist nur ein geringer Prozentsatz der Mikroben pathogen. Die meisten sind aber wichtige Träger der gesamten Biomasse. Die Biosphäre liegt sozusagen in den Händen dieser kleinen

Organismen.« Sie können sich bei den Winzlingen bedanken, dass Sie Ihr Leben nicht hechelnd und in dicke Mäntel gehüllt verbringen müssen. Sie haben uns den Sauerstoff zum Atmen geschenkt, garantieren ein verträgliches Klima, bauen organische Substanzen ab und überführen kleine wie große Kadaver zurück in den Kreislauf der Natur. Es sind die Mikroben, die unsere Erde vor dem Klimaschock bewahren.

Führen Sie sich folgendes Szenario vor Augen: Wir befinden uns im Golf von Mexiko, in 700 Meter Tiefe. Hier hausen Bakterien, die beim Knacken von Methan (Bakterienfrühstück) Schwefelwasserstoff ausscheiden. Ein rosa Würmchen namens Hesiocaeca methanicola, das uns im dritten Teil des Buches noch öfter begegnen wird, hat Schwefelwasserstoff zum Fressen gern und frisst die Bakterien gleich mit. Allerdings nicht, um sie zu verdauen. Stattdessen lebt es in Symbiose mit ihnen. In seinem Inneren und auf seiner Außenhülle finden die Bakterien Schutz, dafür versorgen sie den Wurm mit seiner Leib- und Magenchemikalie.

So führt das Würmlein ein beschauliches, ereignisloses Leben – bis zu dem Tag, an dem eine große Raubschnecke des Weges geglitscht kommt und es frisst. Damit hat die Schnecke nicht nur einen Wurm erbeutet, sondern zudem einige hunderttausend Einzeller. Das ist ihr schnuppe, ebenso wie es den Tiefseetintenfisch wenig interessiert, der sich zwei Stunden später die Schnecke einverleibt und damit gewissermaßen auch den Wurm mitsamt Mikroben. Weil der stark süßwasserhaltige Tintenfisch das Interesse gewisser Meeressäuger auf sich zieht, die ihn als quabbeligen Drink schätzen, landet er kurze Zeit später im Rachen eines Pottwals – dem damit nicht nur ein schmackhafter Kopffüßer, sondern auch eine fette Schnecke, ein zuckendes Würmchen und etliche Kleinstlebewesen zuteil wurden. Und dieser Wal nun stößt sich beim Auftauchen seinen Klotzkopf, der Dussel! Im Ernst, auch so was passiert. Tankerkapitäne wundern sich, warum sie trotz voller Fahrt nur schleppend vorankommen, bis sie im Hafen feststellen, dass sie unterwegs einen Wal gerammt und hunderte von Kilometern vor sich hergeschoben haben. Unser Pottwal jedenfalls knallt gegen den Bug eines Bananenfrachters und begibt sich auf astrale Pfade, während sein Körper dem Dunkel des Hadals entgegensinkt. Kaum aufgeschlagen, blasen die Einzeller Halali und zerlegen den Koloss in Fingerfood. Stimmt, Herr Biologielehrer, der Große frisst den Kleinen, aber am Ende fressen die ganz Kleinen die ganz Großen. Und das ist fürwahr ein Segen, andernfalls würden sich um uns herum die Verblichenen bis in den Himmel stapeln.

Ernährungsgeflechte heißen nicht umsonst Geflechte. Im Wassertropfen etwa wird kreuz und quer gefressen, von oben nach unten und umgekehrt. Jeder vertilgt jeden, keine Spur von Disziplin. Wie auch bei einem Durcheinander ohne Beispiel? Professor Farooq Azam von der Scripps Institution of Oceanography in San Diego, der Meerwasser wie kein anderer unter die Lupe nimmt, hat nicht nur Millionen und Milliarden tierischer Mirkoben, Bakterien, Viren und Algen darin entdeckt, sondern auch deren Wohnviertel. Die Winzlinge machen es sich in den Maschen einer Netzstruktur aus Makromolekülen gemütlich, klebrige Zuckerverbindungen, Polymere, Kolloide und Desoxyribonukleinsäure. »Unter dem Mikroskop sieht man Bündel von transparenten Fäden, Häuten und Filmen«, sagt Azam. »Sie machen das Wasser zu einem dünnen Gel.«

Ein Gel, aha. Da reist man auf die Malediven in Erwartung klaren blaugrünen Wassers, um festzustellen, dass man sich in Sülze aalt. Jeder Milliliter birgt laut Azam eine Infrastruktur aus über 300 Kilometern Proteinen, mehr als fünfeinhalbtausend Kilometern Polysacchariden und zwei Kilometern DNS-Verbindungen. Dazwischen belauern einander ganze Mikrobenheere, von denen einige aktiv auf Jagd gehen. Pfiesteria piscicida etwa, eine hochtoxische Alge, verpuppt sich in einen zystenartigen Mantel aus Gallerte und erstarrt darin, mitunter für Jahre. In dieser Zeit braucht die Alge keinerlei Nahrung. Eines Tages aber zieht ein Schwarm Fische direkt über die verpuppte Algenkolonie hinweg, und plötzlich kommt Leben in die mikroskopisch kleinen Räuber. Sie lösen sich zu Milliarden aus ihren Schutzhüllen und schrauben sich dem Schwarm entgegen. Dabei lassen sie eine Geißel wie einen Propeller rotieren, mit einer weiteren Geißel bestimmen sie die Richtung, bis sie die Fische erreicht haben und das große Schlachten seinen Lauf nimmt. Das Gift der Pfiesteria lähmt die Nerven ihrer Beute und zersetzt deren Gewebe. Während die Alge aus den klaffenden Wunden wertvolle Nährstoffe saugt, sterben die Fische unter Qualen. Gesättigte Pfiesterien ziehen sich auf den Meeresgrund zurück und kapseln sich wieder ein – bis zum nächsten Essen auf Flossen.

Viele Bewohner des Wassertropfenuniversums verfügen über ähnlich raffinierte Antriebsmechanismen. Sie trudeln nicht tumb umher, sondern agieren äußerst effizient und zielgenau. Dabei kommt es praktisch pausenlos zu komplexen biochemischen Reaktionen. Inmitten dieser organischen Brühe aus Fressen und Gefressenwerden leben die größeren, für uns wahrnehmbaren Wesen – und leben nur, weil die Mikroben sie lassen.

Strahlentierchen und anderen Kleingeistern ist nicht bewusst, welche Rolle sie im Ökosystem einnehmen. De facto verdanken wir ihnen unsere Existenz. Ohne die weltumspannenden Algenpopulationen wären wir längst an den rund sechs Milliarden Tonnen Kohlendioxid eingegangen, die wir der Atmosphäre jedes Jahr aufbürden – zumindest säßen wir japsend im Treibhaus. Doch drei Milliarden Tonnen davon speichern die braven Algen. Damit erfüllen sie die Funktion winziger Umweltpolizisten, die manches bei sich behalten, anderes verarbeiten und wieder in den Kreislauf zurückführen. Eigentlich ist jeder Ozean ein Meer aus Kohlenstoff. Ungeheure Mengen des Grundbausteins allen Lebens sind darin gebunden, das Zehnfache dessen, was sämtliche Pflanzen und Tiere in sich vereinen. Azam glaubt, dass sich unser Planet in einen Dampfkochtopf verwandeln würde, sollten die Bakterien je auf die Idee kommen, auch nur ein Zehntel des im Meerwasser gelösten Kohlenstoffs zu knacken und als CO_2 in die Atmosphäre zu entlassen. Beruhigend zu wissen, dass Bakterien an akuter Ideenlosigkeit leiden. Sie reagieren unbewusst, haben uns also nur scheinbar in der Hand.

Genau das aber könnte sich als Riesenproblem erweisen.

Wenn nämlich Menschen die herrschenden Bedingungen ändern, werden sich die fleißigen Regulatoren diesen anpassen, ohne einen Gedanken daran zu verschwenden, welche Folgen das für die Menschheit haben könnte. Gelangt weiterhin zu viel Kohlendioxid in unsere Atmosphäre, verklappen wir zunehmend Chemikalien, Industrieabfälle und giftige Substanzen im Meer, breiten sich noch mehr Ölteppiche aus und wandert Nuklearmüll unkontrolliert in angeblich sichere Tiefen, wird das Ökosystem, dem wir unser Leben verdanken, ganz allmählich in Schieflage geraten. Immer sind es die Einzeller, die als Erste reagieren. Viele dürften natürlich sterben. Ein solches Sterben haben Wissenschaftler vor der Küste Kaliforniens beobachtet. Dort war die Konzentration des Zooplanktons in weniger als vierzig Jahren auf unter 20 Prozent des ursprünglichen Werts geschrumpft. Dafür hatte sich das Oberflächenwasser um zwei Grad erwärmt. Als Folge gelangten aus den tieferen Schichten keine Nährstoffe und Mineralien mehr nach oben, das Plankton blieb aus, Plankton fressende Vögel verschwanden, ganze Fischpopulationen, die auf die Mikrobenschwärme angewiesen waren, ebenfalls.

Andere Mikroben hingegen könnten von Veränderungen profitieren, indem sie neu entstandene Verwertungsketten nutzen. Dass sie dabei ein weiteres Mal unsere Atmosphäre umkrempeln, können wir als gesichert betrachten. Nicht auszuschließen, dass der Mensch dabei ein schmähliches Ende findet. Erinnern wir uns der Sache mit dem Sauerstoff. Zufällig vertragen wir ihn prächtig. Andere vertrugen ihn nicht, für sie war Sauerstoff ein tödliches Gift. Verlassen wir uns also nicht auf Miss Evolutions Mutterinstinkt. Sie hat keinen, und der Natur ist es egal, ob Menschen in ihr leben oder nicht. Der Mensch kann die Welt nicht zerstören. Er kann nur seine eigene Welt zerstören.

Um bildlich zu verstehen, welche Bedeutung den Mikroben zukommt, müssen wir den Wassertropfen samt seiner Bewohner lediglich hochrechnen. Wollten wir eine einzelne Kieselalge wiegen, müssten wir schon eine sehr feine Waage mitbringen. Sämtliche Meeresalgen zusammen wiegen hingegen die Gesamtmasse aller Bäume, Farne, Gräser und sonstiger Pflanzen des Erdballs mehr als auf. Nur die Algen, wohlgemerkt! Damit ist noch nichts gesagt über tierische Einzeller aus unserem Wassertropfen. Nachdem Sie nun wissen, wie zahlreich Kieselalgen, Panzeralgen, Strahlen- und Rädertierchen darin vertreten sind, können Sie spaßeshalber ausrechnen, wie viele Tropfen in einen Liter passen. Allein Prochlorococcus marinus, eine blaugrüne Halbalge von 0,0007 Millimeter Länge, bringt es in einem einzigen Tropfen auf viele Millionen Exemplare.

Und jetzt machen Sie sich bewusst, dass alle ozeanischen Becken zusammen 1.400.000.000.000.000.000.000 Liter Wasser enthalten. Sehen Sie? Das ist der Grund, warum Bakterien und andere Einzeller keine Vornamen haben. Niemand wäre in der Lage, sich die alle zu merken.

Allerdings ist das Mikrobenheer in unterschiedlicher Bevölkerungsdichte vertreten. Gleich unter der Wasseroberfläche, wo die lieben Kleinen genügend Licht und Sauerstoff zur Verfügung haben, findet man das Gros. Lange glaubte man, in der lebensfeindlichen Tiefsee könnten Mikroben nicht überdauern. Forscher wie Farooq Azam und Craig Carlson belehren uns jedoch eines Besseren. Tatsächlich ist das Wasser auch noch in mehreren Kilometern Tiefe gesättigt mit allen nur erdenklichen Mikroorganismen, und ständig werden neue Arten entdeckt. Was die Biologen in Erstaunen versetzt, ist die Resistenz der Winzlinge. Manche fühlen sich in ätzender, heißer Schwefelbrühe ebenso wohl wie Hans Albers in der Badewanne. Andere benötigen gar keinen Sauerstoff. Archäen zum Beispiel knacken Methanverbindungen noch etliche Kilometer tief im Meeresboden. Dabei wandeln sie jährlich 300.000 Tonnen des marinen Methans in Lebensenergie um – eine gewaltige Menge, die uns als Treibhausgas erspart bleibt. Ohne die Fresslust der Archäen wäre es auf der Erde möglicherweise sehr viel wärmer. Ein anderes Extrem findet sich am Südpol. Jeder See müsste dort eigentlich bis auf den Grund gefroren sein. Doch der Lake Vida im Victoria Valley weist unterhalb von 20 Metern Tiefe freies Wasser auf, so salzig, dass es nicht gefrieren kann. Selbst hier findet man extremophile Bakterien (extremophil bezeichnet in der Biologie die Liebe zum Außergewöhnlichen).

Es scheint keinen Winkel auf der Welt zu geben, den Einzeller nicht besiedelt haben, womit die Schätzungen über ihre Biomasse fast jährlich nach oben korrigiert werden müssen. Denn auch tief im Gestein hat man sie gefunden, in Millionen Jahre alten Sedimenten. Bohrkerne aus dem Mittelmeer wiesen putzmuntere, höchst exotische Gesellschaften auf. Aktuell vermutet man, dass annähernd 30 Prozent der gesamten Biomasse unseres Planeten einige Kilometer tief im Meeresboden lebt. Dort scheint Sulfat eine ähnliche wichtige Rolle zu spielen wie bei uns hier oben die frische Luft. Nach dem Universum im Wassertropfen wäre als Nächstes der Kosmos im Kiesel zu bestaunen, aber dann würde dieses Kapitel endlos werden. Jetzt schon fragen Wale und Haie an, wann sie endlich an der Reihe sind.

Mikroben stehen am Anfang jeder Nahrungskette und oft an deren Ende. Sie sind die Umweltsheriffs, räumen auf und erhalten unsere Atmosphäre. Bisweilen machen sie uns krank oder bringen uns ins Grab, und wer ihnen mit Antibiotika zu Leibe rücken will, scheitert oft genug an ihrer Anpassungsfähigkeit. Sie sind zu winzig, als dass Menschen sie wahrnehmen können, und das ist unser eigentliches Problem. Denn was wir nicht wahrnehmen, existiert nicht in unserer Vorstellung. Dabei können uns die kleinen Herrscher auf vielfältige Weise nützlich sein. Ausgerechnet Saddam Hussein verdankt sich die Erkenntnis, dass man Bakterien gegen Ölteppiche einsetzen kann. Als der damalige irakische Präsident 1991 die kuwaitischen Ölförderanlagen demolierte, verklumpte das aussickernde Öl in Küstennähe zu schwarzem Asphalt. Überraschend schnell siedelten darauf Bakterienmatten und begannen, die Ölrückstände abzuweiden. Auch hierbei handelte es sich um Konsortien, deren oberste Schicht aus Cyanobakterien gebildet war. Die Zusammenarbeit erfolgte nach komplexen Regeln und umschloss diverse Mikrobenarten. Wissenschaftler des Max-Planck-Instituts für Marine Mikrobiologie in Bremen, der TU München, der Hebräischen Universität Jerusalem und des Instituts für Umweltforschung und Umweltschutz in Gaza haben 1998 unter deutscher Federführung mit der Erforschung dieser Bakterienmatten begonnen. Derzeit versucht man nahe Gaza, die schnellen Eingreiftruppen gegen Rückstände von Öl und Pflanzenschutzmitteln einzusetzen, doch kommt man unter den Bedingungen des israelisch-palästinensischen Konflikts leider nur stockend voran.

Immerhin weiß man, dass diese Konsortien je nach individueller Zusammensetzung mit unterschiedlicher Effizienz arbeiten, sich also wie Arzneien mixen lassen. Was zu spaßigen Situationen führen könnte. Wenn demnächst Bakterienmatten kommerzialisiert und an Umweltschützer verkauft werden, wird die erste Frage lauten: »Was verbraucht denn Ihr Konsortium auf 100 Kilometer?« Und je mehr Öl es frisst, desto größerer Wertschätzung wird es sich erfreuen.

Davon kann die Autoindustrie nur träumen.

Kleindarsteller

Einen Begriff haben wir jetzt schon mehrfach gehört. Plankton.
Aber was ist eigentlich Plankton?

Andy Warhol hat gesagt, jeder Mensch werde künftig 15 Minuten
lang berühmt sein. Damit spielte er auf die Mediengesellschaft an,
die er kommen sah. Angeblich entfuhr ihm seine legendär gewordene Bemerkung nach Ansicht eines Monumentalfilms von Cecil
B. De Mille, in dem zehntausend Statisten durch bloßes Vorhandensein zu anonymem Ruhm gelangten. Für die Dauer weniger
Augenblicke spielten sie tatsächlich eine tragende Rolle: ohne sie
kein römisches Heer, kein Volk Mose, keine vollen Ränge im Ko-
losseum, keine Massenpanik.

Sie, die Kleindarsteller, sind das Plankton der Leinwand. Alle,
die für ein paar Dollar durchs Bild laufen, um sich im Kampf-
getümmel den Schädel einschlagen zu lassen oder mit einem Ozean-
dampfer abzusaufen. Aus ihren Reihen erwächst uns kein zweiter
Einstein, kein Julius Cäsar, keine Sophie Scholl, keine Madonna.
Planktonische Schicksale sind Kollektivdramen. Der Lebenszweck
des Planktons ist das Überleben anderer. Beim Untergang der Titanic, beim Brand von Rom, beim Kampf um die Galaxis geht es
freudig in den Tod, damit Held und Heldin einander in die Arme
fallen und Nachkommen zeugen können, die wiederum Haupt-
rollen spielen werden. Masse erschafft Prominenz. Nicht Herrscher entscheiden die Schlachten, sondern das Plankton entscheidet, wer herrscht. Es ist der unbekannte Soldat, unverzichtbar, weil
verzichtbar.

Wollte man den Kleindarstellern der Ozeane ein Denkmal setzen,
müsste die Inschrift lauten: Dem unbekannten Krill. Oder: Der unbekannten Alge. Helden allesamt, doch unfähig, ihrer Bestimmung
zu entgehen, Existenzgrundlage für Großmäuler wie Blauwale und

Riesenhaie, für Herrscher also, die ohne Plankton abdanken müssten.

Wie so vieles in der Wissenschaft kommt der Begriff Plankton aus dem Griechischen und heißt frei übersetzt »das Umherirrende« oder »Umhertreibende«. Man kann auch sagen, Plankton löst keinen Fahrschein. Im Verkehrssystem der Meeresströmungen hat es keine Vorstellung davon, wo es hinwill, also lässt es sich treiben. Viele planktonische Lebewesen sind zwar zur Eigenbewegung fähig, und manche schwimmen bei Bedarf sogar recht flott. Der Schwarm als Ganzes jedoch wird von der Strömung bewegt. Ein Ruderfußkrebschen mag für seine Verhältnisse schnell sein, im ozeanischen Maßstab betrachtet kommt es kaum voran. Darum dient die Eigenbeweglichkeit vornehmlich dazu, in der Wassersäule auf- und absteigen und sich zu Riesenschwärmen zusammenrotten zu können. Zooplankton etwa verbringt seine Nächte gern an der Wasseroberfläche, während es tagsüber die schützende Tiefe aufsucht. Dafür muss es enorme Höhenunterschiede überwinden. Ein großer Teil des Planktons ist so fortwährend mit Etagenwechsel beschäftigt und im Übrigen bemüht, nicht abzusinken.

Sieht man von überhitzten Gewässern, reißenden Sturzbächen und mit Chemikalien belasteten Gewässern ab, findet man Plankton überall, in mehr oder minder dichter Konzentration. Was, wie schon im Falle der Mikroben, auf gewaltige Mengen schließen lässt. Wir mögen Hochhäuser bauen, es ändert nichts an der Tatsache, dass Menschen und alle landlebenden Organismen Flächenbewohner sind. Unser Ausdehnungsgebiet koppelt sich an die Koordinaten Länge mal Breite. Das Plankton hat außerdem die Tiefe zur Verfügung. Sein Lebensraum verhält sich zudem an Land wie der Inhalt eines Würfels zu dessen Oberfläche, womit über die weltweiten Vorkommen das meiste gesagt ist.

Im Wassertropfen haben wir schon einige Kleindarsteller kennen gelernt. Die winzigsten Vertreter des Planktons – Viren und Sporen – zählt man zum Ultraplankton: Nicht mal Zentrifugalkraft reicht aus, um sie von ihrem Lebensraum zu isolieren. In der nächsthöheren Kategorie, dem Nanoplankton, finden wir einzellige Pflanzen und Bakterien, auch sie nur wenige Tausendstel Millimeter groß und menschlichen Blicken entzogen. Zwei bis drei Millionen Bakterien finden in einem Fingerhut voll Wasser Platz; das schafft keine Brille. Ab 0,2 mm Größe sprechen wir dann vom

Mesoplankton oder Mikroplankton. Mesoplanktonische Lebewesen erscheinen bei genauem Hinsehen als Pünktchen, die wenigsten lassen Formen und Farben erkennen, Adleraugen nehmen die mit 2 mm größten Vertreter des Mesoplanktons auch ohne optischen Verstärker wahr. Allmählich wird die Sache auch für ausgewiesene Blindschleichen interessant. Denn Organismen der vierten Kategorie, des Makroplanktons, bringen es schon auf zwei Zentimeter.

An solche Formate denken wir gemeinhin, wenn wir von Plankton sprechen. Gewimmel, das wolkig durch die Meere treibt und erstaunlicherweise die größten Lebewesen des Planeten sättigt. Es geht aber noch weiter. Jenseits der Zweizentimetermarke beginnt das Mega- oder Megaloplankton. Und hier tummeln sich nicht nur viele kleine Fische, sondern auch bis zu neun Meter große Quallen.

Wie bitte? Neun Meter? Das soll Plankton sein?

Na, freilich! Erinnern wir uns der wörtlichen Bedeutung. Planktonische Wesen sind Herumtreiber im ureigenen Sinne. Sie machen keine Anstalten, gegen Strömungen anzuschwimmen, weil sie das gar nicht können, und verfolgen keinen eigenen Kurs. Planktonische Quallen haben nie gelernt, Hemden zu bügeln, weil sie nicht eben mal zurückkehren können, um nachzusehen, ob sie das Bügeleisen ausgemacht haben. Insofern trifft der Begriff Plankton keinerlei Aussagen über Größenverhältnisse. Zum Plankton gehört schlicht alles, was sich der Strömungsdynamik unterwirft. Die Masse schwimmt mit dem Strom, ohne ausgeprägten Richtungswillen. Wer seinen eigenen Kopf hat und diesen kraft Flossen und Schwanz in definierte Richtungen zu lenken versteht – auch gegen die Strömung –, gehört zum so genannten Nekton: Fische, Kopffüßer und Wale. Übrigens eine Minderheit im Meeresleben.

Aber die Kleindarsteller in den Filmen Cecil B. de Milles, merkt Klein-Erna an, die verfügen doch über einen eigenen Willen, oder etwa nicht?

Das, sagt Klein-Fritz, ist Ansichtssache. Wer sich für einen bescheidenen Obulus vom Roten Meer wegspülen lässt, folgt einer anderen Strömung, dem Dollarkurs. Zumindest will er der Welt sagen können, guck mal, die arme Sau im Hintergrund, die gerade mit dreitausend anderen Komparsen ersäuft, das bin ich. Diese Strömung nennt man Eitelkeit.

Woraufhin Fritz und Erna sich einig sind, dass demzufolge ja wohl jeder irgendwie Plankton sei.

Ich sag's ja immer: kluge Kinder.

Die Faustregel lautet, dass die Individuenanzahl des Planktons zunimmt, je kleiner die Einzelorganismen werden. Ultraplankton schlägt also Nanoplankton, dieses ist zahlreicher vertreten als Mesoplankton, und so weiter und so fort. Was Sinn ergibt. Auf das Volumen einer einzigen großen Qualle kommen schließlich einige Milliarden Einzeller.

Außerdem unterscheiden wir zwischen Bakterioplankton, Mykoplankton, Phytoplankton und Zooplankton. Bevor Sie jetzt weiterblättern, weil sich Ihr Hirn über so viel Fachchinesisch in Neuroplankton verwandelt, sei Ihnen versichert: Es ist ganz einfach. Bakterioplankton, das sind die bakteriellen Vertreter, die kleinsten aller Kleindarsteller im Monumentalwerk der Schöpfung. Mykoplankton sind Pilze. Phytoplankton bezeichnet grünes, pflanzliches Plankton mit der Befähigung zur Photosynthese, darunter Algen wie die einzelligen Kieselalgen, Dinoflagellaten, Foraminiferen, und so weiter, die zusammen etwa die Hälfte des atmosphärischen Sauerstoffs produzieren. Im marinen Phytoplankton ist zudem viel irdisches CO_2 gebunden, weit mehr als in den Regenwäldern – interessant vor dem Hintergrund der Idee, Überschüsse in der Tiefsee zu versenken. Weg sind sie. Bloß, wenn CO_2 auf Algen appetitanregend wirkt, stellt sich die Frage, ob das unverhoffte Fresschen nicht zu unkontrollierter Vermehrung führen würde. So gesehen ganz praktisch, dass wir der Welt in weiser Voraussicht ein Ozonloch beschert haben. An sich gibt es für Algen nichts Nahrhafteres als Sonnenlicht, doch ungefilterte UV-Strahlung ist geeignet, Phytoplankton großflächig zu dezimieren.

Das Zooplankton schließlich gefällt durch gut sichtbare Körperformen und umfasst tierisches Leben. Dazu gehören winzige Fische und Krebse, Larven größerer Fische, verschiedene Borstenwürmer und deren Larven, Quallen, Seesterne und manches mehr. Sie alle müssen sich unentwegt abstrampeln, um nicht von der Tiefe verschluckt zu werden. Dabei helfen winzige Flossen, Ruderbeinchen, Haare und Borsten. Nicht nur Zooplankton versucht auf diese Weise sein Level zu halten. Auch pflanzliches Phytoplankton wirkt der Schwerkraft mit allerlei Stacheln, Haaren und rotierenden Geißeln entgegen.

Die gängige Vorstellung von Zooplankton ist die kleiner Krustentiere. Tatsächlich stellen die Copepoden oder Ruderfußkrebschen mit 14.000 bekannten Arten einen Großteil des Zooplanktons. Diese Vertreter der Crustaceen sind in allen Gewässern, ob süß oder salzig, zu Hause. Nicht mal Grundwasser ist frei von ihnen. Viele tiefer lebende Copepoden brauchen keine Augen und legen ein äußerst gemächliches Lebenstempo an den Tag, weshalb sie als die Methusalems ihrer Gattung gelten. Auch im Meeresboden findet man sie, oft mehrere tausend Exemplare pro Quadratmeter. Die meisten allerdings treiben als wimmelnde, garnelenähnliche Winzlinge im offenen Meer, ausgestattet mit zahlreichen Paddelbeinchen, langen Antennen und üppigen Eiersäcken. Sie vertilgen Phytoplankton in rauen Mengen, bevor sie selbst von Fischen und Walen gefressen werden, und stellen angeblich den größten Teil der Biomasse des Planeten. Damit liegen sie Kopf an Kopf mit einem anderen Anwärter, dem Antarktischen Krill, der Gleiches für sich in Anspruch nimmt und das Rennen unterm Strich gewinnt.

Auf den ersten Blick unterscheidet sich Krill nicht sonderlich von den Ruderfußkrebschen, wird lediglich ein bisschen größer. Mit bis zu sechs Zentimeter gehört er schon zum Megaplankton. Auch beim Krill handelt es sich um Krebse vom Aussehen kleiner Garnelen. Der Name klingt ulkig, und in der Tat ist Krill kein wissenschaftlicher Begriff, sondern die norwegische Bezeichnung für Walfutter. Speziell am Südpol ist der Krill König. Des kleinen Krebschens Sonnenschein ist fressen und gefressen sein. Was immer die Antarktis bevölkert, lebt direkt oder indirekt vom Krill, allen voran die riesigen Bartenwale wie Blauwale und Finnwale, die jedes Jahr 40 Millionen Tonnen davon verzehren. Weitere 20 Millionen gehen aufs Konto antarktischer Fische. Auch Pinguine nehmen gerne einen Schnabel voll, und was den Albatros betrifft, sagt er auch nicht nein zu einer Portion Leuchtfutter. Viele Krillarten lumineszieren. Leuchtzellen an Körper und Augen strahlen ein pulsierendes, grünliches Licht ab. In antarktischen Nächten hellen sie das Wasser gespenstisch auf. Auch Kopffüßer schätzen die transparenten Krustentiere mit dem grünen Darm, dessen Farbe sich der Hauptnahrung des Krills verdankt, grünen Kieselalgen. Den Löwenanteil allerdings beanspruchen Robben für sich, von denen einige nichts anderes fressen. 130 Millionen Tonnen der winzigen Krebse putzen sie jährlich weg, sodass Herr und Frau Krill rund um die Uhr mit Fortpflanzung befasst sind.

Und das machen sie gut.

Als Kind wollte mir nicht einleuchten, wie ein über 30 Meter langer Wal mit einer Hand voll Mickerlingen zurechtkommt. Führt man sich jedoch vor Augen, dass alleine der Antarktische Krill bis zu 750 Millionen Tonnen Biomasse auf die Waage bringt, kann man sich ausgedehnte Fressgelage und pappsatte Wale vorstellen: Noch 'n Portiönchen Krill? – Nee, beim besten Willen, ich kann nicht mehr!

Mit solchen Zahlen läuft der Antarktische Krill den Ruderfuß-krebschen den Rang ab. Niemand vermehrt sich so rasant wie der Krill, der aus der Kälte kam. Das hat seinen Grund nicht zuletzt im Verlauf der Meeresströmungen. Sie erinnern sich an den Zir-kumpolarstrom, jenen Kreisverkehr, der ungebremst den weißen Kontinent umfließt? Und wissen Sie noch, wie es südlich von Argentinien vorbei war mit der Beschaulichkeit, als wir hochge-spült und mitten hineingeworfen wurden in den Mahlstrom? Wir kamen aus der Tiefe an die Oberfläche. Mit uns gelangten unge-heure Mengen Nährstoffe in die eisnahen Gewässer, auch Phyto-plankton. Und Krillkrebschen lieben Phytoplankton noch mehr als Klein-Fritz seine Fischstäbchen. Sie ernähren sich ausschließ-lich davon.

Überhaupt stellt Phytoplankton die Hauptnahrung vieler Was-serbewohner. Es zu verspeisen erfordert indes ein Spezialbesteck. Winzig wie es ist, würde es unsereinem ständig von der Gabel fallen. Krillkrebse haben jedoch erstaunliche Fähigkeiten entwickelt, auch am ungemütlichsten Fleck der Erde satt zu werden. Ihre vorderen Beinpaare sind zu einer Art Fangkorb umgestaltet, mit denen sie die mikroskopisch kleinen Pflanzen aus dem Wasser filtern. Im ge-schlossenen Zustand ist der Korb so dicht gefügt, dass nicht mal einzellige Kieselalgen entwischen können. Kein anderes Tier ver-wertet die gewaltige Ressource mit solcher Effizienz wie der Krill, dessen Trickkiste damit noch nicht leer ist. Ebenso wie Kühe auf die Weide gehen, macht sich der Krill übers Packeis her, genauer gesagt über dessen Unterseite. Dort siedeln dichte Algenmatten, die das Krebschen mit borstigen Beinchen abschabt. Man gebe einem einzigen Krillkrebs zehn mal zehn Zentimeter Packeis samt Algenbewuchs und eine Minute Zeit – schon ist die Sache gegessen. Doch kahl fressen kann der Krebs die Eisweiden nicht. Zu ergiebig ist der Algenrasen, oft genug sind die Augen des Krebschens grö-ßer als der Bauch. Dann gibt es einen Teil des Algenmahls wieder von sich, ganz, halb- oder unverdaut, gebunden in kleine klebrige Kügelchen.

Wenn das geschieht, beginnt es am Südpol zu schneien.

Nun ist Schnee in der Antarktis nichts Besonderes, unter Wasser aber schon. Meeresschnee nennt man die langsam herabsinkenden weißlichen Partikel, die auf Aktivitäten planktonischer Krebse schließen lassen – auch anderswo: Rund um den Globus schneit es, wenn die Krebse fressen. Dieser Schnee ist eine ständig rieselnde Ressource. Mitunter spülen Meeresströmungen die nahrhaften Kügelchen wieder nach oben, mit dem Resultat ausgedehnter Algenblüten. Von alldem ahnt das filtrierende Krebslein nichts, und so hat es nicht den geringsten Schimmer, dass sein Schnee Kohlenstoff bindet, der bis zu eintausend Jahre in der Tiefsee verbleiben kann. Solch gewaltige Mengen davon pumpt der Schnee in die Abyssale, dass man ihn auch »biologische Pumpe« nennt. Auf dem Weg nach unten dient er etlichen Meeresbewohnern als Nahrung, die damit indirekt von den Krebsen leben. Wo immer sich diese befinden, schneit es, mal mäßig, mal stärker. In der Antarktis kommt es schließlich zu derart dichtem Schneetreiben, dass man oft keine Flosse mehr vor Augen sieht.

Der planktonische Schnee zeigt auf anschauliche Weise, dass Fressen und Gefressenwerden mehr bedeutet, als einander hektisch hinterherzujagen. Was Ökopantheisten gerne predigen – dass auf dieser Welt alles eins ist und miteinander verwoben –, gibt auch Pragmatikern zu denken. Nirgendwo sonst wird so deutlich, was unter dem Begriff Nahrungsgeflecht zu verstehen ist. Die Sonne liefert Energie, daraus synthetisieren Algen mit Hilfe ihrer Chloroplasten Zucker und Stärke. Ein winziger Krebs frisst diese Algen und scheidet sie aus. Sein Kot dient anderen Organismen wie Fischen, Seegurken und Schnecken als Futter, die ihrerseits von größeren Tieren gefressen werden, die noch größeren Tieren als Mahlzeit dienen. Die ganz großen Tiere schließlich tun sich an den kleinsten gütlich, sodass Plankton in den Meeren die Rolle des Universalversorgers einnimmt.

Auf einem Diagramm über Ernährungsgeflechte muss man sich das Plankton als großen Kreis in der Mitte vorstellen, von dem vielfach verzweigte Linien abgehen. Sie führen zu anderen Organismen, die auf unterschiedliche Weise miteinander verbunden sind. Fische etwa fressen gerne Seegras, Schwämme, Krebse, Reptilien und andere Fische. Krebse fressen kein Plankton, leben aber manchmal in Symbiose mit Schwämmen, die sich daran gütlich tun. Korallen ernähren sich ausschließlich von Plankton und gehen zugleich aus ihm hervor. Ähnliches gilt für Würmer, die wiederum Krebsen als Nahrung dienen. Wird's unübersichtlich? Das ist noch gar nichts. Delphine fressen außer Fischen auch Reptilien, die ihrerseits gerne Schwämme mampfen. Der Seeigel knabbert Muscheln an, die ebenso auf dem Speisezettel des Seesterns stehen. Die Larven der Seesterne und Seeigel treiben eine Weile in der gleichen Reisegesellschaft wie Algen und Seegras; sobald sie erwachsen sind, fressen sie diese. Endlos lässt sich das fortführen. Allein dieser kurze Einblick macht klar, was der Verlust eines einzigen Faktors für das Gesamte bedeuten kann. Verschwände etwa der Antarktische Krill, wären nicht nur Wale betroffen, sondern das komplette marine Ökosystem, und letztlich auch das Leben auf dem Land.

Doch keine Angst. Leise rieselt der Schnee.

Und rieselt und rieselt. Noch. Erst wenn Menschen beginnen, das Zooplankton nachhaltig zu dezimieren, gehen Frau Holle die Flocken aus, und die biologische Pumpe stellt ihre Arbeit ein. Allzu sorglos sollten wir damit nicht umgehen, denn erste alarmierende Symptome treten bereits auf. In den vergangenen vier Jahrzehnten hat die Populationsdichte des Antarktischen Krills dramatisch abgenommen – möglicherweise im gleichen Maße, wie das Packeis schwindet. Dessen viele Vertiefungen bieten den Krebschen nämlich lange genug Schutz, um ordentlich Nachwuchs ins Meer zu entlassen. Ohne das frostige Versteck fiele der Krill seinen natürlichen Feinden allzu rasch zum Opfer. Und die sind zahlreich. Nicht nur Säuger, Vögel und Fische gehören dazu, sondern auch die rätselhaften Salpen.

Und wer ist das nun wieder?

Ganz wichtige Vertreter im marinen Ökosystem. Auch Salpen sind Plankton. Sie gehören zu den Manteltieren, eigenartigen Wesen, die als nächste Verwandte der Wirbeltiere klassifiziert werden und im Allgemeinen faule Säcke sind. Wie Säcke sehen sie jedenfalls aus. Es gibt winzige Säcke und solche, die bis zu zwanzig Zentimeter groß werden. Einige von ihnen, die Seescheiden, leben sesshaft am Grund der Tiefsee, andere auf der Oberfläche großer Pflanzen, wieder andere treiben in riesigen Schwärmen mit der Strömung: Das sind die Salpen. Beim Betrachten der transparenten Tiere gewinnt man nicht gerade den Eindruck, als hätten sie die Arbeit erfunden. Gemächlich filtrieren sie mit Hilfe ihres Kiemendarms Partikel, kleine Krebse und winzige Fische aus dem Wasser, die sie mit Schleim umgeben und der Verdauung zuführen. Manteltiere haben keine Lunge, keine Kiemen, kaum Hirn und ein winziges Herz. Manche bilden einen Schwanz aus, andere leisten sich nicht mal den.

Als Miss Evolution die Manteltiere fragte, wie sie sich gerne vermehren würden, erhielt sie die typische Antwort fauler Säcke: Ach, ich weiß nicht. Das haben sie nun davon: Mal vermehren sie sich geschlechtlich, mal ungeschlechtlich, so auch die Salpen, die übrigens zu den schöneren Säcken gehören und eher schwebenden Tönnchen aus irisierendem Glas gleichen. Auch sie bestehen weitestgehend aus Darm. Was den Betrachter in Entzücken versetzt, ist ihre Angewohnheit, meterlange Lichterketten zu bilden, die prachtvoll anzuschauen sind, so als seien riesige Kronleuchter zum Leben erwacht und reckten in Zeitlupe kristallene Arme. Wie alles Plankton folgen sie der Strömung, können aber auch selbst ein bisschen navigieren, indem sie ihre Muskulatur in rhythmische Kontraktion versetzen. Wasser wird eingesaugt und wieder ausgestoßen. Der Rückstoß treibt das Tier voran, während mit dem angesaugten Wasser Nahrung ins Innere gelangt. Kleinste Algen verfangen sich im überaus feinen Wimpernnetz des Darmfilters. Das ist mit einer fortwährenden Produktion von Schleim verbunden, den die Haut der Salpe absondert und der ebenso wie der organische Schnee des Krills in die Tiefe sinkt. Auf ihre Weise sorgen also auch faule Säcke dafür, dass der Verwertungskreislauf niemals abreißt.

Im Oberflächenwasser warmer und gemäßigter Meere bilden Salpen riesige Verbände. Ganze Tropengebiete verwandeln sie in glitzernde Gallertflächen und verdrängen jedes andere Plankton. Also halten sich Wale und andere große Meeresbewohner an ihnen schadlos. Salpen sind beliebt wegen ihres hohen Süßwassergehalts. Darin gleichen sie den Quallen, die auch nicht viel mehr sind als Gestalt gewordenes H_2O. Kälte schätzt die Salpe als solche weniger, weil ihr dort die Fortpflanzungsfähigkeit abhanden kommt. Doch mitunter lassen sich die Schwärme auch zum Pol treiben, denn eines gibt es dort reichlich: Futter.

Krill zum Beispiel.

Ein jugendliches Krebschen, das in die Fänge einer engelsgleichen Salpe gerät, wird flugs in Schleim verpackt und hübsch langsam zersetzt. Von derlei Attacken kann sich der Krill generell erholen. Welche Auswirkungen es auf die globalen Krillbestände hat, wenn die Polkappen weiter abschmelzen, steht auf einem anderen Blatt. Bedenklich ist auch manch kommerzielles Ansinnen. Vielerorts wird laut darüber nachgedacht, Krill für die menschliche Ernährung abzufischen. Was sich als schwierig erweist. Mit normalen Netzen lassen sich die Tierchen nicht fangen, sie schlüpfen hindurch. Allzu feinmaschige Netze lassen es an Festigkeit fehlen und reißen unter dem Gewicht der Schwärme. Doch selbst wenn es gelänge, tonnenweise Krill einzuholen, würden die filigranen Wesen unter ihrem eigenen Gewicht zu Brei zerquetscht.

Die Fischereibetriebe lassen sich davon nicht entmutigen. Emsig ist man bemüht, das Problem zu lösen und spezielle Krillnetze und Rohrsysteme zu entwickeln, mit denen man die Krebse ins Schiffsinnere saugen kann. Ungeachtet all dieser Schwierigkeiten landen jetzt schon mehr als 100.000 Tonnen Krill jährlich in Fischernetzen, vorwiegend in japanischen und polnischen. Noch steht nicht zu befürchten, wir könnten den Walen ihr Essen wegfressen. Dumm ist nur, dass sich die augenblickliche Zurückhaltung weniger tiefer Einsicht verdankt als vielmehr mangelndem Konsumenteninteresse. Denn wehe, der Mensch verlangt nach Krill. Allenthalben würde man ihn servieren. Krillhäppchen und Krillsüppchen stünden auf den Speisekarten der gestirnten Gastronomen, im Sommer gäbe man Krillparties, und für den großen Hunger würden Krillteller angeboten.

Klingt unappetitlich? Geschmackssache.

Ich persönlich liebe beispielsweise Austern. Doch hat, wer sie als versalzenen Rotz schmäht, mein uneingeschränktes Verständnis. Appetitlich ist, was dazu erklärt wird. Wenn angesehene Köche sagen, Krill schmeckt, dann schmeckt der auch. Da kann der kleine Krebs noch so schnell flüchten (mit einer Geschwindigkeit von über 60 Kilometern in der Sekunde katapultiert sich ein Krillkrebschen nach hinten, den Feind immer im Auge), er landet in der Küche.

Derzeit wird Krill vorwiegend in Produktionsstätten für Fischfutter genutzt. Dagegen ist nichts einzuwenden. Zwischen Ausrottung und konsequenter Nichtnutzung gibt es eine Reihe sinnvoller

Abstufungen. In Japan allerdings gilt Krill als Delikatesse. Man kann also nur hoffen, dass den Walen am Ende nicht doch der Magen knurrt. Immerhin will ich den Kindern Nippons zugestehen, dass sie eine elegante Lösung für das Problem gefunden haben. Wenn der Wal tot ist, argumentieren sie, kann der arme Kerl nicht hungern, also essen wir ihn gleich mit – natürlich zu rein wissenschaftlichen Zwecken.

Zurück zum Plankton. Wollte man ihm in Fülle und Vielfalt gerecht werden, würde dieses Buch von nichts anderem handeln. Beschränken wir uns also auf übergreifende Klassifizierungen. Achtung, Fachbegriff-Alarm! Kennen sollte man den Unterschied zwischen Haliplankton und Limnoplankton. Großes Ehrenwort, ich verwende diese Begriffe nie wieder, nur ein einziges Mal noch: Haliplankton lebt im Meer, Limnoplankton in Süßwasser. So werden wir beide Sorten ab jetzt nennen: Meerwasserplankton und Süßwasserplankton.

Für uns ist das Meerwasserplankton interessanter, weil vielfältiger. Neben rein planktonischen Formen findet man darin auch Larven von Tieren, die im ausgewachsenen Zustand kein Plankton mehr sind, sondern dieses fressen. Mit den Jahren hat die Wissenschaft herausgefunden, dass beinahe jede boden- und rifflebende Spezies im Meer, deren Nachwuchs ein Larvenstadium durchmacht, ihre Kleinen in die Kinderstube des Plankton entlässt, also in den frei schwebenden Zustand. Unverantwortlich, sollte man meinen. Wo doch jeden Moment der nächste Blauwal um die Ecke kommen und den Filius verschlucken kann. Tatsächlich bringt der Aufenthalt im Volk der Herumtreiber eine ganze Reihe von Vorteilen mit sich. Nicht umsonst sind Larven von Schwämmen, Würmern, Schnecken, Seeigeln, Korallen, Muscheln und großen Krebsen für das planktonische Leben wie geschaffen. Sie verfügen über winzige Ruderextremitäten, können also im Schwarm mithalten. Erst wenn die Wandlung zum erwachsenen Tier ansteht, tritt der werdende Korallenpolyp oder Seeigel seinen Rückweg nach unten an und siedelt, wo seinesgleichen wohnt.

Sesshafte und am Boden lebende Tiere sind in ihren Möglichkeiten eingeschränkt, was die Jagd betrifft. Wilde Verfolgungsjagden schließen sich aus. So harrt man desjenigen, der in die Nähe kommt, und nimmt vorlieb mit Wesen, die nicht weglaufen können. Ein stattlicher Krebs nährt sich auf diese Weise redlich, auch eine Seegurke schlägt sich wacker und filtriert Zentimeter für Zentimeter das Sediment. Korallenpolypen können nicht krabbeln oder krauchen, sie sitzen fest, also strecken sie ihre Ärmchen aus und grabschen nach vorbeitrudelnden Snacks. Die Larve einer Krabbe oder eines Wurms hingegen täte sich schwer mit Sesshaftigkeit. Wie soll sie satt werden? Mama Wurm gibt ihr ja nicht das Fläschchen. Am Boden umherzuwuseln, übersteigt Klein-Würmlis Kräfte, also macht es eine Schwebezeit durch und pubertiert im Planktonschwarm, wobei es hierhin und dorthin getragen wird und reichlich fressen kann. Das alles ist längst nicht so exotisch, wie es klingt. Viele Landpflanzen halten es ähnlich. Festgewachsen, wie sie sind, schicken sie ihre Sporen auf Reisen, die der Wind übers Land verteilt. Der Wind des Meeres ist die Strömung, und so kann sich auch sessiles und fußlahmes Leben grenzenlos ausbreiten.

Werfen wir noch einen letzten Blick auf die Süßwasserfraktion. Mit der machen wir oft unliebsame Bekanntschaft. Wird ein Überschuss an nährstoffreichen Substanzen in Flüsse und Seen geleitet, rüstet das Phytoplankton zum großen Fressen und nimmt überhand. Als Folge kippen die betroffenen Gewässer um und verwandeln sich in sauerstoffarme, grünliche Schlickwüsten. Fischen und anderen Bewohnern bleibt die Luft weg. Vordem blühende Lebensräume werden über Nacht zu kleisterigen Wüsten.

Meere und Ozeane stecken da schon mehr weg, sind allerdings nicht ewig belastbar. Die Ostsee hat schon verschiedentlich den Löffel abgegeben. Unter anderem sind es dänische Schweinezüchter, die das zyklische Sterben eines der meistbelasteten Meere der Welt verantworten. Zigtausend Tonnen eingeleiteter Schweinegülle munden dem Phytoplankton ganz vorzüglich. Der Rest der Schöpfung zwischen Ostdeutschland und Skandinavien quittiert die Sauerei mit mehr oder minder raschem Ableben. Dann gelangen die Kleindarsteller der Meere zu trauriger Berühmtheit – weit über die Warhol'schen 15 Minuten hinaus.

Ein Tag in der Stadt

Das Meer. Schöner, runder Begriff. Um den gewaltigen flüssigen Lebensraum zu beschreiben, der unsere Erde bedeckt, eignet er sich in etwa so sehr wie das Wort Menschheit zur Herausarbeitung der besonderen Charakterzüge von Tante Frieda.

Es gibt die offene See mit ihren Abgründen, eine blaue Wüste bar jeder Kontur. Ganz anders die Küstenbereiche, wo Lebewesen darauf eingestellt sind, mit den Gezeiten zu leben und beiden Welten das Beste abzutrotzen, der nassen und der trockenen. Es gibt Eismeere und tropische Meere, Binnenmeere und Ozeane, Flachmeere und die lichtlose Tiefsee. Keines dieser Universen ist mit dem anderen vergleichbar. Die Artenvielfalt in der Mündung des Amazonas unterscheidet sich ebenso stark von den Lebensgemeinschaften in der Nordsee wie die Kreaturen der Tiefseegräben von den Bewohnern des Wattenmeeres.

Allerdings gibt es Plätze, da sieht man besonders viele Arten versammelt. Um hinzugelangen, brauchen Sie ein Flugticket auf die Malediven oder nach Australien, ans Rote Meer, in die Karibik, wonach Ihnen der Sinn steht. Fehlt nur noch jemand, der Ihnen eine Taucherausrüstung umhängt und Ihnen die besten Plätze zeigt. Allzu tief runter müssen Sie nicht. Korallenriffe gedeihen im Sonnenlicht.

Ein Riff ist die Megalopolis der Tropen. Ein mariner Big Apple, auf engstem Raum besiedelt und erbaut von zig Millionen Architekten, die auf Designpreise pfeifen, obwohl sie jede Menge davon verdient hätten. Die gehen wir jetzt mal besuchen. Und schon schweben wir blubbernd und mit sachten Flossenschlägen dicht unter der Wasseroberfläche dahin, Seite an Seite. Es ist noch früh, eben haben die ersten Sonnenstrahlen das flache Meer in weiches Licht getaucht. Eine Zeit, zu der die meisten Menschen aus verklebten Lidern ihren Wecker anblinzeln und mit Grausen ans Büro denken. Mütter werden von ihren Kindern aus dem Schlaf gequengelt, Singles von ihren hungrigen Katzen angemaunzt. New York, Barcelona, Hamburg, Moskau, Singapur, überall auf der Welt erwachen die Menschen der Reihe nach, sobald die Dunkelheit weicht – nur die Korallenpolypen wünschen einander süße Träume und gehen schlafen. Einen ganzen Tag lang gehört das Riff allein den Fischen und Krebsen, Mollusken und Stachelhäutern, die verschlafen ihre Höhlen, Spalten und Überhänge verlassen. Kurz die Flossen geschüttelt, Fühler gereckt und Scheren gestreckt, und hinein ins turbulente Leben. Die Kalksteincity bereitet sich auf die Rushhour vor. Eine Stadt erwacht, deren architektonische Vielfalt jede von Menschen gebaute Metropole in den Schatten stellt.

Sind Korallen Schlafmützen?

Von wegen. Eher verkannte Genies. Immer noch halten viele Menschen sie für Pflanzen, weil ihre wunderbaren Bauten floral anmuten. Dabei sind diese riesigen, busch-, blüten- und baumartig erscheinenden Strukturen gar keine Korallen, sondern Siedlungen. Die Korallen selbst leben im Inneren und an der Oberfläche – der lebende Beweis, dass man nicht groß sein muss, um Großes zu vollbringen.

So ein Korallenpolyp ist winzig. Ein organisches Säckchen aus der Familie der Nesseltiere, zu der auch Quallen und Seeanemonen gehören. Für sich betrachtet gleicht er einem kleinen Kraken oder Tintenfisch ohne Augen, mal mit weniger, meist mehr Tentakeln. Der Mund ist ein Loch. Die Tentakel gruppieren sich darum herum, bestückt mit Nesselzellen, mikroskopisch kleinen Harpunen in Millionen Körpertaschen, die bei der geringsten Berührung hervorschnellen und sich in den Leib des Opfers bohren. Ihnen hinterher winden sich dünne, giftgetränkte Fäden und lähmen die Beute, die sodann zum Schlund geführt und eingesackt wird. Für Ausscheidungen ist kein After vorgesehen, wo die Wurst reinkommt, kommt sie auch wieder raus. Schluss der Beschreibung. Wesentlich mehr gibt es über den Körperbau des kleinen Architekten nicht zu sagen. In der Wissenschaft spricht man übrigens nicht von Korallen, sondern von Coelenterata, einem Zusammenspiel der griechischen Begriffe für Darm und Loch.

Ein Darmloch also. Hey, Darmloch! Is' was?

Dann doch lieber Koralle.

Die Körperchemie des Korallenpolypen ist indes von größerem Raffinement. In seinen Körperwänden hausen Myriaden nanogroßer Zooxanthellen, einzelliger Algen. Auf jeden Quadratzentimeter seines Gewebes kommen rund eine Million der fleißigen Einzeller. Zooxanthellen beherrschen die Photosynthese, synthetisieren Glukose und spalten Sauerstoff ab, wovon der Polyp profitiert – beides zusammen macht gut 90 Prozent seiner Nahrung aus und verleiht ihm genügend Energie, sein Kalkskelett zu bauen. Im Gegenzug liefert das Nesseltierchen den Zooxanthellen Kohlendioxid, das es unter Zuhilfenahme von Kalzium-Ionen in Kalziumkarbonat umgewandelt hat: Skelett-Baustoff. Den Kohlendioxid-Überschuss brauchen die Algen wiederum zur Photosynthese. Je mehr sie davon erhalten, desto rascher verläuft die Bildung von Kalziumkarbonat. Die Interessengemeinschaft funktioniert so gut, dass Korallenpolypen, assistiert von ihren Symbionten, zehnmal schneller bauen können als ohne sie. Weil Zooxanthellen aber nur im Sonnenlicht Photosynthese betreiben können, sind Korallenbänke an die oberen 50 Meter der Wassersäule gebunden. Nur nachts wird der Prozess der Photosynthese kurzzeitig unterbrochen, und tatsächlich geht die Kalkbildung in den Zellen der Polypen dann zurück.

Wie Korallenpolypen aus dem angesammelten Kalziumkarbonat ihr Skelett bauen, ist noch nicht erschöpfend geklärt. Manches spricht dafür, dass die eigentliche Bautätigkeit nachts erfolgt. Dann nämlich verlässt der Polyp seine Kalkbehausung, indem er sich nach draußen stülpt und die Tentakelchen in die Strömung hält. Zur Gänze verlassen kann er sein Appartement nicht, denn alle Einzeltiere sind über ihr Gewebe miteinander verbunden. Doch während seiner nachtaktiven Zeit entsteht ein Hohlraum unter ihm. Kalküberschüsse vom Tage scheidet er nun aus, sie rieseln einfach aus seinem Körpersack heraus in die Wohnhöhle und verfestigen sich dort. Am kommenden Morgen, wenn er sich zurückzieht, wohnt er eine Kalklamelle höher als am Tag zuvor – und das gewaltige, aus Myriaden Einzeltieren zusammengesetzte Gebilde, das wir Koralle nennen, ist ein winziges Stückchen gewachsen.

Etliche Randbedingungen müssen dafür stimmen: Die Wassertemperatur darf 20 Grad Celsius nicht unterschreiten. Idealerweise liegt sie höher. Erst dann gedeiht der Polyp mit seinen einzelligen Untermietern bestens. Vonnöten ist außerdem ein ausreichender

Salzgehalt. Selbst in tropischen Regionen, der Heimat fast aller Korallen, sucht man sie vergebens, wenn große Mengen Süßwasser aus Flüssen ins Meer gelangen oder Industrieabwässer eingeleitet werden. Denn eines haben Polypen mit Touristen gemeinsam – beide lieben sauberes, klares Wasser.

Vorausgesetzt, die Bedingungen sind erfüllt, kann das Wunder seinen Lauf nehmen. Dann bauen die bislang 700 bekannten Polypenarten Kunstwerke von verblüffenden Ausmaßen und unbegrenztem Formenreichtum, Anziehungspunkt einer atemberaubenden biologischen Vielfalt. Korallenbänke umfassen weniger als ein Prozent des Lebensraumes Meer, doch nirgendwo trifft man auf eine derartige Biodiversität. Verbringen wir also einen Tag in der Korallenstadt. Sie werden begeistert sein. Sogar ein Wellness-Center gibt es hier!

Aber ich greife vor.

Inzwischen ist die Sonne höher gewandert. Licht und Wellen marmorieren die wenige Meter tief gelegene Landschaft aus Sand und Seegrasflächen. Plötzlich scheint sich der Boden zu bewegen. Kugelrunde Höckeraugen riskieren einen Blick. Dann stieben körnige Wölkchen auf, als ein Stachelrochen seine Schwingen schüttelt und sich der tarnenden Decke aus Sand entledigt. Eingegraben hatte er ein Stündchen hier verharrt, beschäftigt mit der Frage, ob er die nächtliche Jagd beschließen oder weiter nach Fressbarem stöbern soll. Für einen Stachelrochen ist das eine hochkomplexe Überlegung, die der Instinkt unter Anhörung des Magens zu beantworten pflegt. Augenblicklich hat der Magen die besseren Argumente. Mit langsamen Flügelschlägen schwebt der Rochen dicht über den Boden dahin, den Korallenbänken entgegen. Sie sind seine ganze Welt, mehr kennt er nicht. Aus der Luft betrachtet ist das Riff allerdings nur eine von über 2.000 ausgedehnten Korallenbänken, die sich 2.300 Kilometer entlang der Nordostküste Australiens erstrecken und zusammen mit 540 kleineren Inseln die größte bebaute Landschaft der Erde bilden: das Great Barrier Reef.

Jeder der drei klassischen Rifftypen findet sich hier: Einige der Inseln und Inselchen nennen ein Haus- oder Saumriff ihr Eigen. Das Barrier Reef als Ganzes gehört jedoch – wie schon der Name erahnen lässt – zur zweiten Kategorie, den Barriereriffen. Derartige Riffe haben sich im Laufe der Zeit vom Festland entfernt oder waren immer schon durch Wasserstraßen und tiefe Gräben davon getrennt. Mitunter haben tektonische Verschiebungen fernab der Küste Hügelketten aufgeworfen, und Korallen haben sich dort angesiedelt. Die schönsten Plätze des Barrier Reef erreicht man nur per Motorboot, oft unter Inkaufnahme einiger Stunden Fahrt.

Auch den dritten Rifftyp findet man hier draußen, die Atolle. Wo Vulkanausbrüche Inseln gebildet haben, sind in Millionen von Jahren kreisrunde Saumriffe entstanden. Als die porösen Lavahaufen mit der Zeit in sich zusammensackten, mussten sich die Korallen nach der Decke strecken, nach der Wasserdecke, um genau zu sein, um nicht unterzugehen. Sie wuchsen weiter dem Licht entgegen und aufs offene Meer hinaus, türmten sich dort als Barriereriffe auf und bildeten Ringe mit einer sandigen Lagune im Innern, wo die versunkene Insel gelegen hatte. Durch Zugänge dem Meer verbunden, wurden die geschützten Lagunen schnell von etlichen Boden bewohnenden Tieren und Fischen besiedelt, und das Atoll war geboren. Die Malediven etwa vor der Südwestspitze Indiens bestehen aus mehreren teils riesigen Atollen, in deren Lagunen an die 2.000 Inseln liegen.

Und was macht unser Stachelrochen? Der hat das Saumriff der winzigen Insel, in deren Flachwasser sein Schlafbedürfnis von Magensäure zersetzt wurde, mittlerweile erreicht. Die Korallenbank liegt ziemlich weit am Außenrand der riesigen Riffstruktur, die bis zum australischen Kontinentalsockel vorstößt. Dort geht es rapide abwärts. Bis in Tiefen von 2.000 Metern staffelt sich der Kontinentalhang. Zur anderen Seite der Insel verläuft ein rund 50 Meter tiefer Graben, Teil eines regelrechten Verkehrsnetzes aus Wasserstraßen. Es gestattet vielen größeren Arten, vornehmlich Räubern, zwischen den Korallenstädten umherzuziehen. Der Rochen ist also auf der Hut, als er seine Lieblingsstelle aufsucht, eine schlammige Senke. Sie liegt unmittelbar am Rand des Grabens – man könnte auch sagen, am Stadtrand. Eine weniger feine Gegend mit nicht ganz so schönen Korallenblöcken wie im Zentrum, dafür dicht besiedelt von schmackhaften Krebsen, Würmern, Mollusken und kleinen Fischen, die sich fangen lassen, indem man die Flügel über sie krümmt. Eine Falle, aus der es kein Entweichen gibt. Noch mehr allerdings haben es die Muscheln dem Stachelrochen angetan. Sein mehrreihiges Gebiss, das ihn als nahen Verwandten der Haie verrät, knackt Muschelschalen wie Oma an Heiligabend Nüsse. Ohnehin fühlt er sich möglichst dicht über dem Boden am wohlsten, wo er sich blitzschnell eingraben kann, außerdem laden rundum Korallenblöcke und Überhänge zum Verweilen ein.

Mit peitschendem Flossensaum wirbelt er Schlamm auf und veranlasst zwei kleine, eingebuddelte Garnelen zur Flucht. Eine schafft es, mit zackigen Bewegungen seitwärts zu entkommen, die andere endet zerknirscht als Frühstück. Das sei's gewesen, beschließt der Rochen beziehungsweise sein Magen, und verzieht sich träge unter eine Tischkoralle. Erst wenn die Dunkelheit zurückkehrt, wird er sich aus seinem schattigen Versteck hervorwagen. Jetzt sollen andere zusehen, wo sie was zu beißen finden.

Diese anderen lassen nicht lange auf sich warten. Am Hang haben sich Schwärme kleiner und mittelgroßer Fische aufgereiht in der Hoffnung, sich den Bauch voll Zooplankton schlagen zu können. Die Leckerbissen steigen leider erst nachts zur Wasseroberfläche auf, größere Krebse und anderes Makroplankton. Was die Strömung tagsüber herantreibt, ist winzig und meist transparent, sodass man schon sehr genau hinschauen muss. Wie in Acryl gegossen hängen zwei Dutzend olivfarbener Thompson-Doktorfische hinter- und übereinander gestaffelt vor der prachtvollen Kulisse einer tausendfach verästelten, knallgelben Gorgone, die quer zur Strömung aus dem Hang wächst. Ein kurzes Maul und die binokulare Anordnung ihrer Augen gestatten den Doktorfischen, Beute aus kürzester Distanz wahrzunehmen, sodass sie auch der durchsichtigen Tierchen gewahr werden. Hin und wieder zuckt ein Doktorfisch nach vorne oder tauscht seine Position mit dem Nebenmann, ansonsten ist man um völlige Reglosigkeit bemüht. Sparsame Flossenschläge, winzige Korrekturen der Position, mehr wird an Energie nicht aufgewendet. Dass die Tiere überhaupt fressen, verrät lediglich das schnelle Ausstülpen der beweglichen Mäuler, mit denen Doktorfische ihre Beute blitzschnell ansaugen.

Effizienz und Flucht, alles im Riff ist darauf ausgerichtet. Mit möglichst wenig Aufwand möglichst viel zu erzielen und sich ansonsten nicht erwischen lassen. Auch die vielfarbig gestreiften Korallenwächter gehören zur abwartenden Sorte Fisch – etliche haben sich zwischen den Ausläufern einer Koralle auf die Lauer gelegt, deren raumgreifende Massive den Eindruck machen, als seien Dutzende schaufelartiger Geweihe zu einer bizarren Skulptur verschmolzen. Tatsächlich spricht man von Elchhornkorallen. Wie erstarrt schmiegen sich die Korallenwächter in die Kuhlen und

Zwischenräume, um überraschend vorzuschießen, wenn ein unvorsichtiges Fischlein zu dicht herankommt. Im Schatten darunter, wo zwei Elchhornmassive aneinander grenzen, dämmert ein Schwarm Schwarzstreifen-Soldatenfische vor sich hin, auch sie vollkommen reglos. Sie allerdings warten nicht auf Beute. Tagsüber suchen sie Schutz in den Korallen. Erst bei Einbruch der Dämmerung werden sie zum Vorschein kommen.

I want to wake up in a city that never sleeps ...

Im Laufe des Vormittags erscheint aus dem Blau des angrenzenden Kanals ein Geschwader Stachelmakrelen und hält auf das Riff zu. Jedem hier ist klar, das kann nichts Gutes bedeuten. Sofort ballen sich die Doktorfische zusammen und ziehen sich zur Kante zurück. Jetzt erweist sich, warum die wenig aktiv scheinenden Planktonfresser so stromlinienförmig gebaut sind. Sicherheitshalber versuchen sie zwar, möglichst nah am Riff zu bleiben, doch Plankton kennt weder Fahrplan noch Haltestelle. Mitunter sind die Doktorfische darum gezwungen, sich von der schützenden Kante zu entfernen, um ihren Bedarf an Nahrung zu decken. Körperform und Gabelschwanz dienen der schnellen Flucht, und die ist gerade angesagt, denn Stachelmakrelen sind alles, nur keine Planktonfresser.

Uns erscheint so ein Korallenriff idyllisch, doch für seine Bewohner ist Vorsicht erste Bürgerpflicht. In Großstädten lauern nun mal allerhand Gefahren. Überquert man guter Dinge eine Korallenkreuzung, kann es passieren, dass aus den Verästelungen einer Gorgone unvermittelt ein Langnasen-Büschelbarsch hervorschnellt. Dessen Absichten sind eindeutig, ebenso wie die des Schnepfenfischs, der sich besonders perfider Taktiken bedient: Schwimmen zum Beispiel Herr und Frau Goldstreifen-Süßlippe zum Plankton-Shopping, dümpelt er mit und schmiegt sich in das Kielwasser von Frau Süßlippe. So kommt er beiden nahe, ohne gesehen zu werden. Im geeigneten Moment verlässt er seine Deckung und saugt sich an Herrn oder Frau Süßlippe fest. Stachelmakrelen beherrschen den Trick ebenfalls. Ganz schön link, ist man geneigt zu sagen, aber jeder im Riff ist ein Spieler und Trickser. Anders lässt sich hier nicht überleben.

Die Sonne zieht ihre Bahn.

Um die Mittagszeit haben schillernd grüne Papageienfische begonnen, Algenrasen von der Oberfläche einer Steinkoralle abzuweiden. Der Block ist bewachsen mit Grünalgen. Viele Riffbewohner wie Doktorfische, Barsche, Chimären und Papageienfische sind Pflanzenfresser und vertilgen große Mengen davon, weshalb Pflanzen in der Megalopolis die tragende Rolle spielen. Braune und grüne Meeresalgen überziehen die Kalkskulpturen, an den Rändern der Riffe dominieren ins Meer hinauswachsende Rotalgen. Grünalgen bilden mithin die ergiebigste Nahrungsquelle, überwuchern ganze Korallenstöcke und setzen sie den scharfen Kiefern der Vegetarier aus, die an ihnen knabbern. Wohlweislich bleiben die Korallenpolypen im Bett, würden sie rausschauen, gäbe es Opfer zu beklagen. Nicht immer gelingt es, sich wegzuducken. Büffelkopf-Papageienfischen ist das Knabbern am Salat zu mühsam, sie brechen gleich ganze Stücke aus der Koralle und verschlucken sie – was ihrer Verdauung förderlich ist. Algen und Polypen werden mit Hilfe der Kalkbrocken zermahlen, diese zerbröseln ihrerseits und werden wieder ausgeschieden. Sie sollten wissen, dass der karibische Traumstrand, an dem Sie letzten Sommer gelegen haben, unter anderem aus Papageienfisch-Stuhlgang besteht: Sand.

Haben Sie sich als Kind auch gefragt, wo der Sand herkommt? Ich habe stundenlang darüber gegrübelt. Jedes Korn habe ich in Augenschein genommen, um festzustellen, dass weißer Sand gar nicht so weiß ist. Alle möglichen Farben kommen darin vor, beige, braun und rosa, türkis und quittengelb. Kein Körnchen ist geformt wie das andere. Sand, beschloss ich damals, ist eine großartige Erfindung der Touristikbranche, und es erfordert sicherlich einen Heidenaufwand, ihn vors Hotel zu schaffen. Doch weder Neckermann noch Thomas Cook haben ein Patent darauf.

Sand verdankt sich vielen Ursachen. Einmal der Erosion von Gebirgen und vulkanischen Ablagerungen. Der dunkelgraue Vulkansand auf Lanzarote liefert dafür ein typisches Beispiel. Die meisten Sandvorkommen bestehen aus äußerst hartem und verwitterungsbeständigem Quarz. Muschelsand wiederum bildet sich aus zertrümmerten Schalen von Meereslebewesen, Korallensand aus den Resten von Korallen. Der beliebte weiße Tropensand etwa entstammt den Mägen von Meereslebewesen, in denen Korallenstücke und andere Bestandteile aus Kalziumkarbonat zermahlen werden. Auch Halimeda, eine große grüne Alge, ist ein verlässlicher Sandlieferant. Ihre scheibenartigen Strukturen bröckeln beim geringsten Anlass und zersetzen sich zu feinen Körnchen. So fördern Korallenriffe auf vielerlei Weise das Entstehen von Sand, der nicht nur Inseln und Festlandküsten säumt, sondern auch weiter draußen zu gewaltigen Bänken aufgeschichtet wird. Je nach Wellengang und Strömung durchbrechen solche Bänke schließlich die Meeresoberfläche. Als Erstes gelangen Vögel auf die neu gebildete Insel, deren Ausscheidungen den Sand mit Nährstoffen durchsetzen. Das ruft Algen auf den Plan und kleine Filtrierer wie Krebse. Besonders Rotalgen beginnen zu wuchern und pressen den Sand unter ihrem Gewicht zusammen, bis er sich schließlich zu Kalkstein verdichtet hat. Nun sind die Bedingungen für die Bildung eines Saumriffs geschaffen, und eine neue Metropole entsteht, eine Heimstatt für Millionen.

Was aber geschieht mit Sandkörnern, die im Meer treiben?

Viele davon setzen sich ab und bilden unterseeische Strände zwischen Korallenbänken. Große Mengen aber werden von den Strömungen und Wellen abgeschliffen, immer und immer wieder, bis sie sich fast vollständig aufgelöst haben und das Wasser mit Kalziumkarbonat sättigen. Und jetzt schließt sich einer der faszinierendsten Kreise im marinen Ökosystem. Denn dieses Kalziumkarbonat dient wiederum den Korallenpolypen zum Bau ihrer kunstvollen Behausungen. Auch im Riff gibt es keinen Anfang und kein Ende. Werden und vergehen sind eins.

An den Blöcken entlangtreibend könnte man meinen, sie seien sämtlich von harter, unbeweglicher Struktur. Der Eindruck täuscht. Ebenso wie harte gibt es auch weiche Korallen. Beide findet man im Riff, doch unterscheiden sie sich in der Bauweise. Weichkorallenpolypen errichten keine starren Behausungen, sondern scheiden so genannte Sklerite aus, kristalline Nadeln, die sie in ihr Gallertgewebe einlagern. Das sieht sehr hübsch aus und führt zur Entstehung elastischer Gebilde, die wenig hinterlassen, wenn sie absterben, im Gegensatz zu ihren stabilen Vettern. Deren härteste Vertreter sind die schwarzen Korallen. Als Einzige findet man sie auch in größeren Tiefen, wo Photosynthese nicht in gleicher Intensität ablaufen kann wie nahe der Oberfläche. Entsprechend langsam wachsen die schwarzen Korallen, und das ist ihr Vorteil. Denn Korallenstöcke werden umso härter, je langsamer sie wachsen. Solide Wertarbeit also, die von jeher das Interesse der Schmuckindustrie auf sich zieht.

Nicht nur schwarze Korallen wecken modische Gelüste. Auch die roten erfreuen sich solcher Beliebtheit, dass Google bei Eingabe des Begriffs »Rote Koralle« erst mal »Wunderschöne Halsketten und Armbänder« ausspuckt, garniert mit Gesundheitstipps. Letztere, weil rote Korallen als Mittel gegen Gelenkbeschwerden und Osteoporose gelten – klar, Kalzium. Richtig schaurig wird es, wenn sich ein Anbieter ergötzt:

»Die rote Koralle ist ein guter Schutzstein für Schwangere und Kinder vor täglichen Gefahren und schwarzer Magie.«

Wahrhaftig! So ein Talisman empfiehlt sich, wenn der Bäcker morgens wieder den bösen Blick draufhat, und selbstredend werden entfesselte Autos von einem Stückchen Koralle in den nächsten Baum geschleudert, statt Mutti platt zu fahren.

Weiter geht's: »Sie haben eine besondere Wirkung auf unser seelisches Leben und bringen uns während der Anwendung viel Lichtblicke und Erlebnisse.«

Anwendung? Interessant. Wie wendet man Korallen an? Führt man sie ein? Und wo?

»Die rote Koralle wird auch als Blut der Götter auf Erden bezeichnet. Sie stärkt unser Lebensgefühl und das Bedürfnis nach Partnerschaft und Freundschaft.«

Klar, wenn man von morgens bis abends mit seiner Koralle quasselt, hat man irgendwann das Bedürfnis nach echter Gesellschaft. Im Folgenden wird der Schwachsinn auf die Spitze getrieben:

»Wer auf schwarze Kräfte, bösen Blick oder Zauberei reagiert, sollte immer einen Ast roter oder schwarzer Koralle bei sich tragen.«

Aha. Gleich einen Ast, denn:

»Ihre Energien entfalten diese Korallen besonders auf den Wurzel- oder Sexual-Chakra.«

Ha! Jetzt ist es raus! Darum also geht's, den kleinen Polypen in der Hose zu motivieren. Dass er mal wieder die Ärmchen reckt. Dafür bricht man Strukturen, die über Hunderttausende von Jahren gewachsen sind, in Stücke und verhökert sie an Schlaffis, die in der Weichkoralle zwischen ihren Schultern von was Hartem träumen.

Man hat's nicht leicht als Koralle, so viel steht fest. Nicht nur Menschen, auch Strömung und Wellen setzen ihnen zu. Muscheln verankern sich in Korallenstöcken, indem sie sich in die Kalkschicht bohren, Schwämme verätzen sie mit Säure, um auf der Oberfläche Fuß zu fassen. Tropische Stürme können ein Riff zur Gänze zerstören. Dann gibt's zwar wieder Sand, aber die Pracht ist vorerst Geschichte. Wirklich kritisch wird es für Korallen, wenn der Salzgehalt im Wasser einen bestimmten Wert unterschreitet oder es zu kalt beziehungsweise warm wird. Wie wir später sehen werden, bedingen Luft- und Wassertemperatur einander. Der viel beschworene Klimawandel betrifft ebenso die Atmosphäre wie die Meere. Denn Temperaturextreme vertreiben die Untermieter der Korallen. Finden die Zooxanthellen keine günstigen Bedingungen für die Photosynthese mehr vor, verlassen sie ihre Wirte. Die bleichen aus, weil die Algen zugleich deren Farbstoff bilden, und sterben schließlich ab. Die Riffgemeinschaft bricht in sich zusammen. Algenrasen überwuchert die verfallende Geisterstadt. Mit der Zeit erscheinen Pflanzen fressende Fische und andere Vegetarier, die sich über den frisch entstandenen Rasen hermachen. Sie zumindest profitieren vom Tod des Riffs, allerdings können neue Korallenstöcke unter solchen Bedingungen nicht wachsen.

Kehren wir zurück in unser schönes, intaktes Riff.

Es ist Nachmittag geworden. Ein stattlicher Zackenbarsch defiliert mit gemächlichen Flossenschlägen über eine Formation weißlicher Hirnkorallen hinweg (auch sie verdanken ihren Namen ihrem Äußeren). Er macht einen überaus gemütlichen Eindruck, fast wie ein lieber alter Onkel. Der kleine Tintenfisch mit den blauen Ringen findet das auch. Er kommt dem Barsch sehr nahe, der in Wirklichkeit kein lieber, sondern ein ganz böser Onkel ist! Seine Taktik besteht darin, sich harmlos und freundlich zu gebärden, bis seine Beute jede Vorsicht fahren lässt. Aber dann! Zackenbarsche können aus dem Stand lospreschen. Der Blauring-Oktopus wäre fällig, doch zu seinem Glück hat Miss Evolution seinen hübschen blauen Ringen einen Code eingegeben: »Wer mich frisst, ist doof«, steht da. Soll heißen, der Kleine ist giftig. Viele Lebewesen des Riffs setzen ihre teils phantastischen Farben ein, um Räuber abzuschrecken. Der Blauring-Oktopus zum Beispiel ist eines der giftigsten Tiere der Welt. Sein Biss kann einen Menschen binnen Sekunden töten. Der Barsch weiß das und lässt den blau Beringten ziehen. Ohnehin haben einige vorbeitreibende Algen seine Aufmerksamkeit gefesselt. Sanft schaukeln sie mit den Wellen, auf und ab – und etwas schaukelt darin mit, das keine Alge ist, aber so tut. Auf und ab, auf und ab. Verdammt gute Tarnung, das muss man dem Burschen lassen. Aber nicht gut genug. Es ist eine winzige Sepia, ebenfalls aus der Familie der Tintenfische. Der Barsch schaut genauer hin. Giftig? Nicht giftig. Also fällig. Mit einem gewaltigen Satz katapultiert er sich nach vorne, mitten hinein ins Gemüse.

Algen mit Saugnäpfen. Mhm, das hat geschmeckt.

Während er gleich darauf wieder den lieben Onkel spielt, droht eine weitere Attacke. Ein paar Zwergkaiserfische, die Algen von kleinen Steinkorallen weiden, sehen mit Entsetzen das Herannahen eines riesigen Schwarms Juwelen-Fahnenbarsche. Pflanzenfresser verteidigen ihr Stückchen Garten im Allgemeinen bis aufs Blut, doch gegen diese Übermacht bleibt wenig mehr, als aufgeregt umherzuflitzen und immer wieder tollkühn in den gegnerischen Schwarm hineinzustoßen. Manchmal zahlt sich die Hartnäckigkeit aus, doch heute nimmt das Schicksal seinen Lauf. Unbeeindruckt vom wilden Aktionismus der Zwergkaiserfische fressen die Fahnenbarsche die Korallen kahl und ziehen gesättigt weiter. Währenddessen schleppen drei surrealistisch gefärbte Harlekin-Garnelen einen orangegrünen Seestern unter das Geäst einer Feuerkoralle, um ihn dort gemeinsam zu zerlegen.

Unweit davon wuchert eine riesige, fein verästelte Purpurgorgone über die Riffkante hinaus. Im Schatten des meterhohen, farnartigen Gebildes bahnt sich ein weiteres Drama an. Ein Langmaul-Pinzettfisch hat das Interesse einer Muräne geweckt, deren aalartiger Körper sich langsam aus einer Spalte dicht unter ihm hervorwindet. Für die Muräne ist der Fall klar: Ein kleiner gelber Dummkopf, der aus unerfindlichen Gründen beständig mit dem Hintern gegen die Ausläufer der Gorgone stößt, bettelt darum, verspeist zu werden. Mit elegantem Hüftschwung (Muränen bestehen fast nur aus Hüfte) schraubt sie sich hoch und attackiert den Kopf des Pinzettfischs – der zu ihrer größten Verblüffung Reißaus nimmt. Augenblick mal. Irgendetwas stimmt hier nicht. Sie hatte den Kerl doch so gut wie gepackt! Ratlos gleitet sie in ihre Spalte zurück und versucht zu kapieren, was das Begriffsvermögen einer Muräne bis ans Ende aller Tage übersteigen wird.

Sie ist auf einen Augenfleck hereingefallen.

Der Langmaul-Pinzettfisch hat, wie sein Name schon verrät, ein langes, spitzes und dunkel gefärbtes Maul. Auch das Auge ist braun und kaum zu sehen. Optisch beginnt sein Körper erst hinter den

Kiemen, dann aber richtig, nämlich knallgelb. Am Ende des Rumpfes sitzt ein dicker schwarzer Fleck. Bei flüchtigem Hinsehen schwört man, dies sei der Kopf. Eine Tarnung, die auch den Vieraugen-Schmetterlingsfisch ziert. Über dessen Schläfe zieht sich ein dunkler Streifen, der im Auge fortgeführt wird, womit dieses regelrecht verschwindet. Dafür starrt sein Hinterteil aus falschen Guckern in die Welt. Und der Mirakelbarsch, der sucht sich ein Loch, von dem er sich nie weit entfernt. Droht Gefahr, schlüpft er Kopf voran hinein, sodass nur noch sein Schwanz rausschaut.

Sein Schwanz? Da lacht Klein-Fritz aus vollem Hals! Wie blöd muss man eigentlich sein? Nicht mal als ganz kleiner Fritz hat Fritzchen geglaubt, es reiche, sich wegzudrehen, um nicht gesehen zu werden. Der Barsch muss äußerst bescheuert sein, das Hinterteil in die Strömung zu halten. Am Arsch wird er gepackt! Doch diesmal irrt der sonst so kluge Knabe. Denn der Schwanz des Mirakelbarsches ist dem Schädel eines Raubfischs wie aus dem Gesicht geschnitten. Man glaubt, das Wesen im Loch werfe seinerseits einen begehrlichen Blick auf den Angreifer, dem plötzlich ganz anders wird. Augenflecken, sieht man daran, sind eine geniale Erfindung unserer Miss Evolution, denn ein gezielter Angriff auf den Kopf ist das Gefährlichste, was einem Fisch passieren kann. All seine Sinne werden schlagartig außer Gefecht gesetzt. So aber hat die Muräne nur einen Fetzen Schwanz erbeutet. Und wird den Vorfall unter Erfahrung ablegen müssen.

Raue Sitten herrschen im Riff.

Manche Doktorfische tragen am Schwanzende zwei schicke, spitze Enden. Damit ist keineswegs zu spaßen, denn wenn der Doktorfisch einem diesen um die Ohren haut, erweisen sie sich als Skalpelle, die klaffende Wunden reißen. Kofferfische sind dick gepanzert, Kugelfische pumpen sich voll Wasser und blasen sich bedrohlich auf. Andere verschmelzen bis zur Unsichtbarkeit mit ihrer Umwelt, so wie der krumpelige Steinfisch, den man oft nicht mal bemerkt, wenn man schon einen seiner hochgiftigen Stacheln in der Nase stecken hat. Kurz, jeder misstraut jedem, und das mit vollem Recht.

Es sei denn, man geht ins Wellness-Center.

Da benimmt man sich gesittet und steht sogar Schlange. Putzerfische und Putzergarnelen betreiben ein einträgliches Geschäft. Sie haben Konjunktur, solange die Riffgemeinschaft lebt. Soeben sind zwei Zackenbarsche und ein großer Rochen eingetroffen, auch ein Weißspitzenhai nähert sich zögerlich, ist offenbar noch unentschlossen. Die winzigen Putzerfische vollführen unterdes abstruse Tänze, um Aufmerksamkeit zu erheischen. An den Putzerstationen herrscht reger Wettbewerb, Werbung und Marketing werden hier groß geschrieben. Das Gezappel zeigt Wirkung, denn wie auf Kommando öffnet der vorderste Barsch brav das Maul. Keine Taktik diesmal. Es wurde schon erwähnt, dass an Putzerstationen ungeschriebene Gesetze herrschen, wonach Zahnärzte und Kosmetikerinnen nicht gefressen werden. Dazu sind einige Rituale erforderlich. Putzergarnelen verlassen ihre schützenden Löcher erst, wenn der Kunde durch passive Haltung und Maulaufsperren signalisiert, sich an die Regeln halten zu wollen. Nur dann kommt er dran. Aber wie! Nicht nur seine Zähne werden gereinigt, die Putzer fressen auch abgestorbene Hautschuppen, Pilze und Parasiten. Besonders Letztere sind eine Spezialität der Garnelen, die mit ihren scharfen Scheren selbst eingewachsene Quälgeister herausoperieren. Auch Doktorfische partizipieren an der florierenden Dienstleistungsbranche. Einen Korallenblock weiter sind mehrere von ihnen mit Panzerpflege befasst. Eine große, alte Meeresschildkröte gibt sich wohltuender Ruhe hin, während die Doktoren eifrig den Bewuchs aus verrotteten Algen von ihrem Rücken entfernen. Haie vertrauen ihr Gebiss eher Schmetterlingsfischen an, die es effizient von Speiseresten säubern. Niemals würde der Hai den Schmetterlingsfisch fressen. Es wäre zu seinem Schaden – etwa so, als verschlucke man seine Zahnbürste.

Ein Wunder, so viel Koexistenz? Nein, denn niemand entwickelt hier freundschaftliche Gefühle für den anderen. Das Ganze ist Ausdruck eines der wichtigsten Prinzipien im Riff:

Symbiose.

In symbiotischen Lebensgemeinschaften herrscht ein ständiges Geben und Nehmen. Jeder der Partner trägt Nutzen davon. Dass die Putzer so gut im Geschäft sind, verdanken sie einer weit unangenehmeren Form der Zweckgemeinschaft. Parasiten sind das egoistische Gegenteil von Symbionten. Sie haben nichts zu geben, sondern befallen ihre Wirte und plündern sie aus bis aufs Blut. Dem Parasiten geht es dabei immer besser, dem Wirt immer schlechter. Harmloser sind da schon die Schmarotzer, Schiffhalter etwa. Das sind komische Fische mit abgeplattetem Kopf, die sich an Haien und anderen Großfischen festsaugen und mittragen lassen. Schmarotzer geben nichts für das, was sie bekommen, schaden aber auch nicht. Menschen werden die Symbiose als die sympathischste Art der Lebensgemeinschaft empfinden, vor allem aber ist sie die höchstentwickelte Form des Zusammenlebens auf engem Raum. Entsprechend mannigfach kommt sie vor, mit erstaunlichen Resultaten. Der kleine Fisch aus *Findet Nemo* haust im Inneren einer Anemone und heißt darum Anemonenfisch. Er ist der Einzige, der sich zwischen den giftigen Fangarmen des Raubtiers bewegen kann, ohne Schaden zu nehmen. Die Anemone gewährt ihm Schutz, sie markiert sein Revier. Dafür geht der kleine Fisch auf jeden los, der versucht, an der Anemone herumzuknabbern.

Reviere sind der eigentliche Reichtum im Riff. Wer ohne Revier ist, hat keine Nahrung, kein Zuhause, keinen Schutz. Nur sehr wenige Riffbewohner fristen ein Dasein als Obdachlose, so wie der Gitter-Doktorfisch, der sich allerorten zum Essen einlädt und seltsamerweise geduldet wird. Ausnahmen bestätigen die Regel, und längst nicht alle haben wir verstanden. Ansonsten gilt, dass Reviere verteidigt und von Patrouillen gesichert werden, als rückten die Hunnen an. Was sie ja auch des Öfteren tun.

Allmählich wird es dämmrig.

Mit tropischer Schnelligkeit sinkt die Sonne hinter den Horizont, und das Bild wandelt sich. Eine gute Viertelstunde lang scheint die Riffstadt wie ausgestorben. Von einem Augenblick auf den anderen hat sich alles ins Private zurückgezogen. Jeder hockt in seinem Winkel, seiner Spalte, unter seinem Vorsprung, manch einer hat die Körperfarbe abgedunkelt in der Hoffnung, so zu überleben. Gehäuseschnecken fahren lange, dünne Rüssel aus und bohren sie in dämmernde Fische, um unbemerkt ein bisschen Blut zu zapfen.

Nach einer Weile lassen sich einige junge Kardinalfische blicken. Auch in den Schwarm der Schwarzstreifen-Soldatenfische kommt Leben, die ihr Refugium unter den Elchgeweihkorallen verlassen. Die Zeit der Nachtjäger ist angebrochen. Aus tonnenförmigen, zerklüfteten Schwämmen ringeln sich Schlangensterne und Haarsterne. Muränen werden munter, entschlüpfen ihren Felsspalten und lassen sich von ihrer Nase leiten. Weißspitzen-Haie folgen elektrischen Feldern, die von Bewegungen anderer Tiere ausgehen. Großes Zooplankton steigt im Schutz der Dunkelheit auf, kaum auszumachen, es sei denn, man ist ein roter Großaugenbarsch.

Viele der nächtlichen Jäger haben große und gute Augen. Der Barsch wird nicht hungrig bleiben.

Vor allem aber klingelt der Wecker für Millionen und Abermillionen Korallenpolypen.

Nacheinander stülpen sie sich aus ihren Behausungen und recken ihre Tentakelchen. Das aktiv gewordene Zooplankton wird seinen Obolus entrichten müssen. Während es aufsteigt, muss es die Polypengemeinschaften passieren, was Millionen kleiner Krebse und Fische das Leben kostet. Im Gewirr der nesselbesetzten Ärmchen winden sie sich, werden betäubt und den winzigen Mäulern zugeführt. Während sie fressen, sondern die Polypen ihr Kalzium ab, lassen es in die Wohnhöhlen rieseln, und ihre wundersame Welt kann weiterwachsen. Dennoch würden die Riffe verfallen, wüchsen sie nicht so rasant. Schnell ist natürlich relativ: Die Geweihkoralle etwa legt jährlich bis zu 15 Zentimeter zu, andere Arten schaffen im selben Zeitraum einen Millimeter. Doch es reicht, um der Erosion entgegenzuwirken.

Vor allem aber haben Korallen eines: den schönsten Sex der Welt!

Viele Korallen sind Zwitter. Andere hingegen – und zwar jeweils eine komplette Kolonie – sind entweder männlich oder weiblich. Einmal im Jahr nun, fast zeitgleich, wird rund um den Globus gelaicht. Das geschieht so organisiert, als habe jemand einen Plan ausgearbeitet und eine große Versammlung einberufen: »Also, in der ersten Nacht laichen die Hirnkorallen. In der zweiten sind die Feuerkorallen dran, und dass mir die Pilzkorallen nicht wieder dazwischenfunken!« Jeder hält sich daran, soll heißen, gelaicht wird artsynchron.

Bereits zu Beginn des Frühjahrs sind in den Korallendamen die Eier herangereift, winzige, ursprünglich weiße Kügelchen, die im Verlauf ihrer Entwicklung alle möglichen Farben annehmen. Jetzt, kurz nach Sonnenuntergang, vollzieht sich ein phantastisches Spektakel. Gleichzeitig stoßen die Korallen im Riff Millionen und Abermillionen Eier aus – manche alle auf einmal, andere nacheinander –, während die männlichen Kolonien Wolken von Samen freisetzen. Das Wasser steht niedrig, die Chance, dass Eier und Samen zur Befruchtung zusammenfinden, ist entsprechend hoch. Wie schimmernde Perlen steigen die Eier auf. Der Anblick ist überwältigend, von geradezu außerirdischer Schönheit. Den Machern der BBC-Serie *Blue Planet* ist es erstmals gelungen, das große Laichen zu filmen. Aus den Eiern schlüpfen schließlich medusen-ähnliche Larven, die einige Tage frei im Wasser treiben, bevor sie sich in einem Riff niederlassen und eigene Kolonien gründen.

Und alles beginnt von vorne.

Kaum eine Welt ist so straff organisiert wie ein Korallenriff. Kaum anderswo werden Ressourcen mit solcher Nachhaltigkeit genutzt. In den nährstoffarmen äquatorialen Wasserwüsten, mitten im blauen Nichts, liegen die vielfältigsten Lebensgemeinschaften des Planeten, Oasen der Biodiversität. Ohne sie würden große Teile der marinen Flora und Fauna für immer verschwinden.

Wir aber verlassen das nächtliche Riff und machen uns auf zur nächsten Etappe unserer Reise. Wir haben nämlich eine Verabredung.

Und zwar mit dem Gulp!

Die Typen mit der großen Klappe

Schnell: Was ist ein Gulp?

Ich habe ein bisschen im Freundes- und Bekanntenkreis herumgefragt: Gulp, was mag das sein? Langes Schweigen. Dann erste vorsichtige Deutungsversuche. Ein Gulp, das ist vielleicht ein kleiner Troll. Oder ein Kobold. Klingt irgendwie kehlig. Vielleicht ist ein Gulp so etwas wie der Weihnachtshasser Grinch oder der glotzäugige Gollum aus *Der Herr der Ringe*. Wirklich angenehme Assoziationen wollten sich nicht einstellen. Tief im Wald, da wohnt der Gulp. Wer hat Angst vorm bösen Gulp? Invasion vom Planeten Gulp. Und so weiter.

Ich musste einen Tipp geben: Wer hat behauptet, dass Gulp ein Wesen ist?

Aha. Vielleicht ist Gulp ein schlechter Scherz: Sie wollen mich wohl vergulpen, so was in der Art? Nicht? Dann also ein Geräusch. Wer oder was könnte gulpen? Klingt bestimmt fürchterlich: Gulp! Gulp! Oder bedeutet gulpen eher so was wie schlucken? Er nahm einen ordentlichen Gulp, trank Gulp für Gulp sein Bier, der Drache machte Gulp, und weg war die Prinzessin.

Gut, sagte ich. Sehr gut. Jetzt weiter. Wer macht Gulp beim Schlucken? Jemand, der groß ist oder eher klein?

Groß, war die einhellige Antwort. Kleine Wesen machen Glick oder Gluck. Gulp, dazu braucht man eine voluminöse Kehle. So richtig Gulp machen kann eigentlich nur – ein Wal.

Bravo!

Dass Wale gern ein Liedchen schmettern, weiß inzwischen jedes Kind, allein die Wale dürften bass erstaunt sein, das zu hören. Seit es Mode geworden ist, in dem Gestöhne und Gejaule Melodien auszumachen, gibt es regelrechte Walcharts, denn die Meeressäuger ändern jede Saison die Lautabfolge. Daraus schließen Geheimniskrämer auf immer neue verschlüsselte Botschaften aus den Tiefen der Ozeane. Fest steht indes nur eines: Was auf CDs für Meditationsabende ätherisch juchzt, ist im Unterwasseralltag geeignet, Trommelfelle zum Erzittern zu bringen. Zwischen 150 und 180 Dezibel messen Walforscher, wenn paarungswillige Bullen zum Minnesang ansetzen oder konkurrierenden Männchen zeigen wollen, wo die Tür ist. Ebenso gut könnte man sich neben die Startbahn eines Militärflughafens postieren.

Tatsächlich sind längst nicht alle Wale des so genannten Gesangs mächtig. Ausschließlich Buckelwale kommen in die esoterische Hitparade. Blauwale und Finnwale hingegen röhren im Infraschall, und Grauwale knarren wie alte Dielen. Bislang galt, dass jede größere Gruppe Buckelwale ihr eigenes Liedgut anstimmt, in das sämtliche Tiere mehr oder weniger folgsam einfallen. Mittlerweile haben die Säuger so etwas wie den Kulturaustausch entdeckt. Im Osten Australiens hat man begonnen, den aktuellen Schlager von der Westküste mitzuträllern, nachdem Besucher ihn von dort importiert hatten. Darüber hinaus unterscheiden sich die Wortmeldungen der so genannten Furchenwale – Blauwale, Finnwale, Zwergwale, Seiwale, Brydewale und Buckelwale – in Dialekten voneinander. Im Ostpazifik wird volkstümlicher geknarzt als im Westen, im Atlantik hört man andere Tonfolgen als im Indischen Ozean. Was immer man darin zu erkennen glaubt, arttypisches Repertoire oder lebendige, entwicklungsfähige Sprache: »Walisch«, wie Anke Engelke es dem Blauen Doktorfisch Dorie aus *Findet Nemo* unnachahmlich in den Mund legte, unterscheidet sich je nach Revier oder Spezies ebenso voneinander wie Dieter Bohlens Autobiographie von der Reich-Ranickis.

Sie alle aber machen eines mit Begeisterung: Gulp!

Im Englischen bezeichnet Gulp einen großen Schluck, kann aber auch bedeuten »herunterwürgen, schlucken, reingießen«. In der Sprache der Cetologen, also Walforscher, versteht man darunter den Akt der Nahrungsaufnahme bei Furchenwalen, die eine große Familie bilden, etwas kürzere Barten haben als Glattwale, dafür aber charakteristische Längsfurchen an der Unterseite, die sie im Bedarfsfall enorm dehnen können. Wenn ein Furchenwal auf einen Krillschwarm trifft, bläht er seinen Kehlsack zu einem riesigen Nahrungsreservoir. Für kurze Zeit nimmt er das Aussehen eines Heißluftballons mit Kiefern an. Diese klappen an der Wasseroberfläche auseinander, der Wal nimmt einen gewaltigen Schluck – Gulp! – und verleibt sich zentnerweise Krill und anderes Kleinzeug ein. Wenn er die Kiefer wieder schließt und das Wasser durch seine Barten auspresst, bleibt das Plankton hängen. Man spricht vom Gulp-Verfahren, das allen Furchenwalen eigentümlich ist, oder auch vom Schluckfiltrieren. Milliarden Krebslein, Fische, Salpen, Würmer und Medusen werden so ihrer Bestimmung zugeführt. Gulp!

Das Problem mit lebendigem Essen ist, dass es sich nicht brav auf einen Teller schichten lässt. Es versucht zu fliehen, was zu Komplikationen führt. Stellen Sie sich vor, Kartoffeln, Gemüse und Gulasch würden sich in alle Richtungen davonmachen, dann müssten Sie entweder hungrig ins Bett gehen oder versuchen, das flüchtige Essen wieder zusammenzutreiben. Vor ähnliche Schwierigkeiten sieht sich der Furchenwal gestellt, der darum einen raffinierten Trick entwickelt hat. Buckelwale etwa tauchen tief unter einen Schwarm Krill, schrauben sich in einer Spirale nach oben, umkreisen die Krebschen und erzeugen dabei einen Ring aus Luftblasen. Dem Krill ist das Geblubber nicht geheuer, und so rücken die Tiere näher zusammen. Wie hinter Gittern scheint es ihnen unmöglich, den perlenden Zylinder zu verlassen, der sich plötzlich gebildet hat, und ehe sie noch über ihren Schatten schwimmen können, hat es Gulp gemacht.

Tja. Wale.

Kaum eine Tierart spaltet die Geister mehr. Für den unseligen Kapitän Ahab war Moby Dick ein weißer Teufel, den es auszulöschen galt. Warum? Weil der knochenweiße Wal es sich nicht gefallen lassen wollte, zu Steak und Lebertran verarbeitet zu werden. Moby fand wohl, wer nach seinem Speck giere, dürfe sich hinterher nicht beschweren, wenn ihm ein Unterschenkel fehle. Ahab sah das anders, mit dem bekannten Resultat. Moby Dick rammte den Walfänger des rachsüchtigen Alten und versenkte das komplette Schiff mit Mann und Maus.

Dem literarischen Drama liegt die wahre Geschichte der *Essex* zugrunde, eines Walfängers aus Nantucket, der Anfang des 19. Jahrhunderts unliebsame Bekanntschaft mit einem wütenden Pottwal machte. Herman Melville, selber gerne auf Walfängern unterwegs und ein ausgewiesener Kenner der Szene, veröffentlichte seinen Roman 31 Jahre nach der *Essex*-Katastrophe als episches

Mahnmal. In seiner Version der Geschichte überlebt nur Ismael, der Held wider Willen – ironischerweise an den Sarg geklammert, den sein Freund Queequeg sich selbst zugedacht hatte.

Im Falle der *Essex* verlief die Geschichte weniger theatralisch, dafür insgesamt noch düsterer. Begeben wir uns ins Jahr 1820. Der rund 240 Tonnen schwere Dreimaster hat nach entmutigendem Start und beschwerlicher Umrundung von Kap Hoorn endlich Beute gemacht. Den Laderaum halb gefüllt, zögert Kapitän Pollard, heimzukehren. Zwar steht die Saison der Winterstürme unmittelbar bevor. Doch mit 800 Fässern Waltran – »fettes Glück«, wie die Seeleute sagen – hat sich die lange, strapaziöse Fahrt nicht wirklich gelohnt. Nach reiflicher Überlegung beschließt er, nahezu unbekannte Breiten anzusteuern, weit draußen auf dem Pazifik. Dort ist gerade Paarungszeit. Pollard hofft, große, noch unangetastete Herden aufzuspüren – und tatsächlich, wenige Wochen vor Wintereinbruch, meldet der Ausguck Pottwale. Unverzüglich lässt der Kapitän drei Ruderboote wassern und der Herde auf die Schwarte rücken. Vor allem einen stattlichen Bullen haben die Männer ins Auge gefasst, ein gewaltiges Tier, wie der überlebende Erste Offizier der *Essex*, Owen Chase, später berichten wird.

Anfangs lässt sich die Sache viel versprechend an. Die Herde ist riesig. Dann aber nimmt der Bulle eines der Boote aufs Korn, sodass es kentert. Im Allgemeinen versuchen die Wale zu entkommen, wenn man sie jagt, mitunter jedoch zertrümmern sie die Boote der Harpuniere, was Menschenleben kosten kann, indes zum Alltag gehört. Harpunier und Ruderer haben Glück im Unglück. Niemand wird verletzt, allerdings gerät die Jagd ins Stocken. Eilig versucht man das demolierte Boot zu flicken – und nun geschieht etwas ganz und gar Verblüffendes. Weder flieht der Bulle noch greift er die anderen Boote an. Stattdessen hält er direkt auf die *Essex* zu. Der Schiffsjunge sieht den Wal als Erster kommen, schreit wie am Spieß. Chase gibt Order, dem Bullen auszuweichen, alles verfällt in fieberhafte Hast – zu spät!

»Das Schiff bäumte sich plötzlich wie wild auf, als wäre es auf einen Felsen gelaufen«, wird sich der Erste Offizier später erinnern. »Wir waren alle völlig sprachlos vor Überraschung.«

Fast 180 Jahre nach dem Vorfall können Cetologen nicht mit Gewissheit sagen, was sich im Quadratschädel des Wals abspielte. Ebenso herrscht keine Einigkeit darüber, ob er zum Zeitpunkt des

Angriffs leicht, schwer oder überhaupt verletzt war. Tatsache ist: Er rammte die *Essex* mit solcher Wucht, dass sie bis in die Masten erzitterte und bedenklich in Schieflage geriet. Hatte der Wal begriffen, dass er mit der Zerstörung der schwimmenden Basis das ganze Unterfangen zum Scheitern bringen würde? Reichten seine kognitiven Gaben, um in der *Essex* die Ursache allen Übels zu erkennen? Oder war der erste Zusammenstoß nur ein Versehen? Bei aller Wut dürfte der Bulle vor allem panische Angst gehabt haben, zu der sich nach dem Aufprall böse Kopfschmerzen gesellten.

Wie paralysiert dümpelt er neben dem Walfänger dahin, sodass Owen Chase kurz darüber nachsinnt, ihm mit der Harpune den Rest zu geben. Doch was, wenn die Folge ein neuerlicher Angriff wäre? Er müsste schon sehr genau treffen, um einen Todeskampf auszuschließen. Eine wild peitschende Fluke wäre das Letzte, was sie jetzt gebrauchen könnten. Die *Essex* würde noch mehr in Mitleidenschaft gezogen.

Chase ist unschlüssig. Also wartet er – und wartet zu lange.

Der Wal taucht ab, verschwindet. Fast fühlt der Erste Offizier so etwas wie Enttäuschung, zugleich macht sich unter der Mannschaft Erleichterung breit. Nie zuvor hat man von Walen gehört, die es mit ganzen Schiffen aufnehmen. Die Selbstsicherheit der Männer ist dahin. Jeder ist froh, die unheimliche Begegnung überstanden zu haben. Dieses Tier, munkeln einige, müsse mit dem Leibhaftigen im Bunde sein. Wenn das so sei, orakeln andere, habe das Drama womöglich erst seinen Anfang genommen. Denn den Teufel, das wisse jeder, werde man so leicht nicht los.

Was folgt, gibt ihnen auf schreckliche Weise Recht.

Urplötzlich schießt der Bulle aus der Tiefe empor, kommt unmittelbar vor dem Dreimaster an die Oberfläche und prallt erneut gegen die *Essex*. Unter der Wucht des Aufpralls zersplittert der Bug des Schiffes. Heilloses Durcheinander ist die Folge. Die Männer hasten an die Pumpen, versuchen, das entstandene Leck zu dichten, doch gegen das einströmende Wasser haben sie keine Chance. Mit offenen Mündern müssen die Harpuniere und Ruderer in ihren Booten zusehen, wie das gewaltige Schiff in den Wellen verschwindet, als zöge es eine gewaltige Faust nach unten. Menschen treiben in der Gischt, bemüht, nicht vom Sog der untergehenden *Essex* mitgerissen zu werden. Andere haben es in die verbliebenen Boote geschafft und sogar einen Teil der Takelage, ein paar Waffen und ein bisschen Proviant retten können. Nun ziehen sie ihre Kameraden an Bord, während der zertrümmerte Walfänger dem Meeresboden zustrebt.

Wie durch ein Wunder ist die zwanzigköpfige Mannschaft davongekommen. Jetzt allerdings treibt man in winzigen Booten auf dem offenen Meer, einige tausend Seemeilen vom Festland entfernt, nur unzureichend mit Lebensmitteln und Trinkwasser ausgestattet. Eine Hölle tut sich auf, gegen die der Rammstoß des wütenden Bullen wie ein prickelndes Abenteuer anmutet. Nur fünf Männer erreichen 83 Tage später die Küste Chiles, und was sie erzählen, lässt die Zuhörer erschauern.

Dabei ist man unmittelbar nach der Katastrophe guter Hoffnung. Immerhin haben Pollard und Chase die Navigationsinstrumente in Sicherheit bringen können. Doch wohin nun? Pollard will nach Tahiti, Chase vermutet dort Kannibalen und drängt darauf, Chile anzusteuern. Pollard gibt nach, was sich rückblickend als Fehler erweist. Kein Kannibale hätte die Männer angeknabbert, die polynesischen Inseln waren längst missioniert. Nun lernen die Seeleute das grausame Meer kennen, wie es der englische Lyriker Samuel Taylor Coleridge 1798 in seiner *Ballade vom alten Seemann* beschrieben hat.

Das Schifflein, es flitzte, / der Schaum, er spritzte,
das Kielwasser folgte im Dreh,
als erste sind wir / vorgestoßen bis hier,
in diese pazifische See.

Doch die Winde erstarben, / die Segel verdarben,
trauriger konnte es nicht sein.
Unser mühsames Sprechen / konnte nicht brechen
das Schweigen des Meeres wie Schrein.

An einem Himmel aus glüh'ndem Metall
stand mittags der blutige Sonnenball,
er stand wie gewohnt, / so klein wie der Mond,
am Mast vibrierend im All.

Tage um Tage, Tage um Tage
lagen wir fest ohne Regung,

wie ein Schiff auf 'nem Bild / daliegt gestillt
im gemalten Meer ohne Bewegung.

Wasser, Wasser überall,
die Planken schrumpfen und stinken,
Wasser, Wasser überall,
und nirgends ein Tropfen zu trinken.

Die Tiefe selbst verfaulte – o je,
wo kommt soviel Hitze her?
Kreaturen aus Schleim / krochen Bein hinter Bein
herauf aus dem schleimigen Meer.

Und um uns herum in gespenstischem Reigen
tanzten Totenfeuer bei Nacht,
das Wasser flammte / wie das Öl, das verdammte,
in grüner, blauer und weißer Pracht.

Einigen zeigte sich im Traum
der Geist, der uns plagte so sehr:
Hinterher er uns lief / neun Faden tief,
aus dem Eis- und Nebelmeer.

Von der furchtbaren Trockenheit
war jede Zung' bis zur Wurzel verdorben,
wir konnten nicht sprechen, / kein Brot mehr brechen,
unsre Kehlen waren gestorben.

Kaum eine Woche auf See, gequält von Hunger und Durst, müssen die Männer erleben, wie ein Orca Pollards Nussschale attackiert und beinahe umwirft. Auch dieser Attacke trotzen die Männer, dafür bleiben ihre Versuche, Fische zu fangen, weitgehend erfolglos. Henderson Island, ein traumhaft schönes Korallen-Atoll, verspricht Rettung, doch die winzigen Inseln sind schnell geplündert. Drei der Schiffbrüchigen beschließen dennoch, auf dem Atoll zu bleiben und sich dort durchzuschlagen, bis man sie mit Gottes Gnade findet. Die anderen ringen sich zur Weiterfahrt durch. Wieder geht es hinaus auf den unbekannten Ozean, der Osterinsel entgegen, die man jedoch nie erreicht. Stattdessen treiben die Boote ab. Weit und breit ist kein Land zu sehen, die See wird rauer und der Hunger unerträglich, erste Todesfälle sind zu beklagen.

Wie ein Gespenst dämmert eine Idee herauf, so ungeheuerlich, dass es zu heftigen Auseinandersetzung unter den Seeleuten kommt. Doch am Ende »sind Menschen Fleisch«, wie der Psychologe Dr. Suedfeld erklärt, der sich mit der tragischen Geschichte der *Essex* beschäftigt hat. »Und wenn man lange genug gehungert hat und plötzlich 100 oder 120 Kilo davon vor sich liegen hat, kommt bald der Gedanke ans Essen.«

Anfangs verspeist man die an Erschöpfung Verstorbenen. Doch die Männer sind zäh. Sie klammern sich ans Leben, sodass die neue Ressource nicht ausreicht. 78 Tage, nachdem sie das Wrack der *Essex* verlassen mussten, unterbreiten einige der Männer einen neuen Vorschlag. Es besiegelt, wie es ein Überlebender später ausdrückt, den Verfall jeder christlichen Ordnung. Pollard rast vor Wut und Schmerz, zumal das Los auf seinen Cousin fällt, aber schließlich muss er sich dem Votum beugen, und der Auserwählte – im Einverständnis mit seinem Schicksal – wird getötet und gegessen. Gottes Plan, sagt Owen Chase später, ist an diesem Tag gescheitert, die göttliche Ordnung wurde umgeworfen.

Am 18. Februar 1821 hat die Irrfahrt ein Ende. Erst erreicht Chase's, dann Pollards Boot die südamerikanische Küste. Monate später bricht ein Schiff nach Henderson Island auf und rettet die dort Zurückgebliebenen. Die schrecklichen Ereignisse verfolgen Pollard und Chase bis an ihr Lebensende. Der eine scheint fortan vom Unglück verfolgt und endet als Leuchtturmwärter in Nantucket. Chase kann im Walfang wieder Fuß fassen, verbringt seine letzten Lebensjahre jedoch geistig verwirrt zwischen Bergen gehorteter Lebensmittel.

Ich habe lange überlegt, was man im Jahr 2006 über Wale schreiben kann. Soll man sie weiter mystifizieren, um sie noch besser zu schützen? Oder sich ihrem wahren Wesen nähern, was sie dann allerdings eher entzaubert? Sind die aktuellen Bestände von Interesse? Nützt es, jeden einzelnen Vertreter der Waltiere in allen Facetten zu porträtieren, um ihre beeindruckende Vielfalt darzustellen? Prangert man wie gewohnt Japan und Norwegen an, oder bemüht man sich um Ausgewogenheit und Toleranz? (Nebenbei, es gibt auch etliche andere Völker, die ein Recht auf Walfang anmelden, darunter Indianer und Inuit.)

Ich habe mich letztlich entschieden, eine fast zweihundert Jahre alte Geschichte zu erzählen, weil sie ein paar unverrückbare Wahrheiten birgt. Dazu gehört, dass je nach den Umständen jeder zum Gejagten und zur bloßen Ressource werden kann. Und jeder zum Jäger. Dass es meines Erachtens unsinnig ist, ein vollkommenes Walfangverbot durchzusetzen, andererseits ein Verbrechen, Lebewesen über alle ethischen und ökologischen Grenzen hinweg abzuschlachten und jedes Moratorium mit Verweis auf die Wirtschaft zu unterlaufen. Dass wir uns den Walen noch einmal ganz von neuem nähern müssen, befreit vom Ballast cartesianischer Ignoranz einerseits und esoterischen Schwulstes andererseits. Weder mit kaltem Profitdenken noch pseudoreligiöser Verehrung tun wir den Meeressäugern Gutes. Es ist einem ausgeglichenen Leben nicht förderlich, zugleich vergöttert und gehasst zu werden. Schimpansen, die uns viel näher stehen als ein Orca oder Tümmler, polarisieren längst nicht so, werden weder bis an den Rand der Ausrottung gejagt noch mit Erschauern und Ehrfurcht betrachtet. Niemand käme auf die Idee, ein Mastochse könne geheimes Wissen über den Urgrund der Welt zwischen den Hörnern bunkern, er wird wie selbstverständlich zu Steaks und Lederjacken verarbeitet. Wiederum begegnet niemand einem Schwein mit solcher Verachtung, wie Wale sie von manchen Walfängern zu spüren bekommen. Was, fragt man sich, haben die Säuger bloß verbrochen, dass sie zum Spielball rohester wie edelster Absichten geworden sind und jeder sie für seine Zwecke durch den Reifen springen lässt?

Wenn wir zurückdenken, weit zurück, sehen wir Pacicetus und Ambolucetus vor uns. Somit wissen wir schon mal, dass Wale nicht in Raumschiffen landeten, sondern triefnasse Landbewohner waren: Tiere. Fassen wir unsere eigene Vergangenheit ins Auge, begegnen wir als Urvater Lurchi – auch nicht eben ein Riese an Intelligenz. Mit einiger Sicherheit haben die Menschen das Rennen gemacht; wir sind intelligenter als Wale, doch unser tierisches Erbe können wir nicht verleugnen. Wale hingegen sind eindeutig tierischer als wir – wie man an ihrem determinierten Verhalten, ihren Tischmanieren und ihren übrigen Usancen erkennt –, doch dürften einige von ihnen, Orcas etwa, über höhere Intelligenz verfügen, möglicherweise der von sehr frühen Menschen vergleichbar. Wo also ziehen wir die Grenze? Wie viel Tier muss ein Wal sein, dass man ihn wie eine Henne schlachten darf, wie menschlich hätten wir ihn gerne, um es zu verbieten? Und wie tierisch sind eigentlich Menschen, die ihresgleichen auf grausame Weise vom Leben zum Tode befördern?

Wieder stoßen wir auf eine universale Wahrheit: In der Natur sind alle Übergänge fließend. Für die Entscheidung, wen oder was man tötet, ist die Mensch-Tier-Diskussion obsolet, ja geradezu verlogen. Wir sollten uns zu dem bekennen, was wir sind: Allesfresser, deren Gehirn sich hoch genug entwickelt hat, um mit unbequemen Fragen fertig zu werden und durch ausgiebiges Nachdenken halbwegs salomonische Urteile zu fällen. Nie werden wir zu wirklich vernünftigen Lösungen finden, weil wir mit Gefühlen ausgestattet sind, die sich zu Recht einmischen. So leistet sich jeder den Luxus seiner eigenen Auffassung. Ich persönlich habe zum Beispiel Respekt vor Vegetariern. Wenn es ihrer Überzeugung entspricht, kein Fleisch zu essen, sollen sie so leben. Jedoch halten sie keine Alternativen bereit, lösen kein einziges Problem. Wie viele zusätzliche Agrarplaneten man braucht, um knapp sechs Milliarden Menschen rein pflanzlich zu ernähren, steht nicht im vegetarischen Manifest. Andererseits – mir ist bis heute unklar, was ein Baum empfindet, wenn die Axt in seine Borke fährt, wie es dem Salat gefällt, geputzt zu werden, wie die Möhre über das Zerkleinertwerden denkt, was der Champignon von Champignonpastete hält. Bestimmte Lebewesen, ob Pflanzen oder Tiere, müssen wir nun mal essen, um zu überleben, ohne dass wir je Gewissheit darüber erlangen werden, was in diesen Wesen vorgeht. Von anderen Organismen hängt unser Überleben weniger ab. Dennoch essen wir sie, etwa Trüffeln oder Austern. Ich kann mich jedoch nicht an internationale Austern-Moratorien erinnern, ebenso wenig wie ich jemanden habe sage hören, man müsse diese wunderbaren Tiere schützen.

Schon schwierig, das Ganze.

Vielleicht versuchen wir es mal in kleinen Schritten. Ist der Mensch eine schützenswerte Spezies? Ja. Ist die Möhre eine schützenswerte Spezies? Ja, irgendwie schon. Und die Auster? Sicher, die auch. Und der Wal? Klar doch, gerade der Wal, der ist echt schützenswert, jawohl, das ist er!

Einverstanden bis hierhin.

Weiter gefragt: Ist jeder einzelne Mensch schützenswert? Definitiv! Ist jede einzelne Auster schützenswert? Nö, nicht wirklich. – Halt, rufen jetzt einige, natürlich ist jede einzelne Auster schützenswert, sie ist ja ein Lebewesen! Gut, sagen andere, was ist dann mit der Möhre? Ist jede einzelne Möhre schützenswert?

Hm. Na ja. Also eigentlich eher ... nicht. Also die Möhren als solche, okay! Aber jede einzelne, verdammte Möhre?

Und der einzelne Wal?

Augenblick. Verweilen wir noch ein wenig bei der Austern-Möhren-Fraktion. Es sei der Hinweis gestattet, dass allerkleinste Lebewesen aus dem Ultra- und dem Nanoplankton nicht exakt den Tieren oder Pflanzen zugeordnet werden können. Auch Tiere und Pflanzen haben also gemeinsame Wurzeln. Ich erwähne das nicht, um Einzeller zu spalten, sondern um uns in Erinnerung zu rufen, dass alles, was lebt, möglicherweise einem Kupfersulfatbläschen am Rande eines Schwarzen Rauchers entstammt und somit dieselbe Mama hat. Auch Möhren leben. Kaum ein Mensch, der seine paar Sinne beisammen hat, wird darum ernsthaft gegen den Verzehr von Karotten plädieren. Allerdings wäre es sinnvoll, die Gedankenlosigkeit zu hinterfragen, mit der wir manche Lebensformen als schützenswert betrachten und andere nicht. Wollten wir mit aller Konsequenz das ethische Register ziehen, müssten wir die Menschheit als Fehlentwicklung einstufen und uns selbst aus dem Programm nehmen – Tieren kann man nicht vorwerfen, dass sie andere Tiere oder Pflanzen fressen, sie wissen es nicht besser, weil sie keine Schuld empfinden. Wir aber müssten, streng genommen, selig lächelnd verhungern, damit der Dill nicht länger auf dem Matjesbrötchen landet. Irgendwie eine unglückliche Idee, Menschen mit Schuldempfinden auszustatten und ihnen gleichzeitig jede Möglichkeit zu nehmen, schuldlos zu überleben.

Ökophilosophen zerbrechen sich darüber gern den Kopf. Bloß kommt man so nicht weiter. Gehen wir's anders an. Einigen wir uns darauf, dass man alles essen darf, was man zum Leben und Überleben braucht. Zweitens, dass man auch genießen darf, was man nicht unbedingt zum Überleben braucht. Drittens, dass man kein Lebewesen unnötig leiden lassen darf, um es zu essen. Viertens, dass man Bestände nicht über Gebühr strapazieren darf, um keine irreparablen Schäden zu verursachen. Fünftens, dass es doch so etwas gibt wie eine Grenze, nämlich die zwischen höheren und niederen Lebewesen. Was der bei weitem heikelste Punkt ist. Mit solchen Begriffen ist in der jüngeren Vergangenheit viel Schindluder getrieben worden.

Einige Evolutionsbiologen und Verhaltensforscher glauben dennoch, eine – wenngleich unscharfe – Grenze erkannt zu haben. Experimente haben den Beweis erbracht, dass einige wenige Tiere sich ihrer Existenz bewusst sind. Das Individuum weiß: Das bin ich. Es nimmt sich als eigenständige Persönlichkeit wahr, reflektiert sein Vorhandensein. Der bekannteste Test, um dies zu belegen, ist der Spiegeltest. Kaum ein Tier erkennt sich selbst in einem Spiegel. Einige Affen, Tümmler, Delphine und Orcas sind dazu jedoch in der Lage. Für viele Biologen beginnt hier ansatzweise, was Menschen auszeichnet: kognitives, selbstbewusstes Denken, möglicherweise sogar Empathie, die Gabe, sich in andere hineinzuversetzen, mitzuempfinden und sein eigenes Handeln darauf auszurichten. Damit steht der Mensch eindeutig an der Spitze aller Spezies. Wir genießen eine gewisse Entscheidungsfreiheit (und selbst das stellen Hirnforscher heute in Frage), im Gegensatz zu vielen Tieren, die unbewusst vorgefertigten Verhaltensmustern folgen. Was nicht heißt, dass sie deswegen nichts empfinden: Schmerz, Glück, Trauer und Wut sind emotionale Zustände, für die Kognition und Empathie nicht zwingend erforderlich sind. Definitiv sind Tiere keine cartesianischen Maschinen. Aber die wenigsten sind für Mitleid disponiert, und das macht den großen Unterschied.

Von der Gabe des Mitleids kommen wir zur Pflicht der Verantwortung. Beide sind untrennbar miteinander verbunden. Verantwortungsvolles Handeln heißt abzuwägen. Es ist unvereinbar mit Dogmatismus, Fanatismus und kategorischen Ja/Nein-Positionen. Vielmehr muss man sich der Mühe unterziehen, Sachverhalte differenziert zu betrachten und jedes Mal aufs Neue zu prüfen. Wer von Fall zu Fall entscheidet, führt eindeutig das mühseligere Leben. Dafür kann er besser mit Schuld umgehen und besser argumentieren. Verantwortung zu übernehmen heißt, der Umwelt den größtmöglichen Respekt zu erweisen – auch wenn es erforderlich ist, ein Tier zu töten. Die kanadischen Makah-Indianer, die auf eine lange Tradition des Walfangs zurückblicken, betrachten den Wal als Geschenk, danken ihm für sein Opfer und bereiten sich mit rituellen Reinigungen auf die Jagd vor. Modernen Gesellschaften mag es widersinnig erscheinen, ein Wesen gleichzeitig zu verehren und zu töten, aus Sicht der Makah ergibt genau das Sinn. Als weiße Siedler begannen, die Büffel Nordamerikas aus fahrenden Eisenwaggons zum puren Spaß abzuknallen, traten sie die Grundsätze der Indianer mit Füßen. Und wurden von ihnen dafür verachtet.

Die Geretteten der *Essex* haben sämtliche Stadien durchlaufen, die ein Wesen nur durchlaufen kann. Anfangs zogen sie aus, um Tiere zu töten, ohne einen Gedanken an deren Existenzanspruch zu verschwenden. Für sie war die Waljagd ein Geschäft, das ihnen und ihren Familien überleben half. Sicher wird es auch unter den Walfängern Menschen gegeben haben, die in den Säugern mehr sahen als schwimmende Tran-Reservoirs, die sie für ihre Schönheit bewunderten oder sich fragten, was so ein Tier empfinden mochte in einsamer Tiefe. Grundsätzlich aber waren die Regeln klar. Der Wal ist das Tier, seine Tötung rechtens.

Wenig später wurden die Jäger zu Gejagten. Ihr Gegner entwickelte einen Plan. Das waren sie nicht gewohnt. Fraglich bleibt, ob man tatsächlich von einem Plan sprechen kann, ob der Pottwal wirklich so weit dachte. Man weiß, dass Pottwal-Bullen in der Paarungszeit auf Kämpfe eingestellt sind und sich heftige Duelle liefern. In diesen Wochen gelten sie als äußerst aggressiv. Es ist nicht auszuschließen, dass der Pottwal die *Essex* für einen rivalisierenden Bullen hielt, was nichts an seinem völlig atypischen Verhalten ändert. Jedenfalls sahen sich die Seeleute einem gleichrangigen Feind auf Augenhöhe gegenüber.

Hier setzte Herman Melville an: Ahabs Rachsucht ist zugleich das unausgesprochene Eingeständnis, dass er den Wal als ebenbürtig akzeptiert. In seinem Hass erhöht er die Kreatur, gesteht ihr Intelligenz und Absichten zu, einen verschlagenen Charakter, ein Ich-Bewusstsein. Moby Dick ist nicht länger eine Ressource, er wird zu Ahabs persönlichem Gegner und nimmt damit menschliche Züge an. Das aber will Ahab, wollen seine Männer nicht wahrhaben. Ein Tier, das kein Tier mehr ist und auch kein echter Mensch, was bleibt da? Moby Dick muss der Teufel selbst sein, ein Wesen, das die gottgewollte Ordnung durcheinander bringt. Es muss vernichtet werden.

Vielleicht liegt hierin die Wurzel des unversöhnlichen Hasses, den Norweger, Isländer und Angehörige anderer Nationen gegen Wale entwickelt haben. Die Leidenschaft, mit der aufgebrachte Walfänger gegen jeden zu Felde ziehen, der ihr uneingeschränktes Recht auf Selbstbestimmung anzutasten wagt, erweckt den Eindruck tiefster Verbitterung. Wer würde einem Schweinezüchter unterstellen, seine Tiere seien edlere Wesen als er selber? Doch die tonnenschweren Lichtgestalten genießen so viel Sympathie, dass die Jäger sich dagegen wie Abschaum vorkommen müssen, Verfemte der Meere, verachtet von allen anständigen Menschen. Der Wal als Günstling einer nach Idealen süchtigen Welt, man selbst als erklärter Bösewicht – gut, dann erst recht. Wenn uns alle zu Schurken erklären, sind wir's auch. Zuhören will uns ja sowieso keiner.

Es scheint, dass Wale auch darum mit solcher Vehemenz gejagt werden, weil andere sie zu Miss Evolutions Liebling erklären und ihr Schicksal wichtiger nehmen als das des Seemanns, der ohne Walfang keine Arbeit hätte und nicht wüsste, wovon er seinen Kindern die Schule bezahlen soll. Wie sonst erklärt sich die Wut im Bauch, mit der Walfänger Naturschützern begegnen, sodass es immer wieder zu kriegerischen Handlungen kommt? Wie kann ein Tier mehr wert sein als die Familie?

Solange die Fronten verhärtet sind, ist jede Diskussion zum Stillstand verdammt. Inzwischen versuchen besonnene Vertreter beider Seiten, gemäßigte Töne anzuschlagen. Die meisten jedoch schüren unverändert die Emotionen. Es wird nicht zwischen den Standpunkten vermittelt, sondern Posten bezogen im eigenen Lager und die Fallbrücke hochgezogen. Die einen wetzen die Harpunen, die anderen die Feder, und jeder nimmt vom anderen das Schlimmste an.

Zurück zur *Essex*. Noch völlig verdattert vom Angriff des Wals, treiben die Männer in hölzernen Nussschalen auf dem Atlantik. Nachdem der Wal verschwunden ist, sind sie vorerst weder Jäger noch Gejagte. Dann aber kommt der Hunger, die Not, mit allen schrecklichen Begleitumständen: anschwellende Gliedmaßen, Muskel- und Motivationsschwund, Kopfschmerz. Noch ruht das Tier im Menschen, doch es schläft nicht länger. Richtig wach wird es dann, als der Erschöpfungstod einiger Männer die alles entscheidende Frage aufwirft: Darf man ihr Fleisch essen, um am Leben zu bleiben? Und ist man dann noch Mensch?

Nun ist Kannibalismus noch kein Mord. In jedem Fall aber bekommt das Selbstverständnis der Männer tiefe Risse. Wozu sind sie sonst noch fähig? Die Antwort lässt nicht lange auf sich warten. Jemand wird getötet und verspeist – der endgültige Kollaps aller Werte. Man hat abgewogen, wie nur Menschen es können. Auf eine Weise allerdings, die alle Beteiligten mit Grauen und Selbsthass erfüllt. Der Mensch frisst seinesgleichen, er bringt ihn dafür sogar um. Wenige Tage später hat das Drama ein Ende, andernfalls wäre der Besatzung auch das letzte Kapitel nicht erspart geblieben: dass niemand noch Lose zieht, sondern einfach über den Schwächsten herfällt (ihn quasi reißt).

Man kann die Geschichte der *Essex* als menschliche Bankrotterklärung lesen. Ebenso darf man tiefes Verständnis entwickeln. Welcher Vorwurf ist den verzweifelten Seeleuten letztlich zu machen? Dass der Hunger stärker war als das Tabu? Dass sie in einen Überlebenskampf gezwungen wurden, der nach so genannten zivilisierten Regeln nicht zu führen war? Dass sie in ihrem Unglück herauszufinden suchten, wie weit sie gehen konnten? Tiere wurden sie zu keiner Zeit, tierhaft schon. Nicht aus Grausamkeit – kein Tier ist grausam –, sondern weil jedem Menschen etwas Animalisches innewohnt, ein uraltes Krisenbewältigungsprogramm. Wäre es den Männern möglich gewesen, einen Wal zu erlegen, um ihren Hunger zu stillen, niemand hätte sie dafür zur Rechenschaft gezogen. So jedoch konnten sie sich selbst nicht mehr in die Augen schauen.

Seit Jahrzehnten wird über Walfang debattiert, im ökologischen wie ethischen Kontext – immer gekoppelt an die Frage, bis zu welchem Grad Menschen über Tiere verfügen dürfen und ob Wale überhaupt noch Tiere sind. Verabschieden müssen wir uns von der Vision einer allgemein verträglichen Lösung. Uns wird wohl nichts anderes übrig bleiben, als unsere Skrupel am Entwicklungsgrad unseres Gegenübers zu messen, also daran, wie menschlich er uns scheint. Und das ist wenig befriedigend. Denn Orcas könnten faktisch intelligenter sein als wir, philosophische Traktate verfassen und Raketenantriebe entwerfen, sie würden dadurch kein bisschen menschlicher, sondern blieben Orcas. Sie würden nicht unsere Werte teilen, sondern ihrer eigenen, entwicklungsgeschichtlich bedingten Ethik anhängen. Genau hier liegt aber das Problem. Möglicherweise sind wir Menschen gar nicht in der Lage, die Intelligenz und Kultiviertheit einer Spezies zu beurteilen, sobald sie den Rahmen unserer Werte sprengen. In einer Kultur hochintelligenter Außerirdischer könnte es beispielsweise als fortgeschritten und edel gelten, tote Artgenossen zu verspeisen, auch eigene Kinder. Es könnte als Ausdruck der Empathie verstanden werden oder des Respekts. Unsere Reaktion darauf wäre Unverständnis, wahrscheinlich Ekel. Wir würden keine anderen Werte erkennen, sondern lediglich einen Mangel an Werten. Wohin das führt, zeigt die Chronik des Kolonialismus. Mehr als einmal wurden den »Wilden« Manieren eingebläut.

So sehr ich mir seit meinem ersten Perry-Rhodan-Heft gewünscht habe, die Ankunft Außerirdischer auf unserer Erde zu erleben, fürchte ich, es würde im Desaster enden. Menschen sind unfähig, Intelligenz, Bewusstsein und Emotionen auf einer Skala einzuordnen, die unseren Genen nicht eingegeben ist. Wir sind außerstande, Andersartigkeit zu verstehen. Bestenfalls meinen wir, er, sie, es hätte noch viel zu lernen.

Weder einem Außerirdischen noch einem Orca werden wir uns also nähern, solange wir versuchen, das Menschliche in ihm zu entdecken. Wir sollen, ja müssen menschlich handeln! Zugleich ist es die Fähigkeit zur Differenzierung, zu verantwortlichem Handeln, zu Toleranz und Mitleid, was wahre, fühlende Intelligenz kennzeichnet. Dazu gehört auch, Werte zu akzeptieren, ohne sie nachvollziehen zu können. Chirurgen und Hirnforscher können in Tierschädel schauen, sie werden dennoch nie erfahren, wie intelligent Wale wirklich sind und wie ein Orca fühlt.

Was bleibt, ist abzuwägen: Haben wir es mit einer uns zwar fremden, jedoch hochintelligenten und kultivierten, möglicherweise weit überlegenen Rasse zu tun? Diese Frage wird sich stellen, wenn wir eines Tages zu anderen Planeten reisen. Auf Erden lautet die Frage: Haben wir Tiere vor uns, die wir in vernünftigem Maße bejagen dürfen? Oder ist die Spezies so weit fortgeschritten, dass sie einen gewissen Grad an Kultiviertheit erlangt hat, ihre Umwelt und sich selber reflektiert und ihre Bejagung bewusst erlebt? Und wenn ja, auf welcher Bewusstseinsstufe lebt die Art?

Und zweitens: Wie immer wir entscheiden, welchen Einfluss nehmen wir damit auf das Gesamtsystem des Planeten?

Anders gefragt: Wozu sind Wale überhaupt gut?

Lassen wir die Emotionen beiseite, sind sie zuallererst ein ökologischer Faktor. Sie erfüllen wichtige Funktionen, andernfalls hätte Miss Evolution sich nicht der Mühe unterzogen, solche Riesenkerle zu erschaffen. Zwei Walarten habe ich schon in kurzen Zügen vorgestellt, nämlich Furchenwale, exemplarisch den Buckelwal, sowie die Pottwale. Wenn wir heute vereinheitlichend von den »Walen« sprechen, vergessen wir mitunter, dass es sich um eine Vielzahl völlig unterschiedlicher Spezies handelt. Glattwale, Zwergglattwale und Furchenwale sind Bartenwale, die anstelle von Zähnen hornige Gardinen haben, so genannte Barten, mit denen sie Kleinstlebewesen und Fische aus dem Meer filtern. Im Gegensatz zu Furchenwalen können Glattwale ihren Kehlsack nicht aufpumpen. Stattdessen schwimmen sie langsam und mit geöffnetem Maul durch die Meere wie gewaltige Staubsauger, unter ihnen der atlantische und der pazifische Nordkaper, der Grönlandwal und der Südkaper. Irgendwo zwischen Glatt- und Furchenwal angesiedelt ist der Grauwal, der Merkmale von beiden aufweist und die Böden in Küstennähe abweidet.

Bartenwale sind die großen Filtrierer der Meere, fast allesamt Riesen. Den Rekord hält mit rund 33 Meter Länge der Blauwal, das größte lebende Tier des Planeten. Die Buckelwale haben, weil sie so schön singen können, vor langer Zeit »Das Wandern ist des Müllers Lust« angestimmt und damit die zyklischen Wanderungen der Großwale erfunden. Tatsächlich sind Bartenwale ausgesprochene Wandervögel, die im Sommer arktische und antarktische Gewässer aufsuchen, sich dort den Bauch voll schlagen und im Herbst wieder Richtung Äquator ziehen. Die Baja California und die Gewässer um Hawaii gehören zu ihren bevorzugten Paarungsgründen, dort bringen sie auch ihre Jungen zur Welt, die Mama und Papa auf ihrer nächsten Wanderung in die Kälte begleiten. Ein gefahrvolles Unterfangen – denn unterwegs lauern Zahnwale mit großem Appetit auf Grau- und Buckelwal-Teenies.

Weltmeister im Langstreckenschwimmen ist der Grauwal. Von Natur aus nicht der Schnellste, legt er die meiste Ausdauer an den Tag. Seine Qualitäten liegen weniger im Äußeren, da sind andere Wale spannender. Der Grauwal winkt nicht mit schicken, superlangen Flippern wie der Buckelwal (Flipper nennt man die Brustflossen), ist mit 14 Meter Länge weniger gewaltig als der Blauwal und kann nicht mithalten, was den bizarren Schädelbau des Südkapers angeht. Steingrau und gefleckt wie eine schottische Burgmauer, bewachsen von Parasiten, macht er einen eher griesgrämigen Eindruck. Man kann es ihm nicht verdenken. Keine andere Walart wird mit solcher Heftigkeit von Walläusen und Seepocken heimgesucht wie Grauwale. Bis zu 200 Kilogramm Parasiten machen sich auf einem ausgewachsenen Exemplar breit. Der geduckte Kopf ist vergleichsweise klein und zugespitzt, die Flipper schmal und paddelförmig.

Doch ungeachtet ihrer sauertöpfischen Mienen sind Grauwale fast zuvorkommend im Kontakt mit Menschen, neugierig und liebenswürdig. Wer sich ihnen beim Whale-Watching nähert, ohne Krawall zu machen, wird aus nächster Nähe in Augenschein genommen. Besuche finden oft so dicht am Boot statt, dass man nur die Hand auszustrecken braucht, um dem Koloss den Rücken zu tätscheln. Fast peinlich sind die Wale darauf bedacht, die Beobachter nicht anzurempeln. Angesichts dessen mag es erstaunen, dass die Walfänger im amerikanischen Norden einen Namen für den Grauwal fanden, der anderes vermuten lässt: Devilfish!

Denn die Friedfertigkeit der Grauen täuscht mitunter. Wird ihr Nachwuchs attackiert, machen sie dem Angreifer die Hölle heiß. Mit teuflischer Wut – nomen est omen – verteidigen sie ihre Kleinen. Vor der Zeit des technisierten Walfangs blieben sie oft Sieger und hinterließen zerschmetterte Boote und pitschnasse Harpuniere. Wenn es je so etwas wie eine Romantik des Walfangs gegeben hat, Mensch und Bestie Auge in Auge, kann davon längst keine Rede mehr sein. Der Kampf mit einem modernen Walfänger ist gar keiner. Niemand begibt sich noch in Gefahr, nur der Wal kommt darin um.

Grundsätzlich aber sind Grauwale unaufgeregte Zeitgenossen. Sie fressen Krill, kleine Fische und mit großer Vorliebe Onuphis elegans, einen langen, dünnen Wurm, der zu Millionen die Böden flacher Küstengewässer besiedelt. Überhaupt halten sie sich bevorzugt in Küstennähe auf. Unterhalb von 120 Metern findet man sie selten. Im Gegensatz zu anderen Bartenwalen, die Gulp machen oder die Meere wie lebendige Schaufelbagger durchpflügen, drehen sie sich auf die Seite, robben durch den Schlamm und saugen ihn mitsamt aller Bewohner in sich hinein, wobei sie breite Furchen und lang gezogene Sedimentwolken hinterlassen. Oft sind sie in kleinen Gruppen von zwei bis vier Tieren unterwegs, gern aber auch alleine. So gemächlich ist ihre Lebensweise, dass man mitunter den Eindruck gewinnt, sie schliefen beim Fressen. In solchen Momenten überraschen sie plötzlich mit kühnen Sprüngen, katapultieren sich vollständig in die Luft oder strecken den Kopf aus dem Wasser, um ihre Umgebung zu inspizieren. Und wenn sie dann auf Wanderschaft gehen, kann man nur den Hut ziehen. Kein anderes Tier legt solch gewaltige Strecken zurück wie der Grauwal. Bis zu 20.000 Kilometer jährlich schafft ein ausgewachsener Grauer!

Inzwischen sieht man sie wieder öfter, etwa vor British Columbia, wenn Sie dort einen Zwischenstopp einlegen. Anfang des 19. Jahrhunderts war der Devilfish so gut wie ausgestorben. Man hatte die Grauwale rücksichtslos dezimiert. Selbst, als es nur noch wenige hundert gab, wurde die Hatz nicht eingestellt. Erst 1946 stellte man sie unter Naturschutz, auf den allerletzten Drücker. Heute haben sich die Bestände einigermaßen erholt. 2001 schätzte der WWF ihre Zahl auf 27.000 Exemplare, doch wurden einige Populationen unwiederbringlich ausgelöscht. Trotz des absoluten Fangverbots für Grauwale stellen ihnen verschiedene Nationen weiter nach, selbstverständlich zu den schon erwähnten wissenschaftlichen Zwecken. Weil Grauwale die Nähe zur Küste suchen, sind sie außerdem stark durch Industrieabwässer gefährdet oder verfangen sich in Netzen. Viele von ihnen leiden unter Stress, denn Whale-Watching hat mancherorts Treibjagdcharakter angenommen. Röhrende Schnellboote und Ausflugsdampfer, die ihnen im Dutzend nachsetzen und einander per Sprechfunk die Positionen durchgeben, haben nichts gemein mit den rücksichtsvollen Walbeobachtern in ihren still treibenden Booten.

Nicht viele Großwale erfreuen sich der Protektion durch die Vereinten Nationen. Außer dem Grauwal gehört noch der wuchtige Südkaper dazu, nachdem auch er fast von der Bildfläche verschwunden war. Von ursprünglich 70.000 Exemplaren vor Bejagungsbeginn leben heute noch knapp 7.000 (man rechnet und schätzt ab dem Zeitpunkt der industriellen Bejagung vor wenigen hundert Jahren). Ähnlich verhält es sich mit dem Grönlandwal. Dessen Population vor Grönland war mal 25.000 Tiere stark, heute zählt man bestenfalls 100 Stück. Der südliche Minkwal, ein Zwergwal, ist als einzige Walspezies unter Naturschutz mit ein paar hunderttausend Tieren zahlreich vertreten. Alle anderen Arten gelten als gefährdet bis stark gefährdet. Vom mächtigen Blauwal, vor dreihundert Jahren noch 250.000 Individuen stark, sind gerade mal 5.000 übrig geblieben. Dem größten Tier der Welt zu begegnen ist unwahrscheinlicher geworden als ein Lottogewinn.

Und Moby Dick, der einzige Zahnwal unter den Großwalen?

Bis Anfang der achtziger Jahre war der Pottwal weltweit zum Abschuss freigegeben. Man weiß nicht, wie viele noch leben. Einst um die drei Millionen Tiere, dürften die Bestände heute kaum

10.000 Individuen übersteigen. Doch selbst, wenn eine Million Pottwale das große Schlachten überlebt hätte, wären die Auswirkungen dramatisch zu nennen. Ein ökologischer Faktor, der unvermittelt auf ein Drittel seiner Größe schrumpft, führt automatisch zu einschneidenden Veränderungen.

Nun hängt Miss Evolution, wie wir gesehen haben, nicht an ihren Geschöpfen. Allerdings hat sich das Verschwinden einer Art im Laufe der Erdgeschichte über Millionen Jahren hingezogen, ein sukzessiver Prozess, der Nachfolgern gestattete, das Terrain in kleinen Schritten neu zu besetzen. Der Megalodon etwa herrschte eine ganze Weile lang als unangefochtener König der Meere, weil seine Präsenz vonnöten war, damit sich andere Fische und Wale nicht ungehemmt vermehrten. Schließlich erwuchs ihm Konkurrenz durch den Weißen Hai. Äußerst langsam vollzog sich der Übergang. Der Megalodon hinterließ keine ökologische Lücke, er wurde abgelöst von Lebewesen, die seine Aufgaben übernahmen: Hey, ihr schnuckeligen Seekühe! Wollte mich nur mal vorstellen. Bin der Weißhai. Megalodon hat die Flossen hängen lassen. Von jetzt an werdet ihr von mir gefressen. Ciao, man sieht sich.

Und hier liegt das Problem: Der Mensch beschleunigt das Verschwinden einer Spezies auf so dramatische Weise, dass sich auf natürlichem Wege kein Ausgleich entwickeln kann. Wir haben es geschafft, Miss Evolution kaltzustellen. Nie zuvor hat es das in der Erdgeschichte gegeben. Hätten wir im 20. Jahrhundert zugelassen, dass sämtliche Nationen weiterhin nach Herzenslust Großwale jagen, dürften heute fast alle Tiere verschwunden sein. Die Folge wäre vielleicht eine explosionsartige Vermehrung des Krill und anderer planktonischer Arten gewesen. Führt man sich vor Augen, wie empfindlich die Randbedingungen unseres Planeten aufeinander abgestimmt sind und welch wichtige Rolle die Kleinstlebewesen dabei spielen, kann man sich ausmalen, welche Konsequenzen ein Wegfall der Großfiltrierer hätte.

Ähnlich verhält es sich mit den Zahnwalen. Bislang haben wir nur den bis zu 18 Meter langen Pottwal näher kennen gelernt. Er ist der einzige Zahnwal, der industriell gejagt wird. Pottwale fressen Fisch und Krustentiere, den Großteil ihrer Nahrung machen allerdings Tintenfische aus, die teils in großen Tiefen wohnen. Um sie zu erbeuten, setzt der Pottwal im wortwörtlichen Sinne seinen Kopf ein. Etwas darin, eine merkwürdige Substanz, hat schon vor einigen hundert Jahren die Walfänger auf den Plan gerufen: das so genannte Walrat.

Überhaupt ist der Kopf des Pottwals etwas ganz Besonderes. Ein wahrer Quadratschädel, kastenförmig und so lang, dass er über 30 Prozent der Körperlänge ausmacht. Lächerlich schmal wirkt dagegen der zahnbewehrte Unterkiefer – Pottwal-Oberkiefer sind zahnlos, verfügen stattdessen über kleine Einbuchtungen, in denen der Wal die unteren Zähne passgenau einparken kann. Auch ein Gehirn hat Platz in dem Containerkopf. Mit fast zehn Kilo Gewicht ist es das größte Gehirn im ganzen Tierreich. Vorsicht allerdings, von Größe auf Intelligenz zu schließen. Erst muss man wissen, warum das Hirn so riesig ist, sprich, welche Funktionen es steuert. Zahnwale – im Gegensatz zu Bartenwalen – verfügen über die Gabe der Echoortung, was gewisse Kapazitäten in den neuronalen Netzen erfordert.

Den meisten Platz im Pottwalschädel nimmt jedoch besagtes Walrat ein: eine zähe, wachsartige Flüssigkeit, die Walfänger früherer Generationen für Sperma hielten, weshalb Pottwale im Englischen immer noch *Sperm whales* heißen. Na, herzlichen Glückwunsch. Dass Männer nur Sex im Kopf haben, ist ja bekannt, aber bis zu zwei Tonnen?! Nein, mit den Freuden der Ejakulation hat die Substanz wenig zu tun. Nach wie vor wird darüber spekuliert, wozu sie dient. Möglicherweise stützt sie einfach die Schädelstruktur, damit der Pottwal Nebenbuhler und Schiffe in Grund und Boden rammen kann – in Rivalenkämpfen prallen Pottwale oft wie Rammböcke aufeinander. Wahrscheinlicher ist indes eine andere Theorie: Ihr zufolge kann der Wal die mittlere Dichte des Rats durch Zuführung von Wasser verändern und seinen Kopf damit schwerer machen. Das hilft ihm, senkrecht und mit hoher Geschwindigkeit abzutauchen, ins ewige Dunkel zu seinen geliebten Glibberlingen. Bis 3.000 Meter tief gelangen Pottwale, wo sie über eine Stunde bleiben können, um sich Prügeleien mit Riesenkalmaren zu liefern.

Andere Walforscher glauben, das Walrat helfe, die Lunge des Pottwals leer zu pumpen, bevor er taucht, außerdem, um Stickstoff zu absorbieren, der unter hohem Druck im Blut ausperlt. Wieder andere vermuten, die Flüssigkeit spiele eine Rolle bei der Echonavigation. Ganz sicher ist niemand. Nur dass der Pottwal wegen seines Rats, der zur Kerzenherstellung diente, bis an den Rand der Ausrottung bejagt wurde, steht fest.

Zu Hause sind Pottwale in allen Weltmeeren, allerdings bevorzugen sie tropische und subtropische Regionen. Vor der Ära des Walfangs müssen Verbände von mehreren hundert Tieren die Ozeane durchstreift haben, heute umfassen die Schulen bis zu zwanzig Individuen, vornehmlich Weibchen samt Nachwuchs. Geschlechtsreife Männchen tun sich mit anderen Männchen in Herrenrunden zusammen und statten den Damen nur zur Paarungszeit Besuche ab. Dann aber legen sie sich gleich einen ganzen Harem zu. Alte Pottwal-Herren verbringen ihren Lebensabend hingegen als Einzelgänger, immer noch mit zwei Tonnen »Sperma« im Kopf. Schon gut, nicht als Pottwal in die Jahre zu kommen.

Im Idealfall wird ein Pottwal 75 Jahre alt, vorausgesetzt, man lässt ihn so lange leben. Doch das war in den letzten hundert Jahren nicht der Fall. Etwas anderes, höchst Erstaunliches ist dafür eingetreten. Seit das Walfangmoratorium von 1985 in Kraft trat (Spötter sprechen von halber Kraft), scheinen Pottwale insgesamt kleiner geworden zu sein! Nanu? Liebling, ich habe die Wale geschrumpft? Die schrumpfen aber nicht so einfach. Schließlich hat Owen Chase, der überlebende Erste Offizier der *Essex*, die Länge des Bullen, der sein Schiff versenkt hatte, auf 25 Meter geschätzt, und es gibt keinen Grund, ihm nicht zu glauben. Andere Walfänger jener Zeit bestätigen solche Formate.

Die Sache erklärt sich wie folgt: Wenn Vertreter einer Spezies plötzlich kleiner werden, sind sie im Allgemeinen überjagt. Das heißt, man hat begonnen, auch halbwüchsige Tiere zu erlegen, weil die Großen alle sind. Das schränkt die Nachwuchsquote ein. Was dennoch nachwächst, wird in noch jüngeren Jahren weggeputzt. Die Spirale führt unweigerlich nach unten. Inwieweit ein völliges Verschwinden des Pottwals ökologische Umwälzungen zur Folge hätte, lässt sich nicht mit Bestimmtheit sagen. Ohne sie würden die Tintenfische eine große Party feiern, dem Tintenfischgott danken und enorm viele kleine Tintenfische in die Welt entlassen. Das wäre möglicherweise schon alles. Ein Exitus der Bartenwale müsste uns hingegen zutiefst verunsichern. Die Atmosphäre könnte darüber kippen, denn die wird vom Plankton stark beeinflusst.

Jede Form des Raubbaus und der Ausrottung ist also nicht nur unmenschlich, sondern vor allem dumm. Aktuellen Zahlen zufolge müsste unsere Spezies vor Dummheit schreien, wenn diese wehtäte. Eine Spezies binnen 300 Jahren von drei Millionen auf 10.000

Exemplare zu dezimieren, zeugt jedenfalls von beispielloser Blödheit. Hier verletzt der Mensch das Einzige, worauf er mit einiger Berechtigung stolz sein kann: die ihm verliehene Gabe, Verantwortung zu tragen, für sich und für den Planeten, dessen Verwalter er zu sein beliebt. Stattdessen gibt er sich mit Unwissenheit und Arroganz zufrieden, greift in Systeme ein, die er nicht hinreichend verstanden hat, und bemüht Polemik und Halbwissen anstelle wirklicher Information.

Auch über ein weiteres schwieriges Thema wird vorwiegend auf der Basis blindwütiger Schuldzuweisungen und voreiliger Dementi gestritten: Strandungen. Immer noch weiß man nicht mit letzter Sicherheit, warum die Tiere verenden. Allerdings verdichten sich die Hinweise, dass Menschen zumindest an einigen Strandungen Schuld tragen. Der unterseeische Lärm, den wir veranstalten, treibt die Tiere aus ihrem Element. Sprengungen etwa, um Minen zu eliminieren. Oder Luftkanonen, wie sie Energiekonzerne zur Exploration von Gas- und Ölfeldern einsetzen. Solche Kanonen schießen regelrecht mit Schall und richten nachweislich großen Schaden an. Ein Wal, der von einem 2.000-Bar-Impuls getroffen wird, behält einen bleibenden Hörschaden zurück, vielleicht katapultiert es ihn aber auch direkt ins nächste Leben. Beides scheint so gut wie erwiesen.

Falsch ist es sicher zu behaupten, die Wale flüchteten bewusst an Land (das wäre in etwa so, als ob man sich erschießt, um keine Ohrenschmerzen mehr zu haben). Auffällig ist allerdings, dass Walstrandungen immer dort überhand nehmen, wo Verbände der NATO Übungen durchführen und in starkem Maße von Sonarsystemen Gebrauch machen. Ich werde verschiedentlich gefragt, ob der im *Schwarm* geschilderte Einsatz des amerikanischen Niederfrequenz-Sonars Surtass LFA bei Walen tatsächlich zu Trommelfellrissen und Hirnblutungen führen kann. Surtass LFA, ein System zur Aufspürung von U-Booten, wurde Anfang der Neunziger von der US-Regierung in Auftrag gegeben und stellt eine attraktive militärische Option dar. Es erlaubt der Navy, rund drei Viertel der Ozeane zu überwachen, denn Wasser leitet Schall ganz vorzüglich.

Nun bestreitet heute niemand mehr, dass Sonar für Wale schädlich ist, auch nicht die Navy. Blutungen wurden bei gestrandeten Säugern nachgewiesen und gelten als charakteristisch für Lärmstress. Unglücklicherweise können wir diesen Stress nicht nachvollziehen. Für menschliche Ohren ist der Krach gar nicht so schlimm. Das meiste dessen, was Wale in den Wahnsinn treibt, würden wir nicht mal hören. Allerdings senden Wale auf anderen Frequenzen, vornehmlich per Infraschall, was sich der Ausbreitungsgeschwindigkeit von Schallwellen unter Wasser verdankt. Die liegt durchschnittlich viermal höher als in der Luft. Hinzu kommt, dass Wellen sich in Flüssigkeiten umso rascher verteilen, je länger sie sind. Und tiefe Töne sind langwelliger als hohe. Pottwale kommunizieren darum zwischen 20 Hertz und 20 Kilohertz. Wenn sie brüllen, wackeln woanders die Riffe, menschliche Ohren bleiben unbelastet. Umgekehrt nehmen die Tiere das Schürfen abgebrochener Gletscher wahr wie Donnergrollen, Unterwasserexplosionen wummern schmerzhaft in ihren Gehörgängen, und wenn es sie versehentlich in die Nordsee verschlägt, irren sie durch akustischen Nebel: 700 Bohrinseln machen einen Höllenlärm.

Und der tut weh. Cetologen weisen darauf hin, ab 180 Dezibel rissen bei einem Wal die Trommelfelle. 215 Dezibel werden alleine an einem einzigen der unzähligen Surtass-LFA-Lautsprecher gemessen. Noch in 500 Kilometern Entfernung vom Ausgangsort lassen sich Druckpegel um die 120 bis 140 Dezibel messen, exakt die Lautstärke, bei der Buckelwale, Grauwale und Grönlandwale das Weite suchen. Angestrebt – und im Modellversuch erreicht – sind 235 Dezibel und mehr. Auf dieser Frequenz legt Schall die größten Distanzen zurück. Als die NATO vor den Kanaren entsprechende Tests durchführte, strandeten sogleich mehrere Wale. Kaum hatten Helfer sie ins tiefe Wasser verfrachtet, stürmten sie wieder an Land, und schließlich verendeten sie. Weitere 16 Wale trieb es im Jahr 2000 vor den Bahamas aufs Trockene, und auch hier wurde Surtass LFA erprobt.

Die Navy legt Wert auf die Feststellung, keine Kosten und Mühen gescheut zu haben, um ihr System walverträglich zu gestalten. Sogar ein Spezialsonar wurde entwickelt, um Wale rechtzeitig aufzuspüren und das Hauptsystem abzuschalten, falls diese näher kommen. Die Crux dabei ist, dass die Navy zu anderen Schlüssen gelangt als die meisten unabhängigen Forscher. Sie deklariert jede Belastung unterhalb 180 Dezibel als tolerabel für Wale, was erwiesenermaßen nicht stimmt: 150 Dezibel, und Buckelwale verstummen. 180 Dezibel, und sie fliehen in Panik. Zum Vergleich:

Ein Raketenstart liegt bei 170 Dezibel. Würden Sie Ihr Ohr an eine startende Sojus legen, könnte Ihnen der Schädel platzen.

Ende 2002 erging in San Francisco aufgrund etlicher Petitionen ein richterlicher Beschluss, der die amerikanische Marine zwang, Surtass LFA auf herrschende Gesetze zum Artenschutz abzustimmen, während zugleich Engländer, Russen und Chinesen eigene Systeme erproben. Alles brave Forscher, die ihren gesunden Schlaf nötig haben, um Leistung zu erbringen, die abends ihr 40 Dezibel lautes Büro verlassen, im rund 70 Dezibel lauten Straßenverkehr nach Hause fahren und in ihren durchschnittlich 10 bis 20 Dezibel lauten Schlafzimmern sanft einschlummern.

Fast ausschließlich sind es Zahnwale, die auf Grund laufen. Was die Sonar-These stützt, jedoch unter leicht veränderten Gesichtspunkten: Nicht allein die Lautstärke ist das Problem – vor allem bringt der Schallbeschuss das Orientierungsvermögen der Wale durcheinander. Nur Zahnwale navigieren über Echoortung, eine Art Biosonar. Klick- oder Fieplaute – meist in schneller Folge – werden abgeschickt und reflektiert. Dieser Sinn ist lebensnotwendig für die Tiere. Mit ihm schätzen sie Entfernungen ab, spüren Beute auf, schwimmen Hindernissen aus dem Weg und finden sich ganz allgemein zurecht.

Diesen inneren Kompass, fürchten Walforscher, sabotieren Fremdsonare. Etwa so, als pflastere man die Straßen mit falschen Wegweisern, landen die Wale am Ende dort, wo sie am allerwenigsten hinwollten, nämlich auf dem Strand. Dass Surtass LFA – übrigens nur eines etlicher Sonar-Systeme, die rund um den Globus im Einsatz sind – Zahnwale empfindlich stört, zeigt das Verhalten von Pottwalen. Auch sie verstimmen im Surtass-Lärm augenblicklich. Wir würden ähnlich reagieren. Eine gepflegte Unterhaltung lässt sich kaum fortsetzen, wenn jemand in unmittelbarer Nähe Maschinengewehrsalven abfeuert.

Hier begegnen wir dem schon angesprochenen Problem der verkürzten Gewöhnungszeit. Die Evolution benötigt Zeit für Umbauten. Die Wale hatten jedoch keinerlei Gelegenheit, ihr Gehör den neuen Beanspruchungen anzupassen. Es ist gar nicht so lange her, da verursachten nicht mal Schiffe nennenswerten Lärm, weil sie unter Segeln standen. Heute ist die Meeresoberfläche okkupiert von Tankern und Frachtern, Fähren, Kuttern, Kreuzfahrtschiffen und Motorbooten, die sämtlich Sonar zur Navigation einsetzen. Es wird munter gesprengt, gebaut und gebohrt. Innerhalb weniger Jahrzehnte hat sich eine Idylle in einen Hexenkessel verwandelt. Wie schon erwähnt, bringt nur der Mensch es fertig, Miss Evolution ein Schnippchen zu schlagen und Veränderungen so rapide einzuleiten, dass die Dame den Anschluss verpasst.

Die Hauptübeltäter für Strandungen scheinen damit ausgemacht.

Was manche Natur- und Umweltschützer allerdings weniger gern hören, ist, dass Massenstrandungen schon vor Jahrhunderten als immer wiederkehrendes Phänomen beschrieben wurden. Dass Wale über einen biologischen Kompass verfügen, der sich Eisenverbindungen in ihrem Hirn verdankt und die Orientierung am Erdmagnetfeld erlaubt – einige Strandungen könnten also durchaus Folge magnetischer Fehlinterpretationen sein. Dass Wale in größeren Verbänden zur Massenhysterie neigen, ähnlich wie Menschen, die einander in brennenden Hallen totzutrampeln pflegen. Dass viele der Gestrandeten schlicht falschen Führern folgen und plötzlich nicht mehr weiter wissen. Dass Tiere, die man unter Mühen zurück in tiefere Gewässer bringt, sogleich wieder Richtung Strand schwimmen, auch wenn dort kein militärisches Sonar wummert. Dass Wale infolge von Lärm zwar mit schweren inneren Verletzungen angespült wurden, Hirn- und Innenohrblutungen aber einen verschwindend geringen Teil ausmachen, wenn man die Gesamtzahl jährlich strandender Wale betrachtet. Dass im Verhältnis der jeweiligen Bestandszahlen zu den gestrandeten Tieren seit vielen Jahrzehnten keine Veränderung zu beobachten ist. Soll heißen, mehr Wale, mehr Strandungen, weniger Wale, weniger Strandungen. Klingt zynisch? Zugegeben. Wenn man allerdings den Erhebungen des National History Museum in London glauben darf, spricht die wachsende Zahl an Land verendeter Tiere hauptsächlich dafür, dass sich die Populationen insgesamt wieder leicht erholen.

Nach wie vor lässt sich schwer beweisen, inwieweit menschliche Aktivitäten für den Tod von Walen verantwortlich sind. Wohl darum sehen viele Aktivisten das höchste Risiko nach wie vor in Fischernetzen. Schlicht und einfach, weil dieser Beweis als Einziger hundert Prozent zählt. Ein Wal, der in einem Netz verendete, ist eindeutig nicht an Bronchitis gestorben.

Noch etwas hören Walfreunde nicht gerne. Dass ihre Lieblinge keineswegs so friedfertig und gütig sind wie der Orca Willy und der nassforsche Kinderfreund Flipper. Ende der Neunziger wurden in einer schottischen Bucht nahe Inverness 40 Schweinswale angeschwemmt, die allesamt in wenig erfreulichem Zustand waren: Leberrisse, Schädelfrakturen, gebrochene Rippen, zersplitterte Wirbel, klaffende Wunden. Die üblichen Verdächtigen erschienen zur Gegenüberstellung: Schiffsschrauben, gewissenlose Fischer, unterseeische Kraftwerke. Jeder kam als Schuldiger in Frage, nur nicht diejenigen, die es schlussendlich waren:

Tümmler.

Ein größerer Verband, in derselben Bucht zu Hause wie die Schweinswale, hatte seine kleineren Vettern schlicht totgerammt. Ins lichte Universum der freundlichen Lungenatmer passen schottische Hooligans natürlich nicht hinein. Inzwischen weiß man, dass Tümmler sogar ihren eigenen Nachwuchs meucheln, wenn es die Umstände erfordern. Und sie sind längst nicht die einzigen Wale, die mitunter pure Mordlust an den Tag legen oder sich auf zweifelhafte Weise mit anderen Meeresbewohnern vergnügen. Delphine beispielsweise gelten als verspielt. Vielleicht darum schnappen sie sich schon mal gerne einen kleinen Seelöwen oder Halbwüchsigen aus den eigenen Reihen und schleudern ihn hoch über die Wellen. Ein anderes Tier fängt den lustigen Spielgesellen auf, wirbelt ihn herum und schanzt ihn einem dritten Teilnehmer zu. In manchen Fällen kommt das verdatterte Lustobjekt mit Blessuren davon, oft wird es in der Luft zerrissen. Was nicht zwingend dazu führt, dass es hernach gefressen wird. Hauptsache, der guten Laune wurde ein Ventil geschaffen.

Und wieder singen die Wale:

»Wir lassen uns das Spielen nicht verbiehieten …!«

Was denn, der Delphin ein Lustmörder? Unmöglich! Verhaltensgestört, lautet die rasche Diagnose, natürlich durch menschliche Einflüsse. Die Realität sieht anders aus. Orcas, die vor der peruanischen Küste Seelöwen jagen, stellen ähnliche Sperenzchen mit ihrer Beute an, und das erwiesenermaßen schon seit Jahrhunderten. Und was, bitte schön, treibt die Katze mit der Maus? Wie viele Mäuse sind ungeachtet der Genfer Konvention zu Tode geschubst worden?

Unpopulär sind auch Walfänger, die nicht so recht ins Böse-Buben-Schema passen wollen. Auf Norweger und Japaner einzudreschen ist einfach. Wie aber steht es mit kanadischen Indianern, Aborigines und den Inuit im hohen Norden, die für sich reklamieren, Wale für den eigenen Bedarf jagen zu dürfen? Und zwar nicht einzig, weil es ihrer Tradition entspricht, sondern weil Wale Fleisch und Geld einbringen? Konsequenterweise müsste man das unterbinden. Damit allerdings fände die Arroganz des Stärkeren ihren vorläufigen Höhepunkt: Ausgerechnet jene Nationen, welche die Wale aus puren wirtschaftlichen Erwägungen an den Rand des Aussterbens gebracht haben, versuchen die letzten paar Exemplare vor denen zu schützen, vor denen sie nie geschützt werden mussten. Natürlich ist die Frage gestattet, ob die kanadischen Nootka-Indianer, große Walfänger aus Tradition, die 1920 auf eigenen Beschluss die Jagd einstellten und 1995 das Zugeständnis einer Fangquote zur Wiederaufnahme erwirkten, unbedingt Wal essen müssen. Andererseits könnten uns die Nootka mit Verweis auf europäische Geflügelfarmen das Gleiche fragen. Die Inuit aber wären ohne die Erlaubnis, Narwale, Belugas und andere Meeressäuger zu jagen, schlicht aufgeschmissen. Denn sie ernähren sich davon.

Wohlgemerkt, es geht hier nicht darum, menschliche Einflüsse herunterzuspielen oder das Abschlachten von Walen zu legitimieren, sondern in Kenntnis der Gesamtumstände zu handeln. Andernfalls besteht das Risiko, den Wal mit dem Bade auszuschütten. Es hilft nichts, wenn erbitterte Gegner zur Untermauerung ihrer Standpunkte Einzelfälle herauspicken. Zu verantwortlichem Handeln gehört ebenso der Respekt vor einer Spezies wie ein tieferes Verständnis ihrer Lebensumstände, sämtlicher Randfaktoren und aller bekannten Wechselwirkungen. Probleme löst nur, wer sämtliche Faktoren kennt und den gesunden Menschenverstand jeder Polemik vorzieht. Ich bin der Überzeugung, dass die Wale das genauso sehen würden.

In diesem Sinne: Gulp!

Gejagte Jäger

Was wäre die Serengeti ohne Löwen?

Ein Paradies, rufen alle Gazellen im Chor. Antilopen, Gnus und Zebras fallen ein: Ein Paradies, ein Paradies! Selbst die Nashörner und Nilpferde wären nicht unglücklich, wenn der König abdanken würde, auch ihren Nachwuchs hat er schon zwischen den Klauen gehabt.

Löwen, Geparden und Leoparden sind in der Serengeti dramatisch zurückgegangen, aber noch regulieren sie die Bestände der Huftiere. Diese leiden allerdings weit mehr unter den Drahtschlingen und sonstigen fiesen Tricks der Wilderer. Die Großkatzen sorgen nur dafür, dass sich die Vegetarier nicht übermäßig ausbreiten und Unheil stiften, aber erzähl' das mal einem Huftier.

Ach was, sagen die Gazellen, das würden wir ganz bestimmt nicht tun, nehmt einfach nur den blöden Löwen aus dem Spiel.

Gemacht. Weg ist er.

Da gehen die Gazellen und die Gnus und die Giraffen und die Zebras erst mal fein essen, um die Sache zu feiern. Sie fressen und fressen, und da Liebe durch den Magen geht, vermehren sie sich wider jede bessere Einsicht doch. Weil aber neuerdings keiner mehr kommt, um seine Portion Huftier einzufordern, nehmen ihre Bestände überhand. Auch die Jungen mampfen Hälmchen und Blättchen, bis kaum noch was zu fressen da ist. Denn inzwischen haben auch andere Arten unter der unkontrollierten Zunahme der Vielfraße gelitten. Etliche Pflanzen drohten zu verschwinden. Mit ihnen sterben wichtige Insektenarten aus, ihnen folgen die Vögel, und die Serengeti beginnt zu versteppen.

Allmählich werden erste Rufe laut, die Löwen schleunigst wieder herbeizuschaffen. Die Nashörner meinen, so übel seien die Großkatzen gar nicht gewesen. Sicher könne man Kompromisse mit ihnen schließen. Klar, sagen die Gnus, ihr werdet verschont, und wir werden gefressen wie eh und je, kommt gar nicht in die Tüte. Sehr dünn sind ihre Stimmen, als sie gegen die Pläne der Nashörner opponieren, weil sie mittlerweile arg geschwächt sind und dem Tod viel näher, als sie es in der Gesellschaft der großen gelben Räuber jemals waren.

Dann, sagen die Nashörner, hilft nur eines: Ihr müsst sterben, und zwar möglichst viele von euch. Sonst geht hier alles den Bach runter.

Nein, nein, schon gut! Wo ist der Löwe?

Am Ende wollen alle ihre Löwen zurückhaben. Bloß, zu dumm! Weg ist weg. Da gucken alle schwer verbiestert. Was denn, nie wieder Löwen? Großes Gejammer. So hatte man sich das nicht vorgestellt. Von wegen Paradies; alles ist schlechter geworden, seit niemand mehr kommt, um die Verhältnisse ins Lot zu bringen.

Szenenwechsel.

Shanghai. Herr Huen weiß, wie es am besten schmeckt. Er sitzt in seinem kleinen Restaurant und zählt eine Menge Zutaten auf: Hühnerbrust brauche man und Speck, hauchdünn gehobelten Ingwer, Frühlingszwiebeln, einen guten Fisch- oder Rinderfond. Die Marinade für das Hühnerfleisch, erklärt er, sei überaus wichtig, aus Eiweiß, dunklem Erdnussöl, Reiswein und Gewürzen zubereitet, und das Huhn dürfe man nicht zu kurz und nicht zu lange darin ruhen lassen. Eine halbe Stunde maximal, dann Öl dazugeben. Bei Tisch reiche man außerdem magere Schinkenwürfelchen und Bohnensprossen, Essig und Senf.

Ach ja, die Hauptzutat. Es sei natürlich ein Unterschied, ob man sie frisch bekomme, sagt Herr Huen, oder getrocknet. Falls getrocknet, müsse man sie über Nacht einweichen und anschließend zwei Stündchen köcheln. Die Knorpel müssten brechen, dürften aber nicht zu weich werden. Dann das Wasser wegschütten, und weiter gehe es mit dem nächsten Schritt, in dessen Verlauf die Zutat in einer Art Sauce ziehe, um den letzten Rest Fischgeschmack loszuwerden.

Jeder gute Koch habe sein Geheimrezept, sagt Herr Huen. So jedenfalls hat er es immer gemacht, wenn er keine frischen Haifischflossen bekam. Die Nachfrage ist groß, vielfach werden sie darum getrocknet angeboten. Huen weiß, dass einige Gäste nicht mehr kommen, seit er die berühmte Haifischflosse von der Karte genommen hat, und dass er beim Gros der Feinschmecker auf Unverständnis und offene Ablehnung stößt. Aber er hat auch gesehen, wie die Flossen auf den Markt gelangen – und was dafür mit ihren Besitzern geschieht.

»Im Grunde weiß das jeder«, sagt Huen. »Aber man kann ja wegschauen.«

Er hat sich darauf eingelassen, mehr zu erfahren über die Art und Weise, wie Haie ihrer Flossen verlustig gehen. Danach war es ihm nicht länger möglich, wegzuschauen. Seit Huen die Dokumentation der chinesischen Tierschützer gesehen hat, schmeckt ihm seine eigene Suppe nicht mehr. So wenig, dass er sich mit seinen Gästen auf heftige Dispute einlässt und sich strikt weigert, jemals wieder Haifischflossensuppe zuzubereiten.

»Das ist sicher verlogen«, sagt der freundliche kleine Mann mit dem schwarzen Bürstenhaarschnitt. »Wir essen trotzdem vieles, was wir aus ähnlichen Erwägungen nicht essen sollten. Europäer essen Gänsestopfleber, Japaner bei lebendigem Leibe zerteilten Fisch. Ich glaube nicht, dass die Gänse es schätzen, wie ihre Leber gemästet wird. Aber wer kann schon gegen alles opponieren. Nur, die Sache mit den Haien ... Irgendwann muss man Stellung beziehen.«

Was geschieht denn mit den Haien?

Sind Sie gerade in stabiler Verfassung? Gut. Dann stellen Sie sich vor, Sie sind ein Hai und streunen durchs offene Meer. Plötzlich erblicken Sie eine Leckerei, einen schönen großen Fisch, merkwürdigerweise schon halbiert. Das interessiert Sie nicht weiter, Sie haben Hunger, also schlucken Sie den Köder, denn ein solcher war's. Plötzlich hängen Sie an einer langen Leine. Sie beginnen zu kämpfen, irgendwo in Ihrem Maul steckt ein Haken. Sehr lang ist die Leine, an der Sie Meter für Meter eingeholt werden, und äußerst stabil. Bei Ihren verzweifelten Anstrengungen, sich zu befreien, wickeln Sie sich das Seil mehrfach um den Leib und spüren, wie es schmerzhaft einschneidet. Ihre Kräfte lassen nach. Vor Ihren Augen wird es dunkel, als ein gewaltiger Schiffsrumpf in Ihr Blickfeld kommt. Im nächsten Moment fühlen Sie sich aus dem Meer gehievt. Höher und höher geht es, dann klatschen Sie aufs Deck. Ein Mann reißt mit einem Ruck den Haken aus Ihrem Kiefer und zerfetzt dabei Ihren Gaumen. Ein anderer sieht zu, fördert sodann ein langes Messer zutage, zieht Sie am Schwanz in die Höhe und schneidet Ihnen mit schnellen Hieben die Flossen ab.

Sie werden zurück ins Meer geworfen.

Tot sind Sie nicht. Nur verstümmelt und einem qualvollen Sterben preisgegeben. Sie können froh sein, wenn möglichst schnell jemand auftaucht und Sie frisst, um Ihrem Leid ein Ende zu machen, aber das geschieht nicht, also sinken Sie zum Meeresboden – denn schwimmen können Sie ja nicht mehr, jagen schon gar nicht – und krepieren. Ganz langsam. Sie sind in der Hölle für Haie gelandet.

Finning heißt die Methode, Haien bei lebendigem Leibe das abzutrennen, was in China traditionell als Delikatesse gilt. Keine chinesische Hochzeit, kein Geburtstag, kein Jubiläum ohne Haifischflossensuppe. Experten können belegen, dass die Lust auf Flossen manche Haiart an den Rand des Aussterbens gebracht hat. Trotzdem werden die knorpeligen Dinger zunehmend konsumiert, nicht nur von Chinesen. Weltweit bieten Restaurants die Spezialität an. Auch vermeintlich aufgeklärte Europäer und Amerikaner essen sie und fragen sich, was daran so Besonderes sein soll. Eigentlich, wenn man die Würze beiseite lässt, haben die blassen Fetzen keinen Eigengeschmack.

Ausgerechnet Disney lief Gefahr, sich an den Flossen die Zähne auszubeißen. Nachdem man die putzige Unterwasserfabel *Findet Nemo* auf die Leinwand gebracht hatte, in der drei urkomische Haie einen vegetarischen Verein gründen, kam es Greenpeace und dem WWF zu Ohren, dass in einigen Restaurants des geplanten Hongkong-Disneyland Haifischflossensuppe auf der Karte stehen sollte. Darauf angesprochen, reagierte Disney mit einer linkischen Verbeugung vor chinesischen Traditionen. Man wolle den Gastgebern Respekt erweisen, schließlich sei die Suppe so etwas wie die kulturelle Nährlösung eines Volkes, das schon zu schlemmen wusste, als unsereiner noch am Knochen nagte. Ein chinesisches Festbankett ohne Haifischflossensuppe sei schlichtweg unvorstellbar, so Disney in butterweicher Völkerverständigungsmanier.

Stimmt sogar. Umfragen in chinesischen Metropolen zufolge essen 30 bis 40 Prozent der besser gestellten Chinesen regelmäßig Haifischflossensuppe. Ebenso finden sie es völlig in Ordnung, die Tiere ausschließlich ihrer Flossen halber zu erbeuten. Erst als die Aktivisten Disney mit einer groß angelegten Boykott-Kampagne drohten, wurde die strittige Suppe von der Karte genommen. Der Vorfall zeigt, wie sehr sich die Bilder gleichen. Die großen Fragen zum Walfang, beim Hai finden sie ihre Entsprechung. Eine davon ist für viele offenbar die wichtigste: Darf man keine Haifischflossen mehr essen, auch wenn es die Sitten so wollen?

Doch, man darf.

Die Frage ist nur, auf welche Weise man in den Besitz der Flossen gelangt und wie viele man auf den Markt zu bringen gedenkt. Das Geschrei in Deutschland wäre groß, wenn herauskäme, dass Ochsen bei lebendigem Leib ihr zweitbestes Stück abgeschnippelt würde. Dennoch ist eine hausgemachte Ochsenschwanzsuppe was Feines und sehr zu empfehlen. Ihretwegen sterben die Ochsen nicht aus, ebenso wenig wie sie verstümmelt in die nächste Schlucht geworfen werden, um dort zu verrecken. Stattdessen werden sie regulär geschlachtet und verwertet, von den Hörnern bis zum Hodensack, und was an Schwanz verbleibt, das wandert in die Suppe.

Während alles empört auf die Chinesen schaut, weil sie Haie essen und ihnen schlimme Dinge antun, beißen die Deutschen herzhaft ins Schillerlockenbrötchen, futtern Seeaal in Gelee, rufen die Franzosen »Olala!« angesichts einer auf den Punkt gegarten Saumonette und freuen sich die Japaner über ein saftiges Schwertfischsteak. Überall auf der Welt ist Schwertfisch Schwertfisch, nur in Japan entpuppt er sich bei näherem Hinsehen als Hammerhai. Der Seeaal ist im wirklichen Leben ein Dornhai. Auch bei Schillerlocken handelt es sich nicht um die konservierten Haarsträhnen des Dichterfürsten, sondern ebenfalls um Dornhai. Wem, der das nicht weiß, wollte man einen Vorwurf machen? Selbst wenn er es doch weiß und lediglich keine Ahnung hat, dass Dornhaie extrem gefährdet sind, kann er mit vollem Recht auf seine kulinarischen Vorlieben verweisen.

Andere tun's ja auch. Die Inuit essen getrockneten Grönlandhai, in Island wird er fermentiert (ein anderes Wort für kontrollierte Verwesung). Für Haie gilt wie für alle anderen Bewohner des Planeten die Regel vom Fressen und Gefressenwerden. Tiere dienen uns als Grundnahrungsmittel und mitunter auch als Delikatesse. Beides in Ordnung.

Und es gibt Perversion. Nicht in Ordnung.

Leider aber weit verbreitet, und keineswegs nur in China. Die USA zum Beispiel haben Shark-Finning gesetzlich untersagt, führen die Flossen jedoch ein und finden in ihrer chinesischstämmigen Bevölkerung dankbare Abnehmer. In Spanien hingegen wird mun-

ter gefinnt. Die Flossen sind Gold wert. Eine regelrechte Haifisch-
flossenmafia betreibt das eklige Geschäft, so wie kolumbianische
Drogenbarone ihren Stoff verhökern. Dass sie für den fraglichen
Gaumenschmaus gesalzene Preise verlangen können, verdankt sich
nicht alleine dessen Stellenwert als Delikatesse. Die Preise steigen
auch, weil die Bestände der Haie sinken. Rund um den Globus sind
sie hoffnungslos überjagt. Auch andere Länder beteiligen sich still-
schweigend an dem Gemetzel und streichen kriminell hohe Gewinne ein für das bisschen fade Flosse.

Vor allem aber zeugt die Massenhatz von Dummheit. Denn wenn
das so weitergeht, sind irgendwann keine Haie mehr da. Dann
freuen sich die Sardinen und die Thunfische und die Makrelen und
die Robben, bis man ihnen die Geschichte von den Huftieren und
den Löwen erzählt. Und wieder wird es zu spät sein, die Uhr zu-
rückzudrehen.

Der Vergleich zur Serengeti liegt nahe. Haie sind die Löwen und
Tiger der Meere. Eine Gesundheitspolizei, um Schwache und
Kranke aus dem Verkehr zu ziehen und zu verhindern, dass ande-
re Spezies überhand nehmen. Sie erfüllen dieselbe Funktion wie
ehedem die Ichtyosaurier, Plesiosaurier, Mosasaurier oder der Basilosaurus. Ihre Individuenzahl liegt immer weit unter der ihrer
Beutetiere, ein ungeschriebenes Gesetz der Natur: je kleiner die
Lebewesen, desto größer ihre Population. Die nächstgrößere Spezies muss ja in der Minderzahl sein, weil jedes Einzeltier zum
Überleben Dutzende und Hunderte der Kleinen mümmeln muss.
Außerdem sollen genügend übrig bleiben, um Nachwuchs zu zeugen. Dieses Prinzip, bestens bekannt aus dem Kapitel über Plankton, setzt sich nach oben hin fort und erzeugt Verwertungshier-
archien, an deren Spitze Könige stehen – mal sind es Löwen und
Tiger, mal Haie. Ohne König bricht der Staat zusammen, und andere Gesellschaftsformen haben unter Tieren noch nie funktioniert. Selbst George W. Bush nimmt davon Abstand, Krieg gegen
Haie zu führen, um ihnen die Demokratie zu bringen.

Will man das Leben im Meer porträtieren, braucht man eine große Leinwand. Auch dann lässt sich nicht jede Spezies darstellen
(überdies würde es spätestens bei der zwanzigsten Seegurkenart
langweilig werden). Ich entschuldige mich also bei jedem Meeresbewohner, dessen gewiss einzigartige Rolle ich auf diesen Seiten
nicht gebührend würdige. Es gibt in diesem Buch kein Kapitel über

das Gewöhnliche Petermännchen oder den Marmorzitterrochen. Auch die Nabelschnecke wird hier und jetzt zum ersten und letzten Mal erwähnt. Haie allerdings gehören zu den Lebensformen, die das Gesamtpanorama auf entscheidende Weise prägen. Ohne sie bräche die ökologische Struktur der Ozeane zusammen. Wir sollten sie also schätzen und schützen. Leider – so Gerhard Wegner, Präsident der weltumspannenden Haischutzorganisation *Shark-project* – kann man Menschen nur schwer dafür begeistern, etwas zu schützen, das sie fürchten.

Den einzigen Weg, Ängste abzubauen, sieht Wegner darin, die Tiere besser zu verstehen. Darum im Folgenden ein paar Maul voll Fakten.

Allein vier der größten Haie sind Planktonfresser: Riesenhaie, Riesenmaulhaie und Teufelsrochen, vor allem aber Walhaie, die mit durchschnittlich 14 Meter Länge die größten lebenden Fische überhaupt sind. Walhaie sind von atemberaubender Schönheit, mit graublauem, manchmal bläulichem Rücken, der von hellen Streifen überzogen und zudem weiß gesprenkelt ist. Schon dieses Muster verdient Designerpreise. Das Maul ist gewaltig. Wie Wale können Walhaie stundenlang an der Oberfläche treiben, um Planktonschwärme abzuweiden. Sie sind ausgesprochen friedfertig und haben nichts dagegen, dass man eine ihrer beiden Rückenflossen umfasst und sich ein Stück von ihnen ziehen lässt. Ähnlich zahm verhält sich der Riesenhai, mit bis zu zehn Meter Länge der zweitgrößte Fisch der Welt. Vor diesen beiden Großmäulern muss sich also schon mal kein Mensch fürchten, und vor den meisten anderen Haien ebenso wenig.

Es heißt, Haie müssten unablässig schwimmen, um zu überleben, andernfalls würden sie absacken und ersticken. Falsch. Richtig ist, dass Haie keine Schwimmblase besitzen, die ihnen Auftrieb verleiht, und dies nur bis zu einem gewissen Grad durch ihre ölhaltige Leber kompensieren können. Grundsätzlich sinkt jeder Fisch nach unten, der das Schwimmen komplett einstellt, Haie müssen lediglich ein wenig agiler sein. Mitunter aber sieht man sie auf sandigem Boden ein Nickerchen machen. Angeblich liegen sie dann mit offenem Maul in der Strömung, weil sie keine Kiemendeckel wie Fische haben, sondern nur Kiemenspalten. Beim Fisch pumpen die Kiemendeckel das Wasser selbständig. Der Hai hingegen öffnet sein Maul, dadurch schließen sich seine Spalten, und Wasser wird eingesaugt. Klappt der Hai das Maul zu, öffnen sich die Spalten wieder, und das Wasser gelangt nach draußen. Dafür muss er sich keineswegs in die Strömung legen, allerdings funktioniert seine Atmung tatsächlich anders als bei anderen Fischen (manche Wissenschaftler gehen so weit zu behaupten, der Hai sei aufgrund seiner Eigentümlichkeiten gar kein richtiger Fisch).

Und noch etwas unterscheidet sie von den meisten anderen Fischen: Haie haben keine Knochen. Was sich im bereits erwähnten Mangel an Fossilien niederschlägt. Lediglich Zähne und Hautfetzen bleiben übrig. Falls Sie mal Gelegenheit haben, einen kleinen toten Hai in die Hand zu nehmen, werden Sie überrascht feststellen, wie schlaff er durchhängt. Keinerlei Spannkraft. Es fehlt das Grätengerüst, um dem Körper Halt zu verleihen, ähnlich wie bei Rochen und Meerkatzen. Im Grunde bestehen Haie nur aus Muskeln und Knorpeln. Das allerdings befähigt sie zu schnellem, wendigem Schwimmen. Die schnellsten aller Haie, Makohaie, bringen es auf 80, Weiße Haie immerhin auf 60 Stundenkilometer.

In vielerlei Hinsicht sind Haie erstaunliche Wesen, die von der Forschung immer neu entdeckt werden. Seit dem Devon haben sie sich kaum verändert. Ihre Körper könnte selbst Ferrari nicht eleganter gestalten. Dank der perfekten Stromlinienform schwimmen sie überaus energiesparend, was sich zum anderen ihrer eigentümlichen Haut verdankt, über die wir schon gesprochen haben: Sie besteht aus winzigen, zahnähnlichen Schuppen, die einander überlappen und das Tier in schwimmendes Schmirgelpapier verwandeln – an Haihaut sollte man sich nicht reiben. Zum Maul hin werden diese Placoidschuppen dann unvermittelt größer und formen das typische Revolvergebiss.

Zugegeben – manche Haie beißen damit auch Menschen. Das herunterzuspielen, wäre unsinnig. Es kann nämlich kaum weiter heruntergespielt werden. Die Wahrscheinlichkeit, zweimal hintereinander den Jackpot im Lotto zu knacken, ist so hoch wie das Risiko, im Maul eines Hais zu landen. Selbst dann sind Sie nicht notwendigerweise tot oder ein paar Kilo leichter. Von den rund einhundert Haiattacken im Jahr enden weniger als zehn mit tödlichem Ausgang. Zugebissen haben dann Makohaie, Zitronenhaie, Hammerhaie oder Seidenhaie. Ebenso gibt es Tote bei Attacken durch Weiße Haie, Hochseehaie und Bullenhaie. Speziell Tigerhaie neigen zur Blitzamputation. Nicht, weil sie aggressiver sind als andere Haie, sondern das stärkste Gebiss haben. Schon darum beißen sie in alles, was sich bewegt. Auch Menschen.

Fragt sich, warum? Ist der Hai grausam, weil er den Menschen frisst? Ist der Mensch grausam, weil er die Auster isst? Wird dem Hai das Leiden des Opfers bewusst, wenn dieses schreit? Oder nimmt er das Schreien als erfreuliches Indiz für die Frische der verzehrten Ware, so wie wir wohlwollend das Zucken der Auster betrachten, wenn wir ihr Fleisch mit Zitronensaft beträufeln?

Nichts davon.

Haie, so viel steht fest, sind nicht grausamer als eine Kokosnuss, die einem auf den Kopf fällt. Sie handeln nicht aus Vorsatz. Ihr Ziel ist es, zu überleben, und dafür müssen sie nun mal fressen. Weder verfügen sie über die technischen Mittel noch die genetische Disposition, ihre Beute sanft einzuschläfern, um sie anschließend in wohlgeratenen Portionen zu verzehren, also beißen sie voll ins pralle Leben.

Zweitens, Menschen gehören nicht in ihr Beuteschema. Das ist bekannt, dennoch wird immer wieder gekontert, verspeiste Schwimmer und angeknabberte Surfer kündeten vom Gegenteil. Nehmen wir also an, Haie würden Menschenfleisch grundsätzlich schätzen: Was wäre dann an unseren Stränden los? Richtig, gar nichts. Wie ausgestorben lägen sie da, weil jeder Schwimmer befürchten müsste, sein Leben in Magensäure zu beenden. Auch das Argument, in Strandnähe gebe es nicht so viele Haie, ist schlichtweg falsch. So viele Haie, wie nachweislich vor den Küsten der Badeparadiese unterwegs sind, würden in jedem Fall weit mehr Opfer fordern. Außerdem würde sich ihre Zahl binnen kurzem verzehnfachen, wären wir wirklich Teil ihres natürlichen Speiseplans. Jedes Raubtier hält sich bevorzugt dort auf, wo es seine favorisierte Beute findet. Ein Hai, der sich nicht augenblicklich mit gewetzten Zähnen in den süßen Brei stürzen würde, wäre ja schlichtweg bescheuert.

Noch ein falsches Bild muss man in diesem Zusammenhang korrigieren: das des einsamen Jägers. Gewiss, manche Haie sind Einzelgänger, große Weiße etwa. Viele treten jedoch in riesigen Verbänden auf. Die BBC-Dokumentation *Blue Planet* zeigt Aufnahmen von Hammerhaien, die zu Hunderten die oberflächennahen Gewässer durchstreifen. Wären Menschen für Haie auch nur ansatzweise von Interesse, sähe es an unseren Stränden aus wie im 2. Buch Mose 7, 14: Wasser würde sich in Blut verwandeln.

Warum Haie trotzdem Menschen beißen, ist nach wie vor nicht hundertprozentig geklärt. Vor allem eine Theorie hat sich beliebt gemacht: Haie verwechseln Schwimmer mit Robben. Klingt nicht übel. Doch kann ein Schwimmer, gegen die Wasseroberfläche betrachtet, einer zappelnden Robbe so sehr gleichen? Haie verfügen über erstaunliche Sinne – die Augen gehören nicht dazu. Das Auflösungsvermögen der Linse ist bescheiden, allerdings sind sie enorm lichtempfindlich. Umso mehr beeindruckt ihr Gehör. Sein Innenohr hält den Hai nicht nur im Gleichgewicht, sondern erlaubt ihm zudem, Beutetiere konkret im Raum zu orten. Der große Lauschangriff erfolgt umso effizienter, je tiefer die Frequenz des ausgesendeten Signals ist, je niedriger, desto besser. Zwischen 100 und 800 Hertz hören Haie, etwa 100 bis 120 Hertz beträgt die Schwingungsmelodie, wenn verletzte Tiere zappeln. Eine Frequenz, die Haie noch in einer Entfernung von 250 Kilometern wahrnehmen und lokalisieren. Weil aber Haie mit Ohren dämlich aussähen, besitzen sie lediglich zwei winzige, an der Kopfoberseite gelegene Poren, von denen schmale Gehörgänge ins Innere führen. Es verdankt sich der Konstellation dieser Gänge, dass Haie jedes empfangene Signal in räumliche Koordinaten einordnen können und somit genau wissen, wohin sie zu schwimmen haben.

Nun ist das Meer kein Supermarkt mit Selbstbedienungstheke. Wer hier satt werden will, muss jede Gelegenheit wahrnehmen und jedem Geräusch auf den Grund gehen. Wenn irgendwo ein Anker in die Tiefe rasselt, sind Haie zur Stelle. Ein Taucher, der ein Stück Koralle abbricht, kann mit diesem winzigen Knack das Interesse eines Hais auf sich lenken. Der wird herbeischwimmen, den Umweltsünder mustern und ignorieren, vorausgesetzt, dieser verhält sich ruhig. Und auch ein Surfer macht Geräusche. Ein Weißhai, der unter ihm hindurchschwimmt, wird einen mehr oder minder groben Umriss gegen eine gleißende Fläche wahrnehmen, der Geplätscher von sich gibt. Das Brett klatscht auf die Wellen, Arme und Beine verursachen unregelmäßige Schwingungen beim Paddeln. Unregelmäßige Frequenzen sind charakteristisch für verletzte Tiere. Also nähert sich der Hai, um nachzusehen, mit wem er es zu tun hat. Alles, was er sieht, ist ein Etwas, das verdächtig nach Robbe aussieht, und der Fall scheint klar.

Wirklich? Gerhard Wegner wollte genauer wissen, was jetzt passiert. Er und der Schweizer Haiforscher Dr. Erich Ritter misstrauten der Verwechslungstheorie schon lange. 2004 führten sie auf hoher See eine Reihe spektakulärer Versuche mit Robotern durch. Ferngesteuerte Arme und Beine auf einem treibenden Surfbrett sollten ans Licht bringen, ob Haie von einem zappelnden Schattenriss zum Angriff animiert werden. Die zweite, speziell für das Experiment konstruierte Maschine war ein stabiler schwimmender Koffer, der Töne von sich gab, beliebige Frequenzen, Robbenlaute und anderes. Drittens befand sich ein Köder im Wasser, um den Appetit der Haie zu wecken, sowie teilweise Erich Ritter und Gerhard Wegner (pardon, teilweise heißt zeitweise: Ritter und Wegner stiegen als Ganzes ins Wasser und kamen im Ganzen wieder zum Vorschein).

Die Dokumentation zeigt, dass die Verwechslungstheorie unhaltbar ist. Silhouetten interessieren Weiße Haie so gut wie gar nicht. Es bedurfte des Köders, dass sie sich überhaupt dazu herabließen, einen Blick auf das Arrangement zu werfen. Sobald die Surfer-Attrappe in Bewegung geriet, wurden die Haie schon neugieriger. Sie stupsten das Surfbrett behutsam mit der Nase an, auch mal einen Arm und ein Bein, bissen jedoch nicht, sondern verloren schnell das Interesse.

Das erwachte umso stärker, als der Koffer begann, Geräusche von sich zu geben. Plötzlich waren die Haie ganz Ohr. Ritter und Wegner veränderten mehrfach die Frequenzen. Insbesondere chaotische Schwingungsmelodien brachten die Tiere schließlich dazu, Gaumenbisse an dem unförmigen Koffer anzubringen (ein Gaumenbiss ist ein behutsamer Biss, der dem Opfer keinen nennenswerten Schaden zufügt, sondern es auf seine Schmackhaftigkeit testet). Den direkt daneben agierenden Roboter ließen sie in Ruhe. Die Surfer-Attrappe mühte sich nach Kräften, ohne dass einer mit ihr spielen wollte. Immer gewann der Koffer, und fast immer wurde durch Bisse ausprobiert, ob er mundet.

Wegner und Ritter konnten damit beweisen, dass es vor allem Geräusche sind, auf die Haie reagieren. Sie bringen die Tiere dazu, einen quadratischen Koffer zu attackieren, der nicht die geringste Ähnlichkeit mit einem Lebewesen aufweist, jedoch die interessanteren Sounds von sich gibt. Silhouetten und sichtbare Bewegungen spielen kaum eine Rolle. Wenn der Hai schließlich zubeißt, macht er entweder den Geschmackstest oder entschließt sich zu einem kurzen Happs, der das Opfer schwächen soll. Fast alle Berichte über Haiattacken beschreiben einen blitzschnellen Angriff, gefolgt von einem schnellen Rückzug. Der Hai taucht ab und wartet, was passiert. Wer je die Hauer eines ausgewachsenen Walrosses gesehen hat, ahnt, was sie anrichten können. Auch der Schwertzahn des Narwals ist eine fürchterliche Waffe. Haie sind keine Feiglinge, aber äußerst vorsichtig. Vorausgesetzt, die Beute schmeckt, warten sie, bis der Biss seine Wirkung getan hat, um ein weiteres Mal zuzustoßen – diesmal allerdings mit umgebundener Serviette.

Viele Surfer, die angegriffen wurden, haben die Attacke überlebt, die meisten unverletzt. Haie legen keinen Wert auf Kochmützen und Michelin-Sterne, aber wer mag schon Surfbretter? Wo Menschen dennoch Schaden nehmen, spielen etliche Faktoren eine Rolle. Unfälle gab es beispielsweise im Bereich von Flussmündungen, wo große Mengen Süßwasserplankton ins Meer geleitet wurden. Solche Regionen sind naturgemäß gut besucht von Fischen. Entsprechend viele Haie finden sich ein, die im Eifer der Jagd mehr aus Versehen ins Surfbrett beißen und sogleich wieder davon ablassen. Mitunter ist die Sicht in nährstoffreichen Gewässern so schlecht, dass sich der Hai einzig auf seine Ohren verlassen muss und sich zu einer Art Blindverkostung durchringt. Dass Haie schlecht sehen, ist demnach kein Patzer der Natur, sondern logische Konsequenz ihrer Lebensweise. Viele Haie sind zudem nachtaktive Jäger, auch da spielt der Gesichtssinn kaum eine Rolle. Erst im Nahbereich liefert die Linse des Haiauges eine passable Auflösung. Will sich der Hai also auf seine Augen verlassen, muss er nah rankommen.

Dies führt zu einem Verhalten, das besonders Taucher vielfach fehlinterpretieren. Ich selber hatte das Vergnügen, auf den Malediven zum *Lions Head* hinabzutauchen, einer unterseeischen Riffformation und Heimstatt diverser Riffhaie. Malediovischen Haien kann man ohne sonderliche Besorgnis ins Auge schauen. Sie finden in ihrem natürlichen Umfeld so viel zu fressen, dass sie verrückt sein müssten, Menschen anzufallen. Außerdem hat man in den geschützten Atollen vornehmlich Begegnungen mit Schwarzspitzen, Weißspitzen und grauen Riffhaien, die als ungefährlich gelten. Dennoch fragt man sich vor der ersten Begegnung besorgt, ob auch der Hai um seine Harmlosigkeit weiß. Entsprechend mulmig war mir im Boot. Ich hatte gerade meinen Tauchschein gemacht, war auf 40 Meter Tiefe gewesen und hatte das übliche Überlebenstraining absolviert. Dazu gehört etwa, sich unter Wasser seiner Ausrüstung zu entledigen und alles wieder anzuziehen, oder Maßnahmen zur Rettung verletzter Partner zu ergreifen. Ich hatte mehrfach nähere Bekanntschaft mit Muränen gemacht und eine am Kinn gekrault, was Muränen übrigens lieben: Man kann sie förmlich schnurren hören. Auch kleinen Schwarzspitzen-Haien war ich zweimal begegnet, die grußlos an mir vorüberzogen. Doch diesmal war es anders. Ich suchte den unmittelbaren Kontakt. Und ich muss gestehen, dass ich, kurz bevor wir uns rücklings in die Wellen kippen ließen, an meinem Verstand zweifelte.

Doch gleich darauf geschah etwas Sonderbares. Einmal abgetaucht, vergisst man jede Furcht. Man ist zu Gast in einer fremden, faszinierenden Welt, die nicht geschaffen wurde, um sich auf neugierige Großstädter zu stürzen. Entweder man wird ignoriert oder beschnuppert. Nur gefressen wird man nicht, sofern man nicht allerdümmste Fehler begeht oder ganz großes Pech hat. Sicher, ein Restrisiko bleibt. Doch sonntags im Stadtwald joggen zu gehen, wenn Luden-Ede seinen Pitbull ausführt, ist ungleich gefährlicher.

Unter Wasser ändert sich alles.

Zuvor hat man auf eine bedrohlich dunkle, wogende Fläche geschaut. Plötzlich schwebt man in einem Kosmos aus Licht. Noch ahnt man die Struktur des Riffs mehr, als dass man sie sieht. Es fällt steil in die Tiefe ab, bietet allerdings mit seinem charakteristischen Löwenkopf – einer weit herausstehenden Felsformation – und seinen natürlichen Beobachtungsterrassen prägnante Anhaltspunkte. Vorerst ist kein Hai zu sehen, überhaupt kein Tier. Nur Sonnenstrahlen wie Lanzen aus Licht. Dann schälen sich allmählich erste Einzelheiten heraus, während die Oberfläche zu einem Spiel irrlichternder Flecken wird. Vor allem das hat mich am Tauchen immer wieder fasziniert: wie schnell vertraute Umfelder ins Irreale entrücken. Hat man das Riff erreicht, findet man sich in einer neuen Wirklichkeit wieder. So ging es mir auch am *Lions Head*, als die zerklüftete Struktur Gestalt annahm. Und wieder gelangte ich in die Großstadt. Plötzlich waren sie da, die Schwärme von Schnappern und Füsselierfischen, prachtvolle Papageien- und Drückerfische, Zackenbarsche, die mit der Gemächlichkeit schwerer Limousinen unterwegs waren, wolkige Ansammlungen blau schillernder Glasfische, staksende Fangschreckenkrebse, Tintenfische und stoisch in der Strömung stehende Süßlippen. Rund um *Lions*

Head ist das Wasser in ständiger Bewegung, ideal für Haie. Wir ließen uns auf 20 Meter Tiefe herab, bezogen Position auf einer der Terrassen und warteten.

Und sie kamen.

Ich weiß nicht, wie viele Haie wir an diesem Tag sahen, schätze aber, es müssen zwischen zehn und 15 Exemplare gewesen sein, sämtlich graue Riffhaie von anderthalb bis zweieinhalb Meter Körperlänge. Sie patrouillierten im freien Wasser vor der Wand und gaben sich unbeeindruckt, obschon sie unsere Ankunft registriert hatten. Als ich schon dachte, wir würden in ihrer Wahrnehmung keine Rolle spielen, schoss einer von ihnen aus dem Rudel heraus und auf uns zu. Er umkreiste einen unserer Führer und schwamm wieder davon. Nachdem das Eis gewissermaßen gebrochen war, ließen die anderen Haie ihrer Neugier freien Lauf. Nacheinander kamen sie heran, zogen ihre Kreise, beäugten uns und widmeten sich wieder anderen Beschäftigungen. Wir waren nur zu viert. Ein Vorteil. Meinen letzten Hai habe ich 1998 vor Cozumel gesehen, als er angesichts 50 tauchender Japaner Reißaus nahm. Uns hingegen wurden nun immer häufigere Besuche abgestattet. Nach anfänglicher Verunsicherung beginnt man sich auf den nächsten Kontakt zu freuen. Nie hatte ich das Gefühl, bedroht zu sein. Vielmehr wurde ich Gegenstand großer Neugierde, wie sie intelligente Wesen entwickeln, wenn jemand in ihren Lebensraum vorstößt. Die Haie gaben uns zu verstehen, dass sie uns tolerieren würden – sofern wir unsererseits ihr Revier respektierten.

Verständlicherweise fühlt man sich bedroht, wenn ein Raubtier beginnt, einen zu umkreisen. Tatsächlich tun Haie dies, weil sie ihre Augen seitlich des Kopfes tragen. Aufgrund der angeborenen Sehschwäche müssen sie dem Objekt ihrer Neugier sehr nahe kommen. Einmal drum herum geschwommen, und man weiß, wie der andere aussieht. Diese Prozedur dient weniger der Überprüfung auf Beutetauglichkeit, sondern entspringt echtem Interesse. Gerade von Amateurtauchern werden derlei Annäherungsversuche jedoch als versuchte Attacken interpretiert. Würde das stimmen, müsste sich jeder Hund, der schnüffeln kommt, mit ähnlichen Gedanken tragen. Stattdessen geht es um ein schnelles »Wer bist du?«. Bisweilen kann es dabei passieren, dass der Hai ein bisschen mit der Nase stupst. Ein kleiner Rat: Stupsen Sie nicht zurück. Sie sind nicht auf dem Fußballplatz. Betrachten Sie es als kumpeliges Willkommen, und Sie werden einen unvergesslich schönen Tauchgang erleben.

Ansonsten gilt: Auch Haie können sich erschrecken. Port-Jackson-Haie etwa sind Bodenbewohner, die sich gern in flachen Gewässern aufhalten. Es ist kaum zu vermeiden, dass man ihnen hier und da auf die Flossen tritt. Meistens machen sich die Getretenen davon, aber einige beißen – und belassen es meist beim oberflächlichen Biss, der nichts anderes besagt als: »Bis hierher und nicht weiter«. Dann gibt es Fälle, in denen Jugendliche Mutproben ablegen, indem sie Haie am Schwanz ziehen. Als Folge bekommen sie mit selbigem einen verplättet. Selbst der große, aber harmlose Ammenhai versteht da keinen Spaß. Und hat völlig Recht. Wie, meine Herren, würde es ihnen gefallen, in aller Öffentlichkeit von einem Fremden ans Gemächt gepackt zu werden?

Doch selbst wenn Haie sich extrem belästigt fühlen, beißen sie nicht gleich zu. Zuvor wird man gewarnt. Da verhält sich der Graue Riffhai nicht anders als jeder Hund. Er macht einen Buckel, senkt die Brustflossen und hebt den Kopf. Reagiert man darauf nicht, beginnt er heftig mit dem Schwanz zu schlagen oder präsentiert seine Breitseite – und dann erst schießt er los, rammt den Unvorsichtigen oder schnappt nach ihm. Meist belässt er es beim so genannten *open mouth slash*, einem Schlag mit dem Oberkiefer, um den Eindringling zu vertreiben. Apropos Hunde: Der beste Freund des Menschen ist Beißstatistiken zufolge weit weniger freundlich als der Weiße Hai.

So gewinnt das wahre Bild der Jäger endlich an Kontur. Dennoch bleiben sie für die meisten Menschen Killer. Ausgerechnet Pioniere der Meeresforschung wie Jacques-Yves Cousteau haben dazu beigetragen, das schlechte Image zu zementieren. Costeau hatte nämlich mächtig Angst vor Haien und begegnete den »Mördern«, wenn überhaupt, nur im Unterwasserkäfig. Dabei hatte der australische Chirurg Victor Coppleson schon 1962 eine höchst spannende Theorie entwickelt, wonach ausschließlich geistesgestörte Haie auf Menschen losgehen. Tatsächlich gibt es im Tierreich etliche Formen der Hirnerweichung, von leichten Verhaltensstörungen bis hin zum völligen Wahnsinn. Copplesons *rogue shark theory* zufolge sind Menschenhaie ein Fall für die Anstalt: Irre, die alles attackieren, was sie in ihrer Paranoia als bedrohlich empfinden.

Den ersten seriösen Gegenentwurf verdanken wir dem Österreicher Hans Hass und dem Verhaltensforscher Irenäus Eibl-Eibesfeldt. Als Erste verließen sie den schützenden Käfig und stellten sich den Großen Weißen im freien Wasser, nur mit einem Haistock bewaffnet. Auch vermieden sie es, die Haie mit blutigen Fischabfällen anzufüttern, wie es Cousteaus Leute getan hatten, um reißerische Aufnahmen von durchgedrehten Fressmaschinen zu erhalten. Doch gerade das Anfüttern ist eine heikle Sache. Um Haie auf hoher See herbeizulocken, eignet es sich vorzüglich – natürliches Verhalten geht dabei verloren. Stellen Sie sich vor, man wolle Ihr Verhalten untersuchen, indem man Ihnen auf offener Straße Leckereien zuwirft.

Unbestritten ist, dass Haie in einen so genannten Fressrausch geraten, doch der Appetit kommt beim Essen. In vielen Tauchparadiesen werden Haie im Beisein von Touristen gefüttert. Ein Nervenkitzel, zugegeben. Auch am *Lions Head* war das in den Achtzigern gang und gäbe. Viele Tauchführer gingen dabei umsichtig vor, andere versuchten mit zweifelhaften Kunststückchen zu gefallen, indem sie Fischkadaver zwischen die Zähne klemmten und den Hai ermutigten, davon abzubeißen. Schnipp schnapp, war die Nase weg. Dem Hai kann man keinen Vorwurf machen. Er wurde zum Essen eingeladen. Schlimm ist, dass die Tiere lernen, Zusammenhänge zwischen Mensch und Futter herzustellen. Von indischen Tigern heißt es, sie seien für Menschen nicht gefährlich, es sei denn, sie hätten bereits einen gefressen. Dann könne eine Gewöhnung eintreten. Bei Haien ist es ähnlich. Unterwasserfütterungen, die mehr aus Versehen mit dem Verlust von Extremitäten enden, können Haie auf dumme Gedanken bringen. Hans Hass beschreibt in seinem Buch *Wie Haie wirklich sind*, dass man die Tiere vor der Salomoneninsel Bellona nicht fürchtete. Sie griffen keine Menschen an. Vor der Insel Guadalcanal hingegen, nur wenige Meilen weiter, waren Schwimmer hochgradig gefährdet. Rückblickend stellte sich heraus, dass dort im Zweiten Weltkrieg eine Seeschlacht getobt hatte, in deren Verlauf zahlreiche tote und blutende Soldaten im Meer trieben. Fortan stellten die dortigen Haie ihre Essgewohnheiten um.

Ohne blutige Lockmanöver lässt sich wesentlich mehr über das natürliche Verhalten der Haie erfahren, und meist ist man überrascht. Große Weiße haben sich, man glaubt es kaum, als verspielt erwiesen. Richtig gut kommt man mit ihnen aus. Erst wenn so ein Hai nach kurzem Plausch den Vorschlag macht, Sie zum Essen einzuladen, sollten Sie vorsichtig nachfragen, wie er das meint.

Indes spricht vieles dafür, dass Haie Menschenfleisch nicht mögen. Andererseits wissen wir, was der Teufel in der Not so frisst. Man kann beim besten Willen nicht behaupten, dass Haie übermäßig gut schmecken, sie speichern Ammoniak und sondern wenig appetitliche Gerüche ab, dennoch essen wir sie. Die Isländer etwa greifen auf uralte Rezepturen zurück, um Grönlandhai oder Eishai halbwegs genießbar zu machen. Einige Wochen lässt man ihn an der bloßen Luft verfaulen, dann wird er in Kisten gepackt oder in der Erde vergraben, um ihn hernach weitere Zeit im Freien zu trocknen. Hákarl, wie er in den besten Restaurants Reykjaviks als Spezialität serviert wird, ist das Resultat kontrollierter Fermentierung, ähnlich wie der norwegische Raskfisk. Böse Zungen behaupten, die Isländer würden Hákarl nur essen, um einen Grund zu finden, große Mengen Brennivin-Schnaps hinterherzukippen. Ich glaube das nicht. Hákarl ist mir zwar bis heute versagt geblieben, Raskfisk habe ich hingegen schon gegessen. Einige meiner besten Freunde sind Norweger, und von denen weiß ich mit Bestimmtheit, dass sie kein Alibi brauchen, um eine Flasche Aquavit niederzumachen. Auch ohne Verdünnung würden sie den edelfaulen Fisch prächtig vertragen. Einem braven Rheinländer hingegen stößt Raskfisk in einer Weise auf, als wolle der zurück ins Meer – also führt am Flaschenhals kein Weg vorbei.

Fest steht, Menschen essen Haie weit häufiger als umgekehrt. Um nicht der Verharmlosung bezichtigt zu werden, will ich jedoch einräumen, dass auch unter Haien Isländer und Norweger anzutreffen sind, also Exemplare, die Menschen appetitlich finden. Ich verspreche feierlich, sie sind in der Minderheit. Vielleicht, weil sie keinen Schnaps zum Nachspülen haben. Definitiv aber, weil ihr Geschmackssinn ihnen blitzschnell sagt, was genießbar ist und was nicht. Ähnlich hoch entwickelt ist ihr Geruchssinn. Erinnern Sie sich an die pendelnden Kopfbewegungen des Megalodon, wenn er winzigen Duftspuren folgte? Heutige Haie stehen ihm in nichts nach. Nur ein einziges Meerestier hat ein noch feineres Näschen. Dem Aal genügt ein Duftmolekül auf 2,9 Trillionen Wassermoleküle, um seinen Weg zu finden. Aalwanderungen gehören zu den erstaunlichsten Phänomenen im Tierreich. Nicht zuletzt ihrem phänomenalen Geruchssinn verdanken es die langen Kerle, dass sie Ozeane durchqueren und mit traumwandlerischer Sicherheit eine ganz bestimmte Flussmündung finden können.

Gekrönt wird der Sinnesapparat des Hais durch die so genannten Lorenzinischen Ampullen. Diese besonderen Poren an Kopf und Maul verdienen nähere Betrachtung. Mit ihrer Hilfe sind Haie in der Lage, selbst schwächsten elektrischen Feldern nachzuspüren. Entdeckt wurden die Ampullen von dem italienischen Mediziner Stefano Lorenzini, der sie 1678 in seinem Standardwerk über Torpedorochen (das sind ebenfalls Haie) erstmals erwähnt. Dicht unter der Haut des Hais verteilen sich winzige Bläschen, via haardünner Kanäle mit den Porenöffnungen verbunden. Kanäle und Bläschen sind angefüllt mit einer leitenden Gelatine, die noch Spannungen von 0,01 Mikrovolt ins Hirn des Hais transportiert. Jeder Organismus ist von einem elektrischen Feld umgeben und sendet Impulse aus. Ein Tier mag sich unter Korallenvorsprüngen verstecken oder im Sand eingraben, seine elektrischen Felder werden es verraten. Auch in welcher Verfassung sich ein Lebewesen befindet, scheint der Hai dank seiner Ampullen zu erkennen. Erich Ritter hat festgestellt, dass große Weiße unterschiedlich auf Menschen reagieren, je nachdem, wie schnell deren Herz schlägt. Angst ist nicht nur ein schlechter Ratgeber, sie beschleunigt zudem die Herzfrequenz, und Herzen sind elektrische Taktgeber. Möglicherweise erwacht in Haien der Jagdinstinkt, wenn sie rasende Herzschläge wahrnehmen. Um mehr darüber herauszufinden, ging Ritter so weit, sich unter Wasser in Trance zu versetzen und seine Herzfrequenz drastisch zu senken. Das schien die Neugier der Tiere zu erregen. Sie kamen auf Tuchfühlung, ohne jede Aggression. Schließlich griff Ritter nach der charakteristischen Rückenflosse eines 7-Meter-Hais und ließ sich von diesem spazieren tragen.

Die Ampullen haben jedoch noch eine weitere Funktion. Im Leben der Haie nehmen sie den Platz eines Navigationssystems ein. Denn Feldstärken messen wir nicht nur bei Organismen. Auch Meeresströmungen transportieren Elektrizität, und das Erdmagnetfeld ist nichts anderes als eine elektrische Landkarte. Zudem hat man festgestellt, dass die Ampullen extrem sensibel für Temperaturschwankungen sind, bis hin zu einem Tausendstel Grad. So finden Haie zu entlegenen Laichplätzen und lohnenden Beutegründen.

Wie lebt ein Hai? Er kann ja nicht immerzu nur fressen. Lange hat man Haien ein ausgeprägtes Sozialverhalten abgesprochen. Inzwischen wird deutlich, dass die Tiere in komplexen Strukturen und Hierarchien zu Hause sind. Größe und Erfahrung spielen im Verbund mithin die wichtigste Rolle. Große, starke Haie herrschen über kleinere. Doch weist das Ethogramm der Haie weit differenziertere Züge auf. Ethogramme nennt man Persönlichkeitsprofile, die Aufschluss darüber geben, wo das ererbte Verhaltensrepertoire einer Spezies endet und wo individuelles, selbst erlerntes Verhalten seinen Anfang nimmt, außerdem, wo die Talentgrenzen liegen, also die definitive Obergrenze der intellektuellen Entwicklungsfähigkeit.

Blut etwa gilt als Schlüsselreiz für Haie. Ein stark blutender Fisch wird sie zum Fressen animieren, so ist es ihren Genen eingegeben. Der erste Mensch allerdings, den ein Hai zu Gesicht bekommt, stellt ihn vor völlig neue Herausforderungen. Für diesen Kontakt gibt es keine eindeutige genetische Disposition. Also wird der Hai seinem Festspeicher eine neue Datei hinzufügen. Die Frage ist, bis zu welchem Grad er Reize verarbeiten kann, auf die sein Instinkt keine vorgefertigten Antworten gibt. Wie es aussieht, liegen die Talentgrenzen einiger Haie ziemlich weit oben, soll heißen, sie sind zu differenzierten Reaktionen fähig und weisen sich durch hohe geistige Verarbeitungskapazität aus. Einige Haiforscher vertreten inzwischen die Ansicht, man könne zu Haien so etwas wie freundschaftliche, also vertrauliche, koexistenzielle Kontakte aufbauen. Tatsächlich spielten Wegner und Ritter während des Surfroboter-Experiments mit einem stattlichen Weißhai. Man kann nicht anders, als die Filmaufzeichnungen mit hängender Kinnlade zu betrachten. Der Weiße kommt dicht ans Schiff, steckt den Kopf aus dem Wasser, und Ritter tätschelt ihm die Nase. Das ist der Riese nicht gewohnt. Verwirrt zieht er sich zurück, kommt beinahe schüchtern wieder und will weiter getätschelt werden. Minutenlang geht das so. Ich habe die Freude, Ihnen mitzuteilen, dass Dr. Ritter unverändert im Besitz seiner Hand ist. Wie der Hai über die Sache dachte, lässt sich nur vermuten – unangenehm war es ihm jedenfalls nicht.

Auch untereinander können Haie liebevoll sein. Da wird schwer geturtelt. Ähnlich wie Wale suchen die Weibchen geschützte, angenehm temperierte Buchten und Lagunen auf, um dort entweder Eier zu legen oder lebende Junge zu gebären (Haie gebären je nach

Art unterschiedlich). Die Kleinen wachsen nur langsam heran, sind aber früh auf sich gestellt. Erst mit etwa 30 Jahren sind sie zeugungsfähig – auch ein Grund, warum sich die Überjagung der Tiere so katastrophal auswirkt. In Zeiten, da man seiner Flossen halber gemeuchelt wird, muss man erst mal 30 werden.

Es gibt noch andere Gründe, warum Haie dezimiert werden. Ihre Leber ist stark ölhaltig und reich an Vitamin A. Als Schmiermittel für Flugzeughydraulik gelangt sie ebenso zum Einsatz wie in Cremes, Parfüms und Arzneiprodukten. Dann wieder geht es schlicht ums Kräftemessen. Wer die Biographie Ernest Hemingways gelesen hat, weiß, dass *Der alte Mann und das Meer* einige seiner persönlichen Erfahrungen beim Hochseeangeln spiegelt. Hemingway schwankte auf eigentümliche Weise zwischen sensiblem Beobachter und zwanghaftem Macho. Letzterer sah im Hai den ultimativen Gegner für den ganzen Kerl. Von alters her ist das Erlegen der Bestie Männersache. Im Erfolgsfall sichert sie dem Jäger einen überlegenen sozialen Status. Aus diesem Grund wird der Hai von allerlei Alphamännchen immer wieder aufs Neue herausgefordert. Hai-Safaris, auf denen verfettete Manager samt ihrer angetrockneten Luxusweibchen Fangleinen und Schlimmeres auswerfen, fordern jährlich zahlreiche Opfer unter Haien. Zunehmend »jagen« so genannte Sportfischer mit Explosivgeschossen oder werfen einfach Handgranaten ins Wasser, wenn sie Haie erblicken. Wohin das führen kann, zeigt ein Fall aus Florida: Dort verschluckte ein Weißhai die Granate und schwamm damit unter die Yacht der Übeltäter, wo er explodierte und ein Loch in den Schiffsrumpf riss. Die Herren Sportfischer soffen ab. Man wünscht ihnen noch Schlimmeres.

Sollten Haie am Ende ganz nett sein? Klar sind sie das.

Aber!!!

Wenn Sie jetzt Lust bekommen haben, im nächsten Badeurlaub Kontakt zu Haien aufzunehmen, kommen Sie hinterher nicht mit dem Bein unterm Arm und sagen, ich hätte Sie nicht gewarnt. Die Natur ist und bleibt wild. Sie würden auch keinen Dobermann aus Blödsinn in die Ohren zwicken, also üben Sie Zurückhaltung. Wenn Sie nicht sicher sind, was der Hai von Ihnen will, verhalten Sie sich ruhig, möglichst ohne sich zu bewegen. Im Zweifel ziehen Sie sich langsam ins Riff zurück. Haie haben es nicht so sehr mit enger, zerklüfteter Umgebung; außerdem gewinnen Sie so Rückendeckung. Führen Sie niemals blutige Fischreste oder gespeerte Fische mit, denn nicht nur Haie werden davon wild. Auch Barrakudas könnten sich unvermutet einfinden und Ihnen an die Wäsche gehen. Zappeln Sie nicht wild herum, das tun im Verständnis der Haie nur verletzte Tiere. Laute Schreie, wenn es hart auf hart kommt, sind geeignet, Haie zu vertreiben. Sollte es Ihnen gelingen, einen angreifenden Weißhai oder Tigerhai auf die Augen zu schlagen, werden Sie erstaunt sein, wie schnell sich eine meterlange Bestie in einen Jammerlappen verwandelt, und Sie können im Freundeskreis ordentlich angeben.

Um sich für den seltenen Fall einer Attacke zu wappnen, empfiehlt es sich, einen Haistock mitzunehmen. Manche der spazierstocklangen Waffen sind am Ende mit einem Dorn bestückt, andere setzen elektrische Impulse frei. Haie hassen Elektroschocks wie die Pest, ihre Lorenzinischen Ampullen spielen dann verrückt. Das Haiabwehrgerät POD (*Protective Ocean Device*) überflutet das Gesichtsfeld der Tiere mit verwirrenden Impulsen und erzeugt schmerzhafte Krämpfe.

Ansonsten: Viel Spaß!

Was immer Sie jedoch tun – auf gar keinen Fall sollten Sie dem einheimischen Reiseleiter vertrauen, der Sie an der Bar damit zu verarschen sucht, sein Schwager habe einen Tigerhai mit dem Messer getötet. Die Legende vom edlen Wilden, der Haien den Bauch aufschlitzt, ist schlicht und einfach Quark. Niemand weiß das besser als die Einheimischen selber, aber Touristen sind nun mal so wunderbar naiv.

Jedes Jahr sterben zehn Menschen auf der Welt durch Haie. Jedes Jahr sterben 200 Millionen Haie durch Menschen. Haie brauchen unser unvoreingenommenes Interesse, unseren Schutz. Von den 470 bekannten Haiarten sind 100 akut bedroht, manche auf ein Zehntel ihrer ursprünglichen Bestände geschrumpft. Der Weiße Hai gilt als biologisch ausgestorben. Sollte es alle Haie dahinraffen, würde das marine Ökosystem im Verlauf weniger Jahre kippen. Die Meere würden sterben. Und wenn die Meere sterben, geht es auch uns nicht eben prächtig. Oder unseren Kindern, wenn der Verweis hilft. Höchste Zeit also, der unheiligen Angst Herr zu werden.

Sie können ja ganz harmlos anfangen. Mit Eishockey. Ein Besuch beim KEC Haie lohnt auf jeden Fall.

Das Imperium der Armleuchter

Wir gehen tiefer.

Selbst dort, wo kein Sonnenstrahl hindringt, gibt es Haie. Weißhaie zieht es in Tiefen unter 1.000 Meter. Der Grauhai (nicht zu verwechseln mit dem grauen Riffhai) fühlt sich zwei Kilometer unter der Meeresoberfläche am wohlsten. Doch so weit müssen wir gar nicht runter. Schon wenige hundert Meter unter dem Wasserspiegel ist es so dunkel, dass wir allen Grund haben, die Augen aufzureißen.

Nicht wegen der Schwärze.

Wegen des Lichts.

Stellen Sie sich vor, Sie sind in stockfinsterer Nacht unterwegs. Sagen wir, Sie kommen von einer Party, auf der es zwar reichlich zu trinken, aber nicht genug zu essen gab. Also steuern Sie den nächsten McDonalds an und genehmigen sich einen Burger, komplett mit Käse und Majo und allem Drum und Dran. Danach setzen Sie Ihren nächtlichen Heimweg fort und strahlen. Und wie Sie strahlen! Sie leuchten, genauer gesagt leuchtet der Burger in Ihrem Bauch. Aus weiter Entfernung sind Sie plötzlich zu sehen: Ich hatte vergessen zu erwähnen, dass Sie selbst transparent sind (wenn wir schon rumspinnen, dann richtig).

Nur, so spinnert, wie es sich anhört, ist das Ganze keineswegs. Zumindest nicht in der Tiefsee. Da strahlen viele – die Verspeisten wie die Unverspeisten.

Die oberen 200 Meter des Meeres bezeichnet man als euphotische oder durchleuchtete Zone. Hier ist Photosynthese möglich, wenngleich die Umwandlung von Sonnenlicht ab 40 Meter Tiefe merklich zurückgeht. In einem tropischen Korallenriff etwa reichen die Aktivitäten der Zooxanthellen schon in geringerer Tiefe nicht mehr aus, um die Korallenpolypen ausreichend im Wachstum zu unterstützen. Dennoch gilt die gesamte euphotische Zone als Sauerstofffabrik der Ozeane.

Farben hingegen verschwinden im Wasser nach wenigen Metern. Wasser streut und absorbiert Lichtwellen, langwelliges Licht zuerst. So sieht man schon in zehn Meter Tiefe kein Rot mehr. Als Nächstes wird Orange herausgefiltert, dann gelbes, schließlich grünes Licht. Auch Blau verliert sich, allerdings vergleichsweise langsam. Seine kurzen Wellen reichen bis tief hinab. Pro Meter Wassertiefe verliert es knapp 1,8 Prozent seiner Intensität. Unterhalb von 200 Metern liegt die Disphotische Zone oder Restlichtzone. Tatsächlich lässt sich noch in 1.000 Meter Tiefe Licht nachweisen, allerdings in so geringer Intensität, dass man die Photonen zählen kann. Darunter erstreckt sich die Aphotische oder Dunkelzone. Ab hier deutet nichts mehr auf das Vorhandensein einer Sonne hin.

Trotzdem verfügen viele Bewohner der Restlichtzone und der Dunkelzone über erstaunlich gute Augen. Zwar sehen speziell Letztere kein Sonnenlicht, dafür aber andere Tiere. Mal blinkt es einsam in der Ferne, dann wieder funkelt es wie ein Feuerwerk. In der Tiefe der Meere hat Miss Evolution die wahrhaft großen Leuchten geschaffen, weil sie den Kindern der ewigen Finsternis eine spektakuläre Sonderausstattung zuteil werden ließ:

Biolumineszenz.

Rund 90 Prozent allen biologisch erzeugten Lichts sind blau. Wie wir schon gesehen haben, trägt diese Wellenlänge am weitesten. Eines der faszinierendsten Beispiele für Biolumineszenz spielt sich übrigens nicht in den Tiefen ab, sondern an der Wasseroberfläche. Ein halbes Jahrhundert vor Christus erzählte der griechische Seefahrer und Naturwissenschaftler Anixinemenes von einem geheimnisvollen Meeresleuchten, das blaugrün erstrahle, sobald man eine Hand ins Wasser stecke oder mit einem Ruder hindurchstreiche. Springe ein Mensch gar nachts von Bord eines Schiffes, erglühe er selber auf mysteriöse Weise. Zwei Jahrtausende später wurde das Geheimnis gelüftet, als man Wasserproben unter dem Mikroskop untersuchte und sie gesättigt fand von Noctiluca scintillans, Noctiluca miliaris und Pyrocystis noctiluca: 0,2 bis 2 Millimeter große Dinoflagellaten, die sich vermittels rotierender Geißeln wie winzige Unterseeboote voranschrauben. Diese einzelligen Panzeralgen senden rhythmische Lichtimpulse aus, wenn man sie berührt, so genanntes biogenes Licht. Im Griechischen heißt Bios Leben,

Lumen ist lateinisch und bedeutet Licht – zusammengenommen Biolumineszenz.

Winzige Wellenbewegungen reichen den Algen, um ihr körpereigenes Enzym Luziferase zur Bildung des Substrats Luziferin zu veranlassen. Dieses reagiert mit Sauerstoff. Das daraus resultierende Leuchten stellt jede Glühbirne buchstäblich in den Schatten, denn die Energieausbeute beträgt 100 Prozent – gerade mal fünf Prozent sind es bei elektrischem Licht. Dabei wird so gut wie keine Wärme erzeugt. Algen produzieren kaltes Licht. In welchem Ausmaß, zeigten Satellitenaufnahmen der See vor Somalia. Auf einer Fläche von rund 15.000 Quadratkilometern schimmerte das Wasser drei Nächte hintereinander wie Perlmutt, während sich das leuchtende Areal mit der Strömung langsam entfernte. Meeresleuchten ist ein typisches Indiz für Algenblüten, also die massenhafte Produktion von Phytoplankton in besonders nährstoffreichem Wasser. Die Satellitenbilder helfen so, Aussagen über die Meeresströmungen zu treffen, mit denen Nährstoffe herantransportiert werden.

Viele größere Bewohner tiefer Schichten wie Fische und Quallen sind in der Lage, Luziferin in speziellen Körperzellen zu erzeugen, den Photoporen. Man spricht in diesem Fall von Leuchtorganen. Ein Begriff, der sich bei Einzellern erübrigt, da diese selbst das Organ sind. Wer kein eigenes Licht produzieren kann – Anglerfische etwa und einige Tintenfische –, dem verhelfen biolumineszierende Bakterien zu funkelnder Präsenz, indem sie winzige Körpertaschen ihrer Wirte besetzen und von deren Stoffwechsel profitieren. Bemerkenswert ist, dass Tiefenbewohner nicht einfach vor sich hin strahlen, sondern selbst entscheiden, wann sie gesehen werden wollen und wann nicht, Bakterien ebenso wie Fische. Die Eigenproduzenten knipsen sich praktisch an und aus, die Wirte öffnen und schließen ihre Körpertaschen.

Wozu ist das blaue Wunder nun gut, das mitunter auch gelb oder grün sein kann? Zur weiträumigen Erhellung der Umgebung taugt es kaum. Was Menschen vorkommt wie ein gelungener Versuch von Miss Evolution, uns prächtig zu unterhalten, dient ausgeklügelteren Zwecken. Es geht um die drei Grundregeln des Lebens in ewiger Finsternis:

1. Fressen, ohne sich viel zu bewegen
2. Möglichst nicht gefressen werden
3. Sex, Sex und nochmal Sex

Befassen wir uns mit Regel Nummer eins, nämlich wie man etwas zu beißen bekommt, ohne sich von der Stelle zu bewegen. Im Allgemeinen schwimmt das Essen davon, sobald es den Jäger erblickt. Ergo sollte man erwarten, dass Räuber die Schwärze der Tiefsee schätzen und unsichtbar bleiben. Da dies sehr zu Lasten der Gejagten ginge, werden auch diese sich tarnen, und die allerbeste Tarnung wäre theoretisch, ebenfalls nicht gesehen zu werden.

Pardon, sagt Klein-Fritz, aber dann ist die ganze Idee der Biolumineszenz doch völliger Blödsinn! Leuchtet der Jäger, macht sich das Opfer von hinnen, leuchtet es selbst, zieht es ihn an.

Nein, kontert Klein-Erna, überhaupt kein Blödsinn. Wenn überall die Lampen ausgingen, hätte keiner was davon. Wie soll ein Räuber seine Beute finden in pechschwarzer Nacht, wie soll überhaupt jemand was zu fressen finden? Alle würden wie paralysiert in der Tinte sitzen, bekämen Kopfweh vom Lärm des allgemeinen Magenknurrens, und Sex gehörte der Vergangenheit an.

Mädchen sind ja so viel weiter als Jungs.

Es gibt also nur eine Alternative. Entweder keiner leuchtet. Oder alle! Ersteres erübrigt sich, bleibt Las Vegas bei Nacht.

Darum leuchten beispielsweise auch die Anglerfische, gefräßige Gesellen mit Ballonkörpern und riesigen Mäulern voll nadelspitzer Zähne, die unterhalb von 1.000 Metern zu Hause sind, in der Dunkelzone. Genauer gesagt leuchtet nur ihr Köder. Ein biegsamer, langer Fühler entwächst ihrer Stirn, an dessen Ende etwas Glimmendes hin- und herschwingt, ein mit Leuchtbakterien gefülltes Säckchen. Ausschließlich dieses nehmen andere Tiere in der Dunkelheit wahr. Dass zu den lustig zappelnden Glühwürmchen ein zähnestarrendes Untier gehört, das reglos ihrer harrt, kommt ihnen nicht in den Sinn. Appetitlich sieht das Würmchen aus, also schwimmt man näher heran, versucht, danach zu schnappen, und wird selber verschlungen. Anglerpech.

Eigentlich ist die Angel ein verlängerter Rückenstachel, den Miss Evolution variantenreich gestaltet hat. Bei manchen Anglerfischen denkt man an zitternde Lanzettfischlein, andere tragen einen verzweigten Leuchtpuschel am Ende ihrer Angelrute oder locken mit wogenden Neonfäden. Dem so genannten Wunderfisch wächst der Köder direkt aus dem Gaumen. Dann gibt es welche, die mit fleischigen Barteln wedeln. Mal sitzt der Köder unmittelbar vor dem Rasiermessergebiss, mal ragt er weit hinaus. Ganz besonders helle ist Linophryne, nämlich mit zwei Angeln ausgestattet. Eine sitzt oben am Kopf, eine weitere am Kinn. Den Titel »Bizarrster Fisch der Tiefsee« verdient aber ohne jeden Zweifel der Hairy Angler, ein kreuzhässlicher Flossensack, von dessen Kopf und Körper Dutzende langer Stacheln und Fäden abstehen. Im hungrigen Zustand ähnelt er einer zerbeulten Handtasche. Voll gefressen schwillt er zu praller Größe an. Seine Beute ist oft größer als er selber.

Die gläsern schimmernden Gebisse der Angler verlieren ihren Schrecken, wenn man sie aus dem Wasser an die Oberfläche holt. Sonderlich groß ist keiner von ihnen. Manche messen nur wenige Zentimeter, andere bis zu einem Meter. Schlaff fühlen sie sich an und schlabberig, und tatsächlich ist ihre Muskulatur unterentwickelt. Im Dunkeln ergeben ausgedehnte Verfolgungsjagden wenig Sinn, man muss kein guter Schwimmer sein, sondern eher ein guter Täuscher. Tiefseeangler bewegen sich mit kurzen, ruckartigen Schwanzschlägen mehr schlecht als recht durchs Leben und sind vom Windkanal weiter entfernt als eine Postkutsche von einem Düsenjet. Ihr Leben besteht aus Abwarten und Energie sparen. Große Augen brauchen sie bei dieser Lebensweise nicht, zumal viele von ihnen auf Druckveränderungen reagieren. Es ist beinahe unmöglich, sich an ihnen vorbeizuschleichen. Mit der Präzision eines Industrieroboters lassen sie ihre Kiefer genau dort zusammenschlagen, wo man gerade auf leisen Flossen entlangzuhuschen sucht. Die mit Sensoren bestückte seitliche Körperlinie des Räubers, das Lateralorgan, arbeitet wie ein Radioempfänger, registriert und koordiniert kleinste Wellenbewegungen. So üppig, wie der Hairy Angler damit ausgestattet ist, müsste er sich im Grunde gar nicht bewegen. Allerdings fehlt Anglern die Schwimmblase. Also paddeln sie wenigstens ein bisschen, um nicht abzusacken.

Andere Extremisten der Tiefe wie der Fangzahn tragen solch imposante Hauer im Maul, dass sie ihre Kiefer nicht mehr schließen können und ihre Beute schlicht einsaugen. Drachenfische wiederum sind weniger klobig als Angler, sondern lang gestreckt. Beim Anblick ihres Kopfes fühlt man sich wahrhaftig an alte Darstellungen von Drachen erinnert. Man findet sie vornehmlich dort, wo Restlicht- und Dunkelzone aneinander grenzen. Die meisten finden in einer Handfläche Platz, allerdings tragen sie am Kinn einen Köder, der mehrere Meter lang werden kann. Diese Bartel, oft mit mehreren Leuchtorganen versehen, lockt die Beute von unten an, sodass der Drachenfisch herabstößt, sobald etwas an ihm knabbert. Allerdings können manche Vertreter der Drachenfische noch ein bisschen mehr. Ihnen verdankt es sich nämlich, dass auch die Tiefsee über ein Rotlichtviertel verfügt.

Schwimmen die kleinen Räuber etwa mit erigierter Bartel zum Stelldichein?

Nicht ganz. Vielmehr verfügen Drachenfische wie Melanstomias über zwei zusätzliche Leuchtorgane gleich hinter den Augen, regelrechte Scheinwerfer, die ausnahmsweise geeignet sind, die unmittelbare Umgebung zu erhellen – allerdings nur für den Drachenfisch selbst. Denn das ausgestrahlte Licht ist Infrarot, eine Frequenz, die nur er sehen kann. Grundsätzlich erscheint Rot in der Tiefsee schwarz. Melanstomias' Superleuchten, mit denen er seine Beute bestrahlt, sind darum für diese unsichtbar. Er kann sie sehen, sie ihn nicht. So bemerkt sie sein Herannahen erst, wenn sich die Kiefer mit den Nadelzähnen um sie schließen. Wenige Spezies verfügen über ein so feines Überraschungsmoment. Zudem können Drachenfische mit anderen Drachenfischen heimliche Blinkzeichen austauschen, von denen sonst niemand was mitbekommt: Hey, pssst, heute Abend Garnelenessen bei Rudi? – Au ja, super, wer kommt noch? – Rosi und Bernd. – Toll, ich freu mich. – Dem Hairy Angler verraten wir aber nichts, okay? – Alles klar, ich sach nix.

Dennoch würde ich niemandem wünschen, im nächsten Leben als Drachenfisch auf die Welt zu kommen. Andererseits, wenigstens würden Sie dann zu den Jägern gehören. Wie aber schützen sich die Gejagten?

Damit kommen wir zu Regel Nummer zwei: Möglichst nicht gefressen werden. Angenommen, das Schicksal will es, dass Sie als Tiefseequalle wiedergeboren werden, sagen wir als Periphylla. Dann sollten Sie versuchen, sich überhaupt nicht zu bewegen. Biologen sprechen von Minenfeldtaktik. Falls Sie sich aber doch mal kratzen müssen und ein Jäger Sie ins Visier nimmt, warten Sie ganz cool, bis er Sie fast gepackt hat, und blitzen überraschend auf. Soll heißen, Sie verwandeln sich von einer Sekunde auf die andere in eine rotierende Leuchtreklame, was dem Angreifer den Schrecken in die Gräten jagt, denn plötzlich ist er den Blicken seiner Feinde ausgesetzt. Der Fachbegriff hierfür lautet Räuberalarm. Wer je mit einem Tauchboot in die unteren Schichten vorgedrungen ist, kann vom großen Feuerwerk berichten, das unvermittelt aufflammt:

Quallen, die ihrer Verärgerung nicht Luft, sondern Licht machen. Ihre Körper, ihre Tentakel, das ganze Viech erstrahlen taghell. Wer der Qualle Colobonema zu nahe kommt, dem schleudert sie außerdem ihre Fangarme entgegen und macht sich davon, während man noch mit ihren zuckenden Extremitäten beschäftigt ist.

Willkommen im Reich der Armleuchter.

Viele Arme sind der Beute Tod. In der Tiefsee stößt man auf illustre Gesellschaften räuberischer Tintenfische. Viele der zehnarmigen Tiefseekalmare biolumineszieren, allerdings nicht, um der Beute mit Tatütata und Blaulicht hinterherzuflitzen, sondern um ihrerseits Jäger zu verwirren, die es auf Armleuchter abgesehen haben. Der Kalmar Watasenia etwa sprenkelt seinen Körper mit Lichtpunkten, die seine Kontur auflösen, womit er sich vor den Augen seiner Verfolger regelrecht deformiert. Aus einem Einzeltier wird plötzlich eine Ansammlung vieler kleiner Tiere, was den Angreifer durcheinander bringt. Auf welches der Pünktchen soll er sich konzentrieren? Ähnlich schafft sich Lycoteuthis, die Wunderlampe, Feinde vom Hals. Der in drei Kilometern Tiefe beheimatete winzige Tintenfisch erstrahlt in allen Regenbogenfarben und verwischt so seine Konturen. Sein Vetter Liocranchia trägt stattdessen kreisförmig angeordnete Leuchtflecken um seine Augen, was Aggressoren den Eindruck zweier Quallen vermittelt – und die mag nicht jeder.

Ein ganz besonderer Fall von Armleuchter ist der »Vampir aus der Hölle«, der seinen leicht hysterischen Namen einer deutschen Tiefseeexpedition verdankt, die ihn Ende des 19. Jahrhunderts aus dem Pazifik fischte. Dabei misst Vampyroteuthis infernalis eben mal zehn bis 15 Zentimeter, trägt allerdings Draculas Nachtgewand: Zwischen seinen Armen spannen sich umhangartige Häute. Außerdem ist Vampyroteuthis schwarz mit roten Nuancen und verwandt mit dem riesigen Architeuthis. Man sollte also nett zu ihm sein, sonst kommt die muskelprotzende Verwandtschaft. Wissenschaftler halten es für möglich, dass der Vampirtintenfisch seit 300 Millionen Jahren unverändert in der Tiefsee überdauert hat und damit nicht nur ein lebendes Fossil, sondern womöglich der Urvater aller heutigen Kalmare ist. Ein echter Untoter halt.

Wo es dunkel ist, kann er jedoch niemanden mit seinem Bela-Lugosi-Look beeindrucken, weshalb er zum Mittel der Biolumineszenz greift. Aus riesigen, rot oder blau leuchtenden Augen starrt er in die Welt – kein Tier hat so große Augen, verglichen mit der Körpergröße. Wird er angegriffen, krümmen sich seine Arme wie Krallen, und Lichtwellen huschen in rascher Folge darüber hinweg. Das alleine ist geeignet, den Angreifer nachhaltig zu verdattern, doch kann Vampyroteuthis noch mehr. So wie Tintenfische der oberen Schichten schwarze Wolken ausstoßen, vernebelt Vampyroteuthis die Sinne seiner Feinde mit Lichtschwaden, indem er ihnen Wolken von Leuchtbakterien entgegenschleudert. Bis sich der Geblendete wieder gefangen hat, ist der kleine Vampir schon in der Dunkelheit untergetaucht.

Auch in anderer Hinsicht verdient der Fledermauskalmar Aufmerksamkeit. Lange war man sich nämlich gar nicht schlüssig, ob es sich überhaupt um einen Kalmar oder eher um einen Kraken handelt. Trotz aller Ähnlichkeit mit den Kalmaren scheint Vampyroteuthis nur acht Arme zu besitzen statt der erforderlichen zehn. Erst bei näherem Hinsehen entdeckt man zwei zusätzliche, fadendünne Auswüchse ohne Saugnäpfe, die das Tier die meiste Zeit zusammengerollt in Körpertaschen verstaut. Möglicherweise schmeckt es damit. Was jedoch wirklich erstaunt, ist seine Fähigkeit, in sauerstoffarmer Umgebung zurechtzukommen und trotz extrem verlangsamten Stoffwechsels blitzschnell reagieren zu können. Das Geheimnis liegt dem kleinen Kerl wie jedem anständigen Vampir im Blut: statt Hämoglobin enthält es Hämocyanin, einen Stoff, der sich auch unter lebensfeindlichen Bedingungen zur Sauerstoffgewinnung eignet. Die meiste Zeit seines Nachtschattendaseins verbringt Vampyroteuthis in Trägheit, doch sobald es drauf ankommt, flattert er schneller davon als Nosferatu, wenn er mal für kleine Blutsauger muss.

Nur einer schlägt Vampyroteuthis, was die Kunst der Verteidigung betrifft, ein Ruderfußkrebschen. Das schießt bei Gefahr eine Leuchtwolke ab, die man erst mal gar nicht sieht. Mit einiger Zeitverzögerung explodiert das Wölkchen in einem gleißenden Blitz, dem der Jäger sogleich hinterherspurtet – natürlich in die falsche Richtung. Ungefähr so, als stünde Catherine Zeta-Jones im Westflügel der Paramount-Studios, während alle Männer in den Ostflügel stürzen, wo ihr Duft in der Luft hängt.

Nur die wenigsten Kreaturen der Dunkelzone verzichten völlig auf Leuchtorgane. Der Pelikanaal zum Beispiel besitzt keine Photoporen, ist allerdings ein derart merkwürdiger Zeitgenosse, dass Miss Evolution nach Fertigstellung vielleicht fand, man müsse es nicht übertreiben und den Burschen auch noch leuchten lassen. Das Tierchen zu beschreiben ist gar nicht so einfach. Vielleicht so: Man stelle sich eine riesige, bauchige Muschel mit lederiger Oberfläche vor, die plötzlich aufklappt. Nur ein schmales Scharnier scheint die beiden Hälften miteinander zu verbinden. Reihen kleiner, nadelscharfer Zähne werden sichtbar. An der Oberseite des gewaltigen Mauls sitzen winzige, punktförmige Augen. Damit ist der ganze Kerl beschrieben, fehlt nur noch der dünne, rund ein Meter lange Schlauch, welcher der oberen Hälfte entspringt, als trage die Muschel ein Zöpfchen. In Wirklichkeit handelt es sich dabei um den Körper eines Tieres, dessen Kiefer einzig von einer elastischen Membran zusammengehalten werden. Was klingt wie ein Fisch, der miserabel schwimmt, ist auch ein Fisch, der miserabel schwimmt. So miserabel, dass der Pelikanaal senkrecht in der Tiefe hängt und – wenn ihm was zu nahe kommt – einfach seine Kiefer auseinander klappt. Der entstehende Sog befördert die Beute ins Innere des Schlauchkörpers, der sich als noch dehnbarer erweist als der des Hairy Angler. Könnte ja sein, dass die Beute ebenfalls was gefressen hat, das größer war als sie selber.

Überflüssig zu erwähnen, dass in der Dunkelzone jeder jeden vernascht. Wo wir aber gerade beim Vernaschen sind: Erinnern Sie sich noch an die Paarungsgewohnheiten des Anglerfischs aus dem Kapitel »U-Boote vor Gondwana«? Stichwort Sexualdimorphismus: Ein riesiges Weibchen und ein winziges Männchen, das mit den Genitalien seiner Herzdame verwächst. Auch Partnersuche und Begattung sind kein spaßiges Unterfangen in der Dunkelzone, also wird Biolumineszenz fleißig eingesetzt, um sich als paarungswilliges Männchen oder Weibchen auszuweisen. Regel Nummer drei: Sex, Sex und nochmal Sex!

Der Köder des Anglerfischweibchens wird dabei vom Männchen als Zeichen sexuellen Appetits verstanden, worauf es eilt, dem Begehren zu entsprechen. Winzig ist das Männchen, hat auch keine Angel, muss wahrscheinlich nie in seinem Leben jagen, sondern sich lediglich mit heftigen Schlägen seines kleinen, muskulösen Schwanzes durch die Nacht stoßen, bis es sein Ziel erreicht hat. Dieses scheidet zur besseren Orientierung noch ein paar ermunternde Düfte aus. Anderen Dunkelzonenbewohnern ist selbst das zu kompliziert. Sie ziehen es vor, beide Geschlechter in sich zu vereinen. Zwitter kommen mit zunehmender Tiefe häufig vor. Man selbst ist schließlich der Einzige, den man in stockfinsterer Nacht nicht verlieren kann; und dass man sich wegen einer Jüngeren verlässt, steht auch nicht zu befürchten.

Nur die gewaltigsten Tiere der Dunkelzone ziehen es vor, unsichtbar zu bleiben. Eines davon, der Pottwal, kommt gelegentlich zu Besuch aus den oberen Schichten, nimmt seine Portion Leuchtfutter ein – vornehmlich Kalmare – und kehrt zurück ins Sonnenlicht. Ein ständiger Bewohner der Tiefe ist hingegen Architeuthis, der ebenso wenig leuchtet wie der Wal. Dennoch liefern sich beide mitunter heftige Kämpfe, die der Pottwal mal gewinnt und mal verliert, denn sein Gegner ist überaus groß und kräftig und besitzt einen Furcht erregenden Hornschnabel. Selbst die Saugnäpfe des Architeuthis sind mit winzigen Zähnchen bestückt, die sich zu Abertausenden in den Speck des Feindes bohren. Das größte bislang gefundene Architeuthis-Exemplar lag 1933 ziemlich ramponiert am Strand von Neufundland und maß 22 Meter. Bei der Obduktion gestrandeter Pottwale hat man jedoch Reste im Verdauungstrakt gefunden, die vermuten lassen, dass manche der gewaltigen Kalmare noch größer werden. Keine Taverne Griechenlands ist groß genug, um solche Calamari zu frittieren. Allerdings wäre es auch keine gute Idee. Das Gewebe der Architeuthen trieft vor Ammoniumchlorid, was ihm unter Wasser Auftrieb verleiht und jedem noch so tapferen Tintenfischliebhaber den Appetit vergällt.

Während die Dunkelzone für transparente Körper keine Verwendung hat, fallen in der darüber liegenden Restlichtzone neben leuchtenden auch durchsichtige Tiere ins Auge. Beziehungsweise nicht, denn Transparenz ist ein anderer Trick, um nicht gesehen zu werden. Einige Flohkrebse muten wie Produkte höchster Glasbläserkunst an, schimmernde Wesen mit riesigen Augen, spitzen Beinen und Furcht einflößenden Zangen. Beruhigend zu wissen, dass die Außerirdischen maximal 20 Zentimeter groß werden. Kleinere Krebse ähnlicher Bauart lassen sich im Inneren gleichfalls durchsichtiger Salpen transportieren, deren tönnchenförmige Körper ihnen einen idealen Platz zur Eiablage bieten. Fische, Kraken und Kalmare, selbst Schnecken samt Gehäuse sind hier unten vollkommen durchsichtig oder mit metallischen Reflektorschichten überzogen. Und doch wäre die gläserne Pracht nichts ohne ihre eindrucksvollsten Vertreter: die Quallen, allen voran die Staatsqualle.

Was genau unter einer Staatsqualle zu verstehen ist? Selbst ausgewiesene Fachleute rätseln noch. In Ermangelung eines besseren Begriffs bezeichnete sie der Biologe Ernst Haeckel im 19. Jahrhundert als »Person«. Definitiv hat man es nicht mit einem Einzeltier zu tun. Ob es sich allerdings um eine Kolonie vieler Individuen handelt, ist ebenso fraglich. Derzeit spricht man am liebsten von Superorganismen, zusammengesetzt aus Tausenden transparenter Nesseltiere, die je nach Aufgabe unterschiedliche Gestalt und Größe haben. Einige sind ausschließlich für die Versorgung zuständig. Sie bilden die Tentakel des Wesens, holen Beute ein und leiten sie an die verdauende Fraktion weiter. Anderen obliegt die Verteidigung, wieder anderen die Sensorik. Außerdem gibt es Spezialisten für die Fortpflanzung und wieder andere, die für Auftrieb sorgen.

Eine der größten Staatsquallen der Welt, Apolemia uvaria, auch Kettenförmige Staatsqualle genannt, wird mitsamt ihrer Arme bis zu 40 Meter lang. Kürzlich hat man die verblüffende Entdeckung gemacht, dass neu gebildete Tentakel blaugrün, ältere jedoch in tiefem Rot erstrahlen, offenbar, um Fische herbeizulocken – verblüffend insofern, als der Drachenfisch uns lehrt, dass rotes Licht ab einer gewissen Tiefe nur von seinesgleichen wahrgenommen wird. Offenbar gibt es Ausnahmen, wenngleich niemand Näheres dazu sagen kann.

Die bekannteste Staatsqualle ist zugleich auch die gefährlichste. Sie heißt Portugiesische Galeere und ist vom Boot aus gut zu erkennen. Ihr Trägerorganismus ist ein einziger riesiger, gasgefüllter Polyp, der aus dem Wasser ragt und mit dessen Hilfe die Kolonie vor dem Wind kreuzt wie ein Segelschiff. Demnach sind Staatsquallen keine Geschöpfe der Tiefsee. Allerdings lauert unterhalb der Wasseroberfläche das Verderben in Gestalt etlicher Fangarme, deren untere Spitzen in Tiefen bis zu 50 Metern reichen. Was sich in dem Geflecht verheddert, sollte seine Angelegenheiten geregelt haben, denn es wird sterben. Kräftemäßig kann das Staatsgebilde nicht beeindrucken, allerdings sind seine Arme wie die der Korallenpolypen mit unzähligen giftigen Nesselzellen bestückt. Eine flüchtige Berührung reicht, und das Gift verursacht Herzstillstand und Atemlähmung. Auch Menschen sind unter den Opfern Apolemias. Mit heiler Haut ist noch niemand davongekommen, gerade diese schwillt unter dem Nesselbeschuss schmerzhaft an. Schafft man es jedoch mit Hilfe anderer rechtzeitig zur Oberfläche, hat man eine Chance zu überleben. Die Striemen müssen mit Salzwasser ausgespült werden, niemals mit Süßwasser! Man sollte keinerlei Versuche unternehmen, anhaftende Nesselzellen abzureiben, sondern Sand darauf häufen und die Tentakel langsam und vorsichtig mit einem Messer abschaben. Ist der Betroffene bei Bewusstsein, wird er vor Schmerzen stöhnen und schreien. Dagegen hilft fürs Erste fünfprozentige Essiglösung, die man über die Wunden gießt.

Und dann ab ins Krankenhaus – so schnell wie möglich!

Auch in der Tiefe sind Staatsquallen unterwegs und legen ihre leuchtenden, spinnwebartigen Netze aus. Ebenso wie Apolemia verfügen sie über Auftriebskörper, die mit Wasser statt mit Gas gefüllt sind. Anders geht es in der Tiefsee nicht. Wasser ist nur in geringem Maße kompressibel, während Gas pro zehn Meter, die man tiefer sinkt, auf die Hälfte seines Volumens gestaucht wird. Schuld ist der zunehmende Umgebungsdruck. Der durchschnittliche Luftdruck auf Meeresspiegelhöhe beträgt ein Bar oder eine Atmosphäre, also das Gesamtgewicht aller Luftschichten. Ziemlich genau ein Bar beträgt auch der Druckunterschied zwischen Erdoberfläche und äußerem Weltraum. Doch Wasser hat eine 800 Mal höhere Dichte als Luft. Schon in hundert Meter Tiefe beträgt der Druck elf Bar, Gas wird entsprechend komprimiert. In 3.000 Meter Tiefe lasten 300 Kilogramm auf jedem Quadratzentimeter Körperfläche! Unerfahrene Taucher, die aus 20 oder 30 Meter Tiefe zu schnell aufsteigen, haben ihre mangelnde Kenntnis der Physik schon mit dem Leben bezahlt, wenn sich ihr Lungenvolumen schlagartig wieder auf das Vielfache ausdehnte. Sind die Lungenflügel nicht vollständig ausgeblasen, können sie regelrecht explodieren. Bestenfalls hat man einen kleinen Lungenriss zu beklagen, oft genug endet der Tauchgang mit dem letzten Schnaufer.

Kreaturen der Tiefsee besitzen darum keine luftgefüllten Hohlräume. So können sie aufsteigen und sinken, ohne Schäden davonzutragen, solange sie den für sie verträglichen Druckbereich nicht verlassen. Auch schnelle Manöver in der Vertikalen stellen kein Problem dar. Mit blinkenden Positionslichtern jagen Rippenquallen hinter planktonischen Krebsen und Fischen her. Anzunehmen, Quallen seien grundsätzlich den Bewegungen der Strömung unterworfen, ist ein gefährlicher Irrtum. Einige verfügen sogar über hoch entwickelte Sinne wie Augen und navigieren mit großem Geschick. Überhaupt sind die Augen in der Restlichtzone riesig, verglichen mit den meisten Bewohnern der Dunkelzone. Erinnern Sie sich noch an Tweety, den kleinen gelben Zeichentrickvogel, auf den Kater Sylvester immer so scharf war? Großer Kopf, winzige Flügelchen, riesige Augen. Nun stellen Sie sich Tweety vor, wie er als Zombie aussehen würde, in modrigem Grau, mit pupillenlosen, hervorquellenden Glubschern. Schon erhalten Sie ein Bild von Winteria, einem Tiefseefisch, dessen Röhrenaugen so beschaffen sind, dass er ständig nach oben schaut. In der Restlichtzone ist der Himmel nicht schwarz, sondern blau bis tiefdunkelblau, man kann Beutetiere als Schattenrisse sehen. Histioteuthis, ein Tiefseekalmar, zollt diesem Umstand auf ganz eigenwillige Weise Tribut. Er schwimmt grundsätzlich auf der Seite, ein Auge in die Tiefe gerichtet, um herannahende Jäger auszumachen, das andere, dreimal so große, zur Oberfläche gewandt.

Auch der Beilfisch, der tatsächlich so aussieht, als könne man Holz mit ihm hacken, blickt nach oben in Erwartung von Plankton. Unglücklicherweise sind seine extrem lichtempfindlichen Augen so angeordnet, dass ihm der Blick in die gefahrvolle Tiefe verwehrt bleibt. Dafür aber ist seine Unterseite bestückt mit Leuchtorganen, die blaues Licht produzieren – raffinierterweise exakt die Wellenlänge, die von der Oberfläche herabdringt, nämlich 480 Nanometer. Dadurch und dank silbrig reflektierender Körperflanken wirkt er gegen den blauen Himmel wie weggezaubert. Und man weiß ja – aus den Augen, aus dem Sinn.

Doch was wäre ein rechter Räuber, wenn er nicht Methoden entwickelt hätte, um die Tarnung zu durchschauen. So sind einige Fische imstande, biogenes von echtem Licht zu unterscheiden. Da kann der Beilfisch leuchten, so viel er will, es geht ihm an die Schuppen. Und wieder laufen sie, die Roten Königinnen, und hecheln um die Wette: Tarnung, Enttarnung, Tarnung, Enttarnung, schlimmer als bei James Bond.

Die Königinnen laufen, die Laternenfische wandern.

Aus knapp zwei Kilometern Tiefe steigen sie, wenn die Nacht hereinbricht, bis dicht unter die Wasseroberfläche auf. Drei Stunden dauert jedes Mal die Reise. Tausende der kleinen Leuchten, die ihre Photoporen direkt unter den Augen tragen, streben in nährstoffreiche Gewässer, denn auch das Plankton zieht es nachts zur Oberfläche, wenn tagaktive Jäger Bettruhe halten. Die blinkenden

Äuglein der Laternenfische ziehen planktonische Fische und Krebse, von denen sich die Blinkies vorzugsweise ernähren, magisch an – allerdings auch nachtaktive Haie. Wenn so einer kommt, schließt der Laternenfisch schnell eine Hautfalte unter dem Auge, und das Licht verschwindet. Auf diese Weise könnte er sogar morsen, wenn er sich nur dazu abrichten ließe. Doch nicht umsonst sagen die Italiener: *Sei stupido come un pesce.* – Du bist dumm wie ein Fisch.

Ohnehin liefert das schönste Schauspiel der Muschelkrebs Cypridina. Wenn Männchen und Weibchen sich beim Liebesakt vereinen, leuchten sie strahlend hell wie kleine Sonnen!

Mal ehrlich: Ist das nicht romantisch?

Im Tiefgeschoss der Schöpfung

Wenn zwei Venuskörbchen sich unterhalten könnten, würden sie vielleicht darüber philosophieren, wie der Himmel beschaffen sei und was jenseits der Schwärze liege.

Da diese Schwärze allgegenwärtig ist, kämen sie in ihrer Betrachtung nicht sonderlich weit. Immerhin würden sie konstatieren, dass es ein Umfeld gibt, weil aus diesem das nette Garnelenpärchen kam, das seit kurzem in einem der Körbchen wohnt. Außerdem würden sie feststellen, dass ihre Umgebung an ihnen vorbeiströmt und immer neue Nahrungspartikel mit sich führt. All dies zusammen ergäbe ein Venuskörbchen-Weltbild samt einer putzigen kleinen Schöpfungsgeschichte: In sieben Tagen hat Gott die Welt erschaffen. Zuerst das Dunkel. Dann das fließende Wasser, danach den festen Boden. Schließlich alles Leben, also die Mikroben, Garnelen und etliche andere Organismen, die immer mal wieder des Wegs daherschleichen oder in der Dunkelheit über die Körbchen hinwegklettern. Schließlich das Manna, jene flockige Substanz, die aus der Schwärze herabregnet, und endlich die Venuskörbchen selbst.

Daraufhin, wissen die Körbchen zu erzählen, sei Gott erschöpft gewesen und habe einen Tag ausruhen müssen, denn so eine komplizierte Welt koste Kraft, wenn man sie in so kurzer Zeit erschaffe. Gefragt, wie Gott denn aussähe, müssten die Venuskörbchen sehr, sehr lange überlegen. Wie etwas aussieht, hat für Bewohner teerdunkler Abgründe wenig Bedeutung. Vielleicht offenbare er sich in der allgegenwärtigen Strömung oder im Manna, mutmaßen sie. Andererseits sei wohl anzunehmen, dass Gott die Körbchen nach seinem Bilde geschaffen habe, alles andere wäre ja widersinnig, also werde er von ähnlicher Gestalt sein wie sie selbst. Ein würdig dreinblickendes Venuskörbchen.

So hat jeder seine Version.

Die Garnelen verehren natürlich einen Garnelengott und erzählen dieselbe Geschichte in abgewandelter Form. Sie munkeln, dass es jenseits des festen Bodens einen unermesslichen Raum gebe, durch den sie als Larven getrieben seien. Dort, berichten sie, existiere eine ungeheure Vielfalt kleiner und größerer Lebensformen, auch am Boden würden weit mehr Wesen leben, als es sich ein Körbchen jemals träumen ließe. Nach oben hin aber verliere sich das Leben ohne Zweifel und werde weniger, woraufhin das unendliche Nichts käme, das Nadal, der ungeschaffene Raum.

Das können die Venuskörbchen kaum glauben und sich schon gar nicht vorstellen. Doch hat man als filigranes Glaswesen, das am Boden festgewachsen ist, wenig Gelegenheit zur Überprüfung. Außerdem übersteigen derlei Mysterien den gesunden Körbchenverstand. Wer ist man schließlich, die höheren Dinge zu hinterfragen.

Ein Schwamm ist man.

Ein Glasschwamm, um genau zu sein, wissenschaftlich Euplectella aspergillum. Ein Wesen, das schier verrückt würde über der Vorstellung, die Vielfalt des Leben nähme nach oben hin zu, und dass sich die Welt nicht im Nadal verliere, sondern jenseits des flüssigen Universums ein gasförmiges existiere, in dem noch viel unheimlichere Gestalten zu Hause sind: Menschen, vom Ehrgeiz gepackt, die entlegensten Winkel ihres Planeten auszuloten. Glücklicherweise werden Venuskörbchen nicht verrückt, auch führen sie keine gelehrten Disputationen über Hadal und Nadal. Denn wenn es ihnen an etwas mangelt, dann an Hirn.

Wundersame Wesen sind sie, heimisch in fünf bis sechs, mitunter sieben Kilometer Tiefe. Zerbrechlich wirkende, schlanke Kelche aus Silikat, einer Siliziumverbindung. Obgleich starr, erwecken sie den Anschein, sich zu einer unhörbaren Melodie zu wiegen. Im venezianischen Murano, der Insel der Glasbläser, würde es einen Meister erfordern, etwas so Kunstvolles wie ein Venuskörbchen nachzubilden: ineinander verschmolzene Rippenstrukturen, hauchzarte, netzartig gewobene Wände von reinstem Weiß. Kaum traut man sich, das federleichte Gebilde in die Hand zu nehmen, aus Angst, es könne herunterfallen und zerbrechen. Doch da irrt der Schöngeist. Venuskörbchen sind überaus stabil. Schließlich entstammen sie einer der lebensfeindlichsten Zonen der Erde, den Abyssalen und der Region darunter, dem Hadal.

Das Hadal – abgeleitet vom griechischen Totenreich, dem Hades – ist der Arsch der Welt, bezogen auf den Inner Space. Kein Bewohner der oberen Schichten könnte hier überleben. Zum Hadal rechnet man Regionen unterhalb von 6.000 Metern Tiefe. Oft wird in Verbindung mit Abyssal und Hadal vom Benthal gesprochen, als handele es sich dabei um eine noch tiefere Gegend. Vorsicht, hier kommt es zur Begriffsverwirrung: Benthal steht für die Gesamtheit aller marinen Böden. Es bezeichnet ebenso den sonnenbeschienenen Grund eines Binnengewässers oder einer ozeanischen Küstenregion wie den lichtlosen Abgrund. Die Durchschnittstiefe unserer Ozeane beträgt 3,79 Kilometer, was Flachmeere ebenso einschließt wie den tiefsten bekannten Punkt der Erde, den Mariannengraben südöstlich von Japan, Benthal ist also ein weiter Begriff.

In diesem Zusammenhang: Der Schweizer Tiefseeforscher Jacques Piccard und sein Kompagnon, der amerikanische Marineleutnant Don Walsh, gingen dem Mariannengraben am 23. Januar 1960 mit ihrem selbst entwickelten Tiefseetauchgerät Trieste auf den Grund und vermeldeten etwas ratlos, 11.340 Meter erreicht zu haben. Nach Piccards Kenntnisstand war der Graben aber nur 10.924 Meter tief. Später musste er eingestehen, sich geirrt zu haben – man hatte das Messgerät in der Schweiz kalibriert, in Süßwasser, das eine andere Dichte hat als Salzwasser, wodurch sich die Abweichung erklärte.

Aktuell liest man, Piccard und Walsh seien 10.916 Meter tief gekommen, was ebenso verkehrt ist. De facto erreichten sie 10.740 Meter. So oder so eine enorme Leistung, bedenkt man, dass der höchste Punkt der Erde der Mount Everest mit 8.848 Meter ist. 1995 schickten die Japaner ihren Tiefseeroboter Kaiko hinterher, was Piccards Entdeckungen wenig Erhellendes hinzufügte – der Schweizer, der im Schlick des Grabens einen Plattfisch erspähte, hat wahrscheinlich mehr gesehen. In Kürze soll nun das neu entwickelte *Hybrid Remotely Operated Vehicle* (HROV) des amerikanischen Woods Hole Oceanographic Institute erneut die ultimative Tiefe ansteuern, um Piccards Fisch die Flosse zu schütteln. Von dem immerhin weiß man, dass er dort unten vorkommt, was auf komplexe Lebensgemeinschaften schließen lässt. Ansonsten sind unsere Kenntnisse über das Tiefgeschoss der Schöpfung mehr als dürftig.

Gemessen am Mariannengraben lebt das Venuskörbchen in lichten Höhen. Dennoch können es Menschen nur in Händen halten, weil es sich in Schleppnetzen verfängt oder im Zuge wissenschaftlicher Arbeit an die frische Luft gelangt. Beliebt ist es zum einen seiner Untermieter wegen, beziehungsweise der mit ihnen verbundenen Symbolik. Ihr verdanken sich weitere Spitznamen des zarten Silikatschwamms: »Hochzeitszimmer« und »Gefängnis der Ehe«. Beide Begriffe sind dem Umstand geschuldet, dass zwei verliebte Garnelenlarven unmittelbar nach der Hochzeitsreise ins Innere des Schwamms ziehen, wo sie vor lauter Schmusen die Zeit vergessen und wachsen. Als Folge gelangen sie nicht mehr nach draußen. Nur ihre Kinderchen sind klein genug, die elterliche Wohnung zu verlassen. Mama und Papa bleiben zurück und können einander noch eine Weile auf den Keks gehen – oder sich verliebt in die Stielaugen gucken. Soll's ja auch geben im hohen Alter.

Traditionell verschenken Japaner das Venuskörbchen an Brautpaare. Peter Fratzl vom Potsdamer Max-Planck-Institut für Kolloid- und Grenzflächenforschung interessiert an dem 25 Zentimeter großen Schwamm etwas völlig anderes. Zusammen mit Wissenschaftlern der Bell Laboratories in Santa Barbara untersucht er das Silikat-Skelett auf seine verblüffende Festigkeit. Tatsächlich ist es gar nicht so leicht, ein Venuskörbchen zu beschädigen. Die siebenfach geschichtete biologische Glasfaser ist so kunstvoll ineinander verwoben, dass Venuskörbchen schon mal keine Glasbruch-Versicherung abschließen müssen. Fratzl beschreibt die Fasern als Mikrolaminat, miteinander verklebte Glaslamellen von wenigen Mikrometern Durchmesser. Damit trotzt der grazile Schwamm Krabbenscheren und den hornigen Kiefern von Würmern und Oktopoden ebenso wie dem ungeheuren Druck, der auf ihm lastet, und den teils rabiaten Strömungen. Für Fratzl und sein Team birgt das Venuskörbchen damit Geheimnisse moderner Ingenieurskunst – sofern man etwas nach 400 Millionen Jahre Entwicklungsgeschichte als modern bezeichnen will.

Die Neugier auf natürliche Bauprinzipien fördert allgemein das Interesse am Hadal und dem darüber liegenden Abyssal. Interessant ist in dem Zusammenhang, dass abyssus im Griechischen wie im Lateinischen das Grund- und Bodenlose meint, das Benthal, die Bodenregion, allerdings jeden Ozean nach unten abschließt. Der Grund findet sich im Weltbild früherer Kulturen, für die das offene

Meer keinen Boden besaß. Doch gerade der Tiefseeboden hat es in und auf sich. Nur Pflanzen gibt es dort keine. Die gedeihen ausschließlich im Sonnenlicht.

Hier nochmal die Zonen in der Zusammenfassung, bevor wir anfangen, im Tiefseeschlamm zu wühlen:

Benthal: Gesamtheit aller Bodenregionen, von der flachen Küste über die Terrassen der Kontinentalhänge abwärts bis zum tiefsten Punkt der Ozeane.

Litoral: Bodenregion der sonnendurchfluteten Küstenzonen bis in 200 Meter Tiefe, wo Photosynthese eben noch möglich ist.

Bathyal: Bereich zwischen 200 und 2.000 Metern (in manchen Publikationen 2.500 Meter), zu dem auch die Restlichtzone gehört, die bis in Tiefen von 1.000 Metern reicht.

Abyssal: 2.000 bis 6.000 Meter unter dem Meeresspiegel. Für einige Wissenschaftler beginnt das Abyssal bereits in 1.000 Meter Tiefe, in jedem Fall umfasst es die Dunkelzone.

Hadal: Unterhalb 6.000 Meter

Und auch diese Zahlen sind nur eine Annäherung. Sie unterliegen ebenso großer Ungenauigkeit wie die Markierungen auf der geologischen Zeitskala. Es scheint ein Problem zu sein, sich auf allgemeingültige Daten zu verständigen. Die Angaben, bis zu welcher Tiefe Sonnenlicht zur Orientierung dient, schwanken beispielsweise zwischen 300 und 700 Meter. Auf der nächsten Party von Meereskundlern sagen Sie also einfach 500 Meter. Die einen werden protestieren, die anderen beipflichten. Mindestens einen, der Ihnen Recht gibt, finden Sie immer.

Wir gehen ganz tief runter, in die Schlammwüsten der Tiefseegräben und -ebenen. Sie bestehen aus lockerem Sediment und organischem Abfall. Die entzückende Mischung wird unter dem enormen Wasserdruck und ihrem eigenen Gewicht zusammengepresst, sodass sie sich zum Inneren hin verfestigt, während es von oben ständig nachrieselt – Sand, Kot, Gewebefetzen, alle Arten des organischen Schnees. Landschaftliche Reize sucht man hier vergebens. Kaum ein Platz auf der Erde kann es an Tristheit mit den Abyssalen und Hadalen aufnehmen, dennoch gehören sie zu den bevorzugten Wohngegenden der *Lower Class*. Tiefseeböden beheimaten eine Artenvielfalt, wie man sie sonst allenfalls im brasilianischen Dschungel findet.

Denn es ist keineswegs das Schlechteste, am Boden zu leben. Man muss nicht ständig dem Absinken entgegenwirken, sondern kann gemütlich umherkriechen oder einfach im Boden wurzeln, über das Nadal philosophieren und an pubertierende Garnelen untervermieten. So entdeckt man bei genauem Hinsehen eine illustre Gesellschaft: Schlangensterne, die mit hochgereckten Armen Nahrungspartikel zu erhaschen suchen, Wandergemeinschaften von Seeigeln, bis zu 30 Zentimeter große Riesenmuscheln, Schlot-, Stachel- und Wellhornschnecken, Flohkrebse, allerlei Bart-, Platt-, Schuppen- und Borstenwürmer sowie unvorstellbare Ansammlungen von Foraminiferen, einzelligen Amöben in Kalkgehäusen, die zarte Tentakelchen recken und auch kleine Krebse nicht verschmähen – die größten bekannten Foraminiferen werden 12 bis 15 Zentimeter groß. Das Gros der Amöben im Schlick misst indes nur ein paar Millimeter oder hundert Mikrometer. Nicht weniger häufig anzutreffen sind haardünne Nematoden, Fadenwürmer, die ihre Beute wie Vampire auslutschen. Der Schlick ist gesättigt von all diesen Wesen, jedes Sedimentkorn birgt einen oder mehrere Bewohner.

Da freuen sich die Gurken.

Seegurken gibt es nicht im Glas zu kaufen, und sauer sind sie allenfalls, wenn das Essen ausgeht, weshalb sie unablässig Schlick in sich hineinmümmeln. Was immer sich an Nahrhaftem darin findet, wird verdaut, das Sediment hingegen wieder ausgeschieden. Schnell verwandelt sich der gemütliche Junggesellenhaushalt eines Einzellers so in eine sauber renovierte Wohnhöhle, die sogleich bezogen wird, nachdem der Vorbesitzer im Gurkenbauch endete. So wie Wale die Filtrierer der Oberfläche sind, kann man Seegurken als deren bodenlebende Entsprechung betrachten. Im Grunde sind sie kriechende Därme, auch Seewalzen genannt und den Stachelhäutern zugehörig. Das ist ein immens vielseitiger Tierstamm, der auch Seesterne, Seeigel und Seelilien umfasst. Zu den ganz großen Errungenschaften der Seegurke gehört ein klar definiertes Vorne und Hinten, weshalb es ihr nicht passieren kann, ihr Abendessen durch den After aufzunehmen und die Reste gedankenverloren ins Sediment zu kotzen. Um das konvulsivisch zuckende Maul gruppieren sich fleischige Fühler, Beine gibt's keine, oft allerdings beinartige Tentakel und biegsame Röhren auf dem Rücken. Trotzdem können Seegurken laufen. Auf unzähligen flüssigkeitsgefüllten Füßchen, so genannten Ambulacralfüßen, erkunden sie die Welt. Dafür hat der Krabbeldarm kein Skelett beziehungsweise nur ein paar kümmerliche Reste davon. Seegurken-Innereien schätzt man in Asien als Leckerei, eine gefährliche Vorliebe, denn manche Seegurken sind üble Giftschleudern – sie spritzen ihren Gegnern toxischen Schleim entgegen, der fies klebt. Sogar die Wasserlungen, recht exotisch im Tierreich, sind Teil des Darms. Ein Wesen also, das Prioritäten setzt.

Das muss es auch. Anders als das Nekton, das mit kräftigen Flossenschlägen auf Beutefang geht, ist sein Versorgungsradius am Boden begrenzt. Wissenschaftler nennen besiedelte Zonen der Tiefseeböden Patches, eine Art unterseeische Version von Städten. Anders als auf dem Land grenzen Hadalstädte unmittelbar aneinander. Kein Winkel, in dem nicht Myriaden von Kleinstlebewesen zu Hause wären. Die wahren Metropolen allerdings erheben sich in Abständen voneinander. Es sind Lebensbereiche, in denen besonders komplexe Vielfalt herrscht. Gleich werden wir hydrothermale Schlote bereisen, wahre Musterstädte.

Zurück zum Essen.

Von Mikroben alleine, wie zahlreich sie auch vertreten sein mögen, wird man nicht satt. Die Bodenbewohner des Hadals sind darum auf ständigen Nachschub angewiesen, auf biologischen Detritus. Falls Sie jung und religiös sind, könnten Sie sich an dieser Stelle wundern, was Krebse, Würmer und Gurken mit einer christlichen Trash-Metal-Band zu tun haben. Es gibt nämlich eine, die Detritus heißt, sich also den lateinischen Namen für Abfall zugelegt hat. Literaten kennen Detritus eher als Figur aus Terry-Pratchett-Romanen, außerdem bezeichnet Detritus Gesteinsschutt und zermahlene Überbleibsel von Fossilien.

In unserem Fall handelt es sich um organische Reste toter Lebewesen. Böden sind die Resteverwertungsstellen der Ozeane. Zersäbelt ein Tigerhai einen Lachs, sinken Fetzen herab. Entgleiten einem Putzerfisch bei der Zahnpflege eines Haremsfahnenbarsches oder einer Riesenmuräne Speiserestchen, treten sie ihren Weg durchs kalte Dunkel an und landen, wenn sie nicht unterwegs von hungrigen Mäulern aufgeschnappt werden, im Hadal. Verendet eine Sardine, schwebt der Kadaver abwärts. Etliche Bewohner der unteren Stockwerke beißen ihren Teil aus dem schuppigen Leib, doch ein kümmerlicher Rest erreicht die tiefsten Zonen, und sei es nur eine Schuppe. Detritus, das ist die Summe sämtlicher Schwebstoffe, die im Lichtkegel eines Tauchboots oder einer ferngesteuerten Kamera wie Schneegestöber aussehen. Insgesamt sind es Millionen Tonnen organischen Abfalls, die von den Meeresströmungen teils über weite Strecken mitgeführt und mehrfach wieder hochgeschwemmt werden, bis Venuskörbchen, Tiefseegarnele und Seegurke endlich zu ihrem Recht gelangen. Auch der organische Schnee, den Krill, Salpen und andere Destruenten ausscheiden, gehört zum Detritus.

Ach ja, Destruenten! Den Begriff hatten wir noch nicht. So nennt man in der Biologie Mikroorganismen, die verdauen, was andere nicht verwerten können. Dabei spalten sie Moleküle und scheiden CO_2 und freien Sauerstoff aus, sind also von großer Wichtigkeit für die ökologische Bilanz. Auch bestimmte Pilze, Würmer und Krebse zählt man zu den Destruenten. Viele der kleinen Saubermänner haben wir in den vorangegangenen Kapiteln schon kennen gelernt.

Kurz, im Tiefgeschoss der Schöpfung wird alles Ratzeputz verwertet: Detritus, Algen, abgestorbenes Plankton. Alles Gute kommt von oben. Auf diese Weise gelangt immerhin der hundertste Teil des Energiebetrags, den grüne Wasserpflanzen durch Photosynthese erzielen, in die Mägen der Bodenbewohner, die ansonsten in perfekter Eintönigkeit vegetieren. Eigentlich ist Hunger das Einzige, was sie überhaupt dazu veranlasst, sich von der Stelle zu rühren. Und auch das nicht immer. Unsere Venuskörbchen filtern Nährstoffe aus der Strömung. Seegurken hingegen verdauen Stück für Stück den Meeresboden, unendlich gründlich. Wahrscheinlich gibt es kein Bröckchen Sediment, das nicht irgendwann durch eine Seegurke oder einen Wurm gewandert ist. Alles vollzieht sich in quälender Langsamkeit, selbst der Stoffwechsel hadalischer Kreaturen. Wie sollte es auch anders sein in der immerwährenden Eiseskälte.

Frieren müssen Gurken und Gesellen freilich nicht. Die Lebewesen der Tiefseeböden sind wechselwarm, das heißt, ihr Metabolismus passt sich der Umgebungstemperatur an. Trotzdem scheint es vernünftig, unter solch unwirtlichen Bedingungen mit den Energiereserven hauszuhalten. Nur eines ist geeignet, das allgemeine Aktivitätslevel schlagartig heraufzusetzen: die Ankunft eines richtig großen Brockens!

Fürs Erste bringt der allerdings nur Tod und Zerstörung mit sich. Haben es die Venuskörbchen nicht immer schon gewusst? Eines Tages dräut der Weltuntergang. Nur gute Körbchen kommen ins Paradies, wo es unentwegt Manna gibt und keine blöden Krabben, die an einem knabbern und kratzen. Alles beginnt mit einer starken Druckwelle, und ehe die Kreaturen des Bodens ihre trüben Neuronen befragen können, was zu tun sei, fällt ihnen ein Pottwal auf den Kopf. Venuskörbchen, Seelilien, Seeanemonen, wer immer das Pech hatte, dieses Patch zu bewohnen, wird geplättet. Das grausame Schicksal teilen etliche Krebse, die nicht rechtzeitig auf Seite gehen konnten, Seegurken und andere Hohltiere, Schuppen- und Borstenwürmer, Seesterne und Seeigel.

Doch kaum ist der Wal aufgeklatscht, entwickeln Millionen Lebewesen rege Geschäftigkeit. Das Ereignis scheint sich rasch herumzusprechen, allein schon durch den heftigen Rumms, der den Boden weithin erschüttert. Jedenfalls ist es verblüffend zu sehen, wie schnell der Kadaver zahlreiche Verwerter anzieht, deren feine Geschmackssensoren ihnen den Weg weisen. Die ersten Ankömmlinge sind winzige Krebse, deren zwei vordere Beinpaare zu hocheffizienten Zerkleinerungswerkzeugen ausgebildet sind. Flohkrebse oder Amphipoden gibt es in allen Gewässern und Gewässerschichten. Sie wimmeln über den toten Wal hinweg und schmirgeln ihn, unterstützt von Aas fressenden Schleimaalen und Grenadierfischen, die sich kurz nach ihnen einstellen. Eine Weile später gesellen sich riesige Schlafhaie hinzu, auch Grauhaie hauen kräftig rein. Erst sehr viel später tauchen die Würmer auf, und wenn nach Ablauf einiger Monate alles Fleisch verschwunden ist, werden die Knochen in Angriff genommen. Auf diese Weise bietet der Kadaver den unterschiedlichsten Lebensformen ein gutes Jahr lang Nahrung. Selbst die Schleimaale entdecken zwischen den Knochen noch winzige Gewebereste, wenn unsereiner schwören würde, sie seien blank geputzt. Muscheln verkrusten zu Speisegesellschaften und überwuchern das zerfallende Skelett, den Rest erledigen die Destruenten.

Stimmt, so ein Leben ist alles andere als einladend. Schon die einfallslose Landschaft drum herum. Endlose Flächen dunkelbraunen und rötlichen Tons, dazwischen sanft ansteigende Berge, wieder Flächen, wieder Berge, zur Abwechslung Berge, dann wieder Flächen. Egal. Man sieht eh nichts davon. Weit staunenswerter ist, wie reich das Leben hier gedeiht. So gelangen wir nun zu den Schwarzen Rauchern, auch Schwarze Schlote oder hydrothermale Quellen genannt. Sie sind uns vertraut, denn hier haben wir unsere Zeitreise begonnen, im Inneren eines Kupfersulfatbläschens. Stimmt die Theorie von Michael Russell und William Martin, sind die Schlote unsere lange vergessene Heimat, wieder entdeckt von Forschern, die eines Tages aus den Bullaugen des Tieftauchbootes »Alvin« starrten und ihren Augen nicht trauen wollten. Eigentlich hatten sie zum Mittelozeanischen Rücken gewollt.

Stattdessen entdeckten sie einen fremden Planeten.

1979 fielen erstmals Scheinwerfer auf ein Biotop, das inzwischen vielfach beschrieben wurde und ungebrochene Faszination ausübt. Jene meterhohen, über Jahre gewachsenen Kamine, denen ein brühheißes Gemisch aus Wasser, Schwefel-Metall-Verbindungen, Zink, Kupfer und anderen Mineralien entströmt. Schnell nochmal im Telegrammstil: Wo der Meeresboden auseinander driftet, quillt Magma empor und erkaltet zu porösen, rissigen Kissen. Meerwasser sickert in die Risse und gelangt in mehrere Kilometer Tiefe, bis oberhalb der Magmakammer, wo es so stark erhitzt wird, dass es mit bis zu 400 Grad Celsius zurück nach oben schießt. Dort, gesättigt mit mineralischen Stoffen aus dem Erdinneren, bricht es sich Bahn. Verdampfen kann das kochende Wasser unter dem Druck der Tiefsee nicht, es bleibt flüssig, allerdings flocken die mineralischen Bestandteile aus, sobald sie mit dem 0 bis 2 Grad kalten Bodenwasser in Berührung kommen. Als Folge färbt sich der ausquellende Rauch schwarz, was den Kaminen ihren Namen eingebracht hat, Schwarze Raucher (es gibt allerdings auch White Smoker, die hellere Substanzen zutage fördern). Die ausgeflockten Metall-Schwefel-Verbindungen jedenfalls sinken unter ihrem Eigengewicht zu Boden, wo sie die Basis des Schlots bilden. Mit der Zeit türmen sie ein kaminartiges Gebilde auf. Der größte je gesehene Schlot ist nicht umsonst unter dem Namen Godzilla verzeichnet, er ragt 24 Meter in die Höhe, ein Tokio der Tiefe. An den Flanken des Schlots siedeln sich schließlich extremophile Mikroben an – und dann auf einen Schlag Hunderte unterschiedlicher Arten.

Die Forscher, die mit staunenden Augen auf die bizarre Welt schauten, begriffen die Konsequenz aus ihrer Entdeckung erst viel später. Natürlich wussten sie, dass in Meerestiefen ab 200 Meter mangels Sonnenlicht keine Photosynthese mehr stattfindet. Ergo ging man davon aus, dass komplexe Lebensgemeinschaften unterhalb dieser Grenze nicht existieren konnten. Ausnahmen bildeten Lebewesen, die den organischen Schnee vertilgten, also auch in Tausenden Meter Tiefe indirekt vom Produkt der Photosynthese lebten. Hier allerdings, am Mittelozeanischen Rücken, lag der Fall umgekehrt: Die Bewohner der hydrothermalen Schlote fraßen, was von unten kam. Ihre Nahrung bezogen sie aus dem Erdinneren. Damit waren sie der lebende Beweis, dass sich Leben auch ohne Sonne entwickeln konnte, was der Hypothese von Russell und Martin den Unterbau lieferte.

In den folgenden Jahren stieß man rund um den Globus auf die extravaganten Lebensgemeinschaften. Vor den Galapagos-Inseln hatte man sie erstmals entdeckt, in 2.000 Meter Tiefe. Aber auch am Juan-de-Fuca-Rücken vor der amerikanischen Nordwestküste sind sie reichlich vertreten. 1993 fand man 1.700 Meter unter dem nordatlantischen Meeresspiegel ein Gebiet von rund 150 Quadratkilometern, aus dem Quellen mit Temperaturen bis zu 333 Grad Celsius sprudelten. Das »Lucky Strike«-Hydrothermalfeld ist die größte bekannte Ansammlung hydrothermaler Schlote und Tummelplatz für riesige Schwärme fremdartiger Krabben. Die Nahrungskette beginnt, wen wundert's, mit Bakterien, denen die siedende Hitze nichts ausmacht. Statt Photosynthese spalten sie die unerschöpfliche Energie aus dem Erdinneren mittels Chemosynthese in verwertbare Stoffe, die auch höheren Organismen zugute kommen. Wie das so ist, wenn es was umsonst zu futtern gibt, stellen sich wahre Volksmassen ein. Muscheln, besagte Krebse, Fische, Würmer und Mollusken. Die Metropole hat zu existieren begonnen.

Am auffälligsten unter allen Schlotbewohnern ist sicher Riftia pachyptila, der Riesenbartwurm, ein phallisch wirkendes Ungetüm, das bis zu drei Meter lang werden kann. Rund um die Kamine ragen Riftias Wohnröhren wie weiße Isolierrohre in die Höhe, zu dichten Büscheln gepackt. Daraus schauen die eigentlichen Würmer hervor, wenn sie nicht gerade Schutz suchen. Riftia selbst ist von blutroter Farbe, ein augenloses Wesen, das mit zwei wulstigen weißen Lippen die Feinheiten seiner Umgebung zu erschmecken scheint. Tatsächlich hat Riftia gar keinen Mund, auch keinen After und keine Gedärme. Der vordere Teil des Tieres besteht aus federartigen Kiemenbüscheln, getränkt von besonderem Blute. Damit kann Riftia auch in einer Hölle aus Schwefelwasserstoff und massiven Schwermetallkonzentrationen überleben. Fast alle sonstigen Lebewesen mit Hämoglobin im Körper würden an den Mengen des ausgestoßenen Schwefelwasserstoffs ersticken, der verhindert, dass Sauerstoffmoleküle an Hämoglobinmoleküle ankoppeln können. Das Blut der Bartwürmer lässt jedoch eine getrennte Bindung von Sauerstoff und Schwefel zu. Beide Substanzen können sich nicht vermischen, wodurch der toxische Effekt ausbleibt.

Zwischen den Federkiemen Riftias siedeln Millionen Schwefelbakterien, die zusammen rund die Hälfte des Wurmgewichts ergeben. Schwarze Raucher liefern Musterbeispiele für symbiotische Gemeinschaften. Der Wurm fängt Schwefelwasserstoffmoleküle in seinen Kiemen für die Bakterien ein. Diese leben davon, knacken das giftige Zeug, behalten ein, was ihnen schmeckt, und stellen dem Wurm die Reste zur Verfügung. So bekommt Riftia von der putzmunteren Wohngemeinschaft alle lebenswichtigen Stoffe geliefert, die ein Tiefseewurm zum Glücklichsein braucht, und braucht nicht mal einen Darm, um sie zu verdauen.

Näher am austretenden Wasser wuchern die miteinander verklumpten Behausungen von Pompejiwürmern. Im Wesentlichen gleichen sie den Riesenbartwürmern, bewohnen wie diese weiße Röhren, sind allerdings kleiner. Ihr auffälligstes Merkmal ist das blumenartige Kopfende. Im Reich der Würmer dürften sie den Hitzerekord halten. 60 bis 80 Grad Celsius verkraften sie wie Menschen eine warme Morgendusche. Während der Blütenkopf in extrem heißes Wasser hinausragt, stecken sie mit dem Hinterleib in kühleren Zonen. Zwischen ihnen schlängeln sich aalartige Fische, so genannte Aalmuttern, die sich von Schwärmen winziger Flohkrebse ernähren. Wächtern gleich patrouillieren dicke weiße Schlotkrabben mit kräftigen Scheren zwischen den Riftia-Feldern. Man trifft auf winzige Garnelen und Seeanemonen. Rund um die Bartwurm-Kolonien erstrecken sich zudem Kolonien weißer Riesenmuscheln und rotbrauner Schlotmuscheln. Die Riesenmuscheln leben ebenso mit Bakterien in Symbiose wie Riftia, fressen sie aber auch. Ihrerseits sind sie gut beraten, rechtzeitig die Schotten dicht zu machen, wenn augenlose Furchenkrebse eindringen wollen. Ganze Heerscharen davon krabbeln in alles, was sie finden. Auch zwischen Riftias Wohnröhren turnen sie umher und versuchen, kleine Stückchen aus den blutroten Kiemen herauszuzwicken, woraufhin die Würmer blitzschnell in ihren Schläuchen verschwinden.

In vielem sind die hydrothermalen Lebensgemeinschaften des Pazifiks und Atlantiks einander ähnlich, doch grundverschieden im Detail. Im Pazifik fehlen oft die atlantischen Bartwürmer, dafür wimmeln dort Schwärme grauweißer Garnelen. Man fühlt sich an Bienenvölker erinnert. Eine genauere Untersuchung der Garnelen ergab, dass sie sich tatsächlich wie Bienen verhalten. Ihre Sozialstruktur weist erstaunliche Parallelen auf. Da sie nicht völlig blind sind, sondern über winzige Sehorgane verfügen, können sie neue Lebensbereiche aufspüren. Es ist zwar finster in der Tiefe, doch seit kurzem weiß man, dass hydrothermale Quellen ein schwaches Leuchten abstrahlen – Wegweiser für Immigranten.

Die Fähigkeit, aktive Raucher zu entdecken, ist überlebenswichtig für Schlotgemeinschaften. Denn die Tiefseemetropolen sind einsturzgefährdet. Maximal einhundert Jahre überdauert ein Raucher, spätestens dann beginnt er zu erkalten. Viele aber stellen die Hitzezufuhr aus dem Erdinneren schon nach zehn oder zwölf Jahren ein. Andere Gemeinschaften fallen hervorquellender Lava zum Opfer oder werden von Geröllmassen erstickt, wenn ein Kamin in sich zusammenbricht. In Ermangelung von Immobilienmaklern müssen sich die Überlebenden selbst auf die Socken machen, um neue sprudelnde Wohnstätten zu finden. Wie immer spielen die Bakterien Hase und Igel und treffen scheinbar vor allen anderen ein. In Wirklichkeit waren sie immer schon da. Sie haben einfach in der Erdkruste gewartet, bis sich Austrittstellen bildeten.

Nur Riftia und Pompejiwurm gehen regelmäßig mit den sterbenden Städten unter – und tauchen wundersamerweise immer wieder auf.

Damit des Erstaunlichen nicht genug. In den Achtzigern entdeckte man das Pendant zu den Schwarzen Rauchern: kalte Quellen, an denen nicht minder üppige Biotope gedeihen. Es sind Salzseen, Gewässer unter Wasser mit güldenen Gestaden, die sich als Muschelgemeinschaften entpuppen. Es ist verblüffend: Man schaut auf die Oberfläche dieser Seen und erwartet, Enten darauf paddeln zu sehen. Wie dunkle Spiegel liegen sie eingebettet im Grund, ohne jeden Sauerstoff, abgetrennt vom darüber lastenden Meer. So extrem dick und schwer ist das Wasser der Salzseen, so reich an

Kohlenwasserstoff und Mineralien, dass es sich mit dem leichteren, darüber liegenden Wasser nicht vermischen kann. Im Inneren der Seen herrscht ein 400 Mal höherer Druck als an der Erdoberfläche. Und selbst hier gibt es ein paar Einzeller, die das klasse finden. Die Aufgabe der schwefelgesättigten heißen Brühe übernimmt kaltes Methangas, das allerorten hervortritt und teilweise mit Wasser zu Hydrat gefriert. Darauf siedeln kleine, dicke Würmer, Polychaeten, Eiswürmer genannt. Sie machen nicht viel den lieben langen Tag, nur ein bisschen zappeln. Aber es reicht, um mit der Zeit eine Vertiefung ins Eis zu strudeln, ein behagliches Wurmzimmer. Dort leben sie symbiotisch mit Methan knackenden Bakterien, die den Polychaeten ihren Obolus entrichten. Kalte Quellen werden zudem von Riftias schlankem Bruder bewohnt, der weit langlebiger ist als die Verwandtschaft an den heißen Quellen. An Schwarzen Rauchern geht das Leben schneller vorüber, also muss man zügig wachsen. Kalte Quellen sind beständig und die dortigen Würmer nicht zur Eile gezwungen. Mit 200 bis 300 Jahren Lebensalter liegen sie auf den ersten Plätzen der weltweiten Methusalem-Skala.

Eigentlich doch ganz nett im Reich der Bodentiere. Nur ein Problem gibt es, abgesehen von der ständigen Nahrungssuche: Sex. Nicht dass man abgeneigt wäre. Aber im Stockdunklen – zumal wenn man sich langsam zu bewegen pflegt und nicht leuchtet – laufen potenzielle Partner meist an einem vorbei. Manche Bodenbewohner haben sich darum angewöhnt, in paarungswilligen Gruppen zu lustwandeln, zum Beispiel Schlangensterne, Würmer und Seeigel. Da hat man den Partner immer zur Stelle und kann sich dem Fressen und dem Vögeln hingeben, ohne höhere Interessen entwickeln zu müssen.

Ist da jemand?

Tja. Wer lebt hier?

»Wissen wir nicht«, meint Reiner Klingholz mit einem Seufzer der Resignation. Es fehle hinten und vorne an verlässlichen Daten. Nahezu katastrophal sei es um die Kenntnis der Region bestellt, und das bisschen, was man zu wissen glaube, sei nicht hinreichend gesichert. Allein die Namen mancher dort lebender Spezies erführen durch Schreibfehler entsetzliche Mutationen. Zusammen mit anderen Autoren hat Klingholz darum einen dicken Bericht über die desolate Situation verfasst und empfohlen, endlich Transparenz in die demoskopische Tiefsee unseres Landes zu bringen.

Unseres Landes?

Ach ja, Klingholz spricht nicht über das unentdeckte Leben in den Ozeanen. Die Rede ist von Deutschland. Der Mahner arbeitet am Berlin-Institut für Bevölkerung und Entwicklung und legt Frau Merkel eine Volkszählung nahe, um herauszufinden, was sich im Bundesbiotop so alles tummelt. Mit den vorliegenden Daten sei schon lange nichts mehr anzufangen, per se nicht mit der Ausländerstatistik. Ein Abbild der Wirklichkeit erlange nur, wer lächelnde Männer und Frauen mit Fragebögen von Haustür zu Haustür schicke.

Dem Innenminister gefällt das Ansinnen, die Grünen laufen sich schon mal warm für den Verfassungskampf. Wer sich der letzten großen Volkszählung entsinnt, besser gesagt des juristischen Tauziehens um den so genannten transparenten Bürger, ahnt Ärger voraus. Es wird auch diesmal nicht beim »255 ... 256 ... 257 ... äh, wo war ich?« bleiben. Andererseits weiß jeder, dass Stichproben keine Alternative darstellen, stützen sie doch bestenfalls Statistiken, nach denen Mama eindreiviertel Kind auf den Knien schaukelt. Volkszählungen sind ein schwieriges Unterfangen. Trotz

Tageslicht, Geburtsurkunden und anderen erleichternden Umständen wie Klingelschildern an der Haustür.

Man sollte also jeden, der auf die Idee kommt, eine Volkszählung in der Tiefsee durchzuführen, für unzurechnungsfähig erklären und flugs einweisen lassen. In oberflächennahen Wasserschichten mag es ja noch angehen, die Bevölkerung eines Riffs zu erfassen, wenngleich sich Korallenpolypen, Seepferdchen und Goldmakrelen weder behördlich ausweisen noch einen festen Wohnsitz vorweisen können. Unterhalb von 100 Metern wird es allerdings so dunkel, dass dem armen Demographen wenig mehr bleibt, als vernehmlich »Ist da jemand?« zu rufen. Antworten dürfte er nicht erhalten. Eine Seegurke, die in fünf Kilometer Tiefe durchs Sediment schlabbert, steht kaum im Verdacht, sich ihrer datentechnischen Erfassung unter Anwendung von Rechtsmitteln zu entziehen. Doch ist die Wahrscheinlichkeit, dass sie einen Prozess gegen Herrn Schäuble oder sonst wen anstrengt, immer noch höher, als dass sie überhaupt gefunden wird. Und selbst wenn – fragen Sie mal eine Seegurke: »Wie heißt du denn?«

Genau das versuchen seit Anfang 2000 rund 1.700 Wissenschaftler im Rahmen eines einzigartigen Programms mit Sitz in Washington: des »Census of Marine Life«, kurz CoML. Sie träumen von einer Datenbank, in der nicht nur jede Seegurke mit Vor- und Spitznamen verzeichnet ist, sondern überhaupt jedes Lebewesen, das H_2O sein Zuhause nennt.

Kurz zur Erinnerung: Über zwei Drittel der Erdoberfläche sind von Wasser bedeckt. Vier Fünftel davon sind Tiefsee, in Zahlen 318 Millionen Quadratkilometer – oder 62 Prozent der Erdoberfläche, wenn Ihnen das lieber ist. Sämtliche Kontinente zusammengenommen sind knapp halb so groß wie dieser dunkle, kalte, unendlich ferne Bereich. Zwar finden sich 95 Prozent der gesamten Biosphäre unseres Planeten in den Ozeanen und Meeren, aber weniger als 0,1 Prozent davon wurde jemals einer näheren Betrachtung unterzogen. Hinsichtlich der untersuchten Fläche Meeresboden fällt das Ergebnis noch ernüchternder aus. All die vielen Stückchen schlammigen Grundes, die Tauchroboter und Menschen vor Ort besichtigt haben, machen zusammen gerade mal fünf Quadratkilometer aus. Fünf Quadratkilometer! In Relation zum großen Ganzen sind das 0,0000016 Prozent.

Eine Volkszählung in einem Land, das keiner kennt?

Eben drum, sagen die CoML-Experten und lassen sich nicht beirren. Gegründet Mitte der neunziger Jahre des letzten Jahrhunderts auf Anregung der Alfred P. Sloane Foundation in den USA, verzeichnet das Projekt inzwischen 73 Mitgliederstaaten und erfreut sich eines stattlichen Budgets. Rund eine Milliarde Dollar haben Förderer springen lassen, um Fisch- und Planktonbestände numerisch auszudrücken. Und mehr als das. Sämtliche Vertreter der Weltmeere sollen en detail beschrieben werden: wo sie sich rumtreiben, wie ihre Lebensräume beschaffen sind, was sie gerne fressen und von wem sie gern gefressen werden, welche Auswirkungen Meeresströmungen, Klima und vor allem menschlicher Einfluss auf ihr Leben und Überleben haben und so weiter. Unterm Strich sind es drei lapidar klingende Fragen, die CoML bis 2010 beantworten will. Indes, sie klingen, als habe sich jemand kräftig an seinen Ansprüchen verschluckt:

Was hat in den Meeren gelebt?

Was lebt in den Meeren?

Was wird in den Meeren leben?

In jeder Hinsicht sehen sich die Volkszähler mit einer Alien Nation konfrontiert. Biologen schätzen, dass wir erst ein Zehntel aller auf der Erde lebenden Spezies entdeckt haben. Über 90 Prozent wurden nie beobachtet und beschrieben. Zwar fragen Skeptiker mit einiger Berechtigung, wie man Aussagen über die Anzahl unentdeckter Arten treffen könne, solange sie nicht entdeckt seien. So kann man das nicht sehen, kontern die Experten. Wir wissen vielleicht nicht, wer oder was da unten lebt, aber aus Berechnungen – etwa hinsichtlich der Biomasse, die vorhanden sein muss, um einen konstanten Teil des atmosphärischen Sauerstoffs zu erzeugen – können wir immerhin vermuten, wie viele Untertanen das dunkle Reich fasst und wie viele uns bislang verborgen geblieben sind.

Auch wieder wahr. Allerdings liegen die Vermutungen weit auseinander. Manche Gelehrten wollen einige hunderttausend Arten im schwarzen Nass beheimatet wissen, andere kommen auf zehn Millionen und mehr. Fest steht, dass der allergrößte Teil mariner Lebensformen noch gar nicht entdeckt sein kann. Wie auch bei einem erforschten Gebiet von der Größe eines Provinzkaffs? In den oberen Wasserschichten sehen wir wenigstens, was da seiner Wege schwimmt. Je tiefer wir nach unten gelangen, desto blinder werden wir. Anders gesagt, wer heute mit dem Kastengreifer ein kubikmetergroßes Stück Schlamm triefenden Meeresbodens aus dem Grund des Hadals säbelt, wird mit hoher Wahrscheinlichkeit eine neue Art entdecken. Oder gleich ein paar Dutzend davon.

Das Projekt scheint eines Sisyphos würdig. Dennoch machen die CoML-Forscher einen bodenständigen Eindruck, weit davon entfernt, sich Illusionen hinzugeben. Besucht man etwa das europäische Hauptquartier des CoML im schottischen Oban, ein Ort, der eher bekannt ist für seinen ausgezeichneten Whisky, holt einen Graham Shimmield wieder auf den Boden der Realitäten. »Natürlich berücksichtigen wir auch das Unerforschbare in unseren Planungen«, sagt der Meereswissenschaftler und meint damit: Wir sind zwar tollkühn, aber nicht irre.

Census of Marine Life ist folglich kein schwerfälliges Mammutvorhaben, sondern ein lockerer Verbund vieler Einzelprojekte, die jeweils einen definierten Bereich abdecken. Über zwanzig solcher Projektgruppen teilen sich die Arbeit am ehrgeizigen Vorhaben. Auch das Frankfurter Senckenberg-Institut ist mit von der Kahnpartie und blickt in die Tiefsee vor Afrikas Küste. Bei einem Treffen im November 2005 präsentierten die Forscher ein erstes achtbares Ergebnis. Pro Quadratmeter untersuchter Fläche verzeichneten sie bis zu 500 verschiedene Arten. Der Clou daran: Nur 10 Prozent des zutage geförderten Lebens war bis dato bekannt. Der Rest gefiel sich als lebender Beweis für den gern zitierten Satz, wonach wir über die Meere weniger wissen als über die Rückseite des Mondes. Brigitte Hilbig, die das Senckenberg-Projekt koordiniert, übt sich in vorsichtigem Optimismus: »Wir werden natürlich nie wissen, wie viele Arten es in den Meeren gibt. Aber wir können unsere Schätzungen darüber verbessern.«

Und was ist nun da unten? Seegurken, wie wir festgestellt haben. Venuskörbchen und Schleimaale. Einzeller und Walkadaver. Lebendes Feuerwerk. Fische mit Angelruten am Kopf, Staatsquallen und Tintenfische im Vampirkostüm. Haie nicht zu vergessen. Ruderfußkrebschen, komische gläserne Tönnchen mit schleimigem Gedärm.

Pure Schönheit, sagt Dr. Dieter Fiege, Spezialist für marine Evertebraten (wirbellose Tiere) am Senckenberg-Institut. »Wenn man einen Tiefsee-Borstenwurm in Spiritus legt, wird er unansehnlich. In ihrer natürlichen Umgebung hingegen prunken die Tiere mit phantastischen Farben und Formen.« Fiege war selbst mehrmals in

Wurmhausen und hat dessen Bewohner fotografiert, an ganz verschiedenen Plätzen der Welt und in unterschiedlichen Tiefen. Heraus kam eine Ausstellung, die vor wenigen Jahren für einiges Aufsehen sorgte, weil sich auf den Bildern keine Ekelviecher präsentierten, sondern außerirdisch anmutende Supermodels von biegsamer Eleganz. Praktisch täglich werden neue Würmer entdeckt und rechtfertigen die Entscheidung, nicht Lokomotivführer, sondern Wurmexperte geworden zu sein. Der freundliche Doktor jedenfalls scheint sich schon mal warm zu laufen für den Tag, an dem die Wale endgültig geschützt und die Haie entkriminalisiert sind. Dann werden die Würmer entekelt, von denen auch noch längst nicht alle entdeckt sind.

Nun ja, Würmer.

Unentdeckte Arten, das klingt aber doch eher nach Seeschlangen und Riesenkrabben, nach gewaltigen Ungeheuern mit dolchartigen Zähnen und meterlangen Tentakeln, vielleicht sogar nach Intelligenz und Tiefseestädten. Auf jeden Fall nach großem Kino. Stimmt. Großes Kino hatten wir im Kambrium, im Devon, eigentlich in jeder Erdperiode. Auch heute, nur dass wir entweder an der Leinwand vorbeischauen oder die Akteure meucheln, siehe Haie, siehe Wale. Die überwältigende Mehrheit unentdeckter Organismen offenbart seine bizarre Schönheit sowieso erst unterm Mikroskop. Mittlerweile kennen Sie sich da unten ja schon aus. Es wird Sie folglich nicht überraschen, dass die meisten vor Afrika geborgenen Neuzugänge kleiner sind als ein Millimeter.

Richtig spannend wird es im Erdinneren. 2002 förderte das Forschungsschiff *Joides Resolution* Bohrkerne aus bis zu 5.000 Metern Tiefe zutage. Dafür drillte sich der Bohrer 420 Meter tief ins Sediment, bis hin zur massiven Basaltkruste. Einige der Gesteine stammen aus dem Oligozän, der Zeit vor 36 bis 24 Millionen Jahren. Und auch darin wimmelt es von Leben, das sich an Kohlenstoffverbindungen gütlich tut, schwer verdaulichen Überbleibseln verendeter Lebewesen. Die Steinbewohner vertilgen die schäbigen Reste so langsam, dass in der Zeit ganze Restaurantketten öffnen und wieder schließen. Wieder zeigt sich, dass die Tiefe vor allem eine Welt der Langsamkeit ist. Bakterien tragen keine Armbanduhr und stellen keinen Wecker.

Immer wieder sind die CoML-Forscher überrascht von der unerwarteten Vielfalt des Lebens unter Wasser. Odd Aksel Bergstadt, der das norwegische CoML-Projekt *Mar-Eco* leitet, kreuzte 2004 acht Wochen lang mit dem Forschungsschiff *G. O. Sars* zwischen Island und den Azoren, beides Inseln vulkanischen Ursprungs, um die Biodiversität entlang des Mittelozeanischen Rückens zu studieren. Über 60 Wissenschaftler aus aller Welt rückten dem Unbekannten auf Pelz, Schuppen und Panzer, schickten ferngesteuerte Roboter mit Kameras und Messgeräten in 4.000 Meter Tiefe, lauschten mit hydroakustischen Systemen in die vermeintliche Stille und sammelten planktonische und andere Lebewesen. Das 830-Millionen-Euro-Vorhaben bereicherte den Fundus der Wissenschaft um 80.000 Fische, Quallen und Kopffüßer, von winzigen Larven bis zum viereinhalb Meter langen Hai. Was im Ruf stand, öde und leer zu sein wie Pjöngjang bei Nacht, erwies sich als Multi-Kulti-Oase, bevölkert von einer Vielzahl nie zuvor gesehener Arten. Die Lebensgemeinschaften an den hydrothermalen Quellen kannte man natürlich, auch das ganze Leuchtvolk und mehr Seegurkenarten, als in ein japanisches Festbankett passen. Dennoch entdeckte man eine neue Art nach der anderen. Und fast alle waren Mikroben.

Immerhin gingen auch höchst ungewöhnliche Oktopoden ins Netz, ausgestattet mit gewaltigen Augen und flügelartigen Riesenflossen, die ihnen das Aussehen flatternder Airbags geben. Molekulargenetisch lässt sich nachweisen, dass diese Bigfin Squids im ausgewachsenen Zustand sieben Meter lange Fangarme entwickeln. Per Sonar entdeckten die *Mar-Eco*-Teilnehmer außerdem den größten je gemessenen Planktonschwarm, der sich – bedingt durch Meeresströmungen – zu einem perfekten Kreis von zehn Kilometern Durchmesser formiert hatte. In beträchtlicher Tiefe stießen die Forscher auf meterhohe Korallen, die ihren tropischen Verwandten an Schönheit in nichts nachstehen, allerdings mit zwei Grad Celsius kaltem Wasser vollauf zufrieden sind. Verankert in Felswänden unterseeischer Berge filtern sie Kleinstlebewesen aus der Strömung. Das bislang größte entdeckte Kaltwasserkorallenriff liegt vor den norwegischen Lofoten und bedeckt eine Fläche von 100 Quadratkilometern. Das Leben dort ist ähnlich vielfältig wie in unserem australischen Korallenriff. Vor allem – gähn! – Einzeller findet man in immer neuen Varianten.

Gibt es denn gar nichts Spannendes zu vermelden?

Doch, schon. So rätselt Aksel Bergstadt immer noch, was um alles in der Welt sein ferngesteuerter Roboter an den Hängen eines zwei Kilometer tiefen Berges nördlich der Azoren aufgespürt hat. Schnurgerade Reihen mysteriöser Bauwerke nahmen die Kameras da auf, jedes versehen mit einer einzelnen, kleinen Öffnung. Kein Städtebauer hätte die Siedlung exakter planen können. Wie Architektur gewordener Kommunismus ziehen sich die Wohnreihen dahin, zu Hunderten und Tausenden. Trotz intensiver Beobachtung war von den Erbauern weit und breit nichts zu erblicken. Bergstadt würde nicht mal beschwören, dass es sich wirklich um Einzelbauten handelt, ebenso gut könnte ein einziger riesiger Raum im Untergrund liegen, der über viele Zugänge verfügt. Waren blinde Tiefseekrebse am Werk? Oder etwas ganz anderes, von dem wir uns keine Vorstellung machen? Der Gruselfaktor ist gegeben. Der indes interessiert die Leute vom CoML weniger. Sie wollen zählen: Hey, kommt raus aus euren verdammten Löchern, zeigt euch! Nach Größe und Alter aufstellen, wird's bald? - 1 ... 2 ... 3 ... 4 ... 5 ...

Trotz Erfolgspropaganda müssen sich die Forscher eingestehen, dass man schlecht zählen kann, was man nicht sieht. Hin und wieder zeigt das Sonar der CoML-Expeditionen große Flächen an, von denen sich nicht sagen lässt, ob Schwärme oder unbekannte Riesen unter den Schiffen hindurchziehen. Theoretisch ist dem Größenwachstum eines Organismus im Wasser keine Grenze gesetzt. Allerdings sind gerade die Riesen erklärte Gegner der Volkszählung. Ein planktonisches Krebslein merkt nicht, dass es datentechnisch erfasst wird. Außerstande, den Zähler wahrzunehmen, landet es im Schleppnetz der Statistik. Die Riesen hingegen haben gelernt, sich von den Suchscheinwerfern der Roboter fernzuhalten. Die Vorstellung, dass ein 25 Meter langer Architeuthis knapp jenseits des Lichtkegels in der Nase bohrt, während man nicht mal sicher ist, ob es ihn überhaupt gibt, hat etwas Frustrierendes. Schlimmer noch als Sandkörner zählen. Sand kann einen wenigstens nicht verarschen.

Ungeachtet dessen verbreiten die Leute vom CoML bewundernswerten Optimismus. Schließlich will man seine Kenntnis über das marine Leben auch darum erweitern, um es besser schützen zu können. CoML fördert darum nicht nur die Zusammenarbeit etlicher Wissenschaftler und Institute aus aller Welt, sondern stellt sein Wissen auch einer breiten Öffentlichkeit zur Verfügung. Teilnehmer des Projekts verpflichten sich, mit ihren Entdeckungen nicht hinterm Tiefseeberg zu halten, sondern sie ins *Ocean Biogeographic*

Information System, kurz Obis, einzuspeisen, die gemeinsame Datenbank des CoML. Fünf Millionen Einträge verzeichnet das Internet-Archiv bereits, über 40.000 Arten und ihre Lebensumstände sind dezidiert beschrieben. 250.000 marine Tier- und Pflanzenarten waren bis zur Aufnahme des Projekts bekannt, jetzt werden es täglich mehr.

Als Nächstes steht die Antarktis auf dem Programm, ebenfalls reich an Leben. Denken Sie an die Abermillionen Krillkrebschen unterm Eis. Bislang haben Menschen nur die Randbereiche des Schelfeis-Panzers untersucht. Wer weiß, was da noch alles lebt? Schier fröstelt es einen angesichts der zu erwartenden Biomasse, als wäre sie nicht schon überwältigend genug. Bloß, wie kommt man zu Forschungszwecken unter einen kilometerdicken Eispanzer? Das Alfred-Wegener-Institut liefert die Antwort in Form eines gelben Torpedos. Bei näherem Hinsehen entpuppt sich das elegante gelbe Ding als *Autonomous Underwater Vehicle*, kurz AUV, ein Mini-Roboter, voll gestopft mit Kameras und Messinstrumenten, der ohne Nabelschnur 75 Kilometer weit unters Eis vorstoßen und dabei 3.000 Meter tief tauchen kann. Was er filmt, wird in Echtzeit an Bord des Forschungsschiffs *Polarstern* übertragen. Die Optimisten beim CoML erhoffen sich völlig neue Einblicke, Pessimisten übersetzen AUV mit »Absetzen Und Verlieren«. Ferngesteuerte Roboter ohne Kabelanschluss sind nämlich auch unbekannte Lebensformen, die dazu neigen, merkwürdige Entscheidungen zu treffen und verlustig zu gehen.

2010 soll der Menschheit nach dem Willen des CoML ein umfassendes Bild des marinen Lebens vorliegen, einer Welt also, die für Menschen lebensfeindlich ist. Skeptiker vergleichen die Arbeit der Forscher denn auch mit den Bemühungen Außerirdischer, einen kalifornischen Touristenstrand zu beschreiben, indem sie dort einmal jährlich ein Stündchen lang die Kamera kreisen lassen, und zwar immer im Winter. Nun gut. Wir können gespannt sein, wie viel Volk am Ende gezählt und wie viele neue Arten entdeckt wurden. Verfassungsrechtlich jedenfalls ist die Sache sauber.

Wer weiß? Vielleicht ist es ja doch einfacher, Flohkrebse zu zählen als Bundesbürger.

Intelligenzbestien

Mitunter träumt Aksel Bergstadt, wie aus den ominösen Löchern am Tiefseeberg seltsame, nie gesehene Wesen krabbeln und dem Computer des Tauchroboters die Mittteilung machen:

»Take me to your leader!«

Warum auch nicht? Das Leben in den Ozeanen ist sehr viel älter als das an Land. Dennoch hat den meisten Grips eine kontinentale Spezies abbekommen. Merkwürdig. Haben wir vielleicht was übersehen? »Ich weiß, dass ich wenig weiß«, trägt jeder Meeresforscher ungeschrieben im Wappen, angelehnt an den weisen Sokrates. Wer kann schon sagen, ob es nicht intelligente Einzeller im Schlick der Hadale gibt? Oder Tintenfische, die so ungeheuer schlau sind, dass wir es gar nicht merken. Im Ernst: Kognitionsforscher glauben, dass ein Mensch ihm weit überlegene Wesen ebenso wenig als intelligent wahrnehmen würde, wie ein Hund im Tun seines Herrchens gesunden Hundeverstand erblickt. Sinn ergibt aus Fifis Sicht einzig, was im Rahmen seines Verhaltens liegt. Zu komplex sind menschliche Gedankengänge, weshalb der Hund nur Chaos wahrnimmt. In *Per Anhalter durch die Galaxis* sind es letztlich Mäuse, die unsere Welt beherrschen und uns für ihre miesen Zwecke einspannen. Subtile kleine Biester, deren Denken von solcher Komplexität ist, dass wir glauben, sie würden sich aus Dummheit von der Katze fressen lassen. Quatsch. Alles Teil eines höheren Plans. Seegurken zum Beispiel, vielleicht sind ja Seegurken die intelligentesten Wesen des Planeten. So oder so: Wenn wir viereinhalb Milliarden Jahre ozeanische Geschichte gegen sechs Millionen Jahre Menschwerdung aufrechnen, muss man sich schon fragen, warum höhere Intelligenz nicht schon lange in den Meerestiefen entstanden ist.

Dazu drei Anmerkungen.

Erstens, Zeit spielt keine Rolle, wie wir wissen. Sie erwies sich schon bei der Entstehung des Universums als irrelevanter Begriff. Es ist völlig uninteressant, wie lange etwas dauert, sondern nur, ob es geschieht und unter welchen Umständen. Die Randbedingungen müssen stimmen. Meist sind sie das Resultat einschneidender Veränderungen, die zum Zeitpunkt ihres Eintretens eher mit Missfallen aufgenommen werden.

Zweitens, es ist unsinnig, das Leben auf dem Land von dem im Wasser zu trennen. Das Leben hat eine gemeinsame Geschichte, in deren Verlauf es immer neue Varianten herausbildete, mehrfach das Medium wechselte, das Meer verließ und wieder dorthin zurückkehrte, bis sich irgendwann Höherentwicklung anbahnte. Genauso gut hätten die Tintenfische das Kommando übernehmen können. Haben sie aber nicht. Tja. Pech gehabt.

Ebenso müssen wir uns vom Bild einer Welt verabschieden, in der das Leben auf Fortschritt ausgerichtet ist. Die etwas nörgelige Frage an Miss Evolution, warum sie viereinhalb Milliarden Jahre gebraucht habe, um eine des Sprechens und Denkens fähige Spezies aus dem Hut zu zaubern, würde die Dame mit einem Achselzucken quittieren und uns wissen lassen, eine solche Rasse gar nicht angestrebt zu haben. So ernüchternd es klingt, aber die Evolution verfolgt keine höheren Ziele. Sie wird freudig bereit sein, ihr gesamtes Schaffen wieder auf Einzeller umzustellen, wenn es die Umstände erfordern. Schon Darwin hat das klar erkannt. Den Begriff Evolution mochte er nicht, den verantwortet der viktorianische Biologe und Sozialphilosoph Herbert Spencer. Wie so viele Gelehrte suchte auch dieser das allumfassende Gesetz, die Weltformel. Das englische Verständnis von Evolution ist Fortschritt und Entfaltung. Beides erblickte Spencer im natürlichen Treiben, und eben damit hatte Darwin seine Probleme. Er übernahm den Begriff nur, weil er einfacher über die Lippen kam als »Abstammung mit Abwandlung« oder »Überleben der Tüchtigsten«. Darwin glaubte an Weiterentwicklung und Auslese, basta. Einen Fortschritt konnte und wollte er im Œuvre der Natur nicht sehen. Bestimmt hätte er mit der Roten Königin seines Zeitgenossen Lewis Carroll sympathisiert, der es zum Überleben reicht, nicht von der Stelle zu kommen. Doch die wurde erst nach Darwins Tod zum Synonym für den Kampf der Arten.

Die Gleichsetzung von Komplexitätszunahme und Fortschritt leitet sich aus einem Missverständnis ab. 4,5 Milliarden Jahre vergehen, bis endlich der Mensch sein wulstiges Haupt erhebt und beginnt, die Geschichte seiner Vorgänger zu rekonstruieren. Dabei stößt er auf scheinbar eindeutige Anzeichen, die ihn im Glauben bestärken, das gloriose Endprodukt langer Versuchsreihen zu sein. Ihm ist nämlich aufgefallen, dass alles mit primitiven, einzelligen Organismen begann, sodann die Vielzeller folgten, die sich schließlich Rüstungen und Waffen zulegten und einen bilateralen Körperbau entwickelten, dass ihre Vielfalt zunahm, dass sie wuchsen und sich über den Planeten ausbreiteten. Ganz klar ist hier ein Trend in Richtung Höherentwicklung zu erkennen, oder etwa nicht? Selbst die Kreationisten räumen ein, dass Gott in den ersten Tagen das Bühnenbild schuf, dann die Statisten rekrutierte und mit den Hauptdarstellern zum Schluss rauskam, worauf ihm nichts Besseres mehr einfiel.

In Wahrheit fügt die Natur Bestehendem nur Neues hinzu. Manches ist komplex, manches simpel. Einiges verschwindet und wird durch anderes ersetzt, wobei das andere besser, schlechter oder genauso gut sein kann. Im Großen und Ganzen sind Basisleistungen der Evolution unumkehrbar. Was einmal entstanden ist, gilt. Die Erfindung der Vielzeller hat dazu geführt, dass diese seither vorhanden sind. Hartschalen wurden eingeführt und beibehalten. Wesen wie Anomalocaris mögen ausgestorben sein, dafür haben andere Schalenträger ihren Platz eingenommen. Schließlich entwickelten sich die Wirbeltiere, Fische entstanden, die seither im ständigen Ensemble vertreten sind. Die Saurier mussten den Heldentod sterben, aber Echsen gibt es nach wie vor. Insekten, Fische, Säugetiere, Affen, Menschen, sie alle komplettieren einen vitalen Fundus. Wenn es überhaupt so etwas wie Fortschritt gibt, dann nur hinsichtlich der gewachsenen Biodiversität während der letzten viereinhalb Milliarden Jahre. Der Katalog ist dicker geworden. Gut, quantitativ gewiss ein Fortschritt.

Stellen Sie sich eine Party vor, auf der rund fünfzig Leute bester Laune feiern, und nun kommen Sie dazu. Würde man hinterher sagen, die Party sei mit dem Zeitpunkt Ihres Eintretens in eine neue Ära getreten? Würde man nur noch von Ihnen sprechen? Hat die Party einen höheren Entwicklungsstand erreicht, nur weil Sie ein Gläschen mittrinken?

In unserem Weltverständnis scheint es so. Wann immer eine neue, vermeintlich fortschrittliche Variante hinzukommt, lassen wir sie begeistert hochleben und tun so, als spielten alle anderen plötzlich keine Rolle mehr. Nur, wie mehrfach festgestellt, ist die Vielfalt der Einzeller ungebrochen, und die Leute vom CoML entdecken ständig neue. Miss Evolution arbeitet an etlichen Projekten gleichzeitig. Sie kann gar nicht anders, weil ihre Geschöpfe Teil der Randbedingungen sind, auf die alle sich einzustellen haben, wenn sie nicht verschwinden wollen. Je mehr Geschöpfe, desto komplexer das Geflecht der Bedingungen, was wiederum zu größerer Vielfalt führt. Irgendwann entstand daraus ein seiner Selbst bewusstes Wesen, als Folge diverser Anpassungsprozesse, die den Gebrauch von Händen erforderlich machten, den aufrechten Gang, die Ausbildung eines größeren Gehirns, schließlich der Sprache.

Doch ebenso gut hätten Sauroiden höhere Intelligenz entwickeln können. Vielleicht wären sie aus den räuberischen, recht intelligenten Velociraptoren hervorgegangen, aufrecht laufende, zwei bis drei Meter große Echsen. Doch die Bedingungen standen dem entgegen. So betrat Homo sapiens sapiens die Party und erwartet nun, dass sich alles um ihn dreht. Schaut man die Gästeliste durch, muss man indes fragen, ob die ganze Idee des reflektierenden Bewusstseins nicht ebenso unsinnig ist wie Hälse, die den Körper an Länge übertreffen. Bevor wir kamen, hat man sich prächtig amüsiert. Plötzlich wird Glas zerdeppert, Gift ins Essen getan, die Atmosphäre verstänkert und Krawall angefangen. Vielleicht, nachdem wir noch ein bisschen rumgepöbelt haben, werden wir rausgeschmissen, und die anderen feiern ohne uns weiter. Dann wäre die Welt um eine hochkomplexe Spezies ärmer, die kurz vorbeischaute und wieder verschwand, ohne dass man deswegen von einer Verarmung sprechen könnte. Man würde rückblickend sagen, wir seien in eine Komplexitätskrise geraten – hoch entwickelt, aber einfach nicht gesellschaftsfähig.

Dennoch glauben wir weiterhin hartnäckig, im Menschen einen Trend zum Fortschritt auszumachen. Gut, nehmen wir es einen Moment lang an. Dann sollten wir fragen: Was ist überhaupt ein Trend? Die freie Enzyklopädie Wikipedia versteht darunter eine »statistisch erfassbare Grundtendenz, die Richtung, in die eine Entwicklung geht«. Weiter heißt es: »Ein Trend ist eine neue Auffassung in Gesellschaft, Wirtschaft oder Technologie, die eine neue

Bewegung bzw. Marschrichtung auslöst.« Trends, wird daraus ersichtlich, lösen sich ab. Manche sind so kurz, dass man sie im Nachhinein eher als Mode bezeichnen muss, werden allerdings im Moment ihres Entstehens vollmundig als Trends verkauft. Andere Trends verdienen die Bezeichnung. Man kann von einem Trend in der Natur sprechen, Baupläne zu variieren. Der Minirock wiederum war eine Mode, allerdings Teil eines Trends, nämlich zu mehr weiblichem Selbstbewusstsein.

Eindeutig gibt es keine Entwicklung, die Jahrmilliarden anhält. Keinen einzigen erkennbaren Trend, der ein Phänomen beständig steigert. Keine Zunahme der Komplexität, die nicht irgendwann mit einer Komplexitätskrise endet. Es kommt noch schlimmer: Würde man einem Computer alle bisherigen Trends einspeichern, wäre er dennoch nicht in der Lage, künftige Trends vorauszusagen oder zu prognostizieren, wie lange bestehende anhalten werden. Die Chaostheorie lehrt uns, dass Voraussagen allenfalls Entwürfe sein können: Unter Umständen verhält es sich so oder so oder so. Sie sagt auch den Zusammenbruch angeblicher Trends zu einem Zeitpunkt voraus, da man es am wenigsten erwartet. Im veralteten Trendverständnis müsste dem Menschen der Übermensch folgen. Doch Nietzsche hat umsonst geträumt. Weder das Wetter noch die Börsenkurse lassen sich langfristig voraussagen, und schon gar nicht die Entwicklung und Variationsbreite von Arten. Alles, was man sagen kann, ist, dass Komplexitätszunahme unter bestimmten Bedingungen nicht zu vermeiden ist.

In seinem Buch *Illusion Fortschritt* schreibt der amerikanische Paläontologe Stephen Jay Gould über das Randphänomen, indem er einen Betrunkenen zeigt, der nach Hause wankt, zu seiner Rechten die Häuserwand, und dabei ständig in den Straßengraben fällt oder auf die Fahrbahn. Er tendiert im Fallen also nach links. Kann man nun einen Trend ausmachen, wonach Betrunkene in Straßengräben öfter auf die Schnauze fallen als auf dem Trottoir? Ein bisschen fühlt man sich an die geniale Beweisführung des Spinnenforschers erinnert, der sein Versuchstier anstupst und ruft: »Lauf, Spinne, lauf!« Die Spinne läuft. Nun reißt er ihr zwei Beine aus und wiederholt das Experiment. Immer noch läuft die Spinne. Selbst mit zwei verbliebenen Beinen schafft sie es, vorwärts zu kommen. Erst als alle Beine abgezwickt sind, reagiert sie nicht mehr, woraufhin der Forscher in seinen Bericht schreibt: »Spinne ohne Beine taub.«

Es gibt aber keinen Trend, wonach Spinnen umso schlechter hören, je weniger Beine sie haben. Und auch keinen, der eine Vorliebe Betrunkener für Straßengräben offenbart. Vielmehr bevorzugt der Betrunkene weder die rechte noch die linke Seite, sondern will ins Bett. Rechts ist aber die Häuserwand, also kann er nur nach links torkeln und landet, da ihn dort keine Wand stoppt, regelmäßig im Graben. Ähnlich verhält es sich mit natürlichen Wänden oder Rändern. Ein stoffwechselndes Lebewesen kann das Format einer Zelle nicht unterschreiten. Angenommen, das Leben auf der Erde würde durch eine Katastrophe ausgelöscht, und nur die Einzeller überlebten, ginge die Entwicklung irgendwann von vorne los. Wieder entstünden größere und komplexere Wesen, weil Größe und Komplexität die einzige Richtung sind, in die Miss Evolution gehen kann. Kleiner kann sie nicht werden, dann da ist die Hauswand, die Begrenzung durch die Mindestgröße eines Organismus. Dennoch sind wir geneigt zu sagen, dass die Evolution einen Hang zur Größe hat.

Würde Größe tatsächlich einen Vorteil mit sich bringen, hätte der Brachiosaurus fortschrittlicher sein müssen als ein Raptor, was er nicht war. Erinnern Sie sich der meterlangen Tausendfüßler und Riesenlibellen im Karbon? Der erhöhte Sauerstoffgehalt der Atmosphäre förderte den Gigantismus. Ein Trend, der über Jahrmillionen anhielt. Doch mit dem Rückgang des Sauerstoffs wurden auch die Lebewesen wieder kleiner.

Ganz nebenbei erklärt das Prinzip vom Rand, warum die Deutschen unmittelbar nach dem Zweiten Weltkrieg so erfolgreich waren. Ganz einfach: Wer alles verloren hat, kann nicht noch mehr verlieren. Länder, die steigendes Wachstum verzeichnen, sind darum gut beraten, Prognosen zu misstrauen, wonach es endlos so weitergehen wird. Der 11. September liefert ein erschreckend gutes Beispiel dafür, wie selbst lokal begrenzte Ereignisse die Randbedingungen für einen ganzen Planeten verändern und Staaten in die Krise stürzen können.

Es gibt also keinen Trend zur Ausbildung von Intelligenz, Größe und Komplexität, ebenso wenig wie der Landgang der Amphibien im evolutionären Sinn ein Fortschritt war, sondern lediglich eine Variante: Im Wasser is' schön. An Land is' auch schön. Was uns zur dritten Bemerkung führt hinsichtlich der Frage, warum intelligentes Leben nicht in den Ozeanen entstanden ist:

Wer sagt, dass es nicht doch entstanden ist?

Schon die Wale stellen uns vor unlösbare Fragen: Wie misst und definiert man Intelligenz in einer Welt der fließenden Übergänge? Auf alle Fälle ist sie nicht an das spezifische Werteverständnis einer Spezies gekoppelt, sondern kann von solcher Fremdartigkeit sein, dass wir sie als solche nicht erkennen. Als ich den *Schwarm* schrieb, reizte mich die Vorstellung, eine solch exotische Form von Intelligenz könne sich lange vor dem Menschen dort entwickelt haben. Von Einzellern würde man höhere Intelligenz am allerwenigsten erwarten. Gerade deshalb sind es im Buch keine Kiemenmenschen oder Riesenkraken, sondern Mikroben, die uns zum Blick über den Tellerrand unserer Selbstwahrnehmung zwingen.

Ob es die Yrr aus dem *Schwarm* gibt?

Na, selbstverständlich gibt es sie! Allerdings nur in meinem Kopf. Mir ist jedenfalls nichts anderes bekannt. Dennoch halte ich Schwarmintelligenzen auf anderen Planeten für durchaus denkbar – auch Schwärme und Schwarmwesen, die ihrer selbst bewusst sind. Ameisen und Termiten sind das nicht. Gemeinhin gelten sie als hochintelligent, jedoch auf unbewusster Stufe. Nicht die Tiere selbst, sondern das System ist clever, eine anspruchsvolle Matrix für krabbelnde Sozialstaatler, die aufgrund biochemischer Grenzen niemals wirkliche Intelligenz erlangen können. Doch warum sollen sich Kleinstlebewesen unter anderen Voraussetzungen nicht so organisieren, dass ein selbstbewusstes Superhirn entsteht, dessen Talentgrenzen nach oben offen liegen?

Man kann darüber spekulieren. Oder einfach glauben, was man glauben möchte. Hier ein paar der beliebtesten Aussprüche zum Thema: »Man muss nicht alles verstehen.« – »Nicht alles lässt sich erklären.« – »Ich spüre, dass diese Tiere Liebe empfinden.« – »Doch, Ameisen haben Gefühle.« – »Wissenschaft ist kalt, sie kann die Welt nicht erklären.« – »Als mich der Delphin ansah, machte ich eine mystische Erfahrung.« – Und so weiter, und so fort. Mit Verlaub, aber das ist *Bullshit*. Kehren wir noch einmal zu den Delphinen zurück. Kluge Kerlchen, ist man geneigt zu sagen, wenn sie da durch den Reifen springen. Aber sind sie deswegen intelligent? Akustisch bringen sie eindeutig mehr zustande als Hunde. Ist das darum Sprache? Nicht zuletzt verfügen sie über ein hoch entwickeltes Sonar, sicher eine Meisterleistung der Biotechnologie. Lässt sich daraus auf Verstand schließen?

Der amerikanische Psychologe und Bewusstseinsforscher John Lilly begeisterte sich in den sechziger Jahren für das komplexe Vokabular der Delphine, mit dessen Hilfe die Tiere seiner Ansicht nach vielfältige Informationen austauschten. Für ihn war schon das große Gehirn des Delphins Beweis genug, es mit einer intelligenten Spezies zu tun zu haben. Tatsächlich, wenn man das Gewicht der Hirnmasse in Relation zum Gesamtkörperwicht seines Besitzers setzt, haben Delphine mehr Grütze im Kopf als Menschen. Bloß, wozu? Warum fällt ihnen nichts anderes ein, als ein halbwegs manierliches Sozialverhalten an den Tag zu legen, rohen Fisch zu fressen und Spielchen zu spielen? Sie schreiben keine Bücher und komponieren keine Popsongs. Auch unter Berücksichtigung der Tatsache, dass menschliche Vorlieben bei der Beurteilung von Intelligenz keine Rolle spielen dürfen, fangen Delphine mit ihrem Riesenhirn erstaunlich wenig an.

Es sei denn, ihr empfindliches Sonar erfordert so viel neuronalen Speicherplatz.

Die ersten Computer in den Sechzigern waren, gemessen an ihrer Rechenleistung, gigantisch groß. Datenverarbeitung spielte sich in Hallen ab, voll gestellt mit tickenden und ratternden Schränken. Heute erbringt ein Laptop dieselbe Leistung und kann im Allgemeinen noch viel mehr. Es liegt nahe, dass das Hirn des Delphins so eine Art früher Riesencomputer ist. Sonar erfordert Millionen paralleler Rechenvorgänge, Unmengen von Daten müssen in Bruchteilen von Sekunden erfasst und verarbeitet werden. Bei genauer Untersuchung zeigt sich, dass Delphinhirne zwar anspruchsvoller konstruiert sind als die von Schimpansen, indes eine vergleichsweise dünne Großhirnrinde aufweisen mit entsprechend flacher Furchung. Das menschliche Selbstbewusstsein, unsere Fähigkeit zu lernen, Sinnzusammenhänge herzustellen, in Mustern zu denken, vorauszuplanen, unsere motorischen Kontrollen, all dies liegt jedoch in unserer Großhirnrinde verborgen. Es ist nicht auszuschließen, dass Delphine mit den Jahrmillionen eine dickere Rinde erwerben und gleichziehen könnten – ganz sicher haben sie einige Schwellen des tumb Tierischen schon überschritten. Deswegen sind sie vorerst immer noch Tiere. Zu mehr ist der Klumpen Neuronen in ihrem Schädel (noch) nicht in der Lage.

Indes hat der englische Physiker und Nobelpreisträger Francis Crick, ein Pionier der Gentechnik, eine wahrhaft traumhafte Erklärung dafür gefunden, warum Delphinhirne so groß sind: weil Delphine wenig schlafen und kaum träumen. Im Traum aber bewältigen wir Erlebtes und entledigen uns unangenehmer Assoziationen. Dem Delphin ist diese Möglichkeit der Kompensation verwehrt, also benötigt er Speicherplatz, um die tägliche Reizüberflutung zu verarbeiten. Er legt das Erlebte in speziellen Dateien ab, die das Riesenhirn erforderlich machen.

Was ist Intelligenz überhaupt?

Wir müssen unterscheiden lernen zwischen intelligenten Wesen und intelligenten Lösungen. Das ist gar nicht so einfach. Beispielsweise wird unter Intelligenz die Gabe verstanden, prognostisch zu denken. Auch ein Computer kann jedoch, wenn man ihn ausreichend mit Daten füttert, Prognosen erstellen. Da muss also mehr sein. Assoziationsvermögen. Die Fähigkeit, Pläne zu machen, sich Szenarien vorzustellen, auf abstrakter Basis Entscheidungen zu treffen. Sich selbst kritisch wahrzunehmen und andere zu beurteilen, sich in sie hineinzufühlen. Zu hassen und zu lieben. Mit jeder dieser Eigenschaften verliert der Computer, Inbegriff unbewusster Intelligenz, ein Stück an Boden.

Nun ist ein Delphin etwas anderes als ein Computer. Er fühlt. Er empfindet. Freundlichkeit und Intimität, wie Menschen sie im Umgang mit Meeressäugern empfinden, lassen auf sensible Wesen schließen. Nicht aber zwangsläufig auf Intelligenz. Vieles, was Delphine lernen, vollbringen sie mechanisch. Bloße Nachahmung, wie auch Papageien sie beherrschen, heißt nicht im Mindesten, dass die Tiere den Sinn und Zweck ihres Handelns begreifen. Bringen Sie einem Papagei die Formel $E=mc^2$ bei, wird er dennoch keinerlei Aussagen über die Lichtgeschwindigkeit treffen können. Selbst ein fortschrittliches Sozialverhalten kann genetisch implantiert sein, wie bei den schon angesprochenen Ameisen und Termiten.

Dennoch ist nicht auszuschließen, dass es im Ozean so etwas wie bewusste Intelligenz gibt. Dazu wollen wir insbesondere einer Meeresspezies auf den spitzen Zahn fühlen, die Intelligenzforscher fasziniert: dem Orca – auch Schwert-, Mörder- oder Killerwal genannt.

Fragt man die Indianer Westkanadas, ob Schwertwale intelligent sind, antworten sie mit einem klaren Ja. In ihren Mythen wird ein guter Mensch als Orca wiedergeboren. Jüngstes Beispiel für die Vitalität dieses Glaubens ist das Gerangel um Luna, einen 1999 geborenen Orca, der sich 2001 von seiner Familie trennte und mutterseelenallein im Nootka-Sund vor Vancouver Island auftauchte. Luna folgte dem Verlauf des Muchalat Inlet und erreichte 2003 das Gebiet der Mowachaht und Muchalath, denen der Einzelgänger irgendwie bekannt vorkam. Diese listigen Augen, das fliehende Kinn, das permanente Grinsen ... klar doch! Das war Ambrose Maquinna, ihr kürzlich verstorbener Häuptling. Wie nett! Hatte sich Ambrose nicht immer gewünscht, als Orca in die Welt zurückzukehren? Da war er nun.

Luna zeigte sich verschmust, ließ sich tätscheln und kam so dicht an Boote heran, dass Mitglieder des Vancouver Aquariums und des Fischereiministeriums beschlossen, den kuriosen Wal in einem speziellen Gehege unterzubringen. Die Indianer sabotierten die Versuche auf friedliche, aber bestimmte Weise. Wann hatte man je einen Häuptling im Gehege gesehen? Das Fischereiministerium wies darauf hin, Luna könne Touristen gefährlich werden oder landenden Wasserflugzeugen, auch das Risiko, sich selber zu verletzen, sei zu hoch. Die Indianer konterten, der Wal werde schon wieder verschwinden, wenn er es für richtig halte. Soweit mir bekannt ist – Stand März 2006 –, nimmt man auf die Befindlichkeiten der Indianer Rücksicht. Auf jeden Fall verhält sich Luna nicht wie ein Wesen, dessen Verhalten sich in Schablonen pressen lässt.

Orcinus Orca, übersetzt »dem Königreich der Toten zugehörig«, hat sämtliche Ozeane besiedelt, vom Äquator bis hin zur Antarktis. Von Jacques-Yves Cousteau als äußerst brutal und gefährlich eingestuft, hat er Menschen in freier Wildbahn bis heute nicht angegriffen. Woher auch immer sein Ruf als Killer rührt, wir haben wenig Grund, ihn zu fürchten. Orcas scheinen uns im Gegenteil eher zugetan, dabei könnte man ihnen eine gehörige Portion Wut im Bauch kaum verdenken: Als gnadenlose Menschenschlächter verschrien, haben Piloten die Tiere im Zweiten Weltkrieg zu Übungszwecken bombardiert und laut »Yeah!«, »Magnifique!« und »Potzblitz!« gerufen, wenn die Leiber spritzend auseinander flogen. Auch die Navy hat Orcas lange Zeit als Toprisiko für Taucher angesehen. Sie zogen den Hass und die Gewehrkugeln der Fischer auf sich, denen sie angeblich ins Handwerk pfuschten, obwohl für alle genug da war.

Schon vor *Free Willy* erfolgte der Gesinnungswandel, und die Öffentlichkeit fiel ins andere Extrem. Zwischen Clown und spirituellem Heilsbringer spielte er nun alle erdenklichen Rollen, bis auf seine eigene. Erst seit einigen Jahren nähert sich die Forschung den rätselhaften Tieren und gelangt zu erstaunlichen, teils verwirrenden Resultaten.

Orcinus Orca ist nach dem Pottwal der größte Zahnwal, eher ein riesiger Delphin, dessen Männchen zwischen sieben und zehn Meter lang werden. Weibchen sind ein bisschen kleiner. Sie werden knapp doppelt so alt wie die Männchen, weshalb es mehr verwitwete Orca-Damen gibt als rüstige Witwer. Vor der Küste Westkanadas, speziell im Bereich um Vancouver Island, entfalten sie eine Sozialstruktur, wie man sie sonst nirgendwo auf der Welt findet. Orcas sind die Lieblinge der Whale-Watcher und der Verhaltensforscher, die den Alltag des Schwertwals in vier Tätigkeitsfelder aufteilen: Jagen, Ruhen, Reisen und Soziales.

Drei Arten von Orcas unterscheidet die Cetologie: Offshore-Orcas, die weit draußen vor den Küsten leben, etliche Fischarten verspeisen und rege Kommunikation untereinander betreiben, über die man allerdings wenig weiß. Transient Orcas, die entlang der Westküste in kleinen Verbänden nomadisieren und sich auch von Seehunden und anderen Walen ernähren. Und schließlich Resident Orcas, die von allen Killerwalen am besten erforscht sind. Sie verbringen den Sommer an festen Plätzen entlang der westkanadischen Küstenlinie, was ihrer Vorliebe für Lachs zu danken ist. Die Johnstone Strait zwischen Vancouver Island und dem kanadischen Festland dient riesigen Lachsschwärmen als Hauptverkehrsweg. Hier zweigen Zubringer zu Flussläufen ab, wo die Lachse alljährlich laichen und zwecks dessen die bemerkenswerte Fähigkeit entwickelt haben, stromaufwärts zu schwimmen und große Höhenunterschiede zu überwinden. Das Bild des springenden Lachses, der dem Grizzlybären praktisch in den Mund hüpft, ist weithin bekannt. Orcas, die kaum etwas anderes mögen, beanspruchen gewaltige Portionen für sich, während die Lachse durch Überfischung und industrielle Vergiftung immer stärker dezimiert werden.

Residents sind Familientiere. Pods oder Subpods nennt man die Verbände, in denen anspruchsvolle soziale Regeln herrschen. Zwischen fünf und 50 Tiere leben dort im Matriarchat und unterwerfen sich dem jeweils ranghöchsten Weibchen. Vier Generationen umfasst ein größerer Pod. Selbst Forscher, die in der Verhaltensbewertung größtmögliche Objektivität walten lassen, können nicht umhin, das Verhältnis zwischen den Familienmitgliedern als innig zu bezeichnen. Kommt die Matriarchin zu Tode, nimmt das zweithöchste Weibchen ihren Platz ein, verstößt aber nicht deren Junge, sondern pflegt sie liebevoll weiter, wie es sich für eine brave Patentante gehört. Mit aller Vorsicht gesagt: Orcas scheinen über etwas zu verfügen, das man im Tierreich sonst kaum findet – Verantwortungsgefühl. Nicht allein von Genen bestimmt, sondern als Resultat bewussten sozialen Empfindens. Auch die Männchen des Pods halten der Matriarchin die Treue, verlassen den Pod nur zur Paarung (denn Inzucht kommt bei Orcas nicht in Frage) und finden sich bald darauf wieder an ihrer Seite ein.

Mitunter feiern Orcas eine Grande Fiesta, auf der mehrere Familien zusammenkommen. Wer Zeuge eines solchen Super-Pod-Day wird, wohnt einer kleinen Orgie bei, denn hier geht's in Nachwuchsfragen ordentlich zur Sache. Und mehr als das. Super-Pod-Days gleichen einem großen Pow Wow, bei dem man zusammen tanzt und spielt, Rituale vollzieht und Nachrichten austauscht. Das Breaching, der Sprung aus dem Wasser samt eleganter Pirouette, wird mit gleicher Begeisterung vollführt wie Flossenschlagen und Spy-Hopping: Köpfchen aus dem Wasser, schauen, was läuft. Im Gegensatz zu den weit überschätzten Buckelwalgesängen und dem fröhlichen Gequietsche der Delphine scheinen Orcas über eine vergleichsweise hoch entwickelte Kommunikation zu verfügen, jede Menge Klick- und Pfeiflaute, rumpelnde, knarrende und rasselnde Lautabfolgen, Jaulen, Grunzen und Keckern.

Ist das Sprache?

Die Wissenschaft ist gespalten, tendiert jedoch eher zur Verneinung. Es sei jedenfalls keine Sprache, wie Menschen sie benutzen, vielmehr dienten die Laute der Partnersuche, der Zusammenarbeit bei der Jagd und der Orientierung. Stimmt, Menschen setzen Sprache differenzierter ein, etwa: »Was machst'n heute Abend?« oder »Geh schon mal Wurst kaufen, ich stell mich an die Fischtheke« oder »Wo geht's denn bitte schön nach Pankow?«.

Auch so genannte *discrete calls* stoßen Orcas aus, Rufe, die dem sozialen Zusammenspiel dienen und sich von Pod zu Pod unterscheiden. Man spricht von Dialekten. Sakrament! Gibt's etwa oberbayerische Orcas und solche, die sächseln? Gewissermaßen ja. Doch nicht nur Orcas wienern, schwäbeln und babbeln, auch bei manchen Vögeln und Affen differiert das Spektrum interfamiliär zwischen »Mei, hoab i an Durscht!« und »Hadder jet zu drinke?«. Etwa doch Sprache? Oder nur tierisches Repertoire?

Reizvoll in diesem Zusammenhang ist ein kleines Gedankenexperiment. Dass nämlich Außerirdische, die anders aussehen als wir, in vielem anders denken und sich anders verständigen, den Versuch unternehmen, menschliche Laute auf höhere Sprachtauglichkeit zu untersuchen. Die Skeptiker würden schließlich die Oberhand gewinnen und ihren Studenten zum Beweis ein paar Originalaufnahmen vorspielen.

Als Erstes bekäme man einen Angetrunkenen zu hören, der eine Dame mit den Worten beglückt: »Sie ham aber Supermöpse.« Dies, so der außerirdische Dozent, sei keine kreativ verwendete Sprache, sondern Teil des natürlichen Repertoires zur Partnersuche. Im Folgenden kommt ein Herr hinzu, gibt dem Betrunkenen ein paar hinter die Löffel und schreit: »Lass meine Frau in Ruhe, oder ich hau dir auf die Fresse!« Solche Laute, weiß der Professor, leiten rituell Rivalitätskämpfe zwischen paarungswilligen Männchen ein. Jedoch trollt sich der Betrunkene, bevor es hart auf hart kommt, und der Herr sagt zu der Dame: »Dem hab ich's aber gegeben, was? Mann, knurrt mir der Magen. Herr Ober, zwei Bier und die Speisekarte!« Gleich zwei genetisch prädisponierte Äußerungen: Imponiergehabe und Nahrungssuche. Der vermeintliche soziale Kontakt zwischen Gast und Ober muss als symbiotische Zweckgemeinschaft gesehen werden: der Ober versorgt den Herrn und die Dame mit Essen, der Herr vertilgt seine Portion unter Gegrunze und scheidet dabei Geld aus, mit dem der Ober nach Dienstschluss ins Nachtlokal geht. Zuvor ruft er zwei netten älteren Herren am Tresen zu: »Wir schließen gleich.« Ein Warnruf, möglicherweise aber auch bloße Revierverteidigung. Die Senioren nicken und führen ihr Gespräch über Kants Kategorischen Imperativ auf dem Nachhauseweg fort, wobei sie auch fleißig Hegel und Heidegger zitieren. Diesen Austausch komplexer Lautmelodien nutzen die Befürworter der Sprachthese, um einen Vorstoß zu wagen: Eindeutig würden hier Informationen aneinander weitergegeben, die keinem artspezifischen Verhalten zugrunde lägen. Die Klanggebilde differierten stark, auch habe man ähnliche Lautkombinationen noch nicht gehört. Nur bedingt richtig, kontern die Skeptiker. Menschen sind offenbar in der Lage, ihr Klangspektrum zu variieren. Doch unterm Strich brächten sie die immer gleichen Laute einfach nur in immer neue Konstellationen. Wahrscheinlich spiegele die angebliche Unterhaltung das Bedürfnis nach Geselligkeit wider. Menschen seien halt verspielt.

Nun ja. Die Forschung schreitet voran, oft sprachlos.

Die vielleicht bemerkenswerteste soziale Errungenschaft der Resident Orcas ist ihr Verzicht auf Gewalt untereinander. Es gibt keine Prügeleien zwischen Männchen, keinen Kannibalismus, kein Gerangel um Hoheitsgebiete, keinen Mundraub. Residents teilen alles und geben schwächeren Tieren von ihrer Beute ab. Wo immer sie Möglichkeiten sehen, unterstützen Mitglieder einer Familie andere Orcas, übrigens auch Pod-übergreifend. Würden Orcas zum Super-Pod-Day in Bussen anreisen, stünde glatt zu erwarten, dass Jungtiere alten Damen ihren Platz anböten und ihnen über die Meerenge hülfen. Kaum, dass es einen hält, alle Orcas in die Arme zu schließen, wo sie doch offenbar mit Flossen wiedergeborene Indianer sind, vom Edelmute Winnetous durchdrungen, doch Vorsicht! Wo's gerade herzerwärmend wird, wollen wir nicht vergessen, dass Transients und Offshore-Orcas von ganz anderem Kaliber sind. Auch von ihnen ist kein Angriff auf Menschen überliefert, allerdings Jagdmethoden, dass einem die Haare zu Berge stehen.

So hat die BBC spektakulär dokumentiert, wie drei Transient Orcas ein Grauwaljunges von seiner Mutter trennen. Stundenlang hetzen sie die Kleinfamilie, bis Mutter und Junges entkräftet sind, dann fallen sie über das Kalb her und zerfetzen seinen Unterkiefer. Nur die Zunge fressen sie, der Kadaver ist für die Destruenten der Tiefe. So sind sie eben, die Transients. Etwaige Graduierungen von Intelligenz sind aus den rüden Gewohnheiten nicht ersichtlich. Das eine schließt das andere nicht aus. Sollten die Außerirdischen ihren Bericht über die Menschheit abschließen, ist zu hoffen, dass sie vorher nicht allzu genau in türkische oder nordkoreanische Gefängnisse geschaut und um Guantanamo tunlichst einen großen Bogen gemacht haben.

Bemerkenswert ist, dass Orcas kreative Strategien entwickeln, die ihrem Verhalten nicht genetisch vorgegeben sind, und diese an ihre Jungen weitervermitteln. Etwa, wenn kleine antarktische Gruppen gemeinsam Wellen aufschaukeln, um Robben von Eisschollen zu spülen. Unbestritten liegt hier ein Verständnis für Ursache-Wirkung-Prinzipien zugrunde. Auch darum vermuten seriöse Cetologen, dass Orcas die Schwelle vom bloßen instinkt-gesteuerten Tierverhalten hin zum bewussten Planen überschritten haben. John Ford, Direktor des Vancouver Aquarium Marine Science Centre und äußerst zurückhaltend, wenn es um Fragen der Intelligenz geht, sieht bei manchen der Wale so etwas wie kulturellen Reichtum: »Lernen und traditionelle Verhaltensweisen bestimmen das Leben der Tiere auffälliger als die genetische Programmierung.« Hal Whitehead von der Dalhousie University in Halifax, Nova Scotia, pflichtet ihm bei: »Mein Eindruck ist, es gibt eine begründete Chance dafür, dass ein wesentlicher Bestandteil des Walverhaltens Kultur ist – Verhalten, das sie von anderen Tieren gelernt haben.«

Inwieweit man Orcas mit Frühmenschen vergleichen kann, bleibt umstritten. In Experimenten konnte nachgewiesen werden, dass sie sich als Individuen wahrnehmen. Gewiss bleibt, dass sie keine Menschen sind und niemals sein werden. Vielleicht starten sie ja eines Tages in fliegenden High-Tech-Aquarien zu fernen Welten, wenn der Supermeteorit herangerast kommt, und hinterlassen uns ein freundliches »Macht's gut und danke für den Fisch«, wie es Douglas Adams in *Per Anhalter durch die Galaxis* voraussagt. Vielleicht bleibt ihnen aber auch die Furcht vor dem Weltuntergang erspart, weil sie Vorgänge, die noch nicht stattgefunden haben, nicht verbildlichen können.

Solange es jenseits menschlicher Wertungen keine eindeutige Definition für Intelligenz gibt, bleibt es schwierig, diese im Meer nachzuweisen oder in Frage zu stellen. Die Ozeane eignen sich als Entwicklungsräume für höheres Bewusstsein ebenso wie die Erdoberfläche. Bis dahin verdienen alle dort lebenden Kreaturen vor allen Dingen eines: unseren Respekt.

Akte X

Mit vielem hatte Cristoforo Colombo – besser bekannt als Christoph Kolumbus – gerechnet, als er seine erste große Expedition vorbereitete. Jahrelang war er am spanischen Hof vorstellig geworden, hatte die Gunst des spanischen Monarchenpaars erwirkt, sich mit Kommissionen herumschlagen und drohen müssen, seine Reise von Frankreich aus zu starten, bis das Königshaus am 17. April 1492 endlich die »Kapitulation von Santa Fé« unterzeichnete, einen Vertrag über die Entdeckung eines westlichen Seewegs nach Asien. Man garantierte dem Italiener reichen Lohn sowie eine Reihe klangvoller Titel. Nichts schien dem kühnen Unterfangen noch im Wege zu stehen, das am 3. August seinen Anfang nehmen sollte.

Und dann das:

»Aber Herr! Wisst Ihr denn nicht, dass die Meere voller Ungeheuer und Seeschlangen sind? Im Meer der Finsternis lauern die Kreaturen der Hölle! Wir werden magnetische Berge passieren, die den Barkassen sämtliche Nägel entziehen, und jämmerlich versinken, sofern uns vorher keine der Ausgeburten Satans verschlungen hat!«

Und so weiter, und so fort.

Das Meer der Finsternis war natürlich der Atlantik. Es dauerte eine geraume Weile, bis Kolumbus erkannte, wie man ängstlichen Seeleuten das »Aber« in Aberglaube abkauft, nämlich indem man sie am zu erwartenden Gewinn beteiligt. Dafür waren sie schlussendlich bereit, sich den Gefahren zu stellen, an die sie dennoch felsenfest glaubten: Ein Narr, wer die Existenz von Seeschlangen abstritt. Berichte gab es schließlich zur Genüge.

Von allen vorstellbaren Ungetümen erfreuen sich vor allem Seeschlangen zeitloser Präsenz. Jörmungandr, die Midgardschlange, umspannte in der germanischen Mythologie die Welt. Zweimal versuchte Thor, ihr seinen Hammer über den Schädel zu ziehen, wozu er jedes Mal hinaus aufs Meer musste. Laokoon, der Troja verraten hatte, wurde zur Strafe samt seiner Söhne von einem gigantischen Reptil erdrückt, das aus dem Meer gekrochen kam. Hans Christian Andersen veranlasste der Mythos von der Weltenschlange, die sich in den Schwanz beißt, zu einem ironischen Märchen, in dem Fische und Wale den Versuch wagen, mit dem Monstrum zu reden. Es ist eine erstaunlich dünne, nichtsdestoweniger schwere Schlange, die sich einmal rund um den Globus gewickelt hat und keinerlei Reaktion zeigt. Wie auch, sie erweist sich als Tiefseekabel.

Mit schöner Regelmäßigkeit wird der schuppige Unhold auch heute noch gesichtet, vornehmlich in nördlichen Meeren. Glaubt man den Kryptozoologen (Forschern, die sich um den Nachweis sagenhafter Tiere bemühen), erreichen solche Schlangen Längen von bis zu 30 Metern und umfassen völlig verschiedene Arten.

Im Christentum hat die Schlange ohnedies mythische Bedeutung. Lesenswert in dem Zusammenhang ist die *Historia de Gentibus Septentrionalibus* des schwedischen Geistlichen Olaus Magnus, der Anfang des 16. Jahrhunderts eine ausgedehnte Seereise nach Norrland unternahm und aufschrieb, was Fischer in stürmischer Nacht gesehen haben wollten – und vielleicht sogar sahen. Eigentlich war Magnus Geograph und Kartograph, bekannt geworden durch seine detailgenaue Darstellung der nordeuropäischen Länder und Meere. Allerdings interessierte er sich ausgiebig für volkstümliche Mythologie. Speziell die skandinavischen Schilderungen erregten seine Neugier. Kartenmaler jener Zeit verzierten ihre Werke mit Schlachtszenen, Bildern landestypischer Gebräuche und wilden Tieren. Allerdings war Magnus ein aufgeklärter Mann. Allzu versponnene Berichte erregten sein Misstrauen. Nur an der Existenz von Seeschlangen hegte er keinen Zweifel. So zeigt eine seiner Illustrationen eine prachtvolle, riesige Schlange mit segmentiertem Reptilienkörper und Drachenkopf, die ein Handelsschiff attackiert und sich die Mannschaft schmecken lässt. Mutig, wer angesichts solchen Glaubens überhaupt zur See fährt.

Fast durchweg weisen sich Berichte über die schuppigen Giganten durch die Schilderung des drachen- oder pferdeartigen Kopfes aus. Bei Meer und Pferd denken wir natürlich sofort an das reizende, wenig monströse Seepferdchen. Doch dieses – auf Ehre und

Gewissen! – kam anders in die Welt. Es entstammt nämlich den pazifischen Inseln und war dort in grauer Vorzeit ein echtes Landtier mit Hufen und wilder Mähne. Von einem Ufer zum anderen galoppierte es und litt so sehr unter der inselbedingten Platznot, dass es eines Tages beschloss, nur noch auf den Hinterbeinen zu gehen. Die Vorderbeine bildeten sich zurück, doch die Maßnahme half nicht wirklich. Immer noch war es rappelvoll auf den Inseln, also gingen die ersten Rösser ins Wasser. Dies nun erwies sich als prächtige Idee. Endlich Raum! So folgte allmählich die Umformung ins Riesenseepferd. Die Hinterbeine, ebenfalls nicht mehr von Nutzen, nahmen die Form eines geringelten Schwanzes an, die Mähne erstarrte zum dekorativen Kamm.

Während karibische Seepferde locker sechs Meter messen, weshalb Poseidon sie dazu verdonnerte, seinen Wagen zu ziehen, blieb den Pferden des Nordens die wahre Größe verwehrt. Im Gegenteil: Kaltes Wasser lässt schrumpfen. Hier entwickelten sich die Wassergänger zu Pferdchen im bekannten Format. Irgendwann hatten sie die nordische Kälte satt und zogen gen Äquator, den sie seither besiedeln. Riesenseepferde gibt es nach wie vor, aber sie leben in großer Tiefe und lassen sich auch mit altem Brot und Zuckerwürfeln nicht daraus hervorlocken. Nur gelegentlich nehmen Unterwassermikrophone ihr Wiehern auf, und in die Stirn der Wissenschaft graben sich tiefe Falten.

Jetzt glauben Sie mal nicht, dass ich Ihnen einen vom Pferd erzähle. Wie in allen Legenden steckt auch hierin erstaunlich viel Wahres. Etwa, dass Landtiere ins Meer zurückgingen, Extremitäten zurück- und andere dafür ausbildeten. Das Schrumpfen der Vorderbeine als Folge des aufrechten Gangs, davon legt jeder aufrecht gehende Saurier Zeugnis ab. Sodann die Transformation der Hinterbeine in einen seetauglichen Schwanz, schon erhält man einen Wal. Selbst die wunderschönen Einhörner finden ihre Entsprechung im Meer. Es sind die Narwale, welche den Mythos vom schneeweißen Wunderwesen jahrhundertelang nährten. Sehr zu ihrem Schaden übrigens. Einhornlegenden findet man rund um die Welt. Immer symbolisiert das Einhorn Weisheit, Reinheit, Güte und Stärke, manifestiert im spindelförmig gedrehten Horn. Speziell im Mittelalter schrieb man Einhörnern magische Kräfte zu. Tote könne man zurück ins Leben holen, wenn man sie kurz mit dem Horn berühre, auch Gift ziehe es aus Seen und Flüssen,

Speisen und Getränken. Da es im Mittelalter zum guten Ton gehörte, einander zu vergiften, war man bei Hof ganz wild auf Einhornextrakte oder gar das Horn selbst.

Findigen Seeleuten war schon lange aufgefallen, dass es in nordischen Gewässern einen mehrere Meter langen Zahnwal gab, der so ein Horn mit sich herumtrug. Allerdings entspross es nicht seiner Stirn, sondern erwies sich als abnorm verlängerter linker Schneidezahn des Oberkiefers. Manche Wale hatten sogar zwei davon. Herausgebrochen, bis zu drei Meter lang, sahen sie verteufelt nach waschechten Einhornhörnern aus, ein Verkaufsschlager ohnegleichen, der fortan zu Talismanen, Trinkgefäßen und Schmuckstücken verarbeitet wurde. Schließlich galt der Narwal als nahezu ausgerottet. Bis in unsere Tage reicht der Spuk: In Asien schätzt man unverändert Pülverchen aus zerriebenem Narwal ... pardon, Einhorn.

Zurück zur Seeschlange.

Sie ringelt sich durch die Akte X der Kryptozoologie, dass Dana Scully und Fox Mulder ihre Freude hätten. 1746 sichtete der norwegische Kapitän Lorenz von Ferry etwas, das wie ein Pferd im Wasser aussah, mit flatternder weißer Mähne, jedoch einem langen, mehrfach gebuckelten Rumpf. 1817 gelangte die Stadt Gloucester in Massachusetts zu ihrer eigenen Nessie. Um die unzähligen Augenzeugenberichte auf Glaubhaftigkeit zu prüfen, wurde sogar eine Kommission ins Leben gerufen, die zu keinem schlüssigen Resultat kam. Ungeachtet dessen nahm halb Gloucester für sich in Anspruch, das rund 15 Meter lange Monster gesehen zu haben.

Hartnäckig überzeugt von der Existenz gewaltiger Meeresschlangen war auch die Mannschaft der britischen *Daedalus*, die sich 1848 am Kap der Guten Hoffnung ein Wettrennen mit einem 18 Meter langen Ungeheuer lieferte. Nur vier Jahre später schien der Beweis zum Greifen nah, als zwei Walfänger ein Ding von gewaltigen Ausmaßen attackierten, das nach heftigem Kampf sein Leben ließ und sich als 45 Meter lange Schlange entpuppte. Zu schwer, um sie als Ganzes in den Hafen zu schleppen, schnitt man ihr den Kopf ab – und ausgerechnet das Schiff, in dessen Laderaum der Schädel transportiert wurde, sank auf der Heimfahrt. Der Fluch des Ungeheuers: Wehe all denen, die er trifft!

Man sollte meinen, die Sichtungen hätten mit den Jahren abgenommen, doch das Gegenteil ist der Fall. In einer an Träumen und

Idealen verarmten Zeit scheint das Bedürfnis nach Meeresungeheuern und anderen Fabelwesen ungehemmt zu wachsen. Das weitgehend entzauberte 20. Jahrhundert bezog seine letzten Mythen aus dem Meer. Was man da nicht alles erblickte! Eine zehn Meter lange Schlange auf einem Eisblock, Atlantischer Ozean, 1906. Ein über sieben Meter langes Ungetüm mit Giraffenschädel, Chinesisches Meer, 1937. Ein 25 Meter langer Schlangenschatten dicht unter Wasser, 1964, australische Hook Inseln. Eine 30 Meter lange Riesenschlange, die an Land kriecht und sich dekorativ in Pose wirft, 1983, Kalifornien. Fast noch häufiger erblickt der zivilisierte Mensch schuppiges Gekreuch in Flüssen und Seen. Wer im Lago Maggiore baden geht, muss damit rechnen, von einem pferdeschädeligen Untier in die Waden gebissen zu werden. Im schwedischen See Storsjön lebt Storsie, der Beschreibung nach ein Cousin von Nessie, und Norwegen verweist auf Mjosa und Seljordsvatnet, zwei dunkle Seen mitsamt den darin lebenden Ungeheuern.

Der Kryptozoologe Bernard Heuvelmans hat sich die Aufgabe gestellt, alle Sichtungen in einem Verzeichnis zu ordnen. Es soll die tatsächliche Vielfalt der Seeschlangen belegen und Missverständnisse ausräumen. In Heuvelmans' Katalog finden sich Langhälse, die ausschließlich im Wasser leben und beim Schwimmen weltrekordverdächtige Geschwindigkeiten an den Tag legen, Meerpferde und Vielhöcker mit luftgefüllten Körpertaschen, Vielflosser und Superotter, Superaale und Meeressaurier. Heuvelmans ist alles andere als durchgeknallt. Nicht zu Unrecht verweist er auf angeblich ausgestorbene Spezies wie den Quastenflosser oder den Nautilus, die sich ungebrochener Vitalität erfreuen. Totgesagte leben länger, also sucht der Zoologe verstärkt nach Ahnen, deren Existenz belegt ist.

Seine Theorie ist folgende: Wenn eine Spezies vom Aussterben bedroht ist und in kleinen Beständen überleben will, bleibt ihr nur, sich unter Wasser zu begeben. Auf diese Weise könnten die Plesiosaurier nicht nur überdauert, sondern im Verlauf späterer Jahrmillionen sogar Nebenlinien hervorgebracht haben, was die Unterschiede in den Beschreibungen erklären würde. Der berühmteste Plesiosaurus der Gegenwart ist zweifellos das Ungeheuer von Loch Ness. Jedenfalls passt die überwältigende Mehrheit der Augenzeugenberichte auf einen Plio- oder Plesiosaurus, möglicherweise einen Elasmosaurus. Indes, obwohl die Schotten mit Berichten nicht geizen, gibt es bis heute keinerlei wissenschaftlichen Beleg dafür, dass eine isolierte Population von Meeressauriern in einem See hätte überleben können. Heuvelmans und andere Kryptiker halten dem entgegen, das Gewässer verfüge über einen Zugang zum Meer, doch selbst dann wäre ein mopsfideler Plesiosaurier im Loch Ness schwer vorstellbar.

Auch darum reißt die Diskussion nicht ab, weil sie im Grunde höchst romantischer Natur ist. Was wäre ein Märchen wie *La Belle et la Bète* ohne *Bète*? Nichts bliebe als eine gelangweilte Schöne, und Jean Marais hätte die Rolle seines Lebens verpasst. Die köstliche Donald-Duck-Geschichte *Der Schlangenbeschwörer* hätte nie geschrieben werden können ohne Seeschlange. Eine solche lockt der findige Enterich, nachdem er sich mittels einer Flöte in der Abrichtung von Lurchen geübt hat, versehentlich in die Küstengewässer Entenhausens.

Könnte also nicht doch eventuell und unter Berücksichtigung gewisser Umstände möglicherweise irgendwo und irgendwie vielleicht mit etwas Glück ...

Augenblick. Wir prüfen das.

Dabei stoßen wir tatsächlich auf Seeschlangen. Einige von ihnen bringen es sogar auf knapp drei Meter Länge. Sie gehören zu den so genannten echten Schlangen (sind also nicht schlangenartig wie beispielsweise Aale) und leben ausschließlich im Meer. Bis zu zwei Stunden können sie in teils beträchtlicher Tiefe zubringen, bevor es sie zur Oberfläche zieht, um Luft zu schnappen. Vielfach ist ihr Schwanz abgeplattet, was das Schwimmen erleichtert. Es gibt höchst dekorative Vertreter unter den wahren Seeschlangen, hübsch geringelt und leider hochgiftig, weshalb man sie aus sicherer Distanz betrachten sollte. Längst nicht alle Seeschlangen sind gefährlich, nur verhält es sich mit ihnen so wie mit den Pilzen im Walde – kann man sie nicht im Schlaf auseinander halten, empfiehlt es sich, die Finger von ihnen zu lassen.

Da sind wir ja schon mal fündig geworden. Allerdings dürften die echten Seeschlangen kaum für all die Schreckensberichte verantwortlich sein. Macht aber nichts. Wir haben was viel Besseres: *Regalecus glesne*, den Riemenfisch!

Dieses Tiefseewesen, das es bisweilen an die Oberfläche verschlägt, wird bis zu elf Meter lang, trägt einen mähnenartigen Kamm und ähnelt in der Physiognomie tatsächlich einem Pferd. Riemenfische sind äußerst selten, kommen aber in sämtlichen

Meeresgegenden vor, was zu den dokumentierten Sichtungen passen würde. Nur eine Kleinigkeit stört das Bild: Die meisten Berichte über Seeschlangen beschreiben diese mit weit aus dem Wasser herausschauenden Kopf, was den Riemenfisch in Atemnöte bringen dürfte. Also bleibt er mit dem Kopf unter Wasser. Aber was sieht man nicht alles, wenn man es nur sehen will.

Gerne erzählen Seeleute auch von Meerjungfrauen. Dass man nach Monaten auf See an Hirnversalzung leidet, verbunden mit hormonellen Störungen, mag Ursprung vieler Legenden sein. Arielle, die Meerjungfrau, findet sich jedenfalls in keiner seriösen Publikation, Biologen streiten die Existenzfähigkeit von Frauen mit Fischschwänzen rundheraus ab, und die einzige echte Nixe sitzt reglos auf einem Stein im Kopenhagener Hafen. Um das Rätsel der kecken Wasserweibchen, die liebestrunkene Matrosen auf den Meeresgrund ziehen, zu lösen, müssen wir uns in die Antike begeben, zu den Sirenen.

Diese waren nur vom Hals an Frau und untenrum Vogel, auch nicht gerade eine Verbesserung, wenn man gerne Pumps und enge Röcke trägt. Damit glichen sie entfernt den Harpyien, konnten allerdings bei weitem schöner singen als diese. So berückend war ihr Gesang, dass Männer dafür alles stehen und liegen ließen. Fischer, die am Heimatfelsen der Sirenen vorbeischipperten, pflegten sich verliebt ins Wasser zu stürzen, wobei sie entweder ertranken oder gefressen wurden. Ein ähnlich gemeines Weib soll auf dem rheinischen Loreleyfelsen gesessen haben, ohne Vogelfüße allerdings. Jedenfalls ließen schon die Namen der Sirenen auf ihre besondere Begabung schließen: Thelxiope etwa heißt übersetzt »Zauberrede«, Aglaopheme steht für »Süße Rede« und Molpe für »Das Lied«. Im Chor ließen sie ihren Gesang erschallen, auch als ein Herr namens Odysseus in die Gegend geriet. Den hatte die kluge und schöne Circe beizeiten gewarnt, wie wir der Übersetzung des Epos durch Johann Heinrich Voß entnehmen können:

Erstlich erreichet dein Schiff die Sirenen;
Diese bezaubern alle sterblichen Menschen,
Wer ihre Wohnung berühret.
Welcher mit törichtem Herzen hinanfährt,
Und der Sirenen Stimme lauscht,
Dem wird zu Hause nimmer die Gattin

Und unmündige Kinder mit freudigem Gruße begegnen;
Denn es bezaubert ihn der helle Gesang der Sirenen,
Die auf der Wiese sitzen, von aufgehäuftem Gebeine
Modernder Menschen umringt und ausgetrockneten Häuten.

Pfui Spinne! Nun war der Fürst der Listen, wie man weiß, alles
andere als dumm, jedoch enorm neugierig. Also versiegelte er die
Gehörgänge seiner Gefährten mit Wachs. Selbst aber verlangte ihn
danach, dem Gesang der Sirenen zu lauschen, und weil er wusste,
wie so was ausgehen würde, ließ er sich an den Mast fesseln. Damit
ist er der einzige Mann, der den Verführungskünsten der hässlichen
Krähen je widerstand – abgesehen von Orpheus, der sie mit seiner
Leier schlicht übertönte.

Übers Meer schallt der Gesang. Und was, wenn kein Land und
kein einsamer Felsen in der Nähe sind?

Schnell erfuhr der Sirenenmythos seine Transformation. Nun waren es plötzlich keine Vogelweiber mehr, sondern Fischfrauen, die
immer wieder gesichtet wurden. Den einen galten sie als Zeichen
der Hoffnung, anderen als Geister und Dämonen. 1882 zog ein
Schausteller mit einer angeblich tot geborenen Seejungfrau durch
die Vereinigten Staaten, die er aus dem Hinterteil eines Lachses und
einem Affenkörper zusammengeflickt hatte, doch verfehlte er damit den mythischen Kern um Längen. Den legte Jules Verne in
20.000 Meilen unter dem Meer frei, als seine Helden vom Ausguck
der Nautilus einen länglichen, schwarzen Körper erblicken, der im
Roten Meer vor Dschidda paddelt:

»Seh' ich recht?«, rief Ned Land plötzlich. »Es schwimmt, es
taucht wie ein Wal. Aber das ist kein Wal, zum Teufel. Diese Flossen sehen aus wie verstümmelte Gliedmaßen ... Es liegt da auf dem
Rücken ... und streckt seine Brüste in die Luft ...«

»Dann ist's eine Sirene!«, rief Conseil. »Eine echte Sirene!«

»Ein Dugong!«, sagte ich.

»Gattung Seekühe, Familie Säugetiere, Ordnung Wirbeltiere,
Klasse Chordatiere«, sagte Conseil.

Richtig. Jules Verne beschreibt eine Meerjungfrau beziehungsweise das Wesen, das den Mythos nährte. Um in ausgewachsenen
Dugongs Fischfrauen zu erblicken, muss man allerdings vor Geil-
heit platzen. Angeblich sollen Seefahrer sich an den massigen
Säugern, die eher paddelfüßigen Möpsen gleichen, sogar vergangen

haben. Dugongs sind harmlose Geschöpfe, die grunzende Laute ausstoßen und aus der Entfernung mit einiger Phantasie wie auf- und abtauchende Menschen erscheinen. Von verführerischen Rundungen jedoch keine Spur. Allerdings – und hier wird's allzu männlich! – tragen Dugongs die Brüste auf der Vorderseite, verfügen über Ellbogengelenke, und wenn sie sich aufregen, fließen Tränen aus ihren Augen. Das reicht Hein Blöd schon, um sich nicht mehr einsam zu fühlen, wenn nachts die Brecher an die Bordwand klatschen.

Bernard Heuvelmans bleibt zuversichtlich, auf weitere Indizien für die Präsenz mysteriöser Wesen zu stoßen. Das stärkste Argument hat er auf seiner Seite, und es sind nicht Dugongs oder Riemenfische, sondern die legendären Riesenkraken. Auch so einen beschrieb Jules Verne mit wissenschaftlicher Akkuratesse und stützte sich dabei auf etliche, teils antike Überlieferungen. Was sonst könnte ein Ungeheuer sein, das mit dem Hinterleib in einem Felsen wohnt und aus acht Schlangenmäulern nach Seeleuten schnappt, als ein gigantischer Polyp? 700 Jahre vor Christus beschrieb Homer Scylla und Charybdis, zwei Ungeheuer, deren eines verdächtig an einen Riesenkraken gemahnt und den Mannen des Odysseus fürchterlich zusetzte. Noch heute essen die Griechen aus Rache bergeweise Calamari. Plinius der Ältere beschrieb einen Kopffüßer mit zehn Meter langen Armen, und auch Olaus Magnus, der Kartenmaler, will einen Schrecken erregenden Fisch gesehen haben, mit grausligen Glotzaugen, dessen Leib in beweglichen Wurzeln endete. Falls Magnus nicht einfach die Erzählungen phantasiebegabter Matrosen aufgenommen hat, wird ihm wohl ein Riesenkalmar begegnet sein.

Die eigentliche Inspiration für seinen dramatischen Kampf um die Nautilus bezog Verne allerdings aus dem Bericht des Kapitän Boyer, der 1861 eine erstaunliche Geschichte zum Besten gab. Man habe sich an Bord der Aceton vor Teneriffa befunden, als der Ausguck ein treibendes Wesen von immenser Größe meldete. Weder Harpunen noch Gewehrschüsse konnten dem Monstrum etwas anhaben, das den Schilderungen zufolge ein Kalmar gewesen sein muss. Als man schließlich versuchte, das Ding vermittels einer Schlinge an Bord zu hieven, riss es entzwei, und der größte Teil verschwand in der Tiefe.

1997 meldeten Fischer das Auftauchen drei Meter langer Riesenflugkalmare vor Oregon. Fachleute bestätigten, dass die Räuber –

sonst eher in mittleren Breiten zu Hause – bis in den Norden vorgedrungen seien und entgegen ihrer Natur im flachen Wasser jagten. Riesenflugkalmare, auch Humboldtkalmare genannt, sind nicht identisch mit dem legendären Architeuthis, über dessen Körpermaße immer noch Uneinigkeit herrscht, der unter geeigneten Bedingungen jedoch 20 Meter lang und fünf Zentner schwer werden dürfte (im nächsten Kapitel lernen wir immerhin ein kleineres Exemplar kennen).

Dafür gelten die Humboldtkalmare als extrem angriffslustig. Ihr Oberkörper mutet an wie die hintere Hälfte eines U-Boots, röhrenförmig mit zwei flügelartigen Flossen. Aus dem Körpermantel schauen riesige, starre Augen heraus und zehn Arme, von denen zwei peitschenartig verlängert und mit Greiflappen versehen sind. Auch vor Chile waren die rötlich weißen Kalmare zu Hunderten aufgetaucht und hatten sich über die dortigen Fischbestände hergemacht. Schuld waren Anomalien in den Strömungsverhältnissen vor der südamerikanischen Westküste und damit verbundene Temperaturschwankungen. Christina Rodriguez-Benito vom Ozeanographie-Unternehmen Mariscope Chilena erklärt das Phänomen so: »Der Zufluss wärmeren Wassers verursacht das Auftauchen der Kalmare. Sie steckten in einer Linse kalten Wassers inmitten wärmerer Wassermassen und wurden so an die Küste gelockt.« Forscher freuen sich über die massenhafte Präsenz der seltenen Tiere, Fischer weit weniger.

Bleibt zum guten Schluss eine kleine, aber feine Verschwörungstheorie, um Berichte über Seeschlangen und andere Monster zu erklären. Schon von den Wikingern weiß man, dass sie den Bug ihrer Schiffe nicht aus ästhetischen Gründen mit Drachenköpfen verzierten, sondern des Nebels halber, der über den Nordgewässern waberte. Erschien ein solcher Rumpf im weißen Nichts, musste er Feinden wie ein herannahendes Ungeheuer erscheinen. Ein Ursprung der Legenden ist tatsächlich hier zu finden. Von Christoph Kolumbus wiederum heißt es, er selbst habe die angeblichen Scherereien mit verängstigten Seeleuten erfunden und verbreiten lassen, es herrsche allgemein große Angst vor den Kreaturen der Tiefe. Denn Kolumbus war nicht der einzige Seefahrer, der Geldgeber suchte. Auch andere bemühten sich, Fernexpedition auf die Beine zu stellen. Schon in der Antike hatten Darstellungen schrecklicher Ungeheuer die Seekarten geziert, nicht, weil man sie gesehen hatte, sondern um konkurrierende Seefahrer abzuschrecken. Wenn das stimmt, wäre Kolumbus prädestiniert gewesen für eine Spitzenposition beim amerikanischen Geheimdienst.

Und nach Amerika ist er ja schließlich auch gekommen.

MORGEN

Paddy und die virtuellen Lämmer

Der Mann sieht aus, wie man sich einen Iren gemeinhin vorstellt. Rotblondes, an den Schläfen leicht ergrautes Wuschelhaar, rotwangiges, rundes Gesicht, blitzblaue Augen und ein Guinness in unbedingter Griffweite. Wir sitzen bei »Davy Byrne's«, dem Dubliner Wallfahrtsort für Joyce-Süchtige, deren Lieblingsschriftsteller hier auf den Grund des Glases und der nackten menschlichen Existenz blickte.

»Einer der berühmtesten Pubs überhaupt«, sagt Paddy O'Donnell, der zu allem Überfluss auch noch so heißt, wie Iren zu heißen haben. »Dabei wird er in Ulysses kaum erwähnt. Ganze vier Sätze: *He entered Davy Byrne's. Moral Pub. He doesn't chat. Stands a drink now and then.* Lausig, was? Reichte aber, dass sie eine Pipeline von St. James' Gate hierher verlegen mussten.«

St. James' Gate, da hat die Guinness-Brauerei ihren Sitz. Ich tauche meine Oberlippe in sahnigen Schaum, sauge am darunterliegenden Schwarz und warte.

»Wusstest du, dass nur vier Prozent aller Iren rothaarig sind?«, sagt Paddy schließlich. »Nur vier Prozent!«

»Nein.«

»Doch. Die anderen haben dunkles Haar. Weil wir nämlich von den Kelten abstammen, die sich wiederum mit so komischen vorkeltischen Urvölkern im Norden vermischt haben.«

»Bei euch ist nichts so, wie man es erwarten sollte«, sage ich. »Auf jeder zweiten Straße rennen einem die schönsten einheimischen Lämmer vor den Kühler, und im Pub gibt's Neuseelandlamm.«

»Das«, grinst Paddy säuerlich, weil er sehr genau weiß, worauf ich hinauswill, »verstehst du nicht.«

Dabei ist es ganz einfach zu verstehen. Es hat seinen Ursprung im menschlichen Pioniergeist. Schon immer ist Homo sapiens sapiens mit kaum zu übertreffender Beharrlichkeit der Frage nachgegangen, wie er die endlosen Wasserflächen der Meere zwecks Ausbreitung seiner Art überwinden könnte. Schwimmen kam nicht in Frage, auch wenn man nur zur nahen Nachbarinsel wollte, weil da die schöneren Kokosnüsse wuchsen. Bemerkenswerterweise sind viele Insulaner wasserscheu. Ich habe maledivische Fischer kennen gelernt, die überhaupt nicht schwimmen konnten und jedes Mal Angst hatten, wenn sie rausfuhren. Mein ungläubiger Blick entlockte Musthag – einem Langustenfischer, mit dem ich mich während einer Tauchsafari angefreundet hatte – ein knappes Achselzucken.

»Glaubst du im Ernst, man muss das Wasser lieben, bloß weil man davon umgeben ist?«, sagte er. »Du kommst aus der Stadt. Fändest du es lustig, von morgens bis abends über die Hauptstraße zu laufen? Es ist verdammt nochmal gefährlich!«

Tatsächlich haben Menschen ein merkwürdiges Verhältnis zum Wasser. Einerseits schwimmt kein anderer Landbewohner so gut und ausdauernd, andererseits empfinden wir eine natürliche Scheu vor allem, was wir nicht bis auf den Grund durchblicken können. Angesichts der gefahrvollen Begleitumstände muss man jedenfalls den Hut vor jedem ziehen, der sich hinauswagte auf »das Land, das dich verschluckt«, wie die Polynesier sagen. Die Geschichte der Seefahrt ist eine Chronik der Selbstüberwindung, noch beeindruckender zu lesen als die Historie der Fliegerei. Viele Jahrtausende lang führte kein Weg am Schiff vorbei, wenn man nicht enden wollte wie die Königskinder. Die Indianer Nord- und Südamerikas, die australischen Aborigines und andere Völker hätten es vielleicht vorgezogen, wenn Kolumbus und Konsorten ihre Energie auf heimische Binnenschifffahrts-Routen verschwendet hätten, doch am Ende haben viele vom Mut der frühen Wellenreiter profitiert.

Heute wird die Seefahrt zunehmend als Luxus der Zeitreisenden verstanden. Wer geschäftlich nach New York muss, lässt sich notgedrungen von Turbulenzen durchschütteln, schaut Filme, die er freiwillig keines Blickes gewürdigt hätte, stochert in windelweich gekochten Nudeln herum und preist die Vorzüge des Jetzeitalters. Währenddessen schaukelt die *Queen Mary II* unter Verabreichung schmackhafter Menüs Rentner und Privatvermögende über die Nordhalbkugel. Doch was soll's? Das Flugzeug hat die behäbigen Pötte abgelöst, so viel steht fest! Schreckliche Vorstellung, dass

Kerosin zur Neige gehen könnte. Die Zukunft liegt in den Himmeln.

Falsch.

Zunächst, das Kerosin wird zur Neige gehen. Und man wird weiterfliegen, beispielsweise mit Elektrizität. Schon lange tüftelt Boeing an entsprechenden Konzepten. Leichtflugzeuge, deren Propeller von 25-Kilowatt-Brennstoffzellen gespeist werden, hat man bereits erfolgreich auf die Hochstrecke gebracht, wenngleich sie wenig mehr transportieren als den Piloten. Doch Boeing ist zuversichtlich. Schließlich will man die ganzen schönen Jumbos nicht in Wohncontainer umfunktionieren, wenn die Pipelines trockenliegen. Außerdem versprechen Brennstoffzellen umweltfreundliche Bilanzen. Übrig bleiben lediglich Wasser und Wärme. Noch scheitert die Adaption auf Großraumjets am Tankvolumen für den erforderlichen Wasserstoff. Bis dahin übt man sich im Spritsparen, ist guter Dinge und tüfftelt weiter.

Nicht minder intensiv werden alternative Schiffsantriebe erforscht. Denn die Zukunft liegt keineswegs nur in den Himmeln, sondern viel eher auf den Wassern. Fröhliches Jethüpfen von Kontinent zu Kontinent macht vergessen, dass die Weltversorgung über die Meere abgewickelt wird. Menschen sind die einzige Fracht, die sich in wirtschaftlich attraktiven Größenordnungen um den Globus fliegen lässt. Denn die Überwindung der Schwerkraft kostet Geld. Um ein Kilogramm Nutzlast mit dem Spaceshuttle zur ISS zu fliegen, muss man zwischen 15.000 und 25.000 Dollar lockermachen – ursprünglich waren 200 Dollar angepeilt. Ein Riesenproblem für die Astronauten, wenn das Familienglas Nutella unten bleiben muss. Das Schwerkraftproblem ist aber auch Ursache touristischen Unmuts im täglichen Transitverkehr. Wenn Vati schon zwischen Tauchausrüstung und Golfsack wählen muss, weil beides nicht geht, kann man sich ausmalen, was die Umlegung des Ölhandels auf den Luftverkehr bedeuten würde. Erstens, nie wieder Seevögel mit verklebten Federn. Das ist fein. Zweitens, Millionen Cabrios, in die man künftig Petunien pflanzen kann, vor sich hin rostende Limousinen, Überlastung des öffentlichen Nahverkehrs. Weniger erbaulich. Ohne die Handelsschifffahrt würden sich 98 Prozent aller Waren nicht nur astronomisch verteuern, sondern auch dramatisch verknappen. Wessen Zukunft auch immer in den Himmeln liegen mag, die der Weltwirtschaft ist es eindeutig nicht.

Alle Prognosen konzentrieren sich aufs Meer. Zur Ehrenrettung der Prognostik sei gesagt, dass sie für den Seehandel bislang recht akzeptable Voraussagen getroffen hat. Mitte der Achtziger prophezeiten Statistiker, am Ende des Jahrhunderts werde der Anteil der Schifffahrt am globalen Gütertransport bei über 90 Prozent liegen, in Bruttoregistertonnen gerechnet, und genauso kam es. Nicht nur der Flugverkehr, auch die Schiene gerät demgegenüber ins Hintertreffen. Umweltgerecht und mit vergleichsweise geringem Aufwand lassen sich einige Millionen Mazdas, Toyotas und Mitsubishis nach Europa und Amerika schippern, während auf der anderen Seite der Erde Volkswagen und Ford in Richtung China unterwegs sind. Ein Volk rüstet sich, zwei Räder gegen vier zu tauschen, flugs werden die Prognosen für den Stückguttransport nach oben korrigiert: Schon 1999 wurden knapp 900 Millionen Tonnen über die Meere bewegt. Seit die Entwicklungsländer dem Otto-Motor huldigen, werden die Autotransporter knapp. Wollte man alle Fahrzeuge, die jährlich von Deutschland ins Reich der Mitte exportiert werden, auf einen Zug laden, könnte man ihn den Wolfsburger Bahnhof verlassen sehen, während er in Peking gerade einläuft. Auch amerikanisches Getreide gegen chinesischen Hunger wandert in derartigen Mengen durch den Panama-Kanal, dass auch die größte Flugzeugflotte der Welt nur einen Bruchteil davon transportieren könnte.

Die relative Kostengünstigkeit des Seehandels treibt mitunter bizarre Blüten – etwa an Irlands idyllischer Westküste, wo die Welt noch in Ordnung und auf den Regen Verlass ist. Dort kann geschehen, womit ich mit Paddy im Pub zu frotzeln versuchte, dass man inmitten gälisch blökender Schafe Neuseelandlamm vorgesetzt bekommt. Dafür fahren irische Lämmer zur See, juchhe.

Aber warum?

Weil es allen Beteiligten höhere Gewinne bringt. Paddy ist Schafzüchter und Exporteur. Vor Jahren, als Irland wirtschaftlich in den Seilen hing, rechneten er und andere aus, was es eigentlich kostet, wenn man die guten Sachen alle selbst isst. Fazit: zu kostspielig. So nimmt Paddy heute in Kauf, dass in Irland die neuseeländische Billigvariante auf den Teller kommt, flucht in sein Guinness und streicht den Gewinn ein. Sehr leise sind die Flüche, eher aus Solidarität mit denen vorgebracht, die nicht wie er über den Vorzug verfügen, sich aus eigenen Beständen bedienen zu können. Und so lastet es auf dem Meer, das Schweigen der Lämmer. Sie hängen im Frachtraum, halbiert und gefroren, während Paddy Bilanz zieht: Hätte er die Tiere nach Dublin gefahren wie früher, wäre ihn das teurer gekommen, als sie auf dem Seeweg um die halbe Welt zu schicken.

Ein Schaf, wer da an Traditionen kleben bleibt.

Was anmutet wie im Suff gerechnet, ist die nüchterne Wahrheit. Das ganze Geheimnis liegt in der enormen Größe der Containerfrachter. Zukünftig werden sie noch länger und breiter sein, noch mehr asiatische Laptops lassen sich darin unterbringen. Anfang der Neunziger gingen zehn bis zwölf Prozent des Preises, den Sie für einen Sony Discman berappten, auf das Konto des Seetransports. Heute ist es gerade mal ein Zehntel dessen. Die Verschiffungskosten für ein Motorrad, so Erhebungen der Hamburger Hafen und Lagerhaus AG, liegen aktuell unter 100 Dollar pro Feuerstuhl, ein Fernseher reist für 30 Dollar, ein Videorekorder wird für zwei Dollar mitgenommen, und wenn Sie sich fröhlich eine Flasche original chinesischen Pflaumenwein hinter die Binde gießen, hat diese für 13 Cent übers Meer gefunden. Dagegen muten Paddys frühere Lasterfahrten von Galway nach Dublin wie der pure Luxus an. Und auch in Neuseeland sind die lukrativsten Lämmer jene, die das Land verlassen.

Bis 2010 rechnen Experten mit einer weiteren Frachtkostensenkung. Dass gerade die Containerbranche in der jüngeren Vergangenheit einen beispiellosen Boom verzeichnete, verdankt sich einer ebenso einfachen wie genialen Idee: Fast alles lässt sich in Kisten packen. Und nichts ist Raum sparender als eine Kiste.

Die Hamburger Behörde für Wirtschaft und Arbeit dokumentiert, wie sich dieser Zweig der Hochseeschifffahrt binnen weniger Jahrzehnte entwickelt hat. Anfang der achtziger Jahre maß ein Containerfrachter der Post-Panmax-Klasse (Tiefgang über 14 Meter) 295 Meter Länge, war gut 32 Meter breit und kämpfte sich unter dem Gewicht von bis zu 5000 TEUs (TEU = *Twenty Feet Equivalent Unit*, die Branchenbezeichnung für einen Standardcontainer) von Wellental zu Wellental. In den Neunzigern wuchsen die Schiffe über sich selbst hinaus, auf 300 Meter Länge und mehr, zum Ende des Jahrhunderts überschritten sie die 350-Meter-Marke. Für 2010 sind 380 Meter Länge und 55 Meter Breite angepeilt. Zum Vergleich: Der Nordturm des Kölner Doms misst 157,38 Meter, man könnte die größte gotische Kathedrale der Welt also zwei Mal hintereinander liegend transportieren und hätte noch gut 60 Meter übrig für Aufbauten, Brücke und eine kleine erzbischöfliche Residenz. Weniger im Sinne der Kölner dürfte sein, dass man ihr Gotteshaus dafür in 12.000 TEUs packen müsste. So viele finden an Bord des Superfrachters Platz. Positiv verbucht würde in der Domstadt, dass auch Joachim Kardinal Meisner in so eine Kiste käme und unterwegs im Sturm verloren ginge.

Seit 1997 ist die Flotte der großen Containerfrachter von 56 auf weit über 200 Schiffe angewachsen. Kaum eine Branche konnte um die Jahrtausendwende derartige Zuwachsraten verbuchen. Weil Riesenschiffe nicht so einfach rückwärts einparken können wie Smarts, sondern geeignet sind, ganze Docks in Grund und Boden zu rammen, wird man Wirtschaftsnationen künftig an der Leistungsfähigkeit ihrer Häfen messen. Auch die Anbindung muss stimmen. Container eignen sich in hervorragender Weise, für den Weitertransport auf Züge und Lkw verladen zu werden, was jedoch ein entsprechendes Straßen- und Schienennetz erfordert. Wer diesbezüglich investiert hat wie Hamburg und Rotterdam, wandelt Größe in Wirtschaftlichkeit wie Wasser in Wein.

Vorbei auch die Zeiten der Lämmerlandverschickung, da man zehn Mal hin- und herfuhr, voll hin, leer zurück. Heute fährt man einmal und kehrt beladen mit anderen Gütern zurück. Nicht allein die Größe macht's. Auch die Logistik ist im Wandel begriffen. Außer blökenden Grasfressern auf der Weide und stummen im Frachtraum wird eine dritte Sorte gehandelt: virtuelle Schafe.

www.mäh.com?

So in etwa. Es ist gar nicht so lange her, da waren Schafe Schafe und Schiffe Schiffe. Heute sind Schiffe und Schafe vor allem Daten. Und die finden einander im Internet. Das Hamburger Unternehmen GloMaP etwa verlegt den öligen Händedruck im Hafenkontor ins Netz, wo Anbieter und Abnehmer im virtuellen Raum verhandeln. Aufträge werden elektronisch ausgeschrieben, Szenarien zur Kostenentlastung online durchgespielt, Gewinnanalysen per Mausklick abgerufen und die richtige Reederei via Glasfaser gefunden. GloMaP agiert stellvertretend für eine ganze Reihe innovativer Dienstleister, die den guten alten Frachter ins Zeitalter der Glasfasergeschwindigkeit steuern. Halb leere Laderäume sollen der Vergangenheit angehören. Wer noch ein Plätzchen frei hat oder seinerseits eines sucht, etwa um Omas Klavier oder 500 Kisten Chateau Margaux zu verschippern – auf der GloMaP-Plattform trifft man sich. Die Auslastung sämtlicher Kapazitäten drückt den Transportpreis ein weiteres Mal. Allein durch den Einsatz von E-Commerce verheißt GloMaP der Frachtbranche Kostensenkungen von bis zu 20 Prozent. Auch Paddy O'Donnell flaniert im Netz, treibt seinen Datenbestand an Schafen in elektronische Laderäume, feilscht ein bisschen und kommt zu moderaten Konditionen mit an Bord.

Sie, werter Verbraucher hochseetauglicher Lammkoteletts, werden darum nicht zwingend weniger für Ihre Portion bezahlen, auch wenn alle Wirtschaftswunderwelt versichert, die eingesparten Kosten an die konsumierende Bevölkerung weitergeben zu wollen. Wer mehr verdienen wird, sind vor allem Produzenten, Reedereien und Großabnehmer. Und das ist ganz okay in Zeiten, da der Abbau von Arbeitsplätzen zum Nachrichtenritual gehört wie der tägliche Selbstmordanschlag. Am Internet, aller Skepsis zum Trotz, könnte die Wirtschaft gesunden – sofern dabei wirklich neue Jobs rausspringen.

Währenddessen schließen die großen Reedereien virtuelle Allianzen. Als Paddy O'Donnell seine Lämmer noch zu Liam Flynn nach Dublin fuhr, gingen die beiden nach erfolgter Transaktion bei Davy Byrne's einen heben. »Der persönliche Kontakt«, sagt Paddy, »geht natürlich schon verloren im World Wide Web. Dafür hat sich der Kontakt zu meiner Bank verbessert. Trotzdem, irgendwie schade. Ach, *Slainté* übrigens!«

Und Paddy hebt das Glas, nicht wirklich unzufrieden.

Von solch nostalgischer Ergriffenheit ist Bernd Wrede seemeilenweit entfernt. Der Hapag-Lloyd-Chef schätzt, dass sein Unternehmen bis Ende des Jahrzehnts 50 Prozent aller Geschäfte im Internet abwickeln wird. Die Nähe zum Kunden sieht er nicht gefährdet, im Gegenteil: »Datenverbindungen mit Kunden in aller Welt gehören bei Hapag-Lloyd seit langem zum Standard und werden kontinuierlich ausgebaut. Das Internet als neues Medium bietet vor allem die Möglichkeit, auch kleineren Kunden einen entsprechenden Service zu bieten.«

Da ist was dran. Tatsächlich kommt die Technik, mit der Konzerne wirtschaftlich sichere Gewässer ansteuern, auch Omas Klavier und den 500 Kisten Wein zugute. Dass Branchengiganten wie

Hapag-Lloyd – Mitglied der Grand Alliance, des größten Reederverbunds der Welt – allerdings jemals mit Startup-Akrobaten wie GloMaP unter einer Flagge segeln werden, darf bezweifelt werden. Eher wird man größeren Anbietern den Vorzug geben und sich möglicherweise beteiligen. Unternehmen wie Hapag-Lloyd setzen mittlerweile auf horizontale Kompetenzgeflechte. Wer alles unter ein Dach packt, steht selbst oft genug im Regen, siehe Daimler-Chrysler. Das erste Jahrhundert des dritten Jahrtausends könnte den wirtschaftlichen Aufschwung auch darum bringen, weil man endlich die Vorzüge des Outsourcing begriffen hat. In der Theorie zumindest. Praktisch laufen die Branchengiganten unverändert Gefahr, sich aufzublähen wie die Kugelfische.

Und hier wird's nochmal kritisch.

Jedem seine gute Laune. Schön auch, dass im Kaffeesatz der Wirtschaftsweisen immer größere Frachter immer größere Häfen ansteuern. Nur Klein-Fritz ist skeptisch. Von so was versteht er ja rein gar nichts, kaum, dass er in der Badewanne seine Gummiente auf Kurs halten kann. Doch haben denn die Typen aus der Erdgeschichte nichts gelernt? Hat der Mann von Hapag-Lloyd vergessen, was mit Langhälsen und Monsterlibellen passiert! Komple-xi-täts-krise!!! Man kann doch nicht immerzu nur wachsen und wachsen, Fritzens Mutter jedenfalls ist fix und fertig, weil Fritzchen alldieweil aus den Klamotten wächst. In ihren Augen kostet Wachstum nur ein Heidengeld.

Gewiss verspricht die Globalisierung grenzenlose Zuwachsraten. Außerdem hat es der Seehandel geschafft, sich von der Entwicklung der Weltwirtschaft zu lösen und überproportional zuzulegen. Wo Asien, Europa und Amerika gemeinsam Hand anlegen, um etwa ein Auto oder eine Kaffeemaschine zu bauen, explodiert der globale Markt in Angebotsvielfalt, wird fleißig überproduziert und unterbezahlt, müssen mehr und mehr Güter verschifft werden. Spätestens seitdem sich die Märkte vom Schock des 11. September berappelt haben, wittern die Reeder Kapazitätsengpässe und bauen, was das Zeug hält. 2007 sollen die großen Tankerflotten um weitere zehn Prozent aufgestockt werden, Gleiches kündigt die Containerbranche an. Also volle Kraft voraus! Ahoi, güldener Horizont!

Und das, während der Markt für gebrauchte Tanker und Cargoliner still zusammenbricht.

Doch auch die Aktien manch großer Reederei dümpeln in gespenstischer Flaute. Trendgläubigkeit führt zur Überhitzung, und ein Boom ist der Mode nun mal näher als dem Trend. Eigentlich, meint Stephan Wrage, komme es künstlicher Lebensverlängerung gleich, Supertanker und Containerfrachter weiterhin auf klassische Weise zu bauen. Dass 98 Prozent aller Handelsschiffe auf den Rohstoff angewiesen sind, den sie zum Teil selbst transportieren, scheint ihm paradox. Wrages Unternehmen SkySails ist darum angetreten, frischen Wind in die Branche zu bringen: Seewind. Gemeinsam mit dem Luft- und Raumfahrttechniker Stephan Brabeck hat er den Traum vom Fliegen für die Schifffahrt entdeckt.

Wer im Oktober 2005 einen gewaltigen Paragliding-Schirm über die Ostsee ziehen sah, dürfte erstaunt gewesen sein, was der mit Pressluft gefüllte Zugdrache da hinter sich herschleppte – nämlich ein 18 Tonnen schweres Schiff! Nun ist Segeln an sich nichts Neues, ein 5.000 Quadratmeter großer Drachen, per Zugtrosse mit einem Frachter verbunden, allerdings schon. Gemeinhin endet der Mast auch großer Segler knapp 50 Meter über dem Meeresspiegel. Wrages Drachen nimmt zwischen 100 und 500 Meter Höhe jede gewünschte Position ein. Die Trosse, verankert in einer Schiene, kann ja nach Bedarf um den kompletten Schiffsrumpf wandern und die Windverhältnisse so optimal in Bewegungsenergie umsetzen. Anders als bei herkömmlichen Segelschiffen ist die Krängung so gut wie aufgehoben.

»Mit zunehmender Höhe nimmt die nutzbare Windenergie bedeutend zu«, sagt Wrage. »Hier wird der Wind weniger von der Reibung mit der Wasseroberfläche gebremst. Dadurch steht selbst in so genannten tropischen Schwachwindgebieten genügend Windenergie zum Vortrieb zur Verfügung.«

Was im ersten Moment rückschrittlich anmutet, könnte die Schifffahrt revolutionieren. Wrage braucht nicht lange, um es den Reedereien vorzurechnen: Ein voll beladenes Schiff von 200 Metern Länge steigert durch den Einsatz von SkySails seine Geschwindigkeit um 2,25 Knoten und spart dabei stündlich 700 Liter Treibstoff ein. Wozu überhaupt noch Treibstoff? Weil der Wind auch mal von vorne kommen kann. In diesem Fall nützt der Drachen wenig, auch wenn dessen Autopilot unentwegt rechnet und das Schiff bis zu 50 Grad am Wind steuern kann. Auch komplizierte Manöver werden konventionell durchgeführt, etwa die Einfahrt ins Hafenbecken oder die Navigation in dicht befahrenen Meerengen. Sky-Sails versteht sich als Langstreckenlösung.

Noch erscheint vielen die Vorstellung, dass ein 380 Meter langer Frachtriese von einem Flugdrachen über den Ozean gezerrt wird, ein bisschen spinnert. Wrage sieht das anders. Mittelfristig sei sogar ein Supertanker unter SkySails vorstellbar. Bei reduzierter Mannschaft. Navigieren mit SkySails ist kinderleicht, jedenfalls auf der Langstrecke, verspricht der Visionär. An Bord gibt's einen Knopf, auf dem steht EIN und AUS. Mehr muss man nicht wissen.

Sollte die Zukunft doch in den Himmeln liegen?

Ob aber Diesel, Ruder, Paraglider oder dressierte Kormorane, eines steht fest: Das Gedränge auf den Ozeanen nimmt zu. Nicht umsonst spricht die EU vom maritimen Superhighway, über den futuristische Hochgeschwindigkeitsschiffe rasen werden. Flugmüde Manager bezweifeln ohnehin, dass die Freiheit über den Wolken wirklich so grenzenlos ist. Eine Alternative zeichnet sich in den so genannten SES ab, den *Surface Effect Ships*. Die sind zwar immer noch langsamer als ein Jumbo oder Airbus, doch 220 Stundenkilometer legt ein Seabus-Hydaer auf dem offenen Meer durchaus vor. Dieser Zwitter zwischen Schiff und Flugzeug, vom Aussehen einem blitzblank polierten Rochen vergleichbar, macht sich das Auftriebsprinzip eines Jets zunutze, ohne indes ganz aus dem Wasser abzuheben. Er wird nicht nur viele hundert Passagiere befördern können, sondern auch Waren. SES gelten als sauber und vor allem sicher. Falls doch mal was passiert, zeichnet der *Voyage Data Recorder*, eine Art maritime Black Box, jede Einzelheit auf, um aus den Fehlern zu lernen – bislang sucht man die Black Box auf konventionellen Schiffen vergebens. Immer hieß es, eine Black Box zwischen Flugzeugtrümmern zu suchen sei ganz etwas anderes, als sie aus mehreren Kilometern Wassertiefe zu bergen. Aber auch dieses Argument sticht nicht mehr. Wozu gibt es schließlich Roboter?

Noch allerdings beherrschen sie die Ozeane, die Frachtgiganten, deren Container sich wie überdimensionale, knallbunte Legosteine in immer größerer Stückzahl stapeln. Konventionelle Supertanker verschieben die legale Droge Nummer eins, Erdöl, in die ganze Welt. Und während Visionäre von Hochgeschwindigkeit und Windkraft träumen, verfügt im wahren Leben kaum die Hälfte aller Öltanker über eine doppelwandige Hülle. Die eine oder andere Ölpest wird uns also noch ins Haus stehen, und die Seevögel werden ...

»Bitte lass es«, stöhnt Paddy. »Komm mir jetzt nicht mit dem Betroffenheitsscheiß. Ist doch gar nicht so schlecht, was wir mit dem Meer anstellen, oder? Hack nicht auf allem rum, Menschen bauen nicht nur Mist. Viele machen sich echt Gedanken, über den Welthandel, über umweltfreundliche Antriebe und alternative Energien, glaub mir, da sind klasse Typen drunter.«

»Jawohl!«, würde Musthag, mein maledivischer Freund, wohl beipflichten. »Und das, obwohl die meisten nicht mal schwimmen können.«

»Ich mache gar nichts mies«, sage ich beleidigt und versuche Paddy zu erklären, dass meine Skepsis der Schatten ist, den die Begeisterung nun mal wirft. »Ich wäre der Erste, der mit einem Seabus-Hydaer oder mit Flugdrachenenergie den Ozean überquert. Ich finde das alles gigantisch. Ich verstehe sogar, dass ich hier lausiges Neuseelandlamm vorgesetzt bekomme. Darum muss ich's ja nicht mögen, oder?«

Paddy beugt sich vor und grinst.

»Hier kannst du's bestellen«, sagt er. »Ich habe heute Morgen frisches Galway-Lamm angeliefert.«

Auch ich beuge mich vor.

»Aber Paddy«, sagte ich gedehnt. »Versaut dir das denn nicht die Marge?«

»Weißt du«, flüstert Paddy konspirativ. »Der Welthandel ist eine Hure. Du kommst voll auf deine Kosten, bloß, willst du mit so was verheiratet sein?«

»Aber ich dachte ...«

»Du denkst zu viel. Halt die Klappe und trink dein Bier.«

Heile Welten

Wissen Sie noch, Einhörner?

Wundersame Wesen, auch wenn bei näherem Hinsehen Narwale draus werden. Aber was kann man mit einem Einhorn, mit einem bloßen Splitter davon, nicht alles bewirken? Gift aus Flüssen, Speisen und Menschen saugen, wilde Tiere besänftigen, Herzen in Wallungen versetzen. Ist das nicht phantastisch, exorbitant, sensationell!?

Ja, sagen einige, ganz nett.

Aber nichts, verglichen mit dem Wundermittel Nummer eins. Plinius der Ältere, Naturforscher, Schriftsteller und Admiral der römischen Flotte, muss unter Haarausfall gelitten haben, andernfalls hätte er kaum empfohlen, eine zerstoßene Mixtur aus gekochten Schweineschwänzen, Wasser, gequollenen Bohnen und angekokeltem Seepferdchen auf der Glatze zu verteilen oder sie, vermischt mit Gewürzen und Fett, oral zu konsumieren. Plinius hat ebenso an die Wirkung von Seepferdchen geglaubt, wie man in China seit Jahrtausenden die kräftigende Wirkung von Seepferdchentee preist. Schon die alten Dynastien kannten eingelegtes, getrocknetes, zermahlenes, geröstetes, in der Sonne gebleichtes und sonst wie malträtiertes Seepferdchen gegen Übelkeit, Inkontinenz, Arteriosklerose, Schilddrüsenerkrankung, Hautausschlag, Schlangengift, Insektenstiche, Kopfweh, Leberschaden und Tollwut. Abendländischen Ärzten des Mittelalters galt Hippocampus, wie Plinius das Pferdchen nannte, vermengt mit Rosenöl als fiebersenkend. Auf den Philippinen wird Seepferdchenbrühe gegen Atembeschwerden getrunken, allerdings nur, wenn sie aus dem Maul des Tiers gewonnen wurde. Bloß nicht aus dem Ringelschwanz! Der haut Nieren- und Gallensteine zu Klump. Seepferdchen-Rückenkamm hingegen, in winzigen Stückchen genossen, bringt müde Männer dazu, schnaubend mit dem Schweif zu wedeln. Auch steigert er die Produktion von Muttermilch, jedenfalls nach Ansicht englischer Ärzte des 18. Jahrhunderts. Überdies empfehle sich Seepferdchenblut zur Behandlung der Gicht, noch mehr als die frisch herausgerissenen Herzen von Kanarienvögeln. In Deutschland und Frankreich sah man gar Lahme wieder laufen, nachdem sie Hippocampus-Kopf gemümmelt hatten, und die Prostata war nach Genuss gelber Seepferdchen wie neu. In Taiwan hingegen ist das Seepferdchen so eine Art Red Bull der Meere. Da wird einfach der Schwanz abgetrennt und das ganze Tierchen ausgenuckelt wie ein Powerdrink.

Haben wir etwas vergessen?

Ach ja, Glücksbringer sind Seepferdchen natürlich auch. Modebewusste Asiatinnen tragen sie am Ohr oder um den Hals, in Kinderzimmern wird Utzidutzi damit gemacht. Den Umstand vor Augen, dass jährlich 25 Millionen Seepferdchen den Weg ins Weltgenesungswesen antreten, fragt man sich unweigerlich, warum Miss Evolution sie nicht gleich in Blisterpackungen geschaffen hat. Rund drei Dutzend Nationen greifen täglich zum Hippocampus wie zu Klosterfrau Melissengeist. Auf dem Nachtmarkt in Hongkong hängen Seepferchen kopfüber an der Leine und kosten 12 Dollar das Stück. Man bedenke: ein Allheilmittel für 12 Dollar! Wer fragt da nach Einhörnern?

Bloß, inzwischen macht man sich Sorgen um die Bestände. Ja, was denn? Sollten die etwa vorhaben, auszusterben, die kleinen Biester? Wie sind die bloß auf die Liste der meistgefährdeten Arten gekommen? Wir haben doch nur zu rein wissenschaftlichen Zwecken ... ähm ... und wegen unserer Kultur ... und überhaupt ... Geschenkt.

Andere Frage: Was ist dran am Seepferdchen? Matt darniederliegende Chinesen springen nachweislich auf die Füße nach ausgiebiger Behandlung, deutsche Touristen – »Woanders ist ja alles soooo viel besser!« – bekommen nach Einnahme so genannter Seepferdchen-Medizin schmerzhafte Magenkrämpfe, Schweißausbrüche, Pusteln im Gesicht und Nierenkoliken. Des Menschen eigener Urin, predigt uns Carmen Thomas ganz zu Recht, sei ein Wunderelixier. Pipi in allen Ehren, aber kaum ein Europäer, beseelt von asiatischer Heilkunst, dürfte wissen, dass in die fernöstlichen Tinkturen schon mal gerne reingestrullt wird: Knabenpisse gilt Eingeweihten als Grundzutat schlechthin.

Man muss die Sache vertragen. Und dran glauben. Ganz fest dran glauben! Dann erst galoppiert der Lahmste wieder wie ein junges Fohlen.

Dran glauben, das tut auch die Schulmedizin. Nicht an das fabulöse Wirkspektrum eines gehetzten Tierchens, das von den Zehen bis zum Scheitel Wunder im Dutzend vollbringt. Vielmehr weiß man, dass längst nicht alles, was in der traditionellen Medizin Verwendung findet, reiner Humbug ist. Auch der Seepferdchen-Kult verdankt sich letztlich verschiedenen körpereigenen Substanzen, die tatsächlich Wirkung zeigen. Allerlei Tinkturen, Sälbchen, Pasten und Pülverchen aus Asien, Afrika und Südamerika werden ergo von der biopharmazeutischen Industrie gesammelt und genauestens unter die Lupe genommen. Volksmythen finden dabei keinerlei Beachtung. Dass alles, was länglich ist, den Schniedel motiviert, gehört ins Reich feuchter Träume. Was die Forscher fasziniert, ist ganz was anderes: dass sich nämlich im molekularen Chaos ein Mittel gegen Krebs verbergen könnte. Die Natur, so viel steht fest, ist ein lebender Arzneischrank. Man muss einfach nur genauer hinsehen, gern auch durch die Gläser einer Taucherbrille.

So durchforsten Bioprospektoren, wie sie sich nennen, auf der Suche nach dem Pharma-Eldorado Regenwälder, Steppen und Gewässer, Letztere mit wachsender Begeisterung. Das Gelobte Land scheint ausgemacht, und es ist gar kein Land, sondern das unbekannte Universum unterhalb des Wasserspiegels.

Warum ausgerechnet die Meere in den Pharma-Fokus geraten sind, erklärt Professor William Fenical mit großer Geduld und noch größerem Enthusiasmus. Fenical leitet das Scripps-Institut für Ozeanographie im kalifornischen La Jolla und hat allen Grund, bester Laune zu sein. Jedes Jahr überweist der Kosmetikriese Estée Lauder einen siebenstelligen Betrag auf das Konto seiner Einrichtung und nutzt dafür den von Fenical entdeckten Wirkstoff Pseudopterosin C, einen Extrakt aus einer Weichkoralle. Die damit veredelte Hautcreme lindert nicht nur Sonnenbrand und Schuppenflechte. Pseudopterosin C könnte auch eine echte Alternative zum ungeliebten Cortison darstellen.

»Das Leben im Meer hat vollkommen andere Strategien entwickeln müssen als landlebende Organismen«, sagt Fenical, der als Bioprospektor einen legendären Ruf genießt. »In den Ozeanen dominieren Symbiosen, vor allem solche mit Mikroben. Viel mehr chemische Substanzen werden dort produziert als auf dem Land, einfach, weil sich das unter Wasser anbietet. Wasser ist ein rascher Verteiler.«

Stimmt. Das Abkommen zur Ächtung chemischer Waffen hat hier jedenfalls niemand unterzeichnet. Vor allem sesshafte Tiere, Schwämme etwa, sind lebende Giftfabriken. Chemie ist ihre einzige Verteidigung, denn weglaufen können sie nicht. Zähne und Klauen fehlen ihnen ebenso wie harte Panzer und Stacheln zum Schutz gegen Schnecken, Krebse und die hornigen Kiefer bestimmter Fische. Auch eine stützende Skelettstruktur sucht man vergebens. Bleibt, Fressfeinden den Appetit zu verderben, bevor sie zubeißen können. Weil der Schwamm selbst keine giftige Natur hat, bietet er Millionen von Bakterien ein gemütliches Zuhause, die ihm dafür chemische Keulen liefern. Die setzt der Schwamm erfolgreich ein, um sich zu schützen und Beute zu ergattern. Als Filtrierer lebt man von dem, was einem zu nahe kommt. Weil Plankton in der Strömung treibt, und das oft ziemlich schnell, bleibt dem Schwamm nur ein Versuch, sonst ist das Frühstück vorbeigeschwommen. Also lähmt er es mit Gift, kaum dass es zur Berührung kommt. Gleiches tun sessile Polypen, Gorgonen, Seescheiden, Moostierchen und Seeanemonen, kurz alles, was festgewachsen ist.

Plinius dem Älteren fiel 79 n. Chr. leider der Vesuv auf den Kopf, sodass nicht überliefert ist, ob die Seepferdchenmatsche sein Haar wieder hat sprießen lassen. Wir wissen aber, dass er außerdem auf Tethya aurantia, die Meerorange, schwor, um Schmerzen zu lindern. Auch Tethya ist ein Schwamm, ebenso Discodermia dissolute aus der karibischen Tiefsee, dem das Schweizer Pharmaunternehmen Novartis ein mögliches Krebsmittel abgerungen hat, Discodermolid. Fast durchweg bergen Schwämme wertvolle medizinische Inhaltsstoffe, die antiviral und antibakteriell wirken und in Testversuchen erfolgreich zur Bekämpfung von Tumoren eingesetzt wurden. Spanische Wissenschaftler katalogisieren derzeit über 40 neu entdeckte Schwämme und Algen, aus denen sich entzündungshemmende Stoffe gewinnen lassen. Allein aus Schwämmen hat man bis heute über 2.000 Wirksubstanzen extrahieren können.

Der medizinisch vielleicht interessanteste Wirkstoff ist leider auch der ökonomisch uninteressanteste: Cymbastela Hooperi, ein Schwamm der australischen Tropen, liefert ein beachtliches Medi-

kament gegen Malaria, die am weitesten verbreitete Infektions-
krankheit der Welt. Soll heißen, er könnte es liefern, doch so recht
mag sich niemand für die Produktion erwärmen. Denn Malaria gilt
als Krankheit der armen Leute. Ein ungeliebter Massenmarkt, wirtschaftlich längst nicht so ergiebig wie Allergien, Schuppenflechte
oder Krebs. Man müsse, so argumentiert die Pharmaindustrie,
schließlich auch an die Entwicklungskosten denken. Überhaupt
wird nur jeder zehnte klinisch getestete Wirkstoff zum Patent zugelassen. Marine Arzneien könnten nur unter großen Schwierigkeiten gefördert werden, durchliefen jahrelange, kostspielige Testreihen und verschwänden womöglich sang- und klanglos wieder in
den Tiefen der Meere.

Da hat Miss Evolution in der Tat geschlampt. Dabei wäre in tropischen Schwämmen Platz genug gewesen für einen hübsch aus-
führlichen Beipackzettel. Jeder Organismus im Meer sollte so was
mit sich führen. Natürlich auch die Haie. Vielleicht zwischen die
Kiemen gesteckt, damit man nach dem Fang gleich sieht: Ah, ölhaltige Leber! Kollagene für Sportlersalben und potenzfördernde
Präparate. Körpereigene Substanz MSI-1436 zur Reduzierung von
Körpergewicht, weil appetitzügelnd. Muss ein Dornhai sein. –
He, den nicht wieder reinschmeißen!

Doch Haie schwimmen ohne Gebrauchsanweisung durch die
Ozeane. Auch die Kegelschnecke Conus Magnus lässt den Ge-
häuseaufdruck vermissen, aus dem hervorgeht, dass zwei ihrer 80
Gifte Schmerzmittel abgeben, die bis zu 1.000 Mal stärker wirken
als Morphium. 500 weitere Arten umfasst die Familie der schleimigen Giftschleudern, jede birgt perfide kleine Geheimrezepte,
keine führt Unterlagen darüber mit sich. Auch Algen zeigen sich
wenig kooperativ. Sie sind zwar winzig, aber warum kein Beipackzettel auf Mikrofilm? Dann wüsste man spätestens beim Blick
durchs Mikroskop, dass Rotalgen Blutfette senken, Grünalgen
Polysaccharide gegen Magengeschwüre produzieren, Braunalgen
die Gerinnung von Blut verhindern und alle zusammen Rheuma
und Infektionen bekämpfen. »Bitte mich zu pulverisieren«, würde
im Algenbeipackzettel geschrieben stehen. »Eigne mich als Zusatz
in Masken, Packungen und Bädern.«

Doch nein, alles muss man selbst rausfinden. So bleibt nur eines:
testen, testen, nochmal testen.

Und manchmal jubeln.

Pharma Mar ist ein mittelständisches Unternehmen aus Madrid. Die Biotech-Experten gehören zum spanischen Chemieunternehmen Zeltia, das seit seiner Gründung passable Zahlen schrieb, ohne groß aufgefallen zu sein. Bis zum Jahr 2000. Da plötzlich überschlug sich die Börse, und bei Zeltia wurden ein paar Magnum-Flaschen Freixenet fällig. Töchterchen Pharma Mar hatte es allen gezeigt und das erste Krebsmedikament entwickelt, dessen Wirkstoff einzig aus dem Meer stammte. Yondelis, so der Name des Präparats, überzeugt seither in ausgedehnten Testreihen: Einmal zugelassen, könnte das Mittel im gleichen Maße Gewinne streuen, wie es die Ausbreitung von Tumoren eindämmt, insbesondere in Brust, Lunge und Prostata. Immer neue Länder werden ins europaweite Vertriebsnetz aufgenommen, der amerikanische Pharmamulti Johnson & Johnson hat sich die Lizenz für Übersee gesichert. Und wenn Amerika einsteigt, ist das, als bekomme man einen Blankoscheck in die Hand gedrückt.

»Die vorläufigen Ergebnisse der Phase-II-Yondelis-Studien bestätigen, dass unser Hauptpräparat klinisch wirksam ist«, verkündete entsprechend zufrieden Dr. Miguel Angel Izquierdo, Clinical Development Director von Pharma Mar, 2004 auf dem Jahreskongress der American Society for Clinical Oncology. Lieferant des Yondelin-Wirkstoffes ET 743 ist eine Seescheide aus der Familie der Manteltiere, einer dieser fest verankerten, augenlosen Schläuche ohne Herz und Hirn, auf den nun alles schaut. Das schlabberige Tierchen könnte einen Blockbuster liefern, der Millionen Krebspatienten neue Hoffnung macht. Leicht getrübt wird das Bild derzeit durch den damit verbundenen Aufwand. Um ein Gramm ET 743 zu erhalten, muss man eine Tonne Seescheiden von den Riffen und Tiefseeböden pflücken. Auch andere marine Arzneilieferanten gelten als eher knauserig. 38 Tonnen des Moostierchens Bugula neritina braucht man für 18 Gramm des biologischen Krebsmittels Bryostatin A. Wer soll die alle einsammeln? Gleich zwei Probleme kommen somit auf die Branche zu, will sie die Massenmärkte erschließen. Erstens, die Grenze des menschlich Machbaren. Zweitens die Gefahr, dass Seescheiden und Moostierchen schnell ausgerottet wären, würde man sie im Akkord ernten.

Und dann?

So weit kommt's nicht, versprechen die Experten von Pharma Mar. Vorher werde man einen Weg finden, die kostbaren Extrakte im Labor nachzubauen. Bis dahin müsse man Seescheiden eben züchten. In den Gewässern um Formentera hat man schon damit begonnen. Auch manche Bakterien, ebenfalls potenzielle Wirkstoffproduzenten, gedeihen in künstlicher Umgebung prächtig, die meisten allerdings widersetzen sich gewollter Vermehrung. Einstweilen bleibt, Muscheln, Schnecken, Moostierchen, Seescheiden und Schwämme in speziellen Meerwasserfarmen anzubauen. Währenddessen kreuzen die Schiffe der Pharmazulieferer und Forschungsinstitute vor den tropischen Riffen, im Nordmeer und über den Mittelozeanischen Rücken, bergen immer neue Proben und lassen robotergesteuerte Analysemaschinen täglich bis zu 300.000 Substanzen screenen. Dabei werden die molekularen Baupläne der Organismen unablässig mit Chemiecocktails versetzt, um herauszufinden, wie sie reagieren, bis jemand »Heureka!« schreit.

»Auf einen Quadratmeter Tropenriff kommen an die 1.000 Arten«, erläutert William Fenical die Herausforderung für die Bioprospektoren. »Schätzungsweise zehn Millionen Algenarten leben in den Ozeanen, nicht mal ein Zehntel davon ist erforscht. Hinzu kommen drei Millionen Bakterienstämme und eine halbe Million Tierarten. Wir haben also noch reichlich zu tun.«

Auch die Kosmetikbranche wiegt sich im Tiefenrausch. »Schönheit aus dem Meer«, verspricht das Unternehmen THALGO. An der Côte d'Azur werden fleißig Algen auf eine Weise pulverisiert, dass die Vitamine, Mineralstoffe, Proteine und Aminosäuren aus dem Zellkern vollständig erhalten bleiben. Immer neue Produkte zur Straffung, Entschlackung und Vitalisierung der Haut entwickelt THALGO und legt Wert auf die Feststellung, alle Inhaltsstoffe entstammten rein biologischer Erzeugung, seien also garantiert frei von Nebenwirkungen.

Das glättet die Haut ab vierzig. Vor allem angesichts der erzielten Jahresumsätze.

Während die Tropen als Giftschrank des Tierreichs gelten, versprechen sich die Mitarbeiter des Bremerhavener Alfred-Wegener-Instituts wertvolle Substanzen aus den eisigen Regionen des Planeten. Im Auftrag des Henkel-Konzerns ist die Crew des Forschungseisbrechers *Polarstern* damit befasst, polaren Organismen das Geheimrezept des ultimativen Sonnenschutzmittels abzuringen – diese werden nämlich in arktischen Sommern vom UV-Licht geradezu beschossen. Zudem erforscht man natürliche Frostschutzmittel, wie Bewohner der Antarktis sie zu bilden verstehen. Viele der hier lebenden, vorwiegend barschartigen Fische vereinen bis zu acht verschiedene Substanzen in ihren Körpern, um den Gefrierpunkt herabzusetzen. Arktische Mikroben lassen sich wiederum in der Entwicklung von *functional food* einsetzen; das sind Nahrungsmittel, deren natürlicher Nährstoffgehalt durch Beigabe zusätzlicher Stoffe erhöht oder modifiziert wird. Probiotische Bakterien in Yoghurtbechern gehören dazu, Fischöl in Eiern, Kalzium in Müsli, und so weiter. Alles scheint im Meer vorhanden zu sein, Medikamente, Schönheitsprodukte, Pflanzenschutzmittel, Schiffsanstriche, sogar die besseren Waschmittel.

Bis 2010 will die Deutsche Forschungsgesellschaft zudem neue Konzepte für molekulares Modelling auf den Tisch legen. Dazu gehört sowohl, Mikroben gentechnisch zu verändern, sodass sie gewünschte Wirkstoffe absondern, als auch natürliche Substanzen im Labor zu synthetisieren, um die eigentlichen Produzenten vor dem Aussterben zu bewahren. Ziel ist es nicht, die Meeresbewohner selbst auszubeuten, sondern sie zu kopieren. Aus dem Rohstofflieferanten Meer wird so die Kreativagentur Meer. Lustige Vorstellung: Mit Pharma-Awards ausgezeichnete Weichtiere und Einzeller hocken in Brainstormings zusammen, trinken Unmengen Kaffee und überlegen, was man gegen Migräne unternehmen könnte. Einer hat dann eine geniale Idee und scheidet sie sogleich in Form einer hoch konzentrierten Substanz aus, die Menschen im Laboratorium nachbauen können.

»Wir brauchen dringend neue Arten von Pharmaka«, resümiert William Fenical. »Neue Waffen gegen all jene Erreger, die zunehmend resistent auf gewohnte Medikamente reagieren, und Mittel gegen Krankheiten wie Krebs oder Alzheimer, für die Mediziner bislang noch kein Rezept haben. Marine Organismen liefern die Medikamente der Zukunft. Das Potential der Weltmeere als Quelle neuer Medikamente kann man überhaupt nicht hoch genug einschätzen.«

Dabei liegt ihm der Schutz der Arten am Herzen. Denn Fenical ist allem Erfolg zum Trotz Idealist geblieben. Den Ausbau seines Instituts zum Pharma-Multi sieht er nicht, stattdessen zieht er es vor, mit dem britischen Branchenriesen GlaxoSmithKline zu kooperieren, um in Ruhe weiter seiner Forschungsarbeit nachgehen und dabei möglichst viel Zeit unter Wasser verbringen zu können.

Eine Art Symbiose, die Großkonzerne sehr schätzen. Es läuft immer gleich ab: Solange die kleinen, flexiblen Unternehmen der Bioprospektoren nach dem Stein der Weisen suchen, bleiben die Multis in der Beobachterrolle und helfen hier und da, Expeditionen zu finanzieren. Ist der Stein gefunden, steigen sie ein.

Es klingt gut, und es ist auch gut. Medizin aus dem Meer kann und wird Menschen in großem Umfang helfen. So, dass jeder auf seine Weise geschützt wird: der Bioprospektor, der Pharma-Konzern, der Schwamm und der Patient sowieso. Eine heile, heilende Welt. Nur um die Gesundung der Entwicklungsländer muss man sich sorgen, wenn der Ausverkauf ihrer biologischen Ressourcen in Schwung gerät. Unter allen noch zu entdeckenden Arzneien wird für sie vielleicht die bittere Pille bleiben, als Einzige nicht angemessen beteiligt worden zu sein.

Ein marktreifes Mittel gegen Malaria wäre zumindest ein Anfang.

Kleine Wattwanderung

Eigentlich, liest man, habe Claude Debussy ja Matrose werden wollen. Stattdessen bereiste er das Meer per Orchester. Wir können dankbar sein. Kaum jemand hat die unbegreifliche Weite so kongenial in Töne gefasst. Wo Debussy schwelgte, fasste sich Ernest Hemingway hingegen kurz, ganz seiner Art entsprechend. *Der alte Mann und das Meer* zeigt mitleidlose Natur. Hier wird der Ozean zur letzten Prüfung eines Menschen, der allen Grund hätte, aufzugeben – und sich der Niederlage dennoch verweigert. So fasziniert war Salvador Dali von dem Roman, dass er eine Mappe mit Skizzen dazu fertigte. Auch Herman Melville sah im Meer den Austragungsort eines finsteren, allegorischen Duells, während es bei Richard Wagner gar zum Sinnbild der Hölle und der Erlösung gleichermaßen geriet.

So hatte jeder seine Sicht. Auch William Heronemus. Er sah im Meer vor allem eines:

Eine Batterie.

Der zuvorkommende ältere Herr, Professor an der University of Massachusetts, war alles andere als ein Nostalgiker. Fragte man ihn jedoch nach den größten menschlichen Errungenschaften, nannte er gern die Windmühle. Heronemus und der Wind, das war eine Liebe bis ans Lebensende, gipfelnd in immer neuen Ideen und Visionen. »Jedes Konzept zur Energieerzeugung lässt sich mittels Wind in die Tat umsetzen«, pflegte der Professor, der als Vater der Windenergie fast kultische Verehrung in den USA genießt, seinen Studenten mit auf den Weg zu geben. »Alles, was man braucht, ist eben Wind – und eine ausreichend lange Lebensspanne, um auf die richtigen Ideen zu kommen.«

Schon in den Siebzigern hatte Heronemus die Vorstellung entwickelt, Windturbinen vom Land ins Meer zu verlegen, etwa an

Bord riesiger Schiffe oder auf küstennah verankerten Plattformen. Den Petrolbaronen war der Mann suspekt, sie hielten ihn für subversiv. Doch dann, 1972, änderte sich alles. Das Gespenst der Ölkrise machte »Buh!«, alles schrak zusammen und hörte plötzlich sehr genau hin, wenn Heronemus sprach. Das Meer sei eine gigantische katalytische Pumpe, ließ der Professor verlauten, allein die Meeresströmungen transportierten im Jahr genügend Sonnenenergie, um einige tausend Erden gleichzeitig mit Elektrizität zu versorgen. Damit nahm er spätere Berechnungen der britischen Expertengruppe *Marine Foresight Panel* erstaunlich präzise vorweg, wonach schon ein Fünftausendstel aller marinen Energiereserven den globalen Bedarf abdecken würde. Das Meer selbst spielte in Heronemus' Szenarien zunächst nur die Rolle des Standorts. Erst in Verbindung mit dem konstant blasenden Seewind werde es zur unerschöpflichen Energiequelle, verkündete er, man müsse ihn nur einfangen und gleichsam melken.

Nur ...

Eben hierin lag das Problem. Wie fängt man den Wind? Heronemus wurde nicht müde, seine Visionen in eindrucksvollen Grafiken zu visualisieren: Gewaltige Masten sah man da – verankert an Bojen –, die sich zu Hunderten aus dem Meer erhoben und Schiffe wie Spielzeug aussehen ließen. Jeder Mast trug bis zu drei Dutzend riesiger Windturbinen. Selbst eine gewisse Ästhetik war den Giganten nicht abzusprechen, ein Punkt, auf dem Heronemus sein Leben lang beharrte: Nein, Windrotoren seien nicht hässlich, solange man keine hässlichen baue. Allerdings räumte er ein, dass es unter den gegebenen Umständen besser sei, sie im Meer zu platzieren als auf dem Land. Offshore brächten sie halt die bessere Leistung.

Tatsächlich liegt die Energiebilanz mariner Windkraft 40 Prozent über der Landvariante. Andererseits ist Wind kein zuverlässiger Geschäftspartner. Mitunter heult und stürmt er, dann wiederum nimmt er sich tagelang frei, und die Turbinenmasten geben ein trauriges Bild ab. Wer mit dem Zug von Hamburg nach Sylt fährt, Niebüll passiert und sich der Nordsee nähert, kann sie entlang der Uferlinie stehen sehen, mal in fröhlicher Rotation begriffen, mal im Nichtsnutz erstarrt. Draußen auf See würden sie sich konstanter drehen, dennoch unterläge die Stromerzeugung auch hier massiven Schwankungen.

Heronemus erkannte das Problem. In den letzten Jahren seines Lebens dachte er zunehmend über Möglichkeiten nach, dem Meer selbst seine Energien abzutrotzen. Er entwickelte Konzepte für Wasserkraftwerke und war auch damit wieder seiner Zeit voraus. Doch im November 2002, den Kopf voller Ideen, starb er an Krebs. Seitdem treiben andere seine Arbeit voran. Wie es aussieht, wird ihm die Zukunft uneingeschränkt Recht geben. Die Wasserkraft ist auf dem Vormarsch, in Amerika wie in Europa. Seit Anfang der Neunziger hat die Europäische Union knapp 30 Forschungsprogramme zur Energiegewinnung aus dem Meer gefördert, weitere sind in Aussicht gestellt.

Was derzeit gerne als Entdeckung der Wasserkraft verkauft wird, ist genau genommen eine Wiederentdeckung. Die Mühle am rauschenden Bach klappert nicht erst, seit Umweltaktivisten auf alternative Energien drängen. Schon vor Jahrhunderten begann man in Asien und im Nahen Osten unter Zuhilfenahme von Wasserrädern Äcker zu bewässern. Mesopotamien gilt als Wiege der Wasserkraft, dort drehten sich schon 1200 v. Chr. die Schöpfräder. Im antiken Rom verstand man das Prinzip der Wasserkraft für so erstaunliche Errungenschaften wie Fahrstühle zu nutzen. Seit dem frühen Mittelalter bestimmten Wassermühlen überall in Europa das Bild der Flussläufe und behaupteten sich noch im Zeitalter der Industrialisierung, etwa um Pumpen in Bergwerken anzutreiben.

Das Aus für die traditionelle Wasserkraft kam mit der Erfindung der Wasserturbine Ende des 19. Jahrhunderts. Brav hatten die Wasserräder ihren Energiebeitrag zwischen zehn und 50 Kilowatt geleistet, doch den weltweiten Hunger auf elektrischen Strom konnten sie nicht stillen. Heute findet man sie vorwiegend in den ländlichen Gegenden Chinas und Afrikas, wo sie in der Landwirtschaft treue und unverzichtbare Dienste leisten. Alle in Gebrauch befindlichen Wasserräder zusammen erzeugen immerhin einige Terawatt und geben ansonsten prima Fotomotive ab.

Watt? Terawatt?

Okay. Bevor wir das Thema vertiefen, schnell nochmal auf die Schulbank zum alten Bömmel: »Jetz stelle mer uns widder janz dumm un frajen: Watt is Watt?«

Watt müsste eigentlich *Wott* ausgesprochen werden, denn es handelt sich um einen englischen Nachnamen. Gestatten, Watt. James Watt. Schottischer Erfinder, maßgeblich am Siegeszug moderner

Dampfmaschinen beteiligt und Namensgeber der SI-Einheit für Leistung in der Physik. Dem SI, vollständig ausgesprochen *Le Système international d'unités*, zu Deutsch »Internationales Einheitssystem«, verdanken wir es, dass ein Liter Bier in Mexiko genauso betrunken macht wie in Bayern, denn die Flüssigkeitsmenge ist exakt dieselbe.

Würden physikalische Einheiten nicht in internationalen Standards ausgedrückt, gäbe es erhebliche Verständigungsprobleme auf der Welt: Wie weit ist es von hier bis zum Bahnhof, junger Mann? Etwa 500 Meter, gnädige Frau. Aha. Fußläufig also. Schon setzt sich die Dame in Bewegung. Dieselbe Frage im Nachbarland gestellt, würde die Antwort vielleicht lauten: Och, nicht weit, cirka 60 Schnarks. Wieder woanders wären es knapp 2000 Wippwutz. Ein Wippwutz, das kann ebenso gut ein Meter wie ein Kilometer sein, wer will das wissen? Und wie viele Wippwutz ergeben einen Schnark? So lässt sich im globalen Dorf nicht hausen, also hob die Welt 1954 das Internationale Einheitssystem aus der Taufe. Von nun an befleißigte man sich weltweit der Längeneinteilung in Meter, der Sekunde als Zeitmaß, des Kilogramms zur Quantifizierung von Masse, Ampere, um Stromstärken zu messen, und so weiter, und so fort. Neben diesen Basiseinheiten gibt es eine ganze Reihe weiterer SI-Einheiten, zum Beispiel Hertz für Frequenz, Grad Celsius für Temperatur oder Pascal für Druck. Vielfach stehen Wissenschaftler als Namensgeber Pate, Kraft etwa wird in Newton ausgedrückt (eine Hommage an Sir Isaac Newton) und Leistung, wie schon gesagt, in Watt.

Und wat is' nu' dem Watt sein Watt für'n Watt?

Watt bezeichnet die Umwandlung von Energie innerhalb eines Zeitabschnitts. Watt ist also genau genommen eine Definition von Arbeit pro Zeiteinheit. In der Physik gilt, dass Energie nicht verloren geht, jedoch transformiert werden kann. Wind etwa lässt sich in Strom umwandeln. Um das Ergebnis quantitativ zu beschreiben, erfasst man die umgewandelte Energie in einem Wert, nämlich in Watt.

Nun verhält es sich mit Watt wie mit dem Meter. Der Weg zum Bahnhof lässt sich in Metern trefflich ausdrücken. Zur Beschreibung mikroskopischer Welten eignet sich ein Meter ungefähr so sehr wie ein Brachiosaurus zum Einfädeln von Garn. Also unterteilt man den Meter in Dezimeter, Zentimeter, Millimeter, Mikrometer und so weiter, bis hin zur kleinsten Einheit, dem Yoctometer (10^{-24}). Ebenso wären schrecklich viele Nullen nötig, um die Entfernung von der Erde bis zum Mond in Metern auszudrücken, weshalb wir von Kilometern sprechen. Größere Entfernungen im Weltraum drücken wir in Lichtjahren aus. Die Lichtgeschwindigkeit ist unter allen Umständen konstant und beträgt 300.000 Kilometer in der Sekunde. Eine Lichtsekunde bezeichnet also eine räumliche Distanz von 300.000 Kilometern. Man kann sich an ein paar hundert Fingern ausrechnen, wie weit das Licht reist, wenn es ein Jahr unterwegs ist.

Ähnlich wie mit Längenmaßen verhält es sich mit der Umwandlung von Energie. Wenn Quarks, die Grundbausteine der Atome, miteinander reagieren, werden winzige Energiebeträge fällig. Explodiert ein Stern, erhält man einen unvorstellbar hohen Energieausstoß. Beide Vorgänge müssen sich auf einer Skala erfassen und ausdrücken lassen, und eine solche Skala gibt es auch, mit genau 16 Positionen.

Die kleinste aller Einheiten ist das Zeptowatt, ein winziger energetischer Betrag. Wenn eine weit entfernte Raumsonde ein Funksignal zur Erde schickt, empfängt ein durchschnittlich großes Radioteleskop ungefähr ein Zeptowatt. Dem Zeptowatt folgt das Attowatt, sodann das Femtowatt, die kleinste erforderliche Leistung, um UKW zu empfangen, das Picowatt, das der Umwandlungsenergie in einer Körperzelle entspricht, das Nanowatt, das Mikrowatt und das Milliwatt.

Dann erst kommt das Watt, auf Position acht. Das Herz eines Menschen erzeugt eine Leistung von 1,5 Watt. Der Lichtbetrag einer 100-Watt-Glühbirne liegt bei 5 Watt (der Rest ist Wärme). 140 Watt sind erforderlich, damit der Kühlschrank kühlt, und wenn Mama, Papa und zwei Kinder einen Tag lang zu Hause telefonieren, fernsehen, kochen, Musik hören, baden und das Licht brennen lassen, haben sie im Schnitt 500 Watt elektrische Leistung beansprucht. Sonderlich viel ist das nicht, an den Bedürfnissen der Weltbevölkerung gemessen. Selbst Papas Wagen frisst auf dem Weg zur Arbeit mehr Energie, als die ganze Familie an einem Tag verjuxt, denn ein PS entspricht 735,49875 Watt. Bugatti hat übrigens gerade einen Wagen mit 1.001 PS Motorleistung gebaut. Herzlichen Glückwunsch.

Dem Watt folgt das Kilowatt, das sind 1.000 Watt. Wann immer Franzi von Almsick der Goldmedaille hinterherschwamm, brachte sie es kurzzeitig auf eine Leistung von 1,5 Kilowatt. Gar nicht schlecht – Europas größtes Elektrizitätswerk zur Umwandlung von Sonnenenergie erzielt 500 Kilowatt. 333 Mal hin- und hergeschwommen, und Franzi könnte ans Netz gehen.

1.000 Kilowatt ergeben ein Megawatt, der Betrag, den eine größere Windkraftanlage erbringen sollte, um wirtschaftlich zu arbeiten. Der neue ICE der Deutschen Bundesbahn wird von acht Megawatt angetrieben, ein Flugzeugträger der amerikanischen Marine lässt sich ab 200 Megawatt zur Reise in den Nahen Osten bewegen. 1.000 Megawatt sind ein Gigawatt, 1.000 Gigawatt ein Terawatt, 1.000 Terawatt ein Petawatt (der stärkste je gemessene Laserimpuls betrug 1,25 Petawatt).

Es folgen, jeweils in der Tausender-Potenz, das Exawatt, das Zettawatt und zum guten Schluss das Yottawatt. Mit 386 Yottawatt leuchtet die liebe Sonne. Gemessen an der Strahlungsleistung der Milchstraße ist das ein Klacks. Die wieder erweist sich als müde Funzel gegen einen Gammablitz. Erinnern Sie sich? Das Massensterben am Übergang vom Ordovizium zum Silur wird einem solchen Blitz zugeschrieben. Wir kennen nichts Stärkeres, zumindest haben wir nichts Stärkeres beobachtet. Ganz sicher aber dürfte das frühe Universum gleich nach dem Urknall Energien freigesetzt haben, die in gängigen Watt-Begriffen gar nicht zu beschreiben sind, so wie sich Dagobert Ducks Reichtum auch nicht in Milliarden und Billionen ausdrücken lässt – der reichste Enterich der Welt ist nachweislich im Besitz etlicher Phantastilliarden!

Noch ein ganz klein wenig Physik, dann höre ich wieder auf.

Immer wieder taucht der Begriff Kilowattstunde auf. Watt ist eine Einheit für Leistung, doch Kilowattstunde bezeichnet geleistete Arbeit, und zwar die innerhalb einer Stunde umgewandelte Energie. Ein kontinuierlich arbeitendes Kraftwerk liefert täglich 24 Stunden konstante Energie. Von einem Windrad lässt sich das nicht sagen. Es kann auch ein paar Stunden stillstehen, wenn der Wind nicht bläst. Hier behilft man sich mit Durchschnittsangaben, soll heißen, es liefert am Tag durchschnittlich soundso viele Kilowattstunden Energie. Andersherum lässt sich sagen: Der Haushalt der Familie Müller fordert einem Kraftwerk acht, zwölf oder sechzehn Kilowattstunden täglich ab, je nachdem, was die zu Hause treiben.

Ursprünglich von der Wissenschaft eingefordert, sind SI-Einheiten heute eine Art Basissprache der Wirtschaft. Ausreißer gibt's natürlich immer. Die USA benutzen SI-Einheiten fast nur im Bereich Forschung und Technik, Engländer geben Entfernungen in Meilen und Yards an und Temperatur in Fahrenheit, und ein Guinness wird als Pint ausgeschenkt. *Half pint*, sagt der Wirt gewöhnlich, *is for ladies*.

2050 wird die Weltbevölkerung Prognosen zufolge 30 Billionen Kilowattstunden verbrauchen, sofern sie bis dahin auf zehn Milliarden Menschen angewachsen ist. Immer noch kein Problem, gelänge es, die Energie der Ozeane in ausreichendem Maße anzuzapfen. Doch das ist gar nicht so einfach. Zwar können Wasserkraftwerke ganz schön powern: 12.600 Megawatt liefert das weltgrößte Werk im brasilianischen Itaipú, so viel wie zehn durchschnittliche Atomkraftwerke. 2009 soll der chinesische Drei-Schluchten-Staudamm 18.200 Megawatt freisetzen. Doch diese Kraftwerke sind Binnenkraftwerke. Sie nutzen die Energie von Flüssen. Das Meer ist weniger kalkulierbar als ein stetiger Strom und bisher von der Energiewirtschaft vernachlässigt worden. Dabei gibt es gleich fünf Konzepte, die der Rede wert sind.

Kommen Sie. Gehen wir ein bisschen durchs Watt.

Gezeitenkraftwerke
machen sich die Wasserstandsdifferenz von Ebbe und Flut zunutze. Man sucht sich eine Flussmündung, baut eine Mauer ins Wasser, die den Fluss vom Meer abtrennt, und durchbricht sie mit Turbinenschächten. Diese werden gleich zweimal in Gang gesetzt. Einmal, wenn Wasser mit der Flut einströmt, ein weiteres Mal, wenn es wieder abfließt. Die Bewegungsenergie treibt die Turbinen an, und diese erzeugen Strom.

Allerdings, drei Haken hat die Sache.

Zum einen treten Ebbe und Flut periodisch auf. Hat das Wasser ein Ruhelevel erreicht, gibt's vorübergehend keinen Saft in der Steckdose. Der zweite Haken ist, dass sich Gezeitenkraftwerke nur dort installieren lassen, wo der Tidenhub (der durchschnittliche Höhenunterschied zwischen Ebbe und Flut) mindestens fünf Meter beträgt. Und das ist schlecht für Deutschland. Denn wir sind mit maximal 3,5 Metern außen vor.

Umweltschützer weisen drittens auf die Folgen hin, wenn man einen Fluss durch eine Mauer vom Meer abschneidet. Ganze Ökosysteme sind dadurch gefährdet, also versucht man sich an Alternativen – statt einer Mauer werden in Abständen künstliche Turbineninseln errichtet, damit die Fische kein Erich-Honecker-Trauma bekommen.

Wellenkraftwerke
Im Schnitt transportieren Wellen pro Meter Küstenlinie bis zu 30 Kilowatt. Würde man einen 50 Kilometer langen Küstenstreifen mit Wellenkraftwerken zupflastern, könnte man sich ein großes AKW sparen. Leider – oder Gott sei Dank – eignet sich nicht jede Küste für derlei Vorhaben. Sehen wir davon ab, dass Wellenkraftwerke klotzige Bunker und damit nicht eben schön sind, hätten auch die Bewohner des Küstenstreifens darunter zu leiden, Krebse, Würmer, Fische, Amphibien, Muscheln und Seegräser. So aber kommen nur bestimmte Regionen in Frage.

Dennoch ließe sich der globale Strombedarf bis zu 15 Prozent aus Wellenenergie decken. Bloß Deutschland darf wieder nicht mitspielen, oder genauer gesagt, nur ein bisschen. Auf der Skala der globalen Wellenenergiedichte rangieren wir im unteren Drittel, mit gerade mal 10 bis 20 Kilowatt pro Meter Küstenlinie.

Dafür krachen rund um Kap Hoorn 100 Kilowatt gegen die Felsen, ebenso im Nordatlantik. Mit 70 Kilowatt ist die australische Südküste ein Paradies für Wellenreiter. Auch Spanien, Schottland, Norwegen und Südafrika eignen sich für die Installation von Wellenkraftwerken. Die Karibik hingegen ist noch ärmer dran als Deutschland, sie kommt über 10 Kilowatt nicht hinaus.

Schöne Technologie also – sofern man Wellen hat.

Auf offener See herrscht daran kein Mangel. Die Europäische Union fördert darum ein viel versprechendes Projekt namens *Wave Dragon*. Die Anlage operiert weit draußen vor der Küste und nutzt ein über dem Meeresspiegel gelegenes Reservoir, in das Wasser einfließt und von herkömmlichen Turbinen in Strom umgesetzt wird. Um die kinetische Energie der Wellen optimal nutzen zu können, werden diese über zwei lange, extrem flache Rampen in den Tank geleitet. Was *Wave Dragon* außerdem von konventionellen Wellenkraftwerken unterscheidet, ist die flexible Verankerung – das ganze Ding dreht sich, je nachdem, woher der Wind weht. Geplant ist *Wave Dragon* als Park, sprich, als Ansammlung mehrerer Einheiten. In Tests jedenfalls schnitt der Wellendrache gut ab.

Drachen, finden hingegen die Schotten, gehören nicht ins Wasser, sondern haben gefälligst Ritter und Jungfrauen zu verspeisen, die auf festem Boden wohnen. Findige schottische Konstrukteure haben darum auf eine gute alte Bekannte zurückgegriffen, die eindeutig besser für die Ozeane geschaffen ist: auf Pelamis.

Pelamis bedeutet im Griechischen Seeschlange. Pelamis Platurus etwa, die Plättchen-Seeschlange, ist ein weit verbreitetes Reptil, das sich in allen tropischen Meeren ringelt, außerdem vor Südafrika und Madagaskar und vereinzelt sogar im Panama-Kanal. Zoologen verzeichnen Körperlängen bis maximal ein Meter fünfzig. Das dürfte sich bald ändern, wenn die ersten 150-Meter- Exemplare auftauchen. Eines macht seit August 2004 schon von sich reden. Mehrfach wurde es in den Gewässern rund um die Orkney Islands gesichtet, auch von seriösen Wissenschaftlern. Das Ungetüm ist leuchtend rot, hat einen Durchmesser von dreieinhalb Metern und weist sich durch einen schier unstillbaren Appetit aus.

Keine Panik.

Die echte Pelamis ist lediglich Namensgeberin eines schwimmenden Kraftwerks, wie es kein seltsameres geben könnte. Entwickelt vom schottischen Ingenieur Richard Yemm von der University of Edinburgh, besteht die Riesenschlange aus vier länglichen, miteinander verbundenen Stahlzylindern, die von den Wellen gegeneinander bewegt werden. Lediglich über Trossen mit dem Meeresgrund verbunden, schwingen die Einzelsegmente unablässig gegeneinander und übertragen die Schwingungsenergie auf Module, die wiederum Hydraulikgeneratoren speisen. Bis zu 80 Prozent der Wellenenergie kann Pelamis pro Modul in rund 750 Kilowatt Leistung umsetzen. Noch als Prototyp unterwegs, soll die Schlange bald Geschwister bekommen. Die Schotten jedenfalls machen ein Fass auf. Nach all den Jahren Überzeugungsarbeit, die man am Loch Ness leisten musste, hat Schottland nun endlich eine leibhaftige Seeschlange vorzuweisen.

Auch wenn sie nur Wellen frisst.

Strömungskraftwerke
werden vom gewaltigsten Motor der Welt angetrieben, den globalen Meeresströmungen. Sie weisen große Ähnlichkeit mit Windkraftwerken auf, allerdings liegen die Rotoren unter Wasser. Theo-

retisch kann die Verankerung der Masten in jeder Tiefe erfolgen, praktisch sollten 25 Meter nicht unterschritten werden.

Strömungskraftwerke erfreuen sich großer Sympathie. Wasser hat eine 850 Mal höhere Dichte als Luft. Mit vergleichsweise kleinen Rotoren erzielt man bei langsamerer Drehgeschwindigkeit eine erstaunlich hohe Energieausbeute. Zwei bis drei Meter Strömungsgeschwindigkeit pro Sekunde reichen aus für ein beachtliches Ergebnis. Zudem entfällt eines der Hauptprobleme, das bei Windkraftwerken ins Gewicht fällt, nämlich eben dieses Gewicht. Windturbinen sind schwere Biester, und nichts ist fataler als ein instabiler Turbinenmast. Zwar stellen auch Strömungsturbinen hohe Anforderungen an Statiker, doch schon der wasserbedingte Auftrieb wirkt sich gewichtssenkend aus. Dafür hat man mit der Strömung selber zu kämpfen, die an der Anlage zerrt, mit Korrosion, mit Verstopfung durch Algen und hochgewirbeltem Sediment.

Mitte 2003 entstand drei Kilometer vor der Nordküste des englischen Distrikts North Devon ein Prototyp, nach dessen Muster ein ganzer Turbinenpark gebaut werden soll. Projekt *Seaflow* wurde gemeinsam von deutschen und britischen Ingenieuren konzipiert und hat bis heute kein einziges Nanowatt Strom geliefert – aber nur, weil es nicht ans Stromnetz angeschlossen ist. Ansonsten ist man außerordentlich zufrieden. *Seaflow* produziert Erfahrung und 300 Kilowatt Leistung, was die Erwartungen übertrifft. Der Rotor ist hart im Nehmen, eine Mischung aus Kohlefaser und Stahl, der Mast 50 Meter hoch und in 20 Meter Tiefe fest verankert. Viel sieht man nicht von *Seaflow*, ein Stück Pfeiler, ein Kasten mit einer Wartungsplattform obendrauf. Die Rotorblätter sind um 180 Grad verstellbar, denn Ebbe und Flut strömen aus entgegengesetzten Richtungen, insgesamt also ein hocheffizientes Konzept.

Die perfekten Standorte für *Seaflow*-Anlagen hat man vor allem entlang der europäischen Atlantikküste ausgemacht. Ein erster voll funktionsfähiger Turbinenpark entsteht nun zwischen Nordirland und Schottland im offenen Meer. Diese neue Generation heißt *SeaGen* und soll ab 2007 rund 1,2 Megawatt Leistung pro Mast erbringen. Im Unterschied zum einrotorigen *SeaFlow*-Turm drehen sich hier zwei Rotoren. *SeaGen*-Masten eignen sich zudem in idealer Weise für die Installation unter stillgelegten Ölplattformen. Eine Ironie der Geschichte: Bohrinseln, denen die Förderung fossiler

Brennstoffe oblag, avancieren zu Trutzburgen einer ganz und gar umweltfreundlichen Energiewirtschaft.

Nur um Deutschland ist es wieder mal bestellt wie beim *Grand Prix d'Eurovision de la Chanson*. Wir gehen leer aus. Zu geringe Strömung. Zu wenig Tidenhub. Nicht mal Stefan Raab könnte daran was ändern, wäre er Ingenieur.

Von einem weiteren Projekt der Briten ist an der Oberfläche gar nichts mehr auszumachen. Die *Stingray*-Technologie sieht die Verankerung seltsamer Gebilde auf dem Meeresboden vor, die wie eine Kreuzung aus Wagenheber und Stepmaster anmuten. Im Scheitelpunkt von vier stämmigen Beinen erhebt sich ein kurzer Mast, an dessen Ende ein beweglicher Flügel in einem Gelenk lagert. Die Strömung drückt diesen Flügel auf und nieder. Testanlagen vor den Shetland-Inseln versprechen nicht nur satte Energiebilanzen. Auch die Tierwelt kann sich mit den Vierfüßern arrangieren, deren langsames Auf und Ab kaum geeignet scheint, Meeresbewohner zu verschrecken oder gar zu schreddern. Sosehr Umweltschützer die schicken Windturbinen lieben, stehen sie ihnen doch in einem Punkt mit großer Skepsis gegenüber, nämlich was den Schutz der fliegenden Zunft angeht. Nennen wir's beim Namen: Windrotoren verarbeiten jährlich einige tausend Vögel zu Frikassee.

Meereswärmekraftwerke
An sich ein altes Konzept, das lange als unrealisierbar galt. Neuerdings, da die Technologie vorangeschritten ist, machen Wärmekraftwerke jedoch wieder von sich reden. Heute nennen sie sich OTEC (*Ocean Thermal Energy Conversion*). Energie gewinnen sie aus der Temperaturdifferenz zwischen warmen und kalten Wasserschichten.

Für ein Wärmekraftwerk benötigt man ein flüssiges Arbeitsmittel mit möglichst niedrigem Siedepunkt. Kommt beispielsweise Ammoniak mit warmem Oberflächenwasser in Verbindung, verdampft es und dehnt sich aus. Der Dampf erzeugt Druck und setzt einen Generator in Bewegung, der seinerseits Strom erzeugt. Durch Hochpumpen kalten Tiefenwassers wird das Ammoniak wieder verflüssigt, dann wieder erwärmt, dann wieder verflüssigt, pausenlos. Allerdings: Erst ab 1.000 Meter Meerestiefe und einer Temperaturdifferenz von 20 Grad Celsius wird die Sache interessant.

Leider mal wieder nicht für Deutschland.

Osmosekraftwerke

Ganz was anderes. Hier spielt der Salzgehalt die entscheidende Rolle. In Flussmündungen etwa trifft süßes auf salziges Wasser. Nun haben Flüssigkeiten die Tendenz, einander zu durchmischen, um ihre unterschiedlichen Konzentrationen auszugleichen. Was aber, wenn man sie nicht lässt? Etwa, indem man zwei Behälter baut und sie durch eine Membran voneinander trennt. Diese Membran ist so beschaffen, dass sie nur Süßwasser passieren lässt, aber nicht das dickere Salzwasser. Das Wasser kann also nur von einer Seite auf die andere strömen, sagen wir von rechts nach links. Im linken Behälter steigt somit der Wasserspiegel, erzeugt Druck, der Druck treibt eine Turbine an, fertig ist das Osmosekraftwerk.

Der Vorteil liegt in der Einfachheit. Miss Evolution arbeitet seit Milliarden von Jahren mit Osmose, in menschlichen, tierischen und pflanzlichen Zellen. Das Problem ist also nicht das Prinzip an sich, sondern die Membran. Um ein Megawatt Energie zu erhalten, müsste sie eine Größe von 200.000 Quadratmetern haben. Wohin damit? Aufrollen und in Röhrenmodulen unterbringen. Schön und gut, dennoch wäre ein Kraftwerk, das 20 Megawatt produziert, ein Trümmer in der Landschaft. Neue Konzepte sehen darum vor, Osmose-Kraftwerke unterirdisch zu bauen. Gelänge dies in großem Maßstab, läge das europaweite Energiepotenzial bei 250 Milliarden Kilowattstunden jährlich. Das Vierfache dessen, was Deutschland im Jahr verbraucht.

Apropos Deutschland ...

Nein, wir haben wieder mal nichts davon. Die blöde Ostsee ist nicht salzig genug, und die riesige Brackwasserzone der Nordsee kennt keine klaren Übergänge zwischen süßem und salzigem Wasser. Deutschland: *zero points*.

Allen beschriebenen Kraftwerkstypen ist zu Eigen, dass sie Strom nicht speichern können. Sie produzieren Elektrizität für den unmittelbaren Gebrauch und sind, bis auf wenige Ausnahmen, unstet in der Leistung. Konventionelle Kraftwerke werden sie darum nicht vollständig ersetzen können.

Im Mix jedoch mit anderen umweltfreundlichen Energien wie Solarenergie dürften sie eine immer wichtigere Rolle spielen. Man muss nur fleißig dranbleiben. Wie gesagt, erst nach der Ölkrise in den Siebzigern wurden die erneuerbaren Energien attraktiv. Ebenso schnell, wie der Ölpreis fiel, ließ das Interesse wieder nach. Heute verdankt es sich vor allen Dingen dem CO_2-Problem, dass die Entwicklung von Wasserkraftwerken mit neuer Vehemenz vorangetrieben wird.

Übrigens auch in Deutschland. Selbst wenn wir nichts von alledem so richtig für uns nutzen können. Dafür können wir's entwickeln, exportieren und daran verdienen. Denn German Engineering ist eine erneuerbare Ressource ersten Ranges.

Technolution

Der amerikanische Papst der Künstlichen Intelligenz, Ray Kurzweil, schreibt in seinem wunderbar kontroversen Buch *Homo s@piens*:

»Die Evolution, die ein exponentiell wachsendes Tempo an den Tag legt, geht nahtlos in den technischen Fortschritt über ... Die Technik wird schließlich ihrerseits neue Technik entwickeln ... Da Technik die Fortsetzung der Evolution mit anderen Mitteln ist, wächst das Tempo ihrer Entwicklung ebenfalls exponentiell.«

Es wäre falsch zu behaupten, wir hätten mit Miss Evolution gleichgezogen. Auch ohne uns ist sie rund um die Uhr beschäftigt. Doch was die Entwicklung der Menschheit angeht, haben wir ihr das Heft ein wenig aus der Hand genommen. In aller Bescheidenheit, Gnädigste, aber »Technolution«, die Fortführung natürlicher Bau- und Funktionsweisen mit technologischen Mitteln, das ist unsere Idee.

Wie bitte? Nur, weil unsere Hirne es uns ermöglicht haben? Hirne, die Miss Evolution gestaltet hat?

Okay, okay.

Technolution jedenfalls wird unser zukünftiges Leben prägen, wo immer wir uns aufhalten und was immer wir tun. Und sie wird dabei ein immer rasanteres Tempo vorlegen. Der technologische Fortschritt ist unumkehrbar, ein sich zwingend vollziehender Prozess. Was gedacht wird, ist dazu bestimmt, gemacht zu werden. Einmal in Gang gesetzt, beschleunigt sich die technologische Evolution immer rascher. Der Fortschritt der letzten einhundert Jahre entsprach dem von tausend Jahren davor, die nächsten zehn Jahre werden einen Ertragszuwachs bilanzieren wie jene vergangenen hundert. Dem Moore'schen Gesetz folgend ist die Rechenleistung unserer Computer in den letzten zwanzig Jahren exponentiell angewachsen. Sehr bald steht zu erwarten, dass sich die Trennschichten zwischen Transistoren auf Lagen von wenigen Atomen Dicke reduzieren werden. Das Moore'sche Gesetz wird dann in einer neuen Prozessortechnologie seine Entsprechung finden. Immer schneller schraubt sich die Spirale des Denk- und Machbaren in die Höhe.

In wenigen Jahrzehnten wird kaum jemand in der westlichen Hemisphäre noch ohne Computerprothetik leben, diverse Neuroimplantate ersetzen unsere Organe und helfen uns beim Hören, Sehen und Denken. Computerpathogene werden ein größeres Gesundheitsrisiko darstellen als Herzinfarkt und Krebs, die dank des gentechnologischen Fortschritts weitgehend besiegt sind, während zugleich jeder durchschnittlich begabte Terrorist in der Lage ist, in irgendeinem Hinterzimmer virologische Waffen herzustellen. Wohlhabende Leute bringen Designerkinder auf die Welt und lassen sie vorsichtshalber klonen. Menschliche Hirne werden molekular gescannt, radikale Neuerungen im Bereich der Nano- und Femtotechnologie stellen uns Unsterblichkeit in Aussicht, wenn wir bereit sind, unsere Körper zu verlassen und uns mit künstlicher Intelligenz zu vernetzen. Maschinen entwickeln ein Bewusstsein und werden immer menschlicher, Menschen werden zu Maschinen.

So weit die Vision.

In der Realität bekundet die Mehrheit der Amerikaner und Europäer – aktuellen Studien zufolge – kaum Interesse an Wissenschaft, glaubt die Hälfte der Deutschen nichts von dem, was Wissenschaftler und Politiker erzählen, und malen Kinder in Manhattan Hühner mit sechs Beinen, weil Mutti Hühnerschenkel immer im Sechserpack kauft. Die Technolution ist kein kommunistischer Hurra-Marsch, dem sich singend alle Welt anschließt, sie vollzieht sich vor aller Augen und zugleich unbemerkt. Technolution, das kann ein Hörgerät sein, eine technologische Erweiterung eines naturgegebenen Sinnes. Oder ein Laserpointer, wie man ihn beim Vortrag benutzt, also die Verlängerung des Zeigefingers durch Licht. Wenn wir fernsehen, schauen wir mit Augen, die für gewöhnlich nur einige hundert Meter weit scharf sehen, über Landesgrenzen. Ob wir es wollen oder nicht – wir sind einhundertprozentige Kinder der Technolution, ohne sie können wir nicht mehr existieren. Sie war und ist unser Weg, uns den natürlichen Umweltbedingungen anzupassen – und den von uns selber geschaffenen künstlichen.

Die derzeit vielleicht interessanteste Verquickung von Evolution und Technologie ist die Bionik. Sie demonstriert am eindrucksvollsten, wo die Reise hingeht. Grundsätzlich adaptieren bionische Konzepte Formen und Funktionsweisen aus der Natur auf menschliche Bedürfnisse. Ganz besonders die marine Bionik ist im Kommen, denn Meeresorganismen haben über Millionen von Jahren einige der spektakulärsten Fähigkeiten und Problemlösungen in der Natur entwickelt. So wie die der fliegenden Fische, die mit Hilfe ihrer gegabelten Schwanzflosse und papageienähnlicher Schwingen pfeilschnell durch die Lüfte gleiten. Sie ziehen ebenso das Interesse der Hightech-Branche auf sich wie manche Tintenfische, die sich mittels verschließbarer Pigmentbeutel blitzartig ihrer Umgebung anpassen. Die Beutelchen reagieren auf Temperaturschwankungen, ziehen sich zusammen und dehnen sich aus. Mittlerweile bereichert Tintenfischtechnologie die Herstellung von Computerbildschirmen oder Warntafeln in Tunneln, die auf toxische Substanzen reagieren. Selbstreinigende Waschbecken verdanken sich unter anderem dem Studium der ultraglatten Delphinhaut. Überhaupt bereiten Delphine den Bionikern immer neue Freuden. Die drahtlose Datenübertragung unter Wasser zum Beispiel hat Akustiker jahrelang an den Rand der Verzweiflung getrieben, weil ihre Signale unter Wasser vielfach reflektiert wurden und einander überlagerten. Delphine haben das Problem nicht. Sie »singen«, das heißt, sie modulieren ohne Unterlass ihre Sendefrequenz. Wissenschaftler der TU Berlin um den Bionikstar Rudolf Bannasch haben nun ein singendes Sendemodul entwickelt, und endlich versteht man sich ohne jede Interferenz, Flipper sei Dank.

So neu die Bionik ist, so alt ist sie.

Schwimmflossen etwa sind nichts anderes als die Adaption von Schwanzflossen, Walen und Fischen abgeguckt. Und man kann noch weiter zurückkreisen auf der bionischen Zeitachse. Die erste Beschreibung einer Taucherausrüstung erreicht uns aus dem Jahr 500 v. Chr. in einem Bericht Herodots. Der Mann, um den es darin geht, war auf seine Weise ein großer Bioniker und Pionier der Technolution. Nicht nur wusste er um die Vorzüge eines Rüssels – er hatte Elefanten beobachtet, wie sie längere Zeit untertauchten und dabei durch ihren natürlichen Schnorchel atmeten –, auch vermochte er dieses Prinzip zu abstrahieren und für seine Zwecke neu zu erfinden.

Sein Name war Scyllis, Sklave an Bord des Flaggschiffs von König Xerxes I.

Eines Tages kam Scyllis zu Ohren, der Monarch plane einen Angriff auf die griechische Flotte. Scyllis erschrak. Er war selber Grieche und fürchtete um das Leben seiner Landsleute. Irgendwie musste er sie warnen. Nachdem er einige Pläne geschmiedet und wieder verworfen hatte, gelang es ihm schließlich, ein Messer zu stehlen und damit über Bord zu springen – leider nicht so unbemerkt, wie es ihm vorgeschwebt hatte. Doch als die Wachen zur Reling eilten, war Scyllis verschwunden. Wahrscheinlich ertrunken, dachten Xerxes' Schergen und widmeten sich wieder den Vorbereitungen des Überfalls, nicht ahnend, dass der Entflohene blau angelaufen unter dem Schiffsrumpf hing. Erst als Scyllis sicher war, dass man das Interesse an ihm verloren hatte, tauchte er japsend auf und schwamm ans nahe gelegene Ufer.

Xerxes wollte am folgenden Morgen in See stechen. Scyllis fühlte, wie ihm der Mut sank. Wie sollte er das griechische Heer bis dahin warnen? Er war ein schneller Läufer und ausdauernder Schwimmer, so schnell aber nun auch wieder nicht. Ihm blieb nur eine Möglichkeit: Sabotage. Immerhin besaß er nun ein Messer, mit dem er sich vor seinem geistigen Auge allerlei Heldentaten vollbringen sah. Die kühnste bestand darin, sämtliche Ankerseile von Xerxes' Flotte zu kappen, was die Schiffe mit der Strömung ineinander fahren ließe. Der König würde viel Zeit verlieren. Doch dazu musste er sich den Schiffen unbemerkt nähern. Unmöglich, die ganze Strecke unter Wasser zurückzulegen, schon der Aufenthalt unter dem Rumpf hatte seine Lungen bis zum Äußersten strapaziert.

Sein Blick fiel auf ein Büschel Schilfrohr.

Und plötzlich kam ihm die Erleuchtung. Scyllis grinste, stolz wie die gesamte griechische Armee. Er suchte ein besonders stabiles Rohr, schnitt es ab und blies ein paar Male hinein, um sicherzugehen, dass es nicht verstopft war. Dann wartete er auf die Dunkelheit, ließ sich ins Wasser gleiten, nahm das Rohr zwischen die Lippen und schwamm dicht unter der Oberfläche dahin, mitten hinein in die ankernde Flotte, wo er seinen Plan Trosse für Trosse in die Tat umsetzte. Anschließend, heißt es bei Herodot weiter, sei er 15 Kilometer weit geschwommen, bis er die griechischen Verbände vor Kap Artemisium erreichte.

Man kann mit Fug und Recht behaupten, dass Scyllis den Schnorchel erfunden hat. Sofern nicht vorher schon jemand auf die gleiche Idee gekommen war.

150 Jahre später schrieb Aristoteles von Tauchern, die Töpfe als Helme verwendeten. Auch Alexander der Große soll ein ausgeprägtes Interesse für das Leben unter Wasser entwickelt haben. Angeblich reiste der Feldherr in einem Bottich aus Holz und Glas bis in 20 Meter Tiefe, wohl um nachzuschauen, was es da zu erobern gäbe. Viel kann er nicht gesehen haben. Der Luftvorrat war gering und wurde in der Tiefe stark komprimiert. Dennoch heißt es in den Überlieferungen:

»Siebzig Tage saß der große König in seinem gläsernen Boot tief drunten im Meer und betrachtete die Wunder und Ungeheuer der Tiefe. Dabei hat er einen Fisch entdeckt, der so groß war, dass es drei Tage dauerte, bis er vorbeigeschwommen war.«

Der Fisch dürfte eine Ente gewesen sein. Der Faszination der Tiefe tat das keinen Abbruch. 1515 entwarf Leonardo da Vinci ein Tauchboot, das allerdings nie das Dämmerlicht der See erblickte. Erst der Niederländer Cornelis Drebbel baute 1620 den ersten manövrierfähigen Tauchapparat. Das Problem mit der Atemluft löste Edmund Halley (der als Namensgeber des berühmten Kometen zyklisch grüßt), indem er eine Tauchglocke per Schlauch mit luftgefüllten Fässern koppelte. Von einem richtigen U-Boot ließ sich kaum sprechen. Bis in die Mitte des 18. Jahrhunderts waren tauchfähige Konstruktionen auf Segel oder Ruderer angewiesen.

Das änderte sich 1776 mit der *Turtle* des amerikanischen Erfinders David Bushnell. Zwei Schrauben wurden via Handkurbel in Bewegung gesetzt, womit an der Oberfläche nichts mehr von dem klobigen Ein-Mann-Gefährt zu sehen war. Prompt stürzten sich die amerikanischen Seestreitkräfte auf die *Turtle* und setzten sie im Hafen von New York gegen ein britisches Kriegsschiff ein. Sie sollte den Rumpf anbohren und eine Bombe platzieren, was nicht klappte. Auch das 1801 vom Amerikaner Robert Fulton entworfene Drei-Mann-U-Boot *Nautilus* erwies sich im militärischen Einsatz als lahme Ente. U-Boote schienen ein Schlag ins Wasser zu sein.

Zu dieser Zeit ahnte man noch nichts vom U-Boot-Krieg.

Erst am 23. Januar 1960 begann die friedliche Karriere der Tieftauchboote. Jacques Piccard und Don Walsh setzten die *Trieste* auf den Grund des Mariannengrabens. So tief war nie zuvor ein Mensch gekommen. Zwar hatten William Beebe und Otis Barton schon in den Dreißigern mit ihrer *Batysphäre*, einer zweieinhalb Tonnen schweren Stahlkugel, 900 Meter erreicht, aber erst Piccards *Trieste* versetzte die Welt in einen wahren Tiefenrausch. Nachfolgemodelle ähnlicher Bauart brachen zu wissenschaftlichen Tiefsee-Missionen auf, bis Jacques-Yves Cousteau kleinere, beweglichere Boote entwickelte, die fortan zur Ausrüstung seines Forschungsschiffs »Calypso« gehören sollten.

Und dann leitete Robert Ballard die Neuzeit ein.

Ballards *Alvin* hat bis heute viel gesehen: die Tiefseeoasen an den »Schwarzen Rauchern« des Mittelatlantischen Rückens, die *Titanic*, die *Bismarck*, die *Britannic* ... die Liste ist lang. Der vielleicht populärste aller Ozeanographen baute sein berühmtes Tauchboot bereits 1964, doch bis heute ist die *Alvin* tiefseetüchtig. Ihre Konstruktionsweise galt damals als revolutionär, weil Ballard Titan verwendete, der nicht nur fester als Stahl ist, sondern auch nur halb so schwer. Mit ihren Roboterarmen, Computern, Kameras und diversen Messgeräten ist die *Alvin* für wissenschaftliche Erkundungen ideal. Drei Personen finden (wenig) Platz im Innern des gut sieben Meter langen Bootes, das seine Tanks mit Meerwasser flutet, um dann wie ein Stein auf 4.000 Meter abzusinken.

Gut 40 Jahre später sind immer noch die wenigsten Tauchboote für größere Tiefen als 3.000 Meter zugelassen. Neben der Alvin haben sich vor allem die russischen Tiefseezwillinge *MIR I* und *MIR II* einen Namen gemacht: Hollywood-Regisseur James Cameron reiste damit zur *Titanic* und zur *Bismarck*. Die Sichtfenster sind großzügiger bemessen als an Bord der *Alvin*, die Kabine mit gut zwei Meter Durchmesser allerdings nicht gerade das Ritz. Egal. Wer braucht Platz, wenn draußen Leuchtquallen Tiefseeballett tanzen. Immerhin gut sechs Kilometer tief kommen die *MIRs*, die an Bord der *Akademik Keldysh*, des größten ozeanografischen Forschungsschiffs der Welt, beheimatet und auf Jahre ausgebucht sind. Ebenfalls 6000 Meter schaffen die japanische *Shinkai* und die französische *Nautile*. All diesen Gefährten ist gemeinsam, dass sie nur durch das Fluten und Ausblasen der Ballasttanks sinken und steigen können. Für Vorwärtsbewegungen unter Wasser sorgen Elektromotoren, von Geschwindigkeit kann nicht die Rede sein.

Graham Hawkes war das zu wenig.

Vor einigen Jahren ersann der amerikanische Tiefseekonstrukteur ein völlig neuartiges Prinzip, um die Tiefen zu erobern. Seine *Deep Flight*-Konstruktionen weisen verblüffende Ähnlichkeit mit Flugzeugen auf und funktionieren auch so. Während die Tragflächen »echter« Flugzeuge für Auftrieb sorgen, wirkt das Flächenprofil des *Deep Flight* dem Auftrieb entgegen und erzeugt einen Sog nach unten. In steilem Abwärtswinkel gleitet man dahin und kann Kurven fliegen wie in einem Düsenjäger. Ohne die raumgreifenden Ballasttanks ist Hawkes zudem in der Lage, seine Boote klein zu halten, wodurch sie dem zunehmenden Druck besser gewachsen sind – für *Deep Flight* I und II gibt es praktisch keine Tiefengrenze. Mit 20 Stundenkilometern sind die Unterwasserflitzer richtig flott und kraft ihrer strapazierfähigen Keramikhülle fähig, Hawkes' größten Traum zu erfüllen: Denn auch der Amerikaner will den Mariannengraben erreichen. Die Landung wird auf alle Fälle eleganter sein als die Piccards.

Unabwendbar geht das Zeitalter der schwerfälligen *floating tanks* dem Ende zu. Möglicherweise wird aber auch die bemannte Tauchfahrt eine immer bescheidenere Rolle spielen. Leibhaftig in fremde Welten vorzustoßen ist und bleibt das einzig wahre Abenteuer, doch gesundheitsfördernd ist es nicht. Stattdessen erobert eine neue Generation bionischer Unterwasserfahrzeuge die unwirtlichen Tiefen:

Mikroroboter.

Was vor Jahren mit kabellosen, ferngesteuerten Sonden, so genannten AUVs (Autonomous Underwater Vehicles) von zwei bis drei Metern Länge begann, tritt derzeit in die fortgeschrittene Phase. Auch die Fernsteuerung wird entfallen. Künftig werden programmierbare Robotspäher die Tiefe durcheilen, selbstständig Entscheidungen treffen, sich untereinander austauschen und ihre Daten an Satelliten funken. Das deutsche Robotsystem *DeepC* kann 60 Stunden in einer Tiefe von 6.000 Meter autonom operieren. *Xanthos* und *Caribou*, zwei weitere Prototypen der neuen Roboter-Klasse, ähneln Torpedos, sollen aber schon bald in Fischform konstruiert werden, einschließlich schlagender Schwanzflosse, was die Energiekosten deutlich herabsetzen und die Verweilzeit unter Wasser um ein Vielfaches erhöhen würde. Der Trend geht zur Miniaturisierung. Augenblicklich testet die amerikanische Firma Nekton Research ein Geschwader von sieben Zentimeter langen

Kleinst-U-Booten, die koordiniert agieren und untereinander kommunizieren können. Das interessiert Ölfirmen ebenso wie Umweltschützer, Wissenschaftler und die Kommunikationsbranche.

Und dann? Sehen wir es pragmatisch: Werden die Meere erst mal von Schwärmen winziger, fischartiger Maschinen durchkämmt, stehen uns völlig neue Erkenntnisse ins Haus – und den Fischern manch seltsamer, ungenießbarer Fang.

Die Reise der Aquanauten

Wussten wir's doch!

Es gibt ihn, den Riesenkalmar. Jahrelang mussten wir uns mit seinen schäbigen Hinterlassenschaften begnügen, abgerissenen Tentakeln und wenig appetitlichen Körperfragmenten, die an Stränden fliegenreich vor sich hin gammelten. Jetzt endlich haben die Japaner einen lebendigen Verwandten des mythischen Untiers fotografiert. In einer Futterfalle war er hängen geblieben, 900 Meter unter dem Meeresspiegel. Nach vierstündigem Versuch, sich zu befreien, trennte sich der verhakte Vielfraß notgedrungen von einer seiner Extremitäten, und die Forschung war um eine Trophäe reicher.

Warum bloß hat es so lange gedauert, den Meister im achtfachen Armdrücken – Nummer neun und zehn sind keine Arme, sondern zwei peitschenartige Tentakel – vor die Linse zu bekommen? Weil er so selten ist? Fast getroffen. Der Hauptgrund ist verzwickter und offenbart das schon bekannte Dilemma der Aquanautik. Wären die ozeanischen Tiefen nicht in biblische Finsternis getaucht, könnten wir allerhand Erstaunliches entdecken, aber wir sind nun mal keine Tiefseefische. Also rücken wir dem Unbekannten mit blubbernden und brummenden Tauchbooten zu Leibe, entflammen starke Halogenscheinwerfer, die vielleicht ein Umfeld von 20 bis 30 Metern erhellen, aber selten unseren Horizont. Frustriert hängen wir im Nichts, ohne den Kalmar zu sehen, der uns sehr wohl wahrnimmt, nur dass er sich nicht muckst. Gallig hat es ein amerikanischer Forscher auf den Punkt gebracht: »Da unten gibt es jede Menge Leben! Das Problem ist, dass es jedes Mal zur Seite geht, wenn wir kommen.«

Nicht nur die Tiefenstürmer starren ins Leere. Auch knapp unter der Oberfläche spielt sich ein frustrierendes Haschmich ab. Zwar entwickeln Meerestiere beträchtliche Neugierde für schwimmende

Strukturen, allerdings nicht, wenn diese sich mit dem Feingefühl eines Elefanten nähern. Tauchkonstruktionen machen nun mal Lärm, vollführen unnatürliche Bewegungen und müssen, wenn's richtig spannend wird, wieder nach oben, damit es den Insassen nicht auf ewig den Atem verschlägt. Roboter können länger und tiefer, das Vertrauen von Kalmar und Co. wecken sie darum noch lange nicht. Was einem blüht, wenn man sich mit unbekannten Tauchobjekten einlässt, davon kann man nach Verlust eines Tentakels Lieder singen – wenn man denn singen könnte.

Folglich wissen wir über das Meeresleben weniger als über die Rückseite des Mondes. Ein Umstand, mit dem sich einer noch nie abfinden mochte: Jacques Rougerie.

Der französische Architekt dürfte geschmeichelt sein, würde man ihn als Verrückten bezeichnen. Er selbst findet Jules Verne verrückt, den er zutiefst bewundert. Verrücktheit ist für Rougerie die Antwort auf Rückständigkeit und Mangel an Phantasie. Seit knapp drei Jahrzehnten konstruiert der Mann, der sich als modernen Kapitän Nemo sieht und stilecht ein Hausboot auf der Seine bewohnt, avantgardistische U-Boote und Siedlungen auf dem Meeresgrund. 1973 beauftragte ihn die NASA mit dem Design eines kompletten »Underwater Village«, später realisierten die Amerikaner sein Projekt *Aquabulle*, ein transparentes Unterwasserhabitat in 35 Meter Tiefe, zu dem sich Rougerie durch Luftblasen inspirieren ließ. Auch *Galathée* von 1976, eine Wohnstation, in der sechs Wissenschaftler bis zu einem halben Jahr lang leben und arbeiten können, offenbart seine organische Herkunft auf den ersten Blick: 56 Tonnen Stahl und Glas verbaute Rougerie zu einer Konstruktion, die seltsam lebendig wirkt, als habe sich eine von H. G. Wells' Marsmaschinen mit einem Frosch gepaart. Für Rougerie ist der Fall klar – an Land blicken wir auf Jahrhunderte tradierter Architektur zurück, die menschlichen Bedürfnissen auf vielerlei Weise gerecht wird, ein Selbstbedienungsladen für Baumeister. Im Reich erhöhten Drucks, zerrender Strömungen und mangelnder Atemluft hingegen sind wir geschichtslos. Woran, so Rougerie, sollen wir uns also orientieren, wenn nicht an den Wesen, die ihren Körperbau den Gegebenheiten ihrer Umwelt mit Bravour angepasst haben?

Folgerichtig setzt der Franzose konsequent auf Bionik. Nicht nur Formen schaut er der Natur ab, sondern auch Funktionen. Die Schlussfolgerung ist meist verblüffend einfach, etwa: Wenn Meeresbewohner motorisierten Gefährten mit Unbehagen begegnen, warum lassen wir den Motor dann nicht einfach weg? So entstand ein kleines Unterwasserlabor, das mit der Strömung driften kann, wie es Quallen und Salpen tun. *Ocean to Observe* kam dem natürlichen Verhalten seiner Forschungsobjekte ein gutes Stück näher und ermutigte Rougerie, in kühneren Dimensionen zu denken. Schon länger gingen ihm bemannte Tauchstationen durch den Kopf, die rund um die Uhr im Einsatz wären und Tiere anlockten, statt sie zu verschrecken. Er beschäftigte sich mit Auftriebsprinzipien von Staatsquallen und Eisbergen, studierte Seepferdchen und Raumschiffentwürfe der NASA, bis auf dem Reißbrett etwas vollkommen Neuartiges, nie Dagewesenes entstand: Die *SeaOrbiter* fand ihren Weg aus Rougeries innerem Universum in den Simulator – ein futuristisches Gebilde von solcher Eleganz, dass Steven Spielberg vor Neid erblassen würde.

Noch existiert das Wunderfahrzeug nur als dreieinhalb Meter hohes Modell, doch schon in wenigen Jahren soll die schwimmende Station in Dienst gehen und eine Revolution in der Meeresforschung auslösen. In Fachkreisen liebevoll mit einem kolossalen Seepferdchen verglichen, entzieht sich die *SeaOrbiter* jeder Kategorisierung. Ebenso gut könnte sie als Flaggschiff der Klingonen durchgehen oder als schwimmende Kathedrale. 51 Meter hoch, stabilisiert von einem kreisförmigen, zehn Meter durchmessenden Kiel, folgt sie den Reisegewohnheiten treibenden Eises. Zwei Module fügen sich zu einer gigantischen Boje. Bullaugen und große Panoramafenster ermöglichen die ständige Beobachtung der Welt ober- und unterhalb des Meeresspiegels, denn nur ein Drittel der weiß schimmernden Aluminiumkonstruktion ragt über die Wasseroberfläche hinaus. 31 Meter bleiben darunter verborgen. Damit liegt die Mehrzahl der acht Arbeitsniveaus, die sich wie in einem Hochhaus übereinander stapeln, unter Wasser.

Und dort wird es richtig interessant. Zehn der insgesamt 18 Besatzungsmitglieder arbeiten in einem für Menschen lebensfeindlichen Umfeld. Neben Küche, Wohn- und Schlafgelegenheiten stehen den Aquanauten aufwändig ausgestattete Labors für akustische und biologische Langzeitstudien zur Verfügung. Der eigentliche Clou allerdings ist das Multi-Level-Hochdruckmodul der *SeaOrbiter*, das den Innendruck der unterseeischen Räume den Druckverhältnissen des umgebenden Wassers anpasst. Forscher, die allem, was vorbeischwimmt, eben mal die Flosse schütteln möchten, müssen sich nicht länger mit zeitraubenden Dekompressionsphasen herumschlagen, sondern lediglich ins Neopren schlüpfen und durch eine Schleuse nach draußen gleiten. Tauchen in 35 Meter Tiefe wird damit so unkompliziert wie Um-den-Block-Gehen- und Zigarettenholen.

So viel wissenschaftlicher Komfort hat seinen Preis, nämlich den der Isolation. Nicht, dass man da unten in Ketten läge. Nach oben kann man schon, aber es ist mit einigem Aufwand verbunden; vom luftigen Drittel der *SeaOrbiter* ist der Hochdruckbereich hermetisch abgeriegelt. Oberhalb des Meeresspiegels herrschen normale atmosphärische Bedingungen, wohnen und arbeiten die Mitglieder der Crew, die mit Logistik befasst sind. Hier, wo der Seewind bläst, finden sich Navigations- und Kommunikationsgeräte, überschaut man von der Brücke aus den Ozean oder gibt sich auf der geräumigen Freiluftplattform der Beobachtung von Walen, Delphinen, Wellen und Wolken hin. Die Versorgung des treibenden Giganten erfolgt aus der Luft. Theoretisch kann die *SeaOrbiter* unbegrenzt auf See bleiben, praktisch gestattet sie mehr als drei Monate autonomes Leben an Bord, auch und gerade im Hochdruckbereich.

Die Frage nach Kraftstoff stellt sich dabei nicht. Die *SeaOrbiter* ist antriebslos. Lediglich zwei Elektromotoren ermöglichen bei Bedarf eine Kurskorrektur. Ansonsten sieht Rougeries Konzept vor, die Station mit der Strömung treiben zu lassen, ähnlich wie *Ocean to Observe*. Geräuschlos wird die *SeaOrbiter* ihre Bahn durch die Ozeane ziehen, einzig dem Rhythmus des gewaltigen Förderbandes unterworfen, welches das Wasser unseres Planeten um- und umwälzt.

So groß die schwimmende Insel ist, verliert sie doch jede Bedrohlichkeit für die Tierwelt. Als integrativer Teil eines natürlichen Systems wird sie marines Leben sogar anlocken – Rougerie hofft auf eine Oase des Lebens, die sich nach und nach um die *SeaOrbiter* entwickeln wird, ein komplettes Ökosystem, wie man es im Umfeld von Riffen und Wracks findet. Ein Gedanke übrigens, der so neu nicht ist. Schon 200 v. Chr. schrieb der griechische Dichter Oppian über Fischer, die in küstennahen Regionen riffähnliche Strukturen zur Fischzucht schufen, um nicht bei jeder Witterung aufs offene Meer fahren zu müssen.

So wie seinerzeit die künstlichen Riffe, werden zuerst Mikroorganismen die Hülle der *SeaOrbiter* in Besitz nehmen. Ihnen folgen Larven und Setzlinge, die Schutz vor Räubern suchen und sich von den Erstankömmlingen ernähren. Als Nächstes treffen kleine Fische mit Appetit auf Larven ein, die ihrerseits auf dem Speisezettel der Großen zu finden sind. Brassen und Thunfische werden angelockt, gefolgt von Haien. Wo es so gesellig ist, bleiben Tümmler und Delphine nicht aus. Zudem werden Planktonschwärme die Bahn der *SeaOrbiter* kreuzen, was wiederum Bartenwale auf den Plan ruft – kurz, nach wenigen Wochen dürfte sich die Station in eine Art Szene-Treff verwandelt haben.

Denn wo soll man sich sonst treffen? Die Hochsee ist eine blaue, einförmige Wüste ohne feste Strukturen. Mitunter treibt der Sturm abgerissene Palmwedel auf die offene See, die zeitweise ganzen Lebensgemeinschaften ein Zuhause bieten. Jede Gelegenheit zur Besiedelung wird dankbar ergriffen, sofern sich das erwählte Objekt nicht durch krawallige Geräusche und zackiges Hin und Her unbeliebt macht. Die still dahingleitende *SeaOrbiter* könnte ein regelrechtes Staatsgefüge werden und Forschern die unvergleichliche Chance eröffnen, aquatische Gesellschaften in ihrem natürlichen Lebensraum zu beobachten – ohne Pause, Tag und Nacht, über Monate hinweg. Tauchend können sich die Aquanauten unters Volk mischen, haben außerdem Zugriff auf zwei bordeigene Mini-U-Boote und kabelgesteuerte Robotkameras, die bis in 600 Meter Tiefe vorstoßen und die Crew mit Echtzeitaufnahmen versorgen. Ein System leistungsstarker Antennen verbindet die *SeaOrbiter* zudem mit einem Satelliten-Service, der Position, Wetter und Wellenbewegungen aufnimmt und Forschungsdaten weiterleitet.

»Es wird eine neue Art sein, die Unterwasserwelt zu sehen«, meint Rougerie bescheiden. Da untertreibt der Mann. Zu den größten Herausforderungen des 21. Jahrhunderts gehört zweifellos, ein tieferes Verständnis der Ozeane zu entwickeln, die immerhin fast 70 Prozent unseres Planeten bedecken. Die *SeaOrbiter* gestattet einen spektakulären Blick in den Inner Space – nicht von ungefähr erträumt sich Rougerie die Entdeckung unbekannter Lebensformen, was ihm schon mal die gespannte Aufmerksamkeit der CoML-Volkszähler sichert. Doch der Franzose spannt den Bogen weiter, von der Erforschung unterseeischer Gebirgsstrukturen bis zur Untersuchung ozeanischer Biochemie auf Arzneimitteltauglichkeit. Zugleich wird die *SeaOrbiter* als Schnittstelle zwischen Ozean und Atmosphäre fungieren, die Auswirkungen des weltweiten CO_2-Anstiegs messen, den Einfluss steigender Meerestemperaturen auf das Weltklima untersuchen, Schadstoffkonzentrationen erfassen und Prozesse der Bioakkumulation (der Anreicherung von Chemikalien in einem Organismus) dokumentieren.

Rougerie wird nicht müde, den pädagogischen Charakter seines Vorhabens zu betonen. Anders als in der Vergangenheit sollen die Forschungsergebnisse nicht Fachkreisen vorbehalten bleiben, sondern live im Fernsehen gesendet, an Schulen übertragen und ins Internet gestellt werden, ganz nach dem Vorbild von CoML. Speziell jungen Leuten will Rougerie das unbekannte Universum unter Wasser nahe bringen und sie für das empfindliche Gleichgewicht sensibilisieren, das Homo sapiens sapiens nachhaltig stört. Kritik, wonach die *SeaOrbiter* nichts weiter als ein Kosten verschlingendes Monstrum sei, mit dem sich der Epigone Jules Vernes selbst zu beglücken denke, weist Rougerie strikt von sich: »Es geht mir nicht ums Vergnügen. Wenn ich Träume wahr mache, dann einzig mit dem Ziel, einen realen Wert für die gesamte Menschheit zu schaffen.«

Den hat zumindest die NASA klar erkannt. Wenn in Houston bemannte Weltraummissionen ins Wasser fallen, ist das gewollt: In riesigen Schwimmbecken testen angehende Sternfahrer die Arbeitsbedingungen unter Schwerelosigkeit.

»Im Wasser«, weiß Bill Todd, Leiter des NASA-Tiefseeforschungsprogramms NEEMO (NASA *Extreme Environment Mission Operations*), »nähern sich die Bewegungen und ergonomischen Bedingungen denen im All an.« Allerdings ließe sich die lebensbedrohende Unendlichkeit des Weltraums in braver Überschaubarkeit schlecht simulieren. »Ein Schwimmbad ist nicht sonderlich feindselig«, meint auch der ehemalige Orbitalpilot Scott Carpenter, der 1965 einen Monat lang an Bord der Tiefseestation *Sealab III* vor Kaliforniens Küste den Alltag an Bord einer Raumstation erprobte. »Wir brauchen größere Räume. Die *SeaOrbiter* wäre von unschätzbarem Wert für unsere Zwecke.«

In der Tat scheint der Hochdruckbereich wie geschaffen als Trainingszentrum für Astronauten. Aus zwei Gründen. Einerseits ist der umgebende Raum das, was auf Mutter Erde der Unendlichkeit am nächsten kommt, nämlich der offene Ozean. Wer die *SeaOrbiter* im vollen Weltraum-Ornat verlässt, findet keinen Boden und keine Wände mehr vor, nur endlose Weite, die sich nach unten in Dunkelheit verliert.

Zum anderen sind die Verhältnisse im Hochdruckbereich denen in einer Raumkapsel oder an Bord einer Raumstation durchaus vergleichbar. Die Aquanauten leben isoliert auf engstem Raum und unter stark veränderten physiologischen Bedingungen. Damit gestattet die *SeaOrbiter* auch einen Blick in den Inner Space der forschenden Seele: Wie kommen Persönlichkeiten aus verschiedenen Kulturkreisen miteinander aus, wenn sie einander wochenlang auf die Pelle rücken? Entwickeln sich Verantwortungsgefühl, Teamgeist und Freundschaften? Wie viel fehlt zu Mord und Totschlag? Und natürlich: Wie wirkt sich die Belastung durch den hohen ozeanischen Druck auf die Gesundheit aus?

Fragen, an denen die NASA ein vitales Interesse hat. Seit 30 Jahren führt die Behörde mehrwöchige Trainingskurse in einem der dienstältesten Unterwasserlabors der Welt durch. *Aquarius* liegt sechs Kilometer vor der Inselkette Florida Keys, 20 Meter unter der Meeresoberfläche. Die Ausstattung ist karg, das Raumangebot mit knapp 45 Quadratmetern nicht gerade üppig. Über die Jahre, wie als Bestätigung der These Rougeries, ist *Aquarius* mit seiner Umgebung verwachsen, überwuchert von Schwämmen und Korallen und bewohnt von allerlei Spezies. Einmal im Jahr quartiert NEEMO hier die Kirks und Spocks von morgen ein und lehrt sie, dass es im wahren Leben weit weniger putzig zugeht als an Bord der guten, alten Enterprise. Die räumliche und soziale Enge zerrt an den Nerven. Von Privatsphäre keine Spur. Rund um die Uhr verfolgen Webcams jeden Schritt. Im NASA-Kontrollzentrum sitzt Big Brother und dirigiert die Wasserbewohner hierhin und dorthin, ebenso wie es im All geschieht. Zudem lebt man in ständigem Dämmerlicht. Nachts zieht teerige Schwärze auf, dass einem jede Leuchtqualle zum Freund wird. Mitunter scheint die Zeit stillzustehen oder dahinzukriechen wie eine der allgegenwärtigen Seegurken ringsum, und wer sich nach kulinarischer Vielfalt sehnt, muss halt am Daumen lutschen und denken, es wär' ein Würstchen. Wahrlich eine Zerreißprobe im Dienste höherer Ideale.

Eben diese Quälerei schätzt Peggy Whitson. Sie ist Ausbildungsleiterin auf der *Aquarius*, hat selbst 148 Tage an Bord der ISS verbracht und schwärmt von simulierten Weltraumspaziergängen unter Wasser: »Wir können uns komplett austarieren und dann herumlaufen wie im All. Aber die größte Übereinstimmung sind der umschlossene Lebensraum und die Isolation.« Befürchtungen, mit Astronauten ließe sich keine seriöse Meeresforschung betreiben, lässt sie nicht gelten. Zusätzlich zum NASA-Training nähmen die Raumfahrer schließlich zahlreiche aquatische Forschungsaufgaben wahr, würden Korallen vermessen oder das Verhalten mariner Populationen studieren. Sie selber hat keine Berührungsängste mit Meeresforschung, im Gegenteil: »Ein Aufenthalt an Bord der *SeaOrbiter* wäre für mich besonders interessant, weil wir kürzlich Korallenriffkartierungen aus der Umlaufbahn gemacht haben. Es ist spannend, die Riffe jetzt auch unter Wasser zu vermessen.«

Sollte Whitson ihr nächstes Training an Bord der *SeaOrbiter* durchführen, wird sie feststellen, dass es dort um einiges fortschrittlicher zugeht als im ehrwürdigen »Aquarius«, jedoch nicht unbedingt menschenfreundlicher. Auch hier sind Abgeschiedenheit und psychologischer Druck erwünscht. Die Taucher sollen der Meeresoberfläche möglichst nicht näher kommen als neun Meter und schon gar nicht den Kopf aus dem Wasser stecken – so was geht im Weltraum schließlich auch nicht. Der Himmel ist für die Dauer einiger Wochen eben flüssig.

2008 wird die *SeaOrbiter* nach dem Willen Rougeries ihre erste Reise antreten und mit dem Golfstrom gen Norden treiben. Die Aufzeichnungen dieser Reise werden die längste Periode dokumentieren, die Menschen je dauerhaft unter Wasser zugebracht haben. Danach sind Exkursionen in den Indischen und den Pazifischen Ozean geplant. Bis 2012 will Rougerie sämtliche großen Meere durchkämmt haben. Insgesamt 15 Jahre soll die *SeaOrbiter* im Einsatz sein, eine Art ISS der Meere, eine *International Sea Station*. Sechs Monate lang wurde das Modell schon in Europas größtem Meerwassertank bei Trondheim getestet und für tauglich befunden, 15 Meter hohe Wellen wegzustecken. Nur noch wenige Millionen Euro trennen das ambitionierteste Projekt, das je ein Meeresarchitekt entwickelt hat, von seiner Realisierung – ein »nur« allerdings, das Rougerie erhebliche Kopfschmerzen bereitet, denn die meisten seiner Visionen wurden nie verwirklicht:

»Das Interesse an einer Erforschung der Meere ist in den siebziger Jahren praktisch zum Erliegen gekommen. Die Raumfahrt hatte einfach die stärkere Lobby. Eine weiträumige Erforschung der Weltmeere war nicht mehr von Interesse, man wollte ins All.«

Vielleicht ändert sich das gerade. Die Zukunft der Shuttle-Flüge liegt in den Sternen, Ignoranz den Meeren gegenüber können wir uns nicht länger leisten, und so spannend wie im Weltraum ist es unter Wasser allemal. Während Exobiologen schon in Champagner baden, wenn ihnen auf dem Mars ein halbwegs fideler Einzeller über den Weg kraucht, wimmelt es in den Meeren von Leben, dessen größter Teil noch seiner Entdeckung harrt. Entsprechend euphorisch äußert sich die internationale Forschung, hat selbst allerdings nix im Portemonnaie. Bislang steuert das nötige Kleingeld ein Konsortium unterschiedlicher Finanziers bei, allen voran der französische Bau- und Energiekonzern Vinci, das auf Unterwassertechnik spezialisierte Marseiller Unternehmen Comex und die NASA. 25 Millionen Euro sind für Bau und Jungfernfahrt der *SeaOrbiter* veranschlagt. Wie viel davon noch fehlt, darüber schweigt des Architekten Höflichkeit. Die Planungen seien so gut wie abgeschlossen, lässt Rougerie schwammig verlauten, eigentlich könne man in See stechen.

Eigentlich.

»Seit 20 Jahren, nach Jahrhunderten bloßer Beschäftigung mit der Oberfläche, wird sich der Mensch der ökologischen, industriellen und wissenschaftlichen Bedeutung der Meere bewusst«, resümiert der Kapitän Nemo unserer Tage. »Unser Ziel muss es sein, diesem gigantischen Lebens-, Hoffnungs- und Energieraum mit Respekt, Verständnis und Kenntnis zu begegnen.«

Na also! Für solch hehre Absichten sollte sich in Neptuns Staatskasse doch wohl die eine oder andere Million auftreiben lassen.

Lurchis Rückkehr

»Zehn ... neun ... acht ...«

Erinnern Sie sich an Dietmar Schönherr in galaktischer Mission? An Commander McLane und die Raumpatrouille, die uns Ende der Sechziger in die Fernsehsessel bannten? Das waren noch Zeiten, als wir ernsthaft glaubten, die Mannschaft des schnellen Raumkreuzers Orion mit ihren Wirtschaftswunder-Trendfrisuren und den Taillen-Abnähern an Eva Pflugs Uniform repräsentiere das dritte Jahrtausend. Im Zukunftsbild der frühen Jahre herrschte Margot Trooger über den »Planet der Frauen«, sah aus wie dem Burda-Katalog entsprungen und veranlasste den schmucken Commander zu einer Bemerkung reinsten Oberwassers: »Was denn, eine Frau an der Spitze?« Nicht nur das Filmmaterial war schönstes Schwarzweiß. Unter allen denkbaren Plots wäre das Szenario einer Ostdeutschen, die Bundeskanzlerin wird, gar nicht erst zur Diskussion gelangt, nach dem Motto: Sciencefiction schön und gut, meine Herren, aber ein ganz klein wenig wahrscheinlich sollte es schon sein.

»Sieben ... sechs ... fünnnneffff ...«

Die Computerstimme bildete den futuristisch kühlen Auftakt. Man hätte sie als elektronisch durchgehen lassen, wäre sie nicht von einem Kölner gesprochen worden. Rheinisch beschwingt, zählte er den schnellen Raumkreuzer in den Orbit, der mit dem Fröhlichkeitsschub dreier Kölle Alaafs fernen Galaxien zustrebte, unheimlichen Welten, auf denen Frau Trooger und andere Aliens die braven Sternenfahrer mit fürchterlichen Waffen wie Lidbalken und Selbstbewusstsein zu erschrecken wussten. Ich muss gestehen, dass ich die Serie liebte. Natürlich habe ich mich ordentlich vor den Frogs gegruselt und den Amok laufenden Robotern, deren Greiforgane verdächtig an Baumarktartikel erinnerten. Ich war begeistert von den explodierenden Planeten, die – wie ich später erfuhr – mit Mehl und Kaffeepulver gefüllte Stanniolkugeln waren, und natürlich weiß jeder echte Fan, dass die Orion mit einem verkehrt herum montierten Bügeleisen gesteuert wurde. Was man vielleicht der krisen- und kostengeschüttelten NASA ans Herz legen sollte.

»Vier ... drei ... zwei ...«

Raumpatrouille war der Inbegriff nachkriegszufriedener Nabelschau. Und doch tut man den Machern Unrecht, wollte man der Serie die großen Entwürfe absprechen. Denn eine bedeutsame Frage haben McLane und seine Crew aufgeworfen: Warum soll eine intelligente Spezies, wenn es die Bedingungen erfordern, nicht auf dem Grund der Ozeane leben? Schließlich sind wir aus dem Meer hervorgegangen. Warum nicht zurückkehren und Raumschiffe in einem Umfeld starten, das ihrer Aufwärtsbewegung Vorschub leistet? Wasser trägt, also kann es uns auch zu den Sternen tragen. Bis dahin tanzen wir Rücken an Rücken zu kultiger Musik und sehen am Küchenfenster das Abendessen vorbeischwimmen. Die Zukunft der Menschheit, das wusste man schon in den Sechzigern, liegt jedenfalls im Meer.

Bestechend die Eingangssequenz jeder Folge: Aus einem Meeresstrudel gewaltiger Ausdehnung hob sich der schimmernde Diskus wie die schaumgeborene Venus und brachte es ruckzuck auf Lichtgeschwindigkeit. Dabei hatte man sich was gedacht! Weniger bei der Lichtgeschwindigkeit. Aber was die Ausbreitung unserer Spezies über die Uferzonen hinaus betrifft, schwamm *Raumpatrouille* in den Szenarien der Zukunftsforscher obenauf. Zu den *running gags* der Prognostik gehört die Errichtung submariner Städte. Gründe für ein Leben auf dem Meeresgrund gäbe es reichlich. Nach einem Atomkrieg ist die Erdoberfläche verseucht. Die Zerstörung der Ozonschicht zwingt uns in geschützte Regionen. Mit der expandierenden Weltbevölkerung werden neue Lebensräume notwendig. Aliens treiben uns in den Untergrund, in diesem Fall zurück ins Meer. Lurchi, unser aller Urahn, macht seine Gene geltend. Schließlich fühlen sich auch Neugeborene unter Wasser ausgesprochen wohl. Neun Monate lang atmen sie Flüssigkeit, bis man sie an die frische Luft setzt und der Doktor ihnen den Hintern verdrischt, was allgemein wenig Begeisterung und jede Menge Geschrei auslöst.

Was also ist dran an der Zukunft im Meer?

Kommt drauf an, meinte Jules Verne, der 1895 seine satirische Utopie *L'Île à hélice* veröffentlichte, auf Deutsch bekannt unter den Titeln *Die Propellerinsel* und *Die Insel der Milliardäre*. Darin gerät eine Truppe von Musikern, die eigentlich nach San Diego will, infolge einer Verkettung unglücklicher Umstände an einen seltsamen Ort. Die luxuriös anmutende Stadt, in der sie ein Nachtquartier finden, entpuppt sich als schwimmende Rieseninsel, angetrieben von gewaltigen, 10.000 PS starken Turbinen und zusammengebaut aus 270.000 verkoppelten Pontons, jeweils 17 Meter hoch, 10 Meter breit und 10 Meter lang. Standard Island, wie ihre Bewohner das Wunderwerk nennen, ist der Stahl gewordene Traum einer Clique ultrareicher US-Bürger, ein autarker Staat auf dem Meer mit einer Gesamtfläche von 27 Quadratkilometern, dessen Hauptstadt aus gutem Grund Milliard City heißt. Alles gibt es hier, komfortable Wohnhäuser und Kirchen, ausgedehnte Parks und Gärten, Theater, feine Restaurants und illustre Vergnügungen.

Obwohl ihr Aufenthalt an den Tatbestand der Entführung grenzt, willigen die Musiker ein, den gelangweilten Reichen während der nächsten zwölf Monate die Zeit zu vertreiben. In den folgenden Wochen steuert man bekannte und weniger bekannte Küsten an, ficht Rivalitäten unter den Milliardären Tankerton und Coverly aus, deren Clans um die Herrschaft über Standard Island buhlen, rettet schließlich eine Gruppe Schiffbrüchiger, was sich als Fehler erweist, denn diese entpuppen sich als Lumpengesindel und hetzen den Insulanern Kannibalen auf den Hals. Ein längeres Gemetzel fordert zahlreiche Opfer. Schlussendlich sind es jedoch die leidigen Revierkämpfe, in deren Verlauf Gemeinschaft wie Insel gleichermaßen auseinander brechen. Was die Naturgewalten nicht schafften, vollbringen Ignoranz und Überheblichkeit.

Verne war längst nicht so technikgläubig, wie es oftmals dargestellt wird. Viel ausgeprägter war sein Argwohn. Nicht von ungefähr erfüllt die Propellerinsel keinen anderen Zweck, als die Eitelkeiten einer frühen *Anything-goes*-Generation zu befriedigen, die in Kanonenkugeln zum Mond fliegt, per Ballon die Welt umrundet oder zum Mittelpunkt der Erde vorstößt, dabei indes mehr Zeit auf korrekte Kleidung und die Einhaltung idiotischer Wetten verwendet als auf die Frage, welchen Nutzen weniger begüterte Zeitgenossen aus ihren Errungenschaften ziehen könnten. Verne war ein Visionär, ohne jeden Zweifel. Doch porträtiert er meist größenwahnsinnige Misanthropen oder dekadente Spinner. Standard Island existiert einzig, um seine Bewohner zu den Schönwetterzonen dieser Welt zu bringen. Im Grunde lassen die Familien Tankerton und Coverly mit ihrem kleinkarierten Konfessionszwist nicht an Vertreter des Fortschritts denken, sondern wecken Assoziationen an rivalisierende Viehbarone.

Verne, der ein ausgeprägtes Faible für die Meerestiefen hatte, bedient sich ihrer als Parabel für menschliche Abgründe. Selbst die wunderbare *Nautilus* löst das Versprechen, neue Lebensräume zu eröffnen, letztlich nicht ein, sondern erweist sich als Heimstadt des internationalen Terrorismus, gesteuert von einem viktorianischen Osama bin Laden, der vorzugsweise Schiffe versenkt. Robur der Eroberer, Professor Schulze in seiner stählernen Stadt, sie alle erleben im Triumph ihres Genius zugleich ihr Scheitern. In unverhohlener Bewunderung für das Machbare äußert Verne umso ernstere Zweifel an der moralischen Integrität der Macher. Ebenso, wie die fliegenden und schwimmenden Wunderwerke technisch ihrer Zeit voraus sind, hinkt der gesunde Menschenverstand hinterher. Am Ende liegt der Fortschritt in Trümmern, ist das brav Bürgerliche nochmal davongekommen. Mittelmäßigkeit als wärmendes Feuer im Kamin. Langweilig, aber verbindend. Stahl, der Baustoff der Titanen, ist hingegen eisig, gerade gut, um Kanonen daraus zu gießen.

Ausgerechnet ein Schriftsteller des späten 19. Jahrhunderts hat damit das Wesentliche über die Besiedelung der Meerestiefen gesagt. Es macht Spaß, sich ein New York der Tiefsee auszudenken. Doch wahrscheinlich keinen, dort zu wohnen.

Trotzdem ist die Vision nicht totzukriegen. 1975 war so ein Jahr, in dem Hans Hass verlauten ließ, er habe die Zukunft gesehen. Die lag südlich von Tokio unter Wasser, erbaut von dem japanischen Architekten Kiyonori Kikutake für einen tauchversessenen Geschäftsmann. Nicht nur Hass bekam angesichts des Resultats feuchte Augen. Zwölf Meter unter dem Meeresspiegel lag eine Oase, ausschließlich im Taucheranzug zu erreichen, mit schickem Entrée, Designermöbeln, Cocktailbar, TV und Telefon. Der stolze Eigentümer gab ein Fest für Hass. Ein komplettes Menü, Weine, Abendkleider und Anzüge wurden in Containern frei Haus geliefert, 16 Gäste tauchten ab und beim Gastgeber wieder auf, tauschten Neopren gegen Krawatte und Dekolleté, aßen, tranken, tanzten, schliefen und träumten auf dem Meeresboden. Wohnen im Meer entfaltete seinen ganzen Reiz: Fische zogen am Wohnzimmerfenster vorbei, und dass Bier unter den veränderten Druckverhältnissen nicht schäumen wollte, nahm man billigend in Kauf. Am folgenden Morgen kam die Putzfrau, zog Flossen und Taucherbrille aus, saugte und erledigte den Abwasch. Alles ließ darauf schließen, dass ein Leben unter Wasser von gleicher Normalität geprägt wäre wie an Land, auch wenn auf der Terrasse Korallen wüchsen und der Briefträger statt vom Hund vom Haushai gebissen würde.

Kiyonori Kikutake ist Spezialist für urbane Utopien. Der international gefeierte und zugleich kontrovers diskutierte Architekt gehört zu einer Gruppe von Architekten, die sich Metabolisten nennen und ihre Architektur am Lebenszyklus von Geburt und Wachstum ausrichten. Kikutake schmiedet Pläne für schwimmende Städte, die bis zu zwei Millionen Einwohner fassen sollen. Im Jahr, als Hass seine gespenstische kleine Party feierte, setzte er anlässlich der Meeresweltausstellung vor Okinawa einen Prototyp aufs Wasser. Damals galt *Aquapolis* als Lehrstück mariner Autonomie. Heute ist die Insel ein wenig spektakulärer Haufen Schrott, gegen den jede Offshore-Plattform wie das Hilton anmutet. Seitdem hat der Vater der *Ocean Citys*, wie Kikutake ehrfürchtig genannt wird, immer neue Dimensionen ausgelotet. Nie realisierte Entwürfe zeigen Metropolen, die auf mehrere hundert Meter hohen Betonstelzen ruhen, gigantische Plattformen 20 Meter über dem Meeresspiegel. Ein anderes Konzept sieht Riesenpontons vor, verankert an Tiefseegebirgen. Kikutake gibt sich keineswegs dem bloßen Tiefenrausch hin. Sein Tokioter EDO-Museum ist das Werk eines Pragmatikers: Am Ufer gelegen, schwimmt es bei Hochwasser wie eine Arche.

Als typisches Kind eines beengten Inselstaates träumt der Visionär zudem von *LinearCity*, einer 1.000 Kilometer langen Megametropole zwischen Tokio und der Insel Kiushu im japanischen Süden, zusammengefügt aus schwimmenden Wohnelementen und Flughäfen, die über Stahltrossen mit natürlichen Inseln verbunden sind. Da alle Stadtteile hintereinander liegen wie Perlen auf einer Schnur, soll eine düsenjetschnelle Magnetbahn Menschen und Waren von einem Ende zum anderen bringen. Auf den ersten Blick

erscheint *LinearCity* weit utopischer als ein idyllisches Klein-
städtchen in 20 Meter Meerestiefe, ist aber realistischer. Denn dem
Leben unter Wasser, wie es Utopisten durchs Hirn schwappt, steht
eine ernst zu nehmende Alternative gegenüber.

Das Leben auf dem Wasser.

»1958 war ich der Erste, der eine Zeichnung von einer schwimmenden Konstruktion vorstellte«, erinnert sich Kikutake. »Mir
war aufgefallen, dass in Japan im Küstenbereich viele verschiedene
Fabriken und Industriebetriebe angesiedelt wurden, was den Land-
schaftseindruck zerstörte und auch umweltschädigende Auswirkungen hatte. Zu dieser Zeit dachte ich, es sei eine gute Idee, die
Fabriken und die Maschinen auf das Meer zu verlagern, sodass
die Menschen an Land eine bessere Umwelt hätten. Das war mein
ursprünglicher Gedanke. Als ich mich jedoch mehr mit der Sache
auseinander setzte, begann sich mein Denken zu verändern. Ich
bemerkte, wie schön und perfekt das Ambiente des Meeres ist.
Daraufhin dachte ich, es wäre besser, die Menschen leben auf dem
Meer und die Fabriken und Industrieanlagen bleiben an Land. Dies
ist also der Grund für meinen ersten Entwurf einer Stadt im
Meer.«

Nicht nur Kikutake hat feuchte Träume. Sir Norman Foster
träumt mit. Würde sein Millenium Tower je gebaut, könnte man
die größte Metropole der Welt aus 840 Metern Höhe überblicken.
Das 126 Meter breite Fundament des riesigen Spitzkegels soll in
der Bucht von Tokio verankert werden, in 80 Meter Wassertiefe.
Über das Stadium bloßer Theorie ist Foster längst hinaus. Sein
Tower – im Entwurf mittlerweile mehrfach überarbeitet – könnte
in die Praxis umgesetzt werden, eine himmelwärts strebende Stadt
mit einer Nutzfläche von einer Million Quadratmeter für Wohn-
bereiche, Geschäftsviertel, Theater, Kinos und Lokale, unempfind-
lich gegen Erdbeben und Monsterstürme. Allerdings hat der 11.
September die Begeisterung für Wolkenkratzer vorerst gedämpft.
Mittlerweile, heißt es, interessiere sich China für das kühne Un-
terfangen. Foster genießt den Ruf, seine Projekte nicht nur zu planen, sondern auch umzusetzen. Er hat London um den schönsten
Tannenzapfen der Welt bereichert, das 180 Meter hohe Swiss-Re-
Gebäude, hat für den Hong Kong International Airport Chek Lap
Kok eine künstliche Insel im Meer aufschütten lassen. Seit der
Fertigstellung 1998 zählt Chek Lap Kok zu den wichtigsten Flug-

häfen Asiens. Foster hat bewiesen, dass die Meere unsere Küsten nicht nur wegfressen wie auf Sylt, sondern dass man ihnen auch Neuland abtrotzen kann.

Noch eindrucksvoller ist die Lage des Kansai Airport. Fünf Kilometer vor Osaka kippten die Erbauer jede Menge Schutt, Sand und Müll ins Meer, insgesamt das 75-Fache des Volumens der Pyramide von Gizeh, frei nach der Devise: Wo keine Insel ist, wird eben eine gebaut. Unzählige Pfähle wurden in den Meeresgrund getrieben, von einem Deich umgeben, um den Massen Halt zu geben. Riesige Pumpen entsorgten das restliche Wasser, dann planierte man die Fläche, errichtete Terminals, Parkhäuser und Bahnhof und schuf den meistfrequentierten Flughafen Japans und drittgrößten Airport der Welt.

Das Aufschütten künstlicher Inseln verspricht die Lösung etlicher Probleme. Beispiel Kansai Airport: An Land war schlicht kein Platz für einen Flughafen dieser Größe, außerdem drohten Massenklagen wegen Lärmbelästigung. Weit draußen bekommen allenfalls die Seevögel Ohrensausen. Ein zweiter Flughafen entsteht soeben in der Bucht von Osaka, während der erste – dem Vorbild einer wohl bekannten italienischen Lagunenstadt folgend – jährlich fünf Zentimeter absackt. Wasser hat eben keine Balken.

Doch, sagen die Erbauer, unseres schon. Wir haben Korrektursysteme integriert. Startbahnen und Gebäude bleiben immer auf dem gleichen Level. Selbst die verwinkelten unterirdischen Rohrsysteme haben wir flexibel konzipiert, also wo ist das Problem?

Das Meer ist das Problem, kontert Professor Dr. John Craven, Meeresexperte aus Honululu, der eine bedenkliche Tendenz sieht, die Dynamik mariner Umfelder zu unterschätzen: »Solange man Schutt und Füllmaterial auf dem Land benutzt, ist alles in Ordnung. Wenn man es aber auf dem Meer so macht, ist der Boden dem Wasser ausgesetzt. Und wenn das Neuland aus irgendwelchen Gründen, zum Beispiel infolge eines starken Erdbebens, erschüttert wird, verwandelt sich diese solide Erde plötzlich in Treibsand.«

Craven gehört zusammen mit Kikutake zu den Befürwortern schwimmender Konstruktionen. Gerne weist er auf die Folgen des katastrophalen Bebens von Kobe hin, dem sämtliche Landstrukturen wie Brücken, Eisenbahnlinien und Straßen zum Opfer fielen. »Doch allen schwimmenden Strukturen und Schiffen hat das Erdbeben nichts ausgemacht.«

Zu ähnlichen Schlüssen gelangt ein weiterer Pionier des Insel-baus, Professor Ernst G. Frankel vom Massachusetts Institute of Technology (MIT). Er sieht in der Aufschüttungstechnik eine Ge-fährdung ganzer Ökosysteme. Unter Bergen von Baumaterial wer-de jegliches Leben buchstäblich platt gemacht. Der zementierte Meeresboden gebe keine Nährstoffe mehr frei, wodurch auch grö-ßere, umliegende Areale betroffen seien.

Währenddessen wird in der Bucht von Osaka weiterhin Schutt ins Wasser gekippt. Und mehr als das. Im zweitgrößten Wirt-schaftszentrum Japans wird man dem Verkehrsinfarkt nur noch mit Unterwasser-Bypässen Herr. Ein subaquatisches, 120 Kilome-ter langes System aus Röhren soll künftig die Bucht durchziehen, in dessen mehrgeschossigem Inneren Züge und Autos dahinrasen. Was wie der Exitus natürlicher Lebensräume klingt, könnte das genaue Gegenteil bewirken. Teile des Tunnelsystems transportie-ren zugleich Frischwasser in die flachen, industriell hoch belasteten Küstenregionen, um japsende Chemikalienopfer wieder aufzu-päppeln.

Vor Monaco soll jedenfalls Vernes Propellerinsel Gestalt anneh-men.

Zwar wird *Isola* nicht übers Mittelmeer kreuzen, aber den näm-lichen Zweck erfüllen. Wer das Manhattan des Mittelmeers kennt, wie es sich die Hänge hochstapelt, weiß um die Platznot der Mone-gassen. Mit annähernd 17.000 Einwohnern pro Quadratkilometer weisen sie die höchste Bevölkerungsdichte der Welt auf. Der klei-ne räuberische Clan der genuesischen Grimaldis hätte sich im 13. Jahrhundert kaum träumen lassen, dass seine Nachfahren einmal Inseln im Meer errichten werden. Doch Monaco platzt aus allen Nähten, und Frankreich ist wenig geneigt, ein Stück der *Grande Nation* abzugeben.

So musste Kikutake ran. Sein Entwurf sah vor, einen Riesen-ponton in einer fernen Werft zu bauen, die künstliche Insel nach Monaco zu schleppen und dort per »Soft Landing« abzusenken, ein Prinzip, das schon Naturvölker mit Erfolg anwendeten: Bauwerke werden auf hohle Säulen gesetzt, diese geflutet und im Meeres-boden verankert.

Den Zuschlag erhielt jedoch der französische Architekt Jean-Philippe Zoppini. Seine *Isola* ist eine einzige Verbeugung vor Verne. Die kreisrunde, schwimmende Stadt wird 4.000 Einwohnern ein feudales Zuhause geben, einen Durchmesser von 300 Metern haben und neben Helikopterlandeplätzen und Bootsanlegern über schicke Extras wie eine verglaste Unterwasserpromenade verfügen. 25 Meter der Konstruktion werden unter Wasser liegen, 15 Meter daraus hervorschauen. Rund um die Insel gewährleisten Wellenbrecher auch bei stürmischer Witterung ruhigen Schlaf.

Zoppini sieht *Isola* als Schaufenster für die ganze Welt, Sinnbild eines runderneuerten, zukunftsorientierten Monacos, repräsentiert durch den fortschrittlichen Fürsten Albert. Noch befindet sich das Jet-Set-Domizil in Planung, hat seine Spitznamen allerdings schon weg. Die einen sehen ein gewassertes Raumschiff, andere sprechen von einem kolossalen Gugelhupf. Mit seinen Schrägfassaden und dem innen liegenden Yachthafen hat *Isola* jedoch eher etwas Mittelalterliches, eine Trutzburg zum Schutz der Millionäre vor dem Pöbel, vor Panzerknackern und dem allgemeinen Neid.

Es wäre nicht das erste Mal, dass Monegassen übers Wasser gehen. Schon in den Siebzigern schuf das Fürstenhaus durch Aufschüttungen Raum für einen neuen Stadtteil, Fontvieille. Geplant ist Fontvieille II, ein *Piccola Venezia* auf 100 Meter langen Stelzen. Überhaupt sind die Grimaldis von Venedig schwer begeistert. Ihr bislang kühnstes Projekt kann als direkte Hommage verstanden werden, eine schwimmende Stadt für 50.000 Menschen, angesiedelt 1,5 Kilometer vor dem Staatsgebiet, komplett mit mediterranen Palazzi und pittoresken Kanälen. Säulen aus Stahlbeton, sechs Meter dick und 125 Meter hoch, sollen die ineinander verhakten Plattformen stützen.

Tatsächlich versprechen schwimmende Inseln unter allen marinen Bauprinzipien die spannendsten Ergebnisse. Sie können aus Einzelelementen – vornehmlich Stahlbetonpontons – zusammengefügt oder gleich als komplette schwimmfähige Stadt errichtet werden. Theoretisch sind der Größe keine Grenzen gesetzt. Über Trossen am Meeresgrund verankert, passen sie sich der Dynamik des Meeres perfekt an. So ein London oder Paris auf See hat zudem den Vorteil, dass man ganze Stadtviertel vorübergehend abkoppeln und in der Werft renovieren kann, etwa so, als schicke man Chelsea oder Soho zur Generalüberholung. Das Leben im Meer muss sich nicht wegducken wie vor Osaka, als den dortigen Fischen und Krebsen gleich ein kompletter Flughafen auf den Kopf fiel. Meeresströmungen werden nur geringfügig beeinträchtigt, Nährstoffe aus dem Meeresboden gelangen weiterhin ins Wasser; alle sind zufrieden.

Nippon spielt auch hier an vorderster Front. Mitte der Neunziger begann die Firma Mega-Float in der Bucht von Tokio mit schwimmenden Modulen zu experimentieren. Geplant sind Plattform-Elemente von 300 Mal 60 Metern, an Pilonen angekettet am Meeresgrund. Die Herstellung erfolgt in einer robotergesteuerten Werft. Was die Konstrukteure vor allem interessiert, ist, wie sich ihre Modulstädte verhalten, wenn sie über lange Zeit wechselndem Seegang ausgesetzt sind. Wasser neigt dazu, an festen Strukturen herumzuzerren, bis sie auseinander brechen. Hinzu kommt eine nicht zu unterschätzende korrosive Wirkung durch Salze und Mineralien. Dem will Mega-Float mit Titanbeschichtungen und ausgeklügelten Kontrollsystemen entgegenwirken. Mindestens hundert Jahre sollen die Modelle halten, auf denen man übrigens leben kann, ohne seekrank zu werden. Ab einer gewissen Größe sind schwimmende Städte ebenso magenfreundlich wie New York, Berlin oder Rom. Theoretisch kann man bei Windstärke 8 Billard spielen.

Nur was passiert, wenn ein Tsunami herangerollt kommt, ist nicht hinreichend geklärt. Solange er unter der Insel hindurchläuft, haut es einen allenfalls von den Beinen. Das aber setzt voraus, die Insel über tiefen Gewässern an Trossen zu verankern, die Hunderte bis Tausende von Metern nach unten reichen. *Isola*, *Mega-Float* und ähnliche Konstruktionen sind jedoch (noch) für Flachmeere vorgesehen. Wie es sich mit der Beschaulichkeit verhält, wenn eine 20 Meter hohe Superwelle in die Uferpromenaden kracht, lässt sich kaum abschätzen. Einen Teil des Aufpralls dürfte die flexible Konstruktion der Module schlucken. Dennoch könnte es dem Inselstaat ebenso ergehen wie der Propellerinsel, die es am Ende in Stücke schlägt. Oder doch nicht?

Nun ja, sagt Kikutake, Tsunamis sind natürlich ein Problem. Aber weniger auf dem Meer. Was an der Wasseroberfläche schwimmt, wird sich im Zweifel ähnlich verhalten wie ein Schiff und den heranrasenden Wellenberg erklimmen, falls der Tsunami so weit draußen überhaupt eine nennenswerte Höhe aufweist. Falls ja, fällt halt der Nippes aus der Vitrine. Wenigstens wird man aber nicht gleich aus den Schuhen gespült, und was ganz und gar zu Bruch geht, ist ein Fall für die Werft.

Dass es sich in schwimmenden Städten leben lässt, bezweifelt eigentlich niemand mehr. Bleibt die Frage, wie dieses Leben aussehen wird. Der elegante Monsieur Verne stattete seine *Nautilus* in rührender Zeitverbundenheit mit einem Raucherzimmer aus, in dem keine Havannas gereicht wurden, sondern Zigarren aus nikotinhaltigen Algen. Wieder mal war es Verne gelungen, in einer einzigen Szene Fragen aufzuwerfen, die uns heute mehr denn je beschäftigen: Welche Art Infrastruktur brauchen wir, um dem Landtier Mensch gerecht zu werden, wie weit kann sich der moderne Mensch entwurzeln, um sich neuen Lebensräumen anzupassen? Vielleicht werden Raucher in Zukunft von Marlboro-Tauchern umworben: *Come to Marlboro Island.* In Anlehnung an einen alten Werbespruch hieße es: Ich schwimm' meilenweit für eine Camel Filter.

Zitat aus *Die Propellerinsel*:

»Jedes Mal, wenn Pinchiat und Frascolin bis zum vorderen oder hinteren Ende des Juwels des Pazifiks, bis zum Rammsporn oder bis zur Heck-Batterie, vorstießen, stimmten beide überein, dass hier Kaps, Vorgebirge, Landzungen, Buchten und Sandstrände fehlten. Diese Küste stellte nichts weiter dar als eine stählerne Böschung, die Millionen von Schrauben und Nieten zusammenhielten. Wie sehr hätte wohl ein Maler die verwitterten Felsen vermisst, zerfurcht wie die Haut eines Elefanten, mit Tang und Algen bewachsen, die die Brandung bei Flut sanft streichelte? Wahrhaftig, die Schönheit der Natur ließ sich durch ein technisches Wunderwerk nicht ersetzen.«

Kilometer vom Festland entfernt, einzig durch schnurgerade Brücken damit verbunden oder auch ganz losgelöst, werden wir unsere Lebensgewohnheiten radikal umstellen müssen. Weniger im Hinblick auf zerklüftete Küsten, die man notfalls gestalten könnte. Eher, was die Ernährung betrifft. Klar gibt's Boeuf Bourgignon und Schweinespießchen. Hamburger aus Tang und Krabbenfleisch dürften jedoch häufiger zu finden sein. Ozeanische Städte werden neuartige Methoden zur Fischzucht erproben, Hydro- und Aquakultur betreiben, auch aktiven Umweltschutz. Trinkwasser etwa wird in stadteigenen Entsalzungsanlagen gewonnen. Projekte der Nahrungsgewinnung aus dem Meer schaffen neue Arbeitsplätze. Nicht nur für ihre eigene Versorgung werden die Bewohner Sorge tragen, sondern auch Exporteure des Fortschritts werden.

»So können wir uns eine Art Technopolis auf dem Meer vorstellen«, meint der französische Ingenieur Thierry Gaudin – Fachgebiet infrastrukturelle Fragen schwimmender Inseln. »Mit Forschung, akademischer Arbeit und regem Austausch von Informationen.«

Auf die Kosten angesprochen, winkt Gaudin ab. An der Meeresoberfläche ließe sich billiger bauen als auf dem Land – alleine schon, was sich beim Materialtransport einsparen ließe: »Wenn Sie überlegen, Elemente zu produzieren, die später zu einer Stadt zusammengesetzt werden, wenn Sie sich weiter vorstellen, diese Elemente in einer Fabrik herzustellen mit all den Vorteilen und der Flexibilität der modernen Massenproduktion, die wir heute haben, so kann Boden, also Wohnraum auf dem Meer, sehr viel billiger hergestellt werden als auf dem Land.«

John Craven hat die Möglichkeiten der Energiegewinnung durchgespielt und sieht im Tiefseewasser eine unerschöpfliche Ressource: Kalt und sauber, angereichert mit Nährstoffen, eignet es sich in idealer Weise zur Kühlung und Frischwassergewinnung oder als Dünger für Hydrokulturen. Wind, Wellen und Sonnenlicht könnten ohne nachhaltige ökologische Schädigungen genutzt werden. Sogar die Rolle des Wasserlieferanten kann die *Ocean City* übernehmen, etwa für küstennah lebende Wüstenvölker. Über kilometerlange Kanalsysteme pumpt man das eiskalte, entsalzte Elixier einfach an Land und leitet es in die heißen Böden, wo es im Sonnenlicht kondensiert, Wolken bildet und abregnet.

Und wohin mit dem Müll?

Recyceln, meint Craven. Oder verbrennen. Wenn es gar nicht anders geht, in Containern zurück aufs Festland schippern, aber keinesfalls im Meer versenken. Das ist brav. Fraglich, ob sich auch jeder daran halten wird. Das verklappt schon, kalauerte unlängst ein deutscher Ingenieur und hat's wahrscheinlich auf den Punkt gebracht.

Noch sind *Ocean Citys* bloße Konstrukte, bevölkert von imaginären Bürgern und ein paar realen Wissenschaftlern. Zunehmend rückt das Leben auf dem Meer in den Bereich des Vorstellbaren, allerdings sind Äffchen Landbewohner. Sie haben es nicht so gerne, von Wasser umschlossen zu sein. Nicht umsonst gelten Insulaner als verschroben. Sicher, der Affe von Welt ist es gewohnt, seinen Standort nach Belieben zu verändern. Er wandert, schwingt sich aufs Fahrrad oder fährt mit dem Auto ins Gebirge und an die See. Immer jedoch legt er sein Augenmerk auf Weite. Teil unserer Natur ist, uns potenzieller Fluchtmöglichkeiten zu versichern, selbst wenn sie nur psychologisch relevant sind – durch Sprinten ins Hinterland lässt sich einer Atombombe kaum entkommen. Andererseits fährt der abenteuerlustige Mitteleuropäer gerne auf die Malediven. Ebenso froh ist er allerdings, nach zwei Wochen wieder wegzukommen. In fünf Minuten seine Insel zu umrunden ist ja mal ganz schön – sein ganzes Leben auf einem wenige Quadratkilometer großen Flecken zu verbringen, um sich herum nichts als Wasser, verlangt der Psyche einiges ab. Sind wir also überhaupt gemacht fürs Insulanerdasein, und sei es noch so technisiert und komfortabel?

Na und, sagt Klein-Fritz, der sich schon jeden Tag Eis schleckend am Strand von Ozeanopolis sieht. Es gibt doch Flugzeuge. Wenn wir Oma und Opa besuchen wollen, nehmen wir halt die nächste Maschine.

Die Idee hat Charme. Oma und Opa wohnen natürlich auf der Fachwerkinsel, wo alle Omas und Opas angesiedelt werden, eine Art riesiger schwimmender Bauernhof mit Hühnern, Ponys und Tante-Emma-Läden. Es gibt auch Spielplatzinseln in Fritzens Fantasie. Und welche ganz aus Fischstäbchen und Überraschungseiern! Und dann noch die nicht ganz so schöne Schulinsel, aber egal. Bei Sturm gibt's ohnehin tornadofrei, dann bleibt der Flieger halt im Hangar.

Sorry, Fritz. Flugzeuge sind passé.

Das sagt zumindest Professor Frank Davidson vom MIT. Für kurze Strecken kann man sich ins Lufttaxi setzen – auf klotzige Kerosinfresser werden wir verzichten müssen. In Davidsons Augen sind Flugzeuge lahme Enten. Schnellboote wären effizienter. Davidsons Lieblingsvision jedoch sind Unterwassertunnel, ähnlich denen, wie sie in der Bucht von Osaka entstehen sollen. Wozu noch über den Pazifik fliegen? Kilometerhoch muss man sich schrauben, sitzt stundenlang in einer Röhre, bekommt bröselige Brötchen, deren Krümel sich gleichmäßig unterm Hintern verteilen, während einem bei Turbulenzen heißer Kaffee in den Schritt läuft. Außerdem sei der Mensch zum Fliegen nicht geschaffen.

Da ist was dran. Beobachten Sie mal Geschäftsleute auf Shuttleflügen. Alle haben eine Zeitung dabei oder ein Business-Magazin, in das sie unentwegt starren, immer dieselben Zeilen lesend und doch nicht lesend. Als ich selber noch geflogen bin (inzwischen treibt mir schon der Gedanke ans Fliegen den Schweiß auf die Stirn), konnte ich Manager sehen, die während des ganzen luftigen Gehoppels ihre *Financial Times* verkehrt rum hielten. Am Ende wollen alle nur eines: bitte ganz schnell wieder runter. Sicher gibt es Flugbegeisterte, doch müssen die in einem früheren Leben Hummel oder Papagei gewesen sein.

Davidsons Vision ist eine transpazifische Version des Calais-Dover-Tunnels. Man steigt – sagen wir nahe Los Angeles – in einen Zug und fährt in eine Röhre ein. Diese durchzieht den Ozean bis Tokio, rund 100 Meter unter der Wasseroberfläche, gebaut auf Stelzen und verankert an Plattformen. Im Inneren der Röhre herrscht ein Vakuum, das den Zug regelrecht hindurchsaugt. Mit Geschwindigkeiten bis zu 25.000 Stundenkilometern gelangt man gleich nach dem Zähneputzen aufs asiatische Festland und kann dort ein spätes Frühstück einnehmen, um pünktlich zum Five-o-clock-tea in London zu sein. Denn natürlich wird das Netz alle Ozeane durchziehen. Von Hamburg bis Boston bräuchte man bei »nur« fünffacher Schallgeschwindigkeit ein knappes Stündchen. Selbst dem monegassischen Fürstenhaus würde das System ganz neue Perspektiven eröffnen. Jenseits der 200-Meilen-Zone sind die Ozeane staatenloses Gebiet. Da könnte man doch Monaco 2 in den Atlantik setzen und einen Tunnel durch die Straße von Gibraltar führen. 20 Minuten von Monaco nach Monaco, darin sieht Davidson nicht die geringsten Schwierigkeiten. Albert kann also schon mal mit Ernst August besprechen, wo der Weinkeller hinkommt.

Hand aufs Herz: Ist das wirklich realistisch?

Sicher, wer eben noch am Frankfurter Kreuz im Stau stand, wird eine Hochgeschwindigkeitsröhre begrüßen. Zugleich, im Angesicht einer Verkehrsplanung, die vier Fahrspuren zu einer verengt, ohne dass ersichtlich ist, warum, die Innenstädte sperrt, ohne für Umgehungsstraßen zu sorgen, die sich dümmster logistischer Fehler schuldig macht, wird er sich fragen, wer so was Kompliziertes auf die Reihe kriegen soll. Oder vielleicht doch? Gibt es ein ungeschriebenes Gesetz, wonach es einfacher ist, zum Mond zu fliegen, als am Frankfurter Kreuz hundert Kubikmeter Teer platt zu walzen?

»Das Konzept ist technisch absolut realisierbar«, sagt Davidson. »Es stellt sich nicht die Frage nach der Machbarkeit, sondern vielmehr danach, ob man ein solches Projekt realisieren will.« Sinnvoll wäre es allemal. Jules Verne rechnete schon für Ende des vergangenen Jahrhunderts mit sechs Milliarden Menschen auf der Erde. Derzeit sind es schon mehr als 6,5 Milliarden. Chapeau, Monsieur! Wer heute eine asiatische Großstadt durchstreift, wird keinen einzigen unbebauten Fleck finden, dafür von geplanten Wolkenkratzern hören, die zwei Kilometer und mehr in den Himmel ragen sollen. Man kann nur hoffen, dass in solchen Gebäuden die Aufzüge funktionieren. Fest steht: Dem Höhenrausch sind Grenzen gesetzt. Bleibt der Weg aufs Meer, der im Übrigen gar nicht so revolutionär neu ist, weil schon vor Jahrhunderten beschritten. Pfahlbauten und schwimmende Märkte, ganze Dschunkendörfer – das hat es alles schon gegeben.

Und was ist nun mit dem Leben in der Tiefe? Wie steht's mit den geheimnisumwitterten Städten am Meeresgrund? Könnte man da nicht endlos bauen? Kapitän Nemo, ganz visionärer Anarchist, sagt dazu in Jules Vernes *20.000 Meilen unter dem Meer*:

»Stärker als auf allen Kontinenten, überbordend, ewig regt sich Leben in allen Schichten des Ozeans. Todeselement – so sagt man – für den Menschen, Lebenselement für Myriaden von Tieren und für mich desgleichen. – Hier ist das Leben unverfälscht. Entwürfe gehen mir durch den Sinn, schwimmende Städte zu gründen, unterseeische Siedlungen, die jeden Morgen, wie meine Nautilus es tut, aufsteigen zum Spiegel der Gewässer, um Atemluft zu schöpfen, freie Städte, Städte, die souverän sind!«

Aha. Wie ein riesiger Wal steigt etwa Hannover oder Wiesbaden zur Meeresoberfläche, atmet kurz und kräftig ein, um wieder abzutauchen. Oder denken Sie an Köln: Großartig, wie sich langsam die Domspitzen aus den Fluten heben. Mit Jacques Rougerie, dem Vater der *SeaOrbiter*, müsste sich über so etwas reden lassen. Doch die Antwort überrascht:

»Nein, ich glaube nicht, dass es im Meer solche Städte geben wird. Es wird kleine menschliche Gemeinschaften geben, die sich zu einer ganz spezifischen Aufgabe im Meer zusammenfinden. Man kann also sagen, dass diese kleinen menschlichen Gemeinschaften nicht mehr als 300 Personen umfassen werden ... Man wird für diese Aufgaben immer nur für eine begrenzte Zeit im Meer verweilen. Städte auf dem Meer: Ja. Im Meer: Nein.«

Mon Dieu! Hadal City, ein Schlag ins Wasser? Sind Leben und Meer nicht untrennbar miteinander verbunden? Sind wir nicht Kinder Lurchis, der davon träumt, eines Tages zurückzukehren in sein dunkles Universum?

Gegenfrage: Warum sollte er?

Lurchi würde ein Element zurückerobern wollen, für das er längst nicht mehr gemacht ist. Man kann einwenden, die Evolution habe auch Saurier und Urwale wieder ins Meer geschickt. Richtig, aber Kreaturen wie Ambolucetus und Ichthysosaurus konnten sich nicht aussuchen, was sie wurden. Doch selbst, wenn sie es gekonnt hätten – erzählen Sie mal einem Ambolucetus, er sei ein Zwischenstadium. Zwischenstadium wovon, würde er fragen, bevor er Sie aus purer Verärgerung auffrisst. Ist nicht jedes Lebewesen immer das Endprodukt seiner Entwicklungslinie, so wie es die Cyanobakterie, der Trilobit, der Dunkleosteus und das frühe Rüsselschwein zu ihrer Zeit auch waren? Homo habilis dürfte sich ebenso wenig als Übergangslösung verstanden haben wie Homo neanderthalensis. Mit der Keule hätte man Ihnen den Darwinismus aus dem Leib geprügelt. Vielleicht hätte man aber auch gar nicht verstanden, was Sie meinen. Denn in einem waren sich Neandertaler und Bakterie gleich: Als hundertprozentige Geschöpfe von Miss Evolution waren sie unendlich weit davon entfernt, ihr zu widersprechen.

Auch Homo sapiens sapiens ist letztlich Spielball der Evolution – mit einem Unterschied: Sein hoch entwickeltes Bewusstsein gestattet ihm, die Dame auszutricksen und selbst zu entscheiden, wohin die Reise geht. Beispielsweise müssen wir Lebensweise und Aussehen nicht ändern, um eine Weile unter Wasser zuzubringen, weil wir über etwas verfügen, das Ambolucetus nicht hatte:

Technologie.

Sie befähigt uns, Taucheranzüge und Druckluftflaschen zu entwickeln. Ohne Kiemen ausbilden zu müssen, können wir abtauchen. Keinem Menschen sind je Flügel gewachsen, dennoch legen wir große Distanzen auf dem Luftweg zurück. In beiden Fällen – unter Wasser wie an Bord von Flugzeugen – fühlen wir uns nicht wirklich zu Hause. Sicher, ein Tauchgang macht Spaß, fliegen kann faszinieren, auch der Aufenthalt im luftleeren Raum stellt eine

Herausforderung dar, nach der Astronauten süchtig werden. Doch irgendwann wollen alle wieder auf festen Boden, Bäume sehen und frische Luft atmen.

Der Urwal, die Meeressaurier, Spinnen, Tausendfüßler und Libellen, frühe Säuger und späte Affen, sämtlich mangelte es ihnen an der Fähigkeit, ihre jeweilige Lebensweise in Frage zu stellen. Wie auch? Zu keiner Zeit konnten sie etwas anderes sein, als was sie gerade waren. Wir hingegen können alles sein, Fisch oder Vogel, je nachdem, wonach uns gerade ist. Dafür müssen wir uns nicht in zeitraubenden Prozessen Federkleider zulegen oder gegabelte Schwanzflossen, auf Hände verzichten oder unseren Stoffwechsel umstellen. Unsere Art, uns anzupassen, folgt den Regeln der Technolution. Unsere Flossen und Flügel sind bionische Prothesen. Nicht aus Zellgewebe gemacht, sondern aus Kohlefaser, Stahl und Silizium.

Möglicherweise ist es das, was uns von allen Lebewesen des Planeten am meisten unterscheidet: Wir haben das Entweder-oder mit dem Sowohl-als-auch vertauscht. Ein Flugzeug ist eine Flugprothese, ein U-Boot eine Tauchprothese, und für schlechte Augen gibt es scharfe Brillen. Unser neuer Metabolismus ist der Mikrochip, unsere Schwanzflosse der Propeller, unser Federkleid das Düsentriebwerk. Wir selber können bleiben, was wir sind. Solange uns äußere Umstände nicht zwingen, für immer ins Wasser zu gehen, werden wir uns dem Meer nicht körperlich anpassen, sondern mittels Kuttern, Netzen, Tauchanzügen, U-Booten, Unterwasserhabitaten und unbemannten Sonden jenen Nutzen aus ihm ziehen, dem Basilosaurus noch die Beine opfern musste.

Unsere Anpassung wird nicht länger über physische Umbauarbeiten erfolgen als vielmehr über die ständige Verbesserung unserer Prothesen. Könnten wir einen Blick auf die Menschheit werfen, wie sie in fünf Millionen Jahren die Welt bevölkert (wenn sie dann noch da ist), würden wir feststellen, dass die ohnehin kümmerlichen Reste unseres Fells zur Gänze ausgefallen sind, unser Schädelvolumen weiter zugenommen und sich unser Kauapparat zurückentwickelt hat. Viel mehr wird nicht geschehen sein. Solange die Erdoberfläche unser Zuhause ist, werden unsere Nachfahren kaum anders aussehen als wir. Homo sapiens sapiens kann die Tiefen der Meere erobern, ohne zum Wal zu mutieren. Folglich bleibt er, was er ist: zu Gast in fremden Lebensräumen, aber nicht zu

Hause. Niemand, der für jeden Gang zum Bäcker oder Metzger eine Tauchermaske überstreift.

»Es gibt für den Menschen keinen Grund, im Meer zu leben«, resümiert Rougerie. »Der Mensch ist für das Land geschaffen, um zeitweise im Meer zu arbeiten, um zeitweise im Weltraum zu sein, aber nicht, um in das Meer zurückzukehren .... *Je n'y crois pas.*«

Aus der Traum, der offen gesagt ein Alptraum wäre.

Nicht von ungefähr stehen 55 der 56 existierenden bemannten Unterwasserlabore mittlerweile leer. Zunehmend wird der Vorstoß in die Tiefe Sache unserer nächsten Verwandten, der Roboter (im Ernst: Irgendwann werden sie näher mit uns verwandt sein als Schimpansen). Verbesserte Materialien trotzen Korrosion und Strömung. Schwimmende Schaltzentralen lösen verankerte Bohrplattformen ab, weil man das Öl aus Tiefseegräben fördern muss. Dort wird es von autonomen unterseeischen Fabriken aus dem Sediment gepumpt, unter Aufsicht intelligenter Automaten. Nicht mal mehr an Bord der schwimmenden Zentralen wird man Menschen finden. Allenfalls steuern wir das Geschehen vom Land aus, während in lichtlosen, lebensfeindlichen Tiefen Maschinen miteinander kommunizieren. Regelrechte Cyber-Hierarchien wird es geben, Reinigungsroboter, Reparaturroboter, Be- und Entladeroboter, Chef-Roboter und solche, die kaputte Roboter in der Roboterklinik zusammenflicken, schließlich automatische Krankenschwestern, die ihren Blechpatienten Robotermärchen vorlesen. Alles ist sinnvoller und wahrscheinlicher, als weiterhin Menschen rauszuschicken. Tausende Ölarbeiter werden ihren Arbeitsplatz verlieren, sicher. Aber mal ehrlich, war das nicht immer schon ein Scheißjob, lediglich gut bezahlt?

Mit den heutigen Mitteln der Fernkommunikation und Steuerung via Glasfaser oder Satellit lassen sich Roboter für fast alles einsetzen. Sie können in Hafenbecken Schiffsrümpfe säubern, seismografische Untersuchungen in der Tiefsee durchführen, geeignete Standorte für Fabriken aufspüren, Fundamente legen, in Echtzeit Daten über Strömungen, Flora und Fauna, Gewässerbelastung und alles Mögliche mehr übermitteln. Androiden werden von Menschen in Cyber-Rüstungen so präzise gesteuert werden, dass sie in 5000 Meter Tiefe feinmechanische Arbeiten verrichten können. Je weiter die Entwicklung der Künstlichen Intelligenz voranschreitet – und sie wird voranschreiten! –, desto selbstständiger werden

Roboter entscheiden. Was nicht nur Begeisterung weckt. Denn einen Nachteil hat die Sache: Wir sind nicht wirklich, wo wir sind.

Dennoch: Nur zwingende Umstände werden uns dazu bewegen, dauerhaft unter Wasser zu leben. Und wenn, wird dieses Leben nicht auf Erden stattfinden. Wasser, das universelle Lösungsmittel, gibt es auch woanders. Beliebige Formen des Lebens könnten sich im Ozean entwickelt haben, ohne je den Landgang zu erwägen. Möglicherweise einfach darum, weil kein Land vorhanden ist. Umgekehrt folgt, dass manche Wasserwelt für menschliche Besiedelung geeignet wäre. Sollten wir eines Tages so weit sein, andere Planeten zu besiedeln, könnten wir dort Wasserzivilisationen errichten und in schwimmenden, teils unterseeischen Städten leben, Monumentalversionen von Rougeries *SeaOrbiter*. Exobiologen schätzen die Wahrscheinlichkeit der Lebensentwicklung auf wasserreichen Planeten höher ein als organische Spielereien in Gashöllen oder flüssigem Schwefel.

Doch selbst das ist denkbar.

Wir wissen viel über die Entstehung des Lebens, doch längst nicht genug, um exotische Varianten auszuschließen, die den Rahmen bekannter Umweltbedingungen sprengen.

Allgemein gilt: Keime des Lebens können sich nur bilden innerhalb eines gemäßigten Temperaturspektrums. Der Planet darf weder zu warm noch zu kalt sein. Die Venus beispielsweise liegt der Sonne viel zu nahe. Der Mars ist kaltgestellt. Die Erde liegt genau dazwischen. Ungeachtet etlicher Vereisungen eignet sie sich in idealer Weise für die Entwicklung von Leben. Es ist nicht so heiß, dass alles Wasser verdampft, andererseits nicht so kalt, dass es vollständig gefriert.

Zweitens darf der Planet eine bestimmte Größe nicht überschreiten, allein schon der Gravitation wegen. Auf einem fünf Mal so großen Planeten wie der Erde würde auch fünffache Schwerkraft herrschen. Dortige Lebewesen wären flach wie Flundern, wahrscheinlich aber gar nicht erst entstanden.

Drittens spielt die Rotationsgeschwindigkeit eine Rolle. Das kennen wir schon von Solon, der mondlosen Erde. Dreht sich ein Planet zu schnell, fliegt das Leben aus der Kurve. Ist er zu langsam, wird er sich in endlos langen Nächten radikal abkühlen, um sich an ebenso langen Tagen extrem aufzuheizen.

Viertens gilt: kein Leben ohne Atmosphäre, denn ohne Atmosphäre kein Sauerstoff, und ohne Sauerstoff kein langer Atem. Was wiederum erfordert, dass Planeten eine gewisse Mindestgröße nicht unterschreiten dürfen. Sonst werden sie zu leicht, und Leichtgewichte können eine Atmosphäre nicht oder nur schlecht an sich binden. Zu guter Letzt ist eine feste Oberfläche vonnöten, auf der man herumspazieren und sich weiterentwickeln kann.

So weit die klassische Lehre.

So weit Unsinn, befand der große, viel zu früh verstorbene amerikanische Astronom Carl Sagan. All dies sei vielleicht erforderlich, um irdisches Leben hervorzubringen, wie wir es kennen. Auf dem Jupiter zum Beispiel könnten Menschen sicherlich nicht überdauern.

Andere aber schon.

Nun ist ausgerechnet Jupiter der letzte Platz im Universum, an den man sich wünscht. Ein giftiger Gasriese, 309 Mal schwerer als die Erde. Tief im Inneren ruht ein metallischer Kern mit fester Oberfläche, keinesfalls geeignet, um darauf zu landen und umherzuspazieren. Entweder man verwandelt sich unter dem herrschenden Druck in Brei oder verbrutzelt in tödlicher Hitze. Hier hat die Natur eine garantiert lebensfeindliche Zone geschaffen, was selbst Sagan einräumte.

In den höheren Schichten der Gashülle jedoch könnten sich durchaus Lebensformen entwickelt haben. Die Atmosphäre des Jupiter ist gesättigt mit organischen Molekülen: prima Futter für Photosynthese betreibende Kreaturen, die Essen und Sex im Schnellverfahren erledigen müssten, bevor sie dem Sog der Gravitation erliegen. Unsereiner stirbt an Altersschwäche oder im Auto, erfriert im Himalaya, ertrinkt in der Badewanne oder verschluckt sich an einer Gräte. Jupiterwesen werden ausnahmslos zum Kern gezogen und enden als angebrannter Brei.

Diese frühen Lebensformen nennt Sagan »Sinker«. Schließlich lernen einige der Schwebewesen im Verlauf ihrer Entwicklung, Wasserstoff zu speichern. Damit verwandeln sie sich in »Schweber«, die wie Zeppeline in Jupiters Atmosphäre treiben und gigantischen Quallen ähneln. Dem Größenwachstum dieser Wesen wäre keine Grenze gesetzt. Irdische Astronauten in einem Expeditionsgefährt würden angestrengt nach ihnen Ausschau halten, bis ihnen aufginge, dass sie längst von einem verschluckt wurden. Eher ist aber anzunehmen, dass Schweber keine Astronauten fressen. Sie dürften eine ähnliche Rolle einnehmen wie Bartenwale, friedliche Kolosse, die organische Biomasse abweiden. Bis auf einige, kleinere Schweber, die einen anderen Weg beschreiten und ihre Manövrierfähigkeit verbessern. Damit entwickeln sie sich zu Jägern, die den sanften Riesen auf die Pelle rücken. Parasitäre Winzlinge wiederum befallen Schweber und Jäger, bis nach und nach eine komplexe Nahrungskette entstanden ist. Schlussendlich können wir uns extremophile Einzeller auf der Oberfläche und im Inneren des Eisenkerns vorstellen, Destruenten, die sich von den Überresten abgesunkener Tiere ernähren.

So reizvoll Sagans Gedankenspiel anmutet, bleibt eines unbestritten: Planeten mit Wasser stellen die aussichtsreichsten Kandidaten für die Evolution des Lebens. Land hingegen – nicht zu verwechseln mit fester Oberfläche – ist reiner Luxus. Entsprechend vorrangig beschäftigen sich Astronomen und Exobiologen mit Wasserwelten. Und entwerfen aufregende Szenarien.

Holen wir also ein letztes Mal die *Orion* aus dem Hangar, polieren das Bügeleisen und lauschen dem rheinischen Countdown. Bei null geht ein Zittern durch das Schiff. Langsam steigen wir auf, hochgesogen vom künstlichen Strudel. Dann plötzlich Tageslicht! Es hebt uns aus dem Mahlstrom, nacheinander durchqueren wir Troposphäre, Stratosphäre, Mesosphäre, Thermosphäre und gelangen in die Exosphäre, angetrieben vom hallenden Beat der Titelmusik. Wissen Sie noch: Paa Paa Papapaaaahhh ... !! Allein die Orgel! So was gibt's heute gar nicht mehr, so was gab's nur in der Zukunft.

Kalt glitzert das Licht der Sterne.

Da dreht er sich, der blaue Planet. Wir schauen und schauen, und auf einmal erfasst uns Heimweh. Und zugleich himmlischer Zorn auf unsere Spezies! Mäkelige Deppen, die einander unablässig um die Kugel jagen wegen nichts und wieder nichts. Irgendwo auf diesem prachtvollen, glitzernden Juwel steigt in diesem Moment jemand mit einem Sprengstoffgürtel in die U-Bahn, weil seine Auffassung von den Auffassungen anderer ein ganz klein wenig differiert.

Wir jedoch machen uns auf die Suche nach fremden Ozeanen, in und auf denen es sich leben lässt.

Falls man uns lässt.

Wasserwelten

Das letzte Kapitel unserer Reise führt uns in die Antike, sodann ins Mittelalter und von dort geradewegs in den Weltraum, immer auf der Suche nach Wasser. Irdische Ozeane haben wir nun kennen gelernt. Gut möglich aber, dass wir eines Tages zu den Sternen fliegen. Es kann also nicht schaden, sich vorsorglich ein bisschen umzuschauen. Denn wo immer unsere Raumschiffe landen werden – wir können uns das Aussteigen sparen, wenn kein Wasser in der Nähe ist.

Doch es liegt näher, als wir glauben. Mitten in unserem Sonnensystem, nur zwei Planeten weiter. Wir brauchen nicht lange, um hinzukommen, lediglich ein paar Jährchen. Bis dahin vertreiben wir uns die Zeit mit Anekdoten.

Plaudern wir über die Liebe.

Wenn Pärchen miteinander in Gespräch kommen und vertraulich werden, lassen sie gern die Geschichte ihres Kennenlernens hören: wie sie einander über den Weg gelaufen sind, was alles Lustiges passierte, wie es gefunkt hat (»Wissen Sie, er war mir an der Kreuzung hinten reingefahren, und ich fand ihn gleich sooooo süß!«), was hernach geschah und daraufhin – und wenn es gerade richtig spannend wird, versickert die Erzählung in Gekicher. Wahrscheinlich besser so. Meist sind die Turteltratschen weit mehr von ihrem Gebalze fasziniert als der höflich leidende Zuhörer, dessen Version im Zweifel noch öder ist (»Na ja, erst fand ich sie doof, aber nach sieben Doppelkorn ...«). Oder hat Ihnen schon mal jemand eine Geschichte erzählt wie diese?

»Also, ich wusste ja, dass die Heidi jeden Montag im Autogeschäft ihres Vaters jobbt. Das hatte ein Kumpel für mich ausgespitzt. Und ich fand die Heidi wirklich klasse, bloß hatte ich keinen Bock auf das dämliche ›Hach-ich-weiß-nicht‹ und ›Wir-können-uns-ja-

472

irgendwann-mal-treffen‹ und so weiter. Ich also zum Autohaus, und wie ich die Heidi Toyotas polieren sehe, verwandele ich mich ruckzuck in ein weißes Porsche-Cabriolet und rolle gemächlich in den Hof. Die Heidi guckt natürlich. Schicker Wagen! Ich zwinkere ihr mit dem rechten Scheinwerfer zu und öffne die Fahrertür ein ganz klein bisschen. – Oh Mann! Ihr könnt euch nicht vorstellen, wie schnell die drinsitzt! Porsche und Frauen, das klappt immer. Sie macht ein bisschen an den Armaturen rum, streichelt über die Sitze, zieht die Lippen im Schminkspiegel nach, und wie sie gerade wieder aussteigen will, schlägt die Tür zu, Knöpfchen runter, und ich rase los! Stundenlang knattere ich mit Höchstgeschwindigkeit durch die Pampa, bis wir ein unentdecktes Land erreichen, wo nie zuvor ein Schwein war. Da hab ich dann angehalten, mich zurückverwandelt und die Heidi erst mal ordentlich rangenommen. Ist sofort schwanger geworden, die Kleine. Das Land hab ich übrigens Heidi genannt. Und wie habt ihr euch kennen gelernt?«

Vorsicht, wenn Sie die Geschichte für ausgemachten Schwachsinn halten. Sie sollten wissen, dass man damit in den Himmel kommt. Notgeile Chauvis und dusselige Bratzen, die in fremde Porsches steigen, danach werden ganze Planeten benannt.

Glauben Sie nicht? Hier die römische Version:

In Phönizien lebte einst eine Prinzessin, die wunderschön war und Europa hieß. Ihr Vater, ein mächtiger Herrscher, gebot über viel Volk und viel Vieh. Eines Tages erregte Europa die Aufmerksamkeit Jupiters, des Göttervaters (genauer gesagt erregte sie noch einiges mehr als nur seine Aufmerksamkeit). Der verliebte Jupiter ließ nach Merkur, dem Götterboten, schicken. Merkur, sagte er, pass mal auf, du musst was für mich erledigen. Treibe die Rinderherde des Phöniziers ans Meer. Europa und ihre Gespielinnen halten sich gerne bei den Tieren auf, sie werden ihnen dahin folgen. Und wozu soll das gut sein, fragte Merkur. Das geht dich einen Kehricht an, erwiderte Jupiter, komm in die Puschen, oder du bist die längste Zeit ein Gott gewesen.

Merkur tat, wie ihm geheißen. Mit Erfolg. Wenig später spielten Europa und ihre Freundinnen am Gestade. Plötzlich tauchte unter den Tieren ein wunderschöner weißer Stier auf. So freundlich blickte er drein, dass Europa hingerissen war. Sie streichelte und koste ihn, verwundert über seine Sanftmut, und schließlich stieg sie auf seinen Rücken.

Das hätte sie mal besser bleiben lassen.

Denn mit einemmal preschte der Bulle davon, stürzte sich ins Meer und schwamm mit der verängstigten Prinzessin bis nach Kreta, wo er sich in Jupiter zurückverwandelte, der er in Wirklichkeit war. Es steht zu vermuten, dass Europa dem Gott ausgesuchte Schimpfnamen zuteil werden ließ und seinem Vorschlag, sich der Kleider zu entledigen, eher zögerlich entsprach. Vielleicht darum sicherte ihr Jupiter zu, dieses und das ganze umliegende Land nach ihr zu benennen, damit sie endlich Ruhe gäbe und man zum Wesentlichen schreiten könne, dem dann prompt neun Kinder folgten.

So weit die wahre Geschichte. Der alte Gauner gelangte, wie wir wissen, zu planetaren Ehren. Als fünfter Planet umkreist Jupiter die Sonne. Aber auch Europa erntete himmlischen Ruhm. Und das kam so:

1610 blickte der italienische Gelehrte Galileo Galilei durch sein Fernrohr und machte im Umfeld Jupiters vier leuchtende Objekte aus, die ihn umkreisten. Sofort schloss er auf Monde. Das Delikate an der Entdeckung war, dass sie die Hypothese des ungeliebten Nikolaus Kopernikus stützte, wonach das Universum nicht geozentrisch, sondern heliozentrisch beschaffen war, sich die Himmelskörper also um die Sonne drehten. Den sichtbaren Beweis war Kopernikus schuldig geblieben. Galileo nun konnte zeigen, dass der kluge Nikolaus Recht hatte. Die Bewegung der vier Monde erfolgte eindeutig nicht um die Erde, vielmehr umkreisten sie einen der äußeren Planeten. Dies und einiges mehr äußerte er vernehmlich, was die Inquisition auf den Plan rief, brave Leute, die fleißig Holz sammelten und ganze Stapel davon anzündeten, damit Widerborste sich die Füße wärmen konnten. Galileo sah sich gezwungen zu widerrufen.

Ungeachtet dessen publizierte der deutsche Gelehrte Simon Marius vier Jahre später sein Buch *Mundus jovialis*, in welchem er sich als Entdecker der vier Monde präsentierte und verlauten ließ, er habe sie mehrere Tage vor dem italienischen Kollegen ausgemacht. Die Ganze artete erwartungsgemäß in Streit aus, den Historiker viel später salomonisch schlichteten: Heute spricht man zwar von den vier galileischen Monden, deren Namen gehen allerdings auf Marius zurück: Europa, Io, Kallisto und Ganymed. Letztere waren ebenfalls Geliebte des libidonösen Göttervaters, der damit noch kräftiger zulangte als Flavio Briatore.

63 Monde hat Jupiter insgesamt, einige winzig, andere gewaltig: Ganymed etwa übertrifft an Umfang den Merkur, Callisto ist unwesentlich kleiner. Diese weit außen zirkulierenden Monde bestehen vorwiegend aus Eis. Io und Europa hingegen kommen dem Jupiter ziemlich nahe und haben eine hohe Massedichte. Uns interessiert primär Europa, auch Jupiter II genannt, der kleinste der galileischen Monde. Mit 3.121,6 Kilometern Durchmesser ist er größer als Pluto, wiegt aber nur das 0,008-Fache der Erde. Er umkreist den Gasriesen mit einer Geschwindigkeit von 2 Kilometer in der Sekunde in einer mittleren Entfernung von 670.900 Kilometern, wozu er exakt drei Tage, 13 Stunden und 14,6 Minuten benötigt. Sein Kern dürfte aus Eisen oder Nickel bestehen, umgeben von einem Mantel aus Silikatgestein. Darüber liegt ein unermesslicher Ozean.

Schon rein optisch ist Europa der auffälligste aller Monde im Sonnensystem, denn er leuchtet so stark, dass man ihn von der Erde aus mit einem simplen Feldstecher erkennen kann. 64 Prozent des Sonnenlichts werden von seiner Oberfläche reflektiert. Warum, wird deutlich, wenn man ihn einer genauen Betrachtung unterzieht: Die Kruste besteht aus blankem Eis. Bis auf wenige, flache Hügel ist sie vollkommen eben, jedoch überzogen von merkwürdigen, faserartigen Strukturen.

Eine Weile rätselte man, worum es sich dabei handelte. Offenbar sind es Gräben. Mal parallel, mal einander kreuzend, bis zu 1.600 Kilometer lang und 20 Kilometer breit, durchschneiden sie den eisigen Mantel. Manche sind rötlich eingefärbt, mit unscharfen Rändern und helleren Streifen in der Mitte. Mit der Zeit verdichtete sich die Erkenntnis, dass es Bruchzonen sein müssen, was auf tektonische Aktivitäten schließen lässt. Offenbar verschieben sich große Eisschollen gegeneinander als Resultat mächtiger Konvektionsströme. Ganz klar, sie schwimmen auf etwas, ebenso wie die Erdkruste auf der Asthenosphäre schwimmt, und dieses Etwas muss Wasser sein oder breiiges Eis.

Zudem scheint es auf Europa eine Art Cryovulkanismus zu geben: kalte Eruptionen von Eis und Gas anstelle von Lava, um die Spalten von unter her aufzufüllen, ähnlich wie flüssige Magma in die Spreizungsachsen der Mittelozeanischen Rücken dringt. Andere Gegenden auf Europa erinnern an Packeisfelder, wie man sie während des Tauwetters in der Arktis und Antarktis vorfindet.

Schließlich entdeckte man zwei Regionen, in denen Eisplatten unter anderen Platten abtauchen: Subduktion! Der Mond recycelt seine Oberfläche. Alles dort ist in ständiger Bewegung, auch, weil der riesige Jupiter gewaltige Gezeitenkräfte auf Europa ausübt und bis zu 30 Meter hohe Flutberge verursacht, die das Eis förmlich auseinander reißen. Die Schollen bleiben in Bewegung, bis der Mond den Göttervater einmal umkreist hat. Dann ist vorübergehend Ruhe, bis zum nächsten Flutberg. Und wieder beginnen Risse um den Planeten zu wandern. Heute ist bekannt, dass alle halbe Stunde neue Risse entstehen, womit Europa als tektonisch äußerst lebhaft gilt.

Aber heißt lebhaft auch Leben?

Zunächst spekulierte man über die Dicke des Eispanzers und die Tiefe des darunter liegenden Ozeans. Geholfen haben letztlich Daten der Raumsonden »Galileo« und »Voyager«. Inzwischen wissen wir mit einiger Sicherheit, dass die Kruste bis zu 19 Kilometer durchmisst und der darunter liegende Abgrund jeden irdischen Ozean wie einen Tümpel aussehen lässt. Zwischen 80 und 100 Kilometer tief ist Europas Meer, die größte Menge Wasser, die ein Himmelskörper unseres Sonnensystems auf sich vereint. Erstaunlicherweise gibt es kaum Einschlagkrater in der Kruste, was zwei Schlüsse nach sich zieht: Erstens, der Mond ist verhältnismäßig jung, also zu einer Zeit entstanden, als das ganz große Steineschmeißen der Vergangenheit angehörte. Zweitens, in ihrer Frühzeit war Europas Oberfläche flüssig. Noch bis vor 50 Millionen Jahren dürfte es offene Meere gegeben haben. Dieses Wasser war vermutlich wärmer als heute und nahm alle möglichen organischen Substanzen auf, die Asteroiden und Kometen mit sich führten.

Wasser, Wärme und organische Substanzen. Eigentlich ist der Baukasten der Evolution damit komplett. Was also tat sich auf Europa, als die Oberfläche vollständig zu vereisen begann?

In unserer Antarktis liegt ein See, in den niemand springen kann. Nicht, weil er so kalt ist. Der Wostok-See liegt in einer Tiefe von vier Kilometern unter Eis. Trotz der niedrigen Wassertemperatur von minus drei Grad Celsius friert er nicht bis auf den Grund zu, weil der Eispanzer enormen Druck erzeugt. Lange glaubte man, das riesige Gewässer (mit 250 Kilometern Länge etwa so groß wie der Lake Ontario) habe nie die Sonne gesehen, sondern verdanke seine Existenz einzig geothermischer Aktivität. Danach schien es höchst unwahrscheinlich, im Wostok-See Leben zu finden.

Neuen Theorien zufolge ist der Wostok-See jedoch erst vor einigen Millionen Jahren, womöglich erst vor ein paar hunderttausend Jahren zugefroren. Es können also allerlei Sporen des Lebens hineingelangt sein. Bohrungen im Eis und Wasserproben brachten schließlich die Bestätigung: Dort unten existiert Leben! Primitiv zwar und einzellig, aber immerhin. Den schlammigen Grund zu erforschen gestaltet sich als schwierig und aufwändig, doch vermuten Forscher darin Bakterienkulturen, die Millionen von Jahren alt sein könnten.

Seit der Beweis erbracht ist, dass in einem hermetisch abgeschlossenen Gewässer Lebensgemeinschaften existieren, richten sich die Blicke der Exobiologen einmal mehr auf Europa. Eine illustre Riege angesehener Experten hält die Entstehung von Leben auf dem Jupiter-Mond für durchaus möglich. Einerseits dehnen und stauchen Jupiters Gezeitenkräfte Europa und kneten ihn regelrecht durch, was der Durchmischung des Wassers zuträglich ist. Andererseits wird es dadurch erwärmt. Es dehnt sich aus und bahnt sich seinen Weg durch die Bruchzonen nach oben. Als Folge könnten sich lebende Organismen dicht unter die Oberfläche angesiedelt haben.

Christopher Chyba, Professor am kalifornischen SETI-Institut für Exobiologie in Mountain View, sieht in Europa einen der aussichtsreichsten Kandidaten für Leben in unserem Sonnensystem. Skeptiker fragen natürlich, wovon sich dieses Leben im stockdunklen, eiskalten Ozean ernähren soll. Ihnen hält Chyba zwei Modelle entgegen. Zum einen könnten hochenergetische Teilchen, die im Magnetfeld des Jupiter aufgeladen und beschleunigt werden, die Eishülle Europas bombardieren und Moleküle der Oberfläche aufspalten, sodass molekularer Sauerstoff und Wasserstoffperoxid freigesetzt werden. Auf der Erde geschieht dies durch Photosynthese. Hier könnte das Produkt der Spaltung durch Bruchzonen ins Innere des Ozeans gelangen und als primäre Energiequelle genutzt werden. Das Modell funktioniert allerdings nur, wenn die Spalten quer durch den Eispanzer reichen, wofür es derzeit keine Beweise gibt. Vielmehr scheint es, als dringe ständig neuer Eisbrei nach und verbacke an der Oberfläche mit den Bruchkanten. Wenn überhaupt, wäre ein solcher Nährstofftransport nur in sehr langen Zeiträumen vorstellbar.

Macht aber nichts. Europa-Mikroben könnten ohne Murren und Magenknurren ein paar tausend Jahre auf ihr Essen warten. Wie wir wissen, sind Einzeller für Überraschungen gut. Manche verfallen für die Dauer einiger Jahrhunderte in eisige Starre, sind praktisch tot – doch sobald sich die Lebensbedingungen verbessern, kehrt Leben in sie zurück.

Chyba hat einen weiteren Weg der Energiegewinnung aufgezeigt. Angenommen, Europas Ozean verfügt über einen gewissen Salzgehalt – dann wird er auch das radioaktive Isotop Kalium-40 enthalten. Vielleicht reicht dessen Strahlung, um flüssiges Wasser zu spalten und auf diese Weise Sauerstoff und Wasserstoffperoxid zu isolieren. Auch im Eismantel dürfte das so ablaufen, wenngleich nicht im selben Ausmaß, wie es bei der Oberflächenbombardierung durch energetische Partikel geschieht. Zur Produktion von rund 10.000 Tonnen Biomasse jährlich müsste es allerdings reichen, schätzt Chyba. Nur ein Bruchteil dessen, was unsere Ozeane hergeben. In Europas Ozean dürfte die Dichte der Organismen also eher niedrig sein. Andererseits will Chyba nicht ausschließen, dass der freigesetzte Sauerstoff im Eisozean weit höher ausfällt als auf der Erde, was eine höhere Dichte wiederum begünstigen dürfte.

Allgemein geht unsere Vorstellung von Außerirdischen über sich selbst reproduzierende Kettenmoleküle hinaus. Hier allerdings winkt Chyba ab. Mit leinwandtauglichen Aliens kann und will er nicht dienen. Dafür hält er ein drittes Szenario bereit.

Wieder spielen die Bruchzonen eine Rolle, diesmal nicht als Transportwege ins Innere, sondern nach außen. Wasser steigt auf und gelangt bis dicht unter die Oberfläche der Kruste, vielleicht sogar bis ganz nach oben. Nun ist Europas Atmosphäre dünn wie Nachkriegskaffee. Im Wesentlichen besteht sie aus ein bisschen Sauerstoff. Dieser bleibt übrig, wenn das UV-Licht der fernen Sonne Eis an der Oberfläche kondensiert und der entstehende Wasserdampf von den besagten hoch energetischen Teilchen zertrümmert wird. Der frei gewordene Sauerstoff verbleibt im Schwerefeld Europas, der leichtere Wasserstoff verflüchtigt sich im All.

Im fast luftleeren Raum würde nun Eis verdampfen, sich verflüssigen, wieder gefrieren, verdampfen, sich verflüssigen, gefrieren, und so weiter. Die Bruchzonen wären von Wasserläufen durchzogen. Unablässig würde alles neu durchmischt, H_2O, organische Substanzen. Moleküle, die zur Oberfläche fänden, würden vom

UV-Licht geknackt, wodurch energiereiche Verbindungen entstünden. Photosynthese wäre hier gut möglich. Lebewesen könnten sich gar zu höherer Komplexität entfalten, lange Wurzeln ins Eis schlagen und mit winzigen Blättchen Photonen erhaschen. Wie wollen wir sie nennen? Blattlinge? Es gab schon dümmere Namen. Willkommen in Blattlinghausen.

Blattling wäre nicht gleich Blattling. Es gäbe festsitzende Blattlinge und solche, die im Wasser trieben oder sogar aktiv navigieren könnten. Miss Evolution sähe sich vor spannende Herausforderungen gestellt, denn Herr und Frau Blattling müssten lernen, auf Weltreise zu gehen. Europa rotiert. Sehr langsam zwar, aber immerhin auf eine Weise, dass es Jupiter nicht ständig dieselbe Seite zuwendet, wie wir es von unserem Mond gewohnt sind. Dies führt dazu, dass Jupiters Gezeitenkräfte ihre Wirkung mal in dieser, mal in jener Region entfalten. Eisspalten, voll blühender Blattlingstädte, würden sich schließen, andere dafür öffnen. Will das Volk der Blattlinge nicht untergehen, muss es bereit sein, öfter umzusiedeln. Vielleicht, wenn ihm das ständige Nomadentum zu bunt wird, könnte es sein Heil im Ozean selbst suchen und sich durch die Spalten nach innen bohren. Dort unten würde es vielleicht in Vielfalt explodieren. Hätten sich Mehrzeller einmal auf Europa etabliert, wäre das nicht ausgeschlossen.

Skeptiker äußern Zweifel. Die einen halten Europa schlicht für zu kalt, um etwas so Komplexes wie DNS hervorzubringen. Andere geben zu bedenken, dass an der Oberfläche große Mengen Wasserstoffperoxid und konzentrierte Schwefelsäure nachgewiesen wurden. Die ätzende Brühe bedeckt das Eis vor allem dort, wo Wasser aus dem Inneren aufgestiegen ist. Daraus ergeben sich zwei Szenarien. Erstens: Im Ozean ist Magnesiumsulfat gebunden, das sich in Schwefelsäure wandelt, sobald es mit der Atmosphäre in Berührung kommt. Zweitens (und weit schlimmer): Der komplette Ozean besteht aus Schwefelsäure, weil am Meeresgrund Schwefelvulkane Gift und Galle spucken. In einem solchen Milieu hätte es das Leben verdammt schwer. Säure wirkt zersetzend, sie ist kein Förderer stabiler Gemeinschaften.

Man kann dagegenhalten, dass es manch irdischem Einzeller bei einem pH-Wert von null blendend geht. Kenneth Nealson beispielsweise, Leiter der Abteilung Astrobiologie am Jet Propulsion Laboratory der NASA, hält die Aufregung für übertrieben:

»Schwefel und Schwefelsäure sind mögliche Energiequellen für Lebewesen, da sie andere Stoffe oxidieren können. Auch unter sauren Bedingungen kann Leben entstehen.« Wirft man einen Blick auf hydrothermale Lebensgemeinschaften, muss man Nealson beipflichten. Es wird also spannend bleiben. So spannend, dass 2008 der Start eines schwefelresistenten Roboters geplant ist, der auf Europa landen und sich ins Eis fräsen soll, um nachzusehen, wer da wohnt. Es empfiehlt sich, ihm reichlich Ersatzbohrer mitzugeben. Selbst am Äquator steigt Europas Temperatur nicht über minus 163 Grad Celsius. Bei solchen Werten wird Eis hart wie Granit. Alternativ denkt man darum über einen Kryobot nach, der sich ins Eis hineinschmilzt und ein Mini-U-Boot im Ozean absetzt. Noch besser wäre es natürlich, gleich schon in den oberen Eisschichten mit »Hallo!« und »Wie gehts?« empfangen zu werden. Freundliche Blattlinge würden dem Besucher von der Erde den Weg ins Innere weisen, wo er starke Lampen entzünden müsste, denn dieser Ozean ist finsterer als jeder Ozean auf Erden.

Vielleicht wäre es doch einfacher, auf Titan zu landen.

Titan ist einer der Monde eines anderen Planeten, des Saturn. Dichter, orangeroter Dunst, ähnlich unserer frühen Atmosphäre, bedeckt die Oberfläche, sodass man nichts von ihr sieht. Alles, was wir haben, verdanken wir der Sonde Cassini. Sie ist Titan mit Radar auf den Grund gegangen und hat eine Landschaft freigelegt, die recht jungen Ursprungs zu sein scheint. Kaum Einschlagkrater, dafür Gebirge und Canyons, möglicherweise Flüsse, Seen und ganze Ozeane. Menschliche Siedler würden sich nur kalte Füße holen. Bei durchschnittlich minus 180 Grad Celsius ist ohnehin kein flüssiges Wasser zu erwarten, nur flüssiges Methan. Leben hätte dennoch eine Chance. Es braucht nicht unbedingt freien Sauerstoff, wie uns die Geschichte des eigenen Planeten lehrt.

Wer oder was immer einmal auf Europa landen wird – die Folgen könnten tödlich sein. Nicht für uns. Sondern für etwaige Bewohner. Ein Landegefährt müsste 100 Prozent steril sein. Nicht die allerkleinste irdische Mikrobe dürfte ins fremde Milieu gelangen. Es käme einer außerirdischen Invasion gleich, nur unter umgekehrten Vorzeichen. Zu den harmlosen Folgen würde noch gehören, dass wir irdische Organismen versehentlich für Aliens hielten. Weit schlimmer wäre, dass sie den Mond kontaminieren könnten. In seinem Roman *Krieg der Welten* hat H. G. Wells dieses Szenario

vorweggenommen: Nicht die Menschen sind es, die den unheimlichen Invasoren vom Mars schließlich den Rest geben, sondern
harmlose Schnupfenviren.

Eisplaneten, die tektonisch aktiv sind und von Gravitations-
feldern anderer Himmelskörper regelmäßig durchgewalkt werden,
bieten grundsätzlich gute Chancen, dass man unterhalb der Kruste
flüssiges Wasser findet. Inwieweit sich ein kalter, stockdunkler,
unterirdischer Ozean für menschliche Behausungen eignet, sei
dahingestellt. Wie schon gesagt, ist die menschliche Psyche nicht
dafür geschaffen. Auch wenn außerhalb der Erde andere Regeln
herrschen, kann man sich Städte im Ozean Europas schwerlich
vorstellen. Weit eher werden Kolonialisten anderer Welten ein
Leben auf dem Wasser führen.

Erinnern Sie sich an *Waterworld*? Jenen Film, mit dem Kevin
Costner baden ging, weil er unbedingt im Tornadogebiet drehen
musste und es ihm mehrfach die Kulissen zerfetzte? 175 Millionen
Dollar versenkte Costner für die Mär vom Kiemenmenschen, die
keiner so recht sehen wollte. Dabei ist der Streifen durchaus spannend, sieht man von Ungereimtheiten ab wie der, dass die Bösen –
Smokers genannt – von morgens bis abends Zigaretten paffen. Wie
kommt man auf einem überfluteten Planeten an Tabak? Na, geschenkt. Die Grundidee hat Endzeitcharme: Wie leben Menschen,
wenn ihnen der feste Boden unter den Füßen entzogen wird? Kann
es noch so etwas wie Zivilisation geben? Lebensqualität? Fortschritt? Selbstbewusstsein? Sind Menschen überhaupt fähig, ohne
festes Land zu überleben?

Auf Erden stellt sich die Frage kaum. Auch wenn wir eines Tages
schwimmende Inseln bevölkern, werden wir diese immer nur als
künstliche Erweiterung unseres natürlichen Lebensraumes empfinden. Wird es uns zu viel, machen wir Urlaub auf dem Land.
Wasserplaneten haben jedoch kein Land zu bieten. Da niemand
im Bewusstsein eines dauerhaften Ausnahmezustands glücklich
wird, müssten Siedler solcher Welten schwimmende Inseln oder
ganze Inselstaaten irgendwann als selbstverständlich akzeptieren.

Alles eine Frage der Entwicklung, meint der Meeresbiologe Sir
Alister Hardy, der 1960 im *New Scientist* eine interessante Hypothese veröffentlichte. Dieser zufolge ist das schnatternde Äffchen
nicht einfach vom Baum gefallen und hat sich aufgerichtet, um
fortan zweibeinig über Land zu schreiten. In seiner Wasseraffen-

481

Theorie behauptet Hardy, dass es unsere Ahnen zunächst ins Wasser zog. Sie bevölkerten Küstengewässer, Flüsse und Seen, gingen dort ihrem Nahrungserwerb nach und entwickelten sich erst im nassen Element zu richtigen Menschen.

Steckt doch noch mehr von Lurchi in uns, als wir dachten?

Hardys Hypothese fußt auf der Entdeckung, dass menschliches Unterhaut-Fettgewebe weit fester mit der Haut verbunden ist als bei allen anderen landlebenden Säugetieren. Damit haben wir diesen eine Wärme speichernde Fettschicht voraus, wie man sie gemeinhin nur bei Meeressäugern findet. Hardys Schlussfolgerung: Offenbar ist die starke Verknüpfung von Hautzellen und Fettzellen das Resultat einer aquatischen Entwicklungsphase.

Sein Artikel *Was man more aquatic in the past* hat mittlerweile einige Symposien nach sich gezogen und die Frage neu aufgeworfen, wie dünn das Eis unserer Höherentwicklung eigentlich ist. Sollte Lurchi noch so mächtig sein? Zwischen seinem Landgang und dem Faustkeil hat das Leben jede nur erdenkliche Form angenommen, hat sich tief im Landesinneren weiterentwickelt und teilweise nie das Meer gesehen. Alles stammt ursprünglich aus dem Wasser, schon. Doch Affen lebten in den Bäumen. Wer in den Bach plumpste, wurde garantiert von irgendwas gefressen.

Ja und nein, sagt Hardy. Im Verlauf der Hominisation war alles möglich, und was möglich ist, pflegt einzutreten.

Hominisation nennen Wissenschaftler den Prozess der Menschwerdung. In dessen Verlauf kann eigentlich nur ausgeschlossen werden, dass wir jemals fliegen lernten. Darüber hinaus scheint keine Theorie exotisch genug, um zu erklären, wie der Mensch zum Menschen wurde. Jede versucht, das Bild auf ihre Weise zu ergänzen. Dazu gehört auch das Szenario, mit dem wir uns im ersten Teil des Buches beschäftigt haben, die Savannen-Hypothese. Der Mensch, heißt es da, stieg nicht freiwillig vom Baum, er wurde vielmehr aus den Ästen geschüttelt, als die Regenwälder verschwanden und das Land versteppte.

Manches im Katalog der Hominisation erscheint plausibel, anderes kraust die Stirn. Evolutionsgeschichte ist ein Eis, auf dem sich Anthropologen mit äußerster Vorsicht bewegen. Zu schnell ist man eingebrochen. Frühmenschen haben keine Tagebücher hinterlassen, nur Knochen. Um definitiv zu beweisen, dass unsere Ahnen eine aquatische Phase durchlebten, wären wir auf Haut, Muskeln und Fettgewebe angewiesen. Mumien wie Ötzi sind jedoch selten, also bleibt den Wasseraffentheoretikern, sich am Menschen der Neuzeit zu orientieren. Und dessen Haut-Fettgewebe-Verbund ist einzigartig unter der Landbevölkerung. Nicht mal Schimpansen, Gorillas und andere Primaten weisen so etwas auf. Wenn der Wind bläst, neigen wir zum Frösteln, weil uns das Fell abhanden kam. Im Wasser hingegen sind wir besser gegen Kälte geschützt als viele dick bepelzte Landbewohner.

Hardy glaubt, hierin den Beweis für seine Theorie gefunden zu haben. Kritiker werfen ihm Einseitigkeit vor. Sie sehen in der Speckschicht des Menschen eher eine zusätzliche Nährstoffreserve, die erforderlich wurde, um unser komplexes Gehirn mit Energie zu versorgen.

Auffällig ist, dass menschliche Babys großzügig in Speck gepackt sind, was sich von kleinen Schimpansen und Orang-Utans nicht behaupten lässt. Möglicherweise hat Miss Evolution uns für ein Geborenwerden unter Wasser prädestiniert. Andererseits kommen auch Säuger, die eindeutig keine aquatische Entwicklungsphase durchlaufen haben, gleich nach der Geburt mit Wasser klar. Denn *eine* aquatische Phase durchlaufen alle: die im Mutterleib. Jener Schutzmechanismus, dem Ungeborene verdanken, dass sie in der Fruchtblase keine Flüssigkeit verschlucken, ist bei Menschen wie bei Tieren gleichermaßen aktiv.

Allerdings sind menschliche Säuglinge die besten Schwimmer von allen. Während ihres ersten Lebensjahres legen sie eine überdurchschnittliche Begabung dafür an den Tag. Und noch was: Wenn der Bräutigam der Braut das Ringlein an den Finger steckt, lässt es sich nur bis dahin schieben, wo ein Restchen Schwimmhaut die Finger miteinander verbindet. Wasser auf Hardys Mühle. Sogar den aufrechten Gang will er im nassen Element entstanden wissen – und tatsächlich stellen sich Schimpansen in den seltenen Fällen, wo sie ins Wasser gehen, auf die Hinterbeine.

Schön und gut. Ganz überzeugend ist das alles nicht. Die Urwale beispielsweise wählten einen anderen Weg. Sie richteten sich nicht auf und entwickelten auch keine Greifhände wie Otter, sondern entledigten sich ihrer Gliedmaßen zum Zwecke eines stromlinienförmigen Körperbaus. Richtig, sagt Hardy, aber darum geht's nicht. Die einen entschieden sich fürs Wasser, die anderen fürs Land. Entscheidend ist, dass wir den Walen in mancher Hinsicht näher sind als den Affen. Einmal, was die Haut-Fettgewebe-Verbindung angeht. Zweitens, wir sind nackt – im Gegensatz zu jedem anderen Landsäuger, ausgenommen Nacktmullen (das sind nordafrikanische Nager, die aussehen wie haarlose Ratten und mit denen man nicht unbedingt verwandt sein möchte). Haarlos aber ist auch der Wal, weil Fell im Wasser bremsend wirkt.

Und Robben? Und Biber? Leben die nicht auch im Wasser und kommen prima voran mit ihrem Pelz?

Darauf ist Hardy bislang nicht eingegangen. So springen Befürworter und Gegner der Wasseraffen-Hypothese argumentativ von Baum zu Baum. Menschen hätten einen miserablen Geruchssinn, sagt die Hardy-Fraktion, weil sie den im Wasser nie gebraucht hätten. Um den zu verlieren, kontern die anderen, hätten sie aber verdammt lange unter Wasser zubringen müssen, da hätten sie sich doch gleich auch Flossen zulegen können. Möglich auch, dass gar nicht alle Vorläufer des Menschen im Wasser lebten, sondern nur die Urahnen Franzi von Almsicks, während Reinhold Messner aus dem Zweig der Almaffen hervorging. Oder wie oder was?

Fest steht, dass sich längst nicht alle wesentlichen Eigenschaften des modernen Menschen aus einer vorübergehenden Vorliebe für Planschereien ableiten lassen. Ziemlich sicher sind wir das Resultat der so genannten Mosaik-Evolution, in deren Verlauf wir nach und nach, über diverse Anpassungsprozesse, zu dem zusammengefügt wurden, was wir heute sind. Ebenso steht fest, dass Menschen die Nähe zum Wasser suchen, dass der größte Teil der Menschheit in Küstennähe oder direkt am Meer wohnt, an Flussläufen und an Seen, dass wir besser schwimmen und tauchen als jedes Landtier – und dass wir Esther Williams haben!

Vielleicht bedürfte es also nur weniger Generationen, um ein Leben auf schwimmenden Inseln als normal zu empfinden. Ist die Insel groß genug, kann man für den Messner-Zweig ja ein kleines Zentralmassiv mit Steilwand aufschütten.

Nur: Wie findet man einen Wasserplaneten?

Bitte noch etwas Geduld. Die Europäische Raumfahrtbehörde ESA sucht schon fleißig: *Eddington* ist der Name eines Projekts zur Aufspürung von Wasserplaneten, wie sie der französische Astrophysiker Alain Leger vom *Institut d'Astrophysique Spatiale* definiert hat. Seinen Berechnungen zufolge müsste ein Wasserplanet sechsmal so schwer sein wie die Erde und mindestens doppelt so groß. Er sollte sein Muttergestirn in annähernd gleicher Entfernung umkreisen wie unsere Erde die Sonne und über eine Atmosphäre verfügen. Der geologische Aufbau des Planeten sei zwiebelartig wie bei der Erde: ein metallischer Kern mit einem Durchmesser von etwa 4.000 Kilometern im Inneren, umgeben von einem Mantel aus Fels, dessen Dicke Leger auf dreieinhalb Kilometer schätzt. Darüber lagern fünf Kilometer Eispanzer, Wassereis vermischt mit schwereren Substanzen, die verhindern, dass es zur Oberfläche aufsteigt. Der Eismantel schließlich ist bedeckt von einem 100 Kilometer tiefen Ozean, und über diesem, eingefangen vom gewaltigen Gravitationssog des massereichen Planeten, wabert eine Atmosphäre aus Gasen.

Wer oder was lebt hier?

Grundsätzlich, sagen die Eddington-Forscher, kann alles Mögliche in einem solchen Ozean leben. Die Grundbausteine sind vorhanden, auch Licht zur Photosynthese kann genutzt werden.

Entscheidend ist, wie sich Leben überhaupt dort bilden könnte. Auf der Erde hat laut Russel/Martin thermische Energie den Ausschlag gegeben. Mit ihrer Hilfe konnten sich Moleküle zu höheren Einheiten zusammenschließen. Vulkanische Schlote aber sind auf einem Planeten, dessen Meeresboden pures Eis ist, ebenso wenig zu erwarten wie heiße Quellen. In Ermangelung festen Landes können keine mineralischen Nährstoffe ins Wasser gelangen, weil keine Erosion stattfindet. Hinzu kommt, dass sich im grenzenlosen Ozean noch die kontaktfreudigsten Moleküle in alle Himmelsrichtungen verteilen, bevor sie zueinander finden. Eine gewisse thermische Aktivität wäre also hilfreich.

Dafür aber müsste der Eisboden stellenweise aufbrechen und zu wandern beginnen, was eine zähflüssige Trägerschicht erfordere. Leger beschreibt jedoch einen Eispanzer auf festem Gestein. Nun wandern zwar auch Gletscher, aber sie haben Platz, um sich auszubreiten. Hingegen wären die Eismassen auf Legers Planeten einander ständig im Weg. Es hakt also noch mit der Werdung von Leben in Wasserwelten, doch Miss Evolution ist eine erfindungsreiche Dame. Irgendeinen Weg wird sie gefunden haben, denn grundsätzlich sind die Voraussetzungen auf Wasserwelten ideal.

Gleich zwei Planeten unseres Sonnensystems könnten einst Wasserplaneten gewesen sein oder noch welche werden. Neptun und Uranus sind Eiswelten mit panzerharter Kruste, so weit draußen, dass die Sonne nur als glimmendes Pünktchen wahrzunehmen ist. Doch manche Planeten wechseln gern die Position. Wir wissen von Gasplaneten anderer Systeme, dass sie sich ihrer Sonne mit der Zeit angenähert haben. Auf ähnliche Weise könnten Eisplaneten wandern, bis ihre Oberfläche zu schmelzen beginnt. Dann schellt bei Miss Evolution das Telefon. Wir sind so weit, sagt Gott, der Ozean ist flüssig. Packen Sie die Aminosäuren ein, ich will Sie hier in fünf Millionen Jahren sehen! Und selbst, wenn auf Wasserplaneten kein Leben entstanden wäre, könnte sich dort welches ansiedeln.

Der Gedanke scheint Fachleuten attraktiv genug, um eine ehrgeizige Mission in Gang zu setzen. Noch ist das Geld ein bisschen knapp, doch übt sich die ESA in Zuversicht. Möglichst schnell will man die Eddington-Sonde starten. Dank ihrer helligkeitssensiblen Kameralinsen wird sie in der Lage sein, Lichtschwankungen von einem Zehntausendstel Promille wahrzunehmen. Denn nur darüber lassen sich Planeten aufspüren. Da sie selbst kein Licht emittieren, verraten sie sich einzig über die zeitweilige Verdunklung der Sonne, die sie umkreisen. Wenn sie an ihrem Muttergestirn vorbeiziehen, werfen sie einen Schatten, den die empfindlichen Messgeräte registrieren.

Eddington soll nicht der einzige kosmische Späher bleiben. Die Planetenjäger haben sich viel vorgenommen. Unter dem Projektnamen *Darwin* werden 2014 – oder früher, wenn möglich – insgesamt acht Raumschiffe das All außerhalb unseres Sonnensystems nach belebten Welten durchstöbern. Vorerst erwartet niemand, dass sie dort landen werden. Noch setzt die Lichtgeschwindigkeit unserem Expansionsdrang eine natürliche Grenze.

Dafür aber kommen die *Darwin*-Schiffe Wasser- und anderen Planeten via Frequenzanalyse auf die Spur. Angenommen, ein Planet hat eine Atmosphäre. Dann wird das Licht darin vielfach gebrochen. Aus den abgestrahlten Wellenlängen errechnet der Computer, welche chemischen Bestandteile die Gashülle enthält und wie diese miteinander reagieren. Allein aus der Spektralanalyse lässt sich bestimmen, ob ein Planet von einem Ozean aus Wasser bedeckt ist, letztlich sogar, ob er Leben trägt. Sechs der acht Schiffe sind als fliegende Superteleskope geplant, die ihre optischen und digitalen Daten an das siebente weiterleiten, wo der Input gebündelt und zur Erde geschickt wird. Das achte Schiff dient als Kommunikationseinheit zwischen der interstellaren Flotte und der irdischen Kommandozentrale. Weiter angenommen, die Flotte stieße auf einen Wasserplaneten. Was dann? Pack die Badehose ein? Langsam. Dann bräuchte man entweder einen langen Atem oder einen Trick. Soll heißen, entweder man begibt sich in den Kälteschlaf und stellt den Wecker auf – sagen wir mal – Montag früh halb sieben in 200.000 Jahren. Oder man findet einen Weg, das Reglement der Lichtgeschwindigkeit zu umgehen. Wie dies geschehen könnte, gehört in ein anderes Buch. Wir als erfahrene Kopfabenteurer wollen einfach mal so tun, als hätten wir den Trick schon drauf. Und schon kreisen wir im Orbit der Wasserwelt, die kraft ihrer Masse eine enorme Gravitation ausübt, sehen die schwimmende Stadt unter uns liegen und landen.

Je nach Dichte und Umfang des Planeten müssten wir schon bei der Landung Panzeranzüge tragen, die zudem über künstliche Muskeln verfügen. Wäre der Planet wider Erwarten leichter, fiele uns anfangs lediglich das Atmen etwas schwerer, allerdings stünde zu erwarten, dass wir uns den herrschenden Verhältnissen über Generationen hinweg anpassten. Körperlich würden wir uns sicher sehr verändern. Unsere Urururenkel wären um einiges kleiner und gedrungener als wir. Die Marylin Monroe eines Wasserplaneten käme über Einsvierzig nicht hinaus, hätte aber die Traummaße 190 – 160 – 190.

Was würde uns erwarten, wenn wir in diesen fremden Ozean eintauchten?

Gar nichts, sagen die einen. Wasserplaneten bringen kein Leben hervor. Es wäre öde und leer.

Alles, behaupten die anderen, weil es alternative Wege zur Lebensentstehung geben muss, wenn so viele Parameter stimmen.

Gut. Nehmen wir an, die Optimisten haben Recht. Dann wird das Leben auf Wasserplaneten ebenso klein angefangen haben wie auf der Erde. Herrschende Spezies werden die Mikroben sein. Höhere Wesen sind eher unwahrscheinlich. Ein Planet, der kein Feuer speit, keine Wetterextreme kennt und keine tief greifenden atmosphärischen Veränderungen, erfordert keine Höherentwicklung. Sie ist das Resultat einschneidender Naturereignisse, wie uns die Geschichte unseres Planeten lehrt. Umwälzungen der natürlichen Rahmenbedingungen zwangen das Leben zur Anpassung, forcierten die Zusammenrottung einzelner Zellen zu Vielzellern und die Herausbildung von Waffen und Verteidigungsmechanismen. Welchem Druck aber sollte das Leben in einem Ozean unterworfen sein, der immer gleichförmig ist und dessen Boden aus Eis besteht?

Fackeln wir ein wenig. Legen wir Feuerchen. Es wäre nämlich durchaus denkbar, dass im Inneren unserer Wasserwelt ein Rest thermischer Energie verblieben ist. Nehmen wir also an, es gibt Vulkanismus, zumindest Warmzonen. Hier und da brodelt es sogar ein wenig. Zweite Annahme, chemische Substanzen begünstigen die Bildung von Hartschalen. Drittens, Meteoriten schlagen ein, wälzen das System um, laden außerirdische Mikroben ab und sorgen für den üblichen Ärger, dem sich Ableben und Aufblühen etlicher Spezies verdankt. Und so weiter und so fort. Alles, was wir brauchen, sind Vielzeller und Sex.

Nun kann sich das Leben höher entwickeln. Weil ein Ozean auf einer Kugel keine Grenzen kennt, kann es wachsen und wachsen und wachsen. Lebewesen eines Wasserplaneten könnten riesig werden, so groß, dass sie Blauwale verspeisen würden wie Anchovis. Das setzt entsprechende Beutetiere voraus. Nicht jeder kann groß und mächtig sein, also dürften von Mikroben bis zu kleinstadtgroßen Kreaturen sämtliche Formate anzutreffen sein.

Je mächtiger ein Einzelorganismus wird, desto erdrückender werden allerdings auch seine Probleme, wie man an Sauriern oder prähistorischen Riesenhaien sehen kann. Die größten Lebewesen der Wasserwelt werden darum eher Konglomerate aus vielen Organismen sein, große Verbände, die sich bei Bedarf zusammenkoppeln und wieder voneinander lösen. Solche Schwarmwesen könnten eine für uns kalte, fremdartige Kollektivintelligenz entwickeln. Aller Wahrscheinlichkeit nach lässt sich mit der Intelligenzija einer Wasserwelt nicht über Selbstverwirklichung des Individuums diskutieren. Dafür können wir sie vielleicht überreden, zur Oberfläche aufzusteigen und menschlichen Kolonisten als Inseln zu dienen. Wir machen es uns auf dem Rücken gigantischer Gallertberge gemütlich und versorgen sie dafür mit Coca-Cola und anderen Leckereien, die auf Wasserplaneten Mangelware sind.

Im Grunde reicht ein Blick in unsere eigenen Ozeane, um sich die Lebensvielfalt in fremden Meeren vorzustellen. Signifikant wird sich außerirdisches Meeresleben nicht von irdischem unterscheiden. Auch weit draußen im All werden wir fischähnlichen Wesen begegnen und welchen mit Tentakeln und vielen Armen, solchen mit Rückstoßantrieb und schlängelnder Bewegungstechnik. Nur Wale wird es wahrscheinlich keine geben, weil es kein Land gab, auf das jemand hätte kriechen und von wo er wieder hätte ins Meer gelangen können.

Würden die Bewohner der Wasserwelt Raumschiffe bauen, müssten sie in wassergefüllten Behältern reisen, ähnlich wie wir uns Pressluftflaschen auf den Rücken packen und in luftgefüllte Tauchboote steigen. Photosynthese könnte vielfältiges Leben nahe der Wasseroberfläche begünstigen, allerdings sind auch in den tiefen Schichten Lebewesen vorstellbar, die via Biolumineszenz kommunizieren würden. Gut möglich, dass es unten sogar hell ist, ähnlich wie in James Camerons Film *The Abyss*. Nur dass uns freundliche E.T.s mit gütigen Fischgesichtern in Hightech-Hochburgen empfangen und filigrane Ärmchen zum glitschigen Händedruck reichen, muss auf das Entschiedenste bezweifelt werden. Im korrosiven Umfeld eines Hochdruckozeans empfiehlt sich keine schicke City. Sinnvoller wäre es, selber die Stadt zu sein und so verformbar wie möglich. Es gäbe vielleicht ein New York, doch wäre es weich wie Gummi. Frank Sinatra hätte es garantiert nicht besingen wollen.

Und wie kämen wir mit denen zurecht, diesen ... anderen?

Ganz gut. Der Großteil des Lebens würde uns ebenso vom Halse bleiben wie wir ihm, einfach weil die Biotope zu unterschiedlich wären. Mit der Tiefe hätten wir allenfalls diplomatischen Kontakt. Die Kreaturen der Oberfläche könnten uns jedoch als Nahrung dienen. Oder wir ihnen. Welche Überraschung auch immer die Wasserwelt bereithält, das Kentern schwimmender Inseln dürfte bisweilen dazu gehören. Irgendwas geht immer schief. Dann fällt das Äffchen ins Wasser, und irgendjemand kommt und beißt es in den Hintern.

Also durchaus irdische Verhältnisse.

Eigentlich schön zu wissen.

ÜBERMORGEN

Das unbekannte Universum

Übermorgen hat Oma Geburtstag. Übermorgen ist Fahrschulprüfung. Übermorgen spielt Deutschland gegen Argentinien. Übermorgen ist der Kabeljau ausgestorben. Immerhin: In drei von vier Fällen verspürt der Mensch unmittelbaren Handlungsbedarf. Also wird Papas Auto über den Acker geprügelt, ein Geschenk besorgt und die Bierreserve aufgestockt. Nicht auszudenken, würde man beim Rückwärts-Einparken in die Grünanlagen dreschen, Oma ihre Cognacpralinen reklamieren oder das entscheidende Tor unbegossen bleiben. Übermorgen, das ist sozusagen um die Ecke.

Schon gar nicht auszudenken, sagt der kleine Fritz, gäbe es keine Fischstäbchen mehr!

Nun weiß man selbst in küstenfernen Großstädten, dass Fischstäbchen nicht in der Tiefkühltruhe wachsen. Auch dass sie in einem früheren Leben Kopf und Schwanz besaßen, anstatt fertig paniert den Ozean zu durchstreifen, dürfte sich herumgesprochen haben. Andererseits werde ich nie den Tag vergessen, an dem ich beschloss, meine Liebste mit einer Lachsforelle zu beglücken, zwecks dessen ich die wohl beleumundete Lebensmittelabteilung eines größeren Kaufhauses besuchte. Neben mir stand eine Frau und kaufte Jakobsmuscheln, während ihre pubertierende Tochter – vielleicht 14 Jahre alt – den Verkäufer mit Schilderungen ihres Sylter Reiturlaubs beglückte. Mama begutachtete ihre Muscheln. Mein Blick hingegen ruhte auf einem Aquarium, bewohnt von allerlei Getier, unter anderem auch von Lachsforellen. Nun, ich bin Frischefanatiker. Also bat ich den Verkäufer, eine der Forellen für mich aus dem Bassin zu fischen, sie der Bürde ihres Lebens zu entheben und auszunehmen.

Ebenso gut hätte ich lautstark verkünden können, das Pferd der 14-Jährigen schänden und vierteilen zu wollen. Die jugendliche

493

Unterlippe geriet in seismische Aktivität. Ein Blick voller Abscheu traf mich wie eine Ladung Schlick. Aller Illusionen beraubt hauchte das zarte Geschöpf seiner Erzeugerin zu:

»Muss der Fisch jetzt sterben?«

»Ja, das ist ja wohl ein Ding«, entsetzte sich Mama. »He, sagen Sie mal, junger Mann, haben sie überhaupt kein Schamgefühl? Hier liegt doch jede Menge allerbeste Ware. Da muss doch Ihretwegen nicht das Tier getötet werden!«

»Der arme Fisch«, bibberte die Kleine und zog mitleidig eine Portion Rotz durch die Nebenhöhlen.

Auch andere Leute schauten jetzt zu mir herüber.

»Sie sind ja wohl ein Snob«, meinte ein älterer Herr und schüttelte den Kopf. »Ist das denn nötig?«

»Aber ... nun ja ... ich wollte nur ...«, argumentierte ich.

»Stimmt genau, ein Snob sind Sie!«, mischte sich Mama wieder ein. »Schon mal was von Überfischung gehört? Kaufen Sie doch einfach, was angeboten wird.«

»Die Forelle wird aber angeboten, sie ...«

»Schlimm genug.« Der Blick der Großinquisition traf den Verkäufer. »Ein akzeptables Geschäftsgebaren ist das nicht. Bei der Gelegenheit, geben Sie mir noch 200 Gramm Thunfisch. Aber Sushi-Qualität.«

Was hätte ich sagen sollen? Dass ich es phantastisch finde, wenn Leute nur Stücke auf Eis kaufen, damit ihretwegen kein Tier sterben muss? Dass es absolut grandios ist, wie stark Verbraucherherzen für die Umwelt schlagen? Ich bin sicher, nur edelste Motive ließen Mutter und Tochter in mir ein Monster sehen. Das Pferd hatte es bestimmt gut, es durfte munter schnaubend über Sylter Sand galoppieren und dabei Würmer und Krebse im Dutzend platt trampeln. Es wurde gestriegelt, gekost und geherzt. Ganz sicher war Mama Mitglied im Tierschutzverein. Die Inquisition hatte ihr Urteil gesprochen. Ich brannte vor Scham und schlich, im Besitz einer frisch geschlachteten und ausgenommenen Lachsforelle, von dannen. Erst als die Forelle im Ofen war, fand ich zu innerer Festigkeit zurück, und wir verspeisten den Fisch mit Appetit.

Man kann die Frage stellen, ob es ausgerechnet Lachsforelle sein muss? Warum nicht was Schlichtes, Preiswertes, in Massen Erhältliches, so wie beispielsweise ... Kabeljau?

Tja. Lachsforelle schmeckt nun mal gut. Vor allem aber, man bekommt sie noch. Genau genommen gibt es gar keine Lachsforellen, es sind Regenbogenforellen mit besonders rotem Fleisch und stammen sämtlich aus kontrollierten Süß- und Salzwasserzuchten. In den Achtzigern durch Gewässerverschmutzung gefährdet, haben die Bestände an Bach- und Seeforellen wieder stark zugenommen. Kabeljau hingegen, der klassische Arme-Leute-Fisch, von dem man immer glaubte, eher stürbe der Mensch aus als diese schwimmende Eiweißreserve, droht weitgehend aus den Meeren zu verschwinden. 2005 gab die europäische Kommission für Fischerei und Agrarpolitik bekannt, etliche Speisefischbestände seien zusammengebrochen und weite Teile der Ozeane verödet. Auch dem Kabeljau drohe der Exitus.

Fest steht, dass der Fisch, den die Engländer vorzugsweise aus Zeitungspapier essen und der jahrhundertelang als Stockfisch Heerscharen von Matrosen und Soldaten sättigte, bald schon ein kleines Vermögen kosten wird. Immer häufiger findet man ihn auf den Karten der Feinschmeckerrestaurants. Er ist selten geworden, die Grundtugend jeder Delikatesse. Dabei galt er mal als Volksnahrungsmittel par excellence. Seinetwegen haben die Isländer zwischen 1950 und 1980 die drei so genannten Kabeljaukriege vom Zaun gebrochen, als sie ein ums andere Mal ihre Fangzone erweiterten – und zwar immer dann, wenn die Bestände überfischt waren. Jedes Mal kam es zu Gerangel mit britischen Trawlern, sogar Tote waren zu beklagen. UNO und NATO-Rat wurden eingeschaltet, doch jedes Mal setzte Island seinen Willen durch. Innerhalb weniger Jahrzehnte dehnte es die Fangzone von drei auf 200 Seemeilen aus. 1977 wurde die 200-Seemeilen-Zone für alle Staaten der Europäischen Union als verbindlich erklärt. Als Ausgleich für den verloren gegangenen Schutzraum der Fische führte man Fangquoten ein.

Quoten? Klingt gut. Doch offenbar leidet auf hoher See das Erinnerungsvermögen. Nur so ist es zu erklären, dass der Kabeljau allmählich seltener zu finden ist als Wolpertinger. Dramatische Engpässe gibt es außerdem bei Seezungen, Seebrassen, Dornhaien, Thunfischen und beim Seeteufel. Der Kaisergranat vor der Biskaya ist hoffnungslos überfischt. So gut wie ausgerottet ist der Stör. Und das sind nur einige Beispiele. Knapp ein Drittel der weltweiten Fischgründe hat der Mensch in Niemandsland verwandelt. Das wiederum bringt ganze Ökosysteme aus dem Gleichgewicht: See-hunde, Pinguine, Zahnwale und Delphine beispielsweise leiden Hunger. Nahrungsketten zerreißen, komplexe Gemeinschaften brechen zusammen. Ein deutscher Vorstoß beim Rat der Europäischen Union für Fischerei und Landwirtschaft wurde im Dezember 2004 mit dem niederschmetternden Bescheid gestoppt, dass keine Schutzzonen für den Kabeljau eingerichtet würden. Man könne den Fischern schließlich nicht die Existenzgrundlage entziehen. Das Fazit solcher Rücksichtnahme: Immer mehr Schiffe fahren hinaus, um immer weniger Fisch zu fangen. Also bedient man sich bei den Jungtieren. Bloß, eine Spezies, die ihre Kinder verliert, ist auf dem besten Wege ins Museum. Dummerweise hat die EU die viel beschworene Existenzgrundlage der Fischer selbst leckgeschlagen, indem sie ihre Fischereiflotten subventionierte und ausbaute, was das Zeug hielt. Sinnvoller wäre es gewesen, Sozialprogramme zu fördern, mit denen man arbeitslose Fischer vor dem Sturz ins Nichts bewahrt. Entsprechende Vorschläge wurden damit abgeschmettert, es sei noch jede Menge Fisch da, schließlich hätte bis heute keiner nachgezählt. Alles nur Panikmache, grünes Geschwätz. Und die Befürworter des Raubbaus haben nicht mal Unrecht: Man weiß tatsächlich nicht, wie viele Kabeljaus, Lachse, Thunfische, Störe und Shrimps es noch gibt. Das Problem ist: Wenn man es nicht weiß, kann man genau genommen auch keine Fangquote festlegen. Ohne Quote geht es aber nicht. Also sollte man erwarten, dass die Schätzungen möglichst niedrig ausfallen. Doch was im Fischereiwesen nach am wenigsten geschätzt wird, sind niedrige Schätzungen.

Den Fischern ist so oder so nicht geholfen. Sie *werden* ihre Jobs verlieren! Heute, morgen oder übermorgen. Man hat sie ermutigt, aufzurüsten, nun lässt man sie im Stich. Auch sie, das dürfen wir nicht vergessen, sind Opfer der Überfischung. Eine Spezies, die sich selbst dezimiert.

Neuerdings will die Europäische Union ihre Flotten den verbliebenen Beständen anpassen. Im Klartext heißt das: verschrotten. Vor allem die spanische Armada, Europas größte Fischfangflotte, dürfte an der Demontage schwer zu schlucken haben. Schon jetzt ist das einzige Netz, auf das viele spanische Fischer noch hoffen können, das Sozialnetz. Vorsorglich schippert man gen Afrika, schließt

Verträge mit dem Senegal oder Marokko und plündert deren Gewässer, womit man die senegalesischen und marokkanischen Fischer ins Elend stürzt, zu deren Absicherung der Staat die eingenommen Gelder eher weniger verwendet. Der Niedergang der Fischerei ist ein Sterben auf Raten. Man kann die Agonie natürlich hinauszögern. Irgendwo findet sich immer noch ein Eckchen oder eine Spezies, auf die sich alles stürzt. Tatsächlich steht zu bezweifeln, dass Menschen jemals eine Fischart vollständig ausrotten werden, schlicht und einfach, weil sich die Flotten auf andere Arten konzentrieren, sobald die gefährdete Art ein Auslaufen nicht mehr rechtfertigt. Doch die Regeneration erfolgt in etlichen Zyklen, keinesfalls von heute auf morgen. Und es ist längst nicht gesagt, dass alle Arten zu alter Stärke zurückfinden werden. Am vorläufigen Ende steht vielleicht eine im Grunde erfreulich intakte Artenvielfalt, jedoch unterhalb der Verwertungsgrenze. Alle sind noch da, aber keine lohnt die Mühe, den Außenborder anzuwerfen.

Vielerorts ist man sich des Irrsinns übrigens bewusst. Dennoch lautet die Devise: Holen wir ihn raus, den Kabeljau. Bis morgen wird er schon reichen, und übermorgen sehen wir dann weiter. Was aber, wenn es übermorgen nichts mehr zu sehen gibt?

Ich hatte dieses letzte Kapitel eigentlich der weit entfernten Zukunft widmen wollen, den Lebensformen in hundert Millionen Jahren, wenn es kein Mittelmeer mehr gibt, nachdem Afrika schließlich gegen Europa gescheppert ist, während über tropischen Gewässern Schwärme von »Flischen« Insekten jagen, Kreuzungen aus Fischen und Vögeln, wie sie in der ZDF-Dokumentation *Die Zukunft ist wild* zu sehen sind. Spannend auch, den Landgang des Riesenkalmars zu erleben und die Entwicklung kleinerer Kalmare zu intelligenten Wesen. Nachdem wir im Teil *MORGEN* Städte auf dem Meer und die Ozeane anderer Planeten bereist haben, sollte im Teil *ÜBERMORGEN* doch wohl mehr zu erwarten sein als Betrachtungen über den Kabeljau.

Doch Übermorgen ist ein relativer Begriff. In persönlichen Belangen hat es unbedingte Priorität. Da drängelt es sich in unsere Gedanken, entfaltet sich als Szenario in bunten Bildern und mahnt uns, Vorsorge zu treffen. Dieses Übermorgen berührt uns unmittelbar: Omas Geburtstag, das Endspiel, die Fahrprüfung. Im Kollektiven hingegen mangelt es an Körperwärme. Da müssen wir kalten Zahlen und Statistiken vertrauen, da sind es Grafiken, Kurven und Tabellen, die unser Handeln fordern. Nur, so nah wie Oma sind wir noch keinem Kabeljau gekommen, zumindest nicht in seinem natürlichen Lebensraum. Wer denkt bei dem duftenden weißen Filet auf seinem Teller an silbrig glitzernde Schwärme und Schleppnetze von der Größe mehrerer Flugzeughangars? Wer kann sich von Millionen (toten) Fischen wirklich ein Bild machen? Eine Fußballmannschaft, gut, das ist ein ansehnlicher Haufen Kerls. Plastisch auch die Vorstellung, wie der Fahrlehrer die Hände vors Gesicht schlägt. In der Verbildlichung des Unmittelbaren, höchst Persönlichen sind wir Weltmeister. Hingegen mangelt es uns an Kollektivsinn, Abstraktionsvermögen und Voraussicht. Übrigens eine Schwäche, für die wir wenig können. Wie sollen wir übergreifend denken und handeln, da Miss Evolution es versäumt hat, uns mit der Gabe kollektiver Wahrnehmung auszustatten? Dass Oma letzte Woche gar nicht gut aussah und Ringe unter den Augen hatte, weckt naturgemäß mehr Betroffenheit als eine Fischart, die gerade ausstirbt. Nicht, dass wir ohne Mitleid wären. Nur, wie sieht ein leeres Meer aus? Wir wissen ja nicht mal, wie ein volles aussieht. Und überhaupt, wenn wirklich alles leer gefischt ist, wo kommen dann all die Fische in der Theke her?

Ja, ruft Klein-Fritz, und die Fischstäbchen?

Sie kommen aus Aquakulturen, riesigen Aufzuchtbetrieben für Speisefische und Krustentiere. Der meiste Fisch, den wir heute kaufen, stammt aus Farmen. Grundsätzlich eine gute Sache. Zuchtlachs schmeckt vielleicht nicht ganz so gut wie wilder, aber es ist immerhin Lachs. Mit Aquakultur müsste man der Überfischung doch eigentlich Herr werden. Oder?

Klein-Erna ist skeptisch. Sie hat zu Hause ein Aquarium. Darin lebt ein kleiner Goldfisch. Und der, sagt Klein-Erna, muss gefüttert werden. Was also fressen Zuchtfische? Richtig, Fisch. Und was fressen immer mehr Zuchtfische? Immer mehr Fisch natürlich. Und wo kommt der her, der Fisch, den die Zuchtfische essen?

Überfischung ist ein weites Feld.

Obwohl Aquakultur der Massenhaltung von Hühnern und Schweinen mancherorts in nichts nachsteht, wird sie das Dilemma nicht lösen. In Maßen betrieben, ist sie ein Segen, hilft, Arten zu erhalten und Menschen zu ernähren. Im Übermaß richtet sie mehr Schaden an, als sie abwendet.

Übermorgen ist das Schreckgespenst, das jüngste Gericht. Übermorgen wird bestraft, wer ernsthaft glaubt, durch Umgehen von Fangquoten und Abfischen von Jungtieren seine Existenzgrundlage zu sichern. Es ist der Existenzsicherung aber nicht dienlich, auch noch den letzten angsterstarrten Knirps aus dem Meer zu ziehen. Die Überfischung leistet der Existenzvernichtung Vorschub. Profitdenken der Konzerne, Angst um den Job, es gibt Gründe genug, jede Vernunft in den Wind zu schlagen. Wir erleben das Umsichschlagen des Ertrinkenden, der andere unter Wasser drückt im Bemühen, sich zu retten. 2003 und 2004 war Spanien das EU-Land mit der höchsten Überfischungsrate. Auch Irland räumte munter die Meere leer. Zwar bestimmt der Fischereirat der Europäischen Union, wie viel Fisch den Mitgliedsstaaten zusteht, doch nimmt man es mit den Kontrollen nicht so genau. Viele Länder bleiben die Berichte an die Kommission schuldig. Drei Jahre in Folge haben Großbritannien, Dänemark und Schweden jedes Zeugnis über die Einhaltung ihrer Verpflichtungen verweigert. Dass sich der Europäische Gerichtshof 2005 veranlasst sah, gegen Engländer, Belgier, Iren, Dänen, Spanier, Portugiesen, Finnen und Schweden drakonische Strafen zu verhängen, wird die Betroffenen wohl eher verärgert als zur Einsicht gebracht haben. Was in Europa geschieht, findet seine Entsprechung in Amerika oder Asien. Die Bilder gleichen sich, die Bockigkeit ist überall dieselbe. Wohin es führen kann, wenn man sich laut singend die Ohren zuhält, zeigen die Grand Banks vor Neufundland. Einst das Welt-Kabeljau-Eldorado schlechthin, brach die Fischerei dort Mitte der neunziger Jahre völlig zusammen. Umweltschützer bemühen sich nun, die ehemaligen Jagdgründe in ein ausgedehntes Naturschutzgebiet umzuwandeln. Bleibt zu hoffen, dass sie einen langen Atem haben.

Der Ast, an dem die Fischerei sägt, trägt nicht nur Fischer, sondern über sechs Milliarden Menschen. Wenn die schwimmende Stadt, die wir morgen bauen, übermorgen über einer Wüste treibt, wird die Sicherung der Existenzgrundlage mit schuld sein. Zwischenfazit der kanadischen Dalhousie University: Ein halbes Jahrhundert hat ausgereicht, um beinahe alle Großfische um 90 Prozent zu dezimieren. Dazu gehören unter anderem Kabeljau, Heilbutt, Hai, Thunfisch und Schwertfisch. Die Artenvielfalt ist weltweit um die Hälfte zurückgegangen. Da große Fische fast sämtlich Räuber sind, bringt ihr Verschwinden das gesamte Ökosystem in Schieflage. Derzeit werden annähernd 100 Prozent der Weltmeere überfischt, verschmutzt und auf andere Weise geschädigt – nur 0,5 Prozent unterliegen hingegen halbwegs strengen Schutzvorschriften. Übermorgen ...

Nicht nur in Fischereikreisen ein Unwort. In den Meeren trifft man Ölkonzerne auf der Suche nach gut gefüllten Reservoirs in einigen Kilometern Tiefe, Energieunternehmen, die es auf Methanhydrat abgesehen haben, jene eisartige Verbindung aus Wasser und komprimiertem Methangas, welche unsere Kontinentalabhänge zementiert und nach Ansicht von Experten all unsere Energieprobleme lösen könnte. Manganknollen und Edelmetalle ziehen das Interesse der Bergbauunternehmen auf sich. Auch Diamanten gibt es in der Tiefsee, mehr, als die Hälse aller Schönen und Reichen dieser Welt schmücken könnten. Die angepeilten Fördergebiete liegen keineswegs nur in Küstennähe, sondern teils mitten im Atlantik. Die zunehmende Einleitung von Chemikalien in Küstengewässer, die Vergiftung der Ozeane durch die Industrialisierung der Hochsee, die Zerstörung von Lebensgemeinschaften, all dies könnte auch dazu beitragen, unsere Atmosphäre nachhaltig zu verändern und damit unser Klima. Umgekehrt führt die Klimaerwärmung zu einem Anstieg der Meerestemperaturen, sodass vielen Fischen jede Lust am Sex vergeht:»Schatz, mir ist zu warm«, sagt Frau Kabeljau zu Herrn Kabeljau, und der kontert:»Macht nichts, Liebling. Habe eben im Chemikaliencocktail ganz unerwartet mein Geschlecht gewechselt.« Im Ernst, auch das geschieht.

Dennoch fühlt sich offenbar jeder, der im Dunkeln tappt, bemüßigt, auch im Tiefen zu stochern. Können Sie sich eine Operation am offenen Herzen in einem stockfinsteren Raum vorstellen? Nun, gerade wird wieder fleißig operiert.

Moralinsauer, dieser Schluss?

Keineswegs. Es geht ja nicht darum, der Industrialisierung, der Erschließung von Bodenschätzen, der Fischerei oder dem Walfang für alle Zeiten den Riegel vorzuschieben. Sondern im Rahmen des Verträglichen zu agieren. Dafür aber müssen wir mehr in Erfahrung bringen über das unbekannte Universum, uns um Verständnis der größeren Zusammenhänge bemühen. Schauen, begreifen, handeln, so wie es die CoML-Forscher (»Census of Marine Life«) fordern. Ihr Vorschlag lautet, Serengetis in den Meeren zu schaffen.

Dort könne man dann die wilden Tiere beobachten, sich an ihnen erfreuen, ihre Lebensweise erforschen, während Speisefische in speziell dafür vorgesehenen, umzäunten Gebieten gefangen würden. Auch die Öl-, Gas- und Chemiekonzerne dürften nur in bestimmten Gebieten bohren, fördern und pumpen, in den Serengetis hätten sie nichts verloren. Der Vorschlag gehört zum Besten, was man einander über die grünen Tische reicht, dennoch bleibt ein Problem bestehen: Meerwasser fließt. Was also immer aus den belasteten Gebieten in die Strömung gelangt, wird irgendwann auch die Nationalparks erreichen. Quecksilber ahoi!

Stimmt, klingt irgendwie deprimierend. Andererseits ...

Erinnern Sie sich an das Kupfersulfatbläschen? An die fidelen Makromoleküle, die es allenthalben ins Nichts riss, wenn die Erde bebte und ihr hydrothermaler Kamin einstürzte?

Sollen wir aufgeben? fragten die Moleküle.

Und später dann, als dieses fürchterliche Gift in die Atmosphäre gelangte, dieser ganz und gar entsetzliche Sauerstoff.

Sollen wir aufgeben?, fragten Milliarden und Abermilliarden Einzeller.

Und dann die globale Vereisung. Wissen Sie noch? Wie ein Schneeball hing die Erde da, der lebensfeindlichste Ort, den man sich nur vorstellen kann.

Sollen wir aufgeben?, fragten die ersten Mehrzeller.

Und dann erst all die schrecklichen Meteoriten!

Sollen wir aufgeben?, fragten die Geschöpfe des Kambrium, die Panzerfische, die Seeskorpione, die Ammoniten, die Meeressaurier, fragte der Megalodon.

Jedes Mal hat Miss Evolution lange nachgedacht.

Nein, sagte sie schließlich, ihr müsst nicht aufgeben. Ihr müsst vielleicht einfach nur loslassen. Ein paar liebgewordene Gewohnheiten abstreifen. Wie bisher, so geht's nicht weiter. Aber wenn ihr euch verändert, wenn ihr dazulernt und es schafft, euch den Bedingungen anzupassen, dann kann alles gut werden. Vielleicht sogar noch viel besser. Wisst ihr was? Wir denken uns einfach was schickes Neues aus. Hey, wer will 'ne Rüstung? Zangen und Stacheln? Wer will Flossen? Hat jemand Lust, aufrecht zu gehen?

Bis hierhin hat es das Leben geschafft. 3,5 Milliarden Jahre lang, vielleicht noch länger, hat es sich durchgekämpft und schließlich den Menschen hervorgebracht.

Sollen wir aufgeben?

Nein. Wir sollten die Ärmel aufkrempeln. Mit offenen Augen durchs unbekannte Universum reisen. Das Schöne am Unbekannten ist, dass es nicht nur Gefahren birgt, sondern auch Lösungen. Bis heute ist noch jeder, der ernsthaft danach gesucht hat, fündig geworden. Und wir besitzen schließlich, was anderen Arten während der vergangenen Jahrmilliarden fehlte: Verstand.

An dieser Stelle schließen wir. Ich könnte ein weiteres Kapitel anfügen und aufzählen, welche positiven Initiativen bereits hoffen lassen, auf welche teils beeindruckenden Ideen Umweltschützer, aber auch Industriekonzerne kommen, was man alles tun kann. Doch das müssen Sie schon selbst herausfinden.

Glauben Sie mir, es macht Spaß. Es ist die Zeitreise, die vor uns liegt. Sie werden Ihre antreten, ich die meine. Verzeihen Sie also, wenn ich mich aus diesem Buch verabschiede, aber ich würde gern ein anderes schreiben. Ganz bestimmt schwimmen wir uns wieder über den Weg. Bis dahin bleibt mir, mich für Ihre Gesellschaft zu bedanken.

Augenblick! Da kommt gerade noch was von Miss Evolution rein. Sie würde sich freuen, Ihnen im unbekannten Universum von übermorgen zu begegnen. Irgendwann. Irgendwo.

Sollte die Dame am Ende doch Gefühle haben?

GLOSSAR

Abyssal
Der Lebensraum in den Ozeanen zwischen 2.000 und 6.000 Metern Wassertiefe

Ammoniten
Kopffüsser, die erstmals im Devon auftraten und zum Ende der Kreidezeit ausstarben. Augen und Arme waren sichtbar, die hintere Körperhälfte wohnte in spiralig aufgerollten oder langen, spitz zulaufenden Gehäusen.

Aphotische Zone
Wasserzone, in der definitiv kein Sonnenlicht mehr nachzuweisen ist

Archäen
Bakterienähnliche Einzeller aus der Frühzeit des Lebens, die noch heute ohne Sauerstoff überleben können und oft in symbiotischer Gemeinschaft mit anderen Mikroorganismen wie Schwefelbakterien anzutreffen sind

Asteroid
Kleinplanet oder planetenähnliches Objekt in Sonnenumlaufbahn, oft unregelmäßig geformt. Die meisten Asteroiden haben weniger als 100 Kilometer Durchmesser. Asteroiden können der Erde gefährlich nahe kommen und haben sie in der Vergangenheit auch schon getroffen.

Asthenosphäre
Rund 200 Kilometer dicke, zähflüssige Gesteinsschicht, auf der die starren Platten der Lithosphäre, der Erdkruste, langsam wandern.

Belemniten
Kopffüßer des Erdmittelalters, die spätestens im Karbon vor rund 300 Millionen Jahren auftraten. Sie gelten ähnlich wie die Ammoniten als Vorläufer der Kalmare, hatten zehn Arme, jedoch keine Säugnäpfe, sondern Haken.

Benthal
Gesamtbegriff für den Meeresboden vom küstennahen Flachmeer bis in die Tiefsee

Benthos
Die Gesamtheit des bodenbewohnenden Lebens in den Meeren

Bilateria
Wesen mit symmetrischem Körperbau

Biolumineszenz
Natürliche Lichterzeugung. Viele Meeresbewohner produzieren eigene Leuchtstoffe, andere leben in Symbiose mit lichterzeugenden Bakterien. In den Dämmer- und Dunkelzonen der Meere dient die Biolumineszenz der Jagd sowie der Tarnung, aber auch der Partnersuche.

Bionik
Die Verschmelzung technischer und biologischer Bau- und Funktionsprinzipien. Bioniker findet man in nahezu jedem Bereich, etwa im Ingenieurwesen, in der Biologie, in Medizin und Architektur. Sie versuchen die Erfindungen der Evolution in technische Innovationen harmonisch zu integrieren.

Brachiopoden
Werden oft mit Muscheln verwechselt, sind aber keine. Wie Muscheln verfügen sie über zwei Schalenhälften und ein Scharnier, sind jedoch anders aufgebaut. Beispielsweise verfügen sie zusätzlich über einen fleischigen oder faserigen Fuß, den sie nach draußen strecken, um sich damit in ihrer Umgebung zu verankern.

Cetologen
Walforscher. Die Cetologie leitet sich ab vom lateinischen Begriff Cetacea für Wale.

Corioliskraft
So genannte Scheinkraft, die nur in rotierenden Bezugssystemen auftritt. In einem ruhenden System sind alle Kräfte geradlinig. Die Corioliskraft entsteht, wenn Beschleunigung senkrecht zur Bewegungsrichtung auftritt, etwa wenn sich ein Objekt auf der Erdoberfläche senkrecht zur Erdachse

fortbewegt, weil die Erde sich dreht. Vereinfachend gesagt, ist die Corioliskraft eine Art Schwester der Fliehkraft, die zusätzlich von der Geschwindigkeit des rotierenden Körpers relativ zum ruhenden Bezugssystem auftritt.

Cryobot
Ein Roboterspäher, der auf Eisplaneten landen und sich durch den dortigen Eispanzer fressen kann, bis er auf flüssiges Wasser stößt. Dort entlässt der Cryobot ein Mini-U-Boot oder taucht selber ein, um Daten aus einer unzugänglichen Welt zu sammeln. Cryobots könnten auch in der Antarktis wertvolle Dienste leisten.

Cryovulkanismus
Kalter Vulkanismus. Extrem kalte Flüssigkeiten oder Eisbrei werden von Cryovulkanen ausgespien. Anzeichen für Cryovulkanismus gibt es beispielsweise auf den Jupitermonden Europa und Titan, die zwar keinen heißen Kern aufweisen, aber seismische und tektonische Aktivität.

Cyanobakterie
Auch Blaualge genannt, allerdings keine echten Alge, da sie über keinen echten Zellkern verfügt. Cyanobakterien haben vor allen anderen Bakterien die Fähigkeit zur Photosynthese entwickelt und spielen somit eine entscheidende Rolle in der Geschichte des Lebens.

Destruenten
Organismen, vornehmlich Mikroorganismen, die Tiere und Pflanzen nach deren Tod in den Kreislauf der Natur zurückführen, indem sie ihre sterblichen Überreste, aber auch ihren Kot, zu Mineralstoffen zersetzen

Disphotische Zone
Restlichtzone, in die zwar noch Sonnenlicht dringt, aber nicht mehr in ausreichendem Maße, um Photosynthese zu begünstigen. Darum gibt es in der disphotischen Zone keine Pflanzen.

Drifter
Eine Art Boje, die mit den Meeresströmungen treibt und Daten über Wassertemperatur, Strömungsgeschwindigkeit, Tiefe, Salzgehalt und weitere Parameter liefert. Der von Professor Giselher Gust entwickelte Autarke Drifter ist in der Lage, selbstständig zur Oberfläche auf- und wieder abzu-

steigen. Auf diese Weise kann er jahrelang in den Strömungen reisen und dennoch unablässig Informationen senden.

Ediacarium
Erdzeitalter, das erst vor wenigen Jahren einen Platz in der geologischen Zeitskala erhielt und die Zeit vor 630 bis 542 Millionen Jahren, also die unmittelbare Periode vor dem Kambrium bezeichnet. In dieser Zeit hat sich eine völlig eigene, verschwundene Form von Leben entwickelt.

Endoskelett
Knochen und vergleichbare tragende Strukturen, die einen Organismus von innen stützen wie beispielsweise die menschliche Wirbelsäule oder die Gräten eines Fisches

Endosymbiose
Unter Symbiose versteht man eine Lebensgemeinschaft zum gegenseitigen Nutzen, beispielsweise zwischen höheren Organismen und Bakterien. Im Falle einer Endosymbiose leben die kleineren Symbionten im Inneren des größeren Symbionten, etwa in dessen Darm.

Ethogramm
Ein Ethogramm ist eine Art Akte. Es protokolliert das beobachtete Verhalten einer Spezies. Je mehr man über eine Art in Erfahrung bringt, desto umfangreicher wird das Ethogramm.

Eubakterien
Die so genannten Echten Bakterien. Archäen beispielsweise werden oft als Archäbakterien bezeichnet, sind aber keine richtigen Bakterien, sondern ein eigenständiger Stamm.

Eukaryonten
Einzeller mit Zellkern beziehungsweise Zellen mit Zellkern, aus denen Vielzeller aufgebaut sind. Alle höheren Lebewesen sind aus Eukaryonten aufgebaut.

Euphotische Zone
Obere, vom Sonnenlicht durchschienene Wasserschicht, in der Photosynthese betrieben werden kann

Exoskelett

Außenliegende Skelettstrukturen, die dem Organismus dadurch Halt verleihen, dass er sie bewohnt. Alle Gliederfüßer verfügen über ein Exoskelett, nämlich ihren Panzer.

Exosymbiose

Siehe Endosymbiose. Unterschied: Im Falle der Exosymbiose leben die kleineren Symbionten außerhalb der größeren Symbionten, etwa auf dessen Haut.

Extremophil

Die Eigenschaft mancher Organismen, unter extremen Umweltbedingungen überdauern zu können. Ein anschauliches Beispiel liefern Würmer und Bakterien im Umfeld hydrothermaler Quellen, die bis zu 300 Grad Celsius Wassertemperatur tolerieren. Aber auch in extrem kalten oder salzhaltigen Gewässern und tief im Inneren der Erde findet man extremophile Lebewesen.

Finning

Die ganz und gar widerliche, verachtenswerte Gewinnung einer angeblichen Delikatesse: Haifischflossen (Finnen) werden Haien bei lebendigem Leibe abgeschnitten, die Tiere danach wieder ins Meer geworfen, wo sie kläglich verenden.

Gammablitz

Ein solcher Blitz kann bei einer Supernova freigesetzt werden, dem Kollaps eines massiven Sterns, wenn dessen Inneres in sich zusammenstürzt und die Außenhülle abgesprengt wird. Gammablitze geben Zeugnis von der Entstehung Schwarzer Löcher. Die Energie eines einzigen Gammablitzes kann der abgestrahlten Gesamtenergie unserer Sonne seit der Entstehung der Erde entsprechen. Die Strahlung ist noch über große Distanzen äußerst gefährlich und hat möglicherweise zum großen Artensterben im Ordovizium geführt.

Graphtolithen

Winzige, polypenähnliche, Kolonien bildende Tierchen, die in Kalkskeletten lebten und im Ordovizium große Bedeutung erlangten, weil sie das offene Meer eroberten. Sie sind ausgestorben, ihre Schalen haben sich jedoch in Gestein erhalten.

Gravitation

Eine der vier Grundkräfte in der Physik. Die Gravitation beschreibt das Phänomen der gegenseitigen Anziehung von Körpern, zum Beispiel Erde und Mond. Alle Schwerkraftphänome, etwa dass ein Apfel zu Boden fällt, verdanken sich der Gravitation.

Hadal

Die ozeanischen Lebensbereiche unterhalb von 6.000 Metern bis zum Grund der Tiefseegräben

Kausalitätenfilz

Idealerweise würde sich jede Wirkung unmittelbar auf eine Ursache zurückführen lassen, und man könnte Wirkungen vorhersehen. Tatsächlich nimmt auf der Erde und im Universum alles und jedes gleichzeitig Einfluss aufeinander. In diesem Geflecht oder auch Filz der Kausalitäten sind eindeutige Ursachen nicht immer auszumachen. Als Konsequenz können wir Aussagen über die Zukunft nur sehr bedingt treffen.

Komet

Kleiner Himmelskörper, vorwiegend aus Wasser, Trockeneis, gefrorenem Methan und meteoridenähnlichen Staubpartikeln zusammengesetzt, auch »Schmutziger Schneeball« genannt. In Sonnennähe verdampft ein Teil des Meteoriten. Der Dampf wird zur Sonne hingezogen, was einen zehn bis 100 Kilometer langen, spektakulären Schweif ergibt. Dieser Schweif zeigt immer zur Sonne. In der Antike wurden Kometen als Unheilsboten betrachtet, allerdings dürfte es auch ein Komet gewesen sein, der Caspar, Melchior und Balthasar nach Bethlemen geführt hat.

Krill

Norwegisch für Walnahrung. Winzige Krebse, die in riesigen Mengen durch die Meere treiben. Geschätzt werden bis zu 800 Millionen Tonnen Biomasse. Der bekannteste Krill ist der Antarktische Krill.

Kryptozoologie

Eine Parawissenschaft (nur teilweise als Wissenschaft anerkannt), die sich mit der Erforschung sagenhafter oder noch unbekannter Tierarten befasst

Lorenzinische Ampullen

Spezielle Poren im Kopf- und Maulbereich des Hais, mit denen das Tier

winzige Druckschwankungen wahrnehmen kann. Die Ampullen sind un-
erlässlich bei der Orientierung und Aufspürung von Beute.

Marine Evertebraten

Wissenschaftlich für »im Meer lebende Wirbellose«. Dazu gehören etliche
Würmer, Stummelfüßer wie Seegurken, und Stachelhäuter wie Seesterne
und Seeigel.

Meteorit

Unter Meteoriten versteht man feste Himmelskörper aus Stein oder Eisen-
Nickel-Legierungen, die aus dem Weltall auf die Erde gelangen. Feiner Unterschied: der Meteorid mit weichem d. So heißt derselbe Körper, solange
er noch nicht aufgeschlagen bzw. verglüht ist, sondern das Weltall durchstreift. Sobald der Meteorid in die Erdatmosphäre eintaucht, umgibt er
sich mit einer leuchtenden Korona, die man Meteor nennt oder Stern-
schnuppe. Die meisten Meteoriten sind klein und verglühen, größere haben
es schon bis zur Erde geschafft und das frühe Leben empfindlich getroffen.

Mollusken

Weichtiere, zu denen hauptsächlich Schnecken, außerdem Kopffüßer wie
Tintenfische, Wurmmollusken und Einschaler gerechnet werden

Nadal

Könnten bodenlebende Tiere der Tiefsee philosophieren, würden sie vielleicht annehmen, der Raum über ihnen erstrecke sich endlos; ein leeres,
unermessliches Nichts. Sie würden diesen Raum Nadal nennen – als Entsprechung des Hadals, das sie selbst bewohnen. Da solche Tiere noch nie
beim Philosophieren belauscht wurden, liegt der Verdacht nahe, der Autor
habe sich den Begriff ausgedacht.

Paläontologie/Paläobotanik

Wissenschaft von den Lebewesen vergangener Erdzeitalter. Die Paläontologie stützt sich vor allem auf Funde von Fossilien. Ein Zweig ist die
Paläobotanik, in der es ausschließlich um vergangene Pflanzen geht.

Pangaea

Gewaltiger Urkontinent zur Zeit der Trias. Wörtlich bedeutet Pangaea
»Alles Land«. Tatsächlich waren sämtliche Landmassen zu dieser Zeit in
einem einzigen Kontinent gebunden.

Panthalassa
Name für den urzeitlichen, einzigen Ozean, der vom ausgehenden Präkambrium bis ins Zeitalter Jura den Erdball bedeckte

Patches
Wissenschaftlich eingeteilte Regionen am Meeresboden, ähnlich wie kleine Städte oder Wohngemeinschaften. Die Einteilung in Patches hilft, das Leben am Boden quantitativ besser erfassen zu können.

Photonen
In der Physik unterscheidet man zwischen materiellen (massereichen) und virtuellen (masselosen) Elementarteilchen. Photonen gehören zu den virtuellen Vertretern. Sie sind die Grundbausteine elektromagnetischer Strahlung. Gemeinhin versteht man unter einem Photon ein Quant Licht, also die gemäß der Quantentheorie kleinste messbare Lichtmenge.

Plankton
Griechisch das »Umherirrende, Treibende«. Gewaltige Verbände kleinster bis größerer Organismen, die mit der Strömung treiben, da sie nicht oder nur in sehr begrenztem Maße zur aktiven Richtungsänderung fähig sind. Zu den bekanntesten Vertretern des Plankton gehören Krill und Ruderfußkrebschen, Hauptnahrung der Bartenwale.

Pod
Ein Familienverbund von Orcas, matriarchalisch geführt. Zwischen fünf und 50 Tiere können einem Pod oder Superpod, einer Großfamilie, angehören.

Prokaryonten
Einzeller ohne Zellkern

Protozellen
Sehr frühe Zellen, die noch nicht über einen Zellmantel verfügten, sondern in den Hohlräumen vulkanischer Schlote gediehen

Rossby-Welle
Riesige, aber sehr flache Wellen im Meer und in der Atmosphäre, auch planetare Wellen genannt. Auslöser ozeanischer Rossby-Wellen können Wind und Luftdruckschwankungen sein. Menschen bekommen von die-

sen Wellen nichts mit. Das bewegte Wasser wird durch die Corioliskraft wieder zurückgezogen.

Salpen
Im freien Wasser treibende Tiere aus der Familie der Manteltiere. Transparent, oft leuchtfähig, tönnchenförmig und zu Kolonien verkettet, ernähren sich Salpen von Plankton, dem sie selber angehören.

Schwarze Raucher/Hydrothermale Schlote
Vulkanische Quellen in der Tiefsee, vielfach entlang der Höhenkämme mittelozeanischer Rücken zu finden. Um die 300 Grad heißes Wasser schießt dort, gesättigt mit Mineralien wie Schwefel, aus dem Erdinneren. Es bilden sich Austrittskamine, so genannte Schlote, in deren Umfeld sich komplexe Lebensgemeinschaften ansiedeln, von Bakterien über Muscheln, Fischen und Krebsen bis hin zu riesigen Würmern. All diese Organismen überleben völlig ohne Sonnenlicht. Sie beziehen ihre Lebensenergie nicht aus Photosynthese, sondern aus Chemosynthese, indem sie mineralische Stoffe aus dem Erdinneren verarbeiten.

Sessil
Sessil heißt so viel wie sesshaft. Sessile Lebewesen sind im Boden oder in festen Strukturen verankert beziehungsweise damit verwachsen. Aus eigener Kraft können sie ihren Standort nicht wechseln.

Singularität
Sammelbegriff für das „Einzigartige«. Man beschreibt damit auch kommende Zeitpunkte des technischen Fortschritts. Im Allgemeinen aber ist die Singularität ein mathematischer und kosmologischer Begriff. Das Innere Schwarzer Löcher wird als Singularität beschrieben, als etwas, das sämtliche physikalischen Größen außer Kraft setzt. Laut der Urknall-Theorie verdankt sich die Entstehung des Universums einer Singularität.

Subduktion
Erdplatten sind in ständiger Bewegung. Wenn eine Platte, im Allgemeinen eine ozeanische Platte, unter eine kontinentale Platte abtaucht und im Erdinneren aufschmilzt, nennt man diesen Vorgang Subduktion.

Supernova
Der Tod eines massiven Sterns. Er hat seine Energie aufgezehrt und stürzt

nun unter seinem Eigengewicht in sich zusammen. Mitunter entstehen dabei Schwarze Löcher, außerdem wird ein Gammablitz freigesetzt.

Technolution
Die Fortführung der Evolution mit Mitteln der Technologie

Tethys
Gewaltiger Ozean im Erdmittelalter, im Osten gelegen, der sich durch kontinentale Wanderungen verkleinerte und schließlich zum Vorläufer des Mittelmeers wurde.

Theia
Kleinplanet, der vor rund 4,5 Milliarden Jahren auf die Erde prallte und mit ihr verschmolz. Die Erde wurde dadurch schwerer, außerdem klumpten sich Trümmer von Theia in der Umlaufbahn zusammen und bildeten unseren Mond.

Thermohaline Zirkulation
Gesamtheit aller Meeresströmungen und ihrer Wechselwirkung, auch globales Förderband genannt

Tillite
Schuttablagerungen von wandernden Gletschern. Aus Tillitschichten können wir heute auf längst vergangene Eiszeiten schließen.

Trilobiten
Äußerst artenreiche Gliederfüßer, die man wegen ihres hohen fossilen Vorkommens als Leitfossilien bezeichnet. Trilobiten traten im Kambrium erstmals in Erscheinung und überdauerten bis ins Perm vor rund 250 Millionen Jahren. Sie glichen schwer gepanzerten Krebsen und bildeten unterschiedliche Varianten heraus, in allen Größen, mit und ohne Augen.

Tsunami / Impact-Tsumani
Ein Tsunami ist eine Impulswelle, die nicht durch Wind erzeugt wird, sondern durch Seebeben oder Meteoriteneinschläge. Beim Tsunami durchläuft die Wellenenergie die gesamte Wassersäule. Wird er durch ein Seebeben ausgelöst, ist die Welle im offenen Meer sehr flach, aber enorm schnell, und staut sich erst unmittelbar vor dem Land, wo es flacher wird, zu zerstörerischer Höhe. Schlägt ein Himmelskörper auf Wasser oder rutscht ein

Berghang ins Meer, spricht man von einem Impact-Tsunami. Ebenfalls sehr schnell, allerdings von vorneherein sehr hoch. Über sehr große Distanzen verlieren Impact-Tsunamis an Höhe, sind aber dennoch in vielen Fällen geeignet, große Teile Landes zu verwüsten

Urknall
Standardtheorie, wie das Universum entstanden ist, nämlich hervorgegangen aus einem physikalisch nicht messbaren Punkt. Mit dem Urknall, der nicht im eigentlichen Sinne einer Explosion gleichzusetzen ist, dehnten sich plötzlich Raum, Zeit und Materie aus. Das sehr frühe Universum unmittelbar nach dem Urknall können wir beschreiben, das Phänomen selber – auch Singularität genannt – ist mit gängiger Physik nicht zu beschreiben.

Vendobionten
Fossilien, die sich nicht eindeutig den Tieren, Pilzen oder Pflanzen zuordnen lassen. Im Ediacarium, schätzen einige Wissenschaftler, könnte es ein viertes Reich der Evolution gegeben haben, Vendobionten, die komplett ausstarben. Andere Wissenschaftler glauben, auch diese Wesen ließen sich bei genauerem Hinsehen den bekannten Stämmen zuordnen.

Wassersäule
Die Gesamtheit des Wassers in seiner vertikalen Ausdehnung, also von der Oberfläche bis zum Boden

Zirkumpolarstrom
Kreisförmige, in sich geschlossene Meeresströmung, die unablässig um den Antarktischen Kontinent zirkuliert. Alle Meeresströmungen gehen in den Zirkumpolarstrom ein und wieder aus ihm hervor.

Zooxanthellen
Winzige Algen, die in Symbiose mit Korallenpolypen, Riesenmuscheln und Blumentieren leben. Die Zooxanthellen versorgen ihren Wirt durch ihre Fähigkeit zur Photosynthese mit Zucker und anderen lebenswichtigen Substanzen. Der Wirt verleiht ihnen dafür Unterschlupf und Schutz.

Geologische Zeittafel

Mio. Jahre	Zeitabschnitt / Ära	Periode	Epoche	
0,01	Klänozoikum	Quartär	Holozän	Homo sapiens
1,8			Pleisto-zän	Neandertaler, Homo erectus
5		Tertiär	Pliozän	Australopithecus
			Miozän	Entwicklung der Primaten
23			Oligozän	Blütezeit der Huftiere
34			Eozän	älteste Pferde
56			Palozän	Aussterben der Dinosaurier; älteste Primaten
65	Mesozoikum	Kreide		erste Blütenpflanzen
146		Jura		älteste Vögel
200		Trias		älteste Dinosaurier und Säugetiere
251	Pläozoikum	Perm		Blütezeit der Reptilien, Entstehung der meisten Insektenordnungen
299		Karbon		älteste Reptilien; älteste Bäume
359		Devon		Ausbildung von Knochenfischen, älteste Amphibien und Insekten
416		Silur		Vielfalt kieferloser Wirbeltiere; älteste Landpflanzen
444		Ordovizium		älteste Fische
488		Kambrium		älteste Organismen mit Hartteilen (z. B. erste Trilobiten)
542	Präkambrium	Ediacarium		älteste Vielzeller (z. B. Würmer, Quallen, Algen)
630		Proterozoikum		Eukaryonten
2500		Archaikum		freier Sauerstoff in der Atmosphäre
3500				älteste Bakterien
4600		Hadaikum		Entstehung der Erde

Dank

Ich hätte *Nachrichten aus einem unbekannten Universum* nicht schreiben können ohne die intensive Zusammenarbeit mit Wissenschaftlern, Forschern und Publizisten, die mich – wie schon zuvor beim *Schwarm* – auf großartige Weise unterstützt haben. Zudem floss täglich eine Unzahl von aktuellen Nachrichten, Pressemeldungen und wissenschaftlichen Artikeln mit in die Arbeit ein. Wo immer es mir möglich war, habe ich mit den Verfassern Kontakt aufgenommen und das Thema im Gespräch vertieft. Etliche der Autoren und Forscher, die sich in den letzten Jahren um die Meeresforschung und die Paläontologie verdient gemacht haben, sind im Buch namentlich erwähnt: meine Form der Danksagung. Wenn *Nachrichten aus einem unbekannten Universum* ein lesenswertes und aktuelles Buch geworden ist (Stand März 2006), verdankt es sich auch und gerade den wertvollen Anregungen und Gedanken all dieser Menschen. Mein besonderer Respekt gilt darüber hinaus jenen, die unermüdlich für ein besseres Verständnis der Meere und ihrer Bewohner kämpfen.

Im nachfolgenden Abschnitt habe ich einige Internet-Adressen aufgelistet von Organisationen, Hochschulen, Publizisten, Wissenschaftlern und Visionären, die sich – wie ich finde – in besonderer Weise um das Verständnis und den Schutz der Meere verdient machen. Einen Besuch dieser Seiten kann ich nur nachhaltig empfehlen.

Zuvor aber ein paar Extradankeschöns: an dich, Sabina, du Glanzstück der Evolution, für deine Kameradschaft, dein Verständnis, dein großes Herz, deine immer guten und richtigen Ideen, für deine Liebe. *Lurchi loves you!*

An Paul Schmitz und Jürgen Muthmann, denen ich an dieser Stelle wieder mal verspreche, künftig mehr Zeit zu haben. Glaubt mir, Jungs, die Chancen standen noch nie so gut, die Weine sind dekantiert, das Schlagzeug ist abgestaubt. An alle meine wunderbaren Freunde (ihr wisst schon, wenn ich jetzt anfange, Namen zu nennen, wird's kein Ende nehmen). An die besten Eltern, die man sich nur wünschen kann, wir sollten dringend mal wieder nach Venedig fahren! An meine ganze Familie, auch an die Schwiegereltern, die man ja gewissermaßen zugeteilt bekommt – ich würde mit niemandem tauschen wollen. Auch an Lutz Dursthoff für seinen klaren Lektorenblick, es war ein Vergnügen, *Sir*. Und an Jürgen Kramp. Einfach nur Danke!!! Das Extraextradankeschön aber ist reserviert für die beiden Freunde, denen dieses Buch gewidmet ist: Solo und Loy. Ohne euch wäre das Leben oft nur ein halbleeres Glas. So ist es immer ein halbvolles. Und meist läuft es über vor Vergnügen. Skål!

Empfohlene Links

www.deepwave.org
Die Organisation ist dem Schutz der Meere und der Tiefsee verpflichtet.

www.sharkprojekt.org
Die weltgrößte Organisation zum Schutz der Haie

www.cetacea.de
Über das Zusammenleben von Walen, Delphinen und Menschen

www.greenpeace.org
www.greenpeace.de
Die Urmutter der Umweltschutzorganisationen, wichtig und aktuell wie eh und je

www.wwf.org
www.wwf.de
Naturschutz im Zeichen des Panda, auch für die Meere

www.dinosaurier-interesse.de
Ständig aktualisierte Seite über die Fortschritte in der Paläontologie

www.trilobita.de
Lässt keine Frage über Trilobiten offen.

www.sauti.de
Unterhaltsame Darstellung der Erdgeschichte und der Evolution

www.ifm-geomar.de
Expeditionen zu hydrothermalen Quellen und Methanfeldern – das Ins-

titut für Meereskunde und Geowissenschaften zeigt weiterhin Pioniergeist

www.awi.de
Polar- und Meeresforschung ist ohne das Alfred-Wegener-Institut nicht denkbar.

www.mare.de
Die definitive Zeitschrift der Meere

www.g-o.de
Informatives Magazin für Geo- und Naturwissenschaften

www.pm-magazin.de
Aktuelles aus der Welt des Wissens mit einem schönen Schuss Hollywood

www.bild-der-wissenschaft.de
Heinz Habers legendäres Wissensmagazin fasziniert mehr denn je.

www.spektrum.de
Wissenschaft für Fortgeschrittene, sehr profund.

www.geo.de
Das neue Bild der Erde. Phantastische Fotoreportagen

www.radiobremen.de/online/oceancit/index.htm
Visionen von Städten im und auf dem Meer

www.kiwi-extrablatt.de
Die etwas andere Verlags-Website

»Ein Online Auftritt,
der einen neuen Standard setzt,
auch in puncto Entertainment
und hintergründigem Witz.«
Buchmarkt

Frank Schätzing
Der Schwarm

Roman
Gebunden

Ein Fischer verschwindet vor Peru, spurlos. Ölbohrexperten stoßen in der norwegischen See auf merkwürdige Organismen. Währenddessen geht mit den Walen entlang der Küste British Columbias eine unheimliche Veränderung vor. Einen Zusammenhang scheint es nicht zu geben. Doch Sigur Johanson, Biologe und Schöngeist, glaubt nicht an Zufälle.
Ein globales Katastrophenszenario von erschreckender Wahrscheinlichkeit, das auf so genauen naturwissenschaftlichen und ökologischen Recherchen basiert, dass dieser Roman weit mehr ist als ein großartig geschriebener, spannungsgeladener Thriller.

»So spannend und bildhaft, kompositorisch meisterhaft wie er hat in Deutschland schon lange niemand mehr erzählt.« Focus

»Ein gigantischer Thriller.« *Die Welt*

»Dieses Buch will gelesen werden, vom Anfang bis zum Ende, morgens, abends, nachts.« *taz*

Kiepenheuer & Witsch   www.kiwi-koeln.de